建筑施工现场管理人员
岗位技能必读

质量员
岗位技能必读

主编：王中华

编委：李天祺　姜　勇　高　佳　庄　彬　杨小荣

　　　张能武　王世科　曹金龙　蒋　勇　管赛雷

　　　郭大龙　范　丰　牛志远　余玉芳　陈利军

　　　陶荣伟　胡　俊　夏卫国　黄超锋　沈　飞

　　　刘　瑞

U0248197

湖南科学技术出版社

前　言

近年来，我国建筑业发展很快。建筑业作为国民经济的支柱产业之一，在我国经济建设中的地位举足轻重。为了适应建筑业的发展需要，国家对建筑设计、建筑结构、施工质量、材料验收等一系列标准规范进行了大规模的修订。作为建筑施工企业关键岗位的管理人员（如施工员、安全员、质量员、造价员、材料员等），他们既是工程项目经理进行工程项目管理命令的执行者，同时也是广大建筑施工工人的领导者。为了满足建筑施工企业关键岗位管理人员对技术和管理知识的需求，提高他们的管理能力和技术水平，我们组织了一批长期工作在工程施工一线的专家学者，在走访了大量的施工现场，征询施工现场管理人员的意见和要求的基础上，精心编写了《建筑施工现场管理人员岗位技能必读》系列丛书。

本套丛书共分为五册：《安全员岗位技能必读》、《施工员岗位技能必读》、《质量员岗位技能必读》、《材料员岗位技能必读》及《造价员岗位技能必读》。

丛书在编写时，力求做到：内容丰富，图文并茂，文字通俗易懂，叙述的内容一目了然；实事求是，体现科学性、实用性和可操作性的特点，既注重内容的全面性又重点突出，做到理论联系实际；注重本行业的领先性及多学科的交叉和整合；丛书力求将建筑行业专业法规、标准和规范等知识融为一体，内容翔实，解决了管理人员工作时需要到处查阅资料的问题。

本书是《质量员岗位技能必读》分册。本书归纳总结了建筑施工质量的关键点，主要内容包括：建筑工程施工质量管理基础、地基基础工程、地下防水工程、砌体工程、混凝土结构工程、钢结构工程、建筑地面工程、屋面工程、装饰装修工程、建筑工程质量验收等知识。

本书由王中华主编。参加编写的人员有：姜勇、王中华、高佳、庄彬、杨小荣、张能武、王世科、曹金龙、蒋勇、管赛雷、郭大龙、范丰、牛志远、余玉芳、陈利军、胡俊、夏卫国、黄超锋、沈飞、刘瑞等。本书编写过程中参考了相关文献和技术资料，并得到江南大学环境与土木工程学院等单位的大力支持和帮助，在此对这些作者和相关人员表示衷心的感谢！

由于编者水平有限，虽然做了很大的努力，书中难免存在不足，恳请广大读者提出宝贵意见，给予指正。

编　者
2015 年 4 月

目　录

1

2

第一章
建筑工程施工质量管理基础

第一节 概 述

一、质量管理的基本概念

1. 质量的相关概念

（1）工程质量：它指承建工程的使用价值，是工程满足社会需要所必需具备的质量特征。它体现在工程的性能、寿命、可靠性、安全性和经济性五个方面。

①性能：工程质量的性能是指对工程使用目的提出的要求，即对使用功能方面的要求。可从内在和外观两个方面来区别。内在质量多表现在材料的化学成分、物理性能及力学特征等方面。比如：轨枕的抗拉、抗压强度，钢筋的配制，钢轨枕木的断面尺寸，轨距、接头相错量，轨面高程，螺旋道钉的垂直度，桥梁落位，支座安装等。

②寿命：工程质量的寿命是指工程正常使用期限的长短。

③可靠性：工程质量的可靠性是指工程在使用寿命期限和规定的条件下完成工作任务能力的大小及耐久程度，是工程抵抗风化、有害侵蚀、腐蚀的能力。

④安全性：工程质量的安全性是指建筑工程在使用周期内的安全程度，是否对人体和周围环境造成伤害。

⑤经济性：工程质量的经济性是指效率、施工成本、使用费用、维修费用的高低，包括能否按合同要求按期或提前竣工；工程能否提前交付使用，以尽早发挥投资效益等。

（2）工序质量：也称施工过程质量，指施工过程中劳动力、机械设备、原材料、操作方法和施工环境这五大要素对工程质量的综合作用过程，也称生产过程中五大要素的综合质量。工序质量可用过程能力和过程能力指数来表示。

①过程能力：是指工序在一定时间内处于控制状态下的实际加工能力。任何生产过程中，产品质量特征值总是分散分布的。过程能力越高，产品质量特征值的分散程度越小；过程能力越低，产品质量特征值的分散程度越大。过程能力是用产品质量特征值的分布来表述的，一般用工作定量描述。

②过程能力指数：是用来衡量过程能力对于技术标准满足程度的一种综合指标。过程能力指数：

$$Cp = \frac{公差范围}{过程能力} = \frac{T}{6\sigma}$$

式中　　T——公差范围，$T=T_u-T_c$；

　　　　T_u——公差上限；

　　　　T_c——公差下限；

　　　　σ——质量特性的标准差。

显然，过程能力指数越大，说明过程越能满足技术要求，质量指标越有保证或还有潜力可挖。

（3）工作质量：指参与工程的建设者，为了保证工程的质量所从事工作的水平和完善程度。

工程质量的好坏是建筑工程的形成过程的各方面各环节工作质量的综合反映，而不是单纯靠质量检验检查出来的。为保证工程质量，要求有关部门和人员专心工作，对决定和影响工程质量的所有因素严加控制，即通过工作质量来保证和提高工程质量。

工作质量的内容包括：社会工作质量和生产过程工作质量。

①社会工作质量——社会调查、市场预测和质量回访。

②生产过程工作质量——思想政治工作质量、管理工作质量、技术工作质量、后勤工作质量。

2. 质量管理的相关概念

（1）质量管理：是指在质量方面指挥和控制组织的协调的活动。在质量方面的指挥和控制活动，通常包括：制定质量方针和质量目标、质量策划、质量控制、质量保证和质量改进。

（2）质量方针和质量目标：

①质量方针：是由组织的最高管理者正式发布的该组织总的质量宗旨和方向。其意义是组织总方针的一个组成部分，由最高管理者批准。它是组织的质量政策；是组织全体职工必须遵守的准则和行动纲领；是企业长期或较长时期内质量活动的指导原则，它反映了企业领导的质量意识和决策。

②质量目标：是在质量方面所追求的目的。质量目标应覆盖那些为了使产品满足要求而确定的各种需求。因此，质量目标一般是按年度提出的在产品质量方面要达到的具体目标。其意义是总的质量宗旨、总的指导思想，质量目标是比较具体的、定量的要求。因此，质量目标应是可测的，并且应该与质量方针，包括与持续改进的承诺相一致。

（3）质量体系：质量体系的含义、要求及与质量管理的关系如下：

①含义：质量体系是指在质量方面指挥和控制组织的管理体系。

②要求：一个组织所建立的质量体系应既满足本组织管理的需要，又满足顾客对本组织的质量体系要求，但主要目的应是满足本组织管理的需要。顾客仅仅评价组织质量体系中与顾客订购产品有关的部分，而不是组织质量体系的全部。

③与质量管理的关系：质量管理需通过质量体系来运作，即建立质量体系并使之有效运行是质量管理的主要任务。

（4）质量控制：质量控制的含义、对象和结果及要求如下：

①质量控制是指质量管理中致力于满足质量要求的部分。

②质量控制的对象是过程。控制的结果应能使被控制对象达到规定的质量要求。

③为使控制对象达到规定的质量要求，就必须采取适宜的有效的措施，包括作业技术和方法。

（5）质量保证：质量保证的含义、关键及分类如下：

①含义：质量保证是指致力于质量要求会得到满足的信任的部分。质量保证总是在有两方的情况下才存在，由一方向另一方提供信任。

②关键：质量保证的关键是"信任"，对达到预期质量要求的能力提供足够的信任保证，而不是买到不合格产品以后的保修、保换、保退。

信任的依据是质量体系的建立和运行。因为这样的质量体系对所有影响质量的因素，包括技术、管理和人员方面的，都采取了有效的方法进行控制，因而具有减少、消除，特别是预防不合格产品的机制。一言以蔽之，质量保证体系具有持续稳定地满足规定质量要求的能力。

供方规定的质量要求，包括产品的、过程的和质量体系的要求，必须完全反映顾客的需求，才能给顾客以足够的信任。

③分类：由于两方的具体情况不同，质量保证分为内部和外部两种。内部质量保证是企业向自己的管理者提供信任；外部质量保证是供方向顾客或第三方认证机构提供信任。

（6）全面质量管理。全面质量管理的含义、特点作用如下：

①含义：全面质量管理是指一个组织以质量为中心、以全员参与为基础，目的在于通过让顾客满意和本组织所有成员及社会受益而达到长期成功的管理途径。

②特点：全面质量管理的特点是针对不同企业的生产条件、工作环境及工作状态等多方面因素的变化，把组织管理、数理统计方法及现代科学技术、社会心理学、行为科学等综合运用于质量管理，建立适用和完善的质量工作体系，对每一个生产环节加以管理，做到全面运行和控制。

③作用：通过改善和提高工作质量来保证产品质量；通过对产品的形成和使用全过程管理，全面保证产品质量；通过形成生产（服务）企业全员、全企业、全过程的质量工作系统，建立质量体系以保证产品质量始终满足用户需要，使企业用最少的投入获取最佳的效益。

二、工程质量的特点及影响工程质量的因素

1. 特点

建设工程的特点决定了工程质量的特点，具体说明见表 1-1。

表 1-1 工程质量的特点

特点	说　　　明
影响因素多	如决策、设计、勘察、材料、机械、环境、施工工艺、施工方案、技术措施、管理制度、施工人员素质等均直接或间接地影响工程的质量
质量波动大	工程建设因其具有复杂性、单一性，不像一般工业产品的生产那样，有固定的生产流水线，有规范化的生产工艺和完善的检测技术，有成套的生产设备和稳定的生产环境，有相同系列规格和相同功能的产品，所以其质量波动性大
质量变异大	由于影响工程质量的因素较多，任一因素出现质量问题，均会引起工程建设中的系统性质量变异，造成工程质量事故
质量隐蔽性	工程项目在施工过程中，由于工序交接多，中间产品多，隐蔽工程多，若不及时检查并发现其存在的质量问题，事后看表面质量可能很好，容易将不合格的产品误为是合格的产品
最终检验局限性	工程项目建成后，不可能像某些工业产品那样，可以拆卸或解体来检查内在的质量。工程项目最终检验验收时难以发现工程内在的、隐蔽的质量缺陷

所以，对工程质量更应重视事前控制、事中严格监督；防患于未然，将质量事故消灭于萌芽之中。

2. 影响工程质量的因素

在工程建设中，无论决策、计划、勘察、设计，施工、安装、监理，影响工程质量的因素主要有人、材料、机械、方法和环境五大方面，其说明见表 1-2。

3

表 1-2	影响工程质量的因素
因素	说　明
人的因素	人是指直接参与工程建设的决策者、组织者、指挥者和操作者。人的政治素质、业务素质和身体素质是影响质量的首要因素。为了避免人的失误、调动人的主观能动性，增强人的责任感和质量意识，达到以工作质量保证工序质量、保证工程质量的目的，除加强政策法规教育、政治思想教育、劳动纪律教育、职业道德教育、专业技术知识培训，健全岗位责任制，改善劳动条件，公平合理的激励外，还需根据工程项目的特点，从确保工程质量出发，本着适才适用，扬长避短的原则来控制人的使用
材料的因素	材料（包括原材料、成品、半成品、构配件等）是工程施工的物质条件，没有材料就无法施工。材料质量是工程质量的基础，材料质量不符合要求，工程质量也就不可能符合标准
方法的因素	这里所指的方法，包含工程项目整个建设周期内所采取的技术方案、工艺流程、组织措施、检测手段、施工组织设计等。方法是否正确得当，是直接影响工程项目进度、质量、投资控制三大目标能否顺利实现的关键
施工机械设备的因素	施工机械设备是实现施工机械化的重要物质基础，是现代化工程建设中必不可少的设施。机械设备的选型、主要性能参数和使用操作要求对工程项目的施工进度和质量有直接影响
环境的因素	影响工程项目质量的环境因素较多。有工程技术环境，如工程地质、水文、气象等；工程管理环境，如质量保证体系、质量管理制度等；劳动环境，如劳动组合、劳动工具、工作面等。环境因素对工程质量的影响，具有复杂而多变的特点，如气象条件就变化万千，温度、大风、暴雨、酷暑、严寒都直接影响工程质量

三、工程质量管理的原则和基础工作

1. 工程质量管理的原则

工程质量管理是指为保证提高工程质量而进行的一系列管理工作。工程质量管理是企业管理的重要部分，它的目的是以尽可能低的成本，按既定的工期完成一定数量的达到质量标准的工程。它的任务就在于建立和健全质量管理体系，用企业的工作质量来保证工程实物质量。

根据全面质量管理的概念和要求，工程质量管理是对工程质量形成进行全面、全员、全过程的管理，应遵循的原则，见表 1-3。

表 1-3	工程质量管理的原则
原则	说　明
坚持"质量第一，用户至上"	社会主义商品经济的原则是"质量第一；用户至上"。建筑产品作为一种特殊的商品，使用年限较长，是"百年大计"，直接关系人民生命财产的安全。所在，在质量与进度、质量与成本的关系中，要认真贯彻保证质量的方针，做到好中求快，好中求省；而不能以牺牲工程质量为代价，盲目追求速度与效益

续表

原则	说　　明
"以人为核心"	人是质量的创造者，质量控制必须"以人为核心"把人作为控制的动力，调动人的积极性、创造性；增强人的责任感，树立"质量第一"的观念；提高人的素质，避免人为的失误；以人的工作质量保工序质量、促工程质量
"以预防为主"	"以预防为主"，就是从消极防守的事后检验变为积极预防的事先管理。好的工程产品是由好的决策、好的规划、好的设计、好的施工所产生的，不是检查出来的。必须在工程质量形成的过程中，事先采取各种措施，消灭种种不合质量要求的因素，使之处于相对稳定的状态之中
为用户服务	真正好的质量是用户完全满意的质量。要把一切为了用户的思想，作为一切工作的出发点，贯穿到工程质量形成的各项工作中。建设过程要树立"下道工序就是用户"的思想，要求每道工序和每个岗位都要立足于本职工作的质量，不给下道工序留麻烦，以保证工程质量和最终质量能使用户满意
坚持量标准、严格检查，一切用数据说话	质量标准是评价产品质量的尺度，数据是质量控制的基础和依据。依靠确切的数据和资料，应用数理统计方法，对工作对象和工程实体进行科学的分析和整理。要研究工程质量的波动情况，寻求影响工程质量的主次原因，采取有效的改进措施，掌握保证和提高工程质量的客观规律

2. 工程质量管理的基础工作

工程质量管理的基础工作说明，见表 1-4。

表 1-4　　　　　　　　　　工程质量管理的基础工作

类别	说　　明
质量教育	为了保证和提高工程质量，必须加强全体职工的质量教育，其主要内容如下： ①质量意识教育：要使全体职工认识到保证和提高质量对国家、企业和个人的重要意义，树立"质量第一"和"为用户服务"的思想 ②质量管理知识的教育：要使企业全体职工，了解全面质量管理的基本思想、基本内容；掌握其常用的数理统计方法和质量标准；熟悉质量管理改进的性质、任务和工作方法等 ③技术培训：让工人熟练掌握本人任职岗位的"应知应会"技术和操作规程等。技术和管理人员要熟悉施工及验收规范、质量评定标准，原材料、构配件和设备的技术要求及质量标准，以及质量管理的方法等。专职质量检验人员要正确掌握检验、测量和试验方法，熟练使用其仪器、仪表和设备。通过培训，使全体职工具有保证工程质量的技术业务知识和能力
质量管理的标准化	质量管理中的标准化，包括技术工作和管理工作的标准化。技术标准有产品质量标准、操作标准、各种技术定额等。管理工作标准有各种管理业务标准、工作标准等，即管理工作的内容、方法、程序和职责权限。质量管理标准化工作的要求是： ①不断提高标准化程度。各种标准要齐全、配套和完整，并在贯彻执行中及时总结、修订和改进 ②加强标准化的严肃性。要认真严格执行，使各种标准真正起到技术法规作用

类别	说　　明
质量管理的计量工作	质量管理的计量工作，包括生产时的投料计量，生产过程中的监测计量和对原材料、成品、半成品的试验、检测、分析计量等。搞好质量管理计量工作的要求是： ①合理配备计量器具和仪表设备，且妥善保管 ②制定有关测试规程和制度，合理使用和定期检定计量器具 ③改革计量器具和测试方法，实现检测手段现代化
质量情报	质量情报是反映产品质量、工作质量的有关信息。其来源一是通过对工程使用情况的回访调查或收集用户的意见得到的质量信息；二是从企业内部收集到的基本数据、原始记录等有关工程质量的信息；三是从国内外同行业搜集的反映质量发展的新水平、新技术的有关情报等 　　做好质量情报工作是有效实现"预防为主"方针的重要手段。其基本要求是准确、及时、全面、系统
建立健全质量责任制	建立和健全质量责任制，使企业每一个部门、每一个岗位都有明确的责任，形成一个严密的质量管理工作体系。它包括各级行政领导和技术负责人的责任制、管理部门和管理人员的责任制和工人岗位责任制。其主要内容有： ①建立质量管理体系，开展全面质量管理工作 ②建立健全质量保证的管理制度，做好各项基础工作 ③组织各种形式的质量检查，经常开展质量动态分析，针对质量通病和薄弱环节，采取技术、组织措施 ④认真执行奖惩制度，奖励表彰先进，积极发动和组织各种竞赛活动 ⑤组织对重大质量事故的调查、分析和处理
开展质量改进活动	质量改进活动可以质量管理小组形式，主要有两种：一是由施工班组的工人或职能科室的管理人员组成；二是由工人、技术（管理）人员、领导干部组成"三结合"小组。其成员应自愿参加，人数不宜太多。开展质量管理小组活动要做到以下各点： ①根据企业方针目标，从分析本岗位、本班组、本科室、本部门的现状着手，围绕提高工作质量和产品质量、改善管理和提高小组素质而选择课题 ②要坚持日常检查、测量和图表记录，并有一定的会议制度，如质量分析会、定期的例会等，对找出影响质量的因素采取对策措施 ③按照"计划（Plan）、实施（Do）、检查（Check）、处理（Action），即PDCA循环"进行质量管理改进活动。做到目标明确、现状清楚、对策具体、措施落实、及时检查和总结 ④为推动质量管理小组活动，可组织各种形式的经验交流会和成果发表会

四、施工项目质量管理的过程和管理阶段

（一）施工项目质量管理的过程

　　任何工程项目都是由分项工程、分部工程和单位工程所组成的，而工程项目的建设，则通过一道道工序来完成。所以，施工项目的质量管理是从工序质量到分项工程质量、分部工程质量、单位工程质量的系统控制过程（图1-1）；也是一个由对投入原材料的质量控制开始，直到完成工程质量检验为止的全过程的系统过程（图1-2）。

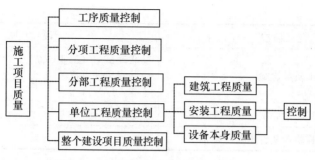

图 1-1　施工项目质量控制过程（一）

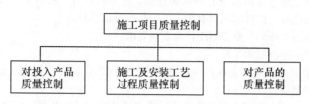

图 1-2　施工项目质量控制过程（二）

（二）施工项目质量管理的阶段

为了加强对施工项目的质量管理，明确各施工阶段管理的重点，可把施工项目质量分为事前控制、事中控制和事后控制三个阶段（表 1-5）。

表 1-5　　　　　　　　　　　　施工项目质量管理的阶段

施工阶段		说　　明
事前控制	施工准备质量控制	质量控制系统组织 质量保证体系、施工管理人员资质审查 原材料、半成品及构配件质量控制 机械设备质量控制 施工准备质量控制、施工方案、施工计划、施工方法、检验方法审查 工程技术环境监督检查 现场管理环境监督检查 新技术、新工艺、新材料审查把关 测量标桩审核、检查
	图纸绘审及技术交底	—
	审查开工申请，把好开工关	—
事中控制	施工过程质量控制	工序控制 工序之间交接检查 隐蔽工程质量控制
	中间产品质量控制	—
	分部、分项工程质量评定	—
	设计变更与图纸修改的审查	—

续表

施工阶段		说　明
事后控制	施工质量检验	联动试车（工业产品） 验收文件审核 竣工检验
	工程质量评定	—
	工程质量文件审核与建档	—

1. 事前控制

事前控制即对施工前准备阶段进行的质量控制。它是指在各工程对象正式施工活动开始前，对各项准备工作及影响质量的各因素和有关方面进行的质量控制。

（1）施工技术准备工作的质量控制应符合下列要求：

①组织施工图纸审核及技术交底：

a. 应要求勘察设计单位按国家现行的有关规定、标准和合同规定，建立健全质量保证体系，完成符合质量要求的勘察设计工作。

b. 在图纸审核中，审核图纸资料是否齐全，标准尺寸有无矛盾及错误，供图计划是否满足组织施工的要求及所采取的保证措施是否得当。

c. 设计采用的有关数据及资料是否与施工条件相适应，能否保证施工质量和施工安全。

d. 进一步明确施工中具体的技术要求及应达到的质量标准。

②核实资料：核实和补充对现场调查及收集的技术资料，应确保可靠性、准确性和完整性。

③审查施工组织设计或施工方案：重点审查施工方法与机械选择、施工顺序、进度安排及平面布置等是否能保证组织连续施工，审查所采取的质量保证措施。

④建立保证工程质量的必要试验设施。

（2）现场准备工作的质量控制应符合下列要求：

①场地平整度和压实程度是否满足施工质量要求。

②测量数据及水准点的埋设是否满足施工要求。

③施工道路的布置及路况质量是否满足运输要求。

④水、电、热及通信等的供应质量是否满足施工要求。

（3）材料设备供应工作的质量控制应符合下列要求：

①材料设备供应程序与供应方式是否能保证施工顺利进行。

②所供应的材料设备的质量是否符合国家有关法规、标准及合同规定的质量要求。设备应具有产品详细说明书及附图；进场的材料应检查验收，验规格、验数量、验品种、验质量，做到合格证、化验单与材料实际质量相符。

2. 事中控制

事中控制即对施工过程中进行的所有与施工有关方面的质量控制，也包括对施工过程中的中间产品（工序产品或分部、分项工程产品）的质量控制。

事中控制的策略是：全面控制施工过程，重点控制工序质量。其具体措施是：工序交接有检查；质量预控有对策；施工项目有方案；技术措施有交底，图纸会审有记录；配制材料有试验；隐蔽工程有验收；计量器具校正有复核；设计变更有手续；钢筋代换有制度；质量处理有复查；成品保护有措施；行使质控有否决；质量文件有档案（凡是与质量有关的技术文件，如水准、坐标位置，测量、放线记录，沉降、变形观测记录，图纸会审记录，材料合格证明、试验报告，施工记录，隐蔽工程记录，设计变更记录，调试、试压运行记录，试车运转记录，竣工图等都要编目建档）。

3.事后控制

事后控制是指对通过施工过程所完成的具有独立功能和使用价值的最终产品（单位工程或整个建设项目）及其有关方面（例如质量文档）的质量进行控制。其具体工作内容有：

（1）组织联动试车。

（2）准备竣工验收资料，组织自检和初步验收。

（3）按规定的质量评定标准和办法，对已完成的分项、分部工程，单位工程进行质量评定。

（4）组织竣工验收，其标准是：

①按设计文件规定的内容和合同规定的内容完成施工，质量达到国家质量标准，能满足生产和使用的要求。

②主要生产工艺设备已安装配套，联动负荷试车合格，形成设计生产能力。

③交工验收的建筑物要窗明、地净、水通、灯亮、气来、采暖通风设备运转正常。

④交工验收的工程内净外洁，施工中的残余物料运离现场，灰坑填平，临时建（构）筑物拆除，2m 以内地坪整洁。

⑤技术档案资料齐全。

五、质量员的职责和工作范围

质量员的职责和工作范围，见表1-6。

表1-6　　　　　　　　　　　　质量员的职责和工作范围

要求		说　　　明
质量员的素质要求	足够的专业知识和岗位工作能力	质量员的工作具有很强的专业性和技术性，必须由专业技术人员承担，一般要求应从事本专业工作3年以上；并由建设行政主管部门授权的培训机构，按照建设部规定的建筑企业专业管理人员岗位必备知识和能力要求，对其进行系统的培训考核，取得相应质量员或质量工程师等上岗证书 　（1）岗位必备知识 ①具有建筑识图、建筑力学和建筑结构的基本知识 ②熟悉施工程序，各工种操作规程和质量检验评定标准 ③了解设计规范，熟悉施工验收规范和规程 ④熟悉常用建筑材料、构配件和制品的品种、规格、技术性能和用途 ⑤掌握质量管理的基本概念、内容、方法以及国家的有关法律、法规 ⑥熟悉一般的施工技术、施工工艺及工程质量通病的产生和防治办法 ⑦懂得全面质量管理的原理、方法 　（2）应达到的岗位工作能力 ①能掌握分部分项工程的检验方法和验收评定标准，较正确地进行观感检查和实测实量操作，能熟练填报各种检查表格 ②能较正确地判定各分部分项工程检验结果，了解原材料主要的物理（化学）性能 ③能提出工程质量通病的防治措施，制订新工艺、新技术的质量保证措施 ④了解和掌握发生质量事故的一般规律，具备对质量事故的分析、判断和处理能力 ⑤参加组织指导全面质量管理活动的开展，并提供有关数据

续表1

要求		说　明
质量员的素质要求	较强的管理能力和一定的管理经验	质量员是现场质量监控体系的组织者和负责人，具有一定的组织协调能力是非常必要的，一般要求有 3 年以上的管理经验，才能胜任质量员的工作。质量员除派专人负责外，还可以由技术员、项目经理资格者等其他工程技术人员担任
	很强的工作责任心	质量员的职责是对施工现场质量管理全权负责，质量检查人员要做到尽职尽责，经常深入工地发现问题、解决问题
质量员的重点工作范围	施工准备阶段的重点工作	在正式施工活动开始前进行的质量控制称为事前控制。事前控制对保证工程质量具有很重要的意义 （1）建立质量控制系统 建立质量控制系统，制订本项目的现场质量管理制度，包括现场会议制度、现场质量检验制度、质量统计报表制度、质量事故报告处理制度，完善计量及质量检测技术和手段。督促与指导分包单位　完善其现场质量管理制度，并组织整个工程项目的质量保证活动 （2）进行质量检查与控制 对工程项目施工所需的原材料、半成品、构配件进行质量检查与控制。通过一系列检验手段，将所取得的数据与厂商所提供的技术证明文件相对照，验证原材料、半成品、构配件质量是否满足工程项目的质量要求，及时处置不合格品。对影响建筑物性能、寿命、安全、可靠、经济等问题提出修改意见
	施工过程中的重点工作	施工过程中进行质量控制称为事中控制。事中控制是施工单位控制工程质量的重点，任务是很繁重的 （1）完善工序质量控制，建立质量控制点 把影响工序质量的因素纳入管理范围。以科学方法来提高人的工作质量，以保证工序质量，并通过工序质量来保证工程项目实体的质量。对需要重点控制的质量特性、工程关键部位、特殊过程或质量薄弱环节，在一定的时期内，一定条件下强化管理，使工序处于良好的控制状态 （2）组织参与技术交底和技术复核 技术交底与复核制度是施工阶段技术管理制度的一部分，也是工程质量控制的经常性任务。技术交底是参与施工的人员在施工前了解设计与施工的技术要求，以便科学地组织施工，按合理的工序、工艺进行作业的重要制度。在单位工程、分部工程、分项工程正式施工前，都必须认真做好技术交底工作。技术复核一方面是在分项工程施工前指导、帮助施工人员正确掌握技术要求；另一方面是在施工过程中再次督促检查施工人员是否已按施工图纸、技术交底及技术操作规程施工，避免发生重大差错 （3）严格工序间交接检查 主要作业工序，包括隐蔽作业，应按有关验收规定的要求由质量员检查、签字验收。如出现下述情况，质量员有权向项目经理建议下达停工令： ①施工中出现异常情况 ②隐蔽工程未经检查擅自封闭、掩盖 ③使用了无质量合格证的工程材料，或擅自变更、替换工程材料等
	施工完毕后的重点工作	对施工完的产品进行质量控制称为事后控制。事后控制的目的是对工程产品进行验收把关，以避免不合格产品投入使用 ①按照建筑安装工程质量验收标准验收分项工程、分部工程和单位工程的质量 ②办理工程竣工验收手续，填写验收记录 ③整理有关的工程项目质量的技术文件，并编目建档

要求	说　明
质量员的管理职责	质量员负责工程的全部质量控制工作，明确质量控制系统中的岗位配置，并规定相应的职责和责任。负责现场各组织部门的各类专业质量控制工作的执行。质量员负责向工程项目班子人员介绍该工程项目的质量控制制度，负责指导和保证制度的实施，通过质量控制来保证工程建设满足技术规范和合同规定的质量要求。具体职责有： 　　①负责适用标准的识别和解释 　　②负责质量控制手段的实施，指导质量保证活动。如负责对机械、电气、管道、钢结构以及混凝土工程的施工质量进行检查、监督；对到达现场的设备、材料和半成品进行质量检查，对焊接、铆接、螺栓、设备定位以及技术要求严格的工序进行检查；检查和验收隐蔽工程并做好记载等 　　③组织现场试验室和项目部质量监控人员实施质量控制 　　④建立文件和报告制度，包括建立日常报表体系。报表、汇录应反映以下信息：将要开始的工作；各负责人员的监管活动；业主提出的检查工作要求；施工中的检验或现场试验；其他质量工作内容。此外，现场试验简报是极为重要的记录，每月底须以表格或图表形式送达项目经理及业主；每季度或每半年及工程竣工也要进行同样汇报，报告各项质量管理工作的结果 　　⑤组织工程质量检查，主持质量分析会，严格执行质量奖罚制度 　　⑥接受工程建设各方关于质量控制的申请和要求。包括认真处理建设方、监理单位的整改通知，向各有关部门传达必要的质量措施。质量员有权停止分包商不符合验收标准的工作，有权决定需要进行实验室分析的项目并亲自准备样品，监督实验工作等 　　⑦指导现场质量监督员的质量监督工作。项目较大的工程可设置项目质量监督员，质监员的主要职责有： 　　a. 巡查工程，发现并纠正错误操作 　　b. 记录有关工程质量的详细情况，随时向质量员报告质量信息并执行有关任务 　　c. 协助工长搞好工程质量自检、互检和交接检，随时掌握各分项工程的质量情况 　　d. 整理分项、分部和单位工程检查评定的原始记录，及时填报各种质量报表，建立质量档案

第二节　施工项目质量管理体系

一、质量管理体系的概念与要素

1. 质量管理体系的概念

　　质量管理体系，是指在质量方面指挥和控制组织的管理体系。它致力于建立质量方针和质量目标，并为实现质量方针和质量目标确定相关的过程、活动和资源。质量管理体系主要在质量方面能帮助组织提供持续满足要求的产品，以满足顾客和其他相关方面的需求。

　　质量管理体系和其他管理体系要求的相容性可体现在以下方面：

（1）管理体系的运行模式都以过程为基础，用"PDCA"循环的方法进行持续改进。

（2）从设定目标开始，系统地识别、评价、控制、监视和测量并管理一个由相互关联的过程组成的体系，并使之能够协调地运行。这一系统的管理思想也是一致的。

（3）管理体系标准要求建立的形成文件的程序，如文件控制、记录控制、内审、不合格（不符合）控制、纠正措施和预防措施等，在管理要求和方法上都是相似的。因此，质量管理体系标准要求制定并保持的形成文件的程序，其他管理体系可以共享。

（4）质量管理体系要求标准中强调了法律法规的重要性，在环境管理和在职业、卫生与安全管理体系等标准中同样强调了适用的法律法规要求。

2. 质量管理体系的要素

（1）建筑施工企业质量管理体系要素。质量管理体系要素是构成质量管理体系的基本单元，它是产生和形成工程产品的主要因素。

质量管理体系的要素中，根据建筑企业的特点可列出 17 个要素。这 17 个要素可分为 5 个层次：

①第一层次阐述了企业的领导职责，指出厂长、经理的职责是制定实施本企业的质量方针和目标，对建立有效的质量管理体系负责，是质量的第一责任人。质量管理的职能就是负责质量方针的制定与实施。这是企业质量管理的第一步，也是最关键的一步。

②第二层次阐述了展开质量管理体系的原理和原则，指出建立质量管理体系必须以质量形成规律——质量环为依据，要建立与质量管理体系相适应的组织机构，并明确有关人员和部门的质量责任和权限。

③第三层次阐述了质量成本，从经济角度来衡量体系的有效性。这是企业的主要目的。

④第四层次阐述了质量形成的各阶段如何进行质量控制和内部质量保证。

⑤第五层次阐述了质量形成过程中的间接影响因素。

（2）建筑工程项目质量管理体系要素。项目是建筑施工企业的施工对象。企业要实施 ISO 9000 系列标准，就要把质量管理和质量保证落实到工程项目上。

施工企业质量管理体系由 17 个要素构成，如图 1-3 所示。

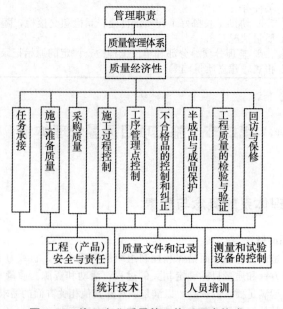

图 1-3 施工企业质量管理体系要素构成

二、质量管理体系的实施

(一) 质量管理体系建立的基础性工作

1. 确定质量环

质量环是从产品立项到产品使用的全过程各个阶段中影响质量的相互作用活动的概念模式，这些阶段如市场调研、设计、采购……售后服务等，构成了产品形成与使用的全过程。每个阶段中包括若干直接质量职能与间接质量职能活动。满足要求的产品质量是质量环各个阶段质量职能活动的综合效果。

建筑施工企业的特定产品对象是工程，无论其工程复杂程度、结构形式怎样变化，无论是高楼大厦还是一般建筑物，其建造和使用的过程、程序和环节基本是一致的。在参照《质量管理体系·业绩改进指南》（GB/T 19004—2011）质量环的基础上，对照施工程序，对建筑施工企业质量环建议由以下 8 个阶段组成：

(1) 工程调研和任务承接；

(2) 施工准备；

(3) 材料采购；

(4) 施工生产；

(5) 试验与检验；

(6) 建筑物功能试验；

(7) 竣工交验；

(8) 回访与保修。

2. 完善质量管理体系结构

完善质量管理体系结构，并使之有效运行。《质量管理体系·业绩改进指南》规定："最高管理层对质量方针负责并作出承诺。质量管理是制定和实施质量方针的全部管理职能。""质量管理体系是为了实施质量管理的组织结构、责任、程序、过程和资源。""管理者应组织建立质量管理体系并使其有效运行，以实现所规定的方针和目标。"

从上述内容分析，企业决策层领导及有关管理人员要负责质量管理体系的建立、完善、实施和保持各项工作的开展，使企业质量管理体系达到预期目标。

3. 质量管理体系要文件化

质量管理体系文件化是很重要的工作特征。质量管理体系结构，采用各项质量要素、要求和规定等必须有系统、有条理的质量管理体系文件，并保证在该体系范围内使有关人员、有关部门理解一致，得到有效的贯彻与实施。

质量管理体系文件主要分为质量手册、质量计划、工作程序文件与质量记录等几项分类文件。

上述质量管理体系文件的内容在《质量管理体系·业绩改进指南》中作了清楚的规定。

4. 定期质量审核

质量管理体系能够发挥作用，并不断改进和提高工作质量，主要是在建立体系后坚持质量管理体系审核和评审（评价）活动。

为了查明质量管理体系的实施效果是否达到了规定的目标要求，企业管理者应制定内部审核计划，定期进行质量管理体系审核。

质量管理体系审核由企业胜任的管理人员对体系各项活动进行客观评价，这些人员独立于被审核的部门和活动范围。质量管理体系审核范围如下：组织机构，管理与工作程序，人员、装备和器材，工作区域、作业和过程，在制品（确定其符合规范和标准的程度），以及文件、报告和记录。质量管理体系审核一般以质量管理体系运行中，各项工作文件的实施程度及产品质量水平为主要工作对象，一般为符合性评价。

5. 质量管理体系评审和评价

质量管理体系的评审和评价，一般称为管理者评审。它是由上层领导亲自组织的，对质量管理体系、质量方针、质量目标等各项工作所开展的适合性评价。就是说，质量管理体系审核时，主要精力放在是否将计划工作落实，效果如何；而质量管理体系评审和评价重点为该体系的计划、结构是否合理有效，尤其是结合市场及社会环境，对企业情况进行全面的分析与评价，一旦发现这些方面的不足，就应对其体系结构、质量目标、质量政策提出改进意见，以使企业管理者采取必要的措施。质量管理体系的评审和评价也包括各项质量管理体系审核范围内的工作。

与质量管理体系审核不同的是，质量管理体系评审更侧重于质量管理体系的适合性（质量管理体系审核侧重符合性）；而且，一般评审与评价活动要由企业领导直接组织。

（二）建立质量管理体系的程序与步骤

1. 建立质量管理体系的程序。

按照《质量管理体系·基础和术语》（GB/T 19000—2008），建立一个新的质量管理体系或更新、完善现行的质量管理体系，一般有以下几个程序，见表1-7。

表1-7 建立质量管理体系的程序

项目	内容说明
企业领导决策	企业主要领导要下决心走质量效益型的发展道路，有建立质量管理体系的迫切需要。建立质量管理体系是涉及企业内部很多部门参加的一项全面性的工作，如果没有企业主要领导亲自参加、亲自实践和统筹安排，是很难搞好这项工作的。因此，领导真心实意地要求建立质量管理体系，是建立健全质量管理体系的首要条件
编制工作计划	工作计划包括培训教育、体系分析、职能分配、文件编制、配备仪器仪表设备等内容
分层次教育培训	组织学习GB/T 19000—2008系列标准，结合本企业的特点，了解建立质量管理体系的目的和作用，详细研究与本职工作有直接联系的要素，提出控制要素的办法
分析企业特点	结合建筑业企业的特点和具体情况，确定采用哪些要素和采用的程度。要素要对控制工程实体质量起主要作用，能保证工程的适用性、符合性
落实各项要素	企业在选好合适的质量管理体系要素后，要进行二级要素展开，制定实施二级要素所必需的质量活动计划，并把各项质量活动落实到具体部门或个人 企业在领导的亲自主持下，合理地分配各级要素与活动，使企业各职能部门都明确各自在质量管理体系中应担负的责任、应开展的活动和各项活动的衔接办法。分配各级要素与活动的一个重要原则就是责任部门只能是一个，但允许有若干个配合部门 在各级要素和活动分配落实后，为了便于实施、检查和考核，还要把工作程序文件化，即将企业的各项管理标准、工作标准、质量责任制、岗位责任制形成与各级要素和活动相对应的有效运行的文件
编制质量管理体系文件	质量管理体系文件按其作用可分为法规性文件和见证性文件两类。质量管理体系法规性文件是用以规定质量管理工作的原则，阐述质量管理体系的构成，明确有关部门和人员的质量职能，规定各项活动的目的、要求、内容和程序的文件。在合同环境下，这些文件是供方向需方证实质量管理体系适用性的证据。质量管理体系的见证性文件是用以表明质量管理体系的运行情况和证实其有效性的文件（如质量记录、报告等）。这些文件记载了各质量管理体系要素的实施情况和工程实体质量的状态，是质量管理体系运行的见证

2. 建立质量管理体系的步骤

建立质量管理体系的步骤，见表 1-8。

表 1-8 建立质量管理体系的步骤

阶段	主要内容	时间（月）
准备阶段	①最高管理者决策 ②任命管理者代表、建立组织机构 ③提供资源保障（人、财、物、时间）	企业自选
人员培训	①内审员培训 ②体系策划、文件编写培训	由企业自定
体系分析与设计	①企业法律法规符合性 ②确定要素及其执行程度和认证程度 ③评价现有的管理制度与 ISO 9001 的差距	由企业自定
体系策划和文件编写	①编写质量管理守则、程序文件、作业书指导 ②文件修改 1～2 次并定稿	1～2
体系试运行	①正式颁布文件 ②进行全员培训 ③按文件的要求实施	3～6
内审及管理评审	①企业组成审核组进行审核 ②对不符合项进行整改 ③最高管理者组织管理评审	0.5～1
模拟审核	①由咨询机构对质量管理体系进行审核 ②对不符合项提出整改意见 ③协助企业办理正式审核前期工作	0.25～1
认证审核准备	①选择、确定认证审核机构 ②提供所需文件及资料 ③必要时接受审核机构预审核	由企业自定
认证审核	①现场审核 ②不符合项整改	由企业自定
颁发证书	①提交整改结果 ②审核机构的评审 ③审核机构打印并颁发证书	由企业自定

（三）质量管理体系的运行

保持质量管理体系的正常运行和持续实用有效，是企业质量管理的一项重要任务，是质量管理体系发挥实际效能、实现质量目标的主要阶段。

质量管理体系的运行是执行质量管理体系文件、实现质量目标、保持质量管理体系持续有效和不断优化的过程。

质量管理体系的有效运行是依靠体系的组织机构进行组织协调、实施质量监督、开展信息反馈、进行质量管理体系审核和评审实现的。

1. 组织协调

质量管理体系的运行是借助于质量管理体系组织结构的组织和协调来运行的。组织和协调工作是维护质量管理体系运行的动力。质量管理体系的运行涉及企业众多部门的活动。

2. 质量监督

质量管理体系在运行过程中，各项活动及其结果不可避免地会有发生偏离标准的可能。为此，必须实施质量监督。质量监督有企业内部监督和外部监督两种，需方或第三方对企业进行的监督是外部质量监督。需方的监督权是在合同环境下进行的。

质量监督是符合性监督。质量监督的任务是对工程实体进行连续性的监视和验证。发现偏离管理标准和技术标准的情况时及时反馈，要求企业采取纠正措施，严重者责令停工整顿，从而促使企业的质量活动和工程实体质量均符合标准所规定的要求。

实施质量监督是保证质量管理体系正常运行的手段。外部质量监督应与企业本身的质量监督考核工作相结合，杜绝重大质量事故的发生，促进企业各部门认真贯彻各项规定。

3. 质量信息管理

企业的组织机构是企业质量管理体系的骨架，而企业的质量信息系统则是质量管理体系的神经系统，是保证质量管理体系正常运行的重要系统。在质量管理体系的运行中，通过质量信息反馈系统对异常信息的反馈和处理进行动态控制，从而使各项质量活动和工程实体质量保持受控状态。

质量信息管理和质量监督、组织协调工作是密切联系在一起的。异常信息一般来自质量监督，异常信息的处理要依靠组织协调工作——三者的有机结合，是使质量管理体系有效运行的保证。

4. 质量管理体系审核与评审

企业进行定期的质量管理体系审核与评审，一是对体系要素进行审核、评价，确定其有效性；二是对运行中出现的问题采取纠正措施，对体系的运行进行管理，保持体系的有效性；三是评价质量管理体系对环境的适应性，对体系结构中不适用的采取改进措施。开展质量管理体系审核和评审是保持质量管理体系持续有效运行的主要手段。

（四）质量管理体系的持续改进

事物是在不断发展的，都会经历一个由不完善到完善直至更新的过程。顾客的要求在不断变化，所以为了适应变化着的环境，组织需要对其质量管理体系进行一种持续的改进活动，以增强满足要求的能力。其目的就在于增强顾客和其他相关方满意的机会，实现组织所设定的质量方针和质量目标。质量管理体系持续改进的最终目的是提高组织的有效性和效率，它包括了围绕改善产品的特征和特性及提高过程的有效性和效率所开展的所有活动、方法、路径。

有关质量管理体系的持续改进的内容如下：

1. 持续改进的活动

（1）通过质量方针和质量目标的建立，并在相关职能和层次中展开，营造一个激励改进的氛围和环境。

（2）通过对顾客满意程度、产品要求符合性及过程、产品的特性等测量数据，来分析其趋势、分析和评价现状。

（3）利用审核结果进行内部质量管理体系审核，不断发现质量管理体系中的薄弱环节，确定改进的目标。

（4）进行管理评审，对组织质量管理体系的适宜性、充分性和有效性进行评价，作出改进产品、过程和质量管理体系的决策，寻找解决办法，以实现这些目标。

（5）采取纠正和预防的措施，避免不合格现象的再次出现或潜在不合格品的发生。

2. 持续改进的方法——"PDCA"循环的模式方法

P（plan）——策划：根据顾客的要求和组织的方针，分析和评价现状，确定改进目标，寻找解决办法并评价这些解决办法，最后作出选择。

D（do）——实施：实施选定的解决办法。

C（check）——检查：根据方针、目标和产品要求，对过程、产品和质量管理体系进行测量、验证、分析和评价实施结果，以确定这些目标是否已经实现。

A（action）——处置：采取措施，正式采纳更改，持续改进过程业绩。

3. 持续改进活动的两个基本途径

（1）渐进式的日常持续改进：管理者应营造一种文化，使全体员工都能积极参与、识别改进机会。它可以对现有过程作出修改和改进，或实施新过程；它通常由日常运作之外的跨职能小组来实施；由组织内人员对现有过程进行渐进的过程改进，如 QC 小组活动等。

（2）突破性项目应通常针对现有过程的再设计来确定。它应该包括以下阶段：

①确定目标和改进项目的总体框架。

②分析现有的"过程"并认清变更的机会。

③确定和策划过程改进。

④实施改进。

⑤对过程的改进进行验证和确认。

⑥对已完成的改进作出评价。

三、质量管理体系的认证

1. 概念

质量管理体系认证是由具有第三方公正地位的认证机构，依据质量管理体系的要求标准，审核企业质量管理体系要求的符合性和实施的有效性，进行独立、客观、科学、公正的评价，得出结论。若通过，则颁发认证证书和认证标志，但认证标志不能被用于具体的产品上。获得质量管理体系认证资格的企业可以再申请特定产品的认证。

2. 实施阶段

（1）认证申请。组织向其自愿选择的某个体系认证机构提出申请，并按该机构要求提交申请文件，包括企业质量手册等。体系认证机构根据企业提交的申请文件，决定是否受理申请，并通知企业。按惯例，机构不能无理拒绝企业的申请。

（2）体系审核。体系认证机构指派数名国家注册审核人员实施审核工作，包括审查企业的质量手册，到企业现场查证实际执行情况，并提交审核报告。

（3）审批与注册发证。体系认证机构根据审核报告，经审查决定是否批准认证。对批准认证的企业颁发体系认证证书，并将企业的有关情况注册公布，准予企业以一定方式使用体系认证标志。证书有效期通常为 3 年。

（4）监督。在证书有效期内，体系认证机构每年对企业进行至少一次的监督与检查，查证企业有关质量管理体系的保持情况，一旦发现企业有违反有关规定的事实证据，即对该企业采取措施，暂停或撤销该企业的体系认证。

获准认证后的质量管理体系，维持与监督管理的内容包括以下几个方面，见表 1-9。

表 1-9 质量管理体系的维持与监督管理

项　目	内　　容
企业通报	认证合格的企业质量管理体系在运行中出现较大变化时，需向认证机构通报，认证机构接到通报后，视情况采取必要的监督检查措施

17

续表

项目	内　　容
监督检查	监督检查指认证机构对认证合格单位质量维持的情况进行监督性现场检查，包括定期和不定期的监督检查。定期检查通常是每年一次，不定期检查视需要临时安排
认证注销	认证注销是企业的自愿行为。在企业体系发生变化或证书有效期届满时未提出重新申请等情况下，认证持证者提出注销的，认证机构予以注销，并收回体系认证证书
认证暂停	认证暂停是认证机构对获证企业质量体系发生不符合认证要求情况时采取的警告措施。在认证暂停期间，企业不得用体系认证证书作宣传。企业在其采取纠正措施满足规定条件后，认证机构撤销认证暂停；否则将撤销认证注册，收回合格证书
认证撤销	当获证企业发生下列情况时，认证机构应作出撤销认证的决定： ①质量体系存在严重不符合规定的 ②在认证暂停的规定期限内未予整改的 ③发生其他构成撤销体系认证资格的 若企业不服可提出申诉。撤销认证的企业一年后可重新提出认证申请
复评	认证合格有效期满前，如企业愿继续延长，可向认证机构提出复评申请
重新换证	在认证证书有效期内，出现体系认证标准变更、体系认证范围变更、体系认证证书持有者变更，可按规定重新更换

第三节　施工单位的工程质量管理

一、施工单位的质量责任和义务

施工单位的工程质量管理的责任和义务有如下几点：

(1) 应当依法取得相应等级的资质证书，并在其资质等级许可的范围内承揽工程。禁止超越本单位资质等级许可的业务范围或者以其他施工单位的名义承揽工程。禁止允许其他单位或者个人以本单位的名义承揽工程。不得转包或者违法分包工程。

(2) 对建设工程的施工质量负责。应当建立质量责任制，确定工程项目的项目经理、技术负责人、施工管理负责人和质量管理及检验人员。

建设工程实行总承包的，总承包单位应当对全部建设工程质量负责。建设工程勘察、设计、施工、设备采购的一项或者多项实行总承包的，总承包单位应当对其承包的建设工程或者采购的设备的质量负责。

(3) 总承包单位依法将建设工程分包给其他单位的，分包单位应当按照分包合同的约定对其分包工程的质量向总承包单位负责。总承包单位应当对其承包的建设工程的质量承担连带责任。

(4) 必须按照工程设计图纸和施工技术标准施工，不得擅自修改工程设计，不得偷工减料。在施工过程中发现设计文件和图纸有差错的，应当及时提出意见和建议。

(5) 必须按照工程设计要求、施工技术标准和合同约定，对建筑材料、建筑构配件、设备和商品混凝土进行检验。检验应当有书面记录和专人签字；未经检验或者检验不合格的，不得使用。

(6) 必须建立、健全施工质量的检验制度，严格工序管理，做好隐蔽工程的质量检查和记录。

隐蔽工程在隐蔽前，应当通知监理单位、建设单位和建设工程质量监督机构。

（7）施工人员对涉及结构安全的试块、试件以及有关材料，应当在建设单位或者工程监理单位监督下现场取样，并送具有相应资质等级的质量检测单位进行检测。

（8）对施工中出现质量问题的建设工程或者竣工验收不合格的建设工程，应当负责返修。

（9）应当建立、健全教育培训制度，加强对职工的教育培训。未经教育培训或者考核不合格的人员不得上岗作业。

二、工程施工质量管理的内容和措施

工程施工是一个从对投入原材料的质量控制开始，直到完成工程质量检验验收和交工后服务的系统过程。

（一）施工准备阶段工作质量控制

从技术质量的角度来讲，施工准备工作主要是做好图纸学习与会审、编制施工组织设计和进行技术交底，为确保施工生产和工程质量创造必要的条件。

施工准备阶段工作质量控制具体说明，见表1-10。

表 1-10　　　　　　　　　　　　施工准备阶段工作质量控制

项目	内　　容
图纸学习与会审	设计文件和图纸的学习是进行质量控制和规划的一项重要而有效的方法。一方面使施工人员熟悉、了解工程特点、设计意图和掌握关键部位的工程质量要求，更好地做到按图施工；另一方面通过图纸审查，及时发现存在的问题和矛盾，提出修改与洽商意见，帮助设计单位减少差错，提高设计质量，避免产生设计事故或工程质量问题 　　图纸会审由建设单位或监理单位主持，设计单位、施工单位参加。设计单位介绍设计意图、图纸、设计特点和对施工的要求。施工单位与监理单位等提出图纸中存在的问题和对设计单位的要求。通过各方讨论协商，解决存在问题，写出会审纪要。设计人员在会后通过书面形式进行解释，或提出设计变更文件及图纸。图纸审查必须抓住关键，特别注意构造和结构安全的审查，必须形成图纸审查与修改文件，并作为档案保存
编制施工组织设计	高质量的工程和有效的质量管理体系需经过精心策划和周密计划。施工组织设计就是对施工的各项活动作出全面的构思和安排，指导施工准备和施工全过程的技术管理文件。它的基本任务是使工程施工建立在科学合理的基础上，保证项目取得良好的经济效益和社会效益。项目的单件性决定了对每个项目都必须根据其特有的设计特点和施工特点进行施工规划，并编制满足需要的施工组织设计 　　施工组织设计根据设计阶段和编制对象的不同，大致可分为施工组织总设计，难度较大、技术复杂或新技术项目的分部分项工程施工组织设计（或专项方案）。施工组织设计的内容因工程的性质、规模、复杂程度等情况不同而异，通常包括工程概况、施工部署和施工方案、危险源及风险源辨析、施工准备工作计划、施工进度计划、技术质量措施、安全文明施工措施、各项资源需要量计划及施工平面图、技术经济指标等基本内容。施工组织设计编制和修改要按照施工单位隶属关系及工程性质实行分级审批；实施监理的工程，还要监理单位审核后才能定案 　　施工组织设计中，对质量控制起主要作用的是施工方案，主要包括施工程序的安排、流水段的划分、主要项目的施工方法、施工机械的选择，以及保证质量、安全施工、冬期和雨期施工、污染防止等方面的预控方法和针对性的技术组织措施。编制施工方案时，应以国家和地方的规程、标准、技术政策为基础，以质量第一、确保安全为前提，按技术上先进、经济上合理的原则，对主要项目可拟定几个可行的方案，突

项目	内　容
编制施工组织设计	出主要矛盾，摆出主要优缺点，采用建设、设计监理和施工单位结合等形式讨论和比较，不断优化，选出最佳方案。对主要项目、特殊过程、关键部位和难度较大的项目，如新结构、新材料、新工艺、大跨度、大悬挑、重型构件、深基础和高度大的结构部位，制定方案时要反复讨论，充分估计到可能发生的问题和处理方法，并制定确保质量、安全的技术措施。对风险源大的工程专项施工方案，必要时应邀请行业内专家评审，对专家的意见必须落实改进
组织技术交底	技术交底是指单位工程、分部工程、分项工程正式施工前，对参与施工的有关管理人员、技术人员和工人进行不同重点和技术深度的技术性交代和说明。其目的是使参与项目施工的人员对施工对象的设计情况、建筑结构特点、技术要求、施工工艺、质量标准和技术安全措施、操作规程等方面有一个较详细的了解，做到心中有数，以便科学地组织施工和合理地安排工序，避免发生技术错误或操作错误 　　技术交底是一项经常性的技术工作，可分级分阶段进行。企业或项目负责人根据施工进度，分阶段向工长及职能人员交底；工长在每项任务施工前，向操作班组交底。技术交底应以设计图纸、施工组织设计、质量检验评定标准、施工验收规范、操作规程和工艺卡为依据，编制交底文件，必要时可用图表、实样、小样、现场示范操作等形式进行，并做好书面交底记录。特别对重点、关键、特殊工程、部位和工序，以及四新项目的交底，内容要全面、重点明确、具体而详细，注重可操作性
控制物资采购	施工中所需的物资，包括建筑材料、建筑构配件和设备等，无论是由建设单位提供，或施工企业自行采购的，都必须实行严格的质量控制。如果生产、供应单位提供的物资不符合质量要求，建设单位与施工企业在采购前和施工中又没有有效的质量控制手段往往会埋下工程隐患，甚至酿成质量事故。因此，采购前应着重控制生产、供应单位的质量保证能力，选择合适的供应厂商和外加工单位等分供方。按先评价、后选择的原则，由熟悉物资技术标准和管理要求的人员，对拟选择的分供方通过对技术、管理、质量检测、工序质量控制和售后服务等质量保证能力的调查，信誉以及产品质量的实际检测评价，各分供方之间的综合比较，最后作出综合评价，再选择合格的分供方建立供求关系。对已建立供求关系的分供方还要根据情况的变化和需要，定期地进行连续评价和更新，以使采购的物资持续保持在符合要求的水平上
严格选择分包	工程总承包商或主承包商将总包的工程项目，按专业性质或工程范围（区域）分包给若干个分包商来完成是一种普遍采用的经营方式。为了确保分包工程的质量、工期和现场管理能满足总合同的要求，总包商应由主管部门和人员对拟选择的分包商，包括建设单位指定的分包商，是否具有相应分包工程的承包能力进行资格审查和评价。通过审查资格文件、考察已完工程和在施工程质量等方法，对分包商的技术及管理实力、特殊及主体工种人员资格、机械设备能力及施工经验认真进行综合评价，决定是否可作为合作伙伴。分包单位不得将其承包的工程再分包

（二）施工阶段施工质量控制

　　施工阶段是形成工程项目实体的过程，也是形成最终产品质量的重要阶段。应按照施工组织设计的规定，把好建筑材料、建筑构配件和设备质量验收关，做好施工中的巡回检查，对主要分部分项工程和关键部位进行质量监控，严格实行隐蔽工程验收和工程预检，加强设计变更管理、落实产品保护，及时记录、收集和整理工程施工技术资料等工作措施，以保持施工过程的工程总体质量处于稳定受控状态。

　　1. 严格进行材料、构配件试验和施工试验

　　为了避免将不合格的建筑材料、建筑构配件、设备、半成品使用到工程上，对进入现场的物

料，包括甲方供应的物料，以及施工过程中的半成品，如钢材、水泥、钢筋连接接头、混凝土、砂浆、预制构件等，必须按规范、标准和设计的要求，根据对质量的影响程度和使用部位的重要程度，在使用前采用抽样检查或全数检查等形式。对涉及结构安全和使用功能的应由建设单位或现场监理单位见证取样，送有法定资格的单位检测。通过一系列的检验和试验手段，判断其质量的可靠性，并保留有专人签字与单位印章的书面记录。

检验和试验的方法有书面资料检验、外观检验、理化检验和无损检验 4 种。书面检验，是对提供的质量保证资料、试验报告等进行审核，予以认可。外观检验，是对品种、规格、标志、外形尺寸等进行直观检查，查其有无质量问题，如构件的几何尺寸和混凝土的目测质量等。理化试验，是借助试验设备和仪器对样品的化学成分、机械性能等进行测试和鉴定，如钢材的抗拉强度、混凝土的抗压强度、水泥的安定性、管道的强度和严密性等。无损检验，是在不破坏样品的前提下，利用超声波、X 射线、表面探伤仪等进行检测，如钢结构焊缝的缺陷。

严禁将未经检验和试验，或检验和试验不合格的材料、构配件、设备、半成品等投入使用和安装。

2. 实施工序质量监控

工程的施工过程，是由一系列相互关联、相互制约的工序所构成的。例如，混凝土工程由搅拌、运输、浇灌、振捣、养护等工序组成。工序质量直接影响项目的整体质量。工序质量包含两个相互关联的内容：一是工序活动条件的质量，即每道工序投入的人、材料、机械设备、方法和环境是否符合要求；二是工序活动效果的质量，即每道工序施工完成的工程产品是否达到有关质量标准。为了把工程质量从事后检查把关，转向事前、事中控制，达到预防为主的目的，必须加强施工工序的质量监控。

工序质量监控的对象是影响工序质量的因素，特别是对主导因素的监控，其核心是管因素、管过程，而不单纯是管结果，其重点内容包括以下四个方面，见表 1-11。

表 1-11 工序质量监控

项 目	说 明
设置工序质量控制点	即对影响工序质量的重点或关键部位、薄弱环节，在一定时期内和一定条件下进行强化管理，使之处于良好的控制状态。可作为质量控制点的对象涉及面较广，它可能是技术要求高、施工难度大的结构部位，也可能是对质量影响大的关键和特殊工序、操作或某一环节，例如预应力结构的张拉工序、地下防水层施工、模板的支撑与固定、大体积混凝土的浇捣等。对特殊工序应事先对其工序能力进行必要的鉴定
严格遵守工艺规程	施工工艺和操作规程，是施工操作的依据和法规，是确保工序质量的前提，任何人都必须严格执行，不得违反
控制工序活动条件的质量	主要将影响质量的五大因素，即施工操作者、材料、施工机械设备、施工方法和施工环境，切实有效地控制起来，以保证每道工序的正常、稳定
及时检查工序活动效果的质量	通过质量检查，及时掌握质量动态，一旦发现质量问题，随即研究处理

3. 组织过程质量检验

组织过程质量检验主要指工序施工中，或上道工序完工即将转入下道工序时所进行的质量检验。目的是通过判断工序施工内容是否合乎设计或标准要求，决定该工序是否继续进行、转交或停止。具体形式有质量自检、互检和专业检查、工程预检、工序交接检查、工程隐蔽验收检查、基础和主体工程检查验收等工作，其具体说明见表 1-12。

表 1-12 组织过程质量检验

项 目	说 明
质量自检和互检	自检是指由工作的完成者依据规定的要求对该工作进行的检查。互检是指工作的完成者之间对相应的施工工程或完成的工作任务的质量所进行的一种制约性检查。互检的形式比较多,如同一班组内操作者的互相检查,班组的质量员对班组内的某几个成员或全体操作效果的复查,下道工序对上道工序的检查。互检往往是对自检的一种复核和确认。操作者应依据质量检验计划,按时、按确定项目、内容进行检查,并认真填写检查记录
企业专业质量监控	施工企业必须建立专业齐全、具有一定技术水平和能力的专职质量监控检查队伍和机构,弥补自检、互检的不足。企业质量监控检查人员应按规定的检验程序,对工序施工质量及施工班组自检记录进行核查、验证,包括对专业工程的泼水、盛水、气密性、通球、强度和接地电阻的测试等,评定相应的质量等级,并对符合要求的予以确认。当工序质量出现异常时,除可作出暂停施工的决定外,并向主管部门和上级领导报告。专业质量监控检查人员应做好专业检查记录,清晰表明工序是否正常及其处理情况
工序交接检查	工序交接检查是指上道工序施工完毕即将转入下道工序施工之前,以承接方为主,对交出方完成的施工内容的质量所进行的一种全面检查。因此需要有专门人员组织有关技术人员及质量检查人员参加。所以,这是一种不同于互检和专检的特殊检查形式。按承交双方的性质不同,可分为施工班组之间、专业施工队之间、专业工程处(分公司)之间和承包工程的企业之间 4 种交接检查类型。交出方和承接方通过资料检查及实体核查,对发现的问题进行整改,达到设计、技术标准要求后,办理工序交接手续,填写工序交接记录,并由参与各方签字确认
隐蔽工程验收	隐蔽工程验收是指将被其他分项工程所隐蔽的分项工程或分部工程,在隐蔽前进行的检查和验收,是一项防止质量隐患,保证工程质量的重要措施。各类专业工程都有规定的隐蔽验收项目,就土建工程而言,隐蔽验收的项目主要有:地基、基础与主体结构各部位钢筋、现场结构焊接、高强螺栓连接、防水工程等。对重要的隐蔽工程项目,如基础工程等,应由工程项目的技术负责人主持,邀请建设单位、监理单位、设计单位、政府质量监督部门进行验收,并签署意见。隐蔽工程验收后,办理验收手续,列入工程档案。对于验收中提出的不符合质量标准的问题,要认真处理,经复核合格并写明处理情况。未经隐蔽工程验收或验收不合格的,不得进行下道工序施工
工程预检	工程预检也称技术复核,是指该分项工程在未施工前所进行的预先检查,是一项防止可能发生差错造成重大质量事故的重要措施。预检的项目就土建工程而言,主要有:测量放线,建筑物位置线、基础尺寸线、模板轴线、墙体轴线、预制构件吊装位置线、门窗洞口位置线、设备基础位置线、混凝土施工缝位置、方法及接槎处理及地面基层处理等。一般预检项目由工长主持,请质量检验员、有关班组长参加。重要的预检项目应由项目经理或技术负责人主持,请设计单位、建设单位、监理单位的代表参加,并签署意见。预检后要办理预检手续,列入工程档案。对于技术复核中提出的不符合质量标准的问题,要认真处理,经复检合格并写明处理情况。未经预检或预检不合格的,不得进行下一道工序施工
基础、主体工程检查验收	单位工程的基础完成后必须进行验收,方可进行主体工程施工;主体工程完成后必须经过验收,方可进行装饰施工。有人防地下室的工程,可分两次进行结构验收(地下室一次,主体一次)。如需提前装饰的工程,主体结构可分层进行验收。结构验收应由勘察、设计、监理、施工单位签署的合格文件,并报政府监督机构备查

4. 重视设计变更管理

施工过程中往往会发生没有预料的新情况，如设计与施工的可行性发生矛盾；建设单位因工程使用目的、功能或质量要求发生变化，而导致设计变更。设计变更须经建设、设计、施工单位、监理单位各方同意，共同签署设计变更洽商记录，由设计单位负责修改，并向施工单位签发设计变更通知书。对建设规模、投资方案有较大影响的变更，须经原批准初步设计单位同意，方可进行修改；结构变更大的设计变更应送原审图单位审查通过。设计变更必须真实地反映工程的实际变更情况，变更内容要条理清楚、明确具体，除文字说明外，必要时附施工图纸，以利施工。设计变更注明日期，及时送交施工相关各方有关部门和人员。接到设计变更，应立即按要求改动，避免发生重大差错，影响工程质量和使用。所有设计变更资料，均需有文字记录，并按要求归档。

5. 加强过程成品与半成品保护

在施工过程中，有些分项、分部工程已经完成，其他部位或工程尚在施工，对已完成的成品，如不采取妥善的措施加以保护，就会造成损伤，影响质量；严重时有些损伤难以恢复到原样，成为永久性缺陷。产品保护工作主要抓合理安排施工顺序和采取有效的防护措施两个主要环节。按正确的施工流程组织施工，不颠倒工序，可防止后道工序损坏或污染前道工序，如地下管道与基础工程配合进行施工，可避免基础完工后再打洞挖槽安装管道，影响质量和进度。通过采取提前防护、包裹、覆盖和局部封闭等产品防护措施，防止可能发生的损伤、污染、堵塞。此外，还必须加强对成品保护工作的检查。

6. 积累工程施工技术资料

积累工程施工中的技术、质量和管理活动的记录，是实行质量追溯的主要依据，是验收单位工程质量的重要条件，也是工程档案的主要组成部分。施工技术资料管理是确保工程质量和完善施工管理的一项重要工作，它反映了施工活动的科学性和严肃性，是工程施工质量水平和管理水平的实际体现。施工企业必须按各专业质量检验评定标准的规定和各地的地方规定，全面、科学、准确、及时地记录施工及试（检）验资料，按规定积累计算、整理、归档，手续必须完备，并不得有伪造、涂改、后补等现象。

（三）竣工验收交付阶段的工程质量控制

工程项目按照批准的设计图纸和文件的内容全部建成，达到使用条件或住人标准，即为工程竣工。竣工是指单项工程而言。一个建设项目如果是由几个单项工程组成，应按单项工程组织竣工。一个工程项目如果已经全部完成，但由于外部原因，如缺少或暂时缺少电力、煤气、燃料等，不能投产或不能全部投产使用，也可视为竣工。工程竣工后，达到质量标准，即可逐个由建设单位组织勘察、设计、施工、监理等有关单位对竣工工程进行验收，办理移交手续。

竣工验收交付阶段的工程质量控制说明，见表 1-13。

表 1-13   **竣工验收交付阶段的工程质量控制**

项目	说　明
坚持竣工标准	由于建设工程项目门类很多，性能、条件和要求各异，因此土建工程、安装工程、人防工程、管道工程、桥梁工程、电气工程及铁路建筑安装工程等都有相应的竣工标准。凡达不到竣工标准的工程，一般不能算竣工，也不能报请竣工质量验收。例如土建工程的竣工标准规定，凡生产性工程、辅助公用设施及生活设施按照设计图纸、技术说明书、验收规范进行验收，工程质量符合各项要求，在工程内容上按规定全部施工完毕，不留尾巴。即对生产性工程，要求室内全部做完，室外明沟勒脚、踏步斜道全部做完，内外粉刷完毕；建筑物、构筑物周围 2m 以内场地平整、障碍物清除、道路及下水道畅通。对生活设施和职工住宅除上述要求外，还要求水通、电通、道路通

续表

项目	说　明
做好竣工预验收	竣工预验收是承包单位内部的自我检验，也称竣工预检，目的是为正式验收做好准备。竣工预检可根据工程重要程度和性质，按竣工验收标准，分层次进行。通常先由项目部组织自检，对缺漏或不符合要求的部位和项目，确定整改措施，指定专人负责整改。在项目部整改复查完毕后，报请企业上级单位进行复检。通过复检，解决全部遗留问题。勘察、设计、施工、监理等单位还需同步分别签署质量合格文件。经各方确认全部符合竣工验收标准，具备交付使用条件后，建设承包单位于正式验收之日的前 10 天，向建设单位发送竣工验收报告，出具工程保修书
整理工程竣工验收资料	工程竣工验收资料是使用、维修、扩建和改建的指导文件和重要依据。工程项目交接时，承包单位应将成套的工程技术资料进行分类整理、编目建档后移交给建设单位。工程项目竣工验收的资料主要有： ①工程项目开工报告和竣工报告 ②图纸会审和设计交底记录 ③设计变更通知单和技术变更核定单 ④工程质量事故调查和处理资料 ⑤水准点位置、定位测量记录，沉降及位移观测记录 ⑥建筑材料、建筑构配件和设备的质量合格证明资料 ⑦试验、检验报告 ⑧隐蔽验收记录及施工日记 ⑨竣工图 ⑩质量检验评定资料 ⑪工程竣工验收资料 ⑫其他需移交的文件、实物照片等材料

（四）回访保修服务阶段的工作质量控制

　　工程项目在竣工验收交付使用后，按照有关规定，在保修期限和保修范围内，施工单位应主动对工程进行回访，听取建设单位或用户对工程质量的意见。对属于施工单位施工过程中的质量问题，施工单位负责维修，不留隐患。如属设计等原因造成的质量问题，施工单位可先行修理；在确定责任后，由责任方承担经济补偿。

　　施工单位在接到用户来访、来信的质量投诉后，应立即组织力量回访，维修，发现影响安全的质量问题应紧急处理。

　　回访保修服务阶段的工作质量控制具体说明，见表 1-14。

表 1-14　　　　　　　　　　回访保修服务阶段的工作质量控制

项目	说　明
回访的方式	一般有季节性回访、技术性回访和保修期满前回访三种形式。季节性回访大多为雨季回访屋面、墙面防水情况等；冬季回访采暖系统情况等，发现问题，采取有效措施，及时加以解决。技术性回访主要了解在工程施工过程中所采用的新材料、新技术、新工艺、新设备等的技术性能和使用的效果，发现问题，及时加以补救和解决；同时也便于总结经验，获取科学依据，为改进、完善和推广创造条件。保修期满前的回访一般在保修期即将结束之前进行
保修的期限	①基础设施工程、房屋建筑的地基基础工程和主体结构工程，为设计文件规定的该工程的合理使用年限

项目		说　　明
保修的期限		②屋面防水工程、有防水要求的卫生间、房间和外墙面的防渗漏，为 5 年 ③电气管线、给排水管道、设备安装和装修工程，为 2 年 ④供热与供冷系统，为 2 个采暖期、供冷期 　其他项目的保修期限由发包方与承包方约定 　建设工程的保修期，自竣工验收合格之日起计算 　一般来讲，以上规定是在正常使用条件下的最低保修期限。如果需要，这些项目和其他项目的保修期限，也可由建设单位与施工单位在竣工验收时进行协商，并可在相应的工程保修证书上注明
保修的实施	保修范围	各类建筑工程及建筑工程的各个部位，都应实行保修。主要是指那些由于施工的责任，特别是由于施工质量不良而造成的问题。由于用户在使用中损坏或使用不当而造成建筑物功能不良；由于设计原因造成建筑物功能不良，以及工业产品项目发生问题等情况不属于施工单位保修范围，应由建设单位自行组织修理乃至重新变更设计进行返工。如需原施工单位施工，亦应重新签订协议或合同
	发送质量保修书	在工程竣工验收的同时，由施工单位向建设单位出具质量保修书，明确使用管理要求、保修范围与内容、保修期限、保修责任、保修说明、联系办法等主要内容
	检查和修理	在保修期内根据回访结果，以及建设单位或用户关于施工质量而影响使用功能不良的口头、书面通知；对涉及的问题，施工单位应尽快派人前往检查，并会同建设单位或用户共同做出鉴定，提出修理方案，组织人力物力进行修理。修理自检合格后，应经建设单位或用户验收签认。在经济责任处理上必须根据修理项目的性质、内容以及结合检查修理诸种原因的实际情况，在分清责任的前提下，由建设单位或用户与施工单位共同协商处理和承担办法。在保修范围和保修期限内发生质量问题的，施工单位应当履行保修义务，并对造成的损失承担赔偿责任

第四节　施工项目质量问题与分析

一、施工项目质量问题的分类及特点

1. 施工项目质量问题的分类

工程质量问题一般分为工程质量缺陷、工程质量通病、工程质量事故。

（1）工程质量缺陷：是指工程达不到技术标准允许的技术指标的现象。

（2）工程质量通病：是指各类影响工程结构、使用功能和外形观感的常见性质量损伤，犹如"多发病"一样，故称为质量通病。

（3）工程质量事故：是指在工程建设过程中或交付使用后，对工程结构安全、使用功能和外形观感影响较大、损失较大的质量损伤。如住宅阳台、雨篷倾覆，桥梁结构坍塌，大体积混凝土强度不足，管道、容器爆裂使气体或液体严重泄漏等。它的特点是：

①经济损失达到较大的金额。

②有时造成人员伤亡。

③后果严重，影响结构安全。

④无法降级使用，难以修复时必须推倒重建。

2. 施工项目质量问题的特点

施工项目质量问题的特点，见表1-15。

表1-15　　　　　　　　　　施工项目质量问题的特点

特点	说　　明
复杂性	施工项目质量缺陷的复杂性，主要表现在引发质量缺陷的因素复杂，从而增加了对质量缺陷的性质、危害的分析、判断和处理的复杂性。例如建筑物的倒塌可能是未认真进行地质勘察，地基的容许承载力与持力层不符；也可能是未处理好不均匀地基，产生过大的不均匀沉降；或是盲目套用图纸，结构方案不正确，计算简图与实际受力不符；或是荷载取值过小，内力分析有误，结构的刚度、强度、稳定性差；或是施工偷工减料、不按图施工、施工质量低劣；或是建筑材料及制品不合格，擅自代用材料等原因所造成。由此可见，即使同一性质的质量问题，原因有时截然不同，所以在处理质量问题时，必须深入地进行调查研究，针对其质量问题的特征作具体分析
严重性	施工项目质量缺陷，轻则影响施工顺利进行，拖延工期，增加工程费用；重则给工程留下隐患，成为危房，影响安全使用或不能使用；更严重的是引起建筑物倒塌，造成人民生命财产的巨大损失
可变性	许多工程质量缺陷，还将随着时间不断发展变化。例如，钢筋混凝土结构出现的裂缝将随着环境湿度、温度的变化而变化，或随着荷载的大小和持荷时间而变化；建筑物的倾斜，将随着附加弯矩的增加和地基的沉降而变化；混合结构墙体的裂缝也会随着温度应力和地基的沉降量而变化；甚至有的细微裂缝，也可以发展成构件断裂或结构物倒塌等重大事故。所以，在分析、处理工程质量问题时，一定要特别重视质量事故的可变性，应及时采取可靠的措施，以免事故进一步恶化
多发性	施工项目中有些质量缺陷，就像"常见病"、"多发病"一样经常发生，而成为质量通病。如屋面、卫生间漏水；抹灰层开裂、脱落；地面起砂、空鼓；排水管道堵塞，预制构件裂缝等。另有一些同类型的质量缺陷，往往一再重复发生，如雨篷的倾覆，悬挑梁、板的断裂，混凝土强度不足等。因此，吸取多发性事故的教训，认真总结经验，是避免事故重演的有效措施

二、施工项目质量问题原因分析与处理

1. 施工项目质量问题原因分析

施工项目质量问题表现的形式多种多样，诸如建筑结构的错位、变形、倾斜、倒塌、破坏、开裂、渗水、漏水、刚度差、强度不足、断面尺寸不准等，但究其原因，可归纳如表1-16。

表1-16　　　　　　　　　　施工项目质量问题原因分析

原因	原因分析
违背建设程序	如不经可行性论证，不做调查分析就拍板定案；没有搞清工程地质、水文地质就仓促开工；无证设计，无图施工；任意修改设计，不按图施工；工程竣工不进行试车运转、不经验收就交付使用等现象，致使不少工程项目留有严重隐患，房屋倒塌事故也常有发生

续表

原因	原因分析
工程地质勘察原因	未认真进行地质勘察，提供地质资料、数据有误；地质勘察时，钻孔间距太大，不能全面反映地基的实际情况，如当基岩地面起伏变化较大时，软土层厚薄相差亦甚大；地质勘察钻孔深度不够，没有查清地下软土层、滑坡、墓穴、孔洞等地层构造；地质勘察报告不详细、不准确等，均会导致采用错误的基础方案，造成地基不均匀沉降、失稳，使上部结构及墙体开裂、破坏、倒塌
未加固处理好地基	对软弱土、冲填土、杂填土、湿陷性黄土、膨胀土、岩层出露、熔岩、土洞等不均匀地基未进行加固处理或处理不当，均是导致重大质量问题的原因。必须根据不同地基的工程特性，按照地基处理应与上部结构相结合，使其共同工作的原则，从地基处理、设计措施、结构措施、防水措施、施工措施等方面综合考虑治理
设计计算问题	设计考虑不周，结构构造不合理，计算简图不正确，计算荷载取值过小，内力分析有误，沉降缝及伸缩缝设置不当，悬挑结构未进行抗倾覆验算等，都是诱发质量问题的隐患
建筑材料及制品不合格	诸如：钢筋物理力学性能不符合标准，水泥受潮、过期、结块、安定性不良，砂石级配不合理、有害物含量过多，混凝土配合比不准，外加剂性能、掺量不符合要求时，均会影响混凝土强度、和易性、密实性、抗渗性，导致混凝土结构强度不足、裂缝、渗漏、蜂窝、露筋等质量问题；预制构件断面尺寸不准，支承锚固长度不足，未可靠建立预应力值，钢筋漏放、错位，板面开裂等，必然会出现断裂、垮塌
施工和管理问题	许多工程质量问题，往往是由施工和管理所造成。例如： ①不熟悉图纸，盲目施工，图纸未经会审，仓促施工；未经监理、设计部门同意，擅自修改设计 ②不按图施工。例如：把铰接做成刚接，把简支梁做成连续梁，抗裂结构用光圆钢筋代替变形钢筋等，致使结构裂缝破坏，挡土墙不按图设滤水层，留排水孔，致使土压力增大，造成挡土墙倾覆 ③不按有关施工验收规范施工。例如：现浇混凝土结构不按规定的位置和方法任意留设施工缝；不按规定的强度拆除模板；砌体不按组砌形式砌筑，留直槎不加拉结条，在小于1m宽的窗间墙上留设脚手眼等 ④不按有关操作规程施工。例如：用插入式振捣器捣实混凝土时，不按插点均布、快插慢拔、上下抽动、层层扣搭的操作方法，致使混凝土振捣不实，整体性差；又如，砖砌体包心砌筑，上下通缝，灰浆不均匀饱满，游丁走缝，不横平竖直等都是导致砖墙、砖柱破坏、倒塌的主要原因 ⑤缺乏基本结构知识，施工蛮干。例如：将钢筋混凝土预制梁倒放安装；将悬臂梁的受拉钢筋放在受压区；结构构件吊点选择不合理，不了解结构使用受力和吊装受力的状态；施工中在楼面超载堆放构件和材料等，均将给质量和安全造成严重的后果 ⑥施工管理紊乱，施工方案考虑不周，施工顺序错误。技术组织措施不当，技术交底不清，违章作业，不重视质量检查和验收工作等，都是导致质量问题的祸根
自然条件影响	施工项目周期长、露天作业多，受自然条件影响大，温度、湿度、日照、雷电、供水、大风、暴雨等都能造成重大的质量事故，施工中应特别重视，采取有效措施予以预防
建筑结构使用问题	建筑物使用不当，亦易造成质量问题。例如：不经校核、验算，就在原有建筑物上任意加层；使用荷载超过原设计的容许荷载；任意开槽、打洞、削弱承重结构的截面等

2. 施工项目质量问题处理

施工项目质量问题处理，见表1-17。

表1-17　施工项目质量问题处理

项目	说　明
施工项目质量问题处理的基本要求	施工项目质量问题处理的基本要求有如下几点： ①处理应达到安全可靠，不留隐患，满足生产、使用要求，施工方便，经济合理的目的 ②重视消除事故的原因。这不仅是一种处理方向，也是防止事故重演的重要措施，如地基由于浸水沉降引起的质量问题，则应消除浸入的原因，制定防治浸水的措施 ③注意综合治理，既要防止原有事故的处理引发新的事故，又要注意处理方法的综合应用，如结构承载能力不足时，则可采取结构补强、卸荷、增设支撑、改变结构方案等方法的综合应用 ④正确确定处理范围，除了直接处理事故发生的部位外，还应检查事故对相邻区域及整个结构的影响，以正确确定处理范围。例如，板的承载能力不足进行加固时，往往形成从板、梁、柱到基础均可能予以加固 ⑤正确选择处理时间和方法。发现质量问题后，一般均应及时分析处理。但并非所有质量问题的处理都是越早越好，如裂缝、沉降，变形尚未稳定就匆忙处理，往往不能达到预期的效果，而常会进行重复处理。处理方法的选择，应根据质量问题的特点，综合考虑安全可靠、技术可行、经济合理、施工方便等因素，经分析比较，择优选定 ⑥加强事故处理的检查验收工作。从施工准备到竣工，均应根据有关规范的规定和设计要求的质量标准进行检查验收 ⑦认真复查事故的实际情况。在事故处理中若发现事故情况与调查报告中所述的内容差异较大时，应停止施工，待查清问题的实质，采取相应的措施后再继续施工 ⑧确保事故处理期的安全。事故现场中不安全因素较多，应事先采取可靠的安全技术措施和防护措施，并严格检查、执行
施工项目质量问题分析处理的程序	施工项目质量问题分析、处理的程序，一般可按图1-4所示进行 图1-4　质量问题分析、处理程序框图

项 目	说　　明
施工项目质量问题分析处理的程序	事故发生后，应及时组织调查处理。调查的主要目的，是要确定事故的范围、性质、影响和原因等，通过调查为事故的分析与处理提供依据，一定要力求全面、准确、客观。调查结果，要整理撰写成事故调查报告，其内容包括： 　　①工程概况：重点介绍事故有关部分的工程情况 　　②事故情况：事故发生时间、性质、现状及发展变化的情况 　　③是否需要采取临时应急防护措施 　　④事故调查中的数据、资料；事故原因的初步判断；事故涉及人员与主要责任者的情况等 　　事故的原因分析，要建立在事故情况调查的基础上，避免情况不明就主观分析判断事故的原因。尤其是有些事故，其原因错综复杂，往往涉及勘察、设计、施工、材质、使用管理等几方面，只有对调查提供的数据、资料进行详细分析后，才能去伪存真，找到造成事故的主要原因 　　事故的处理要建立在原因分析的基础上，对有些事故一时认识不清时，只要事故不致产生严重的恶化，可以继续观察一段时间，做进一步调查分析，不要急于求成，以免造成同一事故多次处理的不良后果。事故处理的基本要求是：安全可靠，不留隐患，满足建筑功能和使用要求，技术可行，经济合理，施工方便。在事故处理中，还必须加强质量检查和验收。对每一个质量事故，无论是否需要处理都要经过分析，做出明确的结论
施工项目质量问题处理应急措施	工程中的质量问题具有可变性，往往随时间、环境、施工情况等而发展变化，有的细微裂缝，可能逐步发展成构件断裂；有的局部沉降、变形，可能致使房屋倒塌。为此，在处理质量问题前，应及时对问题的性质进行分析，做出判断，对那些随着时间、温度、湿度、荷载条件变化的变形、裂缝要认真观测记录，寻找变化规律及可能产生的恶果；对那些表面的质量问题，要进一步查明问题的性质是否会转化；对那些可能发展成为构件断裂、房屋倒塌的恶性事故，更要及时采取应急补救措施 　　在拟定应急措施时，一般应注意以下事项： 　　①对危险性较大的质量事故，首先应予以封闭或设立警戒区，只有在确认不可能倒塌或进行可靠支护后，方准许进入现场处理，以免人员的伤亡 　　②对需要进行部分拆除的事故，应充分考虑事故对相邻区域结构的影响，以免事故进一步扩大，且应制定可靠的安全措施和拆除方案，要严防对原有事故的处理引发新的事故，如托梁换柱，稍有疏忽将会引起整幢房屋倒塌 　　③凡涉及结构安全的，都应对处理阶段的结构强度、刚度和稳定性进行验算，提出可靠的防护措施，并在处理中严密监视结构的稳定性 　　④在不卸荷载条件下进行结构加固时，要注意加固方法和施工荷载对结构承载力的影响 　　⑤要充分考虑对事故处理中所产生的附加内力对结构的作用，以及由此引起的不安全因素
施工项目质量问题处理方案	质量问题处理方案，应当在正确地分析和判断质量问题原因的基础上进行。对于工程质量问题，通常可以根据质量问题的情况，做出以下4类不同性质的处理方案： 　　（1）修补处理。这是最常采用的一类处理方案。通常当工程的某些部分的质量虽未达到规定的规范、标准或设计要求，存在一定的缺陷，但经过修补后还可达到要求的标准，又不影响使用功能或外观要求，在此情况下，可以做出进行修补处理的决定 　　属于修补这类方案的具体方案有很多，诸如封闭保护、复位纠偏、结构补强、表面处理等均是。例如，某些混凝土结构表面出现蜂窝麻面，经调查、分析，该

项 目	说 明
施工项目质量问题处理方案	部位经修补处理后，不会影响其使用及外观；某些结构混凝土发生表面裂缝，根据其受力情况，仅做表面封闭保护即可等等 　（2）返工处理。当工程质量未达到规定的标准或要求，有明显的严重质量问题，对结构的使用和安全有重大影响，而又无法通过修补的办法纠正所出现的缺陷情况下，可以做出返工处理的决定。例如，某防洪堤坝的填筑压实后，其压实土的干密度未达到规定的要求干密度值，核算将影响土体的稳定和抗渗要求，可以进行返工处理，即挖除不合格土，重新填筑；又如某工程预应力按混凝土规定张力系数为 1.3，但实际仅为 0.8，属于严重的质量缺陷，也无法修补，即需做出返工处理的决定。十分严重的质量事故甚至要做出整体拆除的决定 　（3）限制使用。当工程质量问题按修补方案处理无法保证达到规定的使用要求和安全，而又无法返工处理的情况下，不得已时可以做出诸如结构卸荷或减荷以及限制使用的决定 　（4）不做处理。某些工程质量问题虽然不符合规定的要求或标准，但如其情况不严重，对工程或结构的使用及安全影响不大，经过分析、论证和慎重考虑后，也可做出不作专门处理的决定。可以不做处理的情况一般有以下几种： 　①对不影响结构安全和使用要求者，例如，有的建筑物出现放线定位偏差，若要纠正则会造成重大经济损失，若其偏差不大，不影响使用要求，在外观上也无明显影响，经分析论证后，可不做处理；又如，某些隐蔽部位的混凝土表面裂缝，经检查分析，属于表面养护不够的干缩微裂，不影响使用及外观，也可不做处理 　②有些不严重的质量问题，经过后续工序可以弥补的，例如，混凝土的微蜂窝麻面或墙面，可通过后续的抹灰、喷涂或刷白等工序弥补，可以不对该缺陷进行专门处理 　③出现的质量问题，经复核验算，仍能满足设计要求者。例如，某一结构断面做小了，但复核后仍能满足设计的承载能力，可考虑不再处理。这种做法实际上是挖掘设计潜力或降低设计的安全系数，因此需要慎重处理
施工项目质量问题处理资料	一般质量问题的处理，必须具备以下资料： 　（1）与事故有关的施工图；与施工有关的资料，如建筑材料试验报告、施工记录、试块强度试验报告等 　（2）事故调查分析报告，包括： 　①事故情况：出现事故时间、地点；事故的描述；事故观测记录；事故发展变化规律；事故是否已经稳定等 　②事故性质：应区分属于结构性问题还是一般性缺陷；是表面性的还是实质性的；是否需要及时处理；是否需要采取防护性措施 　③事故原因：应阐明所造成事故的重要原因，如结构裂缝，是因地基不均匀沉降，还是温度变形；是因施工振动，还是由于结构本身承载能力不足所造成 　④事故评估：阐明事故对建筑功能、使用要求、结构受力性能及施工安全有何影响，并应附有实测、验算数据和试验资料 　⑤事故涉及人员及主要责任者的情况 　（3）设计、施工、使用单位对事故的意见和要求等
施工项目质量问题性质的确定	质量缺陷性质的确定，是最终确定缺陷问题处理办法的首要工作和根本依据。一般通过下列方法来确定缺陷的性质： 　（1）了解和检查。是指对有缺陷的工程进行现场情况、施工过程、施工设备和全部基础资料的了解和检查，主要包括调查、检查质量试验检测报告、施工日志、施工工艺流程、施工机械情况以及气候情况等 　（2）检测与试验。通过检查和了解可以发现一些表面的问题，得出初步结论，

项　目	说　　明
施工项目质量问题处理资料	但往往需要进一步的检测与试验来加以验证。检测与试验，主要是检验该缺陷工程的有关技术指标，以便准确找出产生缺陷的原因。例如，若发现石灰土的强度不足，则在检验强度指标的同时，还应检验石灰剂量，石灰与土的物理化学性质，以便发现石灰土强度不足是因为材料不合格、配比不合格或养护不好，还是因为其他如气候之类的原因造成的。检测和试验的结果将作为确定缺陷性质的主要依据 　　(3) 专门调研。有些质量问题，仅仅通过以上两种方法仍不能确定。如某工程出现异常现象，但在发现问题时，有些指标却无法被证明是否满足规范要求，只能采用参考的检测方法。像水泥混凝土，规范要求的是 28 天的强度，而对于已经浇筑的混凝土无法再检测，只能通过规范以外的方法进行检测，其检测结果作为参考依据之一。为了得到这样的参考依据并对其进行分析，往往有必要组织有关方面的专家或专题调查组，提出检测方案，对所得到的一系列参考依据和指标进行综合分析研究，找出产生缺陷的原因，确定缺陷的性质。这种专题研究，对缺陷问题的妥善解决作用重大，因此经常被采用
施工项目质量问题处理决策的辅助方法	对质量问题处理的决策，是复杂而重要的工作，它直接关系到工程的质量、费用与工期。所以，要做出对质量问题处理的决定，特别是对需要返工或不做处理的决定，应当慎重对待。在对于某些复杂的质量问题做出处理决定前，可采取以下方法做进一步论证： 　　(1) 实验验证。即对某些有严重质量缺陷的项目，可采取合同规定的常规试验以外的试验方法进一步进行验证，以便确定缺陷的严重程度。例如混凝土构件的试件强度低于要求的标准不太大(例如 10% 以下)时，可进行加载试验，以证明其是否满足使用要求；又如公路工程的沥青面层厚度误差超过了规范允许的范围，可采用弯沉试验，检查路面的整体强度等。根据对试验验证检查的分析、论证再研究处理决策 　　(2) 定期观测。有些工程，在发现其质量缺陷时，其状态可能尚未达到稳定，仍会继续发展，在这种情况下，一般不宜过早做出决定，可以对其进行一段时间的观测，然后再根据情况做出决定。属于这类的质量缺陷，如桥墩或其他工程的基础，在施工期间发生沉降超过预计的或规定的标准；混凝土或高填土发生裂缝，并处于发展状态等。有些有缺陷的工程，短期内其影响可能不十分明显，需要较长时间的观测才能得出结论 　　(3) 专家论证。对于某些工程缺陷，可能涉及的技术领域比较广泛，则可采取专家论证。采用这种办法时，应事先做好充分准备，尽早为专家提供尽可能详尽的情况和资料，以便使专家能够进行较充分地、全面和细致地分析、研究，提出切实的意见与建议。实践证明，采取这种方法，对重大的质量问题做出恰当处理的决定十分有益
施工项目质量问题处理的鉴定验收	质量问题处理是否达到预期的目的，是否留有隐患，需要通过检查验收来做出结论。事故处理质量检查验收，必须严格按施工验收规范中有关规定进行，必要时，还要通过实测、实量、荷载试验、取样试压、仪表检测等方法来获取可靠的数据。这样，才可能对事故做出明确的处理结论 事故处理结论的内容有以下几种： ①事故已排除，可以继续施工 ②隐患已经消除，结构安全可靠 ③经修补处理后，完全满足使用要求 ④基本满足使用要求，但附有限制条件，如限制使用荷载，限制使用条件等 ⑤对耐久性影响的结论；对建筑外观影响的结论；对事故责任的结论等 此外，对一时难以做出结论的事故，还应进一步提出观测检查的要求

续表4

项目	说　明
施工项目质量问题处理的鉴定验收	事故处理后，还必须提交完整的事故处理报告，其内容包括：事故调查的原始资料、测试数据；事故的原因分析、论证；事故处理的依据；事故处理方案、方法及技术措施；检查验收记录；事故无须处理的论证；事故处理结论等

第二章

地基基础工程施工

第一节　土方工程

一、土的工程分类与开挖方法

土的工程分类与开挖方法，见表 2-1。

表 2-1　　　　　　　　　土的工程分类与开挖方法

土的分类	土的级别	土的名称	坚实系数 f	密度 (t/m³)	开挖方法及工具
一类土（松软土）	I	砂土、粉土、冲积砂土层、疏松的种植土、淤泥（泥炭）	0.5~0.6	0.6~1.5	用锹、锄头挖掘，少许用脚蹬
二类土（普通土）	II	粉质黏土；潮湿的黄土；夹有碎石、卵石的砂；粉土混卵（碎）石；种植土、填土	0.6~0.8	1.1~1.6	用锹、锄头挖掘，少许用镐翻松
三类土（坚土）	III	软及中等密实黏土；重粉质黏土、砾石土；干黄土、含有碎石卵石的黄土、粉质黏土；压实的填土	0.8~1.0	1.75~1.9	主要用镐，少许用锹、锄头挖掘，部分用撬棍
四类土（沙砾坚土）	IV	坚硬密实的黏性土或黄土；含碎石卵石的中等密实的黏性土或黄土；粗卵石；天然级配砂石；软泥灰岩	1.0~1.5	1.9	整个先用镐、撬棍，后用锹挖掘，部分用楔子及大锤
五类土（软石）	V~VI	硬质黏土；中密的页岩、泥灰岩、白垩土；胶结不紧的砾岩；软石灰及贝壳石灰石	1.5~4.0	1.1~2.7	用镐或撬棍、大锤挖掘，部分使用爆破方法
六类土（次坚石）	VII~IX	泥岩、砂岩、砾岩；坚实的页岩、泥灰岩，密实的石灰岩；风化花岗岩、片麻岩及正长岩	4.0~10.0	2.2~2.9	用爆破方法开挖，部分用风镐

续表

土的分类	土的级别	土的名称	坚实系数 f	密度 (t/m^3)	开挖方法及工具
七类土（坚石）	X～XIII	大理石；辉绿岩；玢岩；粗、中粒花岗岩、石灰岩；微风化安山岩；玄武岩	10.0～18.0	2.5～3.1	用爆破方法开挖
八类土（特坚石）	XIV～XVI	安山岩、玄武岩、花岗片麻岩；坚实的细粒花岗岩、闪长岩、石英岩、辉长岩、辉绿岩、玢岩、角闪岩	18.0～25.0以上	2.7～3.3	用爆破方法开挖

注：①土的级别为相当于一般16级土石分类级别；
②坚实系数 f 为相当于普氏岩石强度系数。

二、土石方开挖施工质量控制

1. 一般要求

(1) 土方工程施工前应进行挖、填方的平衡计算，综合考虑土方运距最短、运程合理和各项工程项目的合理施工程序等，做好土方平衡调配，减少重复挖运。

(2) 土方平衡调配应尽可能与城市规划和农田水利相结合，将余土一次性运到指定弃土场，做到文明施工。

(3) 在挖方前，应做好地面排水和降低地下水位工作。

(4) 平整场地的表面坡度应符合设计要求，如设计无要求时，排水沟方向的坡度不应小于0.2%。平整后的场地表面应逐点检查。检查点为每100～400m² 取1点，但不应少于10点；长度、宽度和边坡均为每20m取1点，每边不应少于1点。

(5) 土方工程施工，应经常测量和校核其平面位置、水平标高和边坡坡度。平面控制桩和水准控制点应采取可靠的保护措施，定期复测和检查。

2. 场地开挖

(1) 场地开挖边坡。挖方边坡应根据使用时间（临时性或永久性）、土的种类、物理力学性质（内摩擦角、黏聚力、密度、湿度）、水文情况等确定。对于永久性场地，挖方边坡坡度应按设计要求放坡，如设计无规定，可按表2-2所列采用。对使用时间较长的临时性挖方边坡坡度，应根据工程地质和边坡高度，结合当地实践经验确定。在山坡整体稳定的情况下，如地质条件良好，土质较均匀，高度在10m内的边坡坡度可按表2-3确定。对岩石边坡，根据其岩石类别和风化程度、边坡坡度可按表2-4采用。

表2-2　　　　　　　　　永久性土工构筑物挖方的边坡坡度

挖土性质	边坡坡度
在风化岩内的挖方，根据岩石性质、风化程度、层理特性和挖方深度确定	1：0.20～1：1.50
在碎石土和泥灰岩土的地方，深度不超过12m，根据土的性质、层理特性和挖方深度确定	1：0.50～1：1.50
干燥地区内土质结构未经破坏的干燥黄土及类黄土，深度不超过12m	1：0.10～1：1.25

续表

挖土性质	边坡坡度
在天然湿度、层理均匀、不易膨胀的黏土、粉质黏土和砂土（不包括细砂、粉砂）内挖方深度不超过 3m	1：1.00～1：1.25
土质同上，深度为 3～12m	1：1.25～1：1.50
在微风化岩石内的挖方，岩石无裂缝且无倾向挖方坡脚的岩层	1：0.10
在未风化的完整岩石内的挖方	直立的

表 2－3　　　　　　　　　　土质边坡坡度允许值

土的类别	密实度或状态	坡度允许值（高宽比）	
		坡高在 5m 以内	坡高为 5～10m
碎石土	密实	1：0.35～1：0.50	1：0.50～1：0.75
	中密	1：0.50～1：0.75	1：0.75～1：1.00
	稍密	1：0.75～1：1.00	1：1.00～1：1.25
黏性土	坚硬	1：0.75～1：1.00	1：1.00～1：1.25
	硬塑	1：1.00～1：1.25	1：1.25～1：1.50

注：①表中碎石土的充填物为坚硬或硬塑状态的黏性土。

②对于砂土或充填物为砂土的碎石土，其边坡坡度允许值均按自然休止角确定。

表 2－4　　　　　　　　　　岩石边坡坡度允许值

岩石类土	风化程度	坡度允许值（高宽比）		
		坡高在 8m 以内	坡高 8～15m	坡高 15～30m
硬质岩石	微风化	1：0.10～1：0.20	1：0.20～1：0.35	1：0.30～1：0.50
	中等风化	1：0.20～1：0.35	1：0.35～1：0.50	1：0.50～1：0.75
	强风化	1：0.35～1：0.50	1：0.50～1：0.75	1：0.75～1：1.00
软质岩石	微风化	1：0.35～1：0.50	1：0.50～1：0.75	1：0.75～1：1.00
	中等风化	1：0.50～1：0.75	1：0.75～1：1.00	1：1.00～1：1.50
	强风化	1：0.75～1：1.00	1：1.00～1：1.25	

挖方上边缘至土堆坡脚的距离，当土质干燥密实时，不得小于 3m；当土质松软时，不得小于 5m。在挖方下侧弃土时，应将弃土堆表面平整至低于挖方场地标高并向外倾斜。

（2）边坡开挖。边坡开挖质量控制应符合以下几点：

①场地边坡开挖应采取沿等高线自上而下，分层、分段依次进行，在边坡上采取多台阶同时进行机械开挖时，上台阶应比下台阶开挖进深不少于 30m，以防塌方。

②边坡台阶开挖，应做成一定坡势，以利泄水。边坡下部设有护脚及排水沟时，应尽快处理台阶的反向排水坡，进行护脚矮墙和排水沟的砌筑和疏通，以保证坡脚不被冲刷和在影响边坡稳定的范围内不积水，否则应采取临时性排水措施。

③边坡开挖，对软土土坡或易风化的软质岩石边坡在开挖后应对坡面、坡脚采取喷浆、抹面、嵌补、护砌等保护措施，并做好坡顶、坡脚排水，避免在影响边坡稳定的范围内积水。

（3）场地开挖。场地开挖质量控制应符合以下几点：

①开挖前，应根据工程结构形式、场地深度、地质条件、周围环境、施工方法、施工工期和地面荷载等资料，确定场地开挖方案和地下水控制施工方案。

②场地边缘堆置土方和建筑材料，或沿挖方边缘移动运输工具和机械，一般应距场地上部边缘不少于2m，堆置高度不应超过1.5m。在垂直的边坡，此安全距离还应适当加大。软土地区不宜在场地边堆置弃土。

③场地周围地面应进行防水、排水处理，严防雨水等地面水浸入场地周边土体。

④场地开挖完成后，应及时清底、验收，减少暴露时间，防止暴晒和雨水浸刷破坏地基土的原状结构。

3. 基坑与沟槽的开挖

（1）基坑（槽）开挖，应先进行测量定位，抄平放线，定出开挖长度，按放线分块（段）分层挖土。根据土质和水文情况，采取在四侧或两侧直立开挖或放坡，以保证施工操作安全。当土质为天然湿度、构造均匀、水文地质条件良好（即不会发生坍滑、移动、松散或不均匀下沉），且无地下水时，开挖基坑也可不必放坡，采取直立开挖不加支护，但挖方深度应按表2-26规定，基坑长度应稍大于基础长度。如超过表2-5规定的深度，应根据土质和施工具体情况进行放坡，以保证不坍方。其临时性挖方的边坡值可按表2-6采用。放坡后基坑上口宽度由基坑底面宽度及边坡坡度来决定，坑底宽度每边应比基础宽出15～30cm，以便施工操作。

表 2-5　　　　　　　基坑（槽）和管沟不加支撑时的容许深度

土的种类	容许深度（m）
密实、中密的砂子和碎石类土（充填物为砂土）	1.00
硬塑、可塑的粉质黏土及粉土	1.25
硬塑、可塑的黏土和碎石类土（充填物为黏性土）	1.50
坚硬的黏土	2.00

表 2-6　　　　　　　　　　临时性挖方边坡值

土的类别		边坡值（高：宽）
砂土（不包括细砂、粉砂）		1：1.25～1：1.50
碎石类土	充填坚硬、硬塑黏性土	1：0.5～1：1.0
	充填砂土	1：1～1：1.5
一般性黏土	硬	1：0.75～1：1.00
	硬塑	1：1～1：1.25
	软	1：1.5 或更缓

注：①有成熟施工经验，可不受本表限制。设计有要求时，应符合设计标准。
　　②如采用降水或其他加固措施，也不受本表限制。
　　③开挖深度对软土不超过4m，对硬土不超过8m。

（2）当开挖基坑（槽）的土体含水量大而不稳定，或基坑较深，或受到周围场地限制而需用较陡的边坡或直立开挖而土质较差时，应采用临时性支撑加固，基坑、槽每边的宽度应比基础宽15~20cm，以便于设置支撑加固结构。挖土时，土壁要求平直，挖好一层，支一层支撑，挡土板要紧贴土面，并用小木桩或横撑木顶住挡板。开挖宽度较大的基坑，当在局部地段无法放坡，或下部土方受到基坑尺寸限制不能放较大坡度时，应在下部坡脚采取加固措施，如采用短桩与横隔板支撑或砌砖、毛石或用编织袋、草袋装土堆砌临时矮挡土墙保护坡脚。

(3) 基坑开挖程序一般是：测量放线→切线分层开挖→排降水→修坡→整平→留足预留土层等。相邻基坑开挖时，应遵循先深后浅或同时进行的施工程序。挖土应自上而下水平分段分层进行，每层 0.3m 左右，边挖边检查坑底宽度及坡度，不够时及时修整，每 3m 左右修一次坡，至设计标高，再统一进行一次修坡清底，检查坑底宽和标高，要求坑底凹凸不超过 2.0cm。

(4) 基坑开挖应尽量防止对地基土的扰动。当用人工挖土，基坑挖好后不能立即进行下道工序时，应预留 15~30cm 一层土不挖，待下道工序开始再挖至设计标高。采用机械开挖基坑时，为避免破坏基底土，应在基底标高以上预留一层由人工挖掘修整。使用铲运机、推土机时，保留土层厚度为 15~20cm，正铲、反铲或拉铲挖土时为 20~30cm。

(5) 在地下水位以下挖土，应在基坑（槽）四侧或两侧挖好临时排水沟和集水井，或采用井点降水，将水位降低至坑、槽底以下 500mm，以利挖方进行。降水工作应持续到基础（包括地下水位下回填土）施工完成。雨季施工时，基坑槽应分段开挖，挖好一段浇筑一段垫层，并在基槽两侧围以土堤或挖排水沟，以防地面雨水流入基坑槽，同时应经常检查边坡和支撑情况，以防止坑壁受水浸泡造成塌方。

(6) 基坑挖完后应进行验槽，做好记录，如发现地基土质与地质勘探报告、设计要求不符时，应与有关人员研究及时处理。

4. 土方开挖工程质量检验标准

土方开挖工程的质量检验标准，应符合表 2-7 的规定。

表 2-7　　　　　　　　土方开挖工程质量检验标准　　　　　　　　　（mm）

项	项目	允许偏差或允许值					检验方法	检查数量
		柱基基坑基槽	挖方场地平整		管沟	地（路）面基层		
			人工	机械				
主控项目	标高	-50	±30	±50	-50	-50	水准仪	柱基按总数抽查10%，但不少于5个，每个不少于2点；基坑每 20m² 取1个点，每坑不少于2点，基槽、管沟、排水沟、路面基层每 20m 取1点，但不少于5点；挖方每 30~50m² 取1点，但不少于5点
	长度、宽度（由设计中心线向两边量）	+200 -50	+300 -100	+500 -150	+100	—	经纬仪，用钢直尺量	每 20m 取1点，每边不少于1点
	边坡	设计要求					观察或用坡度尺检查	

续表

项	项目	允许偏差或允许值					检验方法	检查数量
		柱基基坑基槽	挖方场地平整		管沟	地（路）面基层		
			人工	机械				
一般项目	表面平整度	20	20	50	20	20	用 2m 靠尺和楔形塞尺检查	每 30～50m² 取1点
	基底土性	设计要求					观察或土样分析	全数观察检查

注：地（路）面基层的偏差只适用于直接在挖、填方上做地（路）面的基层。

三、土方回填与压（夯）实施工质量控制

1. 土方回填施工质量控制要点

（1）土方回填前应清除基底的垃圾、树根等杂物，抽除坑穴积水、淤泥，验收基底标高。如在耕植土或松土上填方，应在基底压实后再进行。

填方基底处理，属于隐蔽工程，必须按设计要求施工。如设计无要求时，必须符合有关规定。

（2）填方基底处理应做好隐蔽工程验收，重点内容应画图表示，基底处理经中间验收合格后，才能进行填方和压实。

（3）经中间验收合格的填方区域场地应基本平整，并有 0.2% 坡度有利排水，填方区域有陡于 1/5 的坡度时，应控制好阶宽不小于 1m 的阶梯形台阶，台阶面口严禁上抬造成台阶上积水。

（4）回填土的含水量控制：土的最佳含水率和最少压实遍数可通过试验求得。

土的最优含水量和最大干密度，可参见表 2-8。

表 2-8　　　　　　　　　　土的最优含水量和最大干密度参数表

土的种类	变动范围		土的种类	变动范围	
	最优含水量（质量分数，%）	最大干密度（t/m³）		最优含水量（质量分数，%）	最大干密度（t/m³）
砂土	8～12	1.80～1.88	粉质黏土	12～15	1.85～1.95
黏土	19～23	1.58～1.70	粉土	16～22	1.61～1.80

注：①表中土的最大干密度应以现场实际达到的数字为准。
②一般性的回填，可不作此项测定。

（5）填土的边坡控制，见表 2-9。

表 2-9　　　　　　　　　　填土的边坡控制

土的种类	填方高度（m）	边坡坡度
黏土类土、黄土、类黄土	6	1：1.50
粉质黏土、泥灰岩土	6～7	1：1.50
中砂和粗砂	10	1：1.50
砾石和碎石土	10～12	1：1.50
易风化的岩土	12	1：1.50

续表

土的种类	填方高度（m）	边坡坡度
轻微风化、尺寸在 25cm 内的石料	6 以内 6~12	1：1.33 1：1.50
轻微风化、尺寸大于 25cm 的石料，边坡用最大石块、分排整齐铺砌	12 以内	1：1.50~1：0.75
轻微风化、尺寸大于 40cm 的石料，其边坡分排整齐	5 以内 5~10 >10	1：0.50 1：0.65 1：1.00

注：①当填方高度超过本表所规定的限值时，其边坡可以做成折线形，填方下部的边坡坡度应为 1：1.75~1：2.00。

②凡永久性填方，土的种类未列入本表者，其边坡坡度不得大于 $\phi+45°/2$，ϕ 为土的自然倾斜角。

（6）对填方土料应按设计要求验收后方可填入。

（7）填方施工过程中应检查排水措施、每层填筑厚度、含水量控制、压实程度。

2．土方与压（夯）实施工质量控制要点

（1）填土压实要求：填方的密度要求和质量指标通常以压实系数 λ_c 表示，压实系数为土的控制（实际）干土密度 ρ_d 与最大干土密度 ρ_{dmax} 的比值。最大干土密度 ρ_{dmax} 是当最优含水量时，通过标准的击实方法确定。密度要求一般由设计根据工程结构性质、使用要求以及土的性质确定；如未作规定，可参考表 2-10 数值确定。

表 2-10　　　　　　　　压实填土的质量控制

结构类型	填土部位	压实系数	控制含水量（%）
砌体承重结构和框架结构	在地基主要受力层范围内	≥0.97	$\omega_{op}\pm2$
	在地基主要受力范围以下	≥0.95	
排架结构	在地基主要受力层范围内	≥0.96	$\omega_{op}\pm2$
	在地基主要受力层范围以下	≥0.94	

注：①压实系数 λ_c 为压实填土的控制干密度 ρ_d 与最大干密度 ρ_{dmax} 的比值，ω_{op} 为最优含水量。地坪垫层以下及基础底面标高以上的压实填土，压实系数不应小于 0.94。

②压实填土的最大干密度 ρ_{dmax}（t/m³）宜采用击实试验确定。

当设计没有规定时，分层压实系数 λ_0 采用环刀取样测定土的干密度，求出土的密实系数（$\lambda_0=\rho_d/\rho_{dmax}$，$\rho_d$ 为土的控制干密度，ρ_{dmax} 为土的最大干密度）；或用小轻便触探仪直接通过锤击数来检验密实系数；也可用钢筋贯入深度法检查填土地基质量，但必须按击实试验测得的钢筋贯入深度的方法。

环刀取样、小轻便触探仪锤数、钢筋贯入深度法取得的压密系数均应符合设计要求的压密系数。当设计无详细规定时，可参见填方的压实系数（密实度）要求，见表 2-11。

表 2-11　　　　　　　填方的压实系数（密实度）要求

结构类型	填土部位	压实系数 λ_0
砌体承重结构和框架结构	在地基主要持力层范围内 在地基主要持力层范围以下	>0.96 0.93~0.96

续表

结构类型	填土部位	压实系数 λ_0
简支结构和排架结构	在地基主要持力层范围内	0.94~0.97
	在地基主要持力层范围以下	0.91~0.93
一般工程	基础四周或两侧一般回填土	0.90
	室内地坪、管道地沟回填土	0.90
	一般堆放物体场地回填土	0.85

注：压实系数 λ_c 为土的控制干密度 ρ_d 与最大干密度 ρ_{dmax} 的比值。控制含水量为 $\omega_{op} \pm 2\%$。

（2）铺土厚度和压实遍数：填土每层铺土厚度和压实遍数，视土的性质、设计要求的压实系数和使用的压（夯）实机具性能而定，一般应进行现场碾（夯）压试验确定。压实机械和工具、每层铺土厚度与所需的碾压（夯实）遍数的参考数值，见表2-12。

表2-12　　　　　　　　填土施工时的分层厚度及压实遍数

压实机具	分层厚度（mm）	每层压实遍数	压实机具	分层厚度（mm）	每层压实遍数
推土机	200~300	6~8	振动压路机	120~150	10
平碾（8~12t）	250~300		柴油打夯机	200~250	3~4
羊足碾（5~16t）	200~350	8~16	振动压实机	250~350	
拖拉机	200~300		人工打夯	<200	

3. 雨、冬期施工质量控制要点

（1）雨期施工的工作面不宜过大，应逐段、逐片分期完成。重要或特殊的土方工程，应尽量在雨期前完成。

（2）基坑（槽）或管沟的回填土应连续进行，尽快完成。施工时应防止地面水流入基坑（槽）内，以免边坡塌方或基土遭到破坏。现场应有防雨及排水措施。

（3）填方工程不宜在冬期施工，如必须在冬期施工时，其施工方法经技术经济比较后确定。

（4）冬期填方前应清除基底的冰雪和保温材料；填方边坡表面1m以内不得用冻土填筑，填方上层应用未冻的、不冻胀的或透水性好的土料填筑，其厚度应符合设计要求。

（5）冬期施工室外平均气温在-5℃以下时，填方高度不宜超过表2-13规定。

表2-13　　　　　　　　冬期填方高度限制

平均温度（℃）	填方高度（m）
-5~-10	4.5
-11~-15	3.5
-16~-20	2.5

（6）冬期回填土方，每层铺土厚度应比常温施工时减少20%~25%，其中冻土块体积不宜超过填土总体积的15%；其粒径不得大于150mm。铺冻土块要均匀分布，逐层压（夯）实。回填土工作应连续进行，防止基土或已填土层受冻，并及时采取防冻措施。

4. 质量检查与验收

填方施工结束后，应检查标高、边坡坡度、压实程度等，检验标准应符合表2-14的规定。

表 2-14　　　　　　　　　　　　　填土工程质量检验标准

项目	允许偏差或允许值					检验方法	检验数量
	柱基基坑基槽	场地平整		管沟	地（路）面基层		
		人工	机械				
标高	−50	±30	±50	−50	−50	水准仪	柱基按总数抽查 10%，但不少于 5 个，每个不少于 2 点；基坑每 20m² 取 1 点，每坑不少于 2 点；基槽、管沟、排水沟、路面基层每 20m 取 1 点，但不少于 5 点；场地平整每 100～400m² 取 1 点，但不少于 10 点。用水准仪检查
分层压实系数	设计要求					按规定方法	密实度控制基坑和室内填土，每层按 100～500m² 取样一组；场地平整填方，每层按 400～900m² 取样一组；基坑和管沟回填每 20～50m² 取样一组，但每层均不得少于一组，取样部位在每层压实后的下半部
回填土料	设计要求					取样检查或直观鉴别	同一土场不少于 1 组
分层厚度及含水量	设计要求					水准仪及抽样检查	分层铺土厚度检查每 10～20mm 或 100～200m² 设置一处。回填料实测含水量与最佳含水量之差，黏性土控制在 −4%～+2% 范围内，每层填料均应抽样检查一次，由于气候因素使含水量发生较大变化时应再抽样检查
表面平整度	20	20	30	20	20	用靠尺或水准仪	每 30～50m² 取 1 点

注：在软土沟槽坡顶不宜设置静载或动载；需要设置时，应对土的承载力和边坡的稳定性进行验算。

第二节　地基处理

一、灰土地基施工质量控制

灰土地基是指用石灰与黏土的混合料，并夯实，使填料压密，构成坚实的地基。

1. 适用范围

适于深 2m 内的黏性土地基加固，并可兼作辅助防水层，但不宜用于地下水位以下的地基加固。具有一定水稳性和抗渗性，施工简单，取材方便，费用较低等。

2. 施工质量控制要点

（1）灰土的体积比宜为 2∶8 或 3∶7（石灰∶黏土）。石灰宜用消石灰，其颗粒不得大于

5mm。黏土宜用黏性土及塑性指数大于 4 的粉土，不得含有松软杂质，并应过筛，其颗粒不得大于 15mm。

（2）石灰与黏土的混合料应拌和均匀，混合料的施工含水量宜控制在最优含水量±2％的范围内，最优含水量可通过击实试验确定，也可按当地经验取用。若混合料湿度过大或过小，应分别予以晾晒、翻松、掺加吸水材料或洒水湿润，以调整其含水量。

（3）基坑（槽）在铺打灰土前应验槽，如发现局部软弱土层或孔穴，应挖除后用素土或灰土夯实，或通知设计单位确定处理方法。

（4）灰土拌和应颜色一致、均匀，拌好后及时铺好夯实，不得隔日夯打。灰土分层厚度，如设计无要求，按表 2 - 15 选用。各层厚度应在基坑（槽）侧壁插定标志。每层灰土夯打的遍数，应根据设计要求现场试验确定。

表 2 - 15　　　　　　　　　　　　灰土最大虚铺厚度

夯实机具种类	质量（kg）	虚铺厚度（mm）	夯实厚度（mm）	备　注
石夯、木夯	40～80	200～250	100～150	人力送夯，落距 400～500mm，一夯压半夯
轻型夯实机械	120～400	200～250	100～150	蛙式打夯机、柴油打夯机
压路机	机重 6～10t	200～300	100～150	双轮

（5）灰土地基分段施工时，不得在柱基、墙角及承重窗间墙下接缝，上下两层的缝距不得小于 500mm。接缝处应夯压密实。

（6）冬、雨期施工应符合以下规定：

①冬期施工时应采取防冻措施，打灰土用的土，应覆盖保温，不得含有冻土块，当日拌的灰土当日铺完。气温在－10℃以下时，不宜施工。

②雨期施工，应采取防雨及排水措施。刚打完或尚未夯实的灰土，如遭雨淋浸泡，则应将积水和松软灰土除去并补填夯实，受浸湿的灰土，应在晾干后，再夯打密实。

③灰土地基打完后，应及时修建基础和回填基槽，或作临时遮盖，防止日晒雨淋。

（7）在地下水位以下基坑（槽）内施工时，应采取排水措施，夯实后的灰土，在 3 天内不得受水浸泡。

（8）灰土的质量检查，可采用环刀取样法，取样点应位于每层厚度的 2/3 处。一般灰土的干密度不小于 1.5g/cm³，压实系数不小于 0.93。

（9）灰土拌和及铺设时应有必要的防尘措施，控制粉尘污染。

3. 质量检验标准

灰土地基质量检验标准应符合表 2 - 16 的规定。

表 2 - 16　　　　　　　　　　　　灰土地基质量检验标准

项	检查项目	允许偏差或允许值		检查方法	检查数量
		单位	数值		
主控项目	地基承载力	设计要求		按规定方法	每单位工程不应少于 3 点，1000m² 以上工程，每 100m² 至少应有 1 点，3000m² 以上工程，每 300m² 至少应有 1 点。每一独立基础下至少应有 1 点，基槽每 20 延长米应有 1 点

续表

项	检查项目	允许偏差或允许值		检查方法	检查数量
		单位	数值		
主控项目	配合比	设计要求		按拌和时的体积比	柱坑按总数抽查 10%，但不少于 5 个；基坑、沟槽每 10m² 抽查 1 处，但不少于 5 处
	压实系数	设计要求		现场实测	应分层抽样检验土的干密度，当采用贯入仪或钢筋检验垫层的质量时，检验点的间距应小于 4m。当取土样检验垫层的质量时，对大基坑每 50～100m² 应不少于 1 个检验点；对基槽每 10～20m 应不少于 1 个点；每个单独柱基应不少于 1 个点
一般项目	石灰粒径	mm	≤5	筛分法	柱坑按总数抽查 10%，但不少于 5 个；基坑、沟槽每 10m² 抽查 1 处，但不少于 5 处
	土料有机质含量	%	≤5	试验室焙烧法	随机抽查，但土料产地变化时须重新检测
	土颗粒粒径	mm	≤15	筛分法	柱坑按总数抽查 10%，但不少于 5 个；基坑、沟槽每 10m² 抽查 1 处，但不少于 5 处
	含水量（与要求的最优含水量比较）	%	±2	烘干法	应分层抽样检验土的干密度，当采用贯入仪或钢筋检验垫层的质量时，检验点的间距应小于 4m。当取土样检验垫层的质量时，对大基坑每 50～100m² 应不少于 1 个检验点；对基槽每 10～20m 应不少于 1 个点；每个单独柱基应不少于 1 个点
	分层厚度偏差（与设计要求比较）	mm	±50	水准仪	柱坑按总数抽查 10%，但不少于 5 个；基坑、沟槽每 10m² 抽查 1 处，但不少于 5 处

二、砂和砂石地基施工质量控制

砂和砂石地基垫层是指用砂或砂与石混合料，并压实，使填料压实，构成坚实的地基。

1. 适用范围

砂和砂石地基垫层适于处理厚 2.5m 以内软弱透水性强的黏性土地基，但不宜用于加固湿陷性黄土地基及渗透系数极小的黏性土地基。

砂垫层、砂石垫层和碎石垫层加固软弱地基，可使基础及上部荷载对地基的压力扩散开，降低对地基的压应力，减少地基变形，提高基础下地基强度，同时可起排水作用，加速下部土层的沉降和固结。

2. 施工质量控制要点

(1) 材料要求：砂、石宜用颗粒级配良好、质地坚硬的中砂、粗砂、砾砂、卵石或碎石、石屑，也可用细砂，但宜掺加一定数量的卵石或碎石。沙砾中石子粒径应在 50mm 以下，其含量应在 50% 以内；碎石粒径宜为 5～40mm，砂、石子中均不得含有草根、垃圾等杂物，含泥量应小于 5%，兼作排水垫层时，含泥量不得超过 3%。

(2) 施工方法：砂、砂石和碎石地基具体施工方法有以下几点：

①垫层铺设前应验槽，清除基底浮土、淤泥、杂物，两侧应设一定坡度。

②垫层深度不同时应按先深后浅的顺序施工，土面应挖成踏步或斜坡搭接。分层铺设时，接头应做成阶梯形搭接，每层错开 0.5～1.0m，并注意充分捣实。

③人工级配的砂石，应先将砂石拌和均匀后，再铺垫层夯压实。

④垫层应分层铺设，分层夯压密实，每层铺设厚度，砂石最优含水量控制及施工机具、方法的选用，参见表 2-17。振压要做到交叉重叠，防止漏振、漏压；夯实、碾压遍数、振实时间应通过试验确定。

表 2-17　　　　　　　　　　砂垫层和砂石垫层铺设厚度及施工最优含水量

捣实方法	每层铺设厚度（mm）	施工时最优含水量（%）	施 工 要 点	备 注
夯实法	150～200	8～12	①用木夯或机械夯 ②木夯重 40kg，落距 400～500mm ③一夯压半夯，全面夯实	适用于砂石垫层
平振法	200～250	15～20	①用平板式振捣器往复振捣，往复次数以简易测定密实度合格为准 ②振捣器移动时，每行应搭接三分之一，以防振动面积不搭接	不宜使用于细砂或含泥量较大的砂铺筑砂垫层
插振法	振捣器插入深度	饱和	①用插入式振捣器 ②插入间距可根据机械振捣大小决定 ③不用插至下卧黏性土层 ④插入振捣完毕所留的孔洞，应用砂填实 ⑤应有控制地注水和排水	不宜使用于细砂或含泥量较大砂铺筑砂垫层
碾压法	150～350	8～12	6～10t 压路机往复碾压；碾压次数以达到要求密实度为准，一般不少于 4 遍，用振动压实机械，振动 3～5min	适用于大面积的砂石垫层，不宜用于地下水位以下的砂垫层
水撼法	250	饱和	①注水高度略超过铺设面层 ②用钢叉摇撼捣实，插入点间距 100mm 左右 ③有控制地注水和排水 ④钢叉分四齿，齿的间距 30mm，长 300mm，木柄长 900mm	湿陷性黄土、膨胀土、细砂地基上不得使用

⑤当地下水位较高或在饱和的软弱地基上铺设垫层时，应采取排水或降低地下水位措施，使地下水位降低到基层 500mm 以下；当采用水撼法或插振法施工时，应采取措施有控制地注水和

排水。

⑥砂垫层每层夯（振）实后的密实度应达到中密标准，即孔隙比不应小于 0.65，干密度不应小于 $1.55\sim1.60t/m^3$。测定方法为采用容积不小于 $200cm^3$ 的环刀取样，如为砂石垫层，则在砂石垫层中设纯砂检验点，在同样条件下用环刀取样鉴定。现场简易测定方法是将直径 20mm、长 1250mm 的平头钢筋举离砂面 700mm 自由下落，插入深度不大于根据该砂的控制干密度测定的深度为合格。

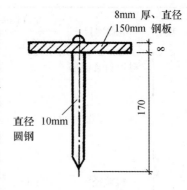

图 2-1 沉落差控制用标钉

⑦碎石垫层可用短钢管（下设垫板）或钢盒预埋于垫层中，碾压后取出烘干，测定其干密度为 $2.1t/m^3$ 左右或压实系数>0.93 为合格，或在垫层中预埋入标钉（如图 2-1 所示），用沉落差控制，方法即在每次碾压后，用精密水准仪进行测定，记录其沉落值，直至最后两遍压实的沉落相差不大于 1mm 为合格。

3. 质量检验标准

砂和砂石地基质量检验标准，应符合表 2-18 的规定。

表 2-18　　　　　　　　　砂及砂石地基质量检验标准

项	检查项目	允许偏差或允许值		检查方法	检查数量
		单位	数值		
主控项目	地基承载力	设计要求		按规定方法	每单位工程不应少于 3 点，$1000m^2$ 以上工程，每 $100m^2$ 至少应有 1 点，$3000m^2$ 以上工程，每 $300m^2$ 至少应有 1 点。每一独立基础下至少应有 1 点，基槽每 20 延长米应有 1 点
	配合比	设计要求		检查拌和时的体积比或重量比	柱坑按总数抽查 10%，但不少于 5 个；基坑、沟槽每 $10m^2$ 抽查 1 处，但不少于 5 处
	压实系数	设计要求		现场实测	应分层抽样检验土的干密度，当采用贯入仪或钢筋检验垫层的质量时，检验点的间距应小于 4m。当取土样检验垫层的质量时，对大基坑每 $50\sim100m^2$ 应不少于 1 个检验点；对基槽每 $10\sim20m$ 应不少于 1 个点；每个单独柱基应不少于 1 个点
一般项目	砂石料有机质含量	%	≤5	焙烧法	随机抽查，但土料产地变化时须重新检测

续表

项	检查项目	允许偏差或允许值		检查方法	检查数量
		单位	数值		
一般项目	砂石料含泥量	%	≤5	水洗法	①石子的取样、检测，用大型工具（如火车、货船或汽车）运输至现场的，以400m³或600t为一验收批；用小型工具（如马车等）运输的，以200m³或300t为一验收批。不足上述数量者以一验收批取样
	石料粒径	mm	≤100	筛分法	②砂的取样、检测，用大型工具（如火车、货船或汽车）运输至现场的，以400m³或600t为一验收批；用小型工具（如马车等）运输的，以200m³或300t为一验收批。不足上述数量者以一验收批取样
	含水量（与最优含水量比较）	%	±2	烘干法	每50～100m²应不少于1个检验点
	分层厚度（与设计要求比较）	mm	±50	水准仪	柱坑按总数抽查10%，但不少于5个；基坑、沟槽每10m²抽查1处，但不少于5处

三、粉煤灰地基施工质量控制

粉煤灰地基是指用粉煤灰填筑并压实，构成坚实的地基。粉煤灰是火力发电厂的工业废料，有良好的物理力学性能，用它作为处理软弱土层的换填材料，已在许多地区得到应用。它具有承载能力和变形模量较大，可利用废料，施工方便、快速，质量易于控制，技术可行，经济效果显著等优点，可用作各种软弱土层换填地基的处理，以及作大面积地坪的垫层等。

1. 施工质量控制要点

（1）施工前应对粉煤灰材料掺和料等按设计要求进行必要的检验和试验，并对基槽清底状况、地质条件予以检验。

（2）粉煤灰应符合有关放射性安全标准的要求，粉煤灰可采用电厂排放的硅铝型低钙粉煤灰。SiO_2+Al_2O_3总含量不低于70%（或SiO_2+Al_2O_3+Fe_2O_3总含量），烧失量不大于12%。粉煤灰垫层中的金属构件、管网宜采取适当防腐措施。大量填筑粉煤灰时，应考虑对地下水和土壤的环境影响。

（3）粉煤灰垫层的施工含水量宜控制在最优含水量ω_{OP}±4%的范围内。最优含水量可通过击实试验确定，也可按当地经验取用。

（4）粉煤灰应分层摊铺，分层压实。分层厚度应经试验确定。每摊铺一层后，先用履带式机具或轻型压路机初压1～2遍。然后用中、重型振动压路机振碾3～4遍，速度为2～2.5km/h，再静碾1～2遍，碾压轮迹应相互搭接，后轮必须超过两施工段的接缝。

（5）施工机械宜采用平碾、振动碾、平板振动器、蛙式夯等。

（6）当垫层底部存在古井、古墓、洞穴、旧基础等软硬不均的部位时，应根据建筑物对不均匀沉降的要求处理，并经检验合格后，方可铺筑垫层。

（7）垫层底面宜设在同一标高上，如深度不同，坑底土面应挖成阶梯或斜坡搭接，并按先深后浅的顺序施工，搭接处应夯压密实。粉煤灰垫层铺填后宜当天压实，每层验收后应及时铺填上层或封层，防止干燥后松散、起尘，同时应禁止车辆碾压通行。

2. 质量检验标准

粉煤灰地基质量检验标准，应符合表2-19的规定。

表2-19 粉煤灰地基质量检验标准

项	检查项目	允许偏差或允许值		检查方法	检查数量
		单位	数值		
主控项目	压实系数	设计要求		现场实测	每柱坑不少于2点；基坑每20m²查1点，但不少于2点；基槽、管沟、路面基层每20m²查1点，但不少于5点；地面基层每30~50m²查1点，但不少于5点；场地铺垫每100~400m²查1点，但不得小于10点
	地基承载力	设计要求		按规定方法	每单位工程不应少于3点，1000m²以上工程，每100m²至少应有1点，3000m²以上工程，每300m²至少应有1点。每一独立基础下至少应有1点，基槽每20延长米应有1点
一般项目	粉煤灰粒径	mm	0.001~2.000	过筛	同一厂家，同一批次为一批
	氧化铝及二氧化硅含量	%	≥70	试验室化学分析	
	烧失量	%	≤12	试验室烧结法	
	每层铺筑厚度	mm	±50	水准仪	柱坑总数检查10%，但不少于5个；基坑、沟槽每10m²检查1处，但不少于5处
	含水量（与最优含水量比较）	%	±2	取样后试验室确定	对于基坑每50~100m²应不少于1点，对基槽每10~20m²应不少于1个点，每个单独柱基应不少于1点

四、强夯地基施工质量控制

1. 适用范围

强夯适用于碎石土、砂土、低饱和度的粉土和黏性土、湿陷性黄土、杂填土和素填土等地基的处理。对饱和度较高的黏性土处理效果不显著，尤其是用于淤泥和淤泥质土地基，处理效果更差。

2. 施工质量控制要点

强夯是用 10~40t（国外达 100t）的夯锤，用大落距对地基土进行强力夯击。其加固机理为动力密实（夯击使土体中的孔隙体积减小，土体变得密实）、动力固结（夯击使土体局部液化并产生许多裂隙，增加排水通道，使孔隙水逸出，待超孔隙水压力消散后，土体固结）和动力置换（用夯击将碎石等挤入土体中）。

强夯的有效加固深度可用下列估算公式：

$$H \approx \sqrt{M \times h}$$

式中　H——有效加固深度（m）；

　　　M——夯锤重（t）；

　　　h——落距（m）。

实际上影响有效加固深度的因素很多，除了锤重和落距外，还有地基土的性质、不同土层的厚度和埋藏顺序、地下水位以及其他强夯的设计参数等。因此，强夯的有效加固深度应根据现场试夯或当地经验确定。在缺少经验或试验资料时，可按表 2-20 预估。

表 2-20　　　　　　　　　　　　强夯的有效加固深度　　　　　　　　　　　　（m）

单击夯击能（kN·m）	碎石土、砂土等	粉土、黏性土、湿陷性黄土等
1000	5.0~6.0	4.0~5.0
2000	6.0~7.0	5.0~6.0
3000	7.0~8.0	6.0~7.0
4000	8.0~9.0	7.0~8.0
5000	9.0~9.5	8.0~8.5
6000	9.5~10.0	8.5~9.5

注：强夯的有效加固深度应从起夯面算起。

单击夯击能为夯锤重 M 与落距 h 的乘积。锤重和落距越大，加固效果越好。整个加固场地的总夯击能量（即锤重×落距×总夯击数）除以加固面积称为单位夯击能。强夯的单位夯击能应根据地基土类别、结构类型、荷载大小和要求处理的深度等综合考虑，并可通过试验确定。在一般情况下，对粗颗粒土可取 1000~3000kN·m/m²，对细颗粒土可取 1500~4000kN·m/m²。

夯锤最大为 40t，夯锤的平面一般有圆形和方形等形状，其中有气孔式和封闭式两种。实践证明，圆形和带有气孔的锤较好，它可克服方形锤由于上下两次夯击着地并不完全重合，而造成夯击能量损失和着地时倾斜的缺点。夯锤中宜设置若干个上下贯通的气孔，孔径可取 250~300mm，它可减小起吊夯锤时的吸力（夯锤的吸力有时达 3 倍锤重），又可减少夯锤着地前的瞬时气垫的上托力，从而减少能量的损失。锤底面积对加固效果有直接的影响，对同样的锤重，当锤底面积较小时，夯锤着地压力过大，会形成很深的夯坑。因此，锤底面积宜按土的性质确定，锤底静压力值可取 25~40kPa，对细颗粒土锤底静压力宜取较小值。国内外资料报道，对砂性土一般锤底面积为 3~4m²，对黏性土不宜小于 6m²。国内通常采用的落距为 8~20m。对相同的夯击能量，常选用大落距的施工方案，这是因为增大落距可获得较大的接地速度，能将大部分能量有效地传到地下深处，增加深层夯实效果，减少消耗在地表土层塑性变形的能量。

夯击点位置可根据建筑物结构类型进行布置。对基础面积较大的建筑物或构筑物，可按等边三角形或正方形布置夯击点；对办公楼和住宅建筑等，可根据承重墙位置布置夯点，一般可采用等腰三角形布点；对工业厂房可根据柱网来布置夯击点。

由于基础的应力扩散作用或需消除液化，强夯处理范围应大于建筑物基础范围。对一般建筑物，每边超出基础外缘的宽度宜为设计处理深度的 1/2~2/3，并不宜小于 3m。夯击点间距（夯距）一般根据地基土的性质和要求处理的深度而定。夯距通常为 5~9m，为了使深层土得以加固，第一遍夯击点的间距要大，这样才能使夯击能量传递到深处。下一遍点往往布置在上一遍夯点的中间。最后一遍是以较低的夯击能进行夯击，彼此重叠搭接，用以确保近地表土的均匀性和较高的密实度。如果夯距太近，相邻夯击点的加固效应将在浅处叠加而形成硬层，则将影响夯击能向深部传递。夯击黏性土时，一般在夯坑周围会产生辐射向裂隙，这些裂隙是动力固结的主要因素。如夯距太小时，等于使产生的裂隙重新又被闭合。对处理深度较深或单击夯击能较大的工程，第一遍夯击点间距宜适当增大。夯点的夯击次数，应按现场试夯得到的夯击次数和夯沉量关系曲线确定，且应同时满足下列条件：

(1) 最后两击的平均夯沉量不大于 50mm，当单击夯击能量较大时不大于 100mm；

(2) 夯坑周围地面不应发生过大的隆起；

(3) 不因夯坑过深而发生起锤困难。

各夯击点的夯击数，应使土体竖向压缩最大，而侧向位移最小为原则，一般为 4～10 击。夯击遍数根据地基土而定，一般为 2～3 遍，最后再以低能量满夯一遍，将松动的表层土夯实。各遍间的间歇时间，取决于加固土层中孔隙水压力消散的时间。对砂性土只需 2～4min；对黏性土一般需 2～4 周，故需埋设袋装砂井（或塑料排水板），以加快孔隙水压力的消散，缩短间歇时间。强夯施工结束后，砂土要间隔 1～2 周，粉土和黏性土要隔 3～4 周，方可对加固质量进行检验。

3. 质量检验标准

强夯地基质量检验标准，见表 2-21。

表 2-21　　　　　　　　　　强夯地基质量检验标准

项	检查项目	允许偏差或允许值		检查方法	检查数量
		单位	数值		
主控项目	地基强度	设计要求		按规定方法	对于简单场地上的一般建筑物，每个建筑物地基的检验点应不少于 3 处；对于复杂场地或重要建筑物地基应增加检验点数。检验深度应不少于设计处理的深度
	地基承载力	设计要求		按规定方法	每单位工程不应少于 3 点，1000m² 以上工程，每 100m² 至少应有 1 点，3000m² 以上工程，每 300m² 至少应有 1 点。每一独立基础下至少应有 1 点，基槽每 20 延长米应有 1 点
一般项目	夯锤落距	mm	±300	钢索设标志	每工作台班不少于 3 次
	锤重	kg	±100	称重	全数检查
	夯击遍数及顺序	设计要求		计数法	
	夯点间距	mm	±500	用钢尺量	可按夯击点数抽查 5%
	夯击范围（超出基础范围距离）	设计要求		用钢尺量	
	前后两遍间歇时间	设计要求		—	全数检查

五、注浆地基施工质量控制

1. 特点与适用范围

水泥注浆法的特点是：能与岩土体结合形成强度大、压缩性低、渗透性小、稳定性良好的结石体；取材容易，配方简单，操作易于掌握；无环境污染，价格便宜等。适用于软黏土、粉土新近沉积黏性土、砂土提高强度的加固和渗透系数大于 10^{-2} cm/s 的土层的止水加固以及已建工程局部松软地基的加固。

2. 材料要求与配合比

注浆材料：水泥用 42.5 级普通硅酸盐水泥；在特殊条件下亦可使用矿渣水泥、火山灰质水泥或抗硫酸盐水泥，要求新鲜无结块；水用一般饮用淡水，不得含硫酸盐大于 0.1%、氯化钠大于 0.5% 以及含过量糖、悬浮物质、碱类的水。

灌浆一般用净水泥浆，水灰比变化范围为 0.6～2.0，常用水灰比为 8:1～1:1；要求快凝时，可在水中掺入水泥用量 1%～2% 的氯钙或采用快硬水泥；如要求缓凝时，可掺加水泥用量 0.1%～0.5% 的木质素磺酸钙；亦可掺加其他外加剂以调节水泥浆性能。在裂隙或孔隙较大、可灌性好的地层，可在浆液中掺入适量细砂或粉煤灰，比例为 1:0.5～1:3，以节约水泥，使其更好地充填，并可减少收缩。对不以提高固结强度为主的松散土层，亦可掺加细粉质黏土配成水泥黏土浆，灰泥比为 1:3～1:8（水泥：土，体积比），可提高浆液的稳定性，防止沉淀和析水，使充填更加密实。

3. 施工质量控制要点

(1) 水泥注浆的工艺流程为：钻孔→下注浆管、套管→填砂→拔套管→封口→边注浆边拔注浆管→封孔。注浆前，应通过试验确定灌浆段长度、灌浆孔距、灌浆压力等有关技术参数；灌浆段长度在一般地质条件下，多控制在 5～6m；在土质严重松散、裂隙发育、渗透性强的情况下，宜为 2～4m；灌浆孔距一般不宜大于 2.0m，单孔加固的直径范围可按 1～2m 考虑；孔深视土层加固深度而定；灌浆压力一般为 0.3～0.6MPa。灌浆时，先在加固地基中按规定位置用钻机或手钻钻孔至要求深度，孔径一般为 55～100mm，并探测地质情况，然后在孔内插入 $\phi38～\phi50$mm 的注浆射管，管底部 1.0～1.5m 管壁上钻有注浆孔，在射管之外设有套管，在射管与套管之间用砂填塞。地基表面空隙用 1:3 水泥砂浆或黏土、麻丝填塞，而后拔出套管，用压浆泵将水泥浆压入射管而透入土层孔隙中，水泥浆应连续一次压入不得中断。灌浆先从稀浆开始，逐渐加浓。灌浆次序一般把射管一次沉入整个深度后，自下而上分段连续进行，分段拔管直至孔口为止。灌浆宜间歇进行，第 1 组孔灌浆结束后，再灌第 2 组、第 3 组，直至全部灌完。

灌浆完后，拔出灌浆管，留孔用 1:2 水泥砂浆或细砂砾石填塞密实，亦可用原浆压浆堵口。

(2) 注浆充填率应根据加固土要求达到的强度指标、加固深度、注浆流量、土体的孔隙率和渗透系数等因素确定。饱和软黏土的一次注浆充填率，不宜大于 0.15～0.17。

(3) 注浆加固土的强度具有较大的离散性，加固土的质量检验宜用静力，触探法，检测点数应满足有关规范要求。

4. 质量检验标准

(1) 施工前应检查有关技术文件（注浆点位置、浆液配比、注浆施工技术参数、检测要求等），对有关浆液组成材料的性能及注浆设备也应进行检查。施工中应经常抽查浆液的配比及主要性能指标、注浆的顺序、注浆过程中的压力控制等。

(2) 注浆体强度检查孔数为总量的 2%～5%，不合格率大于或等于 20% 时应进行二次注浆。检验应在注浆后 15d（砂土、黄土）或 60d（黏性土）进行。

(3) 注浆地基质量检验标准，应符合表2-22的规定。

表 2 - 22 注浆地基质量检验标准

项	检查项目		允许偏差或允许值		检查方法	检查数量
			单位	数值		
主控项目	原材料检验	水泥	设计要求		检查产品合格证书或抽样送检	按同一生产厂家、同一等级、同一品种、同一批号且连续进场的水泥，袋装不超过200t为一批，散装不超过500t为一批，每批抽样不少于一次
		注浆用砂 粒径	mm	<2.5	试验室试验	用大型工具（如火车、货船或汽车）运输至现场的，以400m³或600t为一验收批；用小型工具（如马车等）运输的，以200m³或300t为一验收批。不足上述数量者以一验收批取样
		注浆用砂 细度模数	—	<2.0		
		注浆用砂 含泥量及有机物	%	<3		
		注浆用砂 含量	—			
		注浆用黏土 塑性指数		>14	试验室试验	根据土料供货质量和货源情况抽查
		注浆用黏土 粘粒含量	%	>25		
		注浆用黏土 含砂量	%	<5		
		注浆用黏土 有机物含量	%	<3		
		粉煤灰 细度	不粗于同时使用的水泥		试验室试验	同一厂家，同一批次为一批
		粉煤灰 烧失量	%	<3		
		水玻璃：模数	2.5～3.3		抽样送检	同一厂家，同一批次为一批
		其他化学浆液	设计要求		查产品合格证书或抽样送检	
	注浆体强度		设计要求		取样检验	每单位工程不应少于3点，1000m²以上工程，每100m²至少应有1点，3000m²以上工程，每300m²至少应有1点。每一独立基础下至少应有1点，基槽每20延长米应有1点
	地基承载力		设计要求		按规定方法	
一般项目	各种注浆材料称量误差		%	<3	抽查	随机抽查，每一台班不少于3次
	注浆孔位		mm	±20	用钢直尺量	抽孔位的10%，且不少于3个
	注浆孔深		mm	±100	量测注浆管长度	
	注浆压力（与设计参数比）		%	±10	检查压力表读数	随机抽查，每一台班不少于3次

六、预压地基施工质量控制

预压地基是在原状土上加载，使土中水排出，以实现土的预先固结，减少建筑物地基后期沉降和提高地基承载力，适用于处理淤泥质土、淤泥和冲填土等饱和黏性土地基。

1. 施工质量控制要点

（1）水平排水垫层施工时，应避免对软土表层的过大扰动，以免造成砂和淤泥混合，影响垫层的排水效果。另外，在铺设砂垫层前，应清除干净砂井顶面的淤泥或其他杂质，以利砂井排水。

（2）对于预压软土地基，因软土固结系数较小，软土层较厚时，达到工作要求的固结度需要较长时间，为此，对软土预压应设置排水通道，排水通道的长度和间距宜通过试压试验确定。

（3）堆载预压法施工：

①塑料排水带要求滤网膜渗透性好。

②塑料带滤水膜在转盘和打设过程中应避免损坏，防止淤泥进入带芯堵塞输水孔而影响塑料带的排水效果。塑料带与桩尖的连接要牢固，避免提管时脱开将塑料带拔出。塑料带需接长时，采用滤水膜内平搭接的连接方式，搭接长度宜大于 200mm。

③堆载预压过程中，堆在地基上的荷载不得超过地基的极限荷载，避免地基失稳破坏。应分级加载，一般堆载预压控制指标是：地基最大下沉量不宜超过 10~15mm/d；水平位置不宜大于 4~7mm/d；孔隙水压力不超过预压荷载所产生应力的 60%。通常加载在 60kPa 之前，加荷速度可不加限制。

a. 不同型号塑料排水带的厚度，应符合表 2-23。

b. 塑料排水带的性能，应符合表 2-24。

表 2-23　　　　　　　　　不同型号塑料排水带的厚度

型号	A	B	C	D
厚度（mm）	＞3.5	＞4.0	＞4.5	＞6

表 2-24　　　　　　　　　塑料排水带的性能

项目	单位	A 型	B 型	C 型	条　件
纵向通水量	cm³/s	≥15	≥25	≥40	侧压力
滤膜渗透系数	cm/s	≥5×10⁻⁴			试件在水中浸泡 24h
滤膜等效孔径	μm	＜75			以 D_{98} 计，D 为孔径
复合体抗拉强度（干态）	kN/10cm	≥1.0	≥1.3	≥1.5	延伸率 10% 时
干态	N/cm	≥15	≥25	≥30	延伸率 10% 时
湿态		≥10	≥20	≥25	延伸率 15% 时，试件在水中浸泡 24h
滤膜重度	N/m²	0.8		—	

注：①A 型排水带适用于插入深度小于 15m。
②B 型排水带适用于插入深度小于 25m。
③C 型排水带适用于插入深度小于 35m。

④预压时间应根据建筑物的要求和固结情况来确定，一般达到如下条件即可卸荷：

a. 地面总沉降量达到预压荷载下计算最终沉降量的 80% 以上。

b. 理论计算的地基总固结度达 80% 以上。

c. 地基沉降速度已降到 0.5～1.0mm/d。

（4）真空预压法施工：

①真空预压的抽气设备宜采用射流真空泵，真空泵的设置应根据预压面积大小、真空泵效率以及工程经验确定，但每块预压区至少应设置两台真空泵。

②真空管路的连接点应严格进行密封，为避免膜内真空度在停泵后很快降低，在真空管路中应设置止回阀和截门。

③密封膜热合黏结时宜用两条膜的热合黏结缝平搭接，搭接宽度应大于 15mm。密封膜宜设 3 层，覆盖膜周边可采用挖沟折铺、平铺用黏土压边、围埝沟内覆水、膜上全面覆水等方法密封。

④真空预压的真空度可一次抽气至最大，当连续 5d 实测沉降小于每天 2mm 或固结度≥80%，或符合设计要求时，可以停止抽气。

（5）施工结束后，应检查地基土的强度及要求达到的其他物理力学指标。一般工程在预压结束后，做十字板剪切强度或标贯、静力触探试验即可，但重要建筑物地基应做承载力检验。如设计有明确规定应按设计要求进行检验。

2. 质量检查与验收

预压地基和塑料排水带质量检验标准，应符合表 2-25 的规定。

表 2-25　　　　　　　　　预压地基和塑料排水带质量检验标准

项	检查项目	允许偏差或允许值		检查方法	检查数量
		单位	数值		
主控项目	预压载荷	%	≤2	水准仪	全数检查
	固结度（与设计要求比）	%	≤2	根据设计要求采用不同的方法	根据设计要求
	承载力或其他性能指标	设计要求		按规定方法	每单位工程不应少于 3 点；1000m² 以上工程，每 100m² 至少应有 1 点；3000m² 以上工程，每 300m² 至少应有 1 点。每一独立基础下至少应有 1 点，基槽每 20 延长米应有 1 点
一般项目	沉降速率（与控制值比）	%	±10	水准仪	全数检查，每天进行
	砂井或塑料排水带位置	mm	±100	用钢直尺量	抽 10% 且不少于 3 个
	砂井或塑料排水带插入深度	mm	±200	插入时用经纬仪检查	抽 10% 且不少于 3 个
	插入塑料排水带时的回带长度	mm	≤500	用钢直尺量	抽 10% 且不少于 3 个
	塑料排水带或砂井高出砂垫层距离	mm	≥200	用钢直尺量	抽 10% 且不少于 3 个
	插入塑料排水带的回带根数	%	5	目测	抽 10% 且不少于 3 个

注：如真空预压，主控项目中预压载荷的检查为真空度降低值＜2%。

七、水泥粉煤灰碎石地基施工质量控制

1. 特点与适用范围

水泥粉煤灰碎石桩地基的特点是：改变桩长、桩径、桩距等设计参数，可使承载力在较大范围内调整；有较高的承载力，承载力提高幅度在 $250\%\sim300\%$，对软土地基承载力提高更大；沉降量小，变形稳定快；工艺性好，灌注方便，易于控制施工质量；可节约大量水泥、钢材，利用工业废料，消耗大量粉煤灰，降低工程费用，与预制钢筋混凝土桩加固相比，可节省投资 $30\%\sim40\%$。适用于多层和高层建筑地基，如砂土，粉土，松散填土、粉质黏土、黏土、淤泥质土等的处理。

2. 施工质量控制要点

(1) 水泥粉煤灰碎石桩的构造要求，有如下几点：

①桩径根据振动沉桩机的管径大小而定，一般为 $350\sim400$mm。

②桩距根据土质、布桩形式、场地情况，可按表 2-26 选用。

③桩长根据需挤密加固深度而定，一般为 $6\sim12$m。

表 2-26　　　　　　　　　桩距选用表

布桩形式	土　质		
	挤密性好的土，如砂土、粉土、松散填土等	可挤密性土，如粉质黏土、非饱和黏土等	不可挤密性土，如饱和黏土、淤泥质土等
	桩　距		
单、双排布桩的条基	$(3\sim5)d$	$(3.5\sim5)d$	$(4\sim5)d$
含 9 根以下的独立基础	$(3\sim6)d$	$(3.5\sim6)d$	$(4\sim6)d$
满堂布桩	$(4\sim6)d$	$(4\sim6)d$	$(4.5\sim7)d$

注：d——桩径，以成桩后桩的实际桩径为准。

(2) 碎石用粒径 $20\sim50$mm，松散密度 $1.39t/m^3$，杂质含量小于 5%；石屑用粒径 $2.5\sim10$mm，松散密度 $1.47t/m^3$，杂质含量小于 5%。

(3) 水泥用强度等级 32.5 普通硅酸盐水泥，不得使用过期或受潮结块的水泥。

(4) 混合料配合比根据拟加固场地的土质情况及加固后要求达到的承载力而定。水泥、粉煤灰、碎石混合料的配合比相当于抗压强度为 C1.2～C7 的低强度等级混凝土，密度大于 $2.0~t/m^3$。掺加最佳石屑率（石屑量与碎石和石屑总质量之比）为 25% 左右情况下，当 W/C（水与水泥用量之比）为 $1.01\sim1.47$，F/C（粉煤灰与水泥质量之比）为 $1.02\sim1.65$，混凝土抗压强度为 8.8～1.42MPa。

(5) 水泥粉煤灰碎石桩施工工艺如下：

①水泥粉煤灰碎石桩施工工艺，如图 2-2 所示。

②桩施工程序为：桩机就位→沉管至设计深度→停振下料→振动捣实后拔管→留振 10s→振动拔管、复打。应考虑隔排隔桩跳打，新打桩与已打桩间隔时间不应少于 7d。

③桩机就位须平整、稳固，沉管与地面保持垂直，垂直度偏差不大于 1%；如带预制混凝土桩尖，需埋入地面以下 300mm。

④在沉管过程中用料斗在空中向桩管内投料，待沉管至设计标高后须尽快投料，直至混合料与钢管上部投料口齐平。混合料应按设计配合比配制，投入搅拌机加水拌和，搅拌时间不少于

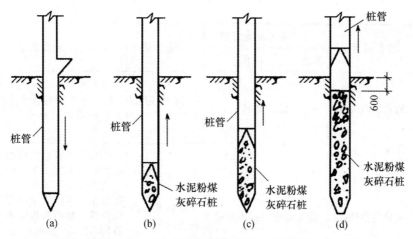

(a) 打入管桩；(b)、(c) 灌水泥粉煤灰碎石、振动拔管；(d) 成桩

图 2-2　水泥粉煤灰碎石桩工艺流程

2min，加水量由混合料坍落度控制，一般坍落度为 30～50mm；成桩后桩顶浮浆厚度一般不超过 200mm。

⑤当混合料加至钢管投料口齐平时，沉管在原地留振 10s 左右，即可边振动边拔管，拔管速度控制在 1.2～1.5m/min 左右，每提升 1.5～2.0m，留振 20s。桩管拔出地面确认成桩符合设计要求后，用粒状材料或黏土封顶。

⑥桩体经 7d 达到一定强度后，始可进行基槽开挖；如桩顶离地面在 1.5m 以内，宜用人工开挖；如大于 1.5m，下部 700mm 亦宜用人工开挖，以避免损坏桩头部分。为使桩与桩间土更好地共同工作，在基础下宜铺一层 150～300mm 厚的碎石或灰土垫层。

(6) 褥垫层铺设宜采用静力压实法，当基础底面下桩间土的含水量较小时，也可采用动力夯实法，夯填度（夯实后的褥垫层厚度与虚铺厚度的比值）不得大于 0.9。

(7) 冬期施工时混合料入孔温度不得低于 5℃，对桩头和桩间土应采取保温措施。

(8) 施工结束后，应对桩顶标高、桩位、桩体质量、地基承载力以及褥垫层的质量做检查。

3. 质量检验标准

(1) 水泥粉煤灰碎石桩地基的质量检验标准，应符合表 2-27 的规定。

表 2-27　　　　水泥粉煤灰碎石桩复合地基质量检验标准

项	检查项目	允许偏差或允许值		检查方法	检查数量
		单位	数值		
主控项目	原材料	设计要求		查产品合格证书或抽样送检	设计要求
	桩径	mm	−20	用钢直尺量或计算填料量	抽桩数 20%
	桩身强度	设计要求		查 28d 试块强度	一个台班一组试块

续表

项	检查项目	允许偏差或允许值		检查方法	检查数量
		单位	数值		
主控项目	地基承载力	设计要求		按规定的办法	总数的 0.5%～1%，但不少于 3 处。有单桩检验要求时，数量为总数的 0.5%～1%，但不应少于 3 根
一般项目	桩身完整性	按桩基检测技术规范		按桩基检测技术规范	①柱下三桩或三桩以下的承台抽检桩数不得少于 1 根 ②设计等级为甲级，或地质条件复杂、成桩质量可靠性较低的灌筑桩，抽检数量应不少于总桩数的 30%，且不得少于 20 根；其他桩基工程的抽检数量应不少于总桩数的 20%，且不得少于 10 根
	桩位偏差	满堂布桩≤0.40D 条基布桩≤0.25D		用钢直尺量，D 为桩径	抽查总数的 20%
	桩垂直度	%	≤1.5	用经纬仪测桩管	抽查总数的 20%
	桩长	mm	＋100	测桩管长度或垂球测孔深	抽查总数的 20%
	褥垫层夯填度		≤0.9	用钢直尺量	桩坑按总数的 10%，但不少于 5 个；槽沟每 10m 长抽查 1 处，且不少于 5 处；大基坑按 50～100m² 抽查 1 处

注：①夯填度指夯实后的褥垫层厚度与虚体厚度的比值。
　　②桩径允许偏差负值是指个别断面。

八、水泥土搅拌桩地基施工质量控制

1. 适用范围

水泥土搅拌桩地基是利用水泥作固化剂，通过搅拌机械将其与地基土强制搅拌，硬化后构成的地基。适用于处理淤泥、淤泥质土、粉土和含水量较高且地基承载力标准值不大于 120kPa 的黏性土等地基。

2. 施工质量控制要点

(1) 水泥掺入量宜为被加固土重的 7%～15%，可根据需要掺入适量的早强、缓凝、减水剂等。

①水泥宜用 32.5 级普通硅酸盐水泥或矿渣硅酸盐水泥。

②粉煤灰宜用 Ⅰ 级或 Ⅱ 级粉煤灰。

③外加剂应经过试验室复试合格。

(2) 水泥输送泵及其配件，要与输浆量相匹配。

（3）桩位平面布置可采用桩状、壁状、格栅状、块状等形式，可只在基础范围内布桩。

施工现场应平整，清除桩位处地上、地下的一切障碍物。场地低洼时应先抽水、清淤，先填200～300mm砂石垫层，然后分层回填黏性土。

（4）基础底面以上宜预留500mm厚的土层，搅拌桩施工到地面，开挖基坑时，应将上部质量较差桩段挖去。

（5）设专人按设计配比负责制浆，一次性配制1根桩所用水泥浆量。一般水灰比为0.45～0.5，搅拌时间≥3min，浆液密度控制在1.75～1.85g/cm³之间。

（6）水泥土搅拌桩施工可按下列步骤进行：

①深层搅拌机械就位。

②预搅下沉。

③喷浆搅拌提升。

④重复搅拌下沉。

⑤重复搅拌提升直至孔口。

⑥关闭搅拌机械。

（7）搅拌机预搅下沉时不宜冲水，当遇到较硬土层下沉太慢时，方可适量冲水，但应考虑冲水成桩对桩身强度的影响。

（8）搅拌机喷浆提升的速度和次数必须符合施工工艺要求，应有专人记录搅拌机每米下沉或提升的时间，深度记录误差不得大于50mm，时间记录误差不得大于5s。

3. 质量检验标准

水泥土搅拌桩地基质量检验标准，应符合表2-28的规定。进行强度检验时，对承重水泥土搅拌桩应取90d后的试件；对支护水泥土搅拌桩应取28d后的试件。

表 2-28　　　　　　　　水泥土搅拌桩地基质量检验标准

项	检查项目	允许偏差或允许值		检查方法	检查数量
		单位	数值		
主控项目	水泥及外掺剂质量	设计要求		查产品合格证书或抽样送检	水泥：按同一生产厂家、同一等级、同一品种、同一批号且连续进场的水泥，袋装不超过200t为一批，散装不超过500t为一批，每批抽样不少于一次 外加剂：按进场的批次和产品的抽样检查方案确定
	水泥用量	参数指标		查看流量计	每工作台班不少于3次
	桩体强度	设计要求		按规定办法	至少应抽查总数的20%
	地基承载力	设计要求		按规定办法	为总数的0.5%～1%，但不应少于3处。有单桩强度检验要求时，数量为总数的0.5%～1%，但不应少于3根
一般项目	机头提升速度	m/min	≤0.5	量机头上升距离及时间	每工作台班不少于3次
	桩底标高	mm	±200	测机头深度	抽20%且不少于3个

续表

项	检查项目	允许偏差或允许值		检查方法	检查数量
		单位	数值		
一般项目	桩顶标高	mm	+100 −50	水准仪（最上部 500m 不计入）	抽 20% 且不少于 3 个
	桩位偏差	mm	<50	用钢直尺量	抽 20% 且不少于 3 个
	桩径		<0.04D	用钢直尺量，D 为桩径	抽 20% 且不少于 3 个
	垂直度	%	≤1.5	经纬仪	抽 20% 且不少于 3 个
	搭接	mm	>200	用钢直尺量	抽 20% 且不少于 3 个

九、振冲地基施工质量控制

1. 适用范围

振冲地基是利用振冲器在原状土中冲水成孔，在孔内倒入填料，并进行振密，以提高地基承载能力。适于加固松散砂土地基；对黏性土和人工填土地基，经试验证明加固有效时，方可使用；对于粗砂土地基可利用振冲器的振动和水冲过程，使砂土结构重新排列挤密，而不必另加砂石填料（称振冲挤密法）。振冲法可节省三材，施工简单，加固期短，可因地制宜，就地取材，用碎石砂子、卵石、矿渣等填料，费用低廉，是一种快速、经济加固地基的方法。

2. 材料

骨料采用坚硬、不受侵蚀影响的砾石、碎石、卵石、粗砂或矿渣等，粒径 20~50mm 较合适，含泥量不宜大于 5%，不得含杂质土块。

3. 施工质量控制要点

（1）施工前应先进行振冲试验，以确定成孔施工合适的水压、水量、成孔速度及填料方法，达到土体密实度时的密实电流值和留振时间等。

（2）振冲施工的孔位偏差，应符合以下规定：

①施工时振冲器尖端喷水中心与孔径中心偏差不得大于 50mm。

②振冲造孔后，成孔中心与设计定位中心偏差不得大于 100mm。

③完成后的桩顶中心与定位中心偏差不得大于 100mm。

④桩数、孔径、深度及填料配合比必须符合设计要求。

（3）振冲施工工艺如图 2-3 所示，先按图定位，然后将振冲器对准孔点，以 1~2m/min 速度徐徐沉入土中，每沉入 0.5~1.0m，在该段高度悬留振冲 5~10s 进行扩孔，待孔内泥浆溢出时再继续沉入，使形成 0.8~1.2m 的孔洞，当下沉达到设计深度时，留振并减少射水压力（一般保持 0.1MPa），以便排除泥浆进行清孔。亦可将振冲器以 1~2m/min 的均速沉至设计深度以上 30~50cm，然后以 3~5m/min 的均速提出孔口，再用同法沉至孔底，如此反复 1~2 次，达到扩孔的目的。

（4）填料密实度以振冲器工作电流达到规定值为控制标准。完工后，应在距地表面 1m 左右深度桩身部位加填碎石进行夯实，以保证桩顶密实度。密实度必须符合设计要求或施工规范规定。

（5）成孔后应立即往孔内加料，把振冲器沉入孔内的填料中进行振密，至密实电流值达到规

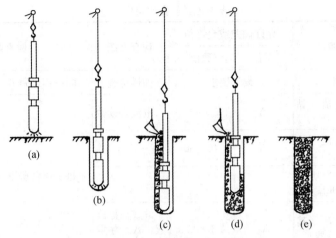

图 2-3 振冲碎石桩成桩工艺流程示意图

(a) 振冲器定位；(b) 振冲下沉；(c) 振冲至设计标高并下料；(d) 边振边下料边上提；(e) 成桩

定值为止。如此提出振冲器、加料、沉入振冲器振密，反复进行直至桩顶，每次加料高度为 0.5～0.8m。在砂性土中制桩时，亦可采用边振边加料的方法。

(6) 在振密过程中，宜小水量补给喷水，以降低孔内泥浆密度，有利于填料下沉，便于振捣密实。振冲造孔顺序方法可参考表 2-29 给出的方法选用。

表 2-29   振冲造孔方法的选择

造孔方法	步骤	优缺点
排孔法	由一端开始，依次逐步造孔到另一端结束	易于施工，且不易漏掉孔位，但当孔位较密时，后打的桩易发生倾斜和位移
跳打法	同一排孔采取隔一孔造一孔	先后造孔影响小，易保证桩的垂直度，但要防止漏掉孔位，并应注意桩位准确
围幕法	先造外围 2～3 圈（排）孔，然后造内圈（排）。采用隔圈（排）造一圈（排）或依次向中心区造孔	可防止桩向一侧偏位，能减少振冲能量的扩散，振密效果好，可节约桩数 10%～15%，大面积施工常采用此法，但施工时应注意防止漏掉孔位和保证其位置准确

(7) 振冲地基施工时对原土结构造成扰动，强度降低。因此，质量检验应在施工结束后间歇一定时间，对砂土地基间隔 1～2 周，黏性土地基间隔 3～4 周，对粉土、杂填土地基间隔 2～3 周。桩顶部位由于周围土体约束力小，密实度较难达到要求，检验取样时应考虑此因素。

(8) 对用振冲密实法加固的砂土地基，如不加填料，质量检验主要是地基的密实度。可用标准贯入、动力触探等方法进行，但选点应有代表性。质量检验具体选择检验点时，宜由设计、施工、监理（或业主方）在施工结束后根据施工实施情况共同确定检验位置。

4. 振冲地基质量检验标准

每根桩的填料总量和密实度（包括桩顶）必须符合设计要求或施工规范规定，一般每米桩体直径达到 0.8m 以上所需碎石量为 0.6～0.7m³；桩顶中心位移不得大于 100mm（按桩数 5% 抽查）；待桩完半月（砂土）或 1 月（黏性土）后，方可进行载荷试验，用标准贯入静力触探及土工试验等方法来检验桩的承载力，以不小于设计要求的数值为合格振冲器技术性能。

振冲地基的质量检验标准应符合表 2-30 的规定。

表 2-30 振冲地基质量检验标准

项	检查项目	允许偏差或允许值		检查方法	检查数量
		单位	数值		
主控项目	填料粒径	设计要求		抽样检查	同一产地每600t一批
	密实电流（黏性土）	A	50~55	电流表读数	每工作台班不少于3次
	密实电流（砂性土或粉土）	A	40~50		
	（以上为功率30kW振冲器）	—	—	—	
	密实电流（其他类型振冲器）	A_0	1.5~2.0	电流表读数，A_0为空振电流	
	地基承载力	设计要求		按规定方法	总孔数的0.5%~1%，但不得少于3处
一般项目	填料含泥量	%	<5	抽样检查	按进场的批次和产品的抽样检验方案确定
	振冲器喷水中心与孔径中心偏差	mm	≤50	用钢直尺量	抽孔数的20%且不少于5根
	成孔中心与设计孔位中心偏差	mm	≤100	用钢直尺量	
	桩体直径	mm	<50	用钢直尺量	
	孔深	mm	±200	测量钻杆或重锤	全数检查

十、高压喷射注浆地基施工质量控制

1. 施工质量控制要点

(1) 施工前应检查水泥、外掺剂等的质量，桩位，压力表、流量表的精度和灵敏度，高压喷射设备的性能等。

(2) 高压喷射注浆工艺宜用普遍硅酸盐工艺，强度等级不得低于32.5级，水泥用量、压力宜通过试验确定，如无条件可参考表2-31。

表 2-31 1m桩长喷射桩水泥用量表

桩径（mm）	桩长（m）	强度为32.5级普硅水泥单位用量		喷射施工方法		
				单管	二重管	三管
φ600	1	kg/m	200~250		200~250	
φ800	1	kg/m	300~350		300~350	

续表

桩径（mm）	桩长（m）	强度为 32.5 级普硅水泥单位用量	喷射施工方法		
			单管	二重管	三管
φ900	1	kg/m	350～400（新）	350～400	
φ1000	1	kg/m	400～450（新）	400～450（新）	700～800
φ1200	1	kg/m		500～600（新）	800～900
φ1400	1	kg/m		700～800（新）	900～1000

注：①"新"系指采用高压水泥浆泵，压力为 36～40MPa，流量 80～110L/min 的新单管法和二重管法。

②本表摘自《建筑地基础工程施工质量验收规范》（GB 50202—2002）。

水压比为 0.7～1.0 较妥，为确保施工质量，施工机具必须配置准确的计量仪表。

（3）施工中应检查施工参数（压力、水泥浆量、提升速度、旋转速度等）及施工程序。

（4）旋喷施工前，应将钻机定位安放平稳，旋喷管的允许倾斜度不得大于 1.5%。

（5）由于喷射压力较大，容易发生窜浆（即第二个孔喷讲的浆液，从相邻的孔内冒出），影响邻孔的质量，应采用间隔跳打法施工，一般二孔间距大于 1.5m。

（6）水泥浆的水灰比一般为 0.7～1.0。水泥浆的搅拌宜在旋喷前 1 小时以内搅拌。旋喷过程中冒浆量应控制在 10%～25% 之间。

（7）当高压喷射注浆完毕，应迅速拔出注浆管，用清水冲洗管路。为防止浆液凝固收缩影响桩顶高程，必要时可在原孔位采用冒浆回灌或第二次注浆等措施。

（8）施工结束后，应检验桩体强度、平均直径、桩身中心位置、桩体质量及承载力等。桩体质量及承载力检验应在施工结束后 28d 进行。

2. 质量检查与验收

高压喷射注浆地基质量检验标准，应符合表 2-32 的规定。

表 2-32   高压喷射注浆地基质量检验标准

项	检查项目	允许偏差或允许值		检查方法	检查数量
		单位	数值		
主控项目	水泥及外掺剂质量	符合出厂要求		查产品合格证书或抽样送检	水泥：按同一生产厂家、同一等级、同一品种、同一批号且连续进场的水泥，袋装不超过 200t 为一批，散装不超过 500t 为一批，每批抽样不少于一次 外加剂：按进场的批次和产品的抽样检验方案确定
	水泥用量	设计要求		查看流量表及水泥浆水灰比	每工作台班不少于 3 次
	桩体强度或完整性检验	设计要求		按规定方法	按设计要求，设计无要求时可按施工注浆孔数的 2%～5% 抽查，且不少于 2 个

续表

项	检查项目	允许偏差或允许值		检查方法	检查数量
		单位	数值		
主控项目	地基承载力	设计要求		按规定方法	总数的0.5%～1%，但不得少于3处，有单桩强度检验要求时，数量为总数的0.5%～1%，但应不少于3根
	水泥用量	设计要求		查看流量表及水泥浆水灰比	每工作台班不少于3次
	桩体强度或完整性检验	设计要求		按规定方法	按设计要求，设计无要求时可按施工注浆孔数的2%～5%抽查，且不少于2个
	地基承载力	设计要求		按规定方法	总数的0.5%～1%，但不得少于3处，有单桩强度检验要求时，数量为总数的0.5%～1%，但应不少于3根
一般项目	钻孔位置	mm	≤50	用钢直尺量	每台班不少于3次
	钻孔垂直度	%	≤1.5	经纬仪测钻杆或实测	抽20%，不少于5个
	孔深	mm	±200	用钢直尺量	
	注浆压力	按设定参数指标		查看压力表	
	桩体搭接	mm	＞200	用钢直尺量	
	柱体直径	mm	≤50	开挖后用钢直尺量	
	桩身中心允许偏差	—	≤0.2D	开挖后桩顶下500mm处用钢直尺量，D为桩径	

十一、土和灰土挤密桩地基施工质量控制

1. 适用范围

土和灰土挤密桩地基是在原土中成孔后分层填以素土或灰土，并夯实，使填土压密，同时挤密周围土体，构成坚实的地基。适用于处理地下水位以上的湿陷性黄土、素填土和杂填土等地基，处理深度宜为5～15m。

2. 施工质量控制要点

（1）土和灰土挤密桩地基处理宽度应大于基础的宽度。局部处理时，对非自重湿陷性黄土、素填土、杂填土等地基，每边超出基础的宽度不应小于 0.25b（b 为基础短边宽度），并不应小于 0.5m；对自重湿陷性黄土地基不应小于 0.75b，并不应小于 1m。整片处理Ⅲ、Ⅳ级自重湿陷性黄土场地，每边超出建筑物外墙基础外缘的宽度不宜小于处理土层厚度的 1/2，并不应小于 2m。

（2）桩孔直径宜为 300～600mm。桩孔宜按等边三角形布置。

（3）桩孔内的填料，应用压实系数控制夯实质量，当用素土回填夯实时，压实系数不应小于 0.95；当用灰土回填夯实时，压实系数不应小于 0.97。灰土的体积配合比宜为 2∶8 或 3∶7。

（4）成孔施工可根据现场条件选用沉管（振动、锤击）、冲击或爆扩等方法。

（5）成孔施工时，地基土宜接近最优含水量，当含水量低于 12% 时，宜加水增湿至最优含水量。

（6）向孔内填料前，孔底必须夯实，然后用素土或灰土在最优含水量状态下分层回填夯实，其压实系数应符合规定。

（7）成孔和回填夯实的施工顺序，宜间隔进行。对大型工程可采取分段施工。

（8）基础底面以上应预留 0.7～1.0m 厚的土层，待施工结束后，将表层挤松的土挖除或分层夯压密实。

3. 质量检验标准

土和灰土挤密桩地基质量检验标准，应符合表 2-33 的规定。

表 2-33 土和灰土挤密桩地基质量检验标准

项	检查项目	允许偏差或允许值		检查方法	检查数量
		单位	数值		
主控项目	桩体及桩间土干密度	设计要求		现场取样抽查	每台班不少于 1 根或随机抽取不少于桩总数的 2%
	桩长	mm	+500	测桩管长度或垂球测孔深	全数检查
	地基承载力	设计要求		按规定的方法	总数的 0.5%～1%，但不得少于 3 处，有单桩强度检验要求时，数量为总数的 0.5%～1%，但应不少于 3 根
	桩径	mm	−20	用钢直尺量	全数检查
一般项目	土料有机质含量	%	≤5	试验室焙烧法	同一土场质量稳定的土料为一批
	石灰粒径		≤5	筛分法	随机抽取
	桩位偏差		满堂布桩≤0.40D 条基布桩≤0.25D	用钢直尺量，D 为桩径	全数检查
	垂直度	%	≤1.5	用经纬仪测桩管	全数检查
	桩径	mm	−20	用钢直尺量	全数检查

注：桩径允许偏差负值是指个别断面。

十二、夯实水泥土桩复合地基施工质量控制

1. 质量控制要点

（1）水泥及夯实用土料的质量应符合设计要求。

（2）施工中应检查孔位、孔深、孔径、水泥和土的配合比、混合料含水量等。

（3）采用人工洛阳铲或螺旋钻机成孔时，按梅花形布置进行并及时成桩，以避免大面积成孔后再成桩，由于夯机自重和夯锤的冲击，地表水灌入孔内而造成塌孔。

（4）向孔内填料前，先夯实孔底虚土，采用二夯一填的连续成桩工艺。每根桩要求一气呵成，不得中断，防止出现松填或漏填现象。桩身密实度要求成桩 1h 后，击数不小于 30 击，用轻便触探仪检查"检定击数"。

（5）施工结束应对桩体质量及复合地基承载力做检验，褥垫层应检查其夯填度。承载力检验一般为单桩的载荷试验，对重要、大型工程应进行复合地基载荷试验。

（6）其他要求可参考土和灰土挤密桩地基。

2. 质量检查与验收

夯实水泥土桩的质量检验标准，应符合表 2-34 的规定。

表 2-34　　　　　　　　　夯实水泥土桩复合地基质量检验标准

项	检查项目	允许偏差或允许值		检查方法	检查数量
		单位	数值		
主控项目	桩径	mm	−20	用钢尺量	抽总桩数 20%
	桩长	mm	+500	测桩孔深度	
	桩体干密度		设计要求	现场取样检查	随机抽取不少于桩孔总数的 2%，桩总数的 0.5%～1%，且不少于 3 处
	桩基承载力		设计要求	按规定的方法	
一般项目	土料有机质含量	%	≤5	焙烧法	随机抽查，但土料产地变化时须重新检测
	含水量（与最优含水量比）	%	±2	烘干法	对大基坑每 50～100m² 应不少于 1 个检验点；对基槽每 10～20m 应不少于 1 个点；每个单独柱基应不少于 1 个点
	土料粒径	mm	≤20	筛分法	柱坑按总数抽查 10%，但不少于 5 个；基坑、沟槽每 10m² 抽查 1 处，但不少于 5 处
	水泥质量		设计要求	查产品质量合格证书或抽样送检	按同一生产厂家、同一等级、同一品种、同一批号且连续进场的水泥，袋装不超过 200t 为一批，散装不超过 500t 为一批，每批抽样不少于一次

64

续表

项	检查项目	允许偏差或允许值		检查方法	检查数量
		单位	数值		
一般项目	桩位偏差		满堂布桩≤0.40D 条基布桩≤0.25D	用钢直尺量，D为桩径	抽总桩数20%
	桩孔垂直度	%	≤1.5	用经纬仪测桩管	
	褥垫层夯填度		≤0.9	用钢尺量	桩坑按总数抽查10%。但不少于5个；沟槽按10m长抽查1处，且不应少于5处；大基坑按50～100m² 抽查1处

注：①夯填度指夯实后的褥垫层厚度与虚体厚度的比值。

②桩径允许偏差负值是指个别断面。

第三节　桩基工程

一、混凝土预制桩施工质量控制

1. 材料要求

（1）粗骨料：应采用坚硬的卵石、碎石，其粒径宜用5～40mm连续级配。含泥量不大于2%，无垃圾及杂物。

（2）细骨料：应选用质地坚硬的中砂，含泥量不大于3%，无有机物、垃圾、泥块等杂物。

（3）水泥：宜用强度等级为32.5级、42.5级的硅酸盐水泥或普通硅酸盐水泥，使用前必须有出厂质量证明和水泥现场取样复试试验报告，合格后方准使用。

（4）钢筋：应具有出厂质量证明书和钢筋现场取样复试试验报告，合格后方准使用。

（5）拌和用水：一般饮用水或洁净的自然水。

（6）混凝土配合比：用现场材料和设计要求强度，经试验室试配后出具的混凝土配合比。

2. 施工质量控制要点

（1）混凝土桩在现场预制时，应对原材料、钢筋骨架、混凝土强度进行检查。采用工厂生产的成品桩时，桩进场后应进行外观检查及尺寸检查。

混凝土预制桩的外观应符合下列要求：

①桩的表面应平整、密实，掉角的深度不超过10mm，且局部蜂窝和掉角的缺损总面积不得超过该桩表面积的0.5%，并不得过分集中。

②由于混凝土收缩产生的裂缝，深度不得大于20mm，宽度不得大于0.25mm；横向裂缝长的不得超过边长的一半（管桩或多边形桩不得超过直径或对角线的1/2）。

③桩顶和桩尖处不得有蜂窝、麻面、裂缝和掉角。

（2）钢筋骨架的主筋连接宜采用对焊和电弧焊，当钢筋直径不小于20mm时，宜采用机械接头连接。主筋接头配置在同一截面内的数量，应符合下列规定：

①当采用对焊或电弧焊时，对于受拉钢筋，不得超过50%。

②相邻两根主筋接头截面的距离应大于 $35d_g$（d_g 为主筋直径），并不应小于500mm。

③必须符合现行行业标准《钢筋焊接及验收规程》JGJ 18 和《钢筋机械连接通用技术规程》JGJ 107 的规定。

（3）锤击预制桩的骨料粒径宜为 5～40mm。

（4）锤击预制桩，应在强度与龄期均达到要求后，方可锤击。

（5）重叠法制作预制桩时，应符合下列规定：

①桩与邻桩及底模之间的接触面不得粘连。

②上层桩或邻桩的浇筑，必须在下层桩或邻桩的混凝土达到设计强度的30%以上时，方可进行。

③桩的重叠层数不应超过 4 层。

（6）预制桩钢筋骨架的允许偏差，应符合表 2-35 的规定。

表 2-35 预制桩钢筋骨架的允许偏差

项目	允许偏差（mm）	项目	允许偏差（mm）
主筋间距	±5	吊环露出桩表面的高度	±10
桩尖中心线	10	主筋距桩顶距离	±5
箍筋间距或螺旋筋的螺距	±20	桩顶钢筋网片位置	±10
吊环沿纵轴线方向	±20	多节桩桩顶预埋件位置	±3
吊环沿垂直于纵轴线方向	±20		

（7）混凝土预制桩的表面应平整、密实，制作允许偏差应符合表 2-36 的规定。

表 2-36 混凝土预制桩制作允许偏差

桩型	项目	允许偏差（mm）	桩型	项目	允许偏差（mm）
钢筋混凝土实心桩	横截面边长	±5	钢筋混凝土管桩	直径	±5
	桩顶对角线之差	≤5		长度	±0.5%桩长
	保护层厚度	±5		管壁厚度	-5
	桩身弯曲矢高	不大于0.1%长且不大于20		保护层厚度	+10 -5
	桩尖偏心	≤10		桩身弯曲（度）矢高	0.1%桩长
	桩端面倾斜	≤0.005		桩尖偏心	≤10
	桩节长度	±20		桩头板平整度	≤2
				桩头板偏心	≤2

（8）打桩顺序要求应符合下列规定：

①对于密集桩群，自中间向两个方向或四周对称施打。

②当一侧毗邻建筑物时，由毗邻建筑物处向另一方向施打。

③根据基础的设计标高，宜先深后浅。

④根据桩的规格，宜先大后小，先长后短。

（9）桩打入时应符合下列规定：

①桩帽或送桩帽与桩周围的间隙应为5～10mm。

②锤与桩帽、桩帽与桩之间应加设硬木、麻袋、草垫等弹性衬垫。

③桩锤、桩帽或送桩帽应和桩身在同一中心线上。

④桩插入时的垂直度偏差不得超过0.5％。

（10）打入桩（预制混凝土方桩、预应力混凝土空心桩、钢桩）的桩位偏差，应符合表2-37的规定。斜桩倾斜度的偏差不得大于倾斜角正切值的15％（倾斜角系桩的纵向中心线与铅垂线间夹角）。

表 2-37 打入桩桩位的允许偏差

项 目		允许偏差（mm）
桩数为1～3根桩基中的桩		100
桩数为4～16根桩基中的桩		1/2桩径或边长
桩数大于16根桩基中的桩	①最外边的桩	1/3桩径或边长
	②中间桩	1/2桩径或边长
带有基础梁的桩	①垂直基础梁的中心线	$100+0.01H$
	②沿基础梁的中心线	$150+0.01H$

注：H为施工现场地面标高与桩顶设计标高的距离。

（11）施工中应对桩体垂直度、沉桩情况、桩顶完整状况、接桩质量等进行检查，对电焊接桩，重要工程应做10％的焊缝探伤检查。

（12）桩锤的选用应根据地质条件、桩形、桩的密集程度、单桩承载力及施工条件等决定。

（13）混凝土预制桩打入时间规定、打桩顺序及桩停止锤击的控制原则同先张法预应力管桩。

（14）施工过程中应对桩体垂直度、沉桩情况、桩顶完整状况、接桩质量等进行检查。对电焊接桩，重要工程应做10％的焊缝探伤检查。

（15）对长桩或总锤击数超过500击的桩，应符合桩体强度及28d龄期的两项条件才能锤击。

（16）施工结束后，应对承载力及桩体质量做检验。

3. 混凝土预制桩质量检验标准

（1）混凝土预制桩的质量检验标准，应符合表2-38的规定。

（2）桩体质量检验数量不应少于总桩数的10％，且不得少于10根。每个柱子承台下不得少于1根。

（3）承载力检验数量不应少于总桩数的1％，且不应少于3根，当总桩数少于50根时，不应少于2根。

（4）其他主控项目应全部检查，一般项目按总桩数20％抽查。

表 2-38 混凝土预制桩的质量检验标准

项	检查项目	允许偏差或允许值		检查方法
		单位	数值	
主控项目	桩体质量检验	按基桩检测技术规范		按基桩检测技术规范
	桩位偏差	见表1-39		用钢直尺量
	承载力	按基桩检测技术规范		按基桩检测技术规范

续表

项	检查项目		允许偏差或允许值		检查方法
			单位	数值	
一般项目	砂、石、水泥、钢材等原材料（现场预制时）		符合设计要求		查出厂质保文件或抽样送检
	混凝土配合比及强度（现场预制时）		符合设计要求		检查称量及查试块记录
	成品桩外形		表面平整，颜色均匀，掉角深度＜10mm，蜂窝面积小于总面积0.5%		直观
	成品桩裂缝（收缩裂缝或起吊、装运、堆放引起的裂缝）		深度＜20mm，宽度＜0.25mm，横向裂缝不超过边长的一半		裂缝测定仪，该项在地下水有侵蚀地区及锤击数超过500击的长桩不适用
	成品桩尺寸	横截面边长	mm	±5	用钢直尺量
		桩顶对角线差	mm	＜10	用钢直尺量
		桩尖中心线	mm	＜10	用钢直尺量
		桩身弯曲矢高	—	＜1/1000 l	用钢直尺量，l 为桩长
		桩顶平整度	mm	＜2	用水平尺量
	电焊接桩	焊缝质量	无气孔、无焊瘤、无裂缝		直观
		电焊结束后停歇时间	min	＞1.0	秒表测定
		上下节平面偏差	min	＜10	用钢直尺量
		节点弯曲矢高	—	＜1/1000 l	用钢直尺量，l 为两节桩长
	硫磺胶泥接桩	胶泥浇注时间	min	＜2	秒表测定
		浇注后停歇时间	min	＞7	秒表测定
	桩顶标高		mm	±50	水准仪
	停锤标准		设计要求		现场实测或查沉桩记录

二、静力压桩施工质量控制

1. 适用范围

静力压桩的方法有锚杆静压、液压千斤顶加压、绳索系统加压等，凡非冲击力沉桩均为静力压桩。适用于软弱土层、填土及一般黏性土层，适合居民稠密及危房附近、环境保护要求严格的地区沉桩。

2. 施工质量控制要点

（1）锚杆静力压桩法，是利用建筑物的自重作为压载，先在基础上开凿出压桩孔，然后埋设锚杆或在新建建筑物基础上预留压桩孔预埋钢锚杆，借锚杆反力，通过锚杆反力架，用液压压桩机将钢筋混凝土预制桩逐段压入基础中开凿或预留的桩孔内。适用于建筑物改造、已有建筑物基础加固，以及新建工程中可与上部建筑同步施工，不占用绝对工期。

（2）开凿压桩孔可采用钻机成孔，压桩孔凿成上小下大截头锥形体，以利于基础承受冲剪。

（3）压桩机应根据土质情况配足额定重量。

（4）桩顶、桩身和送桩的中心线应重合。

（5）施工前应对成品桩（锚杆静压成品桩一般均由工厂制造，运至现场堆放）做外观及强度检验，接桩用焊条或半成品硫磺胶泥应有产品合格证书，或送有关部门检验，压桩用压力表、锚杆规格及质量也应进行检查。硫磺胶泥半成品应每100kg做一组试件（3件）。

（6）压桩过程中应检查压力、桩垂直度、接桩间歇时间、桩的连接质量及压入深度。重要工程应对电焊接桩的接头做10%的探伤检查。对承受反力的结构应加强观测。

（7）检查压力的目的在于检查压桩是否正常。

（8）接桩间歇时间对硫磺胶泥必须控制，间歇时间过短，硫磺胶泥强度未达到，容易被压坏，接头处有薄弱部位，甚至断桩。浇注硫磺胶泥时间必须快，慢了硫磺胶泥在容器内结硬，浇注入连接孔内不易均匀流滴，质量不易保证。

（9）压入桩（预制混凝土方桩、先张法预应力管桩、钢桩）的桩位偏差，必须符合表 2-39 的规定。斜桩倾斜度的偏差不得大于倾斜角正切值的 15%（倾斜角是指桩的纵向中心线与垂直线间的夹角）。

（10）施工结束后，应做桩的承载力及桩体质量检验。

表 2-39　　　　　　　　　预制桩（PHC桩、钢桩）桩位的允许偏差

项　目		允许偏差（mm）
桩数为 1～3 根桩基中的桩		100
桩数为 4～16 根桩基中的桩		1/2 桩径或边长
桩数大于 16 根桩基中的桩	①最外边的桩	1/3 桩径或边长
	②中间桩	1/2 桩径或边长
盖有基础梁的桩	①垂直基础梁的中心线	$100+0.01H$
	②沿基础梁的中心线	$150+0.01H$

注：①H 为施工现场地面标高与桩顶设计标高的距离。

　　②引自《建筑地基基础工程施工质量验收规范》（GB 50202—2002）。

　　③桩顶标高允许偏差为 $-50mm$，$+50mm$；倾斜桩倾斜度的偏差，不得大于倾斜角正切值的 15%（倾斜角系桩的纵向中心线与铅垂线间夹角）。

3. 静力压桩质量检验标准

施工结束后，应做桩的承载力及桩体质量检验。静压桩质量检验标准见表 2-40。桩体质量检验数量不应少于总数的 20%，且不应少于 10 根。对混凝土预制桩检验数量不应少于总桩数的 10%，且不得少于 10 根。每个柱子承台下不得少于 1 根。承载力检验数量为总桩数的 1%，且不应少于 3 根，当总桩数少于 50 根时，不应少于 2 根。其他主控项目应全部检查，对一般项目可按总桩数的 20%抽查。

表 2-40　　　　　　　　　　静力压桩质量检验标准

项	检查项目		允许偏差或允许值		检查方法
			单位	数值	
主控项目	桩体质量检验		按基桩检测技术规范		按基桩检测技术规范
	桩位偏差		见表 1-39		用钢直尺量
	承载力		按基桩检测技术规范		按基桩检测技术规范
一般项目	成品桩质量	外观	表面平整，颜色均匀，掉角深度＜10mm，蜂窝面积小于总面积 0.5%		直观
		外形尺寸	见表 1-38		见表 1-38
		强度	满足设计要求		查产品合格证书或钻芯试压
	硫磺胶泥质量（半成品）		设计要求		查产品合格证书或抽样送检
	接桩	电焊接桩：焊缝质量	无气孔，无焊瘤，无裂缝		直观
		电焊结束后停歇时间	min	＞1.0	秒表测定
		硫磺胶泥接桩：胶泥浇注时		＜2	秒表测定
		间浇筑后停歇时间		＞7	秒表测定
	焊条质量		设计要求		查产品合格证书
	压桩压力（设计有要求时）		%	±5	查压力表读数
	接桩时上下节平面偏差		mm	＜10	用钢直尺量
	接桩时节点弯曲矢高			＜1/1000 l	用钢直尺量，l 为两节桩长
	桩顶标高		mm	±50	水准仪

三、钢桩施工质量控制

1. 钢桩制作

钢桩常用的有钢管桩和 H 型钢桩，钢管桩应用尤其多。钢管桩的钢材一般为普通碳素钢。根据加工工艺的不同有螺旋缝钢管和直缝钢管之分，螺旋缝钢管刚度大，应用较多。钢管桩的下口有开口和闭口两种。桩较长时，钢管桩由 1 根上节桩、1 根下节桩和 1 根或几根中节组成，每节长度不宜超过 15m。

钢管桩国内常用的直径为 406.4mm、609.6mm 和 914.4mm，壁厚为 10mm、11mm、12.7mm 和 13mm 等。一般各节桩采用同一壁厚，为防止端部变形、破损，有时在钢管的下端设加强箍（焊一条宽 200～300mm、厚 6～12mm 的扁钢加强箍）。

钢桩的制作材料要符合设计要求，并有出厂合格证和试验报告。钢桩的分段长度确定同混凝土预制桩，且不宜大于 15m。

钢桩制作的允许偏差和接桩焊缝外观允许偏差，见表 2-41。

表 2-41　　　　　钢桩制作的允许偏差和接桩焊缝外观允许偏差

钢桩制作的允许偏差		接桩焊缝外观允许偏差	
项目	容许偏差（mm）	项目	允许偏差（mm）
外径或断面尺寸　桩端部	±0.5%外径或边长	上下节桩错口	
外径或断面尺寸　桩身	±0.1%外径或边长	①钢管桩外径≥700mm	≤3
长度	>0	②钢管桩外径<700mm	≤2
矢高	≤0.1%桩长	H 型钢桩	1
端部平整度	≤2（H 型桩≤1）	咬边深度（焊缝）	≤0.5
端部平面与桩身中线的倾斜值	≤2	加强层高度（焊缝）	2
		加强层宽度（焊缝）	3

2. 施工质量控制要点

（1）施工前应检查进入现场的成品钢桩。成品钢桩的质量检验标准，应符合表 2-42 的规定。

表 2-42　　　　　成品钢桩质量检验标准

项	检查项目		允许偏差或允许值		检查方法
			单位	数值	
主控项目	钢桩外径或断面尺寸	桩端	—	±0.15%D	用钢直尺量，D 为外径或边长
		桩身	—	±1%D	
	矢高		—	<$1/1000l$	用钢直尺量，l 为桩长
一般项目	长度		mm	+10	用钢直尺量
	端部平整度		mm	≤2	用水平尺量
	H 型钢桩的方正度	$h>300$	mm	$T+T'≤8$	
		$h<300$	mm	$T+T'≤6$	
					用钢直尺量，h、T、T' 见图示
	端部平面与桩中心线的倾斜值		mm	≤2	用水平尺量

（2）用于地下水有侵蚀性的地区或腐蚀性土层的钢桩，应按设计要求作防腐处理。

（3）钢桩的堆放场地应平整、坚实、排水畅通。钢桩应按规格、材质分别存放，堆放层数不宜太高。桩的两端应有保护措施，搬运时应防止桩体撞击而造成的桩端、桩体损坏或弯曲。

（4）钢桩的沉桩施工应符合本节混凝土预制桩施工第（8）、（9）（10）（11）条中的相关规定。

（5）钢管桩如锤击沉桩有困难，可在管内取土以助沉。

（6）H 型钢桩断面刚度较小，锤重不宜大于 4.5t 级（柴油锤），且在锤击过程中桩架前应有横向约束装置，防止横向失稳。

（7）地表层如有大块石、混凝土等回填物，则应在插入 H 型钢桩前进行触探，并清除桩位上的障碍物，保证沉桩质量。

（8）持力层较硬时，H 型钢桩不宜送桩。

（9）施工中应检查钢桩的垂直度、沉入过程、电焊连接质量、电焊后的停歇时间、桩顶锤击后的完整状况。电焊质量除常规检查外，应做 10％的焊缝探伤检查。

施工结束后，应做承载试验。

3. 施工质量检验标准

钢桩施工质量检验标准，见表 2-43。

表 2-43 钢桩施工质量检验标准

项目	检查项目		允许偏差或允许值		检查方法
			单位	数值	
主控项目	桩位偏差		见表 1-39		用钢直尺量
	承载力		按基桩检测技术规范		按基桩检测技术规范
一般项目	电焊接桩焊缝	上下节端部错口 （外径≥700mm）	mm	≤3	用钢直尺量
		（外径<700mm）	mm	≤2	用钢直尺量
		焊缝咬边深度	mm	≤0.5	焊缝检查仪
		焊缝加强层高度	mm	2	焊缝检查仪
		焊缝加强层宽度	mm	2	焊缝检查仪
		焊缝电焊质量外观	无气孔，无焊瘤，无裂缝		直观
		焊缝探伤检验	满足设计要求		按设计要求
	电焊结束后停歇时间		min	>1.0	秒表测定
	节点弯曲矢高		<1/1000 l		用钢直尺量，l 为两节桩长
	桩顶标高		mm	±50	水准仪
	停锤标准		按设计要求		用钢直尺量或沉桩记录

注：①承载力检验数量不应少于总桩数的 1％，且不应少于 3 根，当总桩数少于 50 根时，不应少于 2 根。
②其他主控项目应全部检查，一般项目可按总桩数 20％抽查。

四、先张法预应力管桩施工质量控制

1. 施工质量控制要点

（1）施工前应检查进入现场的成品桩、接桩用焊条等质量。

（2）根据地质条件、桩型、桩的规格选用合适的桩锤。

（3）桩打入时应符合以下规定：

①桩帽或送桩帽与桩周围的间隙应为 5～10mm。

②锤与桩帽、桩帽与桩之间应加弹性衬垫。

③桩锤、桩帽或送桩应与桩身在同一中心线上。

④桩插入时的垂直度偏差不得超过 0.5%。

（4）打桩顺序应按下列规定执行：

①对于密集的桩群，自中间向两个方向或向四周对称施打。

②当一侧毗邻建筑物时，由毗邻建筑物处向另一方向施打。

③根据桩底标高，宜先深后浅。

④根据桩的规格，宜先大后小，先长后短。

（5）桩停止锤击的控制原则如下：

①桩端（指桩的全断面）位于一般土层时，以控制桩端设计标高为主，贯入度可作参考。

②桩端达到坚硬、硬塑的黏性土、中密以上粉土、砂土、碎石类土、风化岩时，以贯入度控制为主，桩端标高可作参考。

③贯入度已达到而桩端标高未达到时，应继续锤击 3 阵，按每阵 10 击的贯入度不大于设计规定的数值加以确认。

（6）施工过程中应检查桩的贯入情况、桩顶完整状况、电焊接桩质量、桩体垂直度、电焊后的停歇时间。重要工程应对电焊接头做 10% 的焊缝探伤检查。

2. 质量检验标准

先张法预应力管桩质量检验标准，应符合表 2-44 的规定。

表 2-44　　　　　　　　　　先张法预应力管桩质量检验标准

项	检查项目		允许偏差或允许值		检查方法
			单位	数值	
主控项目	桩体质量检验		按基桩检测技术规范		按基桩检测技术规范
	桩位偏差		见表 1-39		用钢直尺量
	承载力		按基桩检测技术规范		按基桩检测技术规范
一般项目	成品桩质量	外观	无蜂窝、露筋、裂缝、色感均匀、桩顶处无孔隙		直观
		桩径	mm	±5	用钢直尺量
		管壁厚度	mm	±5	用钢直尺量
		桩尖中心线	mm	<2	用钢直尺量
		顶面平整度	mm	10	用水平尺量
		桩体弯曲	—	<1/1000l	用钢直尺量，l 为桩长
	接桩	焊缝质量	无气孔，无焊瘤，无裂缝		直观
		电焊结束后停歇时间	min	>1.0	秒表测定
		上下节平面偏差	min	<10	用钢直尺量
		节点弯曲矢高	—	<1/1000l	用钢直尺量，l 为两节桩长
	停锤标准		设计要求		现场实测或查沉桩记录
	桩顶标高		mm	±50	水准仪

桩体质量检验数量不应少于总桩数的 20%，且不应少于 10 根，每个柱子承台下不得少于 1 根。承载力检验数量不应少于总桩数的 1%，且不应少于 3 根；总桩数少于 50 根时，不应少于 2 根。其他主控项目应全部抽查，对一般项目可按总桩数 20% 抽查。

五、混凝土灌注桩施工质量控制

（一）施工质量控制要点

1. 一般规定

（1）泥浆护壁成孔、干作业成孔、套管成孔及爆扩成孔的工艺及适用范围，应按表 2-45 选用。

表 2-45　　　　　　　　　　　　　　　灌注桩适用范围

项　　目		适用范围
泥浆护壁成孔	冲抓	碎石土、黏性土、砂土及风化岩
	冲击	
	回转钻	
	潜水钻	黏性土、淤泥、淤泥质土及砂土
干作业成孔	螺旋钻	地下水位以上的黏性土、砂土及人工填土
	钻孔扩底	地下水位以上的坚硬、硬塑的黏性土及中密以上的砂土
	机动洛阳铲（人工）	地下水位以上的黏性土、黄土及人工填土
套管成孔	锤击	可塑、软塑、流塑的黏性土、稍密及松散的砂土
	振动	
爆扩成孔		地下水位以上的黏性土、黄土、碎石土及风化岩
后植入钢筋笼灌注桩成桩法		深度 28m 以内的黏性土、砂土及人工填土

（2）泥浆护壁成孔、干作业成孔应达到设计规定直径和深度，并应按规定清理孔底沉渣。

（3）钢筋笼的质量检验，应符合表 2-46 的规定。

表 2-46　　　　　　　　　　　　　　　钢筋笼制作允许偏差

项	检查项目	允许偏差（mm）	检查方法
主控项目	主筋间距	±10	用钢直尺量
	钢筋笼长度	±100	用钢直尺量
一般项目	钢筋材质检验	设计要求	抽筋送检
	箍筋间距	±20	用钢直尺量
	钢筋笼直径	±10	用钢直尺量

钢筋笼的直径除按设计要求外，尚应符合下列规定：

①套管成孔的桩，应比套管内径小 60～80mm。

②用导管灌注水下混凝土的桩，应比导管连接处的外径大 100mm 以上。

③钢筋笼在制作、运输和安装进程中，应采取措施防止变形，并应有保护层垫块（或垫管、垫板）。

④要注意不均匀配筋的钢筋笼，在钢筋笼顶端要做好标示，区分迎土面和基坑面，并在施工中做好各个工序的交底，避免钢筋笼偏差。

⑤吊放入孔时，不得碰撞孔壁。灌注混凝土时，应采取措施固定钢筋笼位置。

（4）混凝土的粗骨料粒径（不包括爆扩桩）：卵石不宜大于 50mm，碎石不宜大于 40mm，配筋的桩不宜大于 30mm，并不宜大于钢筋间最小净距的 1/3。坍落度：水下灌注的宜为 16～22cm，干作业成孔的宜为 8～10cm，套管成孔的宜为 6～8cm。

（5）灌注桩各工序应连续施工，钢筋笼放入泥浆后 4h 内必须灌注混凝土，并做好记录。

（6）浇筑后的桩顶高出设计标高，并予保护，浮浆层应凿除后方能投入使用。

（7）当气温低于 0℃ 以下浇筑混凝土时，应采取保温措施。浇筑时，混凝土的温度不得低于 5℃。在桩顶混凝土未达到设计强度 50% 以前不得受冻。当气温高于 30℃ 时，应根据具体情况对混凝土采取缓凝措施。

（8）灌注桩的实际浇筑混凝土量不得小于计算体积。套管成孔的灌注桩，应通过浮标观测，测出桩的任何一段平均直径与设计直径之比不得小于 1.0。

（9）浇筑混凝土时，同一配合比的试块，每班不得少于 1 组；泥浆护壁成孔的灌注桩每根不得少于 1 组。

（10）混凝土灌注桩的桩位偏差必须符合表 2 - 47 的规定。桩顶标高至少要比设计标高高出 0.5m。

（11）每浇注 50m³ 混凝土必须有 1 组试件，小于 50m³ 的桩，每根桩必须有 1 组试件。

（12）施工过程中应对成孔、清渣、放置钢筋笼、灌注混凝土等进行全过程检查，人工挖孔桩尚应复验孔底持力层土（岩）性。

表 2 - 47　　　　　　　　　灌注桩成孔施工允许偏差

成孔方法		桩径允许偏差（mm）	垂直度允许偏差（%）	桩位允许偏差（mm）	
				1～3 根桩、条形桩基沿垂直轴线方向和群桩基础中的边桩	条形桩基沿轴线方向和群桩基础的中间桩
泥浆护壁钻、挖、冲孔桩	$d \leq 1000mm$	±50	<1	$d/6$ 且不大于 100	$d/4$ 且不大于 150
	$d > 1000mm$	±50		$100 + 0.01H$	$150 + 0.01H$
锤击（振动）沉管振动冲击沉管成孔	$d \leq 500mm$	-20	<1	70	150
	$d > 500mm$			100	150
螺旋钻、机动洛阳铲干作业成孔		-20	<1	70	150
人工挖孔桩	现浇混凝土护壁	±50	<0.5	50	150
	长钢套管护壁	±20	<1	100	200

注：①桩径允许偏差的负值是指个别断面；
　　②H 为施工现场地面标高与桩顶设计标高的距离；d 为设计桩径。
　　③采用复打、反插法施工的桩，其桩径允许偏差不受本表限制。

2. 泥浆护壁成孔的灌注桩

（1）护筒埋设应符合下列规定：

①护筒内径应大于钻头直径；用回转钻时，宜大于 100mm；用冲击钻时，宜大于 200mm。

②护筒位置应埋设正确和稳定，护筒与坑壁之间应用黏土填实，护筒中心与桩位中心线偏差不得大于 50mm。

③护筒的埋设深度：在黏性土中不宜小于 1m，在砂土中不宜小于 1.5m，并应保持孔内泥浆面高出地下水位 1m 以上。受江河水位影响的工程，应严格控制护筒内外的水位差。

（2）采用泥浆护壁和排渣时，应符合下列规定：

①在黏土和亚黏土中成孔时，可注入清水，以原土造浆护壁。排渣泥浆的密度应控制在 1.1～1.2。

②在砂土和较厚的夹砂层中成孔时，泥浆密度应控制在 1.1～1.3；在穿过砂夹卵石层或容易坍孔的土层中成孔时，泥浆体积密度应控制在 1.3～1.5。

③泥浆可就地选择塑性指数 $I_P \geqslant 17$ 的黏土调制。

④施工中应经常测定泥浆密度，并定期测定黏度、含砂率和胶体率。

注：泥浆的控制指标：黏度 18～22s，含砂率不大于 4%～8%，胶体率不小于 90%。

（3）泥浆护壁成孔的灌注桩的清孔，应符合下列规定：

①孔壁土质较好不易塌孔时，可用空气吸泥机清孔。

②用原土造浆的孔，清孔后泥浆密度应控制在 1.1 左右。

③孔壁土质较差时，宜用泥浆循环清孔。清孔后的泥浆密度应控制在 1.15～1.5。

④清孔过程中，必须及时补给足够的泥浆，并保持浆面稳定。

⑤浇筑混凝土前，孔底沉渣允许厚度应符合规定。

注：泥浆取样应选在距孔底 20～50cm 处。

（4）泥浆护壁成孔时，发生斜孔、弯孔、缩孔和塌孔或沿护筒周围冒浆以及地面沉陷等情况，应停止钻进。经采取措施后，方可继续施工。

（5）钻取进度，应根据土层情况、孔径、孔深、供水或供浆量大小、钻孔负荷以及成孔质量等具体情况确定。

（6）浇筑水下混凝土应符合下列规定：

①导管的第一节底管长度应 ≥4m。

②第一次浇筑混凝土，必须保证导管底端能埋入混凝土中 0.8～1.3m。

3. 干作业成孔的灌注桩

（1）螺旋钻成孔时应符合下列规定：

①开始钻孔时，应保持钻杆垂直，位置正确，防止因钻杆晃动引起扩大孔径及增加孔底虚土。

②钻进速度应根据电流值变化，及时调整。

③钻进过程中，应随时清理孔口积土，遇到地下水、塌孔、缩孔等异常情况时，应会同有关单位研究处理。

（2）成孔达到设计深度后，孔口应予保护，按有关规定验收，并做好记录。

（3）浇筑混凝土前，应先放置钢筋并再次测量孔内虚土厚度。浇筑时，应随浇随振，每次浇筑高度不得大于 1.5m。

4. 套管成孔的灌注桩

（1）采用套管成孔的灌注桩，必须制定防止缩孔和断桩等措施。

（2）套管成孔可采用预制钢筋混凝土桩尖或活瓣桩尖。预制桩尖的混凝土强度等级不得低于 C30。活瓣桩尖应有足够的强度和刚度，活瓣之间的缝隙应紧密。桩管下端与预制桩尖接触处，应垫置缓冲材料，桩尖中心应与桩管中心线重合。

（3）打（振）桩管时，如遇桩尖或地下障碍物时，应及时将桩管拔出，待处理后，方可继续施工。

（4）浇筑混凝土和拔管时应保证混凝土质量，在测得混凝土确已流出桩管后，方能继续拔管。桩管内应保持不少于 2m 高度的混凝土。

振动沉管灌注桩一般宜采用单打法，每次拔管高度应控制在 50～100cm；采用反插法时，反插深度不宜大于活瓣桩尖长度的 2/3。

（5）套管成孔的灌注桩施工时，应做好记录，并应随时观测桩顶和地面有无隆起及水平位移，必要时，应及时采取措施处理。

5. 人工挖孔桩

（1）人工挖孔桩的孔径（不含护壁）不得小于 0.8m，当桩净距小于 2 倍桩径且小于 2.5m 时，应采用间隔开挖，排桩跳挖的最小施工净距不得小于 4.5m，孔深不宜大于 40m。

（2）人工挖孔桩混凝土护壁的厚度不宜小于 100mm，混凝土强度等级不得低于桩身混凝土强度等级，采用多节护壁时，上下节护壁间宜用钢筋拉结。

（3）钻孔机具及工艺的选择，应根据桩型、钻孔深度、土层情况、泥浆排放及处理等条件综合确定。对孔深大于 30m 的端承型桩，宜采用反循环工艺成孔或清孔。

（4）人工挖孔桩施工应采取下列安全措施：

①孔内必须设置应急软爬梯，供人员上下井，使用的电葫芦、吊笼等应安全可靠并配有自动卡紧保险装置，不得使用麻绳和尼龙绳吊挂或脚踏井壁凸缘上下。电葫芦宜用按钮式开关，使用前必须检验其安全起吊能力。

②每日开工前必须检测井下的有毒有害气体，并应有足够的安全防护措施，桩孔开挖深度超过 10m 时，应有专门向井下送风的设备，风量不宜少于 25L/s。

③孔口四周必须设置护栏，一般加 0.8m 高围栏围护。

④挖出的土石方应及时运离孔口，不得堆放在孔口四周 1m 范围内，机动车的通行不得对井壁的安全造成影响。

（二）混凝土灌注桩质量检验标准

每根桩桩身混凝土应留有 1 组试件；直径不大于 1m 的桩或单桩混凝土量不超过 25m³ 的桩，每个灌注台班不得少于 1 组，每组试件应留 3 件。混凝土灌注桩质量检验标准，见表 2-48。

表 2-48　　　　　　　　　　混凝土灌注桩质量检验标准

项	检查项目	允许偏差或允许值		检查方法
		单位	数值	
主控项目	桩位	见表 2-47		基坑开挖前量护筒，开挖后量桩中心
	孔深	mm	+300	只深不浅，用重锤测，或测钻杆、套管长度，嵌岩桩应确保进入设计要求的嵌岩深度
	桩体质量检验	按基桩检测技术规范。如钻芯取样，大直径嵌岩桩应钻至桩尖下 50cm		按基桩检测技术规范

续表

项	检查项目	允许偏差或允许值		检查方法
		单位	数值	
主控项目	混凝土强度	设计要求		试件报告或钻芯取样送检
	承载力	按基桩检测技术规范		按基桩检测技术规范
一般项目	垂直度	见表 2-47		测套管或钻杆，或用超声波探测，干施工时吊垂球
	桩径	见表 2-47		井径仪或超声波检测，干施工时用钢直尺量，人工挖孔桩不包括内衬厚度
	泥浆密度（黏土或砂性土中）	1.15～1.20		用密度计测，清孔后在距孔底 50cm 处取样
	泥浆面标高（高于地下水位）	m	0.5～1.0	目测
	沉渣厚度：端承桩摩擦桩	mm mm	≤50 ≤150	用沉渣仪或重锤测量
	混凝土坍落度：水下灌注干施工	mm	160～220 70～100	坍落度仪
	钢筋笼安装深度	mm	±100	用钢直尺量
	混凝土充盈系数	>1		检查每根桩的实际灌注量
	桩顶标高	mm	+30 -50	水准仪，需扣除桩顶浮浆层及劣质桩体

注：①桩体质量检验数量不应少于总桩数的 20%，且不应少于 10 根，对成桩质量较低的灌注桩，检验数量不应少于总桩数的 30%，且不应少于 20 根。每个柱子承台下不得少于 1 根。

②承载力检验数量不应少于总桩数的 1%，且不应少于 3 根。当总桩数少于 50 根时，不应少于 2 根。成桩质量较低的灌注桩应采用静载荷试验的方法进行检验。

③其他主控项目及一般项目应全部检查。

第三章

地下防水工程

第一节 防水等级与质量控制要求

地下建筑埋置在土中，皆不同程度地受到地下水或土体中水分的作用。一方面地下水对地下建筑有着渗透作用，而且地下建筑埋置越深，渗透水压就越大；另一方面地下水中的化学成分复杂，有时会对地下建筑造成一定的腐蚀和破坏作用。因此，地下建筑应选择合理有效的防水措施，以确保地下建筑的安全耐久和正常使用。

一、防水等级和设防要求

地下防水工程根据使用要求不同可分为 4 个等级，见表 3-1。

表 3-1 地下工程防水等级标准

防水等级	防水标准
1级	不允许出现漏水，结构表面无湿痕
2级	①不允许出现漏水，结构表面可有少量的湿痕 ②工业与民用建筑：湿渍总面积不大于总防水面积的 1‰，单个湿渍面积不大于 $0.1m^2$，任意 $100m^2$ 防水面积不超过 2 处 ③其他地下工程：湿渍总面积不大于总防水面积的 2‰，单个湿渍面积不大于 $0.2m^2$，任意 $100m^2$ 防水面积不超过 3 处
3级	①有少量漏水点，不得有线流和漏泥砂 ②单个湿渍面积不大于 $0.3m^2$，单个漏水点的漏水量不大于 2.5L/d，任意 $100m^2$ 防水面积不超过 7 处
4级	①有漏水点，不得有线流和漏泥砂 ②整个工程平均漏水量不大于 $2.0L/ (m^2 \cdot d)$，任意 $100m^2$ 防水面积平均漏水量不大于 $4.0L/ (m^2 \cdot d)$

不同防水等级的地下工程防水设防要求，应按表 3-2 选用。

表 3-2	防水设防要求
防水等级	适用范围
一级	人员长期停留的场所，因有少量湿渍会使物品变质、失效的贮物场所及严重影响设备正常运转和危及工程安全运营的部位；极重要的战备工程、地铁车站
二级	人员经常活动的场所；在有少量湿渍的情况下不会使物品变质、失效的贮物场所及基本不影响设备正常运转和工程安全运营的部位；重要的战备工程
三级	人员临时活动的场所；一级战备工程
四级	对渗漏水无严格要求的工程

二、防水工程质量控制的基本要求

地下防水工程必须由相应资质的专业防水队伍进行施工。主要施工人员应持有建设行政主管部门或其指定单位颁发的执业资格证书。地下防水工程施工前，施工单位应进行图纸会审，掌握工程主体及细部构造的防水技术要求，并编制防水工程的施工方案。施工时，应建立各道工序的自检、交接检和专职人员检查的"三检"制度，并有完整的检查记录。未经建设（监理）单位对上道工序的检查确认，不得进行下道工序的施工。地下防水工程所使用的防水材料，应有产品的合格证书和性能检测报告，材料的品种、规格、性能等应符合现行国家产品标准和设计要求。对进场的防水材料应按规定抽样复验，不合格的材料不得在工程中使用。进行防水结构或防水层施工，现场应做到无水、无泥浆，这是保证地下防水工程施工质量的一个重要条件。因此，在地下防水工程施工期间必须做好周围环境的排水和降低地下水位的工作。地下防水工程施工期间，明挖法的基坑以及暗挖法的竖井、洞口，必须保持地下水位稳定在基底 0.5m 以下，必要时应采取降水措施。地下防水工程的防水层，严禁在雨天、雪天和五级风及其以上时施工，其施工环境气温条件宜符合表 3-3 的规定。

表 3-3	防水层施工环境气温条件
防水层材料	施工环境气温
高聚物改性沥青防水卷材	冷粘法不低于 5℃，热熔法不低于 10℃
合成高分子防水卷材	冷粘法不低于 5℃，热焊接法不低于 -10℃
有机防水涂料	溶剂型 -5℃~35℃，水溶性 5℃~35℃
无机防水涂料	5℃~35℃
防水混凝土、防水砂浆	5℃~35℃

第二节　主体结构防水工程和细部构造防水

地下建筑防水工程目前常用的几种防水方法，主要由防水混凝土结构自防水、冰泥砂浆防水层、卷材防水层、涂料防水层、塑料防水板防水层、金属防水层等几种类型组成。

一、防水混凝土施工质量控制

防水混凝土适用于防水等级为 1～4 级的地下整体式混凝土结构。不适用环境温度高于 80℃ 或处于耐侵蚀系数小于 0.8 的侵蚀性介质中使用的地下工程。

1. 一般规定

(1) 防水混凝土可通过调整配合比，或掺加外加剂、掺和料等措施配制而成，其抗渗等级不得小于 P6。

(2) 防水混凝土的施工配合比应通过试验确定，试配混凝土的抗渗等级应比设计要求提高 0.2MPa。

(3) 防水混凝土应满足抗渗等级要求，并应根据地下工程所处的环境和工作条件，满足抗压、抗冻和抗侵蚀性等耐久性要求。

(4) 防水混凝土的设计抗渗等级，应符合表 3-4 的规定。

表 3-4　　　　　　　　　　防水混凝土的设计抗渗等级

工程埋置深 H（m）	设计抗渗等级	工程埋置深 H（m）	设计抗渗等级
$H<10$	P6	$20 \leqslant H<30$	P10
$10 \leqslant H<20$	P8	$H \geqslant 30$	P12

注：①本表适用于 Ⅰ、Ⅱ 类围岩（土层及软弱围岩）。
　　②山岭隧道防水混凝土的抗渗等级可按国家现行有关标准执行。

(5) 防水混凝土的环境温度不得高于 80℃；处于侵蚀性介质中防水混凝土的耐侵蚀要求应根据介质的性质按有关标准执行。防水混凝土结构底板的混凝土垫层，强度等级不应小于 C15，厚度不应小于 100mm，在软弱土层中不应小于 150mm。

(6) 防水混凝土结构应符合下列规定：

① 结构厚度不应小于 250mm。

② 裂缝宽度不得大于 0.2mm，并不得贯通。

③ 钢筋保护层厚度应根据结构的耐久性和工程环境选用，迎水面钢筋保护层厚度不应小于 50mm。

2. 防水混凝土施工质量控制要点

(1) 防水混凝土施工前应做好降排水工作，不得在有积水的环境中浇筑混凝土。

(2) 防水混凝土的配合比应符合下列规定：

① 胶凝材料用量应根据混凝土的抗渗等级和强度等级等选用，其总用量不宜小于 $320kg/m^3$；当强度要求较高或地下水有腐蚀性时，胶凝材料用量可通过试验调整。在满足混凝土抗渗等级、强度等级和耐久性条件下，水泥用量不宜小于 $260kg/m^3$。

② 砂率宜为 35%～40%，泵送时可增至 45%。

③ 灰砂比宜为 1：1.5～1：2.5；水胶比不得大于 0.50，有侵蚀性介质时水胶比不宜大于 0.45。

④ 防水混凝土采用预拌混凝土时，入泵坍落度宜控制在 120～160mm，坍落度每小时损失值不应大于 20mm，坍落度总损失值不应大于 40mm。

⑤ 掺加引气剂或引气型减水剂时，混凝土含气量应控制在 3%～5%。

⑥ 预拌混凝土的初凝时间宜为 6～8h。

（3）防水混凝土配料应按配合比准确称量，其计量允许偏差，应符合表 3-5 规定。

表 3-5　　　　　　　　防水混凝土配料计量允许偏差

混凝土组成材料	每盘计量（％）	累计计量（％）
水泥、掺和料	±2	±1
粗、细集料	±3	±2
水、外加剂	±2	±1

注：累计计量仅适用于微机控制计量的搅拌站。

（4）使用减水剂时，减水剂宜配制成一定浓度的溶液。

（5）防水混凝土应分层连续浇筑，分层厚度不得大于 500mm。

（6）用于防水混凝土的模板应拼缝严密、支撑牢固。

（7）防水混凝土拌和物应采用机械搅拌，搅拌时间不宜小于 2min。掺外加剂时，搅拌时间应根据外加剂的技术要求确定。防水混凝土拌和物在运输后如出现离析，必须进行二次搅拌。当坍落度损失后不能满足施工要求时，应加入原水胶比的水泥浆或掺加同品种的减水剂进行搅拌，严禁直接加水。

（8）防水混凝土应采用机械振捣，避免漏振、欠振和超振。

（9）防水混凝土应连续浇筑，宜少留施工缝。当留设施工缝时，应符合下列规定：

①施工缝防水构造形式宜按图 3-1 和图 3-2 选用，当采用两种以上构造措施时可进行有效组合。

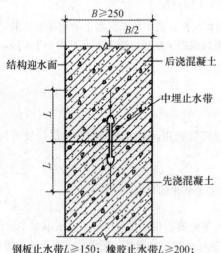

钢板止水带 $L \geqslant 150$；橡胶止水带 $L \geqslant 200$；
钢边橡胶止水带 $L \geqslant 120$

图 3-1　施工缝防水构造（一）

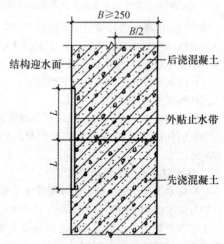

外贴止水带 $L \geqslant 150$；外涂防水涂料 $L=200$；
外抹防水砂浆 $L=200$

图 3-2　施工缝防水构造（二）

②墙体水平施工缝不应留在剪力最大处或底板与侧墙的交接处，应留在高出底板表面不小于 300mm 的墙体上。拱（板）墙结合的水平施工缝宜留在拱（板）墙接缝线以下 150～300mm 处。墙体有预留孔洞时，施工缝距孔洞边缘不应小于 300mm。

③垂直施工缝应避开地下水和裂隙水较多的地段，并宜与变形缝相结合。

（10）施工缝的施工。水平施工缝浇筑混凝土前，应将其表面浮浆和杂物清除，然后铺设净浆或涂刷混凝土界面处理剂、水泥基渗透结晶型防水涂料等材料，再铺 30～50mm 厚的 1∶1 水泥砂浆，并应及时浇筑混凝土。垂直施工缝浇筑混凝土前，应将其表面清理干净，再涂刷混凝土界面处理剂或水泥基渗透结晶型防水涂料，并应及时浇筑混凝土。遇水膨胀止水条（胶）应与接缝表面密贴。

选用的遇水膨胀止水条（胶）应具有缓胀性能，7d 的净膨胀率不宜大于最终膨胀率的 60%，最终膨胀率宜大于 220%。采用中埋式止水带或预埋式注浆管时，应定位准确、固定牢靠。

（11）大体积防水混凝土的施工应注意下列问题：

①在设计许可的情况下，掺粉煤灰混凝土设计强度等级的龄期宜为 60d 或 90d。

②宜选用水化热低和凝结时间长的水泥。宜掺入减水剂、缓凝剂等外加剂和粉煤灰、磨细矿渣粉等掺和料。

③炎热季节施工时，应采取降低原材料温度、减少混凝土运输时吸收外界热量等降温措施，入模温度不应大于 30℃。混凝土内部预埋管道宜进行水冷散热。

④应采取保温保湿养护。混凝土中心温度与表面温度的差值不应大于 25℃，表面温度与大气温度的差值不应大于 20℃，温降梯度不得大于 3℃/d，养护时间不应少于 14d。

（12）防水混凝土结构内部设置的各种钢筋或绑扎铁丝，不得接触模板。用于固定模板的螺栓必须穿过混凝土结构时，可采用工具式螺栓或螺栓加堵头，螺栓上应加焊方形止水环。拆模后应将留下的凹槽用密封材料封堵密实，并应用聚合物水泥砂浆抹平（图 3-3）。

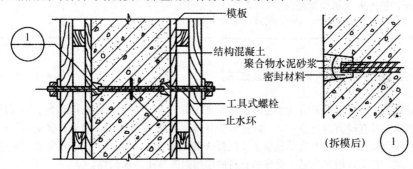

图 3-3　固定模板用螺栓的防水构造

（13）防水混凝土终凝后应立即进行养护，养护时间不得少于 14d。

（14）防水混凝土的冬期施工，混凝土入模温度不应低于 5℃。混凝土养护应采用综合蓄热法、蓄热法、暖棚法、掺化学外加剂等方法，不得采用电热法或蒸汽直接加热法，应采取保湿保温措施。

3. 质量检查与验收

防水混凝土施工质量检查与验收，见表 3-6。

表 3-6　　　　　　　　防水混凝土施工质量检查与验收

项	项目	合格质量标准	检验方法	检验数量
主控项目	原材料、配合比、坍落度	防水混凝土的原材料、配合比及坍落度必须符合设计要求	检查产品合格证、产品性能检测报告、计量措施和材料进场检测报告	按混凝土外露面积每 100m² 抽查 1 处，每处 10m²，且不得少于 3 处
	抗压强度、抗渗压力	防水混凝土的抗压强度和抗渗性能必须符合设计要求	检查混凝土抗压强度、抗渗性能检验报告	

项	项目	合格质量标准	检验方法	检验数量
主控项目	细部做法	防水混凝土的变形缝、施工缝、后浇带、穿墙管、埋设件等设置和构造必须符合设计要求	观察检查和检查隐蔽工程验收记录	全数检查
一般项目	表面质量	防水混凝土结构表面应坚实、平整，不得有露筋、蜂窝等缺陷；埋设件位置应正确	观察检查	按混凝土外露面积每100m² 抽查 1 处，每处10m²，且不得少于 3 处
	裂缝宽度	防水混凝土结构表面的裂缝宽度不应大于 0.2mm，且不得贯通	用刻度放大镜检查	
	防水混凝土结构厚度及迎水面钢筋保护层厚度	防水混凝土结构厚度不应小于 250mm，其允许偏差为 +8mm、−5mm；主体结构迎水面钢筋保护层厚度不应小于50mm，其允许偏差为±5mm	尺量检查和检查隐蔽工程验收记录	

二、水泥砂浆防水施工质量控制

水泥砂浆防水层是用水泥浆或水泥砂浆等构成的防水层，它是利用抹压均匀、密实施工的坚硬封闭的整体，具有较高的抗渗能力，以达到阻止压力水的渗透作用。水泥砂浆防水层适用于承受一定静水压力和地上、地下钢筋混凝土、混凝土和砖石砌体等防水工程。水泥砂浆防水层的主要材料是水泥，它不宜用于高温、受冻和有腐蚀作用的砖结构防水工程。

1. 一般规定

（1）为保证水泥砂浆与基层能牢固黏结，要求与防水层接触的基层有足够的强度。

（2）混凝土或钢筋混凝土结构的强度等级不应低于 C10，砖石结构的砌筑用砂浆的强度等级不应低于 M5。

（3）灰浆的配制应符合以下规定：

①水泥砂浆防水层所用的材料有素灰、水泥浆和水泥砂浆，它们的配合比和水灰比有不同的要求。

②素灰是用水泥和水拌和而成，其水灰比为 0.37～0.40。

③水泥浆也是用水泥和水拌和而成，其水灰比为 0.55～0.60。

④水泥砂浆是用水泥、砂、水拌和而成，其水灰比为 0.70 左右，灰砂比为 1：2.5。

⑤灰浆拌好后，应立即使用，不宜存放过久，防止产生初凝和离析，以保证灰浆的和易性和质量。

2. 施工质量控制要点

（1）水泥砂浆防水层能否与基层牢固黏结，是保证防水层不空鼓、不透水的关键。基层处理包括清理、浇水、刷洗、补平等工序，使基层的表面保持湿润、清洁、平整、坚实、粗糙。基层的处理应符合以下规定：

①混凝土基层的处理：在拆除模板后，应立即用钢丝刷将混凝土表面刷毛，旧混凝土则应进行凿毛处理。在抹砂浆防水前，应用水将表面冲洗干净，清除松散不牢固的石子，对表面凹凸不平、蜂窝孔洞等，应根据不同情况分别进行处理。

②砖石基层的处理：新砌体表面残留的砂浆污物应清除干净，并用水进行冲洗。旧砌体表面的疏松表皮及砂浆要清理干净，露出坚硬的砖石面，用水冲洗干净。在进行砂浆防水层施工前，必须浇水将基层湿润，保证基层和防水层结合牢固，浇水达到基层不吸收防水砂浆中的水分为合格。

(2) 防水层施工应符合以下要求：水泥砂浆防水层，在迎水面一般采用五层抹面的做法，背水面一般采用四层抹面的做法。防水层的设置高度应高出室外地坪 150mm 以上。地下工程防水层的设置，一般情况下以一道防线为主。各层的作用及施工要求如下：

①第一层是水泥浆层，厚度为 2mm，主要起紧密黏结基层和防水层的作用。此层分两次抹成，首先抹一道 1mm 厚水泥浆，用铁抹子往返用力刮抹数遍，使水泥浆填实基层表面上的孔隙。随即再抹 1mm 水泥浆找平，厚度要均匀，抹完后用湿毛刷在其表面涂刷一遍，以堵塞毛细孔道，形成坚实不透水层。

②第二层是水泥砂浆层，厚度为 4～5mm，起保护水泥浆层的作用。在水泥浆层达到初凝时，开始抹水泥砂浆层，抹压要轻，使水泥砂浆层压入水泥浆层 1/4 左右。水泥砂浆层抹完后，在初凝时用竹扫帚按顺序向同一方向扫出横向条纹。

③第三层是素灰层，厚度为 2mm，主要起防水作用。在第二层水泥砂浆凝固并具有一定强度时，适当浇水湿润，可进行第三层施工，操作方法与第一层相同。

④第四层是水泥砂浆层，厚度为 4～5mm，起着防水和保护双重作用。操作方法与第二层相同。抹后在水泥砂浆凝固前分次用铁抹子压实，最后再进行压光。

⑤第五层是水泥浆层。五层抹面做法的前四层是完全相同的，第五层是在第四层水泥砂浆抹压两层后，用毛刷均匀地将水泥浆刷在第四层表面上，随第四层压实抹光。

(3) 防水层养护应注意以下问题：

①水泥砂浆防水层施工完毕后应立即进行养护，这是防止防水层出现干裂的重要措施。

②对于地下潮湿部位可不浇水养护，但对地上部位必须浇水养护。

③防水层施工后，应做好对其保护，其他工序应在防水层养护完毕后进行。

3. 质量检查与验收

水泥砂浆防水层施工质量检查与验收，见表 3-7。

表 3-7　　　　　　　　水泥砂浆防水层施工质量检查与验收

项	项目	合格质量标准	检验方法	检验数量
主控项目	原材料及配合比	防水砂浆的原材料及配合比必须符合设计规定	检查出厂合格证、质量检验报告、计量措施和现场抽样试验报告	按施工面积每 100m² 抽查 1 处，每处 10m²，且不得少于 3 处
	黏结强度	防水砂浆的黏结强度和抗渗性能必须符合设计规定	检查砂浆黏结强度抗渗性能检验报告	
	防水层与基层	水泥砂浆防水层与基层之间应结合牢固，无空鼓现象	观察和用小锤轻击检查	

项	项目	合格质量标准	检验方法	检验数量
一般项目	表面质量	水泥砂浆防水层表面应密实、平整，不得有裂纹、起砂、麻面等缺陷	观察检查	按施工面积每100m² 抽查 1 处，每处 10m²，且不得少于 3 处
	留槎和接槎	水泥砂浆防水层施工缝留槎位置应正确，接槎应按层次顺序操作，层层搭接紧密	观察检查和查隐蔽工程验收记录	
	厚度	水泥砂浆防水层的平均厚度应符合设计要求，最小厚度不得小于设计值的 85%	用针测法检查	
	平整度	水泥砂浆防水层表面平整度的允许偏差应为 5mm	用 2m 靠尺和楔形塞尺检查	

三、卷材防水施工质量控制

卷材防水层是用沥青胶结材料粘贴油毡而成的一种防水层，属于柔性防水层。这种防水层具有良好的韧性和延伸性，可以适应一定的结构振动和微小变形，防水效果较好，目前仍作为地下工程的一种防水方案而被较广泛采用。其缺点是：沥青油毡吸水率大，耐久性差，机械强度低，直接影响防水层质量，而且材料成本高，施工工序多，操作条件差，工期较长，发生渗漏后修补困难。

卷材防水层施工的铺贴方法，按其与地下防水结构施工的先后顺序分为外贴法和内贴法两种。

外贴法：在地下建筑墙体做好后，直接将卷材防水层铺贴墙上，然后砌筑保护墙，如图 3-4 所示。

内贴法：在地下建筑墙体施工前先砌筑保护墙，然后将卷材防水层铺贴在保护墙上，最后施工并浇筑地下建筑墙体，如图 3-5 所示。

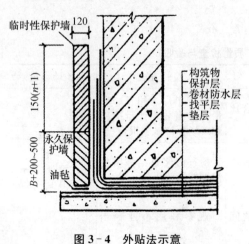

图 3-4 外贴法示意

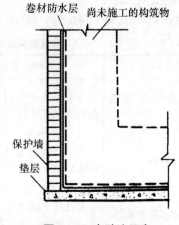

图 3-5 内贴法示意

1. 一般规定

（1）卷材防水层宜用于经常处在地下水环境，且受侵蚀性介质作用或受震动作用的地下工程。

（2）卷材防水层应铺设在混凝土结构的迎水面。

（3）卷材防水层用于建筑物地下室时，应铺设在结构底板垫层至墙体防水设防高度的结构基面上；用于单建式的地下工程时，应从结构底板垫层铺设至顶板基面，并应在外围形成封闭的防水层。

（4）防水卷材的品种规格和层数，应根据地下工程防水等级、地下水位高低及水压力作用状况、结构构造形式和施工工艺等因素确定。

（5）卷材防水层的卷材品种可按表 3-8 选用，并应符合下列规定：

①卷材外观质量、品种规格应符合国家现行有关标准的规定。

②卷材及其胶粘剂应具有良好的耐水性、耐久性、耐刺穿性、耐腐蚀性和耐菌性。

表 3-8 卷材防水层的卷材品种

类　别	品种名称
高聚物改性沥青类防水卷材	弹性体改性沥青防水卷材
	改性沥青聚乙烯胎防水卷材
	自粘聚合物改性沥青防水卷材
合成高分子类防水卷材	三元乙丙橡胶防水卷材
	聚氯乙烯防水卷材
	聚乙烯丙纶复合防水卷材
	高分子自粘胶膜防水卷材

（6）卷材防水层的厚度，应符合表 3-9 的规定。

表 3-9 卷材防水层的厚度

卷材品种	高聚物改性沥青类防水卷材			合成高分子类防水卷材			
	弹性体改性沥青防水卷材、改性沥青聚乙烯胎防水卷材	自粘聚合物改性沥青防水卷材		三元乙丙橡胶防水卷材	聚氯乙烯防水卷材	聚乙烯丙纶复合防水卷材	高分子自粘胶膜防水卷材
		聚酯毡胎体	无胎体				
单层厚度（mm）	≥4	≥3	≥1.5	≥1.5	≥1.5	卷材：≥0.9 黏结料：≥1.3 芯材厚度≥0.6	≥1.2
双层总厚度	≥(4+3)	≥(3+3)	≥(1.5+1.5)	≥(1.2+1.2)	≥(1.2+1.2)	卷材：≥(0.7+0.7) 黏结料：≥(1.3+1.3) 芯材厚度≥0.5	—

注：①带有聚酯毡胎体的自粘聚合物改性沥青防水卷材应执行国家现行标准《自粘聚合物改性沥青防水卷材》（GB 23441—2009）。

②无胎体的自粘聚合物改性沥青防水卷材应执行国家现行标准《自粘聚合物改性沥青防水卷材》（GB 23441—2009）。

(7) 阴阳角处应做成圆弧或 45°坡角，其尺寸应根据卷材品种确定。在阴阳角等特殊部位，应增做卷材加强层，加强层宽度宜为 300～500mm。

2. 施工质量控制要点

(1) 卷材防水层的基面应坚实、平整、清洁，阴阳角处应做圆弧或折角，并应符合所用卷材的施工要求。

(2) 铺贴卷材严禁在雨天、雪天、五级及以上大风中施工；冷粘法、自粘法施工的环境气温不宜低于 5℃，热熔法、焊接法施工的环境气温不宜低于−10℃。施工过程中下雨或下雪时，应做好已铺卷材的防护工作。

(3) 不同品种防水卷材的搭接宽度，应符合表 3-10 要求。

表 3-10   防水卷材搭接宽度

卷材品种	搭接宽度（mm）
弹性体改性沥青防水卷材	100
改性沥青聚乙烯胎防水卷材	100
自粘聚合物改性沥青防水卷材	80
三元乙丙橡胶防水卷材	100/60（胶粘剂/胶粘带）
聚氯乙烯防水卷材	60/80（单焊缝/双焊缝）
	100（胶粘剂）
聚乙烯丙纶复合防水卷材	100（黏结料）
高分子自粘胶膜防水卷材	70/80（自粘胶/胶粘带）

(4) 防水卷材施工前，基面应干净、干燥，并应涂刷基层处理剂；当基面潮湿时，应涂刷湿固化型胶粘剂或潮湿界面隔离剂。基层处理剂的配制与施工应符合下列要求：

①基层处理剂应与卷材及其黏结材料的材性相容。

②基层处理剂喷涂或刷涂应均匀一致，不应露底，表面干燥后方可铺贴卷材。

(5) 铺贴各类防水卷材应符合下列规定：

①应铺设卷材加强层。

②结构底板垫层混凝土部位的卷材可采用空铺法或点粘法施工，其黏结位置、点粘面积应按设计要求确定；侧墙的卷材采用外防外贴法施工，顶板部位的卷材应采用满粘法施工。

③卷材与基面、卷材与卷材间的黏结应紧密、牢固；铺贴完成的卷材应平整顺直，搭接尺寸应准确，不得产生扭曲和皱褶。

④卷材搭接处和接头部位应粘贴牢固，接缝口应封严或采用材性相容的密封材料封缝。

⑤铺贴立面卷材防水层时，应采取防止卷材下滑的措施。

⑥铺贴双层卷材时，上下两层和相邻两幅卷材的接缝应错开 1/3～1/2 幅宽，且两层卷材不得相互垂直铺贴。

(6) 弹性体改性沥青防水卷材和改性沥青聚乙烯胎防水卷材采用热熔法施工应加热均匀，不得加热不足或烧穿卷材，搭接缝部位应溢出热熔的改性沥青。

(7) 铺贴自粘聚合物改性沥青防水卷材应符合下列规定：

①基层表面应平整、干净、干燥、无尖锐突起物或孔隙。

②排除卷材下面的空气，应辊压粘贴牢固，卷材表面不得有扭曲、皱褶和起泡现象。

③立面卷材铺贴完成后，应将卷材端头固定或嵌入墙体顶部的凹槽内，并应用密封材料封严。

④低温施工时，宜对卷材和基面适当加热，然后铺贴卷材。

（8）铺贴三元乙丙橡胶防水卷材应采用冷粘法施工，并应符合下列规定：

①基底胶粘剂应涂刷均匀，不应露底、堆积。

②胶粘剂涂刷与卷材铺贴的间隔时间应根据胶粘剂的性能控制。

③铺贴卷材时，应辊压粘贴牢固。

④搭接部位的黏合面应清理干净，并应采用接缝专用胶粘剂或胶粘带黏结。

（9）铺贴聚氯乙烯防水卷材，接缝采用焊接法施工时，应符合下列规定：

①卷材的搭接缝可采用单焊缝或双焊缝。单焊缝搭接宽度应为60mm，有效焊接宽度不应小于300mm；双焊缝搭接宽度应为80mm，中间应留设10～20mm的空腔，有效焊接宽度不宜小于10mm。

②焊接缝的结合面应清理干净，焊接应严密。

③应先焊长边搭接缝，后焊短边搭接缝。

（10）铺贴聚乙烯丙纶复合防水卷材应注意下列事项：

①应采用配套的聚合物水泥防水黏结材料。

②卷材与基层粘贴应采用满粘法，黏结面积不应小于90%，刮涂黏结料应均匀，不应露底、堆积。

③固化后的黏结料厚度不应小于1.3mm。

④施工完的防水层应及时做保护层。

（11）高分子自粘胶膜防水卷材宜采用预铺反粘法施工，并应符合下列规定：

①卷材宜单层铺设。

②在潮湿基面铺设时，基面应平整坚固、无明显积水。

③卷材长边应采用自粘边搭接，短边应采用胶粘带搭接，卷材端部搭接区应相互错开。

④立面施工时，在自粘边位置距离卷材边缘10～20mm内，应每隔400～600mm进行机械固定，并应保证固定位置被卷材完全覆盖。

⑤浇筑结构混凝土时不得损伤防水层。

（12）采用外防外贴法铺贴卷材防水层时，应符合下列规定：

①应先铺平面，后铺立面，交接处应交叉搭接。

②临时性保护墙宜采用石灰砂浆砌筑，内表面宜做找平层。

③从底面折向立面的卷材与永久性保护墙的接触部位，应采用空铺法施工；卷材与临时性保护墙或围护结构模板的接触部位，应将卷材临时贴附在该墙上或模板上，并应将顶端临时固定。

④当不设保护墙时，从底面折向立面的卷材接槎部位应采取可靠的保护措施。

⑤混凝土结构完成，铺贴立面卷材时，应先将接槎部位的各层卷材揭开，并应将其表面清理干净，如卷材有局部损伤，应及时进行修补；卷材接槎的搭接长度，高聚物改性沥青类卷材应为150mm，合成高分子类卷材应为100mm；当使用两层卷材时，卷材应错槎接缝，上层卷材应盖过下层卷材。

卷材防水层甩槎、接槎构造，如图3-6所示。

（13）采用外防内贴法铺贴卷材防水层时，应符合下列规定：

①混凝土结构的保护墙内表面应抹厚度为20mm的1：3水泥砂浆找平层，然后铺贴卷材。

②卷材宜先铺立面，后铺平面；铺贴立面时，应先铺转角，后铺大面。

（14）卷材防水层经检查合格后，应及时做保护层，保护层应符合下列规定：

①顶板卷材防水层上的细石混凝土保护层应符合下列规定：采用机械碾压回填土时，保护层

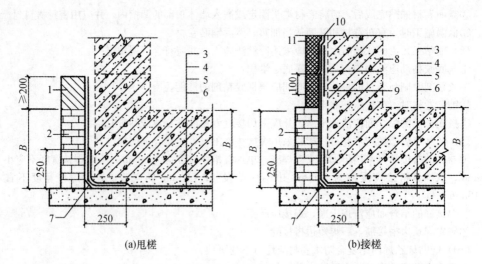

(a)甩槎   (b)接槎

1. 临时保护墙；2. 永久保护墙；3. 细石混凝土保护层；4. 卷材防水层；5. 水泥砂浆找平层；
6. 混凝土垫层；7. 卷材加强层；8. 结构墙体；9. 卷材加强层；10. 卷材防水层；11. 卷材保护层

图3-6　卷材防水层甩槎、接槎构造示意图

厚度不宜小于70mm；采用人工回填土时，保护层厚度不宜小于50mm；防水层与保护层之间宜设置隔离层。

②底板卷材防水层上的细石混凝土保护层厚度不应小于50mm。

③侧墙卷材防水层宜采用软质保护材料或铺抹20mm厚1：2.5水泥砂浆层。

3. 质量检查与验收

卷材防水层施工质量检查与验收，见表3-11。

表3-11　　　　　　　　卷材防水层施工质量检查与验收

项	项目	合格质量标准	检验方法	检验数量
主控项目	材料要求	卷材防水层所用卷材及其配套材料必须符合设计要求	检查产品合格证、产品性能检测报告和材料进场检测报告	按铺贴面积每100m² 抽查 1处，每处 10m²，且不得少于3处
	细部做法	卷材防水层在转角处、变形缝、施工缝、穿墙管等部位做法必须符合设计要求	观察检查和检查隐蔽工程验收记录	
一般项目	搭接缝	卷材防水层的搭接缝应粘贴或焊接牢固，密封严密，不得有扭曲、折皱、翘边和起泡等缺陷	观察检查	
	搭接宽度	采用外防外贴法铺贴卷材防水层时，立面卷材接槎的搭接宽度，高聚物改性沥青类卷材应为150mm，合成高分子类卷材应为100mm，且上层卷材应盖过下层卷材	观察和尺量检查	

项	项目	合格质量标准	检验方法	检验数量
一般项目	保护层	侧墙卷材防水层的保护层与防水层应结合紧密；保护层厚度应符合设计要求	观察和尺量检查	
	卷材搭接宽度的允许偏差	卷材搭接宽度的允许偏差为－10mm		

四、涂料防水层施工质量控制

涂料防水层适用于受侵蚀性介质或受振动作用的地下工程主体迎水面或背水面涂刷的防水层。一般采用外防外涂和外防内涂两种施工方法。主要包括无机防水涂料和有机防水涂料，无机防水涂料宜用于结构主体的背水面，有机防水涂料宜用于地下工程主体结构的迎水面。用于背水面的有机防水涂料应具有较高的抗渗性，且与基层有较好的黏结性。

1. 一般规定

（1）防水涂料品种的选择应符合下列规定：

①潮湿基层宜选用与潮湿基面黏结力大的无机防水涂料或有机防水涂料，也可采用先涂无机防水涂料而后再涂有机防水涂料构成复合防水涂层；

②冬期施工宜选用反应型涂料；

③埋置深度较深的重要工程、有振动或有较大变形的工程，宜选用高弹性防水涂料；

④有腐蚀性的地下环境宜选用耐腐蚀性较好的有机防水涂料，并应做刚性保护层；

⑤聚合物水泥防水涂料应选用Ⅱ型产品。

（2）采用有机防水涂料时，基层阴阳角应做成圆弧形，阴角直径宜大于50mm，阳角直径宜大于10mm，在底板转角部位应增加胎体增强材料，并应增涂防水涂料。

（3）防水涂料宜采用外防外涂或外防内涂，如图3-7和图3-8所示。

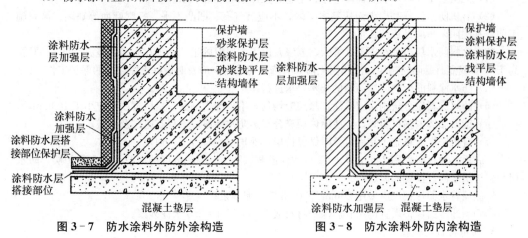

图3-7 防水涂料外防外涂构造　　　　图3-8 防水涂料外防内涂构造

（4）掺外加剂、掺和料的水泥基防水涂料厚度不得小于3.0mm；水泥基渗透结晶型防水涂料的用量不应小于1.5kg/m²，且厚度不应小于1.0mm；有机防水涂料的厚度不得小于1.2mm。

（5）涂料防水层所选用的涂料应符合下列规定：

①应具有良好的耐水性、耐久性、耐腐蚀性及耐菌性；

②应无毒、难燃、低污染；

③无机防水涂料应具有良好的湿干黏结性和耐磨性，有机防水涂料应具有较好的延伸性及较大适应基层变形能力。

（6）无机防水涂料的性能指标，应符合表 3-12 的规定。有机防水涂料的性能指标，应符合表 3-13 的规定。

表 3-12　　　　　　　　　　　无机防水涂料的性能指标

涂料种类	抗折强度 （MPa）	黏结强度 （MPa）	一次抗渗性 （MPa）	二次抗渗性 （MPa）	冻融循环 （次）
掺外加剂、掺和料水泥基防水涂料	≥4	≥1.0	>0.8	—	>50
水泥基渗透结晶型防水涂料	≥4	≥1.0	>1.0	≥0.8	>50

表 3-13　　　　　　　　　　　有机防水涂料的性能指标

涂料种类	可操作时间 （min）	潮湿基面黏结强度 （MPa）	抗渗性（MPa）			浸水 168h 后拉伸强度 （MPa）	浸水 168h 后断裂伸长率 （%）	耐水性 （%）	表干 （h）	实干 （h）
			涂膜 （120min）	砂浆迎水面	砂浆背水面					
反应型	≥20	≥0.5	≥0.3	≥0.8	≥0.3	≥1.7	≥400	≥80	≥12	≥24
水乳型	≥50	≥0.2	≥0.3	≥0.8	≥0.3	≥0.5	≥350	≥80	≥4	≥12
聚合物水泥	≥30	≥1.0	≥0.3	≥0.8	≥0.6	≥1.5	≥80	≥80	≥4	≥12

注：①浸水 168h 后的拉伸强度和断裂伸长率是在浸水取出后只经擦干即进行试验所得的值；
　　②耐水性指标是指材料浸水 168h 后取出擦干即进行试验，其黏结强度及抗渗性的保持率。

2. 施工质量控制要点

（1）无机防水涂料基层表面应干净、平整、无浮浆和明显积水。

（2）有机防水涂料基层表面应基本干燥，不应有气孔、凹凸不平、蜂窝麻面等缺陷。涂料施工前，基层阴阳角应做成圆弧形。

（3）涂料防水层严禁在雨天、雾天、五级及以上大风时施工，不得在施工环境温度低于 5℃ 及高于 35℃ 或烈日暴晒时施工。涂膜固化前如有降雨可能时，应及时做好已完涂层的保护工作。

（4）防水涂料的配制应按涂料的技术要求进行。

（5）防水涂料应分层刷涂或喷涂，涂层应均匀，不得漏刷漏涂；接槎宽度不应小于 100mm。

（6）铺贴胎体增强材料时，应使胎体层充分浸透防水涂料，不得有露槎及褶皱。

（7）有机防水涂料施工完后应及时做保护层，保护层应符合下列规定：

①底板、顶板应采用 20mm 厚 1：2.5 水泥砂浆层和 40～50mm 厚的细石混凝土保护层，防水层与保护层之间宜设置隔离层；

②侧墙背水面保护层应采用 20mm 厚 1：2.5 水泥砂浆；

③侧墙迎水面保护层宜选用软质保护材料或 20mm 厚 1：2.5 水泥砂浆。

3. 质量检查与验收

涂料防水层施工质量检查与验收，见表 3-14。

表 3 - 14　　　　　　　涂料防水层施工质量检查与验收

项	项目	合格质量标准	检验方法	检验数量
主控项目	材料及配合比	涂料防水层所用材料及配合比必须符合设计要求	检查产品合格证、产品性能检测报告、计量措施和材料进场检验报告	按涂层面积每100m² 抽查 1 处，每处 10m²，且不得少于 3 处
	细部做法	涂料防水层在转角处、变形缝、施工缝穿墙管等部位做法必须符合设计要求	观察检查和检查隐蔽工程验收记录	
	防水层厚度	涂料防水层的平均厚度应符合设计要求，最小厚度不得小于设计厚度的90%	用针测法检查	
一般项目	基层质量	涂料防水层应与基层黏合牢固，涂刷均匀，不得流淌、鼓泡、露槎	观察检查	按涂层刷面积，每处 10m²，且不得少于 3 处
	涂层间材	涂层间夹铺胎体增强材料时，应使防水涂料浸透胎体覆盖完全，不得有胎体外露现象	观察检查	
	保护层与防水层黏结	侧墙涂料防水层的保护层与防水层应结合紧密，保护层厚度应符合设计要求	观察检查	

五、塑料防水板防水层施工质量控制

塑料防水板宜用于经常受水压、侵蚀性介质或受振动作用的地下工程防水。

1. 一般规定

(1) 塑料防水板防水层宜铺设在复合式衬砌的初期支护和二次衬砌之间，并宜在初期支护结构趋于基本稳定后铺设。

(2) 塑料防水板防水层应由塑料防水板与缓冲层组成。

(3) 塑料防水板防水层可根据工程地质、水文地质条件和工程防水要求，采用全封闭、半封闭或局部封闭铺设。

(4) 塑料防水板防水层应牢固地固定在基面上，固定点的间距应根据基面平整情况确定，拱部宜为 0.5～0.8m、边墙宜为 1.0～1.5m、底部宜为 1.5～2.0m。局部凹凸较大时，应在凹处加密固定点。

(5) 塑料防水板可选用乙烯-醋酸乙烯共聚物、乙烯-沥青共混聚合物、聚氯乙烯、高密度聚乙烯类或其他性能相近的材料。

(6) 塑料防水板应符合下列规定：

①幅宽宜为 2～4m；

②厚度不得小于 1.2mm；

③应具有良好的耐刺穿性、耐久性、耐水性、耐腐蚀性、耐菌性；

④塑料防水板及缓冲层材料主要性能指标，应符合表 3-15 和表 3-16 的规定。

表 3 - 15   塑料防水板主要性能指标

项 目	性能指标			
	乙烯-醋酸乙烯共聚物	乙烯-沥青共混聚合物	聚氯乙烯	高密度聚乙烯
拉伸强度（MPa）	≥16	≥14	≥10	≥16
断裂延伸率（%）	≥550	≥500	≥200	≥550
不透水性，120min（MPa）	≥0.3	≥0.3	≥0.3	≥0.3
低温弯折性	−35℃无裂纹	−35℃无裂纹	−20℃无裂纹	−35℃无裂纹
热处理尺寸变化率（%）	≤2.0	≤2.5	≤2.0	≤2.0

表 3 - 16   缓冲层材料性能指标

材料名称	性能指标				
	抗拉强度（N/50mm）	伸长率（%）	质量（g/m²）	顶破强度（kN）	厚度（mm）
聚乙烯泡沫塑料	＞0.4	≥100	—	≥5	≥5
无纺布	纵横向≥700	纵横向≥50	＞300	—	—

2. 施工质量控制要点

（1）塑料防水板防水层的基面应平整、无尖锐突出物；基面平整度 D/L 不应大于 1/6。

注：D 为初期支护基面相邻两凸面间凹进去的深度，L 为初期支护基面相邻两凸面间的距离。

（2）铺设塑料防水板前应先铺缓冲层，缓冲层应采用暗钉圈固定在基面上，如图 3-9 所示。

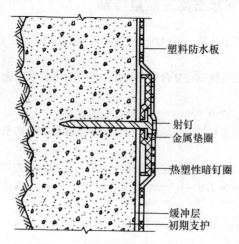

图 3 - 9　暗钉圈固定缓冲层示意图

（3）塑料防水板的铺设应符合下列规定：

①铺设塑料防水板时，宜由拱顶向两侧展铺，并应边铺边用压焊机将塑料板与暗钉圈焊接牢靠，不得有漏焊、假焊和焊穿现象。两幅塑料防水板的搭接宽度不应小于 100mm。搭接缝应为热熔双焊缝，每条焊缝的有效宽度不应小于 10mm；

②环向铺设时，应先拱后墙，下部防水板应压住上部防水板；

③塑料防水板铺设时宜设置分区预埋注浆系统；

④分段设置塑料防水板防水层时，两端应采取封闭措施。

（4）接缝焊接时，塑料板的搭接层数不得超过 3 层。

（5）塑料防水板铺设时应少留或不留接头，当留设接头时，应对接头进行保护。再次焊接时应将接头处的塑料防水板擦拭干净。

（6）铺设塑料防水板时，不应绷得太紧，宜根据基面的平整度留有充分的余地。

（7）防水板的铺设应超前混凝土施工，超前距离宜为 5～20m，并应设临时挡板防止机械损伤和电火花灼伤防水板。

（8）二次衬砌混凝土施工时应符合下列规定：

①绑扎、焊接钢筋时应采取防刺穿、灼伤防水板的措施；

②混凝土出料口和振捣棒不得直接接触塑料防水板。

（9）塑料防水板防水层铺设完毕后，应进行质量检查，并应在验收合格后进行下道工序。

3. 质量检查与验收

塑料防水板防水层施工质量检查与验收，见表 3－17。

表 3－17　　　　　　　　　塑料防水板防水层施工质量检查与验收

项	项目	合格质量标准	检验方法	检验数量
主控项目	材料要求	塑料防水板及其配套材料必须符合设计要求	检查产品合格证、产品性能检测报告和材料进场检验报告	按铺设面积每 100m² 抽查 1 处，每处 10m²，且不得少于 3 处
	搭接缝焊接	塑料板的搭接缝必须采用双缝热熔焊接，每条焊缝的有效宽度不应小于 10mm	双焊缝间空腔内充气检查和尺量检查	
一般项目	基层质量	塑料防水板应采用无钉孔铺设，其固定点间距应根据基面的平整情况确定，拱部宜为 0.5～0.8m，边墙宜为 1.0～1.5m，底部宜为 1.5～2.0m；局部凹凸较大时，应在凹处加密固定点	观察和尺量检查	按铺设面积每 100m² 抽查 1 处，每处 10m²，且不得少于 3 处
	与暗钉圈焊接	塑料防水板与暗钉圈应焊接牢靠，不得漏焊、假焊和焊穿	观察检查	
	塑料板铺设	塑料板的铺设应平顺，不得有下垂、绷紧和破损现象	观察检查	
	搭接宽度允许偏差	塑料防水板搭接宽度的允许偏差为 －10mm	尺量检查	

六、金属板防水层施工质量控制

金属板防水层可用于长期浸水、水压较大的水工及过水隧道。

1. 施工质量控制要点

金属板防水层的施工技术要求如下：

(1) 金属板的拼接应采用焊接，拼接焊缝应严密。竖向金属板的垂直接缝，应相互错开。

(2) 主体结构内侧设置金属防水层时，金属板应与结构内的钢筋焊牢，也可在金属防水层上焊接一定数量的锚固件，如图 3-10 所示。

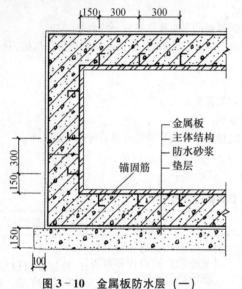

图 3-10　金属板防水层（一）　　　　图 3-11　金属板防水层（二）

(3) 主体结构外侧设置金属防水层时，金属板应焊在混凝土结构的预埋件上。金属板经焊缝检查合格后，应将其与结构间的空隙用水泥砂浆灌实，如图 3-11 所示。

(4) 金属板防水层应用临时支撑加固。金属板防水层底板上应预留浇捣孔，并应保证混凝土浇筑密实，待底板混凝土浇筑完后应补焊严密。

(5) 金属板防水层如先焊成箱体，再整体吊装就位时，应在其内部加设临时支撑。

(6) 金属板防水层应采取防锈措施。

2. 质量检查与验收

金属板防水层施工质量检查与验收见表 3-18。

表 3-18　　　　　　　　　金属板防水层施工质量检查与验收

项	项目	合格质量标准	检验方法	检验数量
主控项目	金属板及焊接材料质量	金属板和焊接材料必须符合设计要求	检查产品合格证、产品性能检测报告和材料进场检验报告	按铺设面积每 100m² 抽查 1 处，每处 10m²，且不得少于 3 处
	焊工合格证	焊工应持有有效的执业资格证书	检查焊工执业资格证书和考核日期	
一般项目	表面质量	金属板表面不得有明显凹面和损伤	观察检查	按铺设面积每 10m² 抽查 1 处，每处 1m²，且不得少于 3 处

续表

项	项目	合格质量标准	检验方法	检验数量
一般项目	焊缝质量	焊缝不得有裂纹、未熔合、夹渣、焊瘤、咬边、烧穿、弧坑、针状气孔等缺陷	观察检查和使用放大镜、焊缝量规及钢尺检查,必要时采用渗透或磁粉探伤检查	焊缝的条数抽查5%,且不得少于1条焊缝。每条焊缝检查1处,总抽查数不得少于10处
	焊缝外观及保护涂层	焊缝的焊波应均匀,焊渣和飞溅物应清除干净;保护涂层不得有漏涂、脱皮和反锈现象	观察检查	

七、细部构造防水施工质量控制

1. 施工质量控制要点

(1) 防水混凝土结构的变形缝、施工缝、后浇带等细部构造,应采用止水带、遇水膨胀橡胶腻子止水条等高分子防水材料和接缝密封材料。

目前,常见的止水带材料有:橡胶止水带、塑料止水带、氯丁橡胶板止水带和金属止水带等。其中橡胶及塑料止水带均为柔性材料,抗渗、适应变形能力强,是常用的止水带材料;氯丁橡胶止水板是一种新的止水材料,具有施工简便、防水效果好、造价低且易修补的特点;金属止水带一般仅用于高温环境条件下,而无法采用橡胶止水带或塑料止水带时。

止水带构造形式有:粘贴式、可卸式、埋入式等。目前较多采用的是埋入式。根据防水设计的要求,有时在同一变形缝处,可采用数层、数种止水带的构造形式。如图3-12 (a)、(b)、(c)所示,图3-12 (a) 是埋入式橡胶(或塑料)止水带的构造图,图3-12 (b)、(c) 分别是可卸式止水带和粘贴式止水带构造图。

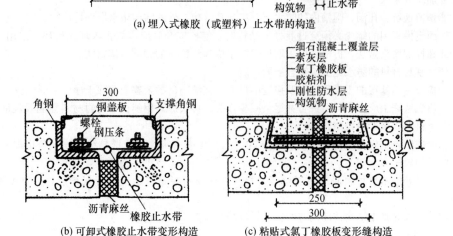

(a) 埋入式橡胶(或塑料)止水带的构造

(b) 可卸式橡胶止水带变形构造

(c) 粘贴式氯丁橡胶板变形缝构造

图3-12　止水带构造形式

（2）变形缝的防水施工应符合下列规定：

①止水带宽度和材质的物理性能均应符合设计要求，且无裂缝和气泡；接头应采用热接，不得叠接，接缝平整、牢固，不得有裂口和脱胶现象。

②中埋式止水带中心线应和变形缝中心线重合，止水带不得穿孔或用铁钉固定。

③变形缝设置中埋式止水带时，混凝土浇筑前应校正止水带位置，表面清理干净，止水带损坏处应修补；顶、底板止水带的下侧混凝土应振捣密实，边墙止水带内外侧混凝土应均匀，保持止水带位置正确、平直，无卷曲现象。

④变形缝处增设的卷材或涂料防水层，应按设计要求施工。

（3）施工缝的防水施工应符合下列规定：

①水平施工缝浇筑混凝土前，应将其表面浮浆和杂物清除，铺水泥砂浆或涂刷混凝土界面处理剂并及时浇筑混凝土。

②垂直施工缝浇筑混凝土前，应将其表面清理干净，涂刷混凝土界面处理剂并及时浇筑混凝土。

③施工缝采用遇水膨胀橡胶腻子止水条时，应将止水条牢固地安装在缝表面预留槽内。

④施工缝采用中埋止水带时，应确保止水带位置准确、固定牢靠。

（4）后浇带的防水施工应符合下列规定：

①后浇带应在其两侧混凝土龄期达到 42d 后再施工。

②后浇带应采用补偿收缩混凝土，其强度等级不得低于两侧混凝土。

③后浇带混凝土养护时间不得少于 28d。

（5）穿墙管道的防水施工应符合下列规定：

①穿墙管止水环与主管或翼环与套管应连续满焊，并做好防腐处理。

②穿墙管处防水层施工前，应将套管内表面清理干净。

③套管内的管道安装完毕后，应在两管间嵌入内衬填料，端部用密封材料填缝。柔性穿墙时，穿墙内侧应用法兰压紧。

④穿墙管外侧防水层应铺设严密，不留接槎；增铺附加层时，应按设计要求施工。

（6）埋设件的防水施工应符合下列规定：

①埋设件端部或预留孔（槽）底部的混凝土厚度不得小于 250mm；当厚度小于 250mm 时，必须局部加厚或采取其他防水措施。

②预留地坑、孔洞、沟槽内的防水层，应与孔（槽）外的结构防水层保持连续。

③固定模板用的螺栓必须穿过混凝土结构时，螺栓或套管应满焊止水环或翼环；采用工具式螺栓或螺栓加堵头做法，拆模后应采取加强防水措施将留下的凹槽封堵密实。

（7）密封材料的防水施工应符合下列规定：

①检查黏结基层的干燥程度以及接缝的尺寸，接缝内部的杂物应清除干净。

②热灌法施工应自下向上进行并尽量减少接头，接头应采用斜槎；密封材料熬制及浇灌温度，应按有关材料要求严格控制。

③冷嵌法施工应分次将密封材料嵌填在缝内，压嵌密实并与缝壁黏结牢固，防止裹入空气。接头应采用斜槎。

④接缝处的密封材料底部应嵌填背衬材料，外露密封材料上应设置保护层，其宽度不得小于 100mm。

（8）防水混凝土结构细部构造的施工质量检验应按全数检查。

2. 质量检查与验收

（1）施工缝的施工质量检查与验收：见表 3-19。

　　　　　　　　　　　　施工缝的施工质量检查与验收

项	项目	合格质量标准	检验方法	检验数量
主控项目	材料要求	施工缝用止水带、遇水膨胀止水条或止水胶、水泥基渗透结晶型防水涂料和预埋注浆管必须符合设计要求	检查产品合格证、产品性能检测报告和材料进场检验报告	全数检查
	防水构造	施工缝防水构造必须符合设计要求	观察检查和检查隐蔽工程验收记录	全数检查
一般项目	水平施工缝	墙体水平施工缝应留设在高出底板表面不小于 300mm 的墙体上。拱、板与墙结合的水平施工缝，宜留在拱、板与墙交接处以下 150～300mm 处；垂直施工缝应避开地下水和裂隙水较多的地段，并宜与变形缝相结合	观察检查和检查隐蔽工程验收记录	全数检查
	抗压强度	在施工缝处继续浇筑混凝土时，已浇筑的混凝土抗压强度不应小于 1.2MPa	观察检查和检查隐蔽工程验收记录	全数检查
	表面处理	水平施工缝浇筑混凝土前，应将其表面浮浆和杂物清除，然后铺设净浆、涂刷混凝土界面处理剂或水泥基渗透结晶型防水涂料，再铺 30～50mm 厚的 1：1 水泥砂浆，并及时浇筑混凝土	观察检查和检查隐蔽工程验收记录	全数检查
	垂直施工缝处理	垂直施工缝浇筑混凝土前，应将其表面清理干净，再涂刷混凝土界面处理剂或水泥基渗透结晶型防水涂料，并及时浇筑混凝土	观察检查和检查隐蔽工程验收记录	全数检查
	止水带埋设	中埋式止水带、外贴式止水带埋设位置应准确，固定应牢靠	观察检查和检查隐蔽工程验收记录	全数检查
	止水条安装	遇水膨胀止水条应具有缓膨胀性能；止水条与施工缝基面应密贴，中间不得有空鼓、脱离等现象；止水条应牢固地安装在缝表面或预留凹槽内；止水条采用搭接连接时，搭接宽度不得小于 30mm	观察检查和检查隐蔽工程验收记录	全数检查
	止水胶使用	遇水膨胀止水胶应采用专用注胶器挤出黏结在施工缝表面，并做到连续、均匀、饱满，无气泡和孔洞，挤出宽度及厚度应符合设计要求；止水胶挤出成形后，固化期内应采取临时保护措施；止水胶固化前不得浇筑混凝土	观察检查和检查隐蔽工程验收记录	全数检查
	注浆管处理	预埋注浆管应设置在施工缝断面中部，注浆管与施工缝基面应密贴并固定牢靠，固定间距宜为 200～300mm；注浆导管与注浆管的连接应牢固、严密，导管埋入混凝土内的部分应与结构钢筋绑扎牢固，导管的末端应临时封堵严密	观察检查和检查隐蔽工程验收记录	全数检查

(2) 后浇带的施工质量检查与验收：见表 3-20。

表 3-20　　　　　　　　　　后浇带的施工质量检查与验收

项	项目	合格质量标准	检验方法	检验数量
主控项目	材料要求	后浇带用遇水膨胀止水条或止水胶、预埋注浆管、外贴式止水带必须符合设计要求	检查产品合格证、产品性能检测报告和材料进场检验报告	全数检查
	原材料及配合比	补偿收缩混凝土的原材料及配合比必须符合设计要求	检查产品合格证、产品性能检测报告、计量措施和材料进场检验报告	全数检查
	防水构造	后浇带防水构造必须符合设计要求	观察检查和检查隐蔽工程验收记录	全数检查
	抗压强度、抗渗性等	采用掺膨胀剂的补偿收缩混凝土，其抗压强度、抗渗性能和限制膨胀率必须符合设计要求	检查混凝土抗压强度、抗渗性能和水中养护 14d 后的限制膨胀率检验报告	全数检查
一般项目	后浇带与外贴式止水带	补偿收缩混凝土浇筑前，后浇带部位和外贴式止水带应采取保护措施	观察检查	全数检查
	表面处理	后浇带两侧的接缝表面应先清理干净，再涂刷混凝土界面处理剂或水泥基渗透结晶型防水涂料；后浇混凝土的浇筑时间应符合设计要求	观察检查和检查隐蔽工程验收记录	全数检查
	止水条、止水胶、止水带	①遇水膨胀止水条应具有缓膨胀性能；止水条与施工缝基面应密贴，中间不得有空鼓、脱离等现象；止水条应牢固地安装在缝表面或预留凹槽内；止水条采用搭接连接时，搭接宽度不得小于 30mm ②遇水膨胀止水胶应采用专用注胶器挤出黏结在施工缝表面，并做到连续、均匀、饱满，无气泡和孔洞，挤出宽度及厚度应符合设计要求；止水胶挤出成形后，固化期内应采取临时保护措施；止水胶固化前不得浇筑混凝土 ③预埋注浆管应设置在施工缝断面中部，注浆管与施工缝基面应密贴并固定牢靠，固定间距宜为 200～300mm；注浆导管与注浆管的连接应牢固、严密，导管埋入混凝土内的部分应与结构钢筋绑扎牢固，导管的末端应临时封堵严密	观察检查和检查隐蔽工程验收记录	全数检查
	养护时间	后浇带混凝土应一次浇筑，不得留设施工缝；混凝土浇筑后应及时养护，养护时间不得少于 28d	观察检查和检查隐蔽工程验收记录	全数检查

（3）穿墙管的施工质量检查与验收：见表3-21。

表 3-21   穿墙管的施工质量检查与验收

项	项目	合格质量标准	检验方法	检验数量
主控项目	材料要求	穿墙管用遇水膨胀止水条和密封材料必须符合设计要求	检查产品合格证、产品性能检测报告和材料进场检验报告	全数检查
	防水构造	穿墙管防水构造必须符合设计要求	观察检查和检查隐蔽工程验收记录	全数检查
一般项目	固定式穿墙管	固定式穿墙管应加焊止水环或环绕遇水膨胀止水圈，并做好防腐处理；穿墙管应在主体结构迎水面预留凹槽，槽内应用密封材料嵌填密实	观察检查和检查隐蔽工程验收记录	全数检查
	套管式穿墙管	套管式穿墙管的套管与止水环及翼环应连续满焊，并做好防腐处理；套管内表面应清理干净，穿墙管与套管之间应用密封材料和橡胶密封圈进行密封处理，并采用法兰盘及螺栓进行固定	观察检查和检查隐蔽工程验收记录	全数检查
	焊接质量	穿墙盒的封口钢板与混凝土结构墙上预埋的角钢应焊严，并从钢板上的预留浇注孔注入改性沥青密封材料或细石混凝土，封填后将浇注孔口用钢板焊接封闭	观察检查和检查隐蔽工程验收记录	全数检查
	加强层	当主体结构迎水面有柔性防水层时，防水层与穿墙管连接处应增设加强层	观察检查和检查隐蔽工程验收记录	全数检查
	密封材	密封材料嵌填应密实、连续、饱满，黏结牢固	观察检查和检查隐蔽工程验收记录	全数检查

（4）埋设件的施工质量检查与验收：见表3-22。

表 3-22   埋设件的施工质量检查与验收

项	项目	合格质量标准	检验方法	检验数量
主控项目	材料要求	埋设件用密封材料必须符合设计要求	检查产品合格证、产品性能检测报告、材料进场检验报告	全数检查
	防水构造	埋设件防水构造必须符合设计要求	观察检查和检查隐蔽工程验收记录	全数检查
一般项目	防腐处理	埋设件应位置准确，固定牢靠；埋设件应进行防腐处理	观察、尺量和手扳检查	全数检查

续表

项	项目	合格质量标准	检验方法	检验数量
一般项目	混凝土厚度	埋设件端部或预留孔、槽底部的混凝土厚度不得小于250mm；当混凝土厚度小于250mm时，应局部加厚或采取其他防水措施	尺量检查和检查隐蔽工程验收记录	全数检查
	预留凹槽	结构迎水面的埋设件周围应预留凹槽，凹槽内应用密封材料填实	观察检查和检查隐蔽工程验收记录	全数检查
	螺栓与凹槽处理	用于固定模板的螺栓必须穿过混凝土结构时，可采用工具式螺栓或螺栓加堵头，螺栓上应加焊止水环。拆模后留下的凹槽应用密封材料封堵密实，并用聚合物水泥砂浆抹平	观察检查和检查隐蔽工程验收记录	全数检查
	防水层之间处理	预留孔、槽内的防水层应与主体防水层保持连续	观察检查和检查隐蔽工程验收记录	全数检查
	密封材料	密封材料嵌填应密实、连续、饱满，黏结牢固	观察检查和检查隐蔽工程验收记录	全数检查

（5）预留通道接头的施工质量检查与验收：见表3-23。

表3-23 预留通道接头的施工质量检查与验收

项	项目	合格质量标准	检验方法	检验数量
主控项目	材料要求	预留通道接头用中埋式止水带、遇水膨胀止水条或止水胶，预埋注浆管、密封材料和可卸式止水带必须符合设计要求	检查产品合格证、产品性能检测报告、材料进场检验报告	全数检查
	防水构造	预留通道接头防水构造必须符合设计要求	观察检查和检查隐蔽工程验收记录	全数检查
	中埋式止水带埋设位置	中埋式止水带埋设位置应准确，其中间空心圆环与通道接头中心线应重合	观察检查和检查隐蔽工程验收记录	全数检查
一般项目	防锈处理	预留通道先浇混凝土结构、中埋式止水带和预埋件应及时保护，预埋件应进行防锈处理	观察检查	全数检查
	止水条、止水胶预埋注浆管	见表3-20中序号①、②、③	观察检查和检查隐蔽工程验收记录	全数检查
	密封材料	密封材料嵌填应密实、连续、饱满，黏结牢固	观察检查和检查隐蔽工程验收记录	全数检查

续表

项	项目	合格质量标准	检验方法	检验数量
一般项目	螺栓处理	用膨胀螺栓固定可卸式止水带时，止水带与紧固件压块以及止水带与基面之间应结合紧密。采用金属膨胀螺栓时，应选用不锈钢材料或进行防锈处理	观察检查和检查隐蔽工程验收记录	全数检查
	保护墙	预留通道接头外部应设保护墙	观察检查和检查隐蔽工程验收记录	全数检查

（6）桩头的施工质量检查与验收：见表 3－24。

表 3－24   桩头的施工质量检查与验收

项	项目	合格质量标准	检验方法	检验数量
主控项目	材料要求	桩头用聚合物水泥防水砂浆、水泥基渗透结晶型防水涂料、遇水膨胀止水条或止水胶和密封材料必须符合设计要求	检查产品合格证、产品性能检测报告和材料进场检验报告	全数检查
	防水构造	桩头防水构造必须符合设计要求	观察检查和检查隐蔽工程验收记录	全数检查
	密封处理	桩头混凝土应密实，如发现渗漏水应及时采取封堵措施	观察检查和检查隐蔽工程验收记录	全数检查
一般项目	裸露处和桩头处理	桩头顶面和侧面裸露处应涂刷水泥基渗透结晶型防水涂料，并延伸到结构底板垫层 150mm 处；桩头四周 300mm 范围内应抹聚合物水泥防水砂浆过渡层	观察检查和检查隐蔽工程验收记录	全数检查
	接缝处理	结构底板防水层应做在聚合物水泥防水砂浆过渡层上并延伸至桩头侧壁，其与桩头侧壁接缝处应采用密封材料嵌填	观察检查和检查隐蔽工程验收记录	全数检查
	受力钢筋根部处理	桩头的受力钢筋根部应采用遇水膨胀止水条或止水胶，并应采取保护措施	观察检查和检查隐蔽工程验收记录	全数检查
	止水条、止水胶	见表 3－20 中序号①、②、③	观察检查和检查隐蔽工程验收记录	全数检查
	密封材料	密封材料嵌填应密实、连续、饱满，黏结牢固	观察检查和检查隐蔽工程验收记录	全数检查

（7）孔口的施工质量检查与验收：见表 3－25。

表 3‑25 孔口的施工质量检查与验收

项	项目	合格质量标准	检验方法	检验数量
主控项目	材料要求	孔口用防水卷材、防水涂料和密封材料必须符合设计要求	检查产品合格证、产品性能检测报告、材料进场检验报告	全数检查
	防水构造	孔口防水构造必须符合设计要求	观察检查和检查隐蔽工程验收记录	全数检查
一般项目	防雨措施	人员出入口高出地面不应小于 500mm；汽车出入口设置明沟排水时，其高出地面宜为 150mm，并应采取防雨措施	观察和尺量检查	全数检查
	防水处理	窗井的底部在最高地下水位以上时，窗井的墙体和底板应做防水处理，并宜与主体结构断开。窗台下部的墙体和底板应做防水层	观察检查和检查隐蔽工程验收记录	全数检查
	窗井设置	窗井或窗井的一部分在最高地下水位以下时，窗井应与主体结构连成整体，其防水层也应连成整体，并应在窗井内设置集水井。窗台下部的墙体和底板应做防水层	观察检查和检查隐蔽工程验收记录	全数检查
	散水设置	窗井内的底板应低于窗下缘 300mm。窗井墙高出室外地面不得小于 500mm；窗井外地面应做散水，散水与墙面间应采用密封材料嵌填	观察检查和尺量检查	全数检查
	密封材料	密封材料嵌填应密实、连续、饱满，黏结牢固	观察检查和检查隐蔽工程验收记录	全数检查

(8) 坑、池的施工质量检查与验收：见表 3‑26。

表 3‑26 坑、池的施工质量检查与验收

项	项目	合格质量标准	检验方法	检验数量
主控项目	原材料、配合比、坍落度	坑、池防水混凝土的原材料、配合比及坍落度必须符合设计要求	检查产品合格证、产品性能检测报告、计量措施和材料进场检验报告	全数检查
	防水构造	坑、池防水构造必须符合设计要求	观察检查和检查隐蔽工程验收记录	全数检查
	蓄水试验	坑、池、储水库内部防水层完成后，应进行蓄水试验	观察检查和检查蓄水试验记录	全数检查

续表

项	项目	合格质量标准	检验方法	检验数量
一般项目	表面处理	坑、池、储水库宜采用防水混凝土整体浇筑，混凝土表面应坚实、平整，不得有露筋、蜂窝和裂缝等缺陷	观察检查和检查蓄水试验记录	全数检查
	混凝土的厚度	坑、池底板的混凝土厚度不应小于250mm；当底板的厚度小于250mm时，应采取局部加厚措施，并应使防水层保持连续	观察检查和检查隐蔽工程验收记录	全数检查
	养护处理	坑、池施工后，应及时遮盖和防止杂物堵塞	观察检查	全数检查

第三节　注浆防水和特殊施工法结构防水

一、注浆工程防水施工质量控制

注浆防水是目前普遍使用的一种防水方式，根据工程地质及水文地质条件的不同，主要有预注浆、回填注浆、衬砌前围岩注浆和衬砌内注浆4种方式。

1. 一般规定

(1) 注浆施工前应搜集下列资料：

①工程地质纵横剖面图及工程地质、水文地质资料，如围岩孔隙率、渗透系数、节理裂隙发育情况、涌水量、水压和软土地层颗粒级配、土壤标准贯入试验值及其物理力学指标等；

②工程开挖中工作面的岩性、岩层产状、节理裂隙发育程度及超、欠挖值等；

③工程衬砌类型、防水等级等；

④工程渗漏水的地点、位置、渗漏形式、水量大小、水质、水压等。

(2) 注浆实施前应符合下列规定：

①预注浆前先施作的止浆墙（垫），注浆时应达到设计强度；

②回填注浆应在衬砌混凝土达到设计强度后进行；

③衬砌后围岩注浆应在回填注浆固结体强度达到70%后进行。

(3) 预注浆钻孔的注浆孔数、布孔方式及钻孔角度等注浆参数的设计，应根据岩层裂隙状态、地下水情况、设备能力、浆液有效扩散半径、钻孔偏斜率和对注浆效果的要求等确定。

(4) 预注浆的段长，应根据工程地质、水文地质条件、钻孔设备及工期要求确定，宜为10～50m，但掘进时应保留止水岩垫（墙）的厚度。注浆孔底距开挖轮廓的边缘，宜为毛洞高度（直径）的0.5～1倍，特殊工程可按计算和试验确定。

(5) 衬砌前围岩注浆应符合下列规定：

①注浆深度宜为3～5m；

②应在软弱地层或水量较大处布孔；

③大面积渗漏时，布孔宜密，钻孔宜浅；

④裂隙渗漏时，布孔宜疏，钻孔宜深；

⑤大股涌水时，布孔应在水流上游，且自涌水点四周由远到近布设。

（6）回填注浆孔的孔径，不宜小于40mm，间距宜为5～10m，并应按梅花形排列。

（7）衬砌后围岩注浆钻孔深入围岩不应大于1m，孔径不宜小于40mm，孔距可根据渗漏水情况确定。

（8）岩石地层预注浆或衬砌后围岩注浆的压力，应大于静水压力0.5～1.5N/Pa，回填注浆及衬砌内注浆的压力应小于0.5MPa。

（9）衬砌内注浆钻孔应根据衬砌渗漏水情况布置，孔深宜为衬砌厚度的1/3～2/3，注浆压力宜为0.5～0.8MPa。

（10）注浆材料应符合下列规定：

①原料来源广，价格适宜；

②具有良好的可灌性；

③凝胶时间可根据需要调节；

④固化时收缩小，与围岩、混凝土、砂土等有一定的黏结力；

⑤固结体具有微膨胀性，强度应满足开挖或堵水要求；

⑥稳定性好，耐久性强；

⑦具有耐侵蚀性；

⑧无毒、低毒、低污染；

⑨注浆工艺简单，操作方便、安全。

（11）注浆材料的选用，应根据工程地质条件、水文地质条件、注浆目的、注浆工艺、设备和成本等因素确定，并应符合下列规定：

①预注浆和衬砌前围岩注浆，宜采用水泥浆液或水泥-水玻璃浆液，必要时可采用化学浆液；

②衬砌后围岩注浆，宜采用水泥浆液、超细水泥浆液或自流平水泥浆液等；

③回填注浆宜选用水泥浆液、水泥砂浆或掺有膨润土的水泥浆液；

④衬砌内注浆宜选用超细水泥浆液、自流平水泥浆液或化学浆液。

（12）水泥类浆液宜选用普通硅酸盐水泥，其他浆液材料应符合有关规定。浆液的配合比，应经现场试验后确定。

2. 注浆防水质量控制要点

（1）注浆孔数量、布置间距、钻孔深度除应符合设计要求外，尚应符合下列规定：

①注浆孔深小于10m时，孔位最大允许偏差应为100mm，钻孔偏斜率最大允许偏差应为1%。

②注浆孔深大于10m时，孔位最大允许偏差应为50mm，钻孔偏斜率最大允许偏差应为0.5%。

（2）岩石地层或衬砌内注浆前，应将钻孔冲洗干净。

（3）注浆前，应进行测定注浆孔吸水率和地层吸浆速度等参数的压水试验。

（4）回填注浆时，对岩石破碎、渗漏水量较大的地段，宜在衬砌与围岩间采用定量、重复注浆法分段设置隔水墙。

（5）回填注浆、衬砌后围岩注浆施工顺序，应符合下列规定：

①应沿工程轴线由低到高，由下往上，从少水处到多水处；

②在多水地段，应先两头，后中间；

③对竖井应由上往下分段注浆，在本段内应从下往上注浆。

(6) 注浆过程中应加强监测，当发生围岩或衬砌变形、堵塞排水系统、窜浆、危及地面建筑物等异常情况时，可采取下列措施：

①降低注浆压力或采用间歇注浆，直到停止注浆；

②改变注浆材料或缩短浆液凝胶时间；

③调整注浆实施方案。

(7) 单孔注浆结束的条件，应符合下列规定：

①预注浆各孔段均应达到设计要求并应稳定 10min，且进浆速度应为开始进浆速度的 1/4 或注浆量达到设计注浆量的 80%；

②衬砌后回填注浆及围岩注浆应达到设计终压；

③其他各类注浆，应满足设计要求。

(8) 预注浆和衬砌后围岩注浆结束前，应在分析资料的基础上，采取钻孔取芯法对注浆效果进行检查，必要时应进行压（抽）水试验。当检查孔的吸水量大于 1.0L/min·m 时，应进行补充注浆。

(9) 注浆结束后，应将注浆孔及检查孔封填密实。

3. 注浆防水施工质量检查与验收

注浆防水施工质量检查与验收，见表 3-27。

表 3-27   注浆防水施工质量检查与验收

项	项目	合格质量标准	检验方法	检验数量
主控项目	原材料及配合比	配制浆液的原材料及配合比必须符合设计要求	检查产品合格证、质量检验报告、计量措施和试验报告	按注浆加固或堵漏面积每 $100m^2$ 抽查 1 处，每处 $10m^2$，且不得少于 3 处
	注浆效果	预注浆及后注浆的注浆效果必须符合设计要求	采用钻孔取芯法检查；必要时采取压水或抽水试验方法检查	
一般项目	注浆孔	注浆孔的数量、布置间距、钻孔深度及角度应符合设计要求	尺量检查和检查隐蔽工程验收记录	按注浆加固或堵漏面积每 $100m^2$ 抽查 1 处，每处 $10m^2$，且不得少于 3 处
	压力和进浆量控制	注浆各阶段的控制压力和注浆量应符合设计要求	观察检查和检查隐蔽工程验收记录	
	注浆范围	注浆时浆液不得溢出地面和超出有效注浆范围	观察检查	
	注浆对地面产生的沉降及隆起	注浆对地面产生的沉降量不得超过 30mm，地面的隆起不得超过 20mm	用水准仪测量	

二、特殊施工法防水工程施工质量控制

（一）锚喷支护

1. 质量控制要点

（1）喷射混凝土所用原材料应符合下列规定：

①水泥优先选用普通硅酸盐水泥，其强度等级不应低于32.5级。

②细集料：采用中砂或粗砂，细度模数宜大于2.5；干法喷射时，含水率宜为5％～7％。

③粗集料：卵石或碎石粒径不应大于15mm；使用碱性速凝剂时，不得使用含有活性二氧化硅的石料。

④水：采用不含有害物质的洁净水。

⑤速凝剂：初凝时间不应大于5min，终凝时间不应大于10min。

（2）混合料应搅拌均匀并符合下列规定：

①配合比：水泥与砂石质量比宜为1∶4～1∶4.5，砂率宜为45％～55％，水灰比不得大于0.45，外加剂和外掺料的掺量应通过试验确定。

②水泥和速凝剂称量允许偏差均为±2％，砂石称量允许偏差均为±3％。

③混合料运输和存放中严防受潮，混合料应随拌随用，当掺入速凝剂时，存放时间不应超过20min。

（3）在有水的岩面上喷射混凝土时应采取下列措施：

①潮湿岩面增加速凝剂掺量。

②表面渗、滴水采用导水盲管或盲沟排水。

③集中漏水采用注浆堵水。

（4）喷射混凝土终凝2h后应喷水养护，养护时间不得少于14d；当气温低于5℃时不得喷水养护。

（5）喷射混凝土试件制作组数应符合下列规定：

①地下铁道工程区间或小于区间断面的结构，每20延长米拱和墙各取一组；车站各取抗压试件两组。

②地下铁道工程应按区间结构每40延长米取抗渗试件一组；车站每20延长米取一组。

（6）锚杆应进行抗拔试验。同一批锚杆每100根应取一组试件，每组3根，不足100根也取3根。同一批试件抗拔力的平均值不应小于设计锚固力，且同一批试件抗拔力的最小值不应小于设计锚固力的90％。

2. 质量检查与验收

锚喷支护的施工质量检查与验收，见表3-28。

表3-28　　　　　　　　　　　　锚喷支护的施工质量检查与验收

项	项目	合格质量标准	检验方法	检验数量
主控项目	原材料质量	喷射混凝土所用原材料、混合料配合比及钢筋网、锚杆钢拱架等必须符合设计要求	检查产品合格证、产品性能检测报告、计量措施和材料进场检验报告	按区间或小于区间断面的结构，每20延长米抽查1处，车站每10延长米抽查1处，每处10m²，且不得少于3处
	混凝土抗压、抗渗、抗拔	喷射混凝土抗压强度、抗渗性能及锚杆抗拔力必须符合设计要求	检查混凝土抗压强度、抗渗性能报告和锚杆抗拔力试验报告	
	渗漏水量	锚喷支护的渗漏水量必须符合设计要求	观察检查和检查渗漏水检测记录	

续表

项	项目	合格质量标准	检验方法	检验数量
一般项目	喷层与围岩黏结	喷层与围岩及喷层之间应黏结紧密，不得有空鼓现象	用小锤轻击检查	区间或小于区间断面的结构，每 20 延长米抽查 1 处，车站每 10 延长米抽查 1 处，每处 10m³，且不得少于 3 处
	喷层厚度	喷层厚度有 60％以上检查点不应小于设计厚度，最小厚度不得小于设计厚度的 50％，且平均厚度不得小于设计厚度	用针探法或凿孔法检查	
	表面质量	喷射混凝土应密实、平整，无裂缝、脱落、漏喷、露筋、空鼓和渗漏水	观察检查	
	表面平整度	喷射混凝土表面平整度 D/L 不得大于 1/6	尺量检查	

（二）地下连续墙

地下连续墙适用于地下工程的主体结构、支护结构以及隧道工程复合式衬砌的初期支护。

1. 材料质量控制

地下连续墙应采用掺外加剂的防水混凝土。

（1）水泥：

①水泥品种应按设计要求选用，其强度等级不应低于 32.5MPa；

②采用卵石时水泥用量不应少于 370kg/m³，采用碎石时水泥用量不应少于 400kg/m³，坍落度宜为 180～220mm，水灰比应小于 0.6。

（2）石子除应符合国家现行标准 JGJ 52—2006《普通混凝土用砂、石质量及检验方法标准》的规定外，石子最大粒径不应大于 40mm，且不宜大于导管直径的 1/8，石子含泥量不应大于 1％，吸水率不应大于 1.5％。

（3）砂除应符合国家现行标准 JGJ 52—2006《普通混凝土用砂、石质量及检验方法标准》的规定外，砂宜采用中砂，含泥量不应大于 3％。

2. 施工质量控制要点

（1）地下连续墙施工时，混凝土应按每一个单元槽段留置一组抗压强度试件，每 5 个单元槽段留置一组抗渗试件。

（2）单元槽段接头不宜设在拐角处；采用复合式衬砌时，墙体与内衬接缝宜相互错开。

（3）地下连续墙与内衬结构连接处，应凿毛并清理干净，必要时应做特殊防水处理。

（4）地下连续墙用作结构主体墙体时，应符合下列规定：

①不宜用作防水等级为一级的地下工程墙体。

②墙的厚度宜大于 600mm。

③选择合适的泥浆配合比或降低地下水位等措施，以防止塌方。挖槽期间，泥浆面必须高于地下水位 500mm 以上，遇有地下水含盐或受化学污染时应采取措施不得影响泥浆性能指标。

④墙面垂直度的允许偏差应小于墙深的 1/250；墙面局部突出不应大于 100mm。

⑤浇筑混凝土前必须清槽、置换泥浆和清除沉渣，沉渣厚度不应大于 100mm。

⑥钢筋笼浸泡泥浆时间不应超过 10h，钢筋保护层厚度不应小于 70mm。

⑦混凝土浇筑导管埋入混凝土深度宜为 1.5～6m，在槽段端部的浇筑导管与端部的距离宜为 1～1.5m，混凝土浇筑必须连续进行。冬季施工时应采用保温措施，墙顶混凝土未达到设计强度50％时，不得受冻。

⑧支撑的预埋件应设置止水片或遇水膨胀腻子条，支撑部位及墙体的裂缝、孔洞等缺陷应采用防水砂浆及时修补，墙体幅间接缝如有渗漏，应采用注浆、嵌填弹性密封材料等进行防水处理，并做好引排措施。

⑨自基坑开挖直至底板混凝土达到设计强度后方可停止降水，并应将降水井封堵密实。

⑩墙体与工程顶板、底板、中楼板的连接处均应凿毛，清洗干净，并宜设置 1～2 道遇水膨胀止水条，其接驳器处宜喷涂水泥基渗透结晶型防水涂料或涂抹聚合物水泥防水砂浆。

3. 质量检查与验收

地下连续墙施工质量检查与验收，见表 3-29。

表 3-29　　　　　　　　　地下连续墙施工质量检查与验收

项	项目	合格质量标准	检验方法	检验数量
主控项目	原材料质量及配合比	防水混凝土所用原材料、配合比及坍落度必须符合设计要求	检查产品合格证、产品性能检测报告、计量措施和材料进场检验报告	按连续墙每 5 个槽段抽查 1 个槽段、且不得少于 3 个槽段
	混凝土抗压、防渗性能	防水混凝土抗压强度和抗渗性能必须符合设计要求	检查混凝土抗压强度、抗渗性能检验报告	
	渗漏水量	地下连续墙的渗漏水量必须符合设计要求	观察检查和检查渗漏水检测记录	
一般项目	接缝处理	地下连续墙的槽段接缝构造应符合设计要求	观察检查和检查隐蔽工程验收记录	按连续墙每 5 个槽段抽查 1 个槽段，且不得少于 3 个槽段
	墙面露筋	地下连续墙墙面不得有露筋、露石和夹泥现象	观察检查	
	表面平整度允许偏差	地下连续墙墙体表面平整度，临时支护墙体允许偏差：墙体为 50mm，单一或复合墙体允许偏差应为 30mm	尺量检查	

（三）复合式衬砌

复合式衬砌适用于混凝土初期支护与二次衬砌中间设置防水层和缓冲排水层的隧道工程复合式衬砌。

1. 材料质量控制

(1) 可供选择的缓冲层材料有两种：一种是无纺布（土工布）；另一种是聚乙烯泡沫塑料。缓冲排水层选用的土工布应符合下列要求：

①具有一定的厚度，其单位面积质量不宜小于 280g/m²。

②具有良好的导水性。

③具有适应初期支护由于荷载或温度变化引起变形的能力。

④具有良好的化学稳定性和耐久性，能抵抗地下水或混凝土、砂浆析出水的侵蚀。

（2）防水层材料可选用乙烯-醋酸乙烯共聚物（EVA）、乙烯-共聚物沥青（ECB）、聚氯乙烯（PVC）、高密度聚乙烯（HDPE）、低密度聚乙烯（LDPE）类或其他性能相近的材料。塑料防水板材的要求：

①在二次衬混凝土浇筑以前，板材可以承受机械碰撞而不致损伤开裂，即要求有较大的强度和延展性能。

②板材要有耐久性。

③板材间的接缝必须要严密可靠，不漏水、不渗水。

④施工简便，造价经济合理。

2. 施工质量控制要点

（1）初期支护的线流漏水或大面积渗水，应在防水层和缓冲排水层铺设之前进行封堵或引排。

（2）防水层和缓冲排水层铺设与内衬混凝土的施工距离均不应小于5m。

（3）二次衬砌采用防水混凝土浇筑时，应符合下列规定：

①混凝土泵送时，入泵坍落度：墙体宜为100～150mm，拱部宜为160～210mm。

②振捣不得直接触及防水层。

③混凝土浇筑至墙拱交界处，应间隔1～1.5h后方可继续浇筑。

④混凝土强度达到2.5MPa后方可拆模。

（4）当地下连续墙与内衬间夹有塑料防水板的复合式衬砌时，应根据排水情况选用相应的缓冲层和塑料防水板（如图3-13所示），并按有关塑料防水板及地下工程排水的设计与施工技术要求执行。

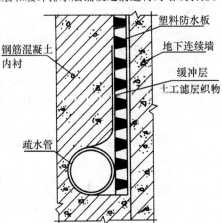

图3-13 地下墙与内衬间的防排水层

3. 质量检查与验收

复合式衬砌施工质量检查与验收见表3-30。

表3-30 复合式衬砌施工质量检查与验收

项	项目	合格质量标准	检验方法	检验数量
主控项目	材料质量	塑料防水板、土木复合材料内衬混凝土原材料必须符合设计要求	检查出厂合格证、质量检验报告和现场抽样试验报告	按区间或小于区间断面的结构，每20延米检查1处，车站每10延米检查1处，每处10m²，且不得少于3处
	混凝土抗压、抗渗试件	强度和抗渗压力必须符合设计要求	检查混凝土抗压、抗渗试验报告	
	细部构造做法	施工缝、变形缝、穿墙管道、埋设件等设置和构造均须符合设计要求，严禁有渗漏	观察检查和检查隐蔽工程验收记录	
一般项目	二次衬砌渗水量	二次衬砌混凝土渗漏水量应控制在设计防水等级要求范围内	观察检查和渗漏水量测	按区间或小于区间断面的结构，每20延米检查1处，车站每10延米检查1处，每处10m²，且不得少于3处
	混凝土抗压、抗渗、抗拔	二次衬砌混凝土表面应坚实、平整，不得有露筋、蜂窝等缺陷	观察检查	

（四）盾构法隧道

盾构法施工主要用于隧道工程，宜采用钢筋混凝土管片、复合管片等装配式衬砌或现浇混凝土衬砌。衬砌管片应采用防水混凝土制作。当隧道处于侵蚀性介质的地层时，应采取相应的耐侵蚀混凝土或外涂耐侵蚀的外防水涂层的措施。当处于严重腐蚀地层时，可同时采取耐侵蚀混凝土和外涂耐侵蚀的外防水涂层措施。

1、施工质量控制要点

（1）不同防水等级盾构隧道衬砌防水措施，应符合表3-31的要求。

表3-31 不同防水等级盾构隧道的衬砌防水措施

| 措施选择
防水等级 | 高精度管片 | 接缝防水 | | | | 混凝土内衬或其他内衬 | 外防水涂料 |
		密封垫	嵌缝	注入密封剂	螺孔密封圈		
一级	必选	必选	全隧道或部分区段应选	可选	必选	宜选	对混凝土有中等以上腐蚀的地层应选，在非腐蚀地层宜选
二级	必选	必选	部分区段宜选	可选	必选	局部宜选	对混凝土有中等以上腐蚀的地层宜选
三级	应选	必选	部分区段宜选	—	应选	—	对混凝土有中等以上腐蚀的地层宜选
四级	可选	宜选	可选	—	—	—	—

（2）钢筋混凝土管片应采用高精度钢模制作，钢模宽度及弧、弦长允许偏差宜为±0.4mm。钢筋混凝土管片制作尺寸的允许偏差应符合下列规定：

①宽度应为±1mm；

②弧长、弦长应为±1mm；

③厚度应为+3mm，-1mm。

（3）管片防水混凝土的抗渗等级应符合表3-32的规定，且不得小于P8。管片应进行混凝土氯离子扩散系数或混凝土渗透系数的检测，并宜进行管片的单块抗渗检漏。

表3-32 防水混凝土的抗渗等级

工程埋置深度	设计抗渗等级	工程埋置深度	设计抗渗等级
$H<10$	P6	$20{\leqslant}H<30$	P10
$10{\leqslant}H<20$	P8	$H{\geqslant}30$ P12	

（4）管片应至少设置一道密封垫沟槽。接缝密封垫宜选择具有合理构造形式、良好弹性或遇水膨胀性、耐久性、耐水性的橡胶类材料，其外形应与沟槽相匹配。弹性橡胶密封垫材料、遇水膨胀橡胶密封垫胶料的物理性能，应符合表3-33和表3-34的规定。

表 3-33 弹性橡胶密封垫材料物理性能

项　目			指　标	
			氯丁橡胶	三元乙丙胶
硬度（邵尔 A，度）			45±5～60±5	55±5～70±5
伸长率（%）			≥350	≥330
拉伸强度（MPa）			≥10.5	≥9.5
热空气老化	70℃×96h	硬度变化值（邵尔 A，度）	≤+8	≤+6
		拉伸强度变化率（%）	≥-20	≥-15
		扯断伸长率变化率（%）	≥-30	≥-30
压缩永久变形（70℃×24h）（%）			≤35	≤28
防霉等级			达到与优于 2 级	达到与优于 2 级

注：以上指标均为成品切片测试的数据，若只能以胶料制成试样测试，则其伸长率、拉伸强度的性能数据应达到本规定的 120%。

表 3-34 遇水膨胀橡胶密封垫胶料物理性能

项　目		性能要求		
		PZ-150	PZ-250	PZ-400
硬度（邵尔 A，度）		42±7	42±7	45±7
拉伸强度（MPa）		≥3.5	≥3.5	≥3
扯断伸长率（%）		≥450	≥450	≥350
体积膨胀倍率（%）		≥150	≥250	≥400
反复浸水试验	拉伸强度（MPa）	≥3	≥3	≥2
	扯断伸长率（%）	≥350	≥350	≥250
	体积膨胀倍率（%）	≥150	≥150	≥300
低温弯折（-20℃×2h）		无裂纹		
防霉等级		达到与优于 2 级		

注：①成品切片测试应达到本指标的 80%；
　　②接头部位的拉伸强度指标不得低于本指标的 50%；
　　③体积膨胀倍率是浸泡前后的试样质量的比率。

管片接缝密封垫应满足在计算的接缝最大张开量和估算的错位量下、埋深水头的 2～3 倍水压下不渗漏的技术要求；重要工程中选用的接缝密封垫，应进行一字缝或十字缝水密性的试验检测。

（5）螺孔防水应符合下列规定：

①管片肋腔的螺孔口应设置锥形倒角的螺孔密封圈沟槽；

②螺孔密封圈的外形应与沟槽相匹配，并应有利于压密止水或膨胀止水。在满足止水的要求下，螺孔密封圈的断面宜小。

(6) 嵌缝防水应符合下列规定：

①在管片内侧环纵向边沿设置嵌缝槽，其深宽比不应小于 2.5，槽深宜为 25～55mm，单面槽宽宜为 5～10mm。嵌缝槽断面构造形式应符合图 3-14 的规定。

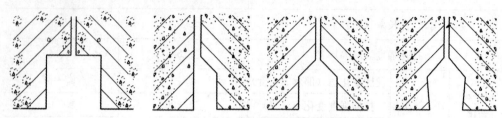

图 3-14　管片嵌缝槽断面构造形式

②嵌缝材料应有良好的不透水性、潮湿基面黏结性、耐久性、弹性和抗下坠性。

③应根据隧道使用功能和表 3-31 中的防水等级要求，确定嵌缝作业区的范围与嵌填嵌缝槽的部位，并采取嵌缝堵水或引排水措施。

④嵌缝防水施工应在盾构千斤顶顶力影响范围外进行。同时，应根据盾构施工方法、隧道的稳定性确定嵌缝作业开始的时间。

⑤嵌缝作业应在接缝堵漏和无明显渗水后进行，嵌缝槽表面混凝土如有缺损，应采用聚合物水泥砂浆或特种水泥修补，强度应达到或超过混凝土本体的强度。嵌缝材料嵌填时，应先刷涂基层处理剂，嵌填应密实、平整。

(7) 复合式衬砌的内层衬砌混凝土浇筑前，应将外层管片的渗漏水引排或封堵。采用塑料防水板等夹层防水层的复合式衬砌，应根据隧道排水情况选用相应的缓冲层和防水板材料。

(8) 管片外防水涂料宜采用环氧或改性环氧涂料等封闭型材料、水泥基渗透结晶型或硅氧烷类等渗透自愈型材料，并应符合下列规定：

①耐化学腐蚀性、抗微生物侵蚀性、耐水性、耐磨性应良好，且应无毒或低毒；

②在管片外弧面混凝土裂缝宽度达到 0.3mm 时，应仍能在最大埋深处水压下不渗漏；

③应具有防杂散电流的功能，体积电阻率应高。

(9) 竖井与隧道结合处，可用刚性接头，但接缝宜采用柔性材料密封处理，并宜加固竖井洞圈周围土体。在软土地层距竖井结合处一定范围内的衬砌段，宜增设变形缝。变形缝环面应贴设垫片，同时应采用适应变形量大的弹性密封垫。

(10) 盾构隧道的连接通道及其与隧道接缝的防水应符合下列规定：

①采用双层衬砌的连接通道，内衬应采用防水混凝土。衬砌支护与内衬间宜设塑料防水板与土工织物组成的夹层防水层，并宜配以分区注浆系统加强防水。

②当采用内防水层时，内防水层宜为聚合物水泥砂浆等抗裂防渗材料。

③连接通道与盾构隧道接头应选用缓膨胀型遇水膨胀类止水条（胶）、预留注浆管以及接头密封材料。

2. 质量检查与验收

盾构法隧道施工质量检查与验收，见表 3-35。

盾构法隧道施工质量检查与验收

项	项目	合格质量标准	检验方法	检验数量
主控项目	防水材料质量	盾构法隧道衬砌所用防水材料必须符合设计要求	检查产品合格证、产品性能检测报告和材料进场检验报告	按每连续 5 环抽查 1 环，且不得少于 3 环
	管片抗压、抗渗	钢筋混凝土管片的抗压强度和抗渗性能必须符合设计要求	检查混凝土抗压强度、抗渗性能检验报告和管片单块检漏测试报告	
	渗漏水量	盾构隧道衬砌的渗漏水量必须符合设计要求	观察检查和检查渗漏水检测记录	
一般项目	管片接缝密封垫及沟槽断面尺寸	管片接缝密封垫及沟槽断面尺寸应符合设计要求	观察检查和检查隐蔽工程验收记录	按每连续 5 环抽查 1 环，且不得少于 3 环
	密封垫安装	密封垫在沟槽内套箍和粘贴牢固，不得歪斜、扭曲	观察检查	
	管片嵌缝槽的深宽比及断面构造形式、尺寸	管片嵌缝槽的深宽比及断面构造形式、尺寸应符合设计要求	观察检查和检查隐蔽工程验收记录	
	嵌缝材料	嵌缝材料嵌填应密实、连续、饱满、表面平整，密贴牢固	观察检查	
	螺栓安装及防腐	管片的环向及纵向螺栓应全部穿进并拧紧；衬砌内表面的外露铁件防腐处理应符合设计要求	观察检查	

第四章
砌体工程

第一节　砌筑砂浆

　　砂浆是由胶结料、细骨料、掺加料和水配制而成的，在建筑工程中起黏结、衬垫和传递应力的作用。将砖、砌块、石等黏结成为砌体的砂浆称为砌筑砂浆。

　　砌筑砂浆宜采用水泥砂浆或水泥混合砂浆。水泥砂浆是由水泥、细骨料和水配制成的砂浆。水泥混合砂浆是由水泥、细骨料、掺加料和水配制成的砂浆。

一、材料质量控制指标

　　(1) 水泥：砌筑砂浆中水泥材料要求如下：

　　①砌筑砂浆常用水泥有：《硅酸盐水泥、普通硅酸盐水泥》(GB175—1999)、《矿渣硅酸盐水泥、火山灰质硅酸盐水泥、粉煤灰硅酸盐水泥》(GB1344—1999)、《砌筑水泥》(GB3183—1997)。

　　②水泥的强度等级应根据设计要求进行选择。水泥砂浆采用的水泥，其强度等级不宜大于32.5级；水泥混合砂浆采用的水泥，其强度等级不宜大于42.5级。

　　③水泥应按生产厂家、品种、强度等级、出厂编号分别堆放，并应保持干燥。

　　④水泥进场使用前，应分批对其强度、安全性、凝结时间进行复验。检验批应以同一生产厂家、同一品种、同一强度等级、同期出厂、同一编号、不大于200t为一检验批，并应按试验结果使用。不同批的水泥不得混合存放。

　　不同品种的水泥，不得混合使用。

　　当在使用中对水泥质量有怀疑或水泥出厂超过3个月(快硬硅酸盐水泥超过1个月)时，应复验。

　　(2) 砂：砌筑砂浆用砂宜选用中砂，并不得含有有害杂质。砂的含泥量不应超过5%，强度等级为M2.5的混合砂浆，砂的含泥量不应超过10%。人工砂、山砂及特细砂，经试配能满足砌筑砂浆技术条件时，也可使用。砌筑砂浆用砂使用前，应分批进行复验。检验批以同一厂家、不大于600t为一检验批。

　　(3) 石灰膏：用生石灰熟化成石灰膏时，应用孔径不大于3mm×3mm的网过滤，熟化时间不得少于7d；磨细生石灰粉熟化成石灰膏时，熟化时间不得少于2d。沉淀池中储存的石灰膏，应采取防止干燥、冻结和污染的措施。严禁使用脱水硬化的石灰膏。石灰膏的用量，可按稠度(120±5)mm计量。现场施工中，当石灰膏稠度与试配不一致时，可按表4-1换算。

表 4 - 1　　　　　　　　　　石灰膏不同稠度时的换算系数

稠度（mm）	120	110	100	90	80	70	60	50	40	30
换算系数	1.00	0.99	0.97	0.95	0.93	0.92	0.90	0.88	0.87	0.86

注：消石灰粉不得直接用于砌筑砂浆中。

（4）黏土膏：用黏土或亚黏土制备黏土膏时，宜用搅拌机加水搅拌，通过孔径不大于 3mm×3mm 的网过筛。用比色法鉴定黏土中的有机物含量时应浅于标准色。

（5）电石膏：制作电石膏的电石渣应用孔径不大于 3mm×3mm 的网过滤，检验时应加热至 70℃并保持 20min，没有乙炔气味后，方可使用。

（6）粉煤灰：粉煤灰进场使用前应分批进行复验，以连续供应相同等级的不超过 200t 为一复验批。其品质指标应符合现行国家标准《用于水泥和混凝土中的粉煤灰》GB1596 和行业标准《粉煤灰在混凝土及砂浆中应用技术规程》JGJ 28 的要求。

（7）水：砌筑砂浆用水应符合现行行业标准《混凝土拌合用水标准》JGJ63 的规定。

（8）外加剂：凡在砌筑砂浆中使用有机塑化剂、早强剂、缓凝剂、防冻剂等外加剂，应进场复验。有机塑化剂应有砌体强度的形式检验报告。

二、砌筑砂浆配合比控制

（1）常用砌筑砂浆的强度等级宜采用 M20、M15、M10、M7.5、M5、M2.5 五种。砌筑砂浆应通过试配确定配合比。

（2）水泥砂浆的密度不宜小于 1900kg/m³；水泥混合砂浆的密度不宜小于 1800kg/m³。

（3）施工中当采用水泥砂浆代替水泥混合砂浆时，应重新确定砂浆强度等级。石灰膏、黏土膏、电石膏使用时的稠度，应为（120±5）mm。

（4）砌筑砂浆的稠度设计无具体要求时，应按表 4 - 2 规定选用。

表 4 - 2　　　　　　　　　　砌筑砂浆的稠度

砌体种类	砂浆稠度（mm）
烧结页岩砖、蒸压灰砂砖砌体	70～90
轻骨料混凝土小型空心砌块砌体	60～90
烧结多孔砖、空心砖砌体	60～80
烧结页岩砖、蒸压灰砂砖平拱式过梁	50～70
空斗墙，筒拱	
普通混凝土小型空心砌块砌体	
加气混凝土砌块砌体	
石砌体	30～50

（5）砌筑砂浆的分层度不得大于 30mm。

（6）水泥砂浆中水泥用量不应小于 200kg/m³；水泥混合砂浆中水泥和掺加料总量宜为 300～350kg/m³。

（7）具有冻融循环次数要求的砌筑砂浆，经冻融试验后，质量损失率不得大于 5%，抗压强度损失率不得大于 25%。

三、砌筑砂浆的拌制与使用

（1）必须严格执行试验检测单位提供的配合比，无试验检测单位提供的配合比一律不得施工。

（2）拌制时，各组分材料应采用重量计量。计量所用器具的鉴定（检定）合格证书必须在有效期之内。

各组分材料称量准确度，水泥、水、外加剂应控制在±2%以内；砂应控制在±3%以内；其他材料应控制在±5%以内。

（3）砌筑砂浆应采用机械搅拌，自投料完毕算起，搅拌时间应符合下列规定：

①水泥砂浆和水泥混合砂浆不得少于 2min。

②水泥粉煤灰砂浆和掺用外加剂的砂浆不得少于 3min。

③掺用有机塑化剂的砂浆，应为 3~5min。

（4）砌筑砂浆应随拌随用，水泥砂浆和水泥混合砂浆应分别在 3h 和 4h 内使用完毕；当施工期间最高气温超过 30℃时，应分别在 2h 和 3h 使用完毕。对掺用缓凝剂的砂浆，其使用时间可根据具体情况延长。

（5）搅拌加料的顺序一般应采用：先加细骨料、掺和料和水泥干拌 1min，再加水湿拌。

四、砂浆试块质量验收

（1）砌筑砂浆试块强度验收时其强度合格标准必须符合以下规定：

①同一验收批砂浆试块抗压强度平均值，必须大于或等于设计强度等级所对应的立方体抗压强度；同一验收批砂浆试块抗压强度的最小一组平均值，必须大于或等于设计强度等级所对应的立方体抗压强度的 0.75 倍。

②抽检数量：每一检验批且不超过 250m³ 砌体的各种类型及强度等级的砌筑砂浆，每台搅拌机至少抽验一次。

③检验方法：在砂浆搅拌机出料口随机取样制作砂浆试块（同盘砂浆只应制作一组试块），最后检查试块强度并出具试验报告单。

（2）当施工中或验收时出现下列情况，可采用现场检验方法对砂浆和砌体强度进行原位检测或取样检测，并判定其强度：

①砂浆试块缺乏代表性或试块数量不足。

②对砂浆试块的试验结果有怀疑或有争议。

③砂浆试块的试验结果，不能满足设计要求。

第二节　砖砌体工程

砖砌体工程指采用烧结普通砖、烧结多孔砖、混凝土多孔砖、混凝土实心砖、蒸压灰砂砖、蒸压粉煤灰砖等的砌体工程。

一、材料质量控制要求

（1）砖的品种、强度等级必须符合设计要求，并应有产品合格证书和性能检测报告。

（2）砖进场后应进行复验，复验抽样数量为在同一生产厂家、同一品种、同一强度等级的普通砖 15 万块、多孔砖 5 万块、灰砂砖或粉煤灰砖 10 万块中各抽查 1 组。

（3）砌筑时蒸压灰砂砖、粉煤灰砖的产品龄期不得少于 28d。

（4）砌筑砖砌体时，砖应提前 1～2d 浇水湿润。普通砖、多孔砖的含水率宜为 10%～15%；灰砂砖、粉煤灰砖含水率宜为 8%～12%（含水率以水重占干砖重的百分数计）。施工现场抽查砖的含水率的简化方法可采用现场断砖，砖截面四周融水深度为 15～20mm 视为符合要求。

二、工程质量验收一般规定

工程质量验收一般规定应符合以下几点：

（1）砖的品种、强度等级必须符合设计要求，并应有产品合格证书和性能检测报告，进场后应进行复验，复验抽样数量为同一生产厂家、同一品种、同一强度等级的普通砖 15 万块、多孔砖 5 万块、灰砂砖或粉煤灰砖 10 万块各抽查 1 组。

（2）砌筑时蒸压灰砂砖、蒸压粉煤灰砖、混凝土多孔砖、混凝土实心砖的产品龄期不得少于 28d。

（3）用于清水墙、柱表面的砖，应边角整齐，色泽均匀。品质为优等品的砖适用于清水墙和墙体装修；一等品、合格品砖可用于混水墙。中等泛霜的砖不得用于潮湿部位。冻胀地区的地面或防潮层以下的砌体不宜采用多孔砖；水池、化粪池、窖井等不得采用多孔砖。粉煤灰砖用于基础或受冻融和干湿交替作用的建筑部位时，必须使用一等品或优等品砖。

（4）多雨地区砌筑外墙时，不宜将有裂缝的砖面砌在室外表面。

（5）用于砌体工程的钢筋品种、强度等级必须符合设计要求，并应有产品合格证书和性能检测报告，进场后应进行复验。

（6）设置在潮湿环境或有化学侵蚀性介质的环境中的砌体灰缝内的钢筋应采取防腐措施。如涂刷环氧树脂、镀锌，采用不锈钢筋等。

（7）砌体的日砌高度控制在 1.5m，一般不宜超过一步脚手架高度（1.6～1.8m）；当遇到大风时，砌体的自由高度不得超过表 4-3 和表 4-4 的规定。如超过表中限值时，必须采取临时支撑等技术措施。

表 4-3 小砌块墙和柱的允许自由高度

墙（柱）厚度（mm）	墙和柱的允许自由高度（m）		
	风载（kN/m²）		
	0.3（相当 7 级风）	0.4（相当 8 级风）	0.5（相当 9 级风）
190	1.4	1.0	0.6
390	4.2	3.2	2.0
490	7.0	5.2	3.4
590	10.0	8.6	5.6

注：允许自由高度超过时，应加设临时支撑或及时现浇圈梁。

表 4-4　　　　　　　　　　　　　砖墙和柱的允许自由高度

墙（柱）厚 (mm)	砌体密度＞1600（kg/m³）			砌体密度 1300～1600（kg/m³）		
	风载（kN/m²）			风载（kN/m²）		
	0.3 (约 7 级风)	0.4 (约 8 级风)	0.6 (约 9 级风)	0.3 (约 7 级风)	0.4 (约 8 级风)	0.6 (约 9 级风)
190	—	—	—	1.4	1.1	0.7
240	2.8	2.1	1.4	2.2	1.7	1.1
370	5.2	3.9	2.6	4.2	3.2	2.1
490	8.6	6.5	4.3	7.0	5.2	3.5
620	14.0	10.5	7.0	11.4	8.6	5.7

注：①本表适用于施工处相对标高（H）在 10m 范围内的情况。如 10m＜H≤15m，15m＜H≤20m 时，表中的允许自由高度应分别乘以 0.9、0.8 的系数；如 H＞20m 时，应通过抗倾覆验算确定其允许自由高度。

②当所砌筑的墙有横墙或其他结构与其连接，而且间距小于表列限值的 2 倍时，砌筑高度可不受本表的限制。

③当砌体密度小于 1300kg/m³ 时，墙和柱的允许自由高度应另行验算确定。

（8）砌体的施工质量控制等级应符合设计要求，并不得低于表 4-5 的规定。

表 4-5　　　　　　　　　　　　　砌体施工质量控制等级

项目	施工质量控制等级		
	A	B	C
现场质量管理	监督检查制度健全，并严格执行；施工方有在岗专业技术管理人员，人员齐全，并持证上岗	监督检查制度基本健全，并能执行；施工方有在岗专业技术管理人员，人员齐全。并持证上岗	有监督检查制度；施工方有在岗专业技术管理人员
砂浆、混凝土强度	试块按规定制作，强度满足验收规定，离散性小	试块按规定制作，强度满足验收规定，离散性较小	试块按规定制作，强度满足验收规定，离散性大
砂浆拌和	机械拌和；配合比计量控制严格	机械拌和；配合比计量控制一般	机械或人工拌和；配合比计量控制较差
砌筑工人	中级工以上，其中高级工不少于 30％	高、中级工不少于 70％	初级工以上

注：①砂浆、混凝土强度离散性大小根据强度标准差确定。

②配筋砌体不得为 C 级施工。

三、施工质量控制要点

砖砌体施工质量控制要点，见表 4-6。

表 4 - 6	砖砌体施工质量控制要点
类别	质量控制要点
标志板、皮数杆	建筑物的标高，应引自标准水准点或设计指定的水准点。基础施工前，应在建筑物的主要轴线部位设置标志板。标志板上应标明基础、墙身和轴线的位置及标高。外形或构造简单的建筑物，可用控制轴线的引桩代替标志板 ①砌筑前，弹好墙基大放脚外边沿线、墙身线、轴线、门窗洞口位置线，并必须用钢尺校核放线尺寸 ②按设计要求，在基础及墙身的转角及某些交接处立好皮数杆，其间距每隔 10～15m 立一根，皮数杆上划有每皮砖和灰缝厚度及门窗洞口、过梁、楼板等竖向构造的变化位置，控制楼层及各部位构件的标高。砌筑完每一楼层（或基础）后，应校正砌体的轴线和标高
砌体工作段划分	①相邻工作段的分段位置，宜设在伸缩缝、沉降缝、防震缝、构造柱或门窗洞口处 ②相邻工作段的高度差，不得超过一个楼层的高度，且不得大于 4m ③砌体临时间断处的高度差，不得超过一步脚手架的高度 ④砌体施工时，楼面堆载不得超过楼板允许荷载值 ⑤雨天施工，每天砌筑高度不宜超过 1.4m，收工时应遮盖砌体表面 ⑥设有钢筋混凝土抗风柱的房屋，应在柱顶与屋架以及屋架间的支撑均已连接固定后，方可砌筑山墙
砌筑时砖的含水率	砌筑时砖的含水率应符合以下要求： ①砌筑烧结普通砖、烧结多孔砖、蒸压灰砂砖、蒸压粉煤灰砖砌体时，砖应提前 1～2d 浇水湿润。烧结类块体的相对含水率为 60%～70%。其他非烧结类块体的相对含水率为 40%～50 % ②混凝土多孔砖及混凝土实心砖无须浇水湿润，但在气候干燥炎热情况下对其喷水
组砌方法	①砖柱不得采用先砌四周后填心的包心砌法。柱面上下皮的竖缝应相互错开 1/2 砖长或 1/4 砖长，使柱心无天缝 ②砖砌体应上下错缝，内外搭砌，实心砖砌体宜采用一顺一丁、梅花丁或三顺一丁的砌筑形式；多孔砖砌体宜采用一顺一丁、梅花丁的砌筑形式 ③基底标高不同时应从低处砌起，并由高处向低处搭接。当设计无要求时，搭接长度不应小于基础扩大部分的高度 ④每层承重墙（240mm 厚）的最上一皮砖、砖砌体的阶台水平面上以及挑出层（挑檐、腰线等）应用整砖丁砌 ⑤砖柱和宽度小于 1m 的墙体，宜选用整砖砌筑 ⑥半砖和断砖应分散使用在受力较小的部位 ⑦搁置预制梁、板的砌体顶面应找平，安装时并应座浆。当设计无具体要求时，应采用 1∶2.5 的水泥砂浆 ⑧厕浴间和有防水要求的楼面，墙底部应浇筑高度不小于 120mm 的混凝土坎
留槎、拉结筋	留槎、拉结筋的施工质量控制应符合下列要求： 砖砌体的转角处和交接处应同时砌筑，严禁无可靠措施的内外墙分砌施工。对不能同时砌筑而又必须留置的临时间断处应砌成斜槎，斜槎水平投影长度不应小于高度的 2/3。接槎时必须将接槎处的表面清理干净，浇水湿润，填实砂浆并保持灰缝平直

类别	质量控制要点

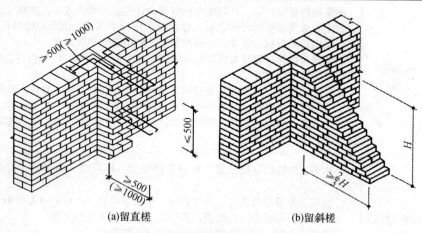

(a)留直槎   (b)留斜槎

图4-1 砖砌体直槎与斜槎交接

留槎、拉结筋

非抗震设防及抗震设防烈度为6度、7度地区的临时间断处，当不能留斜槎时。除转角处外，可留直槎，但直槎必须做成凸槎。留直槎处应加设拉结钢筋，拉结钢筋的数量为每120mm墙厚放置1φ6拉结钢筋（120mm厚墙放置2φ6拉结钢筋），间距沿墙高不应超过500mm；埋入长度从留槎处算起每边均不应小于500mm，对抗震设防烈度6度、7度的地区，不应小于1000mm；末端应有90°弯钩（如图4-1所示）

多层砌体结构中，后砌的非承重砌体隔墙，应沿墙高每隔500mm配置2根φ6的钢筋与承重墙或柱拉结，每边伸入墙内不应小于500mm。抗震设防烈度为8度和9度区，长度大于5m的后砌隔墙的墙顶，尚应与楼板或梁拉结。隔墙砌至梁板底时，应留一定空隙，间隔一周后再补砌挤紧

砌体灰缝

砌体灰缝的施工质量控制应符合下列要求：

①砖砌体的灰缝应横平竖直，厚薄均匀。水平灰缝厚度和竖向灰缝宽度宜为10mm，但不应小于8mm，也不应大于12mm。砌筑方法宜采用"三一"砌砖法，即"一铲灰、一块砖、一揉挤"的操作方法。竖向灰缝宜采用挤浆法或加浆法，使其砂浆饱满，严禁用水冲浆灌缝。如采用铺浆法砌筑，铺浆长度不得超过750mm。施工期间气温超过30℃时，铺浆长度不得超过500mrn

水平灰缝的砂浆饱满度不得低于80%；竖向灰缝不得出现透明缝、瞎缝和假缝

②清水墙面不应有上下二皮砖搭接长度小于25mm的通缝，不得有三分头砖，不得在上部随意变活乱缝

③空斗墙的水平灰缝厚度和竖向灰缝宽度一般为10mm，但不应小于7mm，也不应大于13mm

④筒拱拱体灰缝应全部用砂浆填满，拱底灰缝宽度宜为5～8mm，筒拱的纵向缝应与拱的横断面垂直。筒拱的纵向两端，不宜砌入墙内

⑤为保持清水墙面立缝垂直一致，当砌至一步架子高时，水平间距每隔2m在丁砖竖缝位置弹两道垂直立线，控制游丁走缝

⑥清水墙勾缝应采用加浆勾缝，勾缝砂浆宜采用细砂拌制的1：1.5水泥砂浆。勾凹缝时深度为4～5mm，多雨地区或多孔砖可采用稍浅的凹缝或平缝

⑦砖砌平拱过梁的灰缝应砌成楔形缝。灰缝宽度，在过梁底面不应小于5mm，在过梁的顶面不应大于15mm

⑧拱脚下面应伸入墙内不小于20mm，拱底应有1%起拱

⑨砌体的伸缩缝、沉降缝、防震缝中，不得夹有砂浆、碎砖和杂物等

续表2

类别	质量控制要点
预留孔洞及预埋件留置	预留孔洞及预埋件留置的施工质量控制应符合下列要求： ①设计要求的洞口、管道、沟槽，应在砌筑时按要求预留或预埋。未经设计同意，不得打凿墙体和在墙体上开凿水平沟槽。超过300mm的洞口上部应设过梁 ②砌体中的预埋件应做防腐处理，预埋木砖的木纹应与钉子垂直 ③在墙上留置临时施工洞口，其侧边离高楼处墙面不应小于500mm，洞口净宽度不应超过1m，洞顶部应设置过梁 　抗震设防烈度为9度的地区，建筑物的临时施工洞口位置，应会同设计单位确定。临时施工洞口应做好补砌 ④不得在下列墙体或部位设置脚手眼： 　a.120mm厚墙、料石墙、清水墙和独立柱石 　b.过梁上与过梁成60°角的三角形范围及过梁净跨度1/2的高度范围内 　c.宽度小于1m的窗间墙 　d.砌体门窗洞口两侧200mm（石砌体为300mm）和转角处450mm（石砌体为600mm）范围内 　e.梁或梁垫下及其左右500mm范围内 　f.设计不允许设置脚手眼的部位 ⑤预留外窗洞口位置应上下挂线，保持上下楼层洞口位置垂直；洞口尺寸应准确
构造柱	构造柱的施工质量控制应符合下列要求： ①构造柱纵筋应穿过圈梁，保证纵筋上下贯通；构造柱箍筋在楼层上下各500mm范围内进行加密，间距宜为100mm ②墙体与构造柱连接处应砌成马牙槎，从每层柱脚起，先退后进，马牙槎的高度不应大于300mm，并应先砌墙后浇混凝土的构造柱 ③浇筑构造柱混凝土前，必须将砌体槎部位和模板浇水湿润，将模板内的落地灰、砖渣和其他杂物清理干净，并在结合面处注入适量与构造柱混凝土相同的去石水泥砂浆。振捣时，应避免触墙墙体，严禁通过墙体传震

四、质量检查与验收

1. 砖砌体尺寸、位置的允许偏差及检验

砖砌体尺寸、位置的允许偏差及检验，应符合表4-7的规定。

表4-7　　　　　　　　砖砌体尺寸、位置的允许偏差及检验

项　目			允许偏差（mm）	检验方法	检验数量
轴线位移			10	用经纬仪和尺或用其他测量仪器检查	承重墙、柱全数检查
基础、墙、柱顶面标高			±15	用水准仪和尺检查	不应少于5处
墙面垂直度	每层		5	用2m托线板检查	不应少于5处
	全高	≤10m	10	用经纬仪、吊线和尺或用其他测量仪器检查	外墙角全部阳角
		>10m	20		

续表

项目		允许偏差(mm)	检验方法	检验数量
表面平整度	清水墙、柱	5	用2m靠尺和楔形塞尺检查	不应少于5处
	混水墙、柱	8		
水平灰缝平直度	清水墙	7	拉5m线和尺检查	不应少于5处
	混水墙	10		
门窗洞口高、宽（后塞口）		±10	用尺检查	不应少于5处
外墙上下窗口偏移		20	以底层窗口为准，用经纬仪或吊线检查	不应少于5处
清水墙游丁走缝		20	以每层第一皮砖为准，用吊线和尺检查	不应少于5处

2. 质量检查与验收

砖砌体工程施工质量检查与验收，见表4-8。

表 4-8　　　　　　　　　　砖砌体工程施工质量检查与验收

项	项目	合格质量标准	检验方法	检验数量
主控项目	砖和砂浆的强度等级	砖和砂浆的强度等级必须符合设计要求	查砖和砂浆试块试验报告	每一生产厂家，烧结普通砖、混凝土实心砖每15万块；烧结多孔砖、混凝土多孔砖、蒸压灰砂砖及蒸压粉煤灰砖每10万块，各为一验收批，不足上述数量时按1批计，抽检数量为1组。砂浆试块：每一检验批且不超过250m³砌体的各种类型及强度的砌筑砂浆，每台搅拌机应至少抽检一次。验收批的预搅拌砂浆、蒸压加气混凝土砌块专用砂浆，抽检可为3组
	砌体灰缝	砌体灰缝砂浆应密实饱满，砖墙水平灰缝的砂浆饱满度不得低于80%；砖柱水平灰缝和竖向灰缝饱满度不得低于90%	用百格网检查砖底面与砂浆的黏结痕迹面积，每处检测3块砖，取其平均值	每检验批抽查不应少于5处
	砖砌体的转角处和交接处	砖砌体的转角处和交接处应同时砌筑，严禁无可靠措施的内外墙分砌施工。在抗震设防烈度为8度及8度以上地区，对不能同时砌筑而又必须留置的临时间断处应砌成斜槎。普通砖砌体斜槎水平投影长度不应小于高度的2/3，多孔砖砌体的斜槎长高比不应小于1/2。斜槎高度不得超过一部脚手架的高度	观察检查	每检验批抽查不应少于5处

124

续表

项	项目	合格质量标准	检验方法	检验数量
主控项目	非抗震设防及抗震设防烈度为6度、7度地区的临时间断处	非抗震设防及抗震设防烈度为6度、7度地区的临时间断处，当不能留斜槎时，除转角处外，可留直槎，但直槎必须做成凸槎，且应加设拉结钢筋，拉结钢筋应符合下列规定： ①每120mm墙厚放置1φ6拉结钢筋（120mm厚墙应放置2φ6拉结钢筋） ②间距沿墙高不应超过500mm，且竖向间距偏差不应超过100mm ③埋入长度从留槎处算起每边均不应小于500mm，对抗震设防烈度6度、7度的地区，不应小于1000mm ④末端应有90°弯钩	观察和尺量检查	每检验批抽查不应少于5处
一般项目	砖砌体组砌方法	砖砌体组砌方法应正确，内外搭砌，上下错缝。清水墙、窗间墙无通缝；混水墙中不得有长度大于300mm的通缝，长度为200～300mm的通缝每间不超过3处，且不得位于同一面墙体上。砖柱不得采用包心砌法	观察检查。砌体组砌方法抽检每处应为3～5m	每检验批抽查不应少于5处
	砖砌体的灰缝	砖砌体的灰缝应横平竖直，厚薄均匀，水平灰缝厚度及竖向灰缝宽度宜为10mm，但不应小于8mm，也不应大于12mm	水平灰缝厚度用尺量10皮砖砌体高度折算；竖向灰缝宽度用尺量2m砌体长度折算	每检验批抽查不应少于5处

第三节 混凝土小型空心砌块砌体工程

本节适用于普通混凝土小型空心砌块和轻骨料混凝土小型空心砌块（以下简称小砌块）等砌体工程。

一、材料质量控制要求

（1）小砌块包括普通混凝土小型空心砌块和轻骨料混凝土小型空心砌块，施工时所用的小砌块的产品龄期不应小于28d。

（2）砌筑小砌块时，应清除表面污物和芯柱用小砌块孔洞底部的毛边，剔除外观察质量不合格的小砌块。

（3）普通小砌块砌筑时，可为自然含水率；当天气干燥炎热时，可提前洒水湿润。轻骨料小砌块，因吸水率大，宜提前一天浇水湿润。当小砌块表面有浮水时，为避免游砖，不应进行砌筑。

（4）施工时所用的砂浆，宜选用专用的小砌块砌筑砂浆。

二、工程质量验收一般规定

工程质量验收一般规定应符合以下几点：

（1）小砌块的品种、强度等级必须符合设计要求，并应有产品合格证书和性能检测报告，进场后应进行复验。复验抽样为同一生产厂家、同一品种、同一强度等级的小砌块每1万块为一个验收批，每一验收批应抽查1组。其中4层以上建筑的基础和底层的小砌块每1万块抽查2组。

（2）小砌块吸水率不应大于20%。

干缩率和相对含水率应符合表4-9的要求。

表4-9　　　　　　　　　　　　　　干缩率和相对含水率

干缩率（%）	相对含水率（%）		
	潮湿	中等	干燥
＜0.03	45	40	35
0.03～0.045	40	35	30
＞0.045～0.065	35	30	25

注：①相对含水率即砌块出厂含水率与吸水率之比。

$$W = \frac{W_1}{W_2} \times 100$$

式中　W——砌块的相对含水率（%）；

W_1——砌块出厂时的含水率（%）；

W_2——砌块的吸水率（%）。

②使用地区的湿度条件：

潮湿——系指年平均相对湿度大于75%的地区；

中等——系指年平均相对湿度50%～75%的地区；

干燥——系指年平均相对湿度小于50%的地区。

（3）掺工业废渣的小砌块，其放射性应符合现行国家标准《建筑材料放射性核素限量》GB 6566—2010的有关规定。

（4）砌筑时小砌块的产品龄期不得少于28d。

（5）承重墙体使用的小砌块应完整、无破损、无裂缝。严禁使用断裂小砌块。

（6）底层室内地面以下或防潮层以下的砌体，应采用强度等级不低于C20（或Cb20）的混凝土灌实小砌块的孔洞。

（7）用于清水墙的砌块，其抗渗性指标应满足产品标准规定，并宜选用优等品小砌块。

（8）小砌块堆放、运输时应有防雨、防潮和排水措施；装卸时应轻码轻放，严禁抛掷、倾倒。

（9）钢筋的质量控制要求同砖砌体工程。

（10）小砌块砌筑宜选用专用的《混凝土小型空心砌块和混凝土砖砌筑砂浆》JC860—2000。当采用非专用砂浆时，除应按本章第一节的要求控制外，宜采取改善砂浆黏结性能的措施。

三、施工质量控制要点

混凝土小型空心砌块砌体工程施工质量控制要点见表 4 - 10。

表 4 - 10 工程施工质量控制要点

类别	施工质量控制要点
设计模数的校核	小砌块砌体房屋在施工前应加强对施工图纸的会审,尤其对房屋的细部尺寸和标高,是否适合主规格小砌块的模数应进行校核。发现不合适的细部尺寸和标高应及时与设计单位沟通,必要时进行调整。这一点对于单排孔小砌块显得尤为重要。当尺寸调整后仍不符合主规格块体的模数时,应使其符合辅助规格块材的模数,否则会影响砌筑的速度与质量。这是由于小砌块块材不可切割的特性所决定的,应引起高度的重视
小砌块排列图	砌体工程施工前,应根据会审后的设计图纸绘制小砌块砌体的施工排列图。排列图应包括平面与立面两面二个方面。它不仅对估算主规格及辅助规格块材的用量是不可缺少的,对正确设定皮数杆及指导砌体操作工人进行合理摆转,准确留置预留洞口、构造柱、梁位置等,确保砌筑质量也是十分重要的。对采用混凝土芯柱的部位,既要保证上下畅通不梗阻,又要避免由于组砌不当造成混凝土灌注时横向流窜,芯柱呈正三角形状(或宝塔状),不仅浪费材料,而且增加了房屋的永久荷载
砌筑时小砌块的含水率	普通小砌块砌筑时,一般可不浇水。天气干燥炎热时,可提前洒水湿润;轻骨料小砌块,宜提前一天浇水湿润。雨天及小砌块表面有浮水时,为避免游砖不得砌筑
组砌与灰缝	①单排孔小砌块砌筑时应对孔错缝搭砌;当不能对孔砌筑,搭接长度应为块体长度的 1/2 并不得小于 90mm(含其他小砌块);当不能满足时,在水平灰缝中设置拉结钢筋网,网位两端距竖缝宽度不宜小于 300mm ②小砌块砌筑应将生产时的底面(壁、肋稍厚一面)朝上反砌于墙上(便于铺灰) ③小砌块砌体的水平灰缝应平直,按净面积计算水平灰缝和竖向灰缝的砂浆饱满度不得小于 90% ④小砌块砌体的水平灰缝厚度和竖向灰缝宽度宜为 10mm,但不应小于 8mm,也不应大于 12mm,铺灰长度不宜超过两块方规格块体的长度 ⑤需要移动砌体中的小砌块或砌体被撞动后,应重新铺砌 ⑥厕浴间和有防水要求的楼面,墙底部应浇筑高度不小于 120mm 的混凝土坎;轻骨料小砌块墙底部混凝土高度不宜小于 200mm ⑦小砌块清水墙的勾缝应采用加浆勾缝,当设计无具体要求时宜采用平缝形式 ⑧为保证砌筑质量,日砌高度为 1.4m,或不得超过一步脚手架高度内
留槎、拉结筋	①墙体转角处和纵横墙交接处应同时砌筑。临时间断处应砌成斜槎,斜槎水平投影长度不应小于斜槎高度 ②砌块墙与后砌隔墙交接处,应沿墙高每 400mm 在水平灰缝内设置不少于 2φ4、横筋间距不大于 200mm 的焊接钢筋网片(图 4 - 2)

续表

类别	施工质量控制要点
留槎、拉结筋	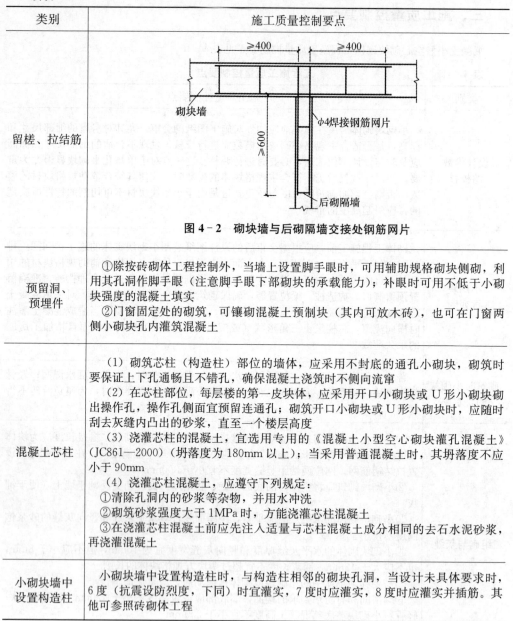 图 4-2　砌块墙与后砌隔墙交接处钢筋网片
预留洞、预埋件	①除按砖砌体工程控制外，当墙上设置脚手眼时，可用辅助规格砌块侧砌，利用其孔洞作脚手眼（注意脚手眼下部砌块的承载能力）；补眼时可用不低于小砌块强度的混凝土填实 ②门窗固定处的砌筑，可镶砌混凝土预制块（其内可放木砖），也可在门窗两侧小砌块孔内灌筑混凝土
混凝土芯柱	（1）砌筑芯柱（构造柱）部位的墙体，应采用不封底的通孔小砌块，砌筑时要保证上下孔通畅且不错孔，确保混凝土浇筑时不侧向流窜 （2）在芯柱部位，每层楼的第一皮块体，应采用开口小砌块或 U 形小砌块砌出操作孔，操作孔侧面宜预留连通孔；砌筑开口小砌块或 U 形小砌块时，应随时刮去灰缝内凸出的砂浆，直至一个楼层高度 （3）浇灌芯柱的混凝土，宜选用专用的《混凝土小型空心砌块灌孔混凝土》（JC861—2000）（坍落度为 180mm 以上）；当采用普通混凝土时，其坍落度不应小于 90mm （4）浇灌芯柱混凝土，应遵守下列规定： ①清除孔洞内的砂浆等杂物，并用水冲洗 ②砌筑砂浆强度大于 1MPa 时，方能浇灌芯柱混凝土 ③在浇灌芯柱混凝土前应先注入适量与芯柱混凝土成分相同的去石水泥砂浆，再浇灌混凝土
小砌块墙中设置构造柱	小砌块墙中设置构造柱时，与构造柱相邻的砌块孔洞，当设计未具体要求时，6 度（抗震设防烈度，下同）时宜灌实，7 度时应灌实，8 度时应灌实并插筋。其他可参照砖砌体工程

四、质量检查与验收

混凝土小型空心砌块砌体工程施工质量检查与验收，见表 4-11。

表 4‑11　　　混凝土小型空心砌块砌体工程施工质量检查与验收

项	项目	合格质量标准	检验方法	检验数量
主控项目	小砌块和砂浆的强度等级	小砌块和芯柱混凝土砌筑砂浆的强度等级必须符合设计要求	检查小砌块和芯柱混凝土砌筑砂浆试块试验报告	每一生产厂家，每1万块小砌块至少应抽检一组。用于多层建筑基础和底层的小砌块抽检数量应不少于2组 砂浆试块：每一检验批且不超过250m³砌体的各种类型及强度等级的砌筑砂浆，每台搅拌机应至少抽检一次。验收批的预拌砂浆蒸压加气混凝土砌块专用砂浆，抽检可为3组
	砌体灰缝	砌体水平灰缝和竖向灰缝的砂浆饱满度，按净面积计算不得低于90%	用专用百格网检测小砌块与砂浆黏结痕迹，每处检测3块小砌块，取其平均值	每检验批抽查不应少于5处
	砌筑留槎	墙体转角处和纵横墙交接处应同时砌筑。临时间断处应砌成斜槎，斜槎水平投影长度不应小于斜槎高度。施工洞口可预留直槎，但在洞口砌筑和补砌时，应在直槎上下搭砌的小砌块孔洞内用强度等级不低于C20（或Cb20）的混凝土灌实	观察检查	每检验批抽查不应少于5处
	芯柱	小砌块砌体的芯柱在楼盖处应贯通，不得削弱芯柱截面尺寸；芯柱混凝土不得漏灌	观察检查	每检验批抽查不应少于5处
一般项目	墙体灰缝尺寸	墙体的水平灰缝厚度和竖向灰缝宽度宜为10mm，但不应小于8mm，也不应大于12mm	水平灰缝厚度用尺量5皮小砌块的高度折算；竖向灰缝宽度用尺量2m砌体长度折算	每检验批抽查不应少于5处
	墙体一般尺寸允许偏差	小砌块墙体的一般尺寸允许偏差，应按表4‑7的规定执行	表4‑7	见表4‑7

第四节　石砌体工程

一、材料质量控制要求

（1）石砌体采用的石材应质地坚实，无风化剥落和裂纹。用于清水墙、柱表面的石材，还应色泽均匀。

（2）石材表面的泥垢、水锈等杂质，砌筑前应清除干净。

（3）当有振动荷载时，墙、柱不宜采用毛石砌体。

（4）细料石：通过细加工，外表规则，叠砌面凹入深度不应大于 10mm，截面宽度、高度不宜小于 200mm，且不宜小于长度的 1/4。

（5）半细料石：规格尺寸同上，但叠砌面凹入深度不应大于 15mm。

（6）粗料石：规格尺寸同上，但叠砌面凹入深度不应大于 20mm。

（7）毛料石：外形大致方正，高度不应小于 200mm，叠砌面凹入深度不应大于 25mm。

二、施工质量控制要点

石砌体工程施工质量控制要点，见表 4-12。

表 4-12　　　　　　　　　　　　石砌体工程施工质量控制要点

类　别	施工质量控制要点
石砌体接槎	①石砌体的转角处和交接处应同时砌筑。对不能同时砌筑而必须留置的临时间断处，应砌成踏步槎 ②在毛石和实心砖的组合墙中，毛石砌体与砖砌体应同时砌筑，并每隔 4～6 皮砖用 2～3 皮丁砖与毛石砌体拉结砌合。两种砌体间的空隙应用砂浆填满 ③毛石墙和砖墙相接的转角处和交接处应同时砌筑。转角处应自纵墙（或横墙）每隔 4～6 皮砖高度引出不小于 120mm 与横墙（或纵墙）相接；交接处应自纵墙每隔 4～6 皮砖高度引出不小于 120mm 与横墙相接 ④在料石和毛石或砖的组合墙中，料石砌体和毛石砌体或砖砌体应同时砌筑，并每隔 2～3 皮料石层用丁砌层与毛石砌体或砖砌体拉结砌合。丁砌料石的长度宜与组合墙厚度相同
石砌体错缝与灰缝	①毛石砌体宜分皮卧砌，各皮石块间应利用自然形状经敲打修整，使其与先砌石块基本吻合，搭砌紧密；并应上下错缝、内外搭砌，不得采用外面侧立石块中间填心的砌筑方法；中间不得有铲口石（尖石倾斜向外的石块）、斧刃石和过桥石（仅在两端搭砌的石块） ②料石砌体应上下错缝搭砌。砌体厚度等于或大于两块料石宽度时，如同皮内全部采用顺砌，每砌两皮后，应砌一皮丁砌层；如同皮内采用丁顺组砌，丁砌石应交错设置，其中心间距不应大于 2m ③毛石砌体的灰缝厚度宜为 20～30mm，砂浆应饱满，石块间不得有相互接触现象。石块间较大的空隙应先填砂浆后用碎石块嵌实，不得采用先摆碎石块后塞砂浆或干填碎石块的方法

续表

类　别	施工质量控制要点
石砌体错缝 与灰缝	④料石砌体的灰缝厚度：细料石不宜大于 5mm；粗、毛料石不宜大于 20mm。砌筑时，砂浆铺设厚度应略高于规定灰缝厚度 ⑤当设计未作规定时，石墙勾缝应采用凸缝或平缝，毛石墙尚应保持砌合的自然缝
石砌体基础	①砌筑毛石基础的第一皮石块应坐浆，并将大面向下。毛石基础如做成阶梯形，上级阶梯的石块应至少压砌下级阶梯的 1/2，相邻阶梯的毛石应相互错缝搭砌 ②砌筑料石基础的第一皮应用丁砌层坐浆砌筑。阶梯形料石基础，上级阶梯的料石应至少压砌下级阶梯的 1/3
石砌挡土墙	①毛石的中部厚度不宜小于 200mm ②毛石每砌 3～4 皮为一个分层高度，每个分层高度应找平一次 ③毛石外露面的灰缝厚度不得大于 40mm，两个分层高度间分层处毛石的错缝不得小于 80mm ④料石挡土墙宜采用同皮内丁顺相同的砌筑形式。当中间部分用毛石填砌时，丁砌料石伸入毛石部分长度不应小于 200mm ⑤湿砌挡土墙泄水孔当设计无规定时，应符合下列规定： 泄水孔应均匀设置，在每米高度上间隔 2m 左右设置一个泄水孔；泄水孔与土体间铺设长宽均为 300mm、厚 200mm 的卵石或碎石作疏水层 ⑥挡土墙内侧回填土必须分层夯填，分层松土厚度应为 300mm，墙顶土面应有坡度使水向挡土墙外侧

三、质量检查与验收

石砌体工程施工质量检查与验收，见表 4 - 13。

表 4 - 13　　　　　　　　石砌体工程施工质量检查与验收

项	项目	合格质量标准	检验方法	检验数量
主控项目	石材和砂浆强度等级	石材及砂浆强度等级必须符合设计要求	料石检查产品质量证明书，石材、砂浆检查试块试验报告	同一产地的石材至少应抽检一组砂浆试块：每一检验批且不得超过 250m³。砌体的各种类型及强度等级的砌筑砂浆，每台搅拌机应至少抽检一次。验收批的预拌砂浆、蒸压加气混凝土砌块专用砂浆，抽检可为 3 组
	砌体灰缝	砌体灰缝砂浆饱满度不应小于 80%	观察检查	每检验批抽查不应少于 5 处
一般项目	石砌体一般尺寸允许偏差	石砌体的一般尺寸允许偏差应符合表 4 - 14 的规定	见表 4 - 14	每检验批抽查不应少于 5 处

续表

项	项目	合格质量标准	检验方法	检验数量
一般项目	石砌体组砌	石砌体的组砌形式应符合下列规定： ①内外搭砌，上下错缝，拉结石、丁砌石交错设置 ②毛石墙拉结石每 0.7m² 墙面不应少于 1 块	观察检查	每检验批抽查不应少于 5 处

表 4-14　　　　　　石砌体的一般尺寸允许偏差

项目		允许偏差（mm）						检验方法
		毛石砌体		料石砌体				
				毛料石		粗料石		细料石	
		基础	墙	基础	墙	基础	墙	墙、柱	
轴线位置		20	15	20	15	15	10	10	用经纬仪和尺检查，或用其他测量仪器检查
基础和墙砌体顶面标高		±25	±15	±25	±15	±15	±15	±10	用水准仪和尺检查
砌体厚度		+30	+20 −10	+30	+20 −10	+15	+10 −5	+10 −5	用尺检查
墙面垂直度	每层	—	20	—	20	—	10	7	用经纬仪、吊线和尺检查或用其他测量仪器检查
	全高	—	30	—	30	—	25	10	
表面平整度	清水墙、柱	—	—	—	20	—	10	5	细料石用 2m 靠尺和楔形塞尺检查，其他用两直尺垂直于灰缝拉 2m 线和尺检查
	混水墙、柱	—	—	—	20	—	15	—	
清水墙水平灰缝平直度		—	—	—	—	—	10	5	拉 10m 线和尺检查

注：本表摘自《砌体工程施工质量验收规范》（GB 50203—2011）。

第五节　配筋砌体和填充墙砌体工程

一、配筋砌体工程质量控制

　　配筋砌体结构系配置钢筋的砌体作为建筑物主要受力构件的结构，是网状配筋砌体柱、水平配筋砌体墙、砖砌体和钢筋混凝土面层或钢筋砂浆面层组合砌体柱（墙）、砖砌体和钢筋混凝土构造柱组合墙和配筋砌块砌体剪力墙结构的统称。

（一）材料质量控制要求

（1）用于砌体工程的钢筋品种、强度等级必须符合设计要求，并应有产品合格证书和性能检测报告，进场后应进行复验。

（2）设置在潮湿或有化学侵蚀性介质环境中的砌体灰缝内的钢筋，应采用镀锌钢材、不锈钢或有色金属材料，或对钢筋表面涂刷防腐涂料或防锈剂。

（二）施工质量控制要点

1. 网状配筋砖砌体施工

（1）钢筋网应按设计规定制作成形。

（2）砖砌体部分与常规方法砌筑。在配置钢筋网的水平灰缝中，应先铺一半厚的砂浆层，放入钢筋网后再铺一半厚砂浆层，使钢筋网居于砂浆层厚度中间。钢筋网四周应有砂浆保护层。

（3）配置钢筋网的水平灰缝厚度：当用方格网时，水平灰缝厚度为两倍钢筋直径加4mm；当用连弯网时，水平灰缝厚度为钢筋直径加4mm。确保钢筋上下各有2mm厚的砂浆保护层。

（4）网状配筋砖砌体外表面宜用1:1水泥砂浆勾缝或进行抹灰。

2. 配筋砌块砌体施工

砌块的砌筑应与钢筋设置互相配合。

砌块的砌筑应采用专用的小砌块砌筑砂浆和专用的小砌块灌孔混凝土。

配筋砌块砌体施工前，应按设计要求，将所配置钢筋加工成形，堆置于配筋部位的近旁。钢筋的设置应注意以下几点（见表4-15）。

表4-15　　　　　　　　　　　钢筋的设置注意事项

类别	说　明
钢筋的接头	钢筋的接头钢筋直径大于22mm时宜采用机械连接接头，其他直径的钢筋可采用搭接接头，并应符合下列要求： ①钢筋的接头位置宜设置在受力较小处 ②受拉钢筋的搭接接头长度不应小于$1.1L_a$（L_a为钢筋锚固长度），受压钢筋的搭接接头长度不应小于$0.7L_a$，且不应小于300mm ③当相邻接头钢筋的间距不大于75mm时，其搭接长度应为$1.2L_a$。当钢筋间的接头错开$20d$时（d为钢筋直径），搭接长度可不增加
水平受力钢筋（网片）的锚固和搭接	水平受力钢筋（网片）的锚固和搭接长度应注意以下几点： ①在凹槽砌块混凝土带中钢筋的锚固长度不宜小于$30d$，且其水平或垂直弯折段的长度不宜小于$15d$和200mm；钢筋的搭接长度不宜小于$35d$ ②在砌体水平灰缝中，钢筋的锚固长度不宜小于$50d$，且其水平或垂直弯折段的长度不宜小于$20d$和150mm；钢筋的搭接长度不宜小于$55d$ ③在隔皮或错缝搭接的灰缝中为$50d+2h$（d为灰缝受力钢筋直径，h为水平灰缝的间距）
钢筋的最小保护层厚度	钢筋的最小保护层厚度应符合下列要求： ①灰缝中钢筋外露砂浆保护层不宜小于15mm ②位于砌块孔槽中的钢筋保护层，在室内正常环境中不宜小于20mm；在室外或潮湿环境中不宜小于30mm ③对安全等级为一级或设计使用年限大于50年的配筋砌体，钢筋保护层厚度应比上述规定至少增加5mm

续表

类别	说 明
钢筋的弯钩	钢筋的弯钩应符合下列要求： ①钢筋骨架中的受力光面钢筋，应在钢筋末端做弯钩，在焊接骨架、焊接网以及受压构件中，可不做弯钩 ②绑扎骨架中的受力变形钢筋，在钢筋的末端可不做弯钩 ③弯钩应为 180°弯钩
钢筋的间距	钢筋的间距应符合下列要求： ①两平行钢筋间的净距不应小于 25mm ②柱和壁柱中的竖向钢筋的净距不宜小于 40mm（包括接头处钢筋间的净距）

3. 构造柱和砖组合砌体施工

（1）构造柱和砖组合墙的施工程序应为先砌墙后浇混凝土构造柱。构造柱施工程序为：绑扎钢筋→砌砖墙→支模板→浇混凝土→拆模。

（2）构造柱的模板可用木模板或组合钢模板。在每层砖墙及其马牙槎砌好后，应立即支设模板，模板必须与所在墙的两侧严密贴紧，支撑牢靠，防止模板缝漏浆。

（3）构造柱的底部（圈梁面上）应留出两皮砖高的孔洞，以便清除模板内的杂物，清除后封闭。

（4）构造柱浇灌混凝土前，必须将马牙槎部位和模板浇水湿润，将模板内的落地灰、砖渣等杂物清理干净，并在结合面处注入适量与构造柱混凝土相同的细石水泥砂浆。

（5）构造柱的混凝土坍落度宜为 50～70mm，石子粒径不宜大于 20mm。混凝土随拌随用，拌和好的混凝土应在 1.5h 内浇灌完。

（6）构造柱的混凝土浇灌可以分段进行，每段高度不宜大于 2.0m。在施工条件较好并能确保混凝土浇灌密实时，亦可每层一次浇灌。

（7）捣实构造柱混凝土时，宜用插入式混凝土振动器，应分层振捣，振动棒随振随拔，每次振捣层的厚度不应超过振捣棒长度的 1.25 倍。振捣棒应避免直接碰触砖墙，严禁通过砖墙传振。钢筋的混凝土保护层厚度宜为 20～30mm。

（8）构造柱与砖墙连接的马牙槎内的混凝土必须密实饱满。

（9）构造柱从基础到顶层必须垂直，对准轴线。在逐层安装模板前，必须根据构造柱轴线随时校正竖向钢筋的位置和垂直度。

（三）质量检查与验收

1. 验收允许偏差

构造柱一般尺寸允许偏差及检验方法，见表 4-16。钢筋安装位置的允许偏差和检验方法，见表 4-17。

表 4-16　　　　　　　　构造柱一般尺寸允许偏差及检验方法

项目			允许偏差（mm）	检验方法
中心线位置			10	用经纬仪和尺检查或用其他测量仪器检查
层间错位			8	用经纬仪和尺检查或用其他测量仪器检查
垂直度	每层		10	用 2m 托线板检查
	全高	≤10m	15	用经纬仪、吊线和尺检查或用其他测量仪器检查
		>10m	20	

表 4 - 17　　　　　　　　　　　钢筋安装位置的允许偏差和检验方法

项目		允许偏差（mm）	检验方法
受力钢筋保护层厚度	网状配筋砌体	±10	检查钢筋网成品，钢筋网放置位置局部剔缝观察，或用探针刺入灰缝内检查，或用钢筋位置测定仪测定
	组合砖砌体	±5	支模前观察与尺量检查
	配筋小砌块砌体	±10	浇筑灌孔混凝土前观察与尺量检查
配筋小砌块砌体墙凹槽中水平钢筋间距		±10	钢尺量连续三档，取最大值

2. 项目检验

配筋砌体工程项目质量检验见表 4 - 18。

表 4 - 18　　　　　　　　　　　配筋砌体工程项目质量检验

项	项目	合格质量标准	检验方法	检验数量
主控项目	钢筋品种、规格和数量	钢筋的品种、规格、数量、设置部位应符合设计要求	检查钢筋的合格证书、钢筋性能复试试验报告、隐蔽工程记录	全数检查
	混凝土、砂浆强度	构造柱、芯柱、组合砌体构件、配筋砌体剪力墙构件的混凝土及砂浆的强度等级应符合设计要求	检查混凝土和砂浆试块试验报告	每检验批砌体，试块不应少于 1 组，验收批砌体试块不得少于 3 组
	构造柱与墙体连接	墙体应砌成马牙槎，马牙槎凹凸尺寸不宜小于 60mm，高度不应超过 300mm，马牙槎应先退后进，对称砌筑；马牙槎尺寸偏差每一构造不应超过 2 处 预留拉结钢筋的规格、尺寸、数量及位置应正确，拉结钢筋应沿墙高每隔 500mm 设 2φ6，伸入墙内不宜小于 600mm，钢筋的竖向移动不应超过 100mm，且竖向移位每一构造柱不得超过 2 处 施工中不得任意弯折拉结钢筋	观察检查和尺量检查	每检验批抽查不应于 5 处
	受力钢筋	配筋砌体中受力钢筋的连接方式及锚固长度、搭线长度应符合设计要求	观察检查	每检验批抽查应不于 5 处

续表

项	项目	合格质量标准	检验方法	检验数量
一般项目	构造柱一般允许偏差	构造柱一般允许偏差及检验方法应符合表4-15的规定	见表4-15	每检验批抽查不应少于5处
	钢筋防腐	设置在砌体灰缝中钢筋的防腐保护应符合设计的规定，且钢筋防护层完好，不应有肉眼可见裂纹、剥落和擦痕等缺陷	观察检查	每检验批抽查不应少于5处
	网状配筋及放置间距	网状配筋砌体中，钢筋网规格及放置间距应符合设计规定；每一构件钢筋网沿砌体高度位置超过设计规定一皮砖厚不得多于1处	钢筋规格检查钢筋网成品，钢筋网放置间距局部剔缝观察，或用探针刺入灰缝内检查，或用钢筋位置测定仪测定	每检验批抽查不应少于5处
	钢筋安装位置允许偏差	见表4-16	见表4-16	每检验批抽查不应少于5处

二、填充墙砌体工程质量控制

(一) 材料质量控制要求

材料质量控制应注意以下几点要求：

(1) 蒸压加气混凝土砌块、轻骨料混凝土小型空心砌块砌筑时，其产品龄期应超过28d。

(2) 空心砖、蒸压加气混凝土砌块、轻骨料混凝土小型空心砌块等的运输、装卸过程中，严禁抛掷和倾倒。进场后应按品种、规格分别堆放整齐，堆置高度不宜超过2m。加气混凝土砌块应防止雨淋。

(3) 填充墙砌体砌筑前块材应提前2d浇水湿润。蒸压加气混凝土砌块砌筑时，应向砌筑面适量浇水。

(4) 加气混凝土砌块不得在以下部位砌筑：

①建筑物底层地面以下部位；

②长期浸水或经常干湿交替部位；

③受化学环境侵蚀部位；

④经常处于80℃以上高温环境中。

(二) 施工质量控制要点

1. 组砌与灰缝质量控制

(1) 砌块、空心砖应提前2d浇水湿润；加气砌块砌筑时，应先向砌筑面适量洒水；当采用黏结剂砌筑时不得浇水湿润。用砂浆砌筑时的含水率：轻骨料小砌块宜为5%～8%，空心砖宜为

10%～15%，加气砌块宜小于 15%，对于粉煤灰加气混凝土制品宜小于 20%。

（2）轻骨料小砌块、加气砌块砌筑时应按砌块排列图进行。

（3）轻骨料小砌块、加气砌块和薄壁空心砖（如三孔砖）砌筑时，墙底部应砌筑烧结普通砖、多孔砖、普通小砖块（采用混凝土灌孔更好）或烧结混凝土，其高度不宜小于 200mm。厕浴间和有防水要求的房间，所有墙底部 200mm 高度内均应浇筑混凝土坎台。

（4）填充墙砌时应错缝搭砌。单排孔小砌块应对孔错缝砌筑，当不能对孔时，搭接长度不应小于 90mm，加气砌块搭接长度不小于砌块长度的 1/3；当不能满足时，应在水平灰缝中设置钢筋加强。

（5）小砌块、空心砖砌体的水平、竖向灰缝厚度应为 8～12mm；加气砌块的水平灰缝厚度宜为 15mm，竖向灰缝宽度宜为 20mm。

（6）轻骨料小砌块和加气砌块砌体，由于干缩值大（是烧结黏土砖的数倍），不应与其他块材混砌。但对于因构造需要的墙底部、顶部、门窗固定部位等，可局部适量镶嵌其他块材。不同砌体交接处可采用构造柱连接。

（7）填充墙的水平灰缝砂浆饱满度均应不小于 80%；小砌块、加气砌块砌体的竖向灰缝也不应小于 80%，其他砖砌体的竖向灰缝应填满砂浆，并不得有透明缝、瞎缝、假缝。

（8）填充墙砌至梁、板底部时，应留一定空隙，至少间隔 7d 后再砌筑、挤紧；或用坍落度较小的混凝土或水泥砂浆填嵌密实。在封砌施工洞口及外墙井架洞口时，尤其应严格控制，千万不能一次到顶。

（9）小砌块、加气砌块砌筑时应防止雨淋。

2. 拉结筋、抗震拉结措施

钢筋混凝土结构中砌筑填充墙时，应沿框架柱（剪力墙）全高每隔 500mm（砌块模数不能满足时可为 600mm）设 2φ6 拉结筋，拉结筋伸入墙内的长度应符合设计要求；当设计无具体要求时：非抗震设防及抗震设防烈度为 6 度、7 度时，不应小于墙长的 1/5 且不小于 700mm；8 度、9 度时宜沿墙全长贯通。

抗震设防地区还应采取如下抗震拉结措施：

①墙长大于 5m 时，墙顶与梁宜有拉结。

②墙长超过层高 2 倍时，宜设置钢筋混凝土构造柱。

③墙高超过 4m 时，墙体半高处宜设置与柱连接且沿墙全长贯通的钢筋混凝土水平联系梁。

单层钢筋混凝土柱厂房等其他砌体围护墙应按设计要求。

3. 预留孔洞、预埋件施工

同"砖砌体工程"。

（三）质量检查与验收

1. 验收允许偏差

填充墙砌体一般尺寸的允许偏差，应符合表 4-19 的规定。填充墙砌体的砂浆饱满度及检验方法，应符合表 4-20 的规定。

表 4-19　　　　　　　　　填充墙砌体一般尺寸允许偏差

项目		允许偏差（mm）	检验方法
轴线位移		10	用尺检查
垂直度	小于或等于 3m	5	用 2m 托线板或吊线、尺检查
	大于 3m	10	

项目	允许偏差（mm）	检验方法
表面平整度	8	用 2m 靠尺和楔形塞尺检查
门窗洞口高、宽（后塞口）	±5	用尺检查
外墙上、下窗口偏移	20	用经纬仪或吊线检查

表 4-20　　　　　　填充墙砌体的砂浆饱满度及检验方法

砌体分类	灰缝	饱满度及要求	检验方法
空心砖砌体	水平	≥80%	采用百格网检查块材底面砂浆的黏结痕迹面积
	垂直	填满砂浆，不得有透明缝、瞎缝、假缝	
加气混凝土砌块和轻骨料混凝土小砌块砌体	水平	≥80%	
	垂直	≥80%	

2. 项目检验

填充墙砌体工程项目质量检验，见表 4-21。

表 4-21　　　　　　填充墙砌体工程施工质量检查与验收

项	项目	合格质量标准	检验方法	检验数量
主控项目	烧结空心砖、小砌块和砌筑砂浆的强度等级	烧结空心砖、小砌块和砌筑砂浆的强度等级应符合设计要求	查砖、小砌块进场复验报告和砂浆试块试验报告	烧结空心砖每 10 万块为一验收批，小砌块每 1 万块为一验收批，不足上述数量时按一批计，抽检数量为 1 组。砂浆试块的数量每一检验批且不超过 250m³ 砌体的各类、各强度等级的普通砌筑砂浆，每台搅拌机应至少抽检一次。验收批的预拌砂浆、蒸压加气混凝土砌块专用砂浆，抽检可为 3 组
	连接构造	填充墙砌体应与主体结构可靠连接，其连接构造应符合设计要求，未经设计同意，不得随意改变连接构造方法。每一填充墙与柱的拉结筋的位置超过一皮块体高度的数量不得多于一处	观察检查	每检验批抽查不应少于 5 处
	连接钢筋	填充墙与承重墙、柱、梁的连接钢筋，当采用化学植筋的连接方式时，应进行实体检测。锚固钢筋拉拔试验的轴向受拉非破坏承载力检验值应为 6.0kN。抽检钢筋在检验值作用下应基材无裂缝、钢筋无滑移、裂损现象；持荷 2min 期间荷载值降低不大于 5%	原位试验检查	按表 4-22 确定

续表

项	项目	合格质量标准	检验方法	检验数量
一般项目	填充墙砌体一般尺寸允许偏差	填充墙砌体尺寸、位置的允许偏差应符合表4-18的规定	见表4-19	每检验批抽查不应少于5处
	砂浆饱满度	填充墙砌体的砂浆饱满度应符合表4-19的规定	见表4-20	每检验批抽查不应少于5处
	拉结钢筋网片位置	填充墙留置的拉结钢筋或网片的位置应与块体皮数相符合。拉结钢筋或网片位置于灰缝中，埋置长度应符合设计要求，竖向位置偏差不应超过一皮高度	观察和用尺量检查	每检验批抽查不应少于5处
	错缝搭砌	填充墙砌筑时应错缝搭砌，蒸压加气混凝土砌块搭砌长度不应小于砌块长度的1/3；轻骨料混凝土小型空心砌块搭砌长度不应小于90mm；竖向通缝不应大于2皮	观察检查	每检验批抽查不应少于5处
	填充墙灰缝	填充墙砌体的灰缝厚度和竖向宽度应正确。烧结空心砖、轻骨料混凝土小型空心砌块的砌体灰缝应为8～12mm；蒸压加气混凝土砌块砌体当采用水泥砂浆、水泥混合砂浆或蒸压加气混凝土砌块砌筑砂浆时，水平灰缝厚度和竖向灰缝宽度不应超过15mm；当蒸压加气混凝土砌块砌体采用蒸压加气混凝土砌块黏结砂浆时，水平灰缝厚度和竖向灰缝宽度宜为3～4mm	水平灰缝厚度用尺量5皮小砌块的高度折算；竖向灰缝宽度用尺量2m砌体长度折算	每检验批抽查不应少于5处

表 4-22 　　　　　　　　　　一般项目检验

检验批的容量	样本最小容量	检验批的容量	样本最小容量
≤90	5	281～500	20
91～150	8	501～1200	32
151～280	13	1201～3200	50

第五章

混凝土结构工程

第一节　模板工程质量

一、模板的基本功能和要求

1. 模板的基本功能

混凝土结构的模板工程，是混凝土构件成型的一个十分重要的组成部分。目前，现浇混凝土结构占 90％左右，而模板工程的造价约占钢筋混凝土工程总造价的 30％，总用工量的 50％。因此，采用先进的模板技术，对于提高工程质量、加快施工速度、提高劳动生产率、降低工程成本和实现文明施工，都具有十分重要的意义。

模板及其支架必须符合下列规定：

（1）保证工程结构和构件各部分形状尺寸和相互位置的正确；

（2）具有足够的强度、刚度和稳定性，能可靠地承受新浇混凝土的重量和侧压力，以及在施工过程中所产生的荷载；

（3）构造简单，装拆方便，并便于钢筋的绑扎与安装，符合混凝土的浇筑及养护等工艺要求；

（4）模板接缝应严密，不得漏浆。

2. 要求

模板结构使用的材料种类很多，常用的有木材和钢材，其他尚有铝合金、竹（木）胶合板等。为了确保模板结构的质量和施工安全，对选用的模板结构材料必须满足以下要求：

（1）具有足够的强度，以保证模板结构具有足够的承载能力；

（2）保证模板结构具有足够的刚度，确保在使用过程中结构的稳定性；

（3）必须确保新浇筑混凝土的表面质量，能达到清水混凝土要求；

（4）坚持因地制宜、就地取材的原则，做到拆拆简便，周转次数多。

现浇混凝土结构工程施工用的模板结构，主要由面板、支撑结构和连接件三部分组成。面板是直接接触新浇混凝土的承力板；支撑结构则是支撑面板、混凝土和施工荷载的临时结构，保证模板结构牢固地组合，做到不变形、不破坏；连接件是将面板与支撑结构连接成整体的配件。模板工程的费用占现浇混凝土结构费用的 1/3 左右，支拆用工量占 1/2 左右。因此，模板工程的正确选用，对于提高工程质量，加速施工进度，提高工作效率，降低工程成本和实现文明施工，都具有重要的影响。

二、模板工程的一般要求

（1）模板及其支架应根据工程结构形式、荷载大小、地基土类别、施工设备和材料供应等条件进行设计。模板及其支架应具有足够的承载能力、刚度和稳定性，能可靠地承受浇筑混凝土的重量、侧压力以及施工荷载。

（2）在浇筑混凝土之前，应对模板工程进行验收。安装模板和浇筑混凝土时，应对模板及其支架进行观察和维护。发生异常情况时，应按施工技术方案及时进行处理。

（3）模板及其支架拆除的顺序及安全措施应按施工技术方案执行。

（4）对模板及其支架应定期维修，特别是对反复使用的钢模板要不断进行整修，防止锈蚀，保证其楞角顺直、平整。

三、模板安装工程质量控制与验收

（一）模板安装工程质量控制要点

1. 模板安装一般要求

（1）模板的接缝不应漏浆；在浇筑混凝土前，木模板应浇水湿润，但模板内不应有积水。

（2）模板与混凝土的接触面应清理干净并涂刷隔离剂，但不得采用影响结构性能或妨碍装饰工程施工的隔离剂。

（3）竖向模板和支架的支承部分必须坐落在坚实的基土上，且要求接触面平整。

（4）安装过程中应多检查，注意垂直度、中心线、标高及各部分的尺寸，保证结构部分的几何尺寸和相邻位置的正确。

（5）浇筑混凝土前，模板内的杂物应清理干净。

（6）模板安装应按编制的模板设计文件和施工技术方案施工。在浇筑混凝土前，应对模板工程进行验收。

2. 模板安装偏差

（1）模板轴线放线时，应考虑建筑装饰装修工程的厚度尺寸，留出装饰厚度。

（2）模板安装的根部及顶部应设标高标记，并设限位措施，确保标高尺寸准确。支模时应拉水平通线，设竖向垂直度控制线，确保横平竖直，位置正确。

（3）基础的杯芯模板应刨光直拼，并钻有排气孔，减小浮力；杯口模板中心线应准确，模板钉牢，防止浇筑混凝土时芯模上浮；模板厚度应一致，桐栅面应平整，桐栅木料要有足够的强度和刚度。墙模板的穿墙螺栓直径、间距和垫块规格应符合设计要求。

（4）柱子支模前必须先校正钢筋位置。成排柱支模时应先立两端柱模，在底部弹出通线，定出位置，校正与复核位置无误后，顶部拉通线，再立中间柱模。柱箍间距按柱截面大小及高度决定，控制在 500～1000cm，根据柱距选用剪刀撑、水平撑及四面斜撑撑牢，保证柱模板位置准确。

（5）梁模板上口应设临时撑头，侧模下口应贴紧底模或墙面，斜撑与上口钉牢，保持上口呈直线；深梁应根据梁的高度及核算的荷载及侧压力适当设横挡。

（6）梁柱节点连接处一般下料尺寸略缩短，采用边模包底模，拼缝应严密，支撑牢靠，及时错位并采取有效、可靠措施予以纠正。

3. 模板支架要求

（1）支放模板的地坪、胎膜等应保持平整光洁，不得产生下沉、裂缝、起砂或起鼓等现象。

（2）支架的立柱底部应铺设合适的垫板，支承在疏松土质上时，基土必须经过夯实，并应通过计算，确定其有效支承面积，并应有可靠的排水措施。

（3）立柱与立柱之间的带锥销横杆，应用锤子敲紧，防止立柱失稳，支撑完毕应设专人检查。

（4）安装现浇结构的上层模板及其支架时，下层楼板应具有承受上层荷载的承载能力或加设支架支撑，确保有足够的刚度和稳定性；多层楼板支架系统的立柱应安装在同一垂直线上。

4. 模板的变形

模板的变形应符合下列要求：

（1）超过 3m 高度的大型模板的侧模应留门子板；模板应留清扫口。

（2）浇筑混凝土高度应控制在允许范围内，浇筑时应均匀；对称下料，避免局部侧压力过大造成胀模。

（3）控制模板起拱高度，消除在施工中因结构自重、施工荷载作用引起的挠度。对于跨度不小于 4m 的现浇钢筋混凝土梁、板，其模板应按设计要求起拱；当设计无具体要求时，起拱高度宜为跨度的 1/1000～3/1000。

（二）模板安装工程质量检查与验收

1. 工程质量验收允许偏差

（1）预埋件和预留孔洞的允许偏差，见表 5-1。

表 5-1　　　　　　　　　　　预埋件和预留孔洞的允许偏差

项　目		允许偏差（mm）
预埋钢板中心线位置		3
预埋管、预留孔中心线位置		3
插筋	中心线位置	5
	外露长度	+10，0
预埋螺栓	中心线位置	2
	外露位置	+10，0
预留洞	中心线位置	10
	尺寸	+10，0

注：①检查中心线位置时，应沿纵、横两个方向量测，并取其中的较大值。
②本表摘自《混凝土结构工程施工质量验收标准（2010 年修订版）》（GB 50204—2001）

（2）现浇结构模板安装的允许偏差及检验方法，见表 5-2。

表 5-2　　　　　　　　现浇结构模板安装的允许偏差及检验方法

项　目	允许偏差（mm）	检验方法
轴线位置	5	钢直尺检查
底模上表面标高	±5	水准仪或拉线、钢直尺检查

续表

项目		允许偏差（mm）	检验方法
截面内部尺寸	基础	±10	钢直尺检查
	柱、墙、梁	+4 −5	
层高垂直度	不大于5m	6	经纬仪或吊线、钢直尺检查
	大于5m	8	
相邻两板表面高低差		2	钢直尺检查
表面平整度		5	2m靠尺和塞尺检查

注：①检查中心线位置时，应沿纵、横两个方向量测，并取其中的较大值。

②本表摘自《混凝土结构工程施工质量验收标准（2010年修订版）》。

（3）预制构件模板安装的允许偏差及检验方法，见表5-3。

表5-3　　　　　　　　预制构件模板安装的允许偏差及检验方法

项目		允许偏差（mm）	检验方法
长度	板、梁	±5	钢直尺量两角边，取其中较大值
	薄腹梁、桁架	±10	
	柱	0 −10	
	墙板	0 −5	
宽度	板、墙板	0 −5	钢直尺量一端及中部，取其中较大值
	梁、薄腹梁、桁架、柱	+2 −5	
高（厚）度	板	+2 −3	
	墙板	0 −5	
	梁、薄腹梁、桁架、柱	+2 −5	
侧向弯曲	梁、板、柱	$l/1000$ 且≤15	拉线、钢直尺量最大弯曲处
	墙板、薄腹梁、桁架	$l/1500$ 且≤15	
板的表面平整度		3	2m靠尺和塞尺检查
相邻两板表面高低差		1	钢直尺检查
对角线差	板	7	钢直尺量两个对角线
	墙板	5	
翘曲	板、墙板	$l/1500$	调平尺在两端量测
设计起拱	薄腹梁、桁架、梁	±3	拉线、钢直尺量跨中

注：①l为构件长度（mm）。

②本表摘自《混凝土结构工程施工质量验收标准（2010年修订版）》。

2. 模板安装工程项目质量检查与验收

模板安装工程项目质量检查与验收，见表 5-4。

表 5-4　　　　　　　　　　模板安装工程项目质量检查与验收

项	项目	合格质量标准	检验方法	检验数量
主控项目	模板支撑、立柱位置和垫板	安装现浇结构的上层模板及其支架时，下层楼板应具有承受上层荷载的承载能力，或加设支架；上下层支架的立柱应对准，并铺设垫板	对照模板设计文件和施工技术方案观察	全数检查
	避免隔离剂玷污	在涂刷模板隔离剂时，不得玷污钢筋和混凝土接槎处	观察	全数检查
一般项目	模板安装要求	模板安装应满足下列要求：①模板的接缝不应漏浆；在浇筑混凝土前，木模板应浇水湿润，但模板内不应有积水②模板与混凝土的接触面应清理干净并涂刷隔离剂，但不得采用影响结构性能或妨碍装饰工程施工的隔离剂③浇筑混凝土前，模板内的杂物应清理干净④对清水混凝土工程及装饰混凝土工程，应使用能达到设计效果的模板	观察	全数检查
	用作模板的地坪、胎膜质量	用作模板的地坪、胎膜等应平整光洁，不得产生影响构件质量的下沉、裂缝、起砂或起鼓现象	观察	全数检查
	模板起拱高度	对于跨度不小于 4m 的现浇钢筋混凝土梁、板，其模板应按设计要求起拱；当设计无具体要求时，起拱高度宜为跨度的 1/1000～3/1000	水准仪或拉线、钢尺检查	在同一检验批内，对梁、柱和独立基础，应抽查构件数量的 10%，且不少于 3 件；对墙和板，应按有代表性的自然间抽查 10%，且不少于 3 间；对于大空间结构，墙可按相邻轴线间高度 5m 左右划分检查面，板可按纵、横轴线划分检查面，抽查 10%，且均不少于 3 面
	预埋件、预留孔和预留洞允许偏差	固定在模板上的预埋件、预留孔和预留洞均不得遗漏，且应安装牢固，其偏差应符合表 5-1 的规定	钢尺检查，见表 5-2、表 5-3	
	模板安装允许偏差	现浇结构模板安装的偏差应符合表 5-2 的规定；预制构件模板安装的偏差应符合表 5-3 的规定		

四、模板拆除工程质量控制与验收

(一) 模板拆除工程质量控制要点

模板拆除工程质量控制要点有以下几点:

(1) 模板及其支架的拆除时间和顺序应事先在施工技术方案中确定,拆模必须按拆模顺序进行,一般是后支的先拆,先支的后拆;先拆非承重部分,后拆承重部分。重大复杂的模板拆除,按专门制定的拆模方案执行。

(2) 现浇楼板采用早拆模施工时,经理论计算复核后将大跨度楼板改成支模形式为小跨度楼板 (≤2m),当浇筑的楼板混凝土实际强度达到50%的设计强度标准值时,可拆除模板,保留支架,严禁调换支架。

(3) 多层建筑施工,当上层楼板正在浇筑混凝土时,下一层楼板的模板支架不得拆除,再下一层楼板的支架,仅可拆除一部分;跨度4m及4m以上的梁下均应保留支架,其间距不得大于3m。

(4) 高层建筑梁、板模板,完成一层结构,其底模及其支架的拆除时间控制,应对所用混凝土的强度发展情况,分层进行核算,确保下层梁及楼板混凝土能承受上层全部荷载。

(5) 拆除时应先清理脚手架上的垃圾杂物,再拆除连接杆件,经检查确认安全可靠后,可按顺序拆除。拆除时要有统一指挥、专人监护,设置警戒区,防止交叉作业,拆下物品应及时清运、整修、保养。

(6) 后张法预应力结构构件,侧模宜在预应力张拉前拆除;底模及支架的拆除应按施工技术方案;当无具体要求时,应在结构构件建立预应力之后拆除。

(7) 后浇带模板的拆除和支顶方法应按施工技术方案执行。

(二) 模板拆除工程质量检查与验收

模板拆除工程质量检查与验收,见表5-5。

表5-5 模板拆除工程质量检查与验收

项	项目	合格质量标准	检验方法	检验数量
主控项目	底模及其支架拆除时的混凝土强度	底模及其支架拆除时的混凝土强度应符合设计要求;当设计无具体要求时,混凝土强度应符合表5-6的规定	检查同条件养护试件的强度试验报告	全数检查
	后张法预应力构件侧模和底模的拆除时间	对于后张法预应力混凝土结构构件,侧模宜在预应力张拉前拆除。底模支架的拆除应按施工技术方案执行;当无具体要求时,不应在结构构件建立预应力前拆除	观察	全数检查
	后浇带拆模和支顶	后浇带模板的拆除和支顶应按施工技术方案执行	观察	全数检查

续表

项	项目	合格质量标准	检验方法	检验数量
一般项目	避免拆模损伤	侧模拆除时的混凝土强度应能保证其表面积棱角不受损伤	观察	全数检查
	模板拆除、堆放和清运	模板拆除时，不应对楼层形成冲击荷载，拆除的模板和支架宜分散堆放并及时清运	观察	全数检查

表 5－6   **底模拆除时的混凝土强度要求**

构件类型	构件跨度（m）	达到设计的混凝土立方体抗压强度标准值的百分率（%）
板	≤2	≥50
	>2 ≤8	≥75
	>8	≥100
梁、拱、壳	≤8	≥75
	>8	≥100
悬臂构件	—	≥100

注：本表摘自《混凝土结构工程施工质量验收规范（2011 年修订版）》。

第二节　钢筋工程质量

一、钢筋进场检验

1. 检查产品合格证、出厂检验报告

钢筋出厂，应具有产品合格证书、出厂试验报告单，作为质量的证明材料，所列出的品种、规格、型号、化学成分、力学性能等，必须满足设计要求，符合有关的现行国家标准的规定。当用户有特别要求时，还应列出某些专门的检验数据。

2. 检查进场复试报告

进场复试报告是钢筋进场抽样检验的结果，以此作为判断材料能否在工程中应用的依据。

钢筋进场时，应按现行国家标准《钢筋混凝土用钢 第 2 部分：热轧带钢筋》（GB 1499.2—2007）的有关规定抽取试件作力学性能检验，其质量符合有关标准规定的钢筋，可在工程中应用。

检查数量按进场的批次和产品的抽样检验方案确定。有关标准中对进场检验数量有具体规定的，应按标准执行，如果有关标准只对产品出厂检验数量有规定的，检查数量可按下列情况确定：

（1）当一次进场的数量大于该产品的出厂检验批量时，应划分为若干个出厂检验批量，然后按出厂检验的抽样方案执行。

（2）当一次进场的数量小于或等于该产品的出厂检验批量时，应作为一个检验批量，然后按出厂检验的抽样方案执行。

（3）对连续进场的同批钢筋，当有可靠依据时，可按一次进场的钢筋处理。

3. 进场的每捆（盘）钢筋均应有标牌

按炉罐号、批次及直径分批验收，分类堆放整齐，严防混料，并应对其检验状态进行标识，防止混用。

4. 进场钢筋的外观质量检查

进场钢筋的外观质量检查应符合下列规定：

（1）钢筋应逐批检查其尺寸，不得超过允许偏差。

（2）逐批检查，钢筋表面不得有裂纹、折叠、结疤及夹杂，盘条允许有压痕及局部的凸块、凹块、划痕、麻面，但其深度或高度（从实际尺寸算起）不得大于 0.20mm，带肋钢筋表面凸块，不得超过横肋高度，钢筋表面上其他缺陷的深度和高度不得大于所在部位尺寸的允许偏差，冷拉钢筋不得有局部缩颈。

（3）钢筋表面氧化铁皮（铁锈）重量不大于 16kg/t。

（4）带肋钢筋表面标志清晰明了，标志包括强度级别、厂名（汉语拼音字头表示）和直径（mm）数字。

（5）钢筋运至工地后应分别堆存，并按规定抽取试样对钢筋进行力学性能检验。对热轧钢筋的级别有怀疑时，除做力学性能试验外，尚需进行钢筋的化学成分分析。使用中如发生脆断、焊接性能不良和机械性能异常时，应进行化学成分检验或其他专项检验。对国外进口钢筋，应按建设部的有关规定办理，亦应注意力学性能和化学成分的检验。

二、钢筋加工质量控制与检验

1. 钢筋加工的质量控制要点

钢筋加工的质量控制应符合以下几点：

（1）仔细查看结构施工图，把不同构件的配筋数量、规格、间距、尺寸弄清楚，抓好钢筋翻样，检查配料单的准确性。

（2）钢筋加工严格按照配料单进行，在制作加工中发生断裂的钢筋，应进行抽样做化学分析，防止其力学性能合格而化学含量有问题，保证钢材材质的安全合格性。

（3）钢筋加工所用施工机械必须经试运转，调整正常后，才可正式使用。

2. 钢筋加工的质量验收

混凝土结构钢筋工程钢筋加工质量验收标准的检验，见表 5-7。

表 5-7 钢筋质量验收标准的检验

项	项目	合格质量标准	检验方法	检验数量
主控项目	受力钢筋的弯钩和弯折	受力钢筋的弯钩和弯折应符合下列规定： ①HPB300 级钢筋末端应做 180°弯钩，其弯弧内直径应不小于钢筋直径的 2.5 倍，弯钩的弯后平直部分长度应不小于钢筋直径的 3 倍 ②当设计要求钢筋末端需做 135°弯钩时，HRB335 级、HRB400 级钢筋的弯弧内直径应不小于钢筋直径的 4 倍，弯钩的弯后平直部分长度应符合设计要求 ③钢筋作不大于 90°的弯折时，弯折处的弯弧内直径应不小于钢筋直径的 5 倍	钢尺检查	按每工作班同一类型钢筋、同一加工设备抽查不应少于 3 件

续表

项	项目	合格质量标准	检验方法	检验数量
主控项目	箍筋弯钩形式	除焊接封闭环式箍筋外，箍筋的末端应作弯钩，弯钩形式应符合设计要求；当设计无具体要求时，应符合下列规定： ①箍筋弯钩的弯弧内直径除应满足本表"受力钢筋的弯钩和弯折"的规定外，尚应不小于受力钢筋直径 ②箍筋弯钩的弯折角度：对一般结构，应不小于90°；对有抗震等要求的结构，应为135° ③箍筋弯钩后平直部分长度：对一般结构，不宜小于箍筋直径的5倍；对有抗震等要求的结构，应不小于箍筋直径的10倍	钢尺检查	按每工作班同一类型钢筋、同一加工设备抽查不应少于3件
主控项目	性能检验	钢筋调直后应进行力学性能和质量偏差的检验，其强度应符合有关标准的规定 盘卷钢筋和直条钢筋调直后的伸长率、质量偏差应符合表5-8的规定 采用无延伸功能的机械设备调直的钢筋，可不进行本条规定的检验	3个试件先进行重量偏差检验，再取其中2个试件经时效处理后进行力学性能检验。检验质量偏差时，试件切口应平滑且与长度方向垂直，且长度不应小于500mm；长度和质量的量测精度分别不应低于1mm和1g	同一厂家、同一牌号、同一规格调直钢筋，重量不大于30t为一批；每批见证取样3个试件
一般项目	钢筋拉直	钢筋宜采用无延伸装置的机械设备进行调直，也可采用冷拉方法调直。当采用冷拉方法调直时，HPB300光圆钢筋的冷拉率不宜大于4%；HRB335、HRB400、HRB500、HRBF335、HRBF400、HRBF500及RRB400带肋钢筋的冷拉率不宜大于1%	观察，钢尺检查	每工作班按同一类型钢筋、同一加工设备抽查不应少于3件
一般项目	钢筋加工尺寸	钢筋加工的形状、尺寸应符合设计要求，其允许偏差应符合表5-9的规定	钢尺检查	

表5-8　盘卷钢筋和直条钢筋调直后的断后伸长率、质量负偏差要求

钢筋牌号	断后伸长率 A（%）	单位长度质量负偏差（%）		
		直径 6~12mm	直径 14~20mm	直径 22~50mm
HPB300	≥21	≤10	—	—
HRB335、HRBF335	≥16	≤8	≤6	≤5
HRB400、HRBF 400	≥15			
RRB400	≥13			
HRB500、HRBF500	≥14			

148

注：1. 断后伸长率 A 的量测标距为 5 倍钢筋公称直径；

2. 质量负偏差（％）按公式（W_0—W_d）/W_0×100 计算，其中 W_0 为钢筋理论质量（kg/m），W_d 为调直后钢筋的实际质量（kg/m）；

3. 对直径为 28～40mm 的带肋钢筋，表中断后伸长率可降低 1％；对直径大于 40mm 的带肋钢筋，表中断后伸长率可降低 2％。

表 5 - 9 　　　　　　　　　　　钢筋加工的允许偏差

项　目	允许偏差
受力钢筋顺长度方向全长的净尺寸	±10
弯起钢筋的弯折位置	±20
箍筋内净尺寸	±5

三、钢筋连接工程质量控制与检验

（一）一般规定

钢筋连接工程质量控制的一般规定有以下几点：

（1）钢筋连接方法有：机械连接、焊接、绑扎搭接等。钢筋连接的外观质量和接头的力学性能，在施工现场均应按国家现行标准《钢筋机械连接通用技术规程》（JCJ 107—2010）和《钢筋焊接及验收规程》（JCJ 18—2012）的规定抽取试件进行检验，其质量应符合规程的相关规定。

（2）进行钢筋机械连接和焊接的操作人员必须经过专业培训，持考试合格证上岗。

（3）钢筋连接所用的焊剂、套筒等材料必须符合检验认定的技术要求，并具有相应的出厂合格证。

（二）力学性能检验

（1）力学性能检验时，应在接头外观检查合格后随机抽取试件进行试验。试验方法应按现行行业标准《钢筋焊接接头试验方法标准》（JGJ/T 27—2001）有关规定执行。试验报告应包括下列内容：工程名称、取样部位；批号、批量；钢筋牌号、规格；焊接方法；焊工姓名及考试合格证编号；施工单位；力学性能试验结果。

（2）钢筋闪光对焊接头、电弧焊接头、电渣压力焊接头、气压焊接头拉伸试验结果均应符合下列要求：

①3 个热轧钢筋接头试件的抗拉强度均不得小于该牌号钢筋规定的抗拉强度；RRB400 钢筋接头试件的抗拉强度均不得小于 570 N/mm²。

②至少应有 2 个试件断于焊缝之外，并应呈延性断裂。

当达到上述 2 项要求时，应评定该批接头为抗拉强度合格。

（3）当试验结果有 2 个试件抗拉强度小于钢筋规定的抗拉强度，或 3 个试件均在焊缝或热影响区发生脆性断裂时，则一次判定该批接头为不合格品。

（4）当试验结果有 1 个试件的抗拉强度小于规定值，或 2 个试件在焊缝或热影响区发生脆性断裂，其抗拉强度均小于钢筋规定抗拉强度的 1.10 倍时，应进行复验。复验时，应再切取 6 个试件。复验结果若仍有 1 个试件的抗拉强度小于规定值，或有 3 个试件断于焊缝或热影响区，呈脆性断裂，其抗拉强度小于钢筋规定抗拉强度的 1.10 倍，则应判定该批接头为不合格品。

（5）闪光对焊接头、气压焊接头进行弯曲试验时，应将受压面的金属毛刺和镦粗凸起部分消除，且应与钢筋的外表齐平。

（6）弯曲试验可在万能试验机、手动或电动液压弯曲试验器上进行，焊缝应处于弯曲中心点，弯心直径和弯曲角应符合表 5-10 的规定。

表 5-10　　　　　　　　　　接头弯曲试验指标

钢筋牌号	弯心直径	弯曲角
HPB235	2d	90°
HRB335	4d	90°
HRB400、RRB400	5d	90°
HRB500	7d	90°

注：①d 为钢筋直径（mm）。

②直径大于 25mm 的钢筋焊接接头，弯心直径应增加 1 倍钢筋直径。

（7）当弯至 90°且试验结果有 2 个或 3 个试件外侧（含焊缝和热影响区）未发生破裂，则应评定该批接头弯曲试验合格。

（8）当 3 个试件均发生破裂，则一次判定该批接头为不合格品。当有 2 个试件发生破裂，应进行复验；复验时，应再切取 6 个试件。复验结果，当有 3 个试件发生破裂时，应判定该批接头为不合格品。

（三）钢筋机械连接的质量检验

1. 接头的形式检验

（1）在下列情况时应进行形式检验：

①确定接头性能等级时。

②材料、工艺、规格进行改动时。

③形式检验报告超过 4 年时。

（2）用于形式检验的钢筋应符合有关标准的规定。

（3）对每种形式、级别、规格、材料、工艺的钢筋机械连接接头，形式检验试件不应少于 9 个；其中单向拉伸试件不应少于 3 个，高应力反复拉压试件不应少于 3 个，大变形反复拉压试件不应少于 3 个。同时应另取 3 根钢筋试件做抗拉强度试验。全部试件均应在同一根钢筋上截取。

（4）用于形式检验的直螺纹或锥螺纹接头试件应散件送达检验单位，由形式检验单位或在其监督下由接头技术提供单位按表 5-11 或表 5-12 规定的拧紧扭矩进行装配，拧紧扭矩值应记录在检验报告中。形式检验试件必须采用未经过预拉的试件。

表 5-11　　　　　　　直螺纹接头安装时的最小拧紧扭矩值

钢筋直径（mm）	≤16	18~20	22~25	28~32	36~40
拧紧扭矩（N·m）	100	200	260	320	360

表 5-12　　　　　　　锥螺纹接头安装时的最小拧紧扭矩值

钢筋直径（mm）	≤16	18~20	22~25	28~32	36~40
拧紧扭矩（N·m）	100	180	240	300	360

（5）形式检验的试验方法应按《钢筋机械连接通用技术规程》JGJ 107—2010 附录 A 的规定进行，当试验结果符合下列规定时评为合格。

①强度检验：每个接头试件的强度实测值，均应符合表 5-13 中相应接头等级的强度要求。

表 5-13 接头的抗拉强度

接头等级	Ⅰ级		Ⅱ级	Ⅲ级
抗拉强度	$f_\text{mst}^0 \geq f_\text{stk}$ 或 $f_\text{mst}^0 \geq 1.10 f_\text{stk}$	断于钢筋 断于接头	$f_\text{mst}^0 \geq f_\text{stk}$	或 $f_\text{mst}^0 \geq 1.25 f_\text{yk}$

注：f_mst^0——接头试件实测抗拉强度；

f_stk——钢筋抗拉强度标准值；

f_yk——钢筋屈服强度标准值。

②变形检验：对残余变形和最大力总伸长率，3 个试件的平均实测值应符合表 5-14 的规定。

表 5-14 接头的变形性能

接头等级		Ⅰ级	Ⅱ级	Ⅲ级
单向拉伸	残余变形（mm）	$u_0 \leq 0.10$（$d \leq 32$） $u_0 \leq 0.14$（$d > 32$）	$u_0 \leq 0.14$（$d \leq 32$） $u_0 \leq 0.16$（$d > 32$）	$u_0 \leq 0.14$（$d \leq 32$） $u_0 \leq 0.16$（$d > 32$）
	最大力总伸长率（%）	$A_\text{sgt} \geq 6.0$	$A_\text{sgt} \geq 6.0$	$A_\text{sgt} \geq 3.0$
高应力反复拉压	残余变形（mm）	$u_{20} \leq 0.3$	$u_{20} \leq 0.3$	$u_{20} \leq 0.3$
大变形反复拉压	残余变形（mm）	$u_4 \leq 0.3$ 且 $u_8 \leq 0.6$	$u_4 \leq 0.3$ 且 $u_8 \leq 0.6$	$u_4 \leq 0.6$

注：①当频遇荷载组合下，构建中钢筋应力明显高于 $0.6 f_\text{yk}$ 时，设计部门可对单向拉伸残余变形 u_0 的加载峰值提出调整要求。

②u_0——接头试件加载至 $0.6 f_\text{yk}$ 并卸载后在规定标距内的残余变形；

u_{20}——接头经高应力反复拉压 20 次后的残余变形；

u_4——接头经大变形反复拉压 4 次后的残余变形；

u_8——接头经大变形反复拉压 8 次后的残余变形；

A_sgt——接头试件的最大力总伸长率。

（6）形式检验应由国家、省部级主管部门认可的检测机构进行，并按"钢筋机械连接通用技术规程"JGJ 107—2010 附录 B 的格式出具检验报告和评定结论。

2. 接头的加工、安装和施工现场接头的检验与验收

接头的加工、安装和施工现场接头的检验与验收，见表 5-15。

表 5-15 接头的加工、安装和施工现场接头的检验与验收

项目	说　　明
接头的加工	（1）在施工现场加工钢筋接头时，应符合下列规定： ①加工钢筋接头的操作工人，应经专业人员培训合格后才能上岗，人员应相对稳定 ②钢筋接头的加工应经工艺检验合格后方可进行 （2）直螺纹接头的现场加工应符合下列规定： ①钢筋端部应切平或镦粗后加工螺纹 ②墩粗头不得有与钢筋轴线相垂直的横向裂纹 ③钢筋丝头长度应满足企业标准中产品设计要求，公差应为 $0 \sim 2.0p$（p 为螺距）

项目	说　明
接头的加工	④钢筋丝头宜满足 6f 级精度要求，应用专用直螺纹量规检验，通规能顺利旋入并达到要求的拧入长度，止规旋入不得超过 3p。抽检数量 10%，检验合格率不应小于 95% （3）锥螺纹接头的现场加工应符合下列规定： ①钢筋端部不得有影响螺纹加工局部弯曲 ②钢筋丝头长度应满足设计要求，使拧紧后的钢筋丝头不得相互接触，丝头加工长度公差应为 $-0.5p\sim-1.5p$ ③钢筋丝头的锥度和螺距应使用专用锥螺纹量规检验；抽检数量 10%，检验合格率不应小于 95%
接头的安装	（1）直螺纹钢筋接头的安装质量应符合下列要求： ①安装接头时可用管钳扳手拧紧，应使钢筋丝头在套筒中央位置相互顶紧。标准型接头安装后的外露螺纹不宜超过 2p ②安装接头后应用扭力扳手校核拧紧扭矩，拧紧扭矩值应符合表 5-11 的规定 ③校核用扭力扳手的准确度级别可选用 10 级 （2）锥螺纹钢筋接头的安装质量应符合下列要求： ①安装接头时应严格保证钢筋与连接套筒的规格相一致 ②安装接头时应用扭力扳手拧紧，拧紧扭矩值应符合表 5-12 的规定 ③校核用扭力扳手与安装用扭力扳手应区分使用，校核用扭力扳手应每年校核 1 次，准确度级别应选用 5 级 （3）套筒挤压钢筋接头的安装质量应符合下列要求： ①钢筋端部不得有局部弯曲，不得有严重锈蚀和附着物 ②钢筋端部应有检查插入套筒深度的明显标记，钢筋端头离套筒长度中心点不宜超过 10mm ③挤压应从套筒中央开始，依次向两端挤压，压痕直径的波动范围应控制在供应商认定的允许波动范围内，并提供专用量规进行检查 ④挤压后的套筒不得有肉眼可见裂纹
施工现场接头的检验与验收	①工程中应用钢筋机械接头时，应由该技术提供单位提交有效的形式检验报告 ②钢筋连接工程开始前，应对不同钢筋生产厂的进场钢筋进行接头工艺检验；施工过程中，更换钢筋生产厂时，应补充进行工艺检验。工艺检验应符合下列规定： 　a. 每种规格钢筋的接头试件不应少于 3 根 　b. 每根试件的抗拉强度和 3 根接头试件的残余变形的平均值均应符合表 5-13 和表 5-14 的规定 　c. 接头试件在测量残余变形后可再进行抗拉强度试验，并宜按单向拉伸加载制度进行试验 　d. 第一次工艺检验中 1 根试件抗拉强度或 3 根试件的残余变形平均值不合格时，允许再抽 3 根试件进行复验，复验仍不合格时判为工艺检验不合格 ③接头安装前应检查连接件产品合格证及套筒表面生产批号标识；产品合格证应包括适用钢筋直径和接头性能等级、套筒类型、生产单位、生产日期以及可追溯产品原材料力学性能和加工质量的生产批号 ④现场检验应按本规程进行接头的抗拉强度试验、加工和安装质量检验；对接头有特殊要求的结构，应在设计图纸中另行注明相应的检验项目 ⑤接头的现场检验应按验收批进行，同一施工条件下采用同一批材料的同等级、同形式、同规格接头，应 500 个为一个验收批进行检验与验收，不足 500 个也应作为一个验收批 ⑥螺纹接头安装后应按⑤条的验收批，抽取其中 10% 的接头进行拧紧扭矩校核，拧紧扭矩值不合格数超过被校核接头数的 5% 时，应重新拧紧全部接头，直到合格为止

续表 2

项目	说　明
施工现场接头的检验与验收	⑦对接头的每一验收批，必须在工程结构中随机截取 3 个接头试件做抗拉强度试验，按设计要求的接头等级进行评定。当 3 个接头试件的抗拉强度均符合表 5－13 中相应等级的强度要求时，该验收批应评为合格。如有 1 个试件的抗拉强度不符合要求，应再取 6 个试件进行复检。复检中如仍有 1 个试件的抗拉强度不符合要求，则该验收批应评为不合格 ⑧现场检验连续 10 个验收批抽样试件抗拉强度试验一次合格率为 100％时，验收批接头数量可扩大 1 倍 ⑨现场截取抽样试件后，原接头位置的钢筋可采用同等规格的钢筋进行搭接连接，或采用焊接及机械连接方法补接 ⑩对抽检不合格的接头验收批，应由建设方会同设计等有关方面研究后提出处理方案

（四）钢筋焊接连接的质量检验

1. 基本规定

（1）钢筋焊接接头或焊接制品（焊接骨架、焊接网）应按检验批进行质量检验与验收。检验批的划分应符合有关规定。质量检验与验收应包括外观质量检查和力学性能检验，并划分为主控项目和一般项目两类。

（2）纵向受力钢筋焊接接头验收中，闪光对焊接头、电弧焊接头、电渣压力焊接头、气压焊接头和非纵向受力箍筋闪光对焊接头、预埋件钢筋 T 形接头的连接方式应符合设计要求，并应全数检查，检查方法为目视观察。焊接接头力学性能检验应为主控项目。焊接接头的外观质量检查应为一般项目。

（3）不属于专门规定的电阻焊点和钢筋与钢板电弧搭接焊接头可只做外观质量检查，属一般项目。

（4）纵向受力钢筋焊接接头、箍筋闪光对焊接头、预埋件钢筋 T 形接头的外观质量检查应符合下列规定：

①纵向受力钢筋焊接接头，每一检验批中应随机抽取 10％的焊接接头；箍筋闪光对焊接头和预埋件钢筋 T 形接头应随机抽取 5％的焊接接头。检查结果，外观质量应符合有关规定。

②焊接接头外观质量检查时，首先应由焊工对所焊接头或制品进行自检；在自检合格的基础上由施工单位项目专业质量检查员检查，并将检查结果填写在"钢筋焊接接头检验批质量验收记录"。

（5）外观质量检查结果，当各小项不合格数均小于或等于抽检数的 15％，则该批焊接接头外观质量评为合格；当某一小项不合格数超过抽检数的 15％时，应对该批焊接接头该小项逐个进行复检，并剔出不合格接头。对外观质量检查不合格接头采取修整或补焊措施后，可提交二次验收。

（6）施工单位项目专业质量检查员应检查钢筋、钢板质量证明书、焊接材料产品合格证和焊接工艺试验时的接头力学性能试验报告。钢筋焊接接头力学性能检验时，应在接头外观质量检查合格后随机切取试件进行试验。试验方法应按现行行业标准《钢筋焊接接头试验方法标准》）JGJ/T 27—2001 有关规定执行。试验报告应包括下列内容：

①工程名称、取样部位。

②批号、批量。

③钢筋生产厂家和钢筋批号、钢筋牌号、规格。

④焊接方法。

⑤焊工姓名及考试合格证编号。

⑥施工单位。

⑦焊接工艺试验时的力学性能试验报告。

(7) 钢筋闪光对焊接头、钢筋电弧焊接头、钢筋电渣压力焊接头、钢筋气压焊接头、箍筋闪光对焊接头、预埋件钢筋 T 形接头的拉伸试验，应从每一检验批接头中随机切取 3 个接头进行试验，并应按下列规定对试验结果进行评定：

①符合下列条件之一，应评定该检验批接头拉伸试验合格：

a.3 个试件均断于钢筋母材，呈延性断裂，其抗拉强度大于或等于钢筋母材抗拉强度标准值。

b.2 个试件断于钢筋母材，呈延性断裂，其抗拉强度大于或等于钢筋母材抗拉强度标准值；另一试件断于焊缝，呈脆性断裂，其抗拉强度大于或等于钢筋母材抗拉强度标准值的 1.0 倍。

注：试件断于热影响区，呈延性断裂，应视作与断于钢筋母材等同；试件断于热影响区，呈脆性断裂，应视作与断于焊缝等同。

②符合下列条件之一，应进行复验：

a.2 个试件断于钢筋母材，呈延性断裂，其抗拉强度大于或等于钢筋母材抗拉强度标准值；另一试件断于焊缝或热影响区，呈脆性断裂，其抗拉强度小于钢筋母材抗拉强度标准值的 1.0 倍。

b.1 个试件断于钢筋母材，呈延性断裂，其抗拉强度大于或等于钢筋母材抗拉强度标准值；另 2 个试件断于焊缝或热影响区，呈脆性断裂。

③3 个试件均断于焊缝，呈脆性断裂，其抗拉强度均大于或等于钢筋母材抗拉强度标准值的 1.0 倍时，应进行复验。当 3 个试件中有 1 个试件抗拉强度小于钢筋母材抗拉强度标准值的 1.0 倍，应评定该检验批接头拉伸试验不合格。

④复验时，应切取 6 个试件进行试验。试验结果，若有 4 个或 4 个以上试件断于钢筋母材，呈延性断裂，其抗拉强度大于或等于钢筋母材抗拉强度标准值。另 2 个或 2 个以下试件断于焊缝，呈脆性断裂，其抗拉强度大于或等于钢筋母材抗拉强度标准值的 1.0 倍，应评定该检验批接头拉伸试验复验合格。

⑤可焊接余热处理钢筋 RRB400W 焊接接头拉伸试验结果。其抗拉强度应符合同级别热轧带肋钢筋抗拉强度标准值 540MPa 的规定。

⑥预埋件钢筋 T 形接头拉伸试验结果，3 个试件的抗拉强度均大于或等于表 5-16 的规定值时，应评定该检验批接头拉伸试验合格。若有一个接头试件抗拉强度小于表 5-16 的规定值时，应进行复验。复验时，应切取 6 个试件进行试验。复验结果，其抗拉强度均大于或等于表 5-16 的规定值时，应评定该检验批接头拉伸试验复验合格。

表 5-16　　　　　　　　　　预埋件钢筋 T 形接头抗拉强度规定值

钢筋牌号	抗拉强度规定值（MPa）	钢筋牌号	抗拉强度规定值（MPa）
HPB300	400	HRB500、HRBF500	610
ItRB335、HRBF335	435	RRB400W	520
HRB400、HRBF400	520		

(8) 钢筋闪光对焊接头、气压焊接头进行弯曲试验时，应从每一个检验批接头中随机切取 3 个接头。焊缝应处于弯曲中心点，弯心直径和弯曲角度应符合表 5-17 的规定。

表 5 - 17

钢筋牌号	弯心直径	弯曲角度（°）
HPB300	2d	90
HRB335、HRBF335	4d	90
HRB400、HRBF100、RRB400W	5d	90
HRB500、HRBF500	7d	90

注：①d 为钢筋直径（mm）。

②直径大于 25mm 的钢筋焊接接头，弯心直径应增加 1 倍钢筋直径。

弯曲试验结果应按下列规定进行评定：

①当试验结果，弯曲至 90°，有 2 个或 3 个试件外侧（含焊缝和热影响区）未发生宽度达到 0.5mm 的裂纹时，应评定该检验批接头弯曲试验合格。

②当有 2 个试件发生宽度达到 0.5mm 的裂纹时，应进行复验。

③当有 3 个试件发生宽度达到 0.5mm 的裂纹时，应评定该检验批接头弯曲试验不合格。

④复验时，应切取 6 个试件进行试验。复验结果，当不超过 2 个试件发生宽度达到 0.5mm 的裂纹时，应评定该检验批接头弯曲试验复验合格。

（9）钢筋焊接接头或焊接制品质量验收时，应在施工单位自行质量评定合格的基础上，由监理（建设）单位对检验批有关资料进行检查，组织项目专业质量检查员等进行验收，并应按《钢筋焊接及验收规程》JGJ 18—2012 附录 A 规定记录。

2. 钢筋焊接骨架和焊接网质量检验

（1）不属于专门规定的焊接骨架和焊接网可按下列规定的检验批只进行外观质量检查：

①凡钢筋牌号、直径及尺寸相同的焊接骨架和焊接网应视为同一类型制品，且每 300 件作为一批，一周内不足 300 件的亦应按一批计算，每周至少检查一次。

②外观质量检查时，每批应抽查 5%，且不得少于 5 件。

（2）焊接骨架外观质量检查结果，应符合下列规定：

①焊点压入深度应符合规定。

②每件制品的焊点脱落、漏焊数量不得超过焊点总数的 4%，且相邻两焊点不得有漏焊及脱落。

③应量测焊接骨架的长度、宽度和高度，并应抽查纵、横方向 3～5 个网格的尺寸，其允许偏差应符合表 5 - 18 的规定。

表 5 - 18 **钢筋骨架的允许偏差**

项　　目		允许偏差（mm）	项　　目		允许偏差（mm）
焊接骨架	长度	±10	骨架钢筋间距		±10
	宽度	±5	受力主筋	间距	±15
	高度	±5		排距	±5

④当外观质量检查结果不符合上述规定时，应逐件检查，并剔出不合格品。对不合格品经整修后，可提交二次验收。

（3）焊接网外形尺寸检查和外观质量检查结果，应符合下列规定：

①焊点压入深度应符合规定。

②钢筋焊接网间距的允许偏差应取±10mm和规定间距的±5%的较大值。网片长度和宽度的允许偏差应取±25mm和规定长度的±0.5%的较大值；网格数量应符合设计规定。

③钢筋焊接网焊点开焊数量不应超过整张网片交叉点总数的1%，并且任一根钢筋上开焊点不得超过该支钢筋上交叉点总数的一半；焊接网最外边钢筋上的交叉点不得开焊。

④钢筋焊接网表面不应有影响使用的缺陷；当性能符合要求时，允许钢筋表面存在浮锈和因矫直造成的钢筋表面轻微损伤。

3. 钢筋电弧焊接头质量检验

(1) 钢筋电弧焊接头的质量检验，应分批进行外观质量检查和力学性能检验，并应符合下列规定：

①在现浇混凝土结构中，应以300个同牌号钢筋、同形式接头作为一批；在房屋结构中，应在不超过连续两楼层中300个同牌号钢筋、同形式接头作为一批；每批随机切取3个接头，做拉伸试验。

②在装配式结构中，可按生产条件制作模拟试件，每批3个，做拉伸试验。

③钢筋与钢板搭接焊接头可只进行外观质量检查。

注：在同一批中若有3种不同直径的钢筋焊接接头，应在最大直径钢筋接头和最小直径钢筋接头中分别切取3个试件进行拉伸试验。钢筋电渣压力焊接头、钢筋气压焊接头取样均同。

(2) 钢筋电弧焊接头外观质量检查结果，应符合下列规定：

①焊缝表面应平整，不得有凹陷或焊瘤。

②焊接接头区域不得有肉眼可见的裂纹。

③焊缝余高应为2～4mm。

④咬边深度、气孔、夹渣等缺陷允许值及接头尺寸的允许偏差，应符合表5-19的规定。

(3) 当模拟试件试验结果不符合要求时，应进行复验。复验应从现场焊接接头中切取，其数量和要求与初始试验相同。

表5-19　　　　　　　　钢筋电弧焊接头尺寸允许偏差及缺陷允许值

名　称		单位	接头形式		
			帮条焊	搭接焊、钢筋与钢板搭接焊	坡口焊、窄间隙焊、熔槽帮条焊
帮条沿接头中心线的纵向偏移		mm	0.3d	—	—
接头处弯折角		°	2	2	2
接头处钢筋轴线的偏移		mm	0.1d	0.1d	0.1d
			1	1	1
焊缝宽度		mm	+0.1d	+0.1d	
焊缝长度		mm	−0.3d	−0.3d	
咬边深度			0.5	0.5	0.5
在长2d焊缝表面上的气孔及夹渣	数量	个	2	2	—
	面积	mm²	6	6	—
在全部焊缝表面上的气孔及夹渣	数量	个	—	—	2
	面积	mm²	—	—	6

注：d为钢筋直径（mm）。

4. 钢筋闪光对焊接头质量检验

（1）钢筋闪光对焊接头的质量检验，应分批进行外观质量检查和力学性能检验，并应符合下列规定：

①在同一台班内，由同一个焊工完成的300个同牌号、同直径钢筋闪光对焊接头应作为一批。当同一台班内焊接的接头数量较少时，可在一周之内累计计算；累计仍不足300个接头时，应按一批计算。

②力学性能检验时，应从每批接头中随机切取6个接头，其中3个做拉伸试验，3个做弯曲试验。

③异径钢筋接头可只做拉伸试验。

（2）钢筋闪光对焊接头外观质量检查结果，应符合下列规定：

①对焊接头表面应呈圆滑、带毛刺状，不得有肉眼可见的裂纹。

②与电极接触处的钢筋表面不得有明显烧伤。

③接头处的弯折角度不得大于2°。

④接头处的轴线偏移不得大于钢筋直径的1/10，且不得大于1mm。

5. 箍筋闪光对焊接头质量检验

（1）箍筋闪光对焊接头应分批进行外观质量检查和力学性能检验，并应符合下列规定：

①在同一台班内，由同一个焊工完成的600个同牌号、同直径箍筋闪光对焊接头作为一个检验批；如超出600个接头，其超出部分可以与下一台班完成接头累计计算。

②每一检验批中，应随机抽查5％的接头进行外观质量检查。

③每个检验批中应随机切取3个对焊接头做拉伸试验。

（2）箍筋闪光对焊接头外观质量检查结果，应符合下列规定：

①对焊接头表面应呈圆滑、带毛刺状，不得有肉眼可见裂纹。

②轴线偏移不得大于钢筋直径的1/10，且不得大于1mm。

③对焊接头所在直线边的顺直度检测结果凹凸不得大于5mm。

④对焊箍筋外皮尺寸应符合设计图纸的规定，允许偏差应为±5mm。

⑤与电极接触处的钢筋表面不得有明显烧伤。

6. 钢筋电渣压力焊接头质量检验

（1）钢筋电渣压力焊接头的质量检验，应分批进行外观质量检查和力学性能检验，并应符合下列规定：

①在现浇钢筋混凝土结构中，应以300个同牌号钢筋接头作为一批。

②在房屋结构中，应在不超过连续两楼层中300个同牌号钢筋接头作为一批；当不足300个接头时，仍应作为一批。

③每批随机切取3个接头试件做拉伸试验。

（2）钢筋电渣压力焊接头外观质量检查结果，应符合下列规定：

①四周焊包凸出钢筋表面的高度，当钢筋直径为25mm及以下时，不得小于4mm；当钢筋直径为28mm及以上时，不得小于6mm。

②钢筋与电极接触处，应无烧伤缺陷。

③接头处的弯折角度不得大于2°。

④接头处的轴线偏移不得大于1mm。

7. 钢筋气压焊接头质量检验

（1）气压焊接头的质量检验，应分批进行外观质量检查和力学性能检验，并应符合下列规定：

①在现浇钢筋混凝土结构中，应以300个同牌号钢筋接头作为一批；在房屋结构中，应在不

超过连续两楼层中 300 个同牌号钢筋接头作为一批；当不足 300 个接头时，仍应作为一批。

②在柱、墙的竖向钢筋连接中，应从每批接头中随机切取 3 个接头做拉伸试验；在梁、板的水平钢筋连接中，应另切取 3 个接头做弯曲试验。

③在同一批中，异径钢筋气压焊接头可只做拉伸试验。

(2) 钢筋气压焊接头外观质量检查结果，应符合下列规定：

①接头处的轴线偏移不得大于钢筋直径的 1/10，且不得大于 1mm ［图 5-1 (a)］；当不同直径钢筋焊接时，应按较小钢筋直径计算；当大于上述规定值，但在钢筋直径的 3/10 以下时，可加热矫正；当大于 3/10 时，应切除重焊。

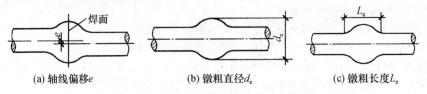

(a) 轴线偏移 e (b) 镦粗直径 d_c (c) 镦粗长度 L_c

图 5-1　钢筋气压焊接头外观质量图解

②接头处表面不得有肉眼可见的裂纹。

③接头处的弯折角度不得大于 2°；当大于规定值时，应重新加热矫正。

④固态气压焊接头镦粗直径 d_c 不得小于钢筋直径的 1.4 倍。熔态气压焊接头镦粗直径 d_c 不得小于钢筋直径的 1.2 倍 ［图 5-1 (b)］；当小于上述规定值时，应重新加热镦粗。

⑤镦粗长度 L_c 不得小于钢筋直径的 1.0 倍，且凸起部分平缓圆滑 ［图 5-1 (c)］；当小于上述规定值时，应重新加热镦长。

8. 预埋件钢筋 T 形接头质量检验

(1) 预埋件钢筋 T 形接头的外观质量检查，应从同一台班内完成的同类型预埋件中抽查 5%，且不得少于 10 件。

(2) 预埋件钢筋 T 形接头外观质量检查结果，应符合下列规定：

①焊条电弧焊时，当采用 HPB300 钢筋时，角焊缝焊脚尺寸不得小于钢筋直径的 50%；采用其他牌号钢筋时，焊脚尺寸不得小于钢筋直径的 60%。

②埋弧压力焊或埋弧螺柱焊时，四周焊包凸出钢筋表面的高度，当钢筋直径为 18mm 及以下时，不得小于 3mm；当钢筋直径为 20mm 及以上时，不得小于 4mm。

③焊缝表面不得有气孔、夹渣和肉眼可见裂纹。

④钢筋咬边深度不得超过 0.5mm。

⑤钢筋相对钢板的直角偏差不得大于 2°。

(3) 预埋件外观质量检查结果，当有 2 个接头不符合上述规定时，应对全数接头的这一项目进行检查，并剔除不合格品，不合格接头经补焊后可提交二次验收。

(4) 力学性能检验时，应以 300 件同类型预埋件作为一批。一周内连续焊接时，可累计计算。当不足 300 件时，亦应按一批计算。应从每批预埋件中随机切取 3 个接头做拉伸试验。试件的钢筋长度应大于或等于 200mm，钢板（锚板）的长度和宽度应等于 60mm，并视钢筋直径的增大而适当增大。

(5) 预埋件钢筋 T 形接头拉伸试验时，应采用专用夹具。

(五) 钢筋绑扎连接的质量检验

钢筋绑扎连接的质量检验应符合以下要求：

(1) 当纵向受拉钢筋的绑扎搭接接头面积百分率不大于 25% 时，其最小搭接长度应符合表 5-

20 的规定。

纵向受拉钢筋的最小搭接长度

钢筋类型		混凝土强度等级			
		C15	C20~C25	C30~C35	≥C40
光圆钢筋	HPB300 级	$45d$	$35d$	$30d$	$25d$
带肋钢筋	HRB335 级	$55d$	$45d$	$35d$	$30d$
	HRB400 级、RRB400 级	—	$55d$	$40d$	$35d$

注：两根直径不同钢筋的搭接长度，以较细钢筋的直径计算。

（2）当纵向受拉钢筋搭接接头面积百分率大于 25%，但不大于 50% 时，其最小搭接长度应按表 5‑20 中的数值乘以系数 1.2 取用；当接头面积百分率大于 50% 时，应按表 5‑20 中的数值乘以系数 1.35 取用。

（3）当符合下列条件时，纵向受拉钢筋的最小搭接长度应根据上述（1）条至（2）条确定后，按下列规定进行修正：

①当带肋钢筋的直径大于 25mm 时，其最小搭接长度应按相应数值乘以系数 1.1 取用。

②对环氧树脂涂层的带肋钢筋，其最小搭接长度应按相应数值乘以系数 1.25 取用。

③当在混凝土凝固过程中受力钢筋易受扰动时（如滑模施工），其最小搭接长度应按相应数值乘以系数 1.1 取用。

④对末端采用机械锚固措施的带肋钢筋，其最小搭接长度可按相应数值乘以系数 0.7 取用。

⑤当带肋钢筋的混凝土保护层厚度大于搭接钢筋直径的 3 倍且配有箍筋时，其最小搭接长度可按相应数值乘以系数 0.8 取用。

⑥对有抗震设防要求的结构构件，其受力钢筋的最小搭接长度对 1、2 级抗震等级应按相应数值乘以系数 1.15 取用；对 3 级抗震等级应按相应数值乘以系数 1.05 取用。

在任何情况下，受拉钢筋的搭接长度应不小于 300mm。

（4）纵向受压钢筋搭接时，其最小搭接长度应根据上述（1）条至（2）条的规定确定相应数值后，乘以系数 0.7 取用。在任何情况下，受压钢筋的搭接长度应不小于 200mm。

（六）钢筋连接工程质量验收标准

混凝土结构钢筋工程钢筋连接质量验收标准的项目检验，见表 5‑21。

表 5‑21 钢筋连接的质量验收项目检验

项	项目	合格质量标准	检验方法	检验数量
主控项目	纵向受力钢筋的连接方式	纵向受力钢筋的连接方式应符合设计要求	观察	全数检查
	钢筋机械连接和焊接接头的力学性能	在施工现场，应按国家现行标准《钢筋机械连接技术规程》JG‑1 107—2010、《钢筋焊接及验收规程》JGJ 18—2012 的规定抽取钢筋机械连接接头、焊接接头试件做力学性能检验，其质量应符合规程的有关规定	检查产品合格证、接头力学性能试验报告	按有关规程确定

159

项	项目	合格质量标准	检验方法	检验数量
一般项目	接头位置和数量	钢筋的接头宜设置在受力较小处。同一纵向受力钢筋不宜设置两个或两个以上接头。接头末端至钢筋弯起点的距离应不小于钢筋直径的10倍	观察、钢尺检查	全数检查
	钢筋机械连接和焊接的外观质量	在施工现场，应按国家现行标准《钢筋机械连接技术规程》JGJ 107—2010、《钢筋焊接及验收规程》JGJ 18—2012的规定对钢筋机械连接接头、焊接接头的外观进行检查，其质量应符合规程的有关规定	观察	全数检查
	纵向受力钢筋机械连接、焊接的接头面积百分率	当受力钢筋采用机械连接接头或焊接接头时，设置在同一构件内的接头宜相互错开 纵向受力钢筋机械连接接头及焊接接头连接区段的长度为35d（d为纵向受力钢筋的较大直径）且不小于500mm，凡接头中点位于该连接区段长度内的接头均属于同一连接区段 同一连接区段内，纵向受力钢筋机械连接及焊接的接头面积百分率为该区段内有接头的纵向受力钢筋截面面积与全部纵向受力钢筋截面面积的比值；同一连接区段内，纵向受力钢筋的接头面积百分率应符合设计要求；当设计无具体要求时，应符合下列规定： ①在受拉区不宜大于50% ②接头不宜设置在有抗震设防要求的框架梁端、柱端的箍筋加密区；当无法避开时，对等强度高质量机械连接接头，应不大于50% ③直接承受动力荷载的结构构件中，不宜采用焊接接头；当采用机械连接接头时，应不大于50%	观察、钢尺检查	在同一检验批内，对梁、柱和独立基础，应抽查构件数量的10%，且不少于3件；对墙和板，应按有代表性的自然间抽查10%，且不少于3间；对大空间结构，墙可按相邻轴线间高度5m左右划分检查面，板可按纵横轴线划分检查面，抽查10%，且均不少于3面
	纵向受力钢筋搭接接头面积百分率和最小搭接长度	同一构件中相邻纵向受力钢筋的绑扎搭接接头宜相互错开。绑扎搭接接头中钢筋的横向净距应不小于钢筋直径，且应不小于25mm 钢筋绑扎搭接接头连接区段的长度为1.32l_l（l_l为搭接长度），凡搭接接头中点位于该连接区段长度内的搭接接头均属于同一连接区段。同一连接区段内，纵向钢筋搭接接头面积百分率为该区段内有搭接接头的纵向受力钢筋截面面积与全部纵向受力钢筋截面面积的比值（图5-2）	观察、钢尺检查	同上

项	项目	合格质量标准	检验方法	检验数量
一般项目	纵向受拉钢筋搭接接头面积百分率和最小搭接长度	同一连接区段内,纵向受力钢筋搭接接头面积百分率应符合设计要求;当设计无具体要求时,应符合下列规定: ①对梁类、板类及墙类构件,不宜大于 25% ②对柱类构件,不宜大于 50% ③当工程中确有必要增大接头面积百分率时,对梁类构件,应不大于 50%;对其他构件,可根据实际情况放宽	观察、钢尺检查	同上
	搭接长度范围内的箍筋	在梁、柱类构件的纵向受力钢筋搭接长度范围内,应按设计要求配置箍筋。当设计无具体要求时,应符合下列规定: ①箍筋直径应不小于搭接钢筋较大直径的 0.25 倍 ②受拉搭接区段的箍筋间距应不大于搭接钢筋较小直径的 5 倍,且应不大于 100mm ③受压搭接区段的箍筋间距应不大于搭接钢筋较小直径的 10 倍,且应不大于 200mm ④当柱中纵向受力钢筋直径大于 25mm 时,应在搭接接头两个端面外 100mm 范围内各设置两个箍筋,其间距宜 50mm	观察、钢尺检查	同上

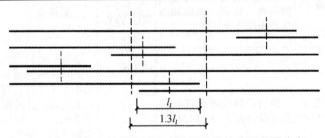

图 5-2　钢筋绑扎搭接接头连接区段及接头面积百分率

注:图中所示搭接接头同一连接区段内的搭接钢筋为两根,当各钢筋直径相同时,接头面积百分率为 50%。

四、钢筋绑扎安装工程质量控制与检验

1. 钢筋绑扎安装工程质量控制要点

钢筋绑扎安装工程质量控制要点应符合以下几点:

(1) 钢筋绑扎时,钢筋级别、直径、根数和间距应符合设计图纸的要求。

(2) 对柱子钢筋的绑扎,主要是抓住搭接部位和箍筋间距(尤其是加密区箍筋间距和加密区高度),这对抗震地区尤为重要。若竖向钢筋采用焊接,要做抽样试验,从而保证钢筋接头的可

靠性。

（3）对梁钢筋的绑扎，主要抓住锚固长度和弯起钢筋的弯起点位置。对抗震结构则要重视梁柱节点处、梁端箍筋加密范围和箍筋间距。

（4）对楼板钢筋，主要抓好防止支座负弯矩钢筋被踩塌而失去作用；再是垫好保护层垫块。

（5）对墙板钢筋，主要抓好墙面保护层和内外皮钢筋间的距离，撑好撑铁，防止两皮钢筋向墙中心靠近，对受力不利。

（6）对楼梯钢筋，主要抓梯段板的钢筋的锚固，以及钢筋变折方向不要弄错，防止弄错后在受力时出现裂缝。

（7）钢筋规格、数量、间距等在作隐蔽验收时一定要仔细核实。当一些规格不易辨认时，应用尺量或卡尺卡。保证钢筋配置的准确，也就保证了结构的安全。

（8）钢筋安装完毕后，应做下列检查：

①根据施工图检查钢筋的钢号、直径、形状、尺寸、根数、间距和锚固长度是否正确，特别要注意检查负筋的位置。

②检查钢筋接头的位置及搭接长度是否符合规定。

③检查混凝土保护层是否符合要求。

④检查钢筋绑扎是否牢固，有无松动变形现象。

⑤钢筋表面不允许有油渍、漆污和颗粒状（片状）铁锈。

2. 工程质量验收标准

钢筋绑扎安装质量检验标准，应符合表 5-22 的规定。

表 5-22　　　　　　　　　钢筋绑扎安装质量检验标准

项	项目	合格质量标准	检验方法	检验数量
主控项目	钢筋的材料	钢筋安装时，受力钢筋的品种、级别、规格和数量必须符合设计要求	观察，钢尺检查	全数检查
一般项目	钢筋安装允许偏差	钢筋安装位置允许的偏差应符合表 5-23 的规定	—	在同一检验批内，对梁、柱和独立基础，应抽查构件数量的 10%，且不少于 3 件；对墙和板，应按有代表性的自然间抽查 10%，且不少于 3 间；对大空间结构，墙可按相邻轴线间高度 5m 左右划分检查面，板可按纵横轴线划分检查面，抽查 10%，且均不少于 3 面

表 5-23　　　　　　　　　钢筋安装位置的允许偏差及检验方法

项目		允许偏差（mm）	检验方法
绑扎钢筋网	长、宽	±10	钢尺检查
	网眼尺寸	±20	钢尺量连续三档，取最大值
绑扎钢筋骨架	长	±10	钢尺检查
	宽、高	±5	钢尺检查

项目			允许偏差（mm）	检验方法
受力钢筋	间距		±10	钢尺量两端、中间各一点，取最大值
	排距		±5	
	保护层厚度	基础	±10	钢尺检查
		柱、梁	±5	钢尺检查
		板、墙、壳	±3	钢尺检查
绑扎箍筋、横向钢筋间距			±20	钢尺量连续三档，取最大值
钢筋弯起点位置			20	钢尺检查
预埋件	中心线位置		5	钢尺检查
	水平高差		+3，0	钢尺和塞尺检查

注：①检查预埋件中心线位置时，应沿纵、横两个方向量测，并取其中的较大值。
②表中梁类、板类构件上部纵向受力钢筋保护层厚度的合格点率应达到90％及以上，且不得有超过表中数值1.5倍的尺寸偏差。

第三节　预应力混凝土工程质量

预应力工程的施工应由具有相应资质等级的预应力专业施工单位承担，相关专业人员应有岗位证书。

一、材料质量控制

1. 预应力筋

（1）预应力筋进场时，应按现行国家标准《预应力混凝土用钢绞线》GB/T5224等的规定抽取试件做力学性能检验，其质量必须符合有关标准的规定。

（2）无黏结筋宜选用钢绞线等预应力钢材制作，钢绞线不能有死弯，当有死弯时必须切断。无黏结预应力筋中的每根钢丝是通长的，可保留生产工艺拉拔前的焊接头。

（3）无黏结预应力筋的涂包质量应符合无黏结预应力钢绞线标准的规定。（注：当有工程经验，并经观察认为质量有保证时，可不作油脂用量和护套厚度的进场复验。）

（4）无黏结筋的外包层材料，应采用高密度聚乙烯，严禁使用聚氯乙烯制作。其性能应符合下列要求：

①在−20℃～+70℃温度范围内，低温不脆化，高温化学稳定性好。

②必须具有足够的韧性，抗破损性强。

③对周围材料无侵蚀作用。

④防水性好。

⑤在预应力筋全长及锚具与连接套管的连接部位，外包材料均应连续、封闭且能防水。

（5）无黏结预应力筋涂料层应采用专用防腐油脂，其性能应符合下列要求：

①在−20℃～+70℃温度范围内，不流淌、不裂缝、不变脆，并有一定韧性。

②使用期内，化学稳定性好。

③对周围材料（如混凝土、钢材和外包层材料）无侵蚀作用。

④不透水、不吸湿、防水性好。

⑤防腐性能好。

⑥润滑性能好，摩阻系数小。

（6）无黏结预应力筋的包装、运输、保管应符合下列要求：

①对不同品种、规格的无黏结预应力筋应有易于区别的标记。

②无黏结预应力筋应堆放在通风干燥处，露天堆放应搁置在架板上，并应采取覆盖措施。

2. 锚具、夹具、连接器

（1）锚具是在后张法结构或构件中，为保持预应力筋的拉力并将其传递到混凝土上所用的永久性锚固装置。

（2）夹具是在先张法结构或构件施工时，为保持预应力筋的拉力并将其固定在张拉台座（或设备）上的临时性锚固装置；是在后张法结构或构件施工时，能将千斤顶（或其他张拉设备）的张拉力传递到预应力筋的临时性锚固装置（又称工具锚）。

（3）连接器是用于连接预应力筋的装置。

（4）锚具、夹具和连接器按锚固方式分为夹片式、支承式、锥塞式和握裹式4种。

（5）锚具按锚固性能，分为Ⅰ类和Ⅱ类两种。Ⅰ类锚具适用于承受动载、静载的预应力混凝土结构；Ⅱ类锚具仅用于有黏结预应力混凝土结构，且锚具只能处于预应力筋应力变化不大的部位。

（6）常用锚具名称及适用预应力筋，见表5-24。

表5-24　　　　　　　　　　　　锚具名称及适用预应力筋

形式	锚具名称	适用预应力筋
夹片式	XM型锚具 QM型锚具 Z系列锚具 OVM型锚具 JM型锚具 BM型锚具	锚固单根或多根钢绞线或钢丝束 锚固单根或多根钢绞线 锚固单根或多根钢绞线和钢丝束 锚固多根钢绞线和钢丝束 锚固多根钢绞线和光圆钢筋 适用于板类、薄壁类结构
支承式	LM型锚具 EL型锚具 DM型锚具	锚固直径不大于36mm冷拉钢筋 锚固14～28根 $\phi5$ 钢丝束 锚固多根钢丝束
锥塞式	GZ型锚具 KT-Z型锚具	锚固多根钢丝 锚固直径12mm冷拉钢筋或钢绞线
握裹式	LZM型锚具（冷铸） 挤压式锚具	锚固多根钢丝 用于以钢绞线作为预应力筋的固定端

（7）锚具、夹具和连接器应有出厂合格证，并在进场时进行外观检查、硬度检查、静载锚固性试验。检查及试验合格者方可使用。

（8）预应力筋张拉机具设备及仪表，应定期维护和校验。张拉设备应配套标定，并配套使用。张拉设备的标定期限不应超过半年。当在使用过程中出现反常现象时或在千斤顶检修后，应重新标定。（注：张拉设备标定时，千斤顶活塞的运行方向应与实际张拉工作状态一致；压力表的精度不应低于1.5级，标定张拉设备用的试验机或测力计精度不应低于±2%。）

（9）预应力筋用锚具、夹具和连接器应按设计要求采用，其性能应符合现行国家标准《预应力筋用锚具、夹具和连接器》GB/T14370规定，并在进场时按规定进行验收。（注：对锚具用量较少的一般工程，如供方提供有效的试验报告，可不作静载锚固性能试验。）

（10）锚具的静载锚固性能，应由预应力筋-锚具组装件静载试验测定的锚具效率系数 η_a 和达到实测极限拉力时的总应变 ε_{apu} 确定。

锚具效率系数 η_a 应按下式计算：

$$\eta_a = \frac{F_{apu}}{\eta_p F_{pm}}$$

$$F_{pm} = f_{pm} \times A_p$$

式中　F_{apu}——预应力筋锚具组装件的实测极限拉力（kN）；

　　　F_{pm}——按预应力钢材试件实测破断荷载平均值计算的预应力筋的实际平均极限抗拉力；

　　　η_p——预应力筋的效率系数。η_p 的取用：预应力筋-锚具组装件中预应力钢材为 1～5 根时，$\eta_p=1$；6～12 根时，$\eta_p=0.99$；13～19 根时，$\eta_p=0.98$；20 根以上时，$\eta_p=0.97$

　　　F_{pm}——组装件试验用预应力钢材的实测极限抗拉强度平均值；

　　　A_p——预应力筋-锚具组装件中各根预应力钢材公称截面面积之和。

锚具的静载锚固性能应同时满足下列两项要求：

$$\eta_a > 0.95$$

$$\varepsilon_{apu} \geqslant 2\%$$

（11）试验用的预应力筋-锚具、夹具或连接器组装件应由全部零件和预应力筋组装而成。组装时锚固零件必须擦拭干净，不得在锚固零件上添加影响锚固性能的物质，如金刚砂、石墨、润滑剂等（设计规定的除外）。束中各根预应力筋应等长平行，初应力均匀，其受力长度不应小于 3m。单根钢绞线的组装件试件，不包括夹持部位的受力长度不应小于 0.8m；其他单根预应力钢材组装件最小长度可参考试验设备确定。

（12）用于承受静、动荷载的预应力混凝土结构，其预应力筋-锚具组装件，除必须满足静载锚固性能外，尚应满足循环次数为 200 万次的疲劳性能试验要求。疲劳性能试验的荷载应按下列规定取用：

当锚固的预应力筋为钢丝、钢绞线时，试验应力上限取预应力钢材抗拉强度标准值 f_{ptk} 的 65%，疲劳应力幅度应不小于 80MPa；当为精轧螺纹钢筋时，疲劳应力上限为屈服强度的 80%，疲劳应力幅度不小于 80MPa。如工程有特殊需要，试验应力上限及疲劳应力幅度取值可以另定。

（13）锚具组装件在抗震结构中，还应满足循环次数为 50 次的周期荷载试验。荷载试验应按下列规定取用：

①当锚固的预应力筋为钢丝、钢绞线时，试验应力上限取预应力筋抗拉强度标准值 f_{ptk} 的 80%，下限取预应力钢材抗拉强度标准值 f_{ptk} 的 40%。

②对于精轧螺纹钢筋，试验应力上限取屈服强度的 90%，下限取屈服强度的 40%。

③试件经 50 次循环荷载后预应力筋在锚具夹持区域不应发生破断。

（14）锚具还应符合下列规定：

①在预应力筋锚具组装件达到实测极限拉力时，应当是由预应力筋的断裂，而不应由锚具的破坏所导致试验终结；试验后锚具部件会有残余变形，但应能确认锚具的可靠性。

②锚具应满足分级张拉及补张拉和放松张拉预应力筋的要求。

③锚垫板上宜设置灌浆孔或排气孔。灌浆孔应有保证浆液畅通的截面面积；排气孔应设在锚垫板空腔的上部。

(15) 夹具的基本性能：

①夹具的静载锚固性能，应由预应力筋-夹具组装件静载锚固试验测定的效率系数 η_g 确定。

②在预应力筋-夹具组装件达到实测极限拉力时，应由预应力筋的断裂，而不应由夹具的破坏导致试验终结。夹具的全部零件均不应出现肉眼可见的裂缝或破坏；夹具应具有良好的自锚性能、松锚性能和重复使用性能。需敲击才能松开的夹具必须保证对预应力筋的锚固没有影响，且对操作人员安全不造成危险时，方允许使用。

(16) 连接器的基本性能应符合《预应力筋用锚具、夹具和连接器》（GB/T 14370）的相关规定。

(17) 预应力筋用锚具、夹具和连接器使用前应进行外观检查，其表面应无污物、锈独、机械损伤和裂纹。

(18) 预应力混凝土用金属螺旋管的尺寸和性能，应符合国家现行标准《预应力混凝土用金属螺旋管》JG/T3013 的规定。（注：对金属螺旋管用量较少的一般工程，当有可靠依据时，可不作径向刚度、抗渗漏性能的进场复验。）

(19) 预应力混凝土用金属螺旋管在使用前应进行外观检查，其表面应清洁、无锈蚀，不应有油污、孔洞和不规则的褶皱，咬口不应有开裂或脱扣。

3. 其他

孔道灌浆用水泥应采用普通硅酸盐水泥，其质量应符合《混凝土结构工程施工质量验收规范》（GB50204）的相关规定。孔道灌浆用外加剂的质量应符合《混凝土结构工程施工质量验收规范》（GB50204）的相关规定。（注：对孔道灌浆用水泥和外加剂用量较少的一般工程，当有可靠依据时，可不作材料性能的进场复验。）

二、预应力筋制作与安装质量控制要点

预应力筋制作与安装质量控制要点应符合下列规定：

(1) 预应力筋安装时，其品种、级别、规格、数量必须符合设计要求。

(2) 在预应力混凝土施工中严禁使用含氯化物的外加剂。在混凝土施工中，包括外加剂在内的混凝土或砂浆各组成材料中，氯离子总含量以水泥用量的百分率计，不得超过 0.06%。掺用的外加剂的质量及应用技术应符合现行国家标准《混凝土外加剂》（GB8076）、《混凝土外加剂应用技术规范》（GB50119）等和有关环境保护的规定。

(3) 预应力筋的下料长度，应由计算确定。计算时应考虑以下因素：结构的孔道长度、锚夹具厚度、千斤顶长度、焊接接头或镦头的预留量、冷拉伸长值、弹性回缩值、张拉伸长值、台座长度等。

(4) 预应力筋断料宜采用砂轮锯或切断机切断，不得采用电弧切断。

(5) 成束预应力筋宜采用穿束网套穿束。穿束前应逐根理顺，捆扎成束，不得紊乱。

(6) 先张法墩式台座的承力台墩，其承载能力和刚度必须满足要求，且不得倾覆和滑移，其抗倾覆和抗滑移安全系数，应符合现行国家标准《建筑地基基础设计规范》（GB50007）的规定。台座的构造，应适合构件生产工艺要求；台座的台面，宜采用预应力混凝土。

(7) 先张法预应力施工时应选用非油质类模板隔离剂，并应避免玷污预应力筋。

(8) 孔道可采用预埋波纹管、钢管抽芯、胶管抽芯等方法成形。钢管应平直光滑，胶管宜充压力水或其他措施以增强刚度，波纹管应密封良好并有一定的轴向刚度。

固定各种成孔管道用的钢筋井字架间距：钢管宜为 1.1～1.2m；波纹管宜为 1.0～1.2m；胶管宜为 0.6～0.8m；曲线孔道宜加密。

（9）施工过程中应避免电火花损伤预应力筋；受损伤的预应力筋应予以更换。

（10）制作单根无黏结筋时，应采用专用防腐油脂作涂料层，塑料外包层采用挤塑成形工艺。防腐油脂应充足饱满，外包层应松紧适度。

（11）预应力筋端部锚具的制作应符合下列要求：

①挤压锚具制作时压力表油压符合操作说明书的规定，挤压后预应力筋外端应露出挤压套筒 1～5mm。

②钢绞线压花锚成形时，表面应清洁、无油污，梨形头尺寸和直线段长度应符合设计要求。

③钢丝镦头的强度不得低于钢丝强度标准值的98％。

（12）预应力筋下料应符合下列要求：

①预应力筋应采用砂轮锯或切断机切断，不得采用电弧切割。

②当钢丝束两端采用镦头锚具时，同一束中各根钢丝长度的级差不应大于钢丝长度的 1/5000，且不应大于 5mm。当成组张拉长度不大于 10m 的钢丝时，同组钢丝长度的级差不得大于 2mm。

（13）预应力筋束形控制点的设计位置偏差，应符合表 5-25 的规定。

表 5-25 束形控制点的设计位置允许偏差

截面高（厚）度（mm）	$h \leqslant 300$	$300 < h \leqslant 1500$	$h > 1500$
允许偏差（mm）	±5	±10	±15

注：束形控制点的竖向位置偏差合格点率应达到 90％及以上，且不得有超过表中数值 1.5 倍的尺寸偏差。

（14）孔道成形后，应立即逐孔检查，发现堵塞，应及时疏通。

（15）无黏结预应力筋应按图纸的规定铺设且符合表 5-25 的规定。铺放时还应符合下列要求：

①无黏结预应力筋允许采用与普通钢筋相同的绑扎方法，铺放前应通过计算确定无黏结预应力筋的位置，其垂直高度宜采用支撑钢筋控制，亦可与其他钢筋绑扎。

②无黏结预应力筋的位置应保持顺直。

③铺设双向配置的无黏结预应力筋时，应对每个纵横交叉点相应的两个标高进行比较。对各交叉点标高较低的无黏结预应力筋应先进行铺放，标高较高的次之，宜避免两个方向的无黏结预应力筋相互穿插铺放。

④敷设的各种管线不应将无黏结预应力筋的垂直位置抬高或压低。

⑤当集束配置多根无黏结预应力筋时，应保持平行走向，防止相互扭绞，并保证混凝土密实且能裹住预应力筋。

⑥无黏结预应力筋的定位应牢固，浇筑混凝土时不应出现移位和变形；采用竖向、环向或螺旋形铺放时，应有定位支架或其他构造措施控制位置。

⑦端部的预埋锚垫板应垂直于预应力筋，且锚垫板至曲线段起点应有不小于 300mm 的直线段。

⑧内埋式固定端垫板不应重叠，锚具与垫板应贴紧。

（16）铺设无黏结筋时，无黏结筋的曲线位置，可垫铁马凳控制。铁马凳高度应根据设计要求的无黏结筋曲率确定，铁马凳间隔不宜大于 2m，并应用铁丝与无黏结筋扎紧。

（17）无黏结预应力体系的防腐可采用下列做法：

①在一类环境条件下，锚固区域采用混凝土或专用密封砂浆防护。

②在二、三类环境条件下，无黏结筋与锚具体系应形成自身沿全长连续封闭且能防水的防腐保护，然后采用混凝土或专用密封砂浆防护。

（18）浇筑混凝土前穿入孔道的后张法有黏结预应力筋，宜采取防止锈蚀的措施。

(19) 成束预应力筋宜采用穿束网套穿束，也可采用人力、卷扬机或穿束机穿束。穿束前应逐根理顺，捆扎成束，不得紊乱。

(20) 预应力筋在储存、运输和安装过程中，应采取防止锈蚀及损坏措施。

(21) 夹片锚具系统张拉端可采用下列做法：

①圆套筒锚具构造由锚环、夹片、承压板、螺旋筋组成，该锚具一般宜采用凹进混凝土表面布置。

②采用垫板连体式夹片锚具凹进混凝土表面时，其构造由连体锚板、夹片、穴模、密封连接件及螺母、螺旋筋等组成。

(22) 夹片锚具系统的固定端必须埋设在板或梁的混凝土中，可采用下列做法：

①挤压锚具的构造由挤压锚具、承压板和螺旋筋组成。

挤压锚具应将套筒等组装在钢绞线端部经专用设备挤压而成，挤压锚具与承压板的连接应牢固。

②垫板连体式夹片锚具的构造由连体锚板、夹片与螺旋筋等组成。该锚具应预先用专用紧楔器以不低于 0.75 倍预应力筋张拉力的顶紧力使夹片预紧，并安装带螺母外盖。

(23) 浇筑混凝土时，应遵守下列规定：

①预应力筋铺放、安装完毕后，应进行隐蔽工程验收，当确认合格后方能浇筑混凝土。

②混凝土浇筑时，严禁踏压撞碰预应力筋、支撑架以及端部预埋部件。

③张拉端、固定端混凝土必须振捣密实。

三、张拉、张放质量控制要点

1. 先张法

(1) 先张法是先张拉预应力筋，后浇筑混凝土构件。

(2) 先张法所用台座的承力台墩，其承载能力和刚度必须满足要求，不得倾覆和滑移。

(3) 在铺放预应力筋时，应采取防止隔离剂玷污预应力筋的措施。

(4) 当同时张拉多根预应力筋时，应预先调整初应力，使其相互之间的应力一致。

(5) 张拉后的预应力筋与设计位置偏差不得大于 5mm，且不得大于构件截面最短边长的 4%。

(6) 预应力筋的放拉顺序应符合下列规定：

①对承受轴心预压力构件，所有预应力筋应同时放张。

②对承受偏心预压力构件，应先同时放张预应力较小区域的预应力筋，再同时放张预压力较大区域的预应力筋。

③当不能按上述规定放张时，应分阶段、对称、相互交错地放张。

放张后预应力筋的切断顺序，宜由放张端开始，逐次切向另一端。

2. 后张法

(1) 后张法是先浇筑混凝土构件，预留孔道，待混凝土达到一定强度后，再在孔道内穿入预应力筋，进行张拉并锚固。

(2) 预留孔道的尺寸与位置应正确，孔道应平顺。端部的预埋钢板应垂直于孔道中心线。

预留孔道可采用预埋金属螺旋管等方法。

(3) 预应力筋的张拉顺序可采用分批、分阶段对称张拉。张拉端的设置应符合设计要求。平卧叠层浇筑的构件，宜先上后下逐层进行张拉，为了减少上下层之间因摩阻引起的预应力损失，可逐层加大张拉力。对钢丝、钢绞线、热处理钢筋，不宜比顶层张拉力大 5%；对冷拉钢筋，不宜比顶层张拉力大 9%，且不超过张拉控制应力限值。

（4）预应力筋张拉后，孔道应及时灌浆。用连接器连接的多跨连续预应力筋的孔道灌浆，应张拉完一跨随即灌注一跨，不得在各跨全部张拉完毕后，一次连续灌浆。

（5）孔道灌浆应采用强度等级不低于 42.5 级普通硅酸盐配制的水泥浆；对空隙大的孔道，可采用水泥砂浆。灌浆顺序宜先灌注下层孔道；应缓慢均匀地进行，不得中断，并应排气通顺；在灌满孔道并封闭排气孔后，宜再继续加压至 0.5～0.6MPa，稍后再封闭灌浆孔。

3. 张拉注意事项

安装张拉设备时，直线预应力筋应使张拉力的作用线与孔道中心线重合；曲线预应力筋应使张拉力的作用线与孔道中心线末端的切线重合。

预应力筋的张拉控制应力值 σ_{con} 不宜超过表 5-26 规定的张拉控制应力值，且不应小于 $0.4f_{ptk}$（f_{ptk} 为预应力筋的强度标准值）。当符合下列情况之一时，表 5-26 中的张拉控制应力限值可提高 $0.05f_{ptk}$。

表 5-26   张拉控制应力限值

锚筋种类	张拉方法	
	先张法	后张法
消除应力钢丝、钢绞线	$0.75f_{ptk}$	$0.75f_{ptk}$
热处理钢筋	$0.70f_{ptk}$	$0.65f_{ptk}$

（1）要求提高构件在施工阶段的抗裂性能而在使用阶段受压区内设置的预应力筋。

（2）要求部分抵消由于应力松弛、摩擦、钢筋分批张拉以及预应力钢筋与张拉台座之间的温差等因素所产生的预应力损失。

（3）预应力筋张拉或放张时，混凝土强度应符合设计要求；当设计无具体要求时，不应低于设计混凝土立方体抗压强度标准值的 75%。

（4）预应力筋张拉端的设置，应符合设计要求；当设计无具体要求时，应符合下列规定：

①抽芯成形孔道：对曲线预应力筋和长度大于 24m 的直线预应力筋，应在两端张拉；对长度不大于 24m 的直线预应力筋，可在一端张拉。

②预埋波纹管孔道：对曲线预应力筋和长度大于 30m 的直线预应力筋，应在两端张拉；对长度不大于 30m 的直线预应力筋，可在一端张拉。

当同一截面中有多根一端张拉的预应力筋时，张拉端宜分别设置在结构两端。采用两端张拉时，宜两端同时张拉；也可先在一端张拉锚固，再在另一端补足张拉力后进行锚固。

（5）安装张拉设备时，直线预应力筋，应使张拉力的作用线与孔道中心线重合；曲线预应力筋，应使张拉力的作用线与孔道中心线末端的切线重合。

（6）当采用超张拉方法减少预应力筋的松弛损失时，预应力筋的张拉程序为：从零应力开始张拉至 1.05 倍预应力筋的张拉控制应力值 σ_{on}，持荷 2min 后，卸荷至预应力筋的张拉控制应力值；或从应力零开始张拉到 1.03 倍预应力筋的张拉控制应力值。

（7）当采用应力控制方法张拉时，应校核预应力筋的伸长值。如实际伸长值比计算伸长值大于 10% 或小于 5%，应暂停张拉，在采取措施予以调整后，方可继续张拉。

（8）预应力筋张拉锚固后，实际建立的预应力值与工程设计规定检验值的相对允许偏差为 ±5%。

（9）预应力筋的张拉步骤，应从零拉力加载至初拉力测量伸长值，再以均匀速度分级加载至终拉力，持荷 2min 锚固。无黏结预应力筋张拉可采用 0→$1.03\sigma_{on}$锚固张拉程序。

（10）预应力筋的张拉力、张拉或放张顺序及张拉工艺应符合设计及施工技术方案的要求，并应符合下列规定：

①张拉工艺应能保证同一束中各根预应力筋的应力均匀一致。

②后张法施工中，当预应力筋是逐根或逐束张拉时，应保证各阶段不出现对结构不利的应力状态；同时宜考虑后批张拉预应力筋所产生的结构构件的弹性压缩对先批张拉预应力筋的影响，确定张拉应力。

③先张法预应力筋放张时，宜缓慢放松锚固装置，使各根预应力筋同时缓慢放松。

④当采用应力控制方法张拉时，应校核预应力筋的伸长值。实际伸长值与设计计算理论伸长值的相对允许偏差为±6%。如超过允许偏差，应查明原因并采取措施予以调整后，方可继续张拉。

(11) 平卧重叠浇筑的构件，宜先上后下逐层进行张拉。为了减少上下层之间因摩阻引起的预应力损失，可根据计算逐层加大张拉力。底层张拉力不宜比顶层张拉力大5%。

(12) 预应力筋的计算伸长值 Δl_p^c（mm），可按下式计算：

$$\Delta l_p^c = \frac{F_{pm} l_p}{A_p E_p}$$

式中　F_{pm}——预应力筋的平均张拉力（kN），取张拉端拉力与计算截面扣除孔道摩阻损后的拉力平均值；

A_p——预应力筋的截面面积（mm²）；

l_p——预应力筋的实际长度（mm）；

E_p——预应力筋的弹性模量（kN/mm²）。

预应力筋的实际伸长值，宜在初应力为张拉控制应力10%时开始测量，但必须加上初应力以下的推算伸长值；对后张法，尚应扣除混凝土构件在张拉过程中的弹性压缩值。

(13) 张拉过程中应避免预应力筋断裂或滑脱；当发生断裂或滑脱时，必须符合下列规定：

①对后张法预应力结构构件，断裂或滑脱的数量严禁超过同一截面预应力筋总根数的3%，且每束钢丝不得超过1根；对多跨双向连续板，其同一截面应按每跨计算。

②对先张法预应力构件，在浇筑混凝土前发生断裂或滑脱的预应力筋必须予以更换。

(14) 预应力筋张拉和放张时，均应填写施加预应力记录表。

四、灌浆及封锚质量控制要点

灌浆及封锚质量控制要点应符合下列规定：

(1) 无黏结预应力筋张拉完毕后，应及时对锚具区进行保护。当锚具采用凹进混凝土表面布置时，可先切除外露无黏结预应力筋多余长度，在夹片及无黏结预应力筋端头外露部分涂专用防腐油脂或环氧树脂，并用防护帽（罩）封闭，该防护帽应与锚具连接可靠，然后进行混凝土或专用密封砂浆封端保护。

(2) 后张法有黏结预应力筋张拉后应尽早进行孔道灌浆，孔道内水泥浆应饱满、密实。

(3) 灌浆顺序宜先灌注下层孔道；灌浆应缓慢均匀地进行，不得中断，并应排气通顺；在灌满孔道并封闭排气孔后，宜再继续加压至 0.5~0.6MPa，稳压1~2min后，再封闭灌浆孔。不掺外加剂的水泥浆，可采用一次压浆法或重力补浆法。

(4) 当室外温度低于+5℃时，孔道灌浆应采取抗冻保温措施。当室外温度高于35℃时，宜在夜间进行灌浆。水泥浆灌入前的温度不应超过35℃。

(5) 孔道灌浆应填写施工记录，标明灌浆日期、水泥品种、强度等级、配合比、灌浆压力和灌浆情况等。

五、预应力工程质量检查与验收

预应力工程质量分为合格和不合格。

合格标准：主控项目全部符合要求，一般项目有 80% 以上检查点符合要求。

1. 原材料项目检验

原材料项目质量检查与验收，见表 5-27。

表 5-27　　　　　　　　　　　原材料项目质量检查与验收

项	项目	合格质量标准	检验方法	检验数量
主控项目	预应力筋力学性能检验	预应力筋进场时，应按现行国家标准《预应力混凝土用钢绞线》GB/T、5224 等的规定抽取试件做力学性能检验，其质量必须符合有关标准的规定	检查产品合格证、出厂检验报告和进场复验报告	按进场的批次和产品的抽样检验方案确定
	无黏结预应力筋的涂包质量	无黏结预应力筋的涂包质量应符合无黏结预应力钢绞线标准的规定	观察，检查产品合格证、出厂检验报告和进场复验报告	每 60t 为一批，每批抽取一组试件
	锚具、夹具和连接器的性能	预应力筋用锚具、夹具和连接器应按设计要求采用，其性能应符合现行国家标准《预应力筋用锚具、夹具和连接器》GB/T14370 等的规定	检查产品合格证、出厂检验报告和进场复验报告	按进场批次和产品的抽样检验方案确定
	孔道灌浆用水泥和外加剂	孔道灌浆用水泥应采用普通硅酸盐水泥，其质量应符合现行国家标准《硅酸盐水泥、普通硅酸盐水泥》GB 175 的规定。孔道灌浆用外加剂的质量应符合现行国家标准《混凝土外加剂》GB 8076 的规定	检查产品合格证、出厂检验报告和进场复验报告	按进场的批次和产品的抽样检验方案确定
一般项目	预应力筋外观质量	预应力筋使用前应进行外观检查，其质量应符合下列要求： ①有黏结预应力筋展开后应平顺，不得有弯折，表面不应有裂纹、小刺、机械损伤、氧化铁皮和油污等 ②无黏结预应力筋护套应光滑、无裂缝、无明显褶皱	观察	全数检查
	锚具、夹具和连接器的外观	预应力筋用锚具、夹具和连接器使用前应进行外观检查，其表面应无污物、锈蚀、机械损伤和裂缝	观察	全数检查
	金属螺旋管的尺寸和性能	预应力混凝土用金属螺旋管的尺寸和性能应符合国家现行标准《预应力混凝土用金属螺旋管》JG/J 3013 的规定	检查产品合格证、出厂检验报告和进场复验报告	按进场批次和产品的抽样检验方案确定
	金属螺旋管的外观质量	预应力混凝土用金属螺旋管在使用前应进行外观检查，其内外表面应清洁，无锈蚀，不应有油污、孔洞和不规则的褶皱，咬口不应有开裂或脱扣	观察	全数检查

2. 制作与安装检验项目

预应力筋制作与安装检验项目，见表 5-28。

表 5-28 预应力筋制作与安装项目质量检查与验收

项	项目	合格质量标准	检验方法	检验数量
主控项目	预应力筋品种、级别、规格、数量	预应力筋安装时，其品种、级别、规格、数量必须符合设计要求	观察，钢直尺检查	全数检查
	避免隔离剂玷污	先张法预应力施工时，应选用非油质类模板隔离剂，并应避免玷污预应力筋	观察	全数检查
	避免电火花损伤预应力筋	施工过程中应避免电火花损伤预应力筋；受损伤的预应力筋应予以更换	观察	全数检查
一般项目	预应力筋下料	预应力筋下料应符合下列要求： ①预应力筋应采用砂轮锯或切断机切断，不得采用电弧切割 ②当钢丝束两端采用镦头锚具时，同一束中各根钢丝长度的极差应不大于钢丝长度的1/5000，且应不大于5mm。当成组张拉长度不大于10m钢丝时，同组钢丝长度的极差不得大于2mm	观察，钢直尺检查	每工作班抽查预应力筋总数的3%，且不少于3束
	预应力筋端部锚具的制作质量要求	预应力筋端部锚具的制作质量应符合下列要求： ①挤压锚具制作时，压力表油压应符合操作说明书的规定，挤压后预应力筋外端应露出挤压套筒1~5mm ②钢绞线压花锚成形时，表面应清洁、无油污、梨形头尺寸和直线段长度应符合设计要求 ③钢丝镦头的强度不得低于钢丝强度标准值的98%	观察，钢直尺检查，检查镦头强度试验报告	对挤压锚，每工作班抽查5%，且不应少于5件；对压花锚，每工作班抽查3件；对钢丝镦头强度，每批钢丝检查6个镦头试件
	预留孔道质量	后张法有黏结预应力筋预留孔道的规格、数量、位置和形状除应符合设计要求外，尚应符合下列规定： ①预留孔道的定位应牢固，浇筑混凝土时不应出现移位和变形 ②孔道应平顺，端部的预埋垫板应垂直于孔道中心线 ③成孔用管道应密封良好，接头应严密且不得漏浆 ④灌浆孔的间距：对预埋金属螺旋管不宜大于30m；对抽芯成形孔道不宜大于12m ⑤在曲线孔道的曲线波峰部位应设置排气兼泌水管，必要时可在最低点设置排水孔 ⑥灌浆孔及泌水管的孔径应能保证浆液畅通	观察，钢直尺检查	全数检查

项	项目	合格质量标准	检验方法	检验数量
一般项目	预应力筋束形控制	预应力筋束形控制点的竖向位置偏差，参见表 5-25	钢直尺检查	在同一检验批内，抽查各类型构件中预应力筋总数的5%，且对各类型构件均不少于 5 束，每束不应少于 5 处
	无黏结预应力筋铺设	无黏结预应力筋的铺设除符合上述的规定外，尚应符合下列要求： ①无黏结预应力筋的定位应牢固，浇筑混凝土时不应出现移位和变形 ②端部的预埋锚垫板应垂直于预应力筋 ③内埋式固定端垫板不应重叠，锚具与垫板应贴紧 ④无黏结预应力筋成束布置时应能保证混凝土密实并能裹住预应力筋 ⑤无黏结预应力筋的护套应完整，局部破损处应采用防水胶带缠绕紧密	观察	全数检查
	预应力筋防止锈蚀措施	浇筑混凝土前，穿入孔道的后张法有黏结预应力筋，宜采取防止锈蚀的措施	观察	全数检查

3. 张拉和放张检验项目

预应力筋张拉和放张检验项目，见表 5-29。

表 5-29　　　　　预应力筋张拉和放张项目质量检查与验收

项	项目	合格质量标准	检验方法	检验数量
主控项目	张拉或放张时混凝土强度	预应力筋张拉或放张时，混凝土强度应符合设计要求；当设计无具体要求时，不应低于设计的混凝土立方体抗压强度标准值的 75%	检查同条件养护试件试验报告	全数检查
	预应力筋的张拉力、张拉或放张顺序及张拉工艺	预应力筋的张拉力、张拉或放张顺序及张拉工艺应符合设计及施工技术方案的要求，并符合下列规定： ①当施工需要超张拉时，最大张拉应力不应大于国家现行标准《混凝土结构设计规范》GB 50010 的规定 ②张拉工艺应能保证同一束中各根预应力筋的应力均匀一致 ③后张法施工中，当预应力筋是逐根或逐束张拉时，应保证各阶段不出现对结构不利的应力状态；同时宜考虑后批张拉预应力筋所产生的结构构件的弹性压缩对先批张拉预应力筋的影响，确定张拉力	检查张拉记录	全数检查

续表1

项	项目	合格质量标准	检验方法	检验数量
主控项目	预应力筋的张拉力、张拉或放张顺序及张拉工艺	④先张法预应力筋放张时，宜缓慢放松锚固装置，使各根预应力筋同时缓慢放松 ⑤当采用应力控制方法张拉时，应校核预应力筋的伸长值。实际伸长值与设计计算理论伸长值的允许偏差为6%	检查张拉记录	全数检查
	实际预应力值控制	预应力张拉锚固后实际建立的预应力值与工程设计规定检验值的相对允许偏差为±5%	对先张法施工，检查预应力筋应力检测记录；对后张法施工，检查见证张拉记录	对先张法施工，每工作班抽查预应力筋总数的1%，且不少于3根；对后张法施工，在同一检验批内，抽查预应力筋总数的3%，且不少于5束
	预应力筋断裂或滑脱	张拉过程中应避免预应力筋断裂或滑脱；当发生断裂或滑脱时，必须符合下列规定： ①对后张法预应力结构构件，断裂或滑脱的数量严禁超过同一截面预应力筋总根数的3%，且每束钢丝不得超过1根，对多跨双向连续板，其同一截面应按每跨计算 ②对先张法预应力构件，在浇筑混凝土前发生断裂或滑脱的预应力筋必须予以更换	观察，检查张拉记录	全数检查
一般项目	应力筋的内缩量	锚固阶段张拉端预应力筋的内缩量应符合设计要求；当设计无具体要求时，应符合以下附表的规定	钢直尺检查	每工作班抽查预应力筋总数的3%，且不少于3束

附表　　张拉端预应力筋的内缩量限值

锚具类别		内缩量限值（mm）
支承式锚具	螺母缝隙	1
	每块后加垫板的缝隙	1
锥塞式锚具		5
夹片式锚具	有顶压	5
	无顶压	6～8

一般项目	先张法预应力筋张拉后位置	先张法预应力筋张拉后与设计位置的偏差不得大于5mm，且不得大于构件截面短边边长的4%	钢直尺检查	每工作班抽查预应力筋总数的3%，且不少于3束

续表 2

项	项目	合格质量标准	检验方法	检验数量
一般项目	外露预应力筋切断	后张法预应力筋锚固后的外露部分宜采用机械方法切割,其外露长度不宜小于预应力筋直径的 1.5 倍,且不宜小于 30mm	观察,钢尺检查	在同一检验批内,抽查预应力筋总数的3%,且不少于5束
	灌浆用水泥浆的水灰比和泌水率	灌浆用水泥浆的水灰比应不大于0.45,搅拌后 3h 泌水率不宜大于 2%,且应不大于 3%。泌水应能在 24h 内全部重新被水泥浆吸收		同一配合比检查一次
	灌浆用水泥浆的抗压强度	灌浆用水泥浆的抗压强度应不小于30N/mm 注:①一组试件由 6 个试件组成,试件应标准养护 28d ②抗压强度为一组试件的平均值,当一组试件中抗压强度最大值或最小值与平均值相差超过 20%时,应取中间 4 个试件强度的平均值	检查水泥浆试件强度试验报告	每工作班留置一组边长为 70.7mm的立方体试件

4. 灌浆及封锚

灌浆及封锚检验项目,见表 5-30。

表 5-30 灌浆及封锚项目质量检查与验收

项	项目	合格质量标准	检验方法	检验数量
主控项目	孔道灌浆	后张法有黏结预应力筋张拉后应尽早进行孔道灌浆,孔道内水泥浆应饱满、密实	观察,检查灌浆记录	全数检查
	锚具的封闭保护	锚具的封闭保护应符合设计要求;当设计无具体要求时,应符合下列规定: ①应采取防止锚具腐蚀和遭受机械损伤的有效措施 ②凸出式锚固端锚具的保护层厚度不应小于 50mm ③外露预应力筋的保护层厚度:处于正常环境时,不应小于 20mm;处于易腐蚀的环境时,不应小于 50mm	观察,钢直尺检查	在同一检验批内,抽查预应力筋总数的 5%,且不少于 5 处
一般项目	后张法预应力筋锚固后的外露切割	后张法预应力筋锚固后的外露部分宜采用机械方法切割,其外露长度不宜小于预应力筋直径的 1.5 倍,且不宜小于 30mm	观察,钢直尺检查	在同一检验批内,抽查预应力筋总数的3%,且不少于5束
	灌浆用水泥浆的水灰比和泌水率	灌浆用水泥浆的水灰比不应大于0.45,搅拌后 3h 泌水率不宜大于 2%,且不应大于 3%。泌水应能在 24h 内全部重新被水泥浆吸收	检查水泥浆性能试验报告	同一配合比检查一次

续表

项	项目	合格质量标准	检验方法	检验数量
一般项目	灌浆用水泥浆的抗压强度	灌浆用水泥浆的抗压强度不应小于 30MPa	检查水泥浆试件强度试验报告	每工作班留置一组边长为 70.7mm 的立方体试件
	预应力隐蔽工程验收	在浇筑混凝土之前，应进行预应力隐蔽工程验收，其内容包括： ①预应力筋的品种、规格、数量、位置等 ②预应力筋锚具和连接器的品种、规格、数量、位置等 ③预留孔道的规格、数量、位置、形状及灌浆孔、排气兼泌水管等 ④锚固区局部加强构造等	—	—

第四节　混凝土工程质量

一、混凝土工程的一般要求

混凝土工程一般要求应符合下列要求：

（1）结构构件的混凝土强度应按现行国家标准《混凝土强度检验评定标准》GB/T50107—2010 的规定分批检验评定。当混凝土中掺用矿物掺和料时，确定混凝土强度时的龄期可按现行国家标准《粉煤灰混凝土应用技术规范》GBJ146—1990 等的规定取值。

（2）对采用蒸汽法养护的混凝土结构构件，其混凝土试件应先随同结构构件同条件蒸汽养护，再转入标准条件养护共 28d。

（3）检验评定混凝土强度用的混凝土试件的尺寸及强度的尺寸换算系数，应按表 5-31 取用；其标准成型方法、标准养护条件及强度试验方法，应符合普通混凝土力学性能试验方法标准的规定。

表 5-31　　　　　　　　　　混凝土试件尺寸及强度的尺寸换算系数

骨料最大粒径（mm）	试件尺寸（mm）	强度的尺寸换算系数
≤31.5	100×100×100	0.95
≤40	150×150×150	1.00
≤63	200×200×200	1.05

注：对强度等级为 C60 及以上的混凝土试件，其强度的尺寸换算系数可通过试验确定。

混凝土试件强度的试验方法应符合普通混凝土力学性能试验方法标准的规定。混凝土试件的尺寸应根据骨料的最大粒径确定。当采用非标准尺寸的试件时，其抗压强度应乘以相应的尺寸换算系数。

（4）结构构件拆模、出池、出厂、吊装、张拉、放张及施工期间临时负荷时的混凝土强度，应根据同条件养护的标准尺寸试件的混凝土强度确定。

由于同条件养护试件具有与结构混凝土相同的原材料、配合比和养护条件，能有效代表结构混凝土的实际质量。在施工过程中，根据同条件养护试件的强度来确定结构构件拆模、出池、出厂、吊装、张拉、放张及施工期间临时负荷时的混凝土强度，是行之有效的方法。

（5）当混凝土试件强度评定不合格时，可根据国家现行有关标准采用回弹法、超声回弹综合法、钻芯法、后装拔出法等推定结构的混凝土强度。应指出，通过检测得到的推定强度可作为判断结构是否需要处理的依据。

（6）室外日平均气温连续 5d 稳定低于 5℃时，混凝土分项工程应采取冬期施工措施，具体要求应符合国家现行标准《建筑工程冬期施工规程》JGJ/T104—2011 的有关规定。

二、原材料及配合比

1. 原材料及配合比质量控制

建筑工程用混凝土应符合国家现行标准《普通混凝土配合比设计规程》JGJ55 的有关规定，根据混凝土强度等级、耐久性和工作性等要求进行配合比设计。对有特殊要求的混凝土，其配合比设计尚应符合国家现行标准的专门规定。

首次使用的混凝土配合比应进行开盘鉴定，其工作性能应满足设计配合比的要求。开始生产时应至少留置一组标准养护试件，作为验证配合比的依据。混凝土拌制前，应测定砂、石含水率并根据测试结果调整材料用量，提出施工配合比。

（1）混凝土的施工配制强度应按下式计算：

$$f_{cu,o} \geqslant f_{cu,k} + 1.645\sigma$$

式中　　$f_{cu,o}$——混凝土配制强度（MPa）；

　　　　$f_{cu,k}$——混凝土立方体抗压强度标准值（MPa）；

　　　　σ——混凝土强度标准差（MPa），施工单位如无近期混凝土强度统计资料时，其按表 5-32 取值。

表 5-32　　　　　　　　　　　　σ 取值表

混凝土强度等级	≤C15	C20~C35	≥C40
σ（MPa）	4	5	6

（2）遇有现场条件与试验室条件有显著差异时，C30 级及其以上强度等级的混凝土，采用非统计方法评定时，应提高混凝土配制强度。

（3）普通混凝土，最大水灰比和最小水泥用量应符合设计要求，并应符合表 5-33 的规定。

表 5-33　　　　　　　　混凝土的最大水灰比和最小水泥用量

环境条件	结构物类别	最大水灰比			最小水泥用量/kg		
		素混凝土	钢筋混凝土	预应力混凝土	素混凝土	钢筋混凝土	预应力混凝土
干燥环境	正常的居住或办公用房屋内部件	不作规定	0.65	0.60	200	260	300

续表

环境条件		结构物类别	最大水灰比			最小水泥用量/kg		
			素混凝土	钢筋混凝土	预应力混凝土	素混凝土	钢筋混凝土	预应力混凝土
潮湿环境	无冻害	高湿度的室内部件 室外部件 在非侵蚀性土和（或）水中的部件	0.70	0.60	0.60	225	280	300
潮湿环境	有冻害	经受冻害的室外部件 在非侵蚀性土和（或）水中且经受冻害的部件 高湿度且经受冻害的室内部件	0.55	0.55	0.55	250	280	300
有冻害和除冰剂的潮湿环境		经受冻害和除冰剂作用的室内和室外部件	0.50	0.50	0.50	300	300	300

注：①当用活性掺和料取代部分水泥时，表中的最大水灰比及最小水泥用量即为替代前的水灰比和水泥用量。

②配制 C15 级及其以下等级的混凝土，可不受本表限制。

（4）非泵送普通混凝土浇筑时的坍落度，宜按表 5-34 选用，坍落度测定方法应符合现行国家标准《普通混凝土拌和物性能试验方法》（GB/T 50080）的规定。

表 5-34   混凝土浇筑时的坍落度

结构种类	坍落度（mm）
基础或地面等的垫层、无配筋的大体积结构（挡土墙、基础等）或配筋稀疏的结构	10～30
板、梁和大型及中型截面的柱子等	30～50
配筋密列的结构（薄壁、斗仓）	50～70
配筋特密的结构	70～90

注：①本表系采用机械振捣混凝土时的坍落度，当采用人工振捣混凝土时其值可适当增大。

②当需要配制大坍落度混凝土时，应掺用外加剂。

③曲面或斜面结构混凝土的坍落度应根据实际需要另行选定。

（5）坍落度为 10～60mm 的混凝土砂率，可按粗骨料品种、规格及混凝土的水灰比在表 5-35 中选用。

坍落度大于 60mm 的混凝土砂率，可经试验确定，也可在表 5-35 的基础上，按坍落度增大 20mm，砂率增大 1% 的幅度调整。坍落度小于 10mm 的混凝土砂率应通过试验确定。

表 5-35   混凝土的砂率   （%）

水灰比（W/C）	卵石最大粒径（mm）			碎石最大粒径（mm）		
	10	20	40	16	20	40
0.40	26～32	25～31	24～30	30～35	29～34	27～32
0.50	30～35	29～34	28～33	33～38	32～37	30～35

续表

水灰比（W/C）	卵石最大粒径（mm）			碎石最大粒径/mm		
	10	20	40	16	20	40
0.60	33～38	32～37	31～36	36～41	35～40	33～38
0.70	36～41	35～40	34～39	39～44	38～43	36～41

注：①表中数值系中砂的选用砂率。对细砂或粗砂，可相应地减少或增加砂率。

②只用一个单粒级粗骨料配制混凝土时，砂率值应适当增加。

③对薄壁构件，砂率取偏大值。

④表中的砂率系指砂与骨料总量的质量比。

（6）矿物掺和料混凝土的设计强度等级、强度保证率、标准差及离散系数等指标应与基准混凝土相同，配合比设计以基准混凝土配合比为基础，按等稠度、等强度等级原则等效置换，并应符合现行标准《普通混凝土配合比设计规程》JGJ 55 的规定。

矿物掺和料的取代水泥百分率（β_c），可按表 5-36 选择。

表 5-36   取代水泥百分率（β_c）

矿物掺和料种类	混凝土水灰比或强度等级	取代水泥百分率（β_c）		
		硅酸盐水泥	普通硅酸盐水泥	矿渣硅酸盐水泥
粉煤灰	≤0.40	≤40	≤35	≤30
	>0.40	≤30	≤25	≤20
磨细矿渣粉	≤0.40	≤70	≤55	≤35
	>0.40	≤50	≤40	≤30
沸石粉	≤0.40	15～20	15～20	10～15
	>0.40	10～15	10～15	5～10
硅灰	C50 以上	≤10	≤10	≤10
复合掺和料	≤40	≤70	≤60	≤50
	>0.40	≤55	≤50	≤40

注：①对于最小尺寸小于 150mm 的薄壁构件或部件，粉煤灰掺量宜适当降低。

②高钙粉煤灰不得用于掺膨胀剂或防水剂的混凝土。用于结构混凝土时，根据水泥品种不同，其掺量不宜超过以下限制：矿渣硅酸盐水泥，不大于 10%；普通硅酸盐水泥，不大于 15%；硅酸盐水泥，不大于 20%。

（7）抗渗混凝土的配合比应符合设计要求。抗渗混凝土配合比的计算方法和试配步骤除应遵守普通混凝土配合比设计的规定外，并应符合下列有关规定：

①试配要求的抗渗水压值应比设计值提高 0.2MPa。

②水泥用量不宜少于 300kg/m³ 且不宜大于 450kg/m³；掺有活性掺和料时，水泥用量不宜少于 280kg/m³。

粗骨料宜采用连续级配，其最大粒径不宜大于 40mm，含泥量不得大于 1.0%，泥块含量不得大于 0.5%；细骨料的含泥量不得大于 3.0%，泥块含量不得大于 1.0%；外加剂宜采用防水剂、膨胀剂、引气剂、减水剂或引气减水剂。

③砂率宜为 35%～45%，灰砂比宜为 1：2～1：2.5。

④水灰比不得大于 0.55。

⑤普通防水混凝土坍落度不宜大于 50mm，泵送时入泵坍落度宜为 100～140mm。

⑥掺用引气剂的抗渗混凝土，其含气量宜控制在 3%～5%。

(8) 泵送混凝土配合比设计时，应参照以下参数：

①泵送混凝土的水灰比宜为 0.4～0.6。

②泵送混凝土的砂率宜为 38%～45%。

③泵送混凝土的最小水泥用量宜为 300kg/m³。

④泵送混凝土应掺适量外加剂。外加剂的品种和掺量宜由试验确定，不得任意使用。不掺引气剂的泵送混凝土的含气量不应大于 3%。

⑤掺粉煤灰的泵送混凝土配合比设计，必须经过试配确定，并应符合国家的有关规定。

(9) 泵送混凝土配合比设计应根据混凝土原材料、混凝土运输距离、混凝土泵与混凝土输送管径、泵送距离、气温等具体施工条件试配。必要时，应通过试泵送确定泵送混凝土的配合比。

泵送混凝土的坍落度，可按行业现行标准《泵送混凝土施工技术规程》（JGJ/T10—1995）的规定选用。对不同泵送高度，入泵时混凝土的坍落度，可按表 5-37 选用。混凝土入泵时的坍落度允许误差，应符合表 5-38 的规定。混凝土经时坍落度损失值，可按表 5-39 选用。

表 5-37 　　　　　　　不同泵送高度入泵时混凝土坍落度选用值

泵送高度（m）	30 以下	30～60	60～100	100 以上
坍落度（mm）	100～140	140～160	160～180	180～200

表 5-38 　　　　　　　　　混凝土坍落度允许误差

所需坍落度（mm）	坍落度允许误差（mm）	所需坍落度（mm）	坍落度允许误差（mm）
≥100	±20	>100	±30

表 5-39 　　　　　　　　　混凝土经时坍落度损失值

大气温度（℃）		10～20	20～30	30～35
混凝土经时坍落度损失值（mm）（掺粉煤灰和木钙，经时 1h）		5～25	25～35	35～50

注：掺粉煤灰与其他外加剂时，坍落度经时损失根据施工经验确定，无施工经验应通过试验确定。

(10) 控制混凝土碱骨料反应配合比设计要求。混凝土碱骨料反应是指混凝土中的碱和环境中可能渗入的碱与混凝土骨料（砂石）中的活性矿物成分，在混凝土固化后缓慢发生化学反应，产生的胶凝物质因吸收水分后发生膨胀，最终导致混凝土从内向外延伸开裂和损毁的现象。

混凝土碱含量是指来自水泥、化学外加剂和矿粉掺和料中游离钾、钠离子量之和。以当量 Na_2O 计、单位 kg/m³（当量 $Na_2O\% = Na_2O\% + 0.658K_2O\%$）。即：混凝土碱含量 = 水泥带入碱量（等当量 Na_2O 百分含量×单方水泥用量）+外加剂带入碱量+掺和料中有效碱含量。

混凝土最大含碱量及配合比设计要点，见表 5-40、表 5-41。一类、二类和三类环境中，设计使用年限为 50 年的结构混凝土，应符合表 5-41 的规定。

表 5‐40   混凝土结构的环境类别

环境类别		条　件
一		室内正常环境
二	A	室内潮湿环境；非严寒和非寒冷地区的露天环境；与无侵蚀性的水或土壤直接接触的环境
	B	严寒和寒冷地区的露天环境；与无侵蚀性的水或土壤直接接触的环境
三		使用除冰盐的环境；严寒和寒冷地区冬季水位变动的环境；海滨室外环境
四		海水环境
五		受人为或自然的侵蚀性物质影响的环境

注：严寒和寒冷地区的划分应符合国家现行标准《民用建筑热工设计规程》（JGJ 24）的规定。

表 5‐41   结构混凝土耐久性的基本要求

环境类别		最大水灰比	最小水泥用量（kg/m³）	最低混凝土强度等级	最大氯离子含量（%）	最大碱含量（kg/m³）
一		0.65	225	C20	1.0	不限制
二	A	0.60	250	C25	0.3	3.0
	B	0.55	275	C30	0.2	3.0
三		0.50	300	C30	0.1	3.0

注：①氯离子含量系指其占水泥用量的百分率。
　　②预应力构件混凝土中的最大氯离子含量为 0.06%，最小水泥用量为 300kg/m³，最低混凝土强度等级应按表中规定提高两个等级。
　　③素混凝土构件的最小水泥用量不应少于表中数值减 25kg/m³。
　　④当混凝土中加入活性掺和料或能提高耐久性的外加剂时，可适当降低最小水泥用量。
　　⑤当有可靠工程经验时，处于一类和二类环境中的最低混凝土强度等级可降低一个等级。
　　⑥当使用非碱活性骨料时，对混凝土中的碱含量可不作限制。

控制碱骨料反应配合比设计要求如下：

①控制碱骨料反应配合比设计，与普通混凝土设计相同，主要是控制组成材料的碱含量以及骨料的碱活性。

碱活性骨料按砂浆棒长度膨胀法试验（砂浆棒养护龄期 180d 或 16d），按膨胀量的大小分为 4 种：

A 种：非碱活性骨料，膨胀量小于或等于 0.02%。

B 种：低碱活性骨料，膨胀量大于 0.02%，小于或等于 0.06%。

C 种：碱活性骨料，膨胀量大于 0.06%，小于或等于 0.10%。

D 种：高碱活性骨料，膨胀量大于 0.10%。

②一类工程可不采取预防混凝土碱骨料反应措施，但结构混凝土外露部分需采取有效防水措施。如：采用防水涂料、面砖等，防止雨水渗进混凝土结构。

一类环境中，设计使用年限为 100 年的结构混凝土应符合下列规定：

a. 钢筋混凝土结构的最低混凝土强度等级为 C30；预应力混凝土结构的最低混凝土强度等级为 C40。

b. 混凝土中的最大氯离子含量为 0.06%。

c. 宜使用非碱活性骨料；当使用碱活性骨料时，混凝土中的最大碱含量为 3.0kg/m³。

d. 混凝土保护层厚度应按规定增加 40%；当采取有效的表面防护措施时，混凝土保护层厚度可适当减少。

e. 在使用过程中，应定期维护。

③凡用于二、三类以上工程结构用水泥、砂石、外加剂、掺和料等混凝土用建筑材料，必须具有由技术监督局核定的法定检测单位出具的（碱含量和骨料活性）检测报告，无检测报告的混凝土材料禁止在此类工程上应用。

④二类工程均应采取预防混凝土碱骨料反应措施，并首先对混凝土的碱含量做出评估。

a. 使用 A 种非碱活性骨料配制混凝土，其混凝土含碱量不受限制。

b. 使用 B 种低碱活性骨料配制混凝土，其混凝土含碱量不超过 5kg/m³。

c. 使用 C 种碱活性骨料配制混凝土，其混凝土含碱量不超过 3kg/m³。

d. D 种高碱活性骨料严禁用于二、三类以上的工程。

e. 特别重要的结构工程或特殊结构工程，应按有关混凝土碱集料试验数据配制混凝土。

⑤配制二类工程用混凝土应当首先考虑使用 B 种低碱活性骨料以及优选低碱水泥（碱含当量 0.6% 以下）、掺和矿粉掺和料及低碱、无碱外加剂。

用 C 种活性骨料配制二类工程用混凝土，当混凝土含碱量超过限额，可采取下述措施，但应做好混凝土的试配，同时满足混凝土强度等级要求：

a. 用含碱量不大于 1.5% 的Ⅰ或Ⅱ级粉煤灰取代 25% 以上质量的水泥，并控制混凝土碱含量低于 4kg/m³。

b. 用含碱量不大于 1.0%、比表面积 4000cm²/g 以上的高炉矿渣粉取代 40% 以上质量的水泥，并控制混凝土碱含量低于 4kg/m³。

c. 用硅灰取代 10% 以上质量的水泥，并控制混凝土碱含量低于 4kg/m³。

d. 用沸石粉取代 30% 以上质量的水泥，并控制混凝土碱含量低于 4kg/cm³。

e. 使用比表面积 5000cm²/g 以上的超细矿粉掺和料时，可通过检测单位试验确定抑制碱骨料反应的最小掺量。

f. 用作碱骨料反应抑制剂的有锂盐和钡盐。加入水泥质量的碳酸锂（Li_2CO_3）或氯化锂（LiCl），或者 2%~6% 的碳酸钡（$BaCO_3$）、硫酸钡或氯化钡（$BaCl_2$）均能显著有效地抑制碱骨料反应。

掺用引气剂使混凝土保持 4%~5% 的含气量，可容纳一定数量的反应产物，从而缓解碱骨料反应膨胀压力。

⑥二类和三类环境中，设计使用年限为 100 年的混凝土结构，应采取专门有效措施。

三类工程除采取二类工程的措施外还要防止环境中盐碱渗入混凝土，应考虑采取混凝土隔离层措施（如设防水层等），否则须使用 A 种非碱活性骨料配制混凝土。

三类环境中的结构构件，其受力钢筋宜采用环氧树脂涂层带肋钢筋；对预应力钢筋锚具及连接器应采取专门防护措施。

四类和五类环境中的混凝土结构，其耐久性要求应符合有关标准的规定。

⑦由矿物掺和料带入的有效碱含量计算：

每立方米混凝土由矿物掺和料带入的有效碱含量可由下式计算：

$$A_{ma} = \beta m_f K_{ma}$$

式中 A_{ma}——每立方米混凝土由掺和料带入的有效碱含量（kg/m³）；

m_f——每立方米混凝土中的矿物掺和料用量（kg/m³）；

β——矿物掺和料有效碱含量占矿物掺和料碱含量的百分率（%）；

K_{ma}——矿物掺和料的碱含量（%）。

β值可根据掺和料的种类，由表5-42确定。

表5-42   矿物掺和料有效碱含量换算系数

种类	粉煤灰	粒化高炉矿渣粉	硅灰	沸石粉	复合掺和料
β（%）	15	50	50	15	β_1

注：粉煤灰与沸石粉复合时 β_1 取15；粒化高炉矿渣粉与硅灰复合时，β_1 取50；其他两种或两种以上材料复合时，β_1 取30。

2. 原材料质量验收标准

混凝土工程原材料质量验收标准，见表5-43。

表5-43   混凝土工程原材料质量验收标准

项	项目	合格质量标准	检验方法	检验数量
主控项目	水泥进场检查	水泥进场时应对其品种、级别、包装或散装仓号、出厂日期等进行检查，并应对其强度、安定性及其他必要的性能指标进行复验，其质量必须符合现行国家标准《硅酸盐水泥、普通硅酸盐水泥》（GB 175）等的规定。当在使用中对水泥质量有怀疑或水泥出厂超过3个月（快硬硅酸盐水泥超过1个月）时，应进行复验，并按复验结果使用。钢筋混凝土结构、预应力混凝土结构中，严禁使用含氯化物的水泥	检查产品合格证、出厂检验报告和进场复验报告	按同一生产厂家、同一等级、同一品种、同一批号且连续进场的水泥，袋装不超过200t为一批，散装不超过500t为一批，每批抽样不少于一次
	外加剂	混凝土中掺用外加剂的质量及应用技术应符合现行国家标准《混凝土外加剂》（GB 8076）、《混凝土外加剂应用技术规范》（GB 50119）等和有关环境保护的规定。预应力混凝土结构中，严禁使用含氯化物的外加剂。钢筋混凝土结构中，当使用含氯化物的外加剂时，混凝土中氯化物的总含量应符合现行国家标准《混凝土质量控制标准》（GB 50164）的规定	检查产品合格证、出厂检验报告和进场复验报告	按进场的批次和产品的抽样检验方案确定
	混凝土中氯化物和碱的总含量	混凝土中氯化物和碱的总含量应符合现行国家标准《混凝土结构设计规范》（GB 50010）和设计的要求	检查原材料试验报告和氯化物、碱的总含量计算书	—
一般项目	矿物掺和料	混凝土中掺用矿物掺和料的质量应符合现行国家标准《用于水泥和混凝土中的粉煤灰》（GB 1596）等的规定。矿物掺和料的掺量应通过试验确定	检查出厂合格证和进场复验报告	按进场的批次和产品的抽样检验方案确定

续表

项	项目	合格质量标准	检验方法	检验数量
一般项目	粗、细骨料	普通混凝土所用的粗、细骨料的质量应符合现行行业标准《普通混凝土用碎石或卵石质量标准及检验方法》（JGJ 53）、《普通混凝土用砂质量标准及检验方法》（JGJ 52）的规定	检查进场复验报告	按进场的批次和产品的抽样检验方案确定
	拌制混凝土用水	拌制混凝土宜用饮用水；当采用其他水源时，水质应符合现行行业标准《混凝土拌和用水标准》（JGJ 63）的规定	检查水质试验报告	同一水源检查不应少于一次

3. 混凝土配合比质量检验

混凝土配合比质量检验，见表 5-44。

表 5-44　　　　　　　　　　混凝土配合比质量检验

项	项目	合格质量标准	检验方法	检验数量
主控项目	混凝土配合比	混凝土应按现行行业标准《普通混凝土配合比设计规程》（JGJ 55）的有关规定，根据混凝土强度等级、耐久性和工作性等要求进行设计。对有特殊要求的混凝土，其配合比设计尚应符合国家现行有关标准的专门规定	检查配合比设计资料	—
一般项目	首次使用的混凝土配合比	首次使用的混凝土配合比应进行开盘鉴定，其工作性应满足设计配合比的要求。开始生产时应至少留置一组标准养护试件，作为验证配合比的依据	检查开盘鉴定资料和试件强度试验报告	—
	混凝土拌制前	混凝土拌制前，应测定砂、石含水率，并根据测试结果调整材料用量，提出施工配合比	检查含水率测试结果和施工配合比通知单	每工作班检查一次

三、混凝土工程施工质量控制与验收

（一）工程质量控制要点

1. 混凝土搅拌

（1）混凝土搅拌机的选用：混凝土搅拌机按其搅拌原理分为自落式和强制式两大类，其主要区别是：搅拌叶片与拌筒之间没有相对运动的为自落式；有相对运动的为强制式。自落式搅拌机按其形式和卸料方式分为鼓筒式、锥形反转出料式、锥形倾翻出料式，其中鼓筒式为淘汰产品。强制式搅拌机分为立轴强制式和卧轴强制式两种，其中卧轴式又有单卧轴和双卧轴之分。

不同容量的搅拌机适用范围，见表 5-45。

不同容量搅拌机适用范围

进料容量（L）	出料容量（L）	适用范围
100	60	试验室制作混凝土试块
240 320	150 200	修缮工程或小型工地拌制混凝土
400 560 800	250 350 500	一般工地、小型移动式搅拌站和小型混凝土制品厂的主机
1200 1600	750 1000	大型工地、拆装式搅拌站和大型混凝土制品厂搅拌楼主机
2400 4800	1500 3000	大型堤坝和水工工程搅拌楼主机

（2）混凝土搅拌时间：搅拌混凝土前，加水空转数分钟，将积水倒净，使拌筒充分润湿。搅拌第一盘时，考虑到筒壁上的砂浆损失，石子用量应按配合比规定减半。不得采取边出料边进料的方法搅拌，严格控制水灰比和坍落度，未经试验人员同意不得随意加减用水量。

混凝土搅拌的最短时间，见表 5－46。

表 5－46   **混凝土搅拌的最短时间**   (s)

混凝土坍落度（mm）	搅拌机机型	搅拌机出料量（L）		
		＜250	250～500	＞500
≤30	强制式 自落式	60 90	90 120	120 150
＞30	强制式 自落式	60 90	60 90	90 120

注：①混凝土搅拌的最短时间系指自全部材料装入搅拌筒中起，到开始卸料止的时间。

②当掺有外加剂时，搅拌时间应适当延长。

③全轻混凝土宜采用强制式搅拌机搅拌，砂轻混凝土可采用自落式搅拌机搅拌，但搅拌时间应延长 60～90s。

④采用强制式搅拌机搅拌轻骨料混凝土的加料顺序是：当轻骨料在搅拌前预湿时，先加粗、细骨料和水泥搅拌 30s，再加水继续搅拌；当轻骨料在搅拌前未预湿时，先加 1/2 的总用水量和粗、细骨料搅拌 60s，再加水泥和剩余用水量继续搅拌。

⑤当采用其他形式的搅拌设备时，搅拌的最短时间应按设备说明书的规定或经试验确定

（3）原材料重量允许偏差：混凝土原材料每盘称量的偏差不得超过允许偏差的规定。为了保证称量准确，工地的各种衡器应定期校验；每次使用前应进行零点核核，保持计量准确。水泥、砂、石子、掺和料等干料的配合比，应采用重量法计量，严禁采用容积法；水的计量是在搅拌机上配置的水箱或定量水表上按体积计量；外加剂中的粉剂可按比例稀释为溶液，按用水量加入，也可将粉剂按比例与水泥拌匀，按水泥计量。施工现场要经常测定施工用的砂、石料的含水率，将实验室中的混凝土配合比换算成施工配合比，然后进行配料。

混凝土原材料每盘称量的允许偏差，不得超过表 5－47 的规定。

表 5-47　　　　　　　　　混凝土原材料每盘称量的允许偏差

材料名称	允许偏差	材料名称	允许偏差
水泥、掺和料	±2	水、外加剂	±2
粗、细骨料	±3		

注：①各种衡器定期校验，保持准确。

②当遇雨天或含水率有显著变化时，应增加含水率检测次数，并及时调整水和骨料的用量。

2. 混凝土运输

运输过程中，应保持混凝土的均匀性，避免产生分层离析现象，混凝土运至浇筑地点，运输工作应保证混凝土的浇筑工作连续进行；运送混凝土的容器应严密，其内壁应平整光洁，不吸水，不漏浆，黏附的混凝土残渣应经常清除。

(1) 运输时间。混凝土从搅拌机中卸出到浇筑完毕的延续时间不宜超过表 5-48 的规定，对掺用外加剂或采用快硬水泥拌制的混凝土，其延续时间应按试验确定。对于轻骨料混凝土，其延续时间应适当缩短。

表 5-48　　　　混凝土从搅拌机中卸出到浇筑完毕的延续时间　　　　　　　（min）

混凝土强度等级	气 温	
	不高于 25℃	高于 25℃
不高于 C30	120	90
高于 C30	90	60

(2) 搅拌运输车运送混凝土。混凝土搅拌输送车是一种用于长距离输送混凝土的高效能机械。它是将运送混凝土的搅拌筒安装在汽车底盘上，将混凝土搅拌站生产的混凝土拌和物装入搅拌筒内，直接运至施工现场的大型混凝土运输工具。

采用混凝土搅拌输送车应符合下列规定：

①混凝土必须能在最短的时间内均匀无离析地排出，出料干净、方便，能满足施工的要求。如与混凝土泵联合输送时，其排料速度应相匹配。

②从搅拌输送车卸运的混凝土中分别取 1/4 和 3/4 处试样进行坍落度试验，两个试样的坍落度值之差不得超过 30mm。

③混凝土搅拌输送车在运送混凝土时通常的搅动转速为 2～4r/min；整个输送过程中拌筒的总转数应控制在 300 转以内。

④若采用干料由搅拌输送车途中加水自行搅拌时，搅拌速度一般应为 6～18r/min；搅拌转数应以混合料加水入搅拌筒起直至搅拌结束控制在 70～100r/min。

⑤混凝土搅拌输送车因途中失水，到工地需加水调整混凝土的坍落度时，搅拌筒应以 6～8r/min 搅拌速度搅拌，并另外再转动至少 30r/min。

(3) 泵送混凝土。混凝土泵是通过输送管将混凝土送到浇筑地点，泵送混凝土适用于以下工程：

①大体积混凝土大型基础、满堂基础、设备基础、机场跑道、水工建筑等。

②连续性强和浇筑效率要求高的混凝土高层建筑、储罐、塔形构筑物、整体性强的结构等。

混凝土输送管道一般是用钢管制成。管径通常有 100mm、125mm、150mm 几种，标准管管长 3m，配套管有 1m 和 2m 两种，另配有 90°、45°、30°、15°等不同角度的弯管，以供管道转折处使用。

输送管的管径选择主要根据混凝土骨料的最大粒径以及管道的输送距离、输送高度和其他工程条件决定。采用泵送混凝土应符合下列规定：

①混凝土泵与输送管连通后，应按所用混凝土泵使用说明书的规定进行全面检查，符合要求后方能开机进行空运转。

②混凝土泵启动后，应先泵送适量水以湿润混凝土泵的料斗、活塞及输送管内壁等直接与混凝土接触的部位。

③确认混凝土泵和输送管中无异物后，应采取泵送水泥浆、泵送 1：2 水泥砂浆及泵送与混凝土内除粗骨料外的其他成分相同配合比的水泥砂浆的方法润滑混凝土泵和输送管内壁。

④开始泵送时，混凝土泵应处于慢速、匀速并随时可反泵的状态。泵送速度，应先慢后快，逐步加速。待各系统运转顺利后，方可以正常速度进行泵送。

⑤混凝土泵送应连续进行。如必须中断时，其中断时间不得超过混凝土从搅拌至浇筑完毕所允许的延续时间。

⑥泵送混凝土时，活塞应保持最大行程运转。

⑦泵送完毕时，应将混凝土泵和输送管清洗干净。

3. 混凝土浇筑

(1) 混凝土浇筑前应做如下准备工作：

①在地基或基土上浇筑混凝土时，应清除淤泥和杂物，并应有排水和防水措施。对干燥的非黏性土，应用水湿润；对未风化的岩石，应用水清洗，但其表面不得留有积水。

②检查模板及其支架，清除模板内的杂物，对模板的缝隙和孔洞应予堵严；木模板应浇水湿润，但不得有积水；钢模板与混凝土接触面应涂刷隔离剂。

③检查钢筋和预埋件，清除钢筋上的油污等杂物。钢筋和预埋件的位置如有偏差应予纠正。

(2) 混凝土浇筑应符合下列基本要求：

①混凝土自高处倾落的自由高度，不应超过 2m。

②在浇筑竖向结构混凝土前，应先在底部填以 50～100mm 厚与混凝土内砂浆成分相同的水泥砂浆；浇筑中不得发生离析现象；当浇筑高度超过 3m 时，应采用串筒、溜管或振动溜管使混凝土下落。

③在浇筑与柱或墙连成整体的梁和板时，应在柱或墙浇筑完毕后停歇 1～1.5h，再继续浇筑。有梁板中，梁和板宜同时浇筑混凝土，梁高度大于 1m 时，可单独浇筑混凝土。无梁板中，板和柱帽应同时浇筑混凝土。独立梁宜从两端同时向中间浇筑混凝土。有主梁、次梁的肋形楼板，混凝土浇筑方向宜顺次梁方向。

④浇筒形薄壳，应先将横隔板下半部及边梁浇筑完毕，然后浇筑壳体及横隔板上半部。壳体的浇筑可自边梁处开始向壳顶对称地进行，也可自横隔板与边梁交角处开始向中央对称地进行，如图 5-3 所示。

⑤浇球形薄壳，应自薄壳的周边开始向壳顶呈放射状或螺旋状绕壳体对称地进行（图 5-4）。

⑥浇筑扁壳，应自横隔板的交角处开始向边壳中央和壳顶对称地进行，待扁壳的边角部分浇筑到与横隔板顶相平时，再按放射状或螺旋状环绕壳体对称地进行浇筑，如图 5-5 所示。

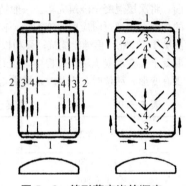

图 5-3　筒形薄壳浇筑顺序

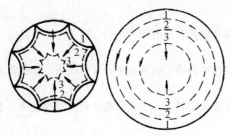

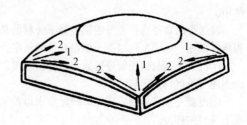

图 5-4　球形薄壳浇筑顺序　　　　　　　图 5-5　扁壳浇筑顺序

（3）混凝土浇筑层的厚度，应符合表 5-49 的规定。

表 5-49　混凝土浇筑层厚度　（mm）

捣实混凝土的方法		浇筑层的厚度
插入式振捣		振捣器作用部分长度的 1.25 倍
表面振动		200
人工捣固	在基础、无筋混凝土或配筋稀疏的结构中	250
	在梁、墙板、柱结构中	200
	在配筋密列的结构中	150
轻骨料混凝土	插入式振捣	300
	表面振动（振动时需加荷）	200

（4）钢筋混凝土框架结构中，梁、板、柱等构件是沿垂直方向重复出现的，所以一般按结构层次来分层施工。平面上，如果面积较大，还应考虑分段进行，以便混凝土、钢筋、模板等工序能相互配合、流水进行。

（5）在每一施工层中，应先浇灌柱或墙。在每一施工段中的柱或墙应该连续浇灌到顶，每一排的柱子由外向内对称顺序进行，防止由一端向另一端推进，致使柱子模板逐渐受推倾斜。柱子浇筑完毕后，应停歇 1～2h，使混凝土获得初步沉实，待有了一定强度以后，再浇筑梁板混凝土。梁和板应同时浇筑混凝土，只有当梁高 1m 以上时，为了施工方便，才可以单独先行浇筑。

（6）浇筑混凝土应连续进行。当必须间歇时，其间歇时间宜缩短，并应在前层混凝土凝结之前，将次层混凝土浇筑完毕。一般情况下混凝土运输、浇筑及间歇的全部时间不得超过表 5-50 的规定，当超过时应留置施工缝。在浇筑与柱和墙连成整体的梁和板时，应在柱和墙浇筑完毕后停歇 1～1.5h，再继续浇筑；梁和板同时浇筑混凝土；拱和高度大于 1m 的梁等结构，可单独浇筑混凝土。在混凝土浇筑过程中，应经常观察模板、支架、钢筋、预埋件和预留孔洞的情况，当发现有变形、移位时，应及时采取措施进行处理。

表 5-50　混凝土运输、浇筑和间歇的允许时间　（min）

混凝土强度等级	气　温	
	不高于 25℃	高于 25℃
不高于 C30	210	180
高于 C30	180	150

注：当混凝土中掺有促凝或缓凝型外加剂时，其允许时间应根据试验结果确定。

（7）施工缝的处理应符合下列要求：

①所有水平施工缝应保持水平，并做成毛面，垂直缝处应支模浇筑；施工缝处的钢筋均应留出，不得切断。为防止在混凝土或钢筋混凝土内产生沿构件纵轴线方向错动的剪力，柱、梁施工缝的表面应垂直于构件的轴线；板的施工缝应与其表面垂直；梁、板亦可留企口缝，但企口缝不得留斜槎。

②在施工缝处继续浇筑混凝土时，已浇筑的混凝土抗压强度应≥1.2N/mm²；首先应清除硬化的混凝土表面上的水泥薄膜和松动石子以及软混凝土层，并加以充分湿润和冲洗干净，不积水；然后在施工缝处铺一层水泥浆或与混凝土内成分相同的水泥砂浆；浇筑混凝土时，应细致捣实，使新旧混凝土紧密结合。

③承受动力作用的设备基础的施工缝，在水平施工缝上继续浇筑混凝土前，应对地脚螺栓进行一次观测校准；标高不同的两个水平施工缝，其高低结合处应留成台阶形，台阶的高宽比不得大于1.0；垂直施工缝应加插钢筋，其直径为12～16mm，长度为500～600mm，间距为500mm，在台阶式施工缝的垂直面上也应补插钢筋；施工缝的混凝土表面应凿毛，在继续浇筑混凝土前，应用水冲洗干净，湿润后在表面上抹10～15mm厚与混凝土内成分相同的一层水泥砂浆；继续浇筑混凝土时该处应仔细捣实。

④后浇缝宜做成平直缝或阶梯缝，钢筋不切断。后浇缝应在其两侧混凝土龄期达30～40d后，将接缝处混凝土凿毛、洗净、湿润、刷水泥浆一层，再用强度不低于两侧混凝土的补偿收缩混凝土浇筑密实，并养护14d以上。

（8）混凝土浇筑中常见的施工缝留设位置及方法应符合下列规定：

①柱的施工缝留在基础的顶面、梁或吊车梁牛腿的下面；或吊车梁的上面、无梁楼板柱帽的下面，如图5-6所示；在框架结构中如梁的负筋弯入柱内，则施工缝可留在这些钢筋的下端。

②梁板、肋形楼板施工缝留置应符合下列要求：

a.与板连成整体的大截面梁，留在板底面以下20～30mm处；当板下有梁托时，留在梁托下部。单向板可留置在平行于板的短边的任何位置（但为方便施工缝的处理，一般留在跨中1/3跨度范围内）。

b.在主、次梁的肋形楼板，宜顺着次梁方向浇筑，施工缝底留置在次梁跨度中间1/3范围内，如图5-7所示，无负弯矩钢筋与之相交叉的部位。

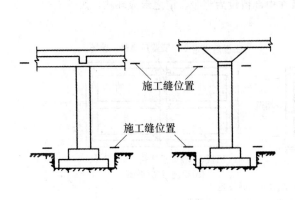

图5-6　柱子施工缝留置

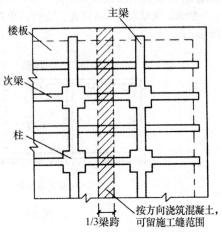

图5-7　有主次梁楼板施工缝留置

③墙施工缝宜留置在门洞口过梁跨中 1/3 范围内，也可留在纵横墙的交接处。

④楼梯、圈梁施工缝留置应符合下列要求：

a. 楼梯施工缝留设在楼梯段跨中 1/3 跨度范围内无负弯矩筋的部位。

b. 圈梁施工缝留在非砖墙交接处、墙角、墙垛及门窗洞范围内。

⑤箱形基础的底板、顶板与外墙的水平施工缝应设在底板顶面以上及顶板底面以下 300～500mm 为宜，接缝宜设钢板、橡胶止水带或凸形企口缝；箱形基础的底板与内墙的施工缝可设在底板与内墙交接处；而顶板与内墙的施工缝位置应视剪力墙插筋的长短而定，一般 1000mm 以内即可；箱形基础外墙垂直施工缝可设在离转角 1000mm 处，采取相对称的两块墙体一次浇筑施工，间隔 5～7d，待收缩基本稳定后，再浇另一相对称墙体。内隔墙可在内墙与外墙交接处留施工缝，一次浇筑完成，内墙本身一般不再留垂直施工缝，如图 5-8 所示。

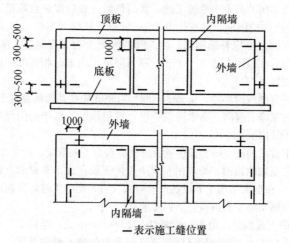

—表示施工缝位置

图 5-8　箱型基础施工缝留置

⑥地坑、水池：底板与立壁施工缝，可留在立壁上距坑（池）底板混凝土面上部 200～500mm 的范围内，转角宜做成圆角或折线形；顶板与立壁施工缝留在板下部 20～30mm 处，如图 5-9 (a) 所示。大型水池可从底板、池壁到顶板在中部留设后浇带，使之形成环状，如图 5-9 (b) 所示。

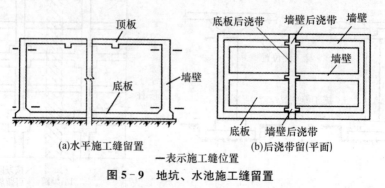

(a)水平施工缝留置　　(b)后浇带留(平面)

—表示施工缝位置

图 5-9　地坑、水池施工缝留置

⑦地下室、地沟施工缝留置应符合下列要求：

a. 地下室梁板与基础连接处，外墙底板以上和上部梁、板下部 20～30mm 处可留水平施工缝，大型地下室可在中部留环状后浇缝。

b. 较深基础悬出的地沟，可在基础与地沟、楼梯间交接处留垂直施工缝；很深的薄壁槽坑，可每 4～5m 留设一道水平施工缝。

⑧大型设备基础施工缝应符合下列要求：

a. 受动力作用的设备基础互不相依的设备与机组之间、输送辊道与主基础之间可留垂直施工缝，但与地脚螺栓中心线间的距离不得小于 250mm，且不得小于螺栓直径的 5 倍。

b. 水平施工缝可留在低于地脚螺栓底端，其与地脚螺栓底端的距离应大于 150mm；当地脚螺栓直径小于 30mm 时，水平施工缝可留置在不小于地脚螺栓埋入混凝土部分总长度的 3/4。

c. 对受动力作用的重型设备基础不允许留施工缝时，可在主基础与辅助设备基础、沟道、辊道之间，受力较小部位留设后浇缝。

（9）梁、板混凝土浇筑应符合下列要求：

①柱、墙混凝土设计强度比梁、板混凝土设计强度高一个等级时，柱、墙位置梁、板高度范围内的混凝土经设计单位同意，可采用与梁、板混凝土设计强度等级相同的混凝土进行浇筑。柱、墙混凝土设计强度比梁、板混凝土设计强度高两个等级及以上时，应在交界区域采取分隔措施，分隔位置应在低强度等级的构件中，且距高强度等级构件边缘不应小于 500mm。

②宜先浇筑高强度等级混凝土，后浇筑低强度等级混凝土。

③柱、剪力墙混凝土浇筑应符合下列规定：

a. 浇筑墙体混凝土应连续进行，间隔时间不应超过混凝土初凝时间。

b. 墙体混凝土浇筑高度应高出板底 20～30mm。柱混凝土墙体浇筑完毕之后，将上口甩出的钢筋加以整理，用木抹子按标高线将墙上表面混凝土找平。

c. 柱墙浇筑前底部应先填 5～10cm 厚与混凝土配合比相同的减石子砂浆，混凝土应分层浇筑振捣，使用插入式振捣器时每层厚度不大于 50cm，振捣棒不得触动钢筋和预埋件。

d. 柱墙混凝土应一次浇筑完毕，如需留施工缝时应留在主梁下面。无梁楼板应留在柱帽下面。在墙柱与梁板整体浇筑时，应在柱浇筑完毕后停歇 2h，使其初步沉实，再继续浇筑。

e. 浇筑一排柱的顺序应从两端同时开始，向中间推进，以免因浇筑混凝土后由于模板吸水膨胀，断面增大而产生横向推力，最后使柱发生弯曲变形。

f. 剪力墙浇筑应采取长条流水作业，分段浇筑，均匀上升。墙体混凝土的施工缝一般宜设在门窗洞口上，接槎处混凝土应加强振捣，保证接槎严密。

④梁、板同时浇筑，浇筑方法应由一端开始用"赶浆法"，即先浇筑梁，根据梁高分层浇筑成阶梯形，当达到板底位置时再与板的混凝土一起浇筑，随着阶梯形不断延伸，梁板混凝土浇筑连续向前进行。

⑤和板连成整体高度大于 1m 的梁，允许单独浇筑，其施工缝应留在板底以下 2～3mm 处。浇捣时，浇筑与振捣必须紧密配合，第一层下料慢些，梁底充分振实后再下第二层料，用"赶浆法"保持水泥浆沿梁底包裹石子向前推进。每层均应振实后再下料，梁底及梁侧部位要注意振实，振捣时不得触动钢筋及预埋件。

⑥浇筑板混凝土的虚铺厚度应略大于板面，用平板振捣器垂直浇筑方向来回振捣，厚板可用插入式振捣器顺浇筑方向托拉振捣，并用铁插尺检查混凝土厚度，振捣完毕后用长木抹子抹平。施工缝处或有预埋件及插筋处用木抹子找平。浇筑板混凝土时不允许用振捣棒铺摊混凝土。

⑦肋形楼板的梁板应同时浇筑，浇筑方法应先将梁根据高度分层浇捣成阶梯形，当达到板底位置时即与板的混凝土一起浇捣，随着阶梯形的不断延长，则可连续向前推进。倾倒混凝土的方向应与浇筑方向相反。

⑧浇筑无梁楼盖时，在离柱帽下 5cm 处暂停，然后分层浇筑柱帽，下料必须倒在柱帽中心，

待混凝土接近楼板底面时，即可连同楼板一起浇筑。

⑨当浇筑柱梁及主次梁交叉处的混凝土时，一般钢筋较密集，特别是上部负钢筋又粗又多，因此，既要防止混凝土下料困难，又要注意砂浆挡住石子不下去。必要时，这一部分可改用细石混凝土进行浇筑，与此同时，振捣棒头可改用片式并辅以人工捣固配合。

（10）型钢混凝土浇筑应符合下列规定：混凝土的浇筑质量是型钢混凝土结构质量好坏的关键。尤其是梁柱节点、主次梁交接处、梁内型钢凹角处等，由于型钢、钢筋和箍筋相互交错，会给混凝土的浇筑和振捣带来一定的困难，因此，施工时应特别注意确保混凝土的密实性。

①混凝土强度等级为 C30 以上，宜用商品混凝土泵送浇捣，先浇捣柱后浇捣梁。混凝土粗骨料最大粒径不应大于型钢外侧混凝土保护层厚度的 1/3，且不宜大于 25mm。

②混凝土浇筑应有充分的下料位置，浇筑应能使混凝土充盈整个构件。

③在柱混凝土浇筑过程中，型钢周边混凝土浇筑宜同步上升，混凝土浇筑高差不应大于500mm，每个柱采用 4 个振捣棒振捣至顶。

④在梁柱接头处和梁的型钢翼缘下部，由于浇筑混凝土时有部分空气不易排出，或因梁的型钢混凝土翼缘过宽影响混凝土浇筑，需在型钢翼缘的一些部位预留排气孔和混凝土浇筑孔。

⑤梁混凝土浇筑时，在工字钢梁下翼缘板以下从钢梁一侧下料，用振捣器在工字钢梁一侧振捣，将混凝土从钢梁底挤向另一侧，待混凝土高度超过钢梁下翼缘板 100mm 以上时，改为两侧两人同时对称下料，对称振捣，待浇至上翼缘板 100mm 时再从梁跨中开始下料浇筑，从梁的中部开始振捣，逐渐向两端延伸，至上翼缘下的全部气泡从钢梁梁端及梁柱节点位置穿钢筋的孔中排出为止。

（11）钢管混凝土结构浇筑应符合下列规定：钢管混凝土的浇筑常规方法有从管顶向下浇筑及混凝土从管底顶升浇筑。不论采取何种方法，对底层管柱，在浇筑混凝土前，应先灌入约 100mm 厚的同强度等级水泥砂浆，以便和基础混凝土更好地连接，也避免了浇筑混凝土时发生粗骨料的弹跳现象。采用分段浇筑管内混凝土且间隔时间超过混凝土终凝时间时，每段浇筑混凝土前，都应采取灌水泥砂浆的措施。

①宜采用自密实混凝土浇筑。

②混凝土应采取减少收缩的措施，减少管壁与混凝土间的间隙。

③在钢管适当位置应留有足够的排气孔，排气孔孔径应不小于 20mm；浇筑混凝土应加强排气孔观察，确认浆体流出和浇筑密实后方可封堵排气孔。

④当采用粗骨料粒径不大于 25mm 的高流态混凝土或粗骨料粒径不大于 20mm 的自密实混凝土时，混凝土最大倾落高度不宜大于 9m；倾落高度大于 9m 时应采用串筒、溜槽、溜管等辅助装置进行浇筑。

⑤混凝土从管顶向下浇筑时应符合下列规定：

a. 浇筑应有充分的下料位置，浇筑应能使混凝土充盈整个钢管。

b. 输送管端内径或斗容器下料口内径应比钢管内径小，且每边应留有不小于 100mm 的间隙。

c. 应控制浇筑速度和单次下料量，并分层浇筑至设计标高。

d. 混凝土浇筑完毕后应对管口进行临时封闭。

⑥混凝土从管底顶升浇筑时应符合下列规定：

a. 应在钢管底部设置进料输送管，进料输送管应设止流阀门，止流阀门可在顶升浇筑的混凝土达到终凝后拆除。

b. 合理选择混凝土顶升浇筑设备，配备上下通信联络工具，有效控制混凝土的顶升或停止过程。

c. 应控制混凝土顶升速度，并均衡浇筑至设计标高。

(12) 自密实混凝土结构浇筑时应符合下列规定：

①应根据结构部位、结构形状、结构配筋等确定合适的浇筑方案。

②自密实混凝土粗骨料最大粒径不宜大于20mm。

③浇筑应能使混凝土充填到钢筋、预埋件、预埋钢构件周边及模板内各部位。

④自密实混凝土浇筑布料点应结合拌合物特性选择适宜的间距，必要时可通过试验确定混凝土布料点下料间距。

⑤自密实混凝土浇筑时，尽量减少泵送过程对混凝土高流动性的影响，使其和易性能不变。

⑥浇筑时在浇注范围内尽可能减少浇筑分层（分层厚度取为1m），使混凝土的重力作用得以充分发挥，并尽量不破坏混凝土的整体黏聚性。

⑦使用钢筋插棍进行插捣，并用锤子敲击模板，起到辅助流动和辅助密实的作用。

⑧自密实混凝土浇筑至设计高度后可停止浇筑，20min后再检查混凝土标高，如标高略低再进行复筑，以保证达到设计要求。

⑨在自密实混凝土入模前，应进行拌和物工作性检验。

(13) 清水混凝土结构浇筑时应符合下列规定：

①应根据结构特点进行构件分区，同一构件分区应采用同批混凝土，并应连续浇筑。

②同层或同区内混凝土构件所用材料牌号、品种、规格应一致，并应保证结构外观色泽符合要求。

③竖向构件浇筑时应严格控制分层浇筑的间歇时间，避免出现混凝土层间接缝痕迹。

④混凝土浇筑前，清理模板内的杂物，完成钢筋、管线的预留预埋和施工缝的隐蔽工程验收工作。

⑤混凝土浇筑先在根部浇筑30～50mm厚与混凝土同配比的水泥砂浆后，随铺砂浆随浇混凝土。

⑥混凝土振点应从中间向边缘分布，且布棒均匀，层层搭扣，遍布浇筑的各个部位，并应随浇筑连续进行。振捣棒的插入深度要大于浇筑层厚度，插入下层混凝土中50mm。振捣过程中应避免敲振模板、钢筋，每一振点的振动时间，应以混凝土表面不再下沉、无气泡逸出为止，一般为20～30s，避免过振发生离析。

4. 混凝土振捣

混凝土振捣方法应符合下列规定：

(1) 每一振点的振捣延续时间，应使混凝土表面呈现浮浆和不再沉落。

(2) 当采用插入式振动器时，捣实普通混凝土的移动间距，不宜大于振捣器作用半径的1.5倍，如图5-10所示。捣实轻骨料混凝土的移动间距，不宜大于其作用半径；振捣器与模板的距离，不应大于其作用半径的0.5倍，并应避免碰撞钢筋、模板、预埋件等；振捣器插入下层混凝土内的深度应不小于50mm。一般每点振捣时间为20～30s，使用高频振动器时，最短不应少于10s，应使混凝土表面成水平不再显著下沉，不再出现气泡，表面泛出灰浆为准。振动器插点要均匀排列，可采用"行列式"或"交错式"，如图5-11所示的次序移动，不应混用，以免造成混乱而发生漏振。

(3) 采用表面振动器时，在每一位置上应连续振动一定时间，正常情况下在25～40s，但以混凝土面均匀出现浆液为准，移动时应成排依次振动前进，前后位置和排与排间相互搭接应有30～50mm，防止漏振。振动倾斜混凝土表面时，应由低处逐渐向高处移动，以保证混凝土振实。表面振动器的有效作用深度，在无筋及单筋平板中为200mm，在双筋平板中约为120mm。采用外部振动器时，振动时间和有效作用随结构形式、模板坚固程度、混凝土坍落度及振动器功率大小等各项因素而定。一般每隔1～1.5m的距离设置一个振动器。当混凝土成一水平面不再出现气泡时，

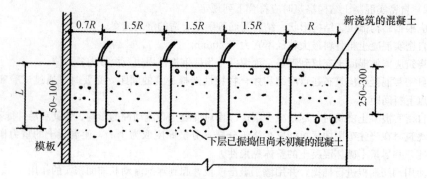

图 5‑10 插入式振动器的插入深度

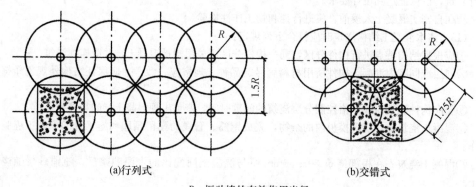

(a)行列式　　　　　　　　　(b)交错式

R—振动棒的有效作用半径

图 5‑11 振捣点的布置

可停止振动。必要时应通过试验确定振动时间。待混凝土入模后方可开动振动器，混凝土浇筑高度要高于振动器安装部位。当钢筋较密和构件断面较深较窄时，亦可采取边浇筑边振动的方法。外部振动器的振动作用深度在 250mm 左右，如构件尺寸较厚时，需在构件两侧安设振动器同时进行振捣。

5. 混凝土养护

（1）在浇筑混凝土时，如遇高温、太阳暴晒，浇筑后应立即用塑料膜覆盖，避免发生混凝土表面硬结。混凝土浇筑完毕后，应按施工技术方案及时采取有效养护措施，并应在浇筑完毕后 12h 以内及时对其加以覆盖并保持保湿养护。

（2）混凝土的养护方法应符合下列规定：

①对于垫层、底板、顶板等水平构件，在浇筑完混凝土 12h 内进行浇水养护，并用塑料薄膜覆盖。

②对于墙体，应派专人养护，在墙体拆模后刷养护剂或喷洒养护水养护。喷水养护应每隔 2h 养护一次。刷养护剂时，基层应洒水湿润，待表面无明水时，开始刷养护剂，刷完养护剂后，严禁再向墙面喷水养护。

③对于独立柱，则在拆模后，立即用塑料薄膜将柱子包裹好并在柱子上表面进行洒水养护。

（3）混凝土的浇水养护的时间：对采用硅酸盐水泥、普通硅酸盐水泥或矿渣硅酸盐水泥拌制的混凝土，不得少于 7d；对掺用缓凝型外加剂或有抗渗要求的混凝土，不得少于 14d；后浇带混凝土不得少于 28d。

（4）浇水次数应以能保持混凝土处于湿润状态确定；混凝土的养护用水应与拌制用水相同。

（5）采用塑料布覆盖养护的混凝土，其敞露的全部表面应用塑料布覆盖严密，并应保持塑料布内有凝结水。在混凝土初凝前后，塑性裂缝常会出现，宜揭开塑料布观察，如出现裂缝宜用抹子压平压光。

（6）混凝土强度达到 1.2N/mm² 前，不得在其上踩踏或安装模板及支架。

普通混凝土达到 1.2N/mm²，强度所需龄期可参考表 5-51。

表 5-51　　　　普通混凝土达到 1.2N/mm² 的强度所需龄期参考表

外界温度	水泥品种及标号	混凝土强度等级	期限（h）	外界温度	水泥品种及标号	混凝土强度等级	期限（h）
1℃～5℃	普通 425	C15	48	10℃～15℃	普通 425	C15	32
	矿渣 325	C20	44		矿渣 325	C20	28
5℃～10℃	普通 425	C15	60	15℃以上	普通 425	C15	40
	矿渣 325	C20	50		普通 425	C20	32

注：本表是按原水泥标号统计的资料，供参考。

（7）当日平均气温低于 5℃ 时，不得浇水。

（8）当采用其他品种水泥时，混凝土的养护应根据所采用水泥的技术性能确定。

（9）混凝土的表面不便浇水和采用塑料布养护时，宜涂刷养护剂，防止混凝土内部水分蒸发。当采用养护液养护时，养护液质量应有保证。

（二）工程质量验收标准

混凝土工程施工质量验收标准，见表 5-52。

表 5-52　　　　　　　　　　　　　混凝土工程施工质量验收标准

项	项目	合格质量标准	检验方法	检验数量
主控项目	混凝土的强度等级、试件的取样和留置	结构混凝土的强度等级必须符合设计要求。用于检查结构构件混凝土强度的试件，应在混凝土的浇筑地点随机抽取。取样与试件留置应符合下列规定： ①每拌制 100 盘且不超过 100m³ 的同配合比的混凝土，取样不得少于一次 ②每工作班拌制的同一配合比的混凝土不足 100 盘时，取样不得少于一次 ③当一次连续浇筑超过 1000m³ 时，同一配合比的混凝土每 200m³ 取样不得少于一次 ④每一楼层、同一配合比的混凝土，取样不得少于一次 ⑤每次取样应至少留置一组标准养护试件，同条件养护试件的留置组数应根据实际需要确定	检查施工记录及试件强度试验报告	—

续表

项	项目	合格质量标准	检验方法	检验数量
主控项目	混凝土抗渗、试件取样和留置	对有抗渗要求的混凝土结构，其混凝土试件应在浇筑地点随机取样。同一工程、同一配合比的混凝土，取样不应少于一次，留置组数可根据实际需要确定	检查试件抗渗试验报告	—
	原材料每盘称量的偏差	混凝土原材料每盘称量的偏差应符合以下规定： ①水泥、掺和料：允许偏差±2% ②粗、细骨料：允许偏差±3% ③水、外加剂：允许偏差±2%	复称	每工作班抽查不应少于一次
	混凝土的初凝时间控制	混凝土运输、浇筑及间歇的全部时间不应超过混凝土的初凝时间。同一施工段的混凝土应连续浇筑，并应在底层混凝土初凝之前将上层混凝土浇筑完毕。当底层混凝土初凝后浇筑上一层混凝土时，应按施工技术方案中对施工缝的要求进行处理	观察、检查施工记录	全数检查
一般项目	施工缝的位置及处理	施工缝的位置应在混凝土浇筑前按设计要求和施工技术方案确定。施工缝的处理应按施工技术方案执行	观察、检查施工记录	全数检查
	后浇带的位置及处理	后浇带的留置位置应按设计要求和施工技术方案确定。后浇带混凝土浇筑应按施工技术方案进行	观察、检查施工记录	全数检查
	混凝土养护措施①	混凝土浇筑完毕后，应按施工技术方案及时采取有效的养护措施，并应符合下列规定： ①应在浇筑完毕后的 12h 以内对混凝土加以覆盖并保湿养护 ②混凝土浇水养护的时间：对采用硅酸盐水泥、普通硅酸盐水泥或矿渣硅酸盐水泥拌制的混凝土，不得少于 7d；对掺用缓凝型外加剂或有抗渗要求的混凝土，不得少于 14d ③浇水次数应能保持混凝土处于湿润状态；混凝土养护用水应与拌制用水相同 ④采用塑料布覆盖养护的混凝土，其敞露的全部表面应覆盖严密，并应保持塑料布内有凝结水 ⑤混凝土强度达到 1.2MPa 前，不得在其上踩踏或安装模板及支架	观察，检查施工记录	全数检查

注：①当日平均气温低于5℃时，不得浇水；当采用其他品种水泥时，混凝土的养护时间应根据所采用水泥的技术性能确定；混凝土表面不便浇水或使用塑料布时，宜涂刷养护剂；对大体积混凝土的养护，应根据气候条件按施工技术方案采取控温措施。

第五节 现浇和装配式结构混凝土工程质量

一、现浇结构混凝土工程质量控制

1. 工程质量控制要点

（1）现浇结构的外观质量缺陷，应由监理（建设）单位、施工单位等各方根据其对结构性能和使用功能影响的严重程度，按表5-53确定。

表5-53 现浇结构外观质量缺陷

名称	现象	严重缺陷	一般缺陷
露筋	构件内钢筋未被混凝土包裹而外露	纵向受力钢筋有露筋	其他钢筋有少量露筋
蜂窝	混凝土表面缺少水泥砂浆而形成石子外露	构件主要受力部位有蜂窝	其他部位有少量蜂窝
孔洞	混凝土中孔穴深度和长度均超过保护层厚度	构件主要受力部位有孔洞	其他部位有少量孔洞
夹渣	混凝土中夹有杂物且深度超过保护层厚度	构件主要受力部位有夹渣	其他部位有少量夹渣
疏松	混凝土中局部不密实	构件主要受力部位有疏松	其他部位有少量疏松
裂缝	缝隙从混凝土表面延伸至混凝土内部	构件主要受力部位有影响结构性能或使用功能的裂缝	其他部位有少量不影响结构性能或使用功能的裂缝
连接部位缺陷	构件连接处混凝土缺陷及连接钢筋、连接件松动	连接部位有影响结构传力性能的缺陷	连接部位有基本不影响结构传力性能的缺陷
外形缺陷	缺棱掉角、棱角不直、翘曲不平、飞边凸肋等	清水混凝土构件有影响使用功能或装饰效果的外形缺陷	其他混凝土构件有不影响使用功能的外形缺陷
外表缺陷	构件表面麻面、掉皮、起砂、玷污等	具有重要装饰效果的清水混凝土构件有外表缺陷	其他混凝土构件有不影响使用功能的外表缺陷

（2）现浇结构拆模后，施工单位应及时会同监理（建设）单位对混凝土外观质量和尺寸偏差进行检查，并作出记录。不论何种缺陷都应及时进行处理，并重新检查验收。

（3）现浇结构尺寸允许偏差及检验方法见表5-54。

表 5‑54　　　　　　　　　　现浇结构尺寸允许偏差和检验方法

项　目			允许偏差（mm）	检验方法
轴线位置	基础		15	钢直尺检查
	独立基础		10	
	墙、柱、梁		8	
	剪力墙		5	
垂直度	层高	≤5m	8	经纬仪或吊线、钢直尺检查
		>5m	10	经纬仪或吊线、钢直尺检查
	全高（H）		H/1000 且≤30	经纬仪、钢直尺检查
标高	层高		±10	水准仪或拉线、钢直尺检查
	全高		±30	
截面尺寸			+8，−5	钢直尺检查
电梯井	井筒长、宽对定位中心线		+25.0	钢直尺检查
	井筒全高（H）垂直度		H/1000 且≤30	经纬仪、钢直尺检查
表面平整度			8	2m 靠尺和塞尺检查
预埋设施中心线位置	预埋件		10	钢直尺检查
	预埋螺栓		5	
	预埋管		5	
预留洞中心线位置			15	钢直尺检查

注：检查轴线、中心线位置时，应沿纵、横两个方向量测，并取其中的较大值。

（4）混凝土设备基础尺寸允许偏差及检验方法，见表 5‑55。

表 5‑55　　　　　　　　　　混凝土设备基础尺寸允许偏差和检验方法

项　目		允许偏差（mm）	检验方法
坐标位置		20	钢直尺检查
不同平面的标高		0，−20	水准仪或拉线、钢直尺检查
平面外形尺寸		±20	钢直尺检查
凸台上平面外形尺寸		0，−20	钢直尺检查
凹穴尺寸		+20，0	钢直尺检查
平面水平度	每米	5	水平尺、塞尺检查
	全长	10	水准仪或拉线、钢直尺检查
垂直度	每米	5	经纬仪或吊线、钢直尺检查
	全高	10	

续表

项 目		允许偏差（mm）	检验方法
预埋地脚螺栓	标高（顶部）	+20, 0	水准仪或拉线、钢直尺检查
	中心距	±2	钢直尺检查
预埋地脚螺栓孔	中心线位置	0	钢直尺检查
	深度	+20, 0	钢直尺检查
	孔垂直度	10	吊线，钢直尺检查
预埋活动地脚螺栓锚板	标高	+20, 0	水准仪或拉线、钢直尺检查
	中心线位置	5	钢直尺检查
	带槽锚板平整度	5	钢直尺、塞尺检查
	带螺纹孔锚板平整度	2	钢直尺、塞尺检查

注：检查坐标、中心线位置时，应沿纵、横两个方向量测，并取其中的较大值。

2. 工程质量验收标准

工程质量验收标准，见表 5‑56。

表 5‑56 工程质量验收标准

项	项目	合格质量标准	检验方法	检验数量
主控项目	外观质量	现浇结构的外观质量不应有严重缺陷。对已经出现的严重缺陷，应由施工单位提出技术处理方案，并经监理（建设）单位认可后进行处理。对经处理的部位，应重作检查验收	观察，检查技术处理方案	全数检查
	过大尺寸偏差处理及验收	现浇结构不应有影响结构性能和使用功能的尺寸偏差。混凝土设备基础不应有影响结构性能和设备安装的尺寸偏差 对超过尺寸允许偏差且影响结构性能和安装、使用功能的部位，应由施工单位提出技术处理方案，并经监理（建设）单位认可后进行处理。对经处理的部位，应重新检查验收	量测，检查技术处理方案	全数检查
一般项目	外观质量和一般缺陷	现浇结构的外观质量不宜有一般缺陷。对已经出现的一般缺陷，应由施工单位按技术处理方案进行处理，并重新检查验收	观察，检查技术处理方案	全数检查

续表

项	项目	合格质量标准	检验方法	检验数量
一般项目	现浇结构和混凝土设备基础拆模后的尺寸偏差及检验方法	现浇结构和混凝土设备基础拆模后的尺寸偏差，应符合表 5 - 54 及表 5 - 55 的规定	见表 5 - 54 及表5-55	按楼层、结构缝或施工段划分检验批。在同一检验批内，对梁、柱和独立基础，应抽查构件数量的 10%，且不少于 3 件；对墙和板，应按有代表性的自然间抽查 10%，且不少于 3 间；对大空间结构，墙可按相邻轴线间高度 5m 左右划分检查面；板可按纵、横轴线划分检查面，抽查 10%，且均不少于 3 面；对电梯井，应全数检查。对设备基础，应全数检查

二、装配式结构混凝土工程质量控制

1. 工程质量控制要点

（1）预制构件应按标准图或设计要求的试验参数及检验指标进行结构性能检验。

①检验内容：钢筋混凝土构件和允许出现裂缝的预应力混凝土构件进行承载力、挠度和裂缝宽度检验；不允许出现裂缝的预应力混凝土构件进行承载力、挠度和抗裂检验；预应力混凝土构件中的非预应力构件按钢筋混凝土构件的要求进行检验。对设计成熟、生产数量较少的大型构件，当采取加强材料和制作质量检验的措施时，可仅作挠度、抗裂或裂缝宽度检验；当采取上述措施并有实践经验时，可不做结构性能检验。

②检验数量：对成批生产的构件，应按同一工艺正常生产的不超过 1000 件且不超过 3 个月的同类型产品为一批。当连续检验 10 批且每批的结构性能检验结果均符合《混凝土结构工程施工质量验收规范》GB 50204—2002 规定的要求时，对同一工艺正常生产的构件，可改为不超过 2000 件且不超过 3 个月的同类型产品为一批。在每批中应随机抽取一个构件作为试件进行检验。

③检验方法：采用短期静力加载检验。

注：（1）"加强材料和制作质量检验的措施"包括下列内容：

①钢筋进场检验合格后，在使用前再对用作构件受力主筋的同批钢筋按不超过 5t 抽取一组试件，并经检验合格；对经逐盘检验的预应力钢丝，可不再抽样检查。

②受力主筋焊接接头的力学性能，应按国家现行标准《钢筋焊接及验收规程》JGJ 18—2012 检验合格后，再抽取一组试件，并经检验合格。

③混凝土按 5m³ 且不超过半个工作班生产的相同配合比的混凝土，留置一组试件，并经检验合格。

④受力主筋焊接接头的外观质量、入模后的主筋保护层厚度、张拉预应力总值和构件的截面尺寸等，应逐件检验合格。

（2）"同类型产品"是指同一钢种、同一混凝土强度等级、同一生产工艺和同一结构形式的构件。对同类型产品进行抽样检验时，试件宜从设计荷载最大、受力最不利或生产数量最多的构件中抽取。对同类型的其他产品，也应定期进行抽样检验。

（2）预制底部构件与后浇混凝土层的连接质量对叠合结构的受力性能有重要影响，叠合面应按设计要求进行处理。

（3）装配式结构与现浇结构在外观质量、尺寸偏差等方面的质量要求一致。

（4）预制构件的允许偏差及检验方法，见表 5-57。

表 5-57　　　　　　　　　　预制构件的允许偏差及检验方法

项　目		允许偏差（mm）	检验方法
长度	板、梁	+10，-5	钢尺检查
	柱	+5，-10	
	墙板	±5	
	薄腹梁、桁架	+15，-10	
宽度、高（厚）度	板、梁、柱、墙板、薄腹梁、桁架	±5	钢尺量一端及中部，取其中较大值
侧向弯曲	梁、柱、板	$l/750$ 且≤20	拉线、钢尺量最大侧向弯曲处
	墙板、薄腹梁、桁架	$l/1000$ 且≤20	
预埋件	中心线位置	10	钢尺检查
	螺栓位置	5	
	螺栓外露长度	+10，-5	
预留孔	中心线位置	5	钢尺检查
预留洞	中心线位置	15	钢尺检查
主筋保护层厚度	板	+5，-3	钢尺或保护层厚度测定仪量测
	梁、柱、墙板、薄腹梁、桁架	+10，-5	
对角线差	板、墙板	10	钢尺量两个对角线
表面平整度	板、墙板、柱、梁	5	2m 靠尺和塞尺检查
预应力构件预留孔道位置	梁、墙板、薄腹梁、桁架	3	钢尺检查
翘曲	板	$l/750$	调平尺在两端量测
	墙板	$l/1000$	

注：①l 为构件长度（mm）。

②检查中心线、螺栓和孔道位置时，应沿纵、横两个方向量测，并取其中的较大值。

③对形状复杂或有特殊要求的构件，其尺寸偏差应符合标准图或设计的要求。

2. 工程质量验收标准

装配式结构中首先要对预制构件的结构性能检验，结构性能不合格的预制构件不得用于混凝土结构。

（1）主控项目：装配式结构工程主控项目质量验收标准，应符合表 5‑58 的规定。

表 5‑58　　　　　　　　　装配式结构工程主控项目质量验收标准

类别	项目	合格质量标准	检验方法	检验数量
预制构件	标明事项	预制构件应在明显部位标明生产单位、构件型号、生产日期和质量验收标志。构件上的预埋件、插筋和预留孔洞的规格、位置和数量应符合标准图或设计的要求	观察	全数检查
	外观检查	预制构件的外观质量不应有严重缺陷。对已经出现的严重缺陷，应按技术处理方案进行处理，并重新检查验收	观察，检查技术处理方案	全数检查
	偏差要求	预制构件不应有影响结构性能和安装、使用功能的尺寸偏差。对超过尺寸允许偏差且影响结构性能和安装、使用功能的部位，应按技术处理方案进行处理，并重新检查验收	量测，检查技术处理方案	全数检查
结构性能检验	承载力、挠度、裂缝宽度	预制构件应按标准图或设计要求的试验参数及检验指标进行结构性能检验。承载力、挠度、裂缝宽度的检验必须符合规范要求	规范要求	规范要求
施工过程	外观检查	进入现场的预制构件，其外观质量、尺寸偏差及结构性能应符合标准图或设计的要求	检查构件合格证	按批检查
	连接要求	预制构件与结构之间的连接应符合设计要求，连接处钢筋或埋件采用焊接或机械连接时，接头质量应符合国家现行标准《钢筋焊接及验收规程》JGJ18—2012、《钢筋机械连接技术规程》JGJ 107—2010 的要求	观察，检查施工记录	全数检查
	接头和拼缝的强度要求	承受内力的接头和拼缝，当其混凝土强度未达到设计要求时，不得吊装上一层结构构件；当设计无具体要求时，应在混凝土强度不小于 $10N/mm^2$ 或具有足够的支承时方可吊装上一层结构构件。已安装完毕的装配式结构，应在混凝土强度达到设计要求后，方可承受全部设计荷载	检查施工记录及试件强度试验报告	全数检查

（2）一般项目：装配式结构工程一般项目质量验收标准，应符合表 5‑59 的规定。

表 5‑59　　　　　　　　　装配式结构工程一般项目质量验收标准

类别	项目	合格质量标准	检验方法	检验数量
预制构件	外观要求	预制构件的外观质量不宜有一般缺陷。对已经出现的一般缺陷，应按技术处理方案进行处理，并重新检查验收	观察，检查技术处理方案	全数检查
	尺寸偏差	预制构件的尺寸偏差应符合表 5‑57 的规定	见表 5‑57	同一工作班生产的同类型构件，抽查 5% 且不少于 3 件
施工过程	堆放运输	预制构件码放和运输时的支承位置和方法应符合标准图或设计的要求	观察检查	全数检查
	吊装准备	预制构件吊装前，应按设计要求在构件和相应的支承结构上标志中心线、标高等控制尺寸，按标准图或设计文件校核预埋件及连接钢筋等，并作出标志	观察，钢尺检查	全数检查
	吊装	预制构件应按标准图或设计的要求吊装。起吊时绳索与构件水平面的夹角不宜小于 45°，否则应采用吊架或经验算确定	观察检查	全数检查
	就位	预制构件安装就位后，应采取保证构件稳定的临时固定措施，并应根据水准点和轴线校正位	观察，钢尺检查	全数检查
	接头和拼缝要求	装配式结构中的接头和拼缝应符合设计要求；当设计无具体要求时，应符合下列规定：①对承受内力的接头和拼缝应采用混凝土浇筑，其强度等级应比构件混凝土强度等级提高一级②对不承受内力的接头和拼缝应采用混凝土或砂浆浇筑，其强度等级不应低于 C15 或 M15③用于接头和拼缝的混凝土或砂浆，宜采取微膨胀措施和快硬措施，在浇筑过程中应振捣密实，并应采取必要的养护措施	检查施工记录及试件强度试验报告	全数检查

第六章

钢结构工程

第一节　钢零件与部件加工质量

一、放样、号料及切割质量控制与验收

（一）工程质量控制要点

1. 放样

（1）零件放样：放样时，要先划出构件的中心线，然后再划出零件尺寸，得出实样；实样完成后，应复查一次主要尺寸，发现差错应及时改正。焊接构件放样重点控制连接焊缝长度和型钢重心，并根据工艺要求预留切割余量、加工余量或焊接收缩余量（表6-1）。放样时，桁架上下弦应同时起拱，竖腹杆方向尺寸保持不变，吊车梁跨度应按 $L/500$ 起拱。

表 6-1 切割、加工余量或焊接收缩余量

名称	加工或焊接形式	预留余量（mm）
切割余量 （气焊和等离子切割）	自动或半自动切割	3.0～4.0
	手工切割	4.0～5.0
加工余量 （铣、刨加工）	剪切或凿切	3.0～4.0
	气割或等离子切割	4.0～5.0
焊接收缩量	纵向收缩值： 　对接焊缝（每米焊缝） 　连续角焊缝（每米焊缝） 　间断角焊缝（每米焊缝）	 0.15～0.30 0.20～0.40 0.05～1.10
	横向收缩值： 　对接焊缝（板厚3～50mm 焊缝） 　连续角焊缝（板厚3～20mm 焊缝） 　间断角焊缝（板厚3～25mm 焊缝）	 0.80～3.10 0.50～0.80 0.20～0.40

（2）样板放样：样板分号料样板和成形样板两类，前者用于划线、下料；后者多用于卡形和

检查曲线成形偏差。样板多用 0.3～0.75mm 钢板或塑料板制作，对一次性样板，可用油毡或黄纸板制作。对又长又大的型钢号料、号孔，批量生产时多用样杆号料，可避免大量麻烦、出错。样杆多用 20mm×0.8mm 扁钢制作，长度较短时，可用木尺杆；样板、样杆上要标明零件号、规格、数量、孔径等，其工作边缘要整齐，其上标记刻制应细小清晰，其几何尺寸允许偏差长度和宽度 +0、−1.0mm；矩形对角线之差不大于 1mm；相邻孔眼中心距偏差及孔心位移不大于 0.5mm。

焊接结构中各种焊缝的预放收缩量，见表 6-2。样板精度要求，见表 6-3。

表 6-2　　　　　　　　　　　　　焊接结构中各种焊缝的预放收缩量

结构种类	特点	焊缝收缩量
实腹结构	断面高度在 1000mm 以内钢板厚度在 25mm 以内	纵长焊缝：每米焊缝 0.1～0.5mm（每条焊缝） 接口焊缝：每一个接口为 0.1mm 加颈板焊缝：每对加颈板为 1.0mm
	断面高度在 1000mm 以上钢材厚度在 25mm 以上各种厚度的钢材其断面高度在 1000mm 以上者	纵长焊缝：每米焊缝 0.05～0.20mm（每条焊缝） 接口焊缝：每一个接口为 1.0mm 加颈板焊缝：每对加颈板为 1.0mm
格构式结构	轻型（尾架、架线塔等）	接口焊缝：每一个接口为 1.0mm 搭接接头：每条焊缝为 0.50mm
	重型（如组合断面柱子等）	组合断面的托梁、柱的加工余量，按本表第 1 项采用 焊接搭接头焊缝：每一个接头为 0.5mm
板筒结构（以油池为例）	厚 16mm 以下钢板	横断接口（垂直缝）产生的圆周长度收缩量：每一个接口 1.0mm 圆周焊缝（水平缝）产生的高度方向的收缩量：每一个接口 1.0mm
	厚 20mm 以上钢板	横断接口（垂直缝）产生的圆周长度收缩量：每一个接口 2.0mm 圆周焊缝（水平缝）产生的高度方向的收缩量：每一个接口 2.5～3.0mm

表 6-3　　　　　　　　　　　　　　　样板精度要求

偏差名称	平行线距离和分段尺寸	宽、长度	孔距	两对角线差	加工样板角度
偏差极限	±0.5mm	±0.5mm	±0.5mm	1.0mm	±20′

2. 下料（号料）

下料采用样板、样杆，根据图纸要求在板料或型钢上划出零件形状与切割、铣、刨、弯曲等加工线以及钻孔、打冲孔位置。配料时，焊缝较多、加工量大的构件，应先号料；拼接口应避开安装孔和复杂部位；Ⅰ型部件的上下翼板和腹板的焊接口应错开 200mm 以上；同一构件需要拼接料时，必须同时号料，并要标明接料的号码、坡口形式和角度；气割零件和需加工（刨边端铣）零件需预留加工余量。在焊接结构上号孔，应在焊接完毕经整形以后进行，孔眼应距焊缝边缘 50mm 以上。

号料允许偏差，见表 6-4。

表 6-4   号料允许偏差

项目	允许偏差	项目	允许偏差	项目	允许偏差
长、宽	±1.0mm	对角线差	±1.0mm	两排眼心距	±0.5mm
两端眼心距	±1.0mm	相邻眼心距	±0.5mm	冲点与眼心距位移	±0.5mm

3. 切割

机械切割，剪切钢板多用龙门剪切机；剪切型钢一般用型钢切割机，还有砂轮锯、无齿锯等切割方法，具有剪切速度快，精度高，使用方便等优点；氧气切割多用于长条形钢板零件下料，比较方便，且易保证平整；一般较长的直线或大圆弧的切割多用半自动或自动氧气切割机进行，可提高工效和质量。气割主要应用于各种碳素结构钢和低合金结构钢材。对中碳钢采取气割时，应采取预热和缓冷措施，以防切口边缘产生裂纹或淬硬层，但对厚度小于 3mm 的钢板，因其受热后变形较大，不宜使用气割方法。

机械剪切的允许偏差和气割的允许偏差，见表 6-5。

表 6-5   机械剪切和气割的允许偏差   (mm)

	项目	允许偏差		项目	允许偏差
机械剪切允许偏差	零件宽度、长度	±3.0	气割的允许偏差	零件宽度、长度	±3.0
	边缘缺棱	1.0		切割面平面度	0.05t，且不应大于 2.0
	型钢端部垂直度	2.0		割纹深度	0.3
				局部缺口深度	1.0

注：t 为切割面厚度。

等离子切割不受材质的限制，切割速度高，切口较窄，热影响区小，变形小，切割边质量好，可用于切割用氧乙炔焰和电弧所不能切割或难以切割的钢材。

切割时，应清除钢材表面切割区域内的铁锈、油污等；切割后钢材切割面或剪切面应无裂纹、夹渣、分层和大于 1mm 的缺棱，并应清除边缘上的熔瘤和飞溅物等。

（二）工程质量验收标准

工程质量验收标准，见表 6-6。

表 6-6   钢材切割的质量验收标准

项	合格质量标准	检验方法	检验数量
主控项目	钢材切割面或剪切面应无裂纹、夹渣、分层和大于 1mm 的缺棱	观察或用放大镜及百分尺检查，有疑议时做渗透、磁粉或超声波探伤检查	全数检查
一般项目	气割的允许偏差应符合表 6-5 的规定	观察检查或用钢尺、塞尺检查	按切割面数抽查 10%，且不应少于 3 个
	机械剪切的允许偏差应符合表 6-5 的规定	观察检查或用钢尺、塞尺检查	按切割面数抽查 10%，且不应少于 3 个

二、矫正、弯曲和边缘加工质量控制与验收

(一) 工程质量控制要点

1. 矫正、弯曲

钢材在运输、卸料、堆放和切割过程中，有时会产生不同程度的弯曲和波浪弯形，必须在划线下料之前及切割、组装焊接之后，予以平直矫正；常用的平直、矫正方法有人工矫正、机械矫正、火焰矫正、混合矫正等。

碳素结构钢在环境温度低于－16℃，低合金结构钢在环境温度低于－12℃时，不应进行冷矫正和冷弯曲。碳素结构钢和低合金结构钢加热矫正时，加热温度不应超过900℃。低合金结构钢在加热矫正后应自然冷却。

当零件采用热加工成形时，加热温度应控制在900℃～1000℃；碳素结构钢和低合金结构钢在温度分别下降到700℃和800℃之前，应结束加工；低合金结构钢应自然冷却。

矫正后的钢材表面，不应有明显的凹面或损伤，划痕深度不得大于0.5mm，且不应大于该钢材厚度负允许偏差的1/2。

冷矫正和冷弯曲的最小曲率半径和最大弯曲矢高，应符合表6-7的规定。

表6-7 　　　　　冷矫正和冷弯曲的最小曲率半径和最大弯曲矢量　　　　　(mm)

钢材类别	图例	对应轴	矫正		弯曲	
			r	f	l	f
钢板扁钢		$x—x$	$50t$	$\dfrac{l^2}{400t}$	$25t$	$\dfrac{l^2}{200t}$
		$y—y$（仅对扁钢轴线）	$100b$	$\dfrac{l^2}{800b}$	$50b$	$\dfrac{l^2}{400b}$
角钢		$x—x$	$90b$	$\dfrac{l^2}{720b}$	$45b$	$\dfrac{l^2}{360b}$
槽钢		$x—x$	$50h$	$\dfrac{l^2}{400h}$	$25h$	$\dfrac{l^2}{200h}$
		$y—y$	$90b$	$\dfrac{l}{720b}$	$45b$	$\dfrac{l^2}{360b}$
工字钢		$x—x$	$50h$	$\dfrac{l^2}{400h}$	$25h$	$\dfrac{l^2}{200h}$
		$y—y$	$50b$	$\dfrac{l^2}{400b}$	$25b$	$\dfrac{l^2}{200h}$

注：r. 为曲率半径；f. 为弯曲矢高；l. 为弯曲弦长；t. 为钢板厚度。

钢材矫正后的允许偏差，应符合表6-8的规定。

表 6-8　　　　　　　　　　　钢材矫正后的允许偏差　　　　　　　　　　　（mm）

项　目		图　例	允许偏差
钢板的局部平面度	$t \leqslant 14$	1000	1.5
	$t > 14$		1.0
型钢弯曲矢高			$l/1000$ 且不应大于 5.0
角钢肢的垂直度			$b/100$ 双肢拴接角钢的角度不得大于 90°
槽钢翼缘对腹板的垂直度			$b/80$
工字钢、H 型钢翼缘对腹板的垂直度			$b/100$ 且不大于 2.0

2. 边缘加工

钢吊车梁翼缘板的边缘、钢柱脚和肩梁承压支承面以及其他要求刨平顶紧的部位、焊接对接口、焊接坡口的边缘、尺寸要求严格的加劲板、隔板、腹板和有孔眼的节点板，以及由于切割下料产生硬化的边缘或采用气割、等离子弧切割方法切割下料产生带有有害组织的热影响区，一般均需边缘加工进行刨边、刨平或刨坡口。

当用气割方法切割碳素钢和低合金钢焊接坡口时，对屈服强度小于 400N/mm^2 的钢材，应将坡口熔渣、氧化层等消除干净，并将影响焊接质量的凹凸不平处打磨平整；对屈服强度大于或等于 400N/mm^2 的钢材，应将坡口表面及热影响区用砂轮打磨去除淬硬层。

当用碳弧气刨方法加工坡口或清焊根时，刨槽内的氧化层、淬硬层、顶碳或铜迹必须彻底打磨干净。

气割或机械剪切的零件，需要进行边缘加工时，其刨削量不应小于 2.0mm。

边缘加工允许偏差，应符合表 6-9 的规定。

表 6-9　　　　　　　　　　边缘加工的允许偏差　　　　　　　　　　（mm）

项目	允许偏差	项目	允许偏差
零件宽度、长度	±1.0	加工面垂直度	$0.025t$，且不应大于 0.5
加工边直线度	$l/3000$，且不应大于 2.0	加工面表面粗糙度	$\overset{50}{\nabla}$
相邻两边夹角	±6′		

（二）工程质量验收标准

工程质量验收标准，见表 6-10。

表 6-10 钢材弯曲和边缘加工质量验收标准

项	合格质量标准	检验方法	检验数量
主控项目	碳素结构钢在环境温度低于 -16℃，低合金结构钢在环境温度低于 -12℃时，不应进行冷矫正和冷弯曲。碳素结构钢和低合金结构钢在加热矫正时，加热温度不应超过 900℃。低合金结构钢在加热矫正后应自然冷却	检查制作工艺报告和施工记录	全数检查
	当零件采用热加工成形时，加热温度应控制在 900℃~1000℃；碳素结构钢和低合金结构钢在温度分别下降到 700℃和 800℃之前，应结束加工；低合金结构钢应自然冷却	检查制作工艺报告和施工记录	全数检查
	气割或机械剪切的零件需要进行边缘加工时其刨削量不应小于 2.0mm	检查工艺报告和施工记录	全数检查
一般项目	矫正后的钢材表面，不应有明显的凹面或损伤，划痕深度不得大于 0.5mm，且不应大于该钢材厚度负允许偏差的 1/2	观察检查和实测检查	全数检查
	冷矫正和冷弯曲的最小曲率半径和最大弯曲矢高应符合表 6-7 的规定	观察检查和实测检查	按冷矫正和冷弯曲的件数抽查 10%，且不少于 3 件
	钢材矫正后的允许偏差，应符合表 6-8 的规定	观察检查和实测检查	按矫正件数抽查 10%，且不少于 3 件
	边缘加工的允许偏差应符合表 6-9 的规定	观察检查和实测检查	按加工面数抽查 10%，且不少于 3 件

三、管球加工和制孔质量控制与验收

（一）工程质量控制要点

1. 管球加工

（1）螺栓球成形后，不应有裂纹、褶皱、过烧。

（2）钢板压成半圆球后，表面不应有裂纹、褶皱；焊接球其对接坡口应采用机械加工，对接焊缝表面应打磨平整。

（3）螺栓球加工的允许偏差，应符合表 6-11 的规定。

表 6-11 螺栓球加工的允许偏差　　　　　　　　　　　　　　　　（mm）

项目		允许偏差	检验方法
圆度	$d \leqslant 120$	1.5	用卡尺和游标卡尺检查
	$d > 120$	2.5	
同一轴线上两铣平面平行度	$d \leqslant 120$	0.2	用百分表和V形块检查
	$d > 120$	0.3	
铣平面距球中心距离		±0.2	用游标卡尺检查
相邻两螺栓孔中心线夹角		±30′	用分度头检查
两铣平面与螺栓孔轴线垂直度		0.005r	用百分表检查
球毛坯直径	$d \leqslant 120$	+2.0 -1.0	用卡尺和游标卡尺检查
	$d > 120$	+3.0 -1.5	

（4）焊接球加工的允许偏差，应符合表6-12的规定。

表 6-12　　　　　　　　　　焊接球加工的允许偏差　　　　　　　　　　　　（mm）

项目	允许偏差	检验方法
直径	±0.005d ±2.5	用卡尺和游标卡尺检查
圆度	2.5	用卡尺和游标卡尺检查
壁厚减薄量	0.13t，且不应大于1.5	用卡尺和测厚仪检查
两半球对口错边	1.0	用套模和游标卡尺检查

（5）钢网架（桁架）用钢管杆件加工的允许偏差，应符合表6-13的规定。

表 6-13　　　　　　钢网架（桁架）用钢管杆件加工的允许偏差　　　　　（mm）

项目	允许偏差	检验方法
长度	±1.0	用钢直尺和百分表检查
端面对管轴的垂直度	0.005r	用百分表和V形块检查
管口曲线	1.0	用套模和游标卡尺检查

（6）焊接空心球。焊接空心球的质量控制要点应符合下列规定：焊接空心球节点主要由空心球、钢管杆件、连接套管等零件组成。空心球制作工艺流程应为：下料→加热→冲压→切边坡口→拼装→焊接→检验。

①半球圆形坯料钢板应用乙炔氧气或等离子切割下料。下料后坯料直径允许偏差为2.0mm，钢板厚度允许偏差为±0.5mm。坯料锻压的加热温度应控制在1000℃～1100℃。半球成型，其坯料须在固定锻模具上热挤压成半个球形，半球表面应光滑平整，不应有局部凸起或褶皱，壁减薄量不大于1.5mm。

②毛坯半圆球可用普通车床切边坡口，坡口角度为 22.5°～30°。不加肋空心球两个半球对装时，中间应留 2.0mm 缝隙，以保证焊透。

焊接成品的空心球直径的允许偏差：当球直径小于等于 300mm 时，为±1.5mm；直径大于 300mm 时，为±2.5mm。圆度允许偏差：当直径小于等于 300mm，应小于 2.0mm。对口错边量允许偏差应小于 1.0mm。

③加肋空心球的肋板位置，应在两个半球的拼接环形缝平面处。加肋钢板应用乙炔氧气切割下料，并外径留有加工余量，其内孔以 $D/3～D/2$（D 为焊接空心球外径）割孔。板厚宜不加工，下料后应用车床加工成型，直径偏差（mm）：上偏差为 -1.0，下偏差为 0。

④套管是钢管杆件与空心球拼焊连接定位件，应用同规格钢管剖切一部分圆周长度，经加热后在固定芯轴上成型。套管外径比钢管杆件内径小 1.5mm，长度为 40～70mm。

⑤空心球与钢管杆件连接时，钢管两端开坡口 30°，并在钢管两端头内加套管与空心球焊接，球面上相邻钢管杆件之间的缝隙不宜小于 10mm。钢管杆件与空心球之间应留有 2.0～6.0mm 缝隙予以焊透。

⑥焊接空心球加工的允许偏差，应符合表 6-14 的规定

表 6-14　　　　　　　　　　　焊接空心球加工的允许偏差　　　　　　　　　　　（mm）

项　目		允许偏差
直　径	$d\leqslant300$	±1.5
	$300<d\leqslant500$	±2.5
	$500<d\leqslant800$	±3.5
	$d>800$	±4
圆　度	$d\leqslant300$	±1.5
	$300<d\leqslant500$	±2.5
	$500<d\leqslant800$	±3.5
	$d>800$	±4
壁厚减薄量	$t\leqslant10$	$\leqslant0.18t$，且不大于 1.5
	$10<t\leqslant16$	$\leqslant0.15t$，且不大于 2.0
	$16<t\leqslant22$	$\leqslant0.12t$，且不大于 2.5
	$22<t\leqslant45$	$\leqslant0.11t$，且不大于 3.5
	$t>45$	$\leqslant0.08t$，且不大于 4.0
对口错边量	$t\leqslant20$	$\leqslant0.10t$，且不大于 1.0
	$20<t\leqslant40$	2.0
	$t>40$	3.0
焊缝余高		0～1.5

注：d 为焊接空心球的外径；t 为焊接空心球的壁厚。

2. 制孔

（1）钢结构构件制孔方法要点及要求如下：

①钻孔：钻孔有人工钻孔和机床钻孔两种方式。前者用手枪式或手提式电钻由人工直接钻孔，多用于钻直径较小、板料较薄的孔，亦可采用手抬压杠电钻钻孔，由两人操作，可钻一般性钢结构的孔，不受工件位置和大小的限制；后者用台式或立式摇臂式钻床钻孔，施钻方便，工效和精度高。

构件钻孔前应进行试钻，经检查认可后方可正式钻孔。钻制精度要求高的精制螺栓孔或板叠层数多、长排连接、多排连接的群孔，可借助钻模夹在工件上制孔；使用钻模厚度一般为 15mm

左右，钻套内孔直径比设计孔径大 0.3mm；为提高工效，亦可将同种规格的板件叠合在一起钻孔，但必须夹牢或点焊固定；成对或成副的构件，宜成对或成副钻孔，以利构件组装。

②冲孔：冲孔是用冲孔机将板件冲出孔来，效率高，但质量较钻孔差，仅用于非圆孔和薄板制孔；冲孔的直径应大于板厚，否则易损坏冲头。冲孔下模上平面的孔应比上模的冲头直径大 0.8~1.5mm；构件冲孔时，应装好冲模，检查冲模之间间隙是否均匀一致，并用与构件相同的材料试冲，经检查质量符合要求后，再正式冲孔。大量冲孔时，应按批抽查孔的尺寸及孔的中心距，以便及时发现问题，及时纠正。当环境温度低于 -20℃ 时，应禁止冲孔。

③扩孔：扩孔系将已有孔眼扩大到需要的直径。主要用于构件的拼装和安装，如叠层连接板孔，常先把零件孔钻成比设计小 3mm 的孔，待整体组装后再行扩孔，以保证孔眼一致，孔壁光滑；或用于钻直径 30mm 以上的孔，先钻成小孔，后扩成大孔，以减小钻端阻力，提高工效。扩孔工具用扩孔钻或麻花钻，用麻花钻扩孔时，需将后角修小，使切屑少而易于排除，可降低孔的表面粗糙度。

④锪孔：锪孔系将已钻好的孔上表面加工成一定形状的孔，常用的有锥形埋头孔、圆柱形埋头孔等。锥形埋头孔应用专用锥形锪钻制孔，或用麻花钻改制，将顶角磨成所需的大小角度；圆柱形埋头孔应用柱形锪钻，用基端面刀具切削，锪钻前端设导柱导向，以保证位置正确。

(2) A、B 级螺栓孔（Ⅰ类孔）应具有 H12 的精度，孔壁表面粗糙度 R_a 不应大于 12.5μm。其孔径的允许偏差，应符合表 6-15 的规定。C 级螺栓孔（Ⅱ类孔），孔壁表面粗糙度 R_a 不应大于 25μm。其允许偏差应符合表 6-16 规定。

表 6-15　　　　　　　　A、B 级螺栓孔径的允许偏差　　　　　　　　（mm）

螺栓公称直径、螺栓孔直径	螺栓公称直径允许偏差	螺栓孔直径允许偏差
10~18	0.00 -0.21	+0.18 0.00
18~30	0.00 -0.21	+0.21 0.00
30~50	0.00 -0.25	+0.25 0.00

表 6-16　　　　　　　　C 级螺栓孔的允许偏差　　　　　　　　（mm）

项目	直径	圆度	垂直度
允许偏差	+1.0 0.0	2.0	0.03t，且不应大于 2.0

(3) 螺栓孔孔距的允许偏差，应符合表 6-17 的规定。如螺栓孔孔距的允许偏差超过表 6-17 规定的允许偏差时，应采用与母材材质相匹配的焊条补焊后重新制孔。

表 6-17　　　　　　　　螺栓孔孔距的允许偏差　　　　　　　　（mm）

螺栓孔孔距范围	≤500	501~1200	1201~3000	>3000
同一组内任意两孔间距离	±1.0	±1.5	—	—
相邻两组的端孔间距离	±1.5	±2.0	±2.5	±3.0

注：①在节点中连接板与一根杆件相连的所有螺栓孔为一组。
　　②对接接头在拼接板一侧的螺栓孔为一组。
　　③在两相邻节点或接头间的螺栓孔为一组，但不包括上述两款所规定的螺栓孔。
　　④受弯构件翼缘上的连接螺栓孔，每米长度范围内的螺栓孔为一组。

（二）工程质量验收标准

管球与孔制加工工程质量验收标准，见表6-18。

表6-18　　　　　　　　　　管球与孔制加工工程质量验收标准

项	合格质量标准	检验方法	检验数量
主控项目	螺栓球成型后，不应有裂纹、褶皱、过烧	10倍放大镜观察检查或表面探伤	每种规格抽查10%，且不应少于5个
	钢板压成半圆球后，表面不应有裂纹、褶皱。焊接球其对接坡口应采用机械加工，对接焊缝表面应打磨平整	10倍放大镜观察检查或表面探伤	每种规格抽查10%，且不应少于5个
	A、B级螺栓孔（Ⅰ类孔）应具有H12的精度，孔壁表面粗糙度 R_a 不应大于12.5μm。其孔径的允许偏差应符合表6-15的规定。C级螺栓孔（Ⅱ类孔），孔壁表面粗糙度 R_a 不应大于25μm。其允许偏差应符合表6-16规定	用游标卡尺或孔径量规检查	按钢构件数量抽查10%，且不应少于3件
一般项目	螺栓球加工的允许偏差应符合表6-11的规定	见表6-11	每种规格抽查10%，且不应少于5个
	焊接球加工的允许偏差应符合表6-12的规定	见表6-12	每种规格抽查10%，且不应少于5个
	钢网架（桁架）用钢管杆件加工的允许偏差应符合表6-13的规定	见表6-13	每种规格抽查10%，且不应少于5根
	螺栓孔孔距的允许偏差应符合表6-17的规定	用钢尺检查	按钢构件数量抽查10%，且不应少于3件
	螺栓孔孔距的允许偏差超过表6-17中规定的允许偏差时，应采用与母材材质相匹配的焊条补焊后重新制孔	观察检查	全数检查

第二节　钢结构焊接工程质量

一、工程质量控制要点

钢结构焊接工程质量要点应符合下列规定：

（1）从事钢结构各种焊接工作的焊工，应按现行国家标准《建筑钢结构焊接技术规程》JGJ 81—2002的规定，经考试并取得合格证后，方可进行操作。

（2）钢结构中首次采用的钢种、焊接材料、接头形式、坡口形式及工艺方法，应按照《建筑钢结构焊接技术规程》JGJ 81—2002或《承压设备焊接工艺评定》NB/T 47014—2011的规定进行焊接工艺评定，其评定结果应符合设计要求。

（3）焊接材料的选择应与母材的机械性能相匹配。对低碳钢一般按焊接金属与母材等强度的原则选择焊接材料；对低合金高强度结构钢一般应使焊缝金属与母材等强或略高于母材，但不应高出 50MPa，同时焊缝金属必须具有优良的塑性、韧性和抗裂性；当不同强度等级的钢材焊接时，宜采用与低强度钢材相适应的焊接材料。

（4）焊条、焊剂、电渣焊的熔化嘴和栓钉焊保护瓷圈，使用前应按技术说明书规定的烘焙时间进行烘焙，然后转入保温。低氢型焊条经烘焙后放入保温筒内随用随取。

（5）母材的焊接坡口及两侧 30~50mm 范围内，在焊前必须彻底清除氧化皮、熔渣、锈、油、涂料、灰尘、水分等影响焊接质量的杂质。

二、钢结构焊接质量检验一般规定

钢结构焊接质量检验一般规定，见表 6-19。

表 6-19　　　　　　　　　　　钢结构焊接质量检验一般规定

项目	说　明
种类	焊接质量控制和检验分为以下两类： ①自检：施工单位在制造、安装过程中进行的检验，由施工单位自有或聘用有资质的检测人员进行 ②监检：由具有检验资质的独立第三方选派具有检测资质的人员进行检验
程序	质量控制和检验的一般程序包括焊前检验、焊中检验和焊后检验，应符合以下规定： （1）焊前检验应至少包括下列内容： ①按设计文件和相关规程、标准的要求，对工程中所用钢材、焊接材料的规格、型号（牌号）、材质、外观及质量证明文件进行确认 ②焊工合格证及认可范围 ③焊接工艺技术文件及操作规程 ④坡口形式、尺寸及表面质量 ⑤组对后构件的形状、位置、错边量、角变形、间隙等 ⑥焊接环境、焊接设备等 ⑦定位焊缝的尺寸及质量 ⑧焊接材料的烘干、保存及领用 ⑨引弧板、引出板和衬垫板的装配质量 （2）焊中检验应至少包括下列内容： ①实际采用的焊接电流、焊接电压、焊接速度、预热温度、层间温度及后热温度和时间等焊接工艺参数与焊接工艺文件的符合性检查 ②多层多道焊焊道缺欠的处理 ③采用双面焊清根的焊缝，应在清根后进行外观检查及规定的无损检测 ④多层多道焊中焊层、焊道的布置及焊接顺序等检查 （3）焊后检验应至少包括下列内容： ①焊缝的外观质量与外形尺寸检测 ②焊缝的无损检测 ③焊接工艺规程记录及检验报告的确认 　　检查前应根据钢结构所承受的载荷性质、施工详图及技术文件规定的焊缝质量等级要求编制检查和试验计划，由技术负责人批准并报监理工程师备案。检查方案应包括检查批的划分、抽样检查的抽样方法、检查项目、检查方法、检查时机及相应的验收标准等内容

项目	说　　明
抽样方法	焊缝检查抽样方法应符合以下规定： （1）焊缝数的计数方法：工厂制作焊缝长度小于等于 1000mm 时，每条焊缝为 1 处；长度大于 1000mm 时，将其划分为每 300mm 为 1 处；现场安装焊缝每条焊缝为 1 处 （2）可按下列方法确定检验批： ①制作焊缝可以同一工区（车间）按一定的焊缝数量组成批；多层框架结构可以每节柱的所有构件组成批 ②安装焊缝可以区段组成批；多层框架结构可以每层（节）的焊缝组成批 （3）抽样检查除设计指定焊缝外应采用随机取样方式取样，且取样中应覆盖到该批焊缝中所包含的所有钢材类别、焊接位置和焊接方法
外观检测	外观检测应符合以下规定： ①所有焊缝应冷却到环境温度后方可进行外观检测 ②外观检测采用目测方式，裂纹的检查应辅以 5 倍放大镜并在合适的光照条件下进行，必要时可采用磁粉探伤或渗透探伤，尺寸的测量应用量具、卡规 ③栓钉焊接接头的外观质量应符合要求。外观质量检验合格后进行打弯抽样检查，其合格标准是：当栓钉打弯至 30°时，焊缝和热影响区不得有肉眼可见的裂纹，检查数量应不小于栓钉总数的 1% 并不少于 10 个 ④电渣焊、气电立焊接头的焊缝外观成型应光滑，不得有未熔合、裂纹等缺陷；当板厚小于 30mm 时，压痕、咬边深度不得大于 0.5mm；板厚大于或等于 30mm 时，压痕、咬边深度不得大于 1.0mm 焊缝无损检测报告签发人员必须持有现行国家标准《无损检测人员资格鉴定与认证》GB/T 9445—2008 规定的 2 级或 2 级以上资格证书
超声波检测	超声波检测应符合以下规定，超声波检测位置如图 6-1 所示。 图 6-1　超声波检测位置 （1）对接及角接焊透或局部焊透焊缝检测的检验等级应根据质量要求分为 A、B、C 三级，检验的完善程度 A 级最低，B 级一般，C 级最高，应根据结构的材质、焊接方法、使用条件及承受载荷的不同，合理地选用检验级别 （2）对接及角接焊透或局部焊透焊缝检测的检验范围的确定应符合以下规定： ①A 级检验采用一种角度的探头在焊缝的单面单侧进行检验，只对能扫查到的焊缝截面进行探测，一般不要求做横向缺欠的检验。母材厚度大于 50mm 时，不得采用 A 级检验 ②B 级检验原则上采用一种角度的探头在焊缝的单面双侧进行检验，受几何条件限制时，可在焊缝单面单侧采用两种角度探头（两角度之差大于 15°）进行检验。母材厚度大于 100mm 时，采用一种角度探头进行双面双侧检验，受几何条件限制时，可在焊缝单面双侧采用两种角度探头（两角度之差大于 15°）进行检验，检验应覆盖整个焊缝截面。条件允许时应做横向缺欠检验 ③C 级检验至少应采用两种角度的探头在焊缝的单面双侧进行检验。同时应作两个

续表 2

项目	说　明
超声波检测	扫查方向和两种探头角度的横向缺欠检验。母材厚度大于 100mm 时，应采用双面双侧检验。检查前应对焊缝余高磨平，以便探头在焊缝上作平行扫查。焊缝两侧斜探头扫查经过母材部分应用直探头做检查。当焊缝母材厚度大于等于 100mm，窄间隙焊缝母材厚度大于等于 40mm 时，一般增加串列式扫查
抽样检验	抽样检验应按下列规定进行结果判定： ①抽样检验的焊缝数不合格率小于 2％时，该批验收合格 ②抽样检验的焊缝数不合格率大于 5％时，该批验收不合格 ③除本条第 5 款情况外抽样检验的焊缝数不合格率为 2％～5％时，应加倍抽检，且必须在原不合格部位两侧的焊缝延长线各增加一处。在所有抽检焊缝中不合格率不大于 3％时，该批验收合格，大于 3％时，该批验收不合格 ④批量验收不合格时，应对该批余下的全部焊缝进行检验 ⑤检验发现 1 处裂纹缺陷时，应加倍抽查。在加倍抽检焊缝中未再检查出裂纹缺陷时，该批验收合格；检验发现多于 1 处裂纹缺陷或加倍抽查又发现裂纹缺陷时，该批验收不合格，应对该批余下焊缝的全数进行检查。所有检出的不合格焊接部位应按规定予以返修至检查合格

三、钢构件焊接工程质量检验标准

钢构件焊接工程质量验收标准的项目检验，见表 6-20。

表 6-20　　　　　　　　　　钢构件焊接工程质量验收标准

项	项目	合格质量标准	检验方法	检验数量
主控项目	材料匹配	焊条、焊丝、焊剂、电渣焊熔嘴等焊接材料与母材的匹配应符合设计要求及国家现行行业标准《建筑钢结构焊接技术规程》JGJ 81—2002 的规定。焊条、焊剂、药芯焊丝、熔嘴等在使用前，应按其产品说明书及焊接工艺文件的规定进行烘焙和存放	检查质量证明书和烘焙记录	全数检查
	焊工证书	焊工必须经考试合格并取得合格证书。持证焊工必须在其考试合格项目及其认可范围内施焊	检查焊工合格证及其认可范围、有效期	全数检查
	焊接工艺评定	施工单位对其首次采用的钢材、焊接材料、焊接方法、焊后热处理等，应进行焊接工艺评定，并应根据评定报告确定焊接工艺	检查焊接工艺评定报告	全数检查
	内部缺陷	设计要求全焊透的一、二级焊缝应采用超声波探伤进行内部缺陷的检验，超声波探伤不能对缺陷作出判断时，应采用射线探伤，其内部缺陷分级及探伤方法应符合现行国家标准《钢焊缝手工超声波探伤方法和探伤结果分级》GB/T11345 —1989 或《金属熔化焊焊接接头射线照相》GB/T 3323—2005 的规定。焊接球节点网架焊缝、螺栓球节点网架焊缝及圆管 T、K、Y 形节点相贯线焊缝，其内部缺陷分级及探伤方法应分别符合国家现行标准《钢结构超声波探伤及质量分级法》JG/T 203—2007、《建筑钢结构焊接技术规程》JGJ 81—2002 的规定。一、二级焊缝质量等级及缺陷分级应符合表 6-21 的规定	检查超声波或射线探伤记录	全数检查

项	项目	合格质量标准	检验方法	检验数量
主控项目	组合焊缝尺寸	T形接头、十字接头、角接接头等要求熔透的对接和角对接组合焊缝，其焊脚尺寸不应小于$t/4$，如图6-2（a）～（c）所示；设计有疲劳验算要求的吊车梁或类似构件的腹板与上翼缘连接焊缝的焊脚尺寸为$t/2$，如图6-2（d）所示，且不应大于10mm。焊脚尺寸的允许偏差为0～4mm (a)　　(b)　　(c)　　(d) t—焊缝有效宽度 **图6-2 焊脚尺寸**	观察检查，用焊缝量规抽查测量	全数检查；同类焊缝抽查10%，且不应少于3条
主控项目	焊缝表面缺陷	焊缝表面不得有裂纹、焊瘤等缺陷。一、二级焊缝不得有表面气孔、夹渣、弧坑裂纹、电弧擦伤等缺陷，且一级焊缝不得有咬边、未焊满、根部收缩等缺陷	观察检查或使用放大镜、焊缝量规和钢尺检查，当存在疑义时，采用渗透或磁粉探伤检查	每批同类构件抽查10%，且不应少于3件；被抽查构件中，每一类型焊缝按条数抽查5%，且不应少于1条；每条检查1处，总抽查数不应少于10处
一般项目	预热和焊后热处理	对于需要进行焊前预热或焊后热处理的焊缝，其预热温度或后热温度应符合国家现行有关标准的规定或通过工艺试验确定。预热区在焊道两侧，每侧宽度均应大于焊件厚度的1.5倍以上，且不应小于100mm；焊后热处理应在焊后立即进行，保温时间应根据板厚按每25mm板厚1h确定	检查预热、后热施工记录和工艺试验报告	全数检查
一般项目	焊缝外观质量	二、三级焊缝外观质量标准应符合表6-22的规定。三级对接焊缝应按二级焊缝标准进行外观质量检验	观察检查或使用放大镜、焊缝量规和钢尺检查	每批同类构件抽查10%，且不应少于3件；被抽查构件中，每种焊缝按条数各抽查5%，但不应少于1条；每条检查1处，总抽查数不应少于10处

续表2

项	项目	合格质量标准	检验方法	检验数量
一般项目	焊缝尺寸偏差	焊缝尺寸允许偏差应符合表6-23、表6-24的规定	用焊缝量规检查	每批同类构件抽查10%，且不应少于3件；被抽查构件中，每种焊缝按条数各抽查5%，但不应少于1条；每条检查1处，总抽查数不应少于10处
	凹形角焊缝	焊成凹形的角焊缝，焊缝金属与母材间应平缓过渡；加工成凹形的角焊缝，不得在其表面留下切痕	观察检查	每批同类构件抽查10%，且不应少于3件
	焊缝感观	焊缝感观应达到：外形均匀、成形较好，焊道与焊道、焊道与基本金属间过渡较平滑，焊渣和飞溅物基本清除干净	观察检查	每批同类构件抽查10%，且不应少于3件；被抽查构件中，每种焊缝按数量各抽查5%，总抽查数不应少于5处

表6-21　　　　　一、二级焊缝质量等级及缺陷分级

焊缝质量等级		一级	二级
内部缺陷超声波探伤	评定等级	Ⅱ	Ⅲ
	检验等级	B级	B级
	探伤比例	100%	20%
内部缺陷射线探伤	评定等级	Ⅱ	Ⅲ
	检验等级	AB级	AB级
	探伤比例	100%	20%

注：探伤比例的计数方法应按以下原则确定：
　　①对工厂制作焊缝，应按每条焊缝计算百分比，且探伤长度应不小于200mm，当焊缝长度不足200mm时，应对整条焊缝进行探伤。
　　②对现场安装焊缝，应按同一类型、同一施焊条件的焊缝条数计算百分比，探伤长度应不小于200mm，并应不少于1条焊缝。

218

表 6-22 　　　　　　　　　　二、三级焊缝外观质量标准 　　　　　　　　　　（mm）

项 目	允许偏差	
缺陷类型	二级	三级
未焊满 （指不足设计要求）	≤0.2+0.02t，且≤1.0	≤0.2+0.04t，且≤2.0
	每 100.0 焊缝内缺陷总长≤25.0	
根部收缩	≤0.2+0.02t，且≤1.0	≤0.2+0.04t，且≤2.0
	长度不限	
咬边	≤0.05t，且≤0.5；连续长度≤100.0，且焊缝两边咬边总长≤10%焊缝全长	≤0.1，且≤1.0，长度不限
弧坑裂纹	—	允许个别长度≤5.0 的弧坑裂纹
电弧擦伤		允许存在个别电弧擦伤
接头不良	缺口深度 0.05t，且≤0.5	缺口深度 0.1t，且≤1.0
	每 1000.0 焊缝不应超过 1 处	
表面夹渣	—	深≤0.2t，长≤0.5t，且≤20.0
表面气孔	—	每 50.0 焊缝长度内允许直径≤0.4t，且≤3.0 的气孔 2 个，孔距≥6 倍孔径

表 6-23 　　　　　　　　对接焊缝及完全熔透组合焊缝尺寸允许偏差 　　　　　　　　（mm）

序号	项目	图 例	允许偏差	
			一、二级	三级
1	对接焊缝 余高 C		B<20；0~3.0 B≥20；0~4.0	B<20；0~4.0 B≥20；0~5.0
2	对接焊缝 错边 d		d<0.15t。 且≤2.0	d<0.15t， 且≤3.0

表 6-24 　　　　　　　　部分焊透组合焊缝和角焊缝外形尺寸允许偏差

序号	项目	图 例	允许偏差
1	焊脚尺寸 h_f		h_f≤6；0~1.5 h_f>6；0~3.0
2	角焊缝余高 C		h_f≤6；0~1.5 h_f>6；0~3.0

注：①$h_f > 8.0$mm 的角焊缝其局部焊脚尺寸允许低于设计要求值 1.0mm，但总长度不得超过焊缝长度 10%。

②焊接 H 型梁腹板与翼缘板的焊缝两端在其两倍翼缘板宽度范围内，焊缝的焊脚尺寸不得低于设计值。

四、焊钉（栓钉）焊接工程质量检验标准

焊钉（栓钉）焊接工程质量检验标准，见表 6 - 25。

表 6 - 25　　　　焊钉（栓钉）焊接工程质量检验标准

类别	项目	项目内容	检验方法	检验数量
主控项目	焊接工艺评定	施工单位对其采用的焊钉和钢材焊接应进行焊接工艺评定，其结果应符合设计要求和国家现行有关标准的规定。瓷环应按其产品说明书进行烘焙	检查焊接工艺评定报告和烘焙记录	全数检查
	焊后弯曲试验	焊钉焊接后应进行弯曲试验检查，其焊缝和热影响区不应有肉眼可见的裂纹	焊钉弯曲 30° 后用角尺检查和观察检查	每批同类构件抽查 10%，且不应少于 10 件；被抽查构件中，每件检查焊钉数量的 1%，但不应少于 1 个
一般项目	焊缝外观质量	焊钉根部焊脚应均匀，焊脚立面的局部未熔合或不足 360°的焊脚应进行修补	观察检查	按总焊钉数量抽查 1%，且不应少于 10 个

五、钢结构焊接工程质量控制措施

1. 焊接变形控制

焊接是一种局部加热的工艺过程。焊接过程中以及焊接后，被焊构件内将不可避免地产生焊接应力和焊接变形。

（1）焊接应力的产生：在钢结构焊接时，产生的应力主要有以下 3 种：

①热应力（或称温度应力）：这是在不均匀加热和冷却过程中产生的，与加热的温度及其不均匀程度、材料的热物理性能，以及构件本身的刚度有关。

②组织应力（或称相变应力）：这是在金属相变时由于体积的变化而引起的应力。例如奥氏体分解为珠光体或转变为马氏体时都会引起体积的膨胀，这种膨胀受周围材料的约束，结果产生了应力。

③外约束应力：这是由于结构自身的约束条件所造成的应力，包括结构形式、焊缝的布置、施焊顺序、构件的自重、冷却过程中其他受热部位的收缩，以及夹持部件的松紧程度，都会使焊接接头承受不同的应力。

通常将①和②两种应力称为内约束应力，根据焊接的先后将焊接过程中焊件内产生的应力称为瞬时应力；焊接后，在焊件中留存下来的应力称为残余应力。同理，残留下来的变形就称为残余变形。

（2）焊接变形的分类：在焊接过程中，钢结构基本尺寸的变化主要有 3 种，即与焊缝垂直的

横向收缩、与焊缝平行的纵向收缩和角变形（即绕焊缝线回转）。

由于这3种原因的综合影响，再加上结构的形状、尺寸、周界条件和施焊条件的不同，焊接结构中产生的变形状态也很复杂。根据变形的状态，一般可做如下分类，如图6-3所示。

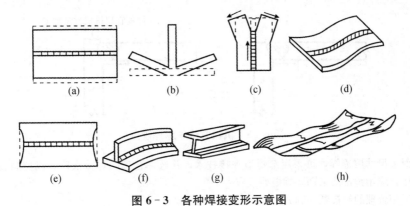

图6-3　各种焊接变形示意图

①横向收缩——垂直于焊缝方向的收缩，如图6-3（a）。

②角变形（横向变形）——厚度方向的非均匀热分布造成的紧靠焊缝线的变形，如图6-3（b）所示。

③回转变形——由于热膨胀而引起的板件在平面内的角变形，如图6-3（c）所示。

④压曲变形——焊后构件在长度方向上的失稳，如图6-3（d）所示。

⑤纵向收缩——沿焊缝方向的收缩，如图6-3（e）所示。

⑥纵向弯曲变形——焊后构件在穿过焊缝线并与板件垂直的平面内的变形，如图6-3（f）所示。

⑦扭曲变形——焊后构件产生的扭曲，如图6-3（g）所示。

⑧波浪变形——当板件变薄时，在板件整体平面上造成的压弯变形，如图6-3（h）所示。

2. 焊件的矫正

因焊接而变形超标的构件，应采用机械方法或局部加热的方法进行矫正。

采用加热矫正时，调质钢的矫正温度严禁超过最高回火温度，其他钢材严禁超过800℃或钢厂推荐温度两者中的较低值。

构件加热矫正后宜采用自然冷却，低合金钢在矫正温度高于650℃时严禁急冷。

3. 防止层状撕裂

（1）T型焊接时，在母材板面用低强度焊材先堆焊塑性过渡层，如图6-4所示。

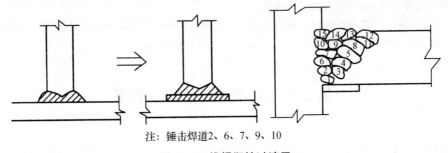

注：锤击焊道2、6、7、9、10

图6-4　堆焊塑性过渡层

221

（2）厚板焊接时，可采用低氢型、超低氢型焊条或气体保护焊施焊，并适当地提高预热温度。

（3）当板厚≥80mm时，对Ⅰ类或Ⅱ类以上钢材箱形柱角焊缝，板边火焰切割面宜用机械方法去除淬硬层，如图6-5所示。

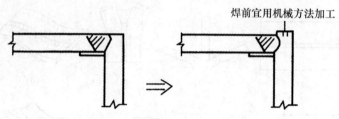

图6-5 机械方法去除淬硬层

（4）对大尺寸熔透焊，可采用窄焊道焊接技术，并选择合理的焊接次序，以控制收缩变形。焊接过程中，应用锤击法来消除焊缝残余应力。

（5）采用合理的焊接顺序和方向：

①先焊收缩量较大的焊缝，使焊缝能较自由地收缩。

②先焊错开的短焊缝，后焊直通长焊缝。

③先焊工作时受力较大的焊缝，使内应力合理分布。

（6）采取反变形降低局部刚性。

（7）当焊缝金属冷却时，锤击焊缝区。锤击时温度应维持在100℃～150℃之间或在400℃以上，避免在200℃～300℃之间进行。多层焊时，除第一层和最后一层焊缝外，每层都要锤击。

（8）焊前预热。

（9）加热减应区。

4. 焊后消除应力处理

（1）设计文件或合同文件对焊后消除应力有要求时，需经疲劳验算的结构中承受拉应力的对接接头或焊缝密集的节点或构件，宜采用电加热器局部退火和加热炉整体退火等方法进行消除应力处理；仅为稳定结构尺寸时，可采用振动法消除应力。

（2）焊后热处理应符合现行行业标准《碳钢、低合金钢焊接构件焊后热处理方法》JB/T 6046—1992的有关规定。当采用电加热器对焊接构件进行局部消除应力热处理时，应符合下列规定：

①使用配有温度自动控制仪的加热设备，其加热、测温、控温性能应符合使用要求。

②构件焊缝每侧面加热板（带）的宽度应至少为钢板厚度的3倍，且不应小于200mm。

③加热板（带）以外构件两侧宜用保温材料覆盖。

（3）用锤击法消除中间焊层应力时，应使用圆头手锤或小型振动工具进行，不应对根部焊缝、盖面焊缝或焊缝坡口边缘的母材进行锤击。

（4）采用振动法消除应力时，振动时效工艺参数选择及技术要求，应符合现行行业标准《焊接构件振动时效工艺参数选择》JB/T 10375—2002的有关规定。

第三节 紧固件连接工程质量

紧固件连接是用铆钉、普通螺栓、高强度螺栓将两个以上的零件或构件连接成整体的一种钢结构连接方法。它具有结构简单，紧固可靠，装拆迅速方便等优点，所以运用极为广泛。

一、施工质量控制要点

1. 铆接施工的一般规定

（1）冷铆：铆钉在常温状态下的铆接称为冷铆。冷铆前，为清除硬化，提高材料的塑性，铆钉必须进行退火处理。用铆钉枪冷铆时，铆钉直径不应超过 13mm。用铆接机冷铆时，铆钉最大直径不得超过 25mm。铆钉直径小于 8mm 时常用手工冷铆。

手工冷铆时，将铆钉穿过钉孔，用顶模顶住，将板料压紧后用手锤锤击镦粗钉杆，再用手锤的球形头部锤击，使其成为半球状，最后用罩模罩在钉头上沿各方向倾斜转动，并用手锤均匀锤击，这样能获得半球形铆钉头。如果锤击次数过多，材质将由于冷作用而硬化，致使钉头产生裂纹。

冷铆的操作工艺简单而且迅速，铆钉孔比热铆填充得紧密。

（2）拉铆：拉铆是冷铆的另一种铆接方法。它利用手工或压缩空气作为动力，通过专用工具，使铆钉和被铆件铆合。拉铆的主要材料和工具是抽芯铆钉和风动（或手动）拉铆枪。拉铆过程就是利用风动拉铆枪，将抽芯铆钉的芯棒夹住，同时，枪端顶住铆钉头部，依靠压缩空气产生的向后拉力，芯棒的凸肩部分对铆钉产生压缩变形，形成铆钉头。同时，芯棒的缩颈处受拉断裂而被拉出。

（3）热铆：铆钉加热后的铆接称为热铆。当铆钉直径较大时应采用热铆，铆钉加热的温度，取决于铆钉的材料和施铆的方式。用铆钉枪铆接时，铆钉需加热到 1000℃～1100℃；用铆接机铆接时，铆钉需加热到 650℃～670℃。

当热铆时，除形成封闭钉头外，同时铆钉杆应镦粗而充满钉孔。冷却时，铆钉长度收缩，使被铆接的板件间产生压力，而造成很大的摩擦力，从而产生足够的连接强度。

2. 普通螺栓施工的一般规定

（1）螺母和螺钉的装配应符合以下要求：

①螺母或螺钉与零件贴合的表面要光洁、平整，贴合处的表面应当经过加工，否则容易使连接件松动或使螺钉弯曲。

②螺母、螺钉和接触面之间应保持清洁，螺孔内的脏物应当清理干净。

③拧紧成组的螺栓时，必须按照一定的顺序进行，并做到分次序逐步拧紧，否则会使零件或螺杆产生松紧不一致，甚至变形。在拧紧矩形布置的成组螺母时，必须从中间开始，逐渐向两边对称地扩展；在拧紧方形或圆形布置的成组螺栓时，必须对称地进行。

④装配时，必须按一定的拧紧力矩来拧紧，因为拧紧力矩太大时，会出现螺栓拉长，甚至断裂和被连接件变形等现象；拧紧力矩太小时，就不可能保证被连接件在工作时的可靠性和正确性。

（2）一般的螺纹连接都具有自锁性，在受静荷载和工作温度变化不大时，不会自行松脱。但在冲击、振动或变荷载作用下，以及在工作温度变化很大时，这种连接有可能自松，影响工作，甚至发生事故。为了保证连接安全可靠，对螺纹连接必须采取有效的防松措施。一般常用的防松措施有增大摩擦力、机械防松和不可拆 3 大类。

①增大摩擦力的防松措施：这类防松措施是使拧紧的螺纹之间不因外载荷变化而失去压力，因而始终有摩擦阻力防止连接松脱。但这种方法不十分可靠，所以多用于冲击和振动不剧烈的场合。常用的措施有弹簧垫圈和双螺母。

②机械防松措施：这类防松措施是利用各种止动零件，阻止螺纹零件的相对转动来实现防松。机械防松可靠，所以应用很广。常用的措施有开口销与槽形螺母、止退垫圈与圆螺母、止动垫圈与螺母或螺钉、串联钢丝等。

③不可拆的防松措施：利用点焊、点铆等方法把螺母固定在螺栓或被连接件上，或者把螺栓固定在被连接零件上，达到防松目的。

3. 高强度螺栓施工的一般规定

(1) 高强度螺栓的连接形式有：摩擦连接、张拉连接和承压连接。

①摩擦连接是高强度螺栓拧紧后，产生强大夹紧力来夹紧板束，依靠接触面间产生的抗滑移摩擦力传递与螺杆垂直方向应力的连接方法。

②张拉连接是螺杆只承受轴向拉力，在螺栓拧紧后，连接的板层间压力减少，外力完全由螺栓承担。

③承压连接是在螺栓拧紧后所产生的抗滑移力及螺栓孔内和连接钢板间产生的承压力来传递应力的一种方法。

(2) 摩擦面的处理是指采用高强度摩擦连接时对构件接触面的钢材进行表面加工。经过加工，使其接触表面的抗滑移系数达到设计要求的额定值，一般为 0.40～0.45。

摩擦面的处理方法有：喷砂（或抛丸）后生赤锈；喷砂后涂无机富锌漆；砂轮打磨；钢丝刷消除浮锈；火焰加热清理氧化皮；酸洗等。

(3) 连接高强度螺栓摩擦型施工前，钢结构制作和安装单位应按规定分别进行高强度螺栓连接摩擦面的抗滑移系数试验和复验，现场处理的构件摩擦面应单独进行摩擦面抗滑移系数试验。试验基本要求如下：

①制造厂和安装单位应分别以钢结构制造批为单位进行抗滑移系数试验。制造批可按照分部（子分部）工程划分规定的工程量每 2000t 为一批，不足 2000t 的可视为一批。选用两种或两种以上表面处理工艺时，每种处理工艺应单独检验。每批三组试件。

②抗滑移系数试验用的试件应由制造厂加工，试件与所代表的钢结构构件应为同一材质、同批制作、采用同一摩擦面处理工艺和具有相同的表面状态，并应用同批同一性能等级的高强度螺栓连接副，在同一环境条件下存放。

(4) 高强度螺栓连接安装时，在每个节点上应穿入的临时螺栓与冲钉数量由安装时可能承担的载荷计算确定，并应符合下列规定：

①不得少于安装孔数的 1/3；

②不得少于两个临时螺栓；

③冲钉穿入数量不宜多于临时螺栓的 30%，不得将连接用的高强度螺栓兼作临时螺栓。

(5) 高强度螺栓的安装应顺畅穿入孔内，严禁强行敲打。如不能自由穿入时，应用铰刀铰孔修整，修整后的最大孔径应小于 1.2 倍螺栓直径。铰孔前应将四周的螺栓全部拧紧，使钢板密贴后再进行，不得用气割扩孔。

(6) 高强度螺栓的穿入方向应以施工方便为准，并力求一致。连接副组装时，螺母带垫圈面的一侧应朝向垫圈倒角面的一侧。大六角头高强度螺栓六角头下放置的垫圈有倒角面的一侧应朝向螺栓六角头。

(7) 安装高强度螺栓时，构件的摩擦面应保持干燥，不得在雨中作业。

(8) 高强度螺栓连接副的拧紧应分为初拧、终拧。对于大型节点应分初拧、复拧、终拧。复拧扭矩等于初拧扭矩。初拧、复拧、终拧应在 24h 内完成。

(9) 高强度螺栓连接副初拧、复拧、终拧时，一般应按由螺栓群节点中心位置顺序向外缘拧紧的方法施拧。

(10) 高强度螺栓连接副的施工扭矩确定：

①终拧扭矩值按下式计算：

$$T_c = K \times P_c \times d$$

224

式中 T_c——终拧扭矩值（N·m）；

P_c——施工预拉力标准值（kN），见表 6-26；

d——螺栓公称直径（mm）；

K——扭矩系数，按 GB 50205 的规定试验确定。

表 6-26　　　　　高强度螺栓连接副施工预拉力标准值　　　　　（kN）

螺栓的性能等级	螺栓公称直径（mm）					
	M16	M20	M22	M24	M27	M30
8.8s	75	120	150	170	225	275
10.9s	110	170	210	250	320	390

②高强度大六角头螺栓连接副初拧扭矩值 T_0 可按 $0.5 T_c$ 取值。

③扭剪型高强度螺栓连接副初拧扭矩值 T_0 可按下式计算：

$$T_0 = 0.065 P_c \times d$$

式中 T_c——初拧扭矩值（N·m）；

P_c——施工预拉力标准值（kN），见表 6-26；

d——螺栓公称直径（mm）；

(11) 施工所用的扭矩扳手，班前必须矫正，班后必须校验，其扭矩误差不得大于±5%，合格的方可使用。检查用的扭矩扳手其扭矩误差不得大于±3%。

(12) 初拧或复拧后的高强度螺栓应用颜色在螺母上涂上标记，终拧后的螺栓应用另一种颜色在螺栓上涂上标记，以分别表示初拧、复拧、终拧完毕。扭剪型高强度螺栓应用专用扳手进行终拧，直至螺栓尾部梅花头拧掉。对于操作空间有限，不能用扭剪型螺栓专用扳手进行终拧的扭剪型螺栓，可按大六角头高强度螺栓的拧紧方法进行终拧。

二、钢结构紧固件连接质量检查与验收

1. 普通紧固件连接质量检查与验收

普通紧固件连接质量检查与验收，见表 6-27。

表 6-27　　　　　　普通紧固件连接质量检查与验收

项	项目	合格质量标准	检验方法	检验数量
主控项目	成品进场	高强度螺栓连接副、钢网架是用高强度螺栓、普通螺栓、铆钉、自攻钉、拉铆钉、射钉、锚栓（机械型和化学试剂型）、地脚锚栓等坚固标准件及螺母、垫圈等标准配件，其品种、规格、性能等应符合现行国家产品标准和设计要求。高强度大六角头螺栓连接副和扭剪型高强度螺栓连接副出厂时应分别随箱带有转矩系数和紧固轴力（预拉力）的检验报告	检查产品的质量合格证明文件、中文标志及检验报告等	全数检查

续表

项	项目	合格质量标准	检验方法	检验数量
主控项目	螺栓实物复验	普通螺栓作为永久性连接螺栓时,当设计有要求或对其质量有疑义时,应按照GB 50205的规定进行螺栓实物最小拉力载荷复验。复验报告结果应符合现行国家标准《紧固件机械性能螺栓、螺钉和螺柱》GB 3098.1的规定	检查螺栓实物复验报告	每一规格螺栓抽查8个
	匹配及间距	连接薄钢板采用的自攻钉、拉铆钉、射钉等其规格尺寸应与被连接钢板相匹配,其间距、边矩等应符合设计要求	观察和尺量检查	按连接节点数抽查1%,且应不少于3个
一般项目	螺栓紧固	永久性普通螺栓紧固应牢固、可靠,外露丝扣不应少于2扣	观察或用小锤敲击检查	按连接节点数抽查10%,且应不少于3个
		自攻钉、拉铆钉、射钉等与连接钢板应紧固密贴,外观排列整齐		

2. 高强度螺栓连接质量检查与验收

高强度螺栓连接质量检查与验收,见表6-28。

表6-28 高强度螺栓连接质量检查与验收

项	项目	合格质量标准	检验方法	检验数量
主控项目	成品进场	钢结构连接用高强度大六角头螺栓连接副、扭剪型高强度螺栓连接副、钢网架用高强度螺栓、普通螺栓、铆钉、自攻钉、拉铆钉、射钉、锚钉(机械型和化学试剂型)、地脚锚栓等坚固标准件及螺母、垫圈等标准配件,其品种、规格、性能等应符合现行国家产品标准和设计要求。高强度大六角头螺栓连接副和扭剪型高强度螺栓连接副出厂时应分别随箱带有转矩系数和紧固轴力(预应力)的检验报告 高强度大六角头螺栓连接副的转矩系数和扭剪型高强度螺栓连接副的紧固轴力(预应力)是影响高强度螺栓连接质量最主要的因素,也是施工的重要依据,因此要求生产厂家在出厂前先进行检验,且出具检验报告,施工单位应在使用前及产品质量保证期内及时复验,该复验应为见证取样、送样检验项目。本条为强制性条文	检查产品的质量合格证明文件、中文标志及检验报告等	全数检查
	转矩系数	高强度大六角头螺栓连接副应按规定检验其转矩系数,其检查结果应符合规格	检查复验报告	全数检查
	预拉力复验	扭剪型高强度螺栓连接副应按规格检验预应力,其检验结果应符合规定	检查复验报告	全数检查

项	项目	合格质量标准	检验方法	检验数量
主控项目	抗滑系数试验	钢结构制作和安装单位应按规定分别进行高强度螺栓连接摩擦面的抗滑移系数试验和复验，现场处理的构件摩擦面应单独进行摩擦面抗滑移系数试验，其结果应符合设计要求	检查摩擦面抗滑移系数试验报告和复验报告	全数检查
	高强度大六角头螺栓连接副终拧转矩	高强度大六角头螺栓连接副终拧完成1h后，48h内应按以下要求进行终拧扭矩检查，检查结果应符合规格	①转矩法检验 ②转角法检验	按节点数抽查10%，且不应少于10个；每个被抽查节点按螺栓数抽查10%，且不应少于2个
	扭剪型高强度螺栓连接副到终拧转矩	扭剪型高强度螺栓连接副终拧后，除因构造原因无法使用专用扳手终拧掉梅花头者外，未在终拧中拧掉梅花卡头的螺栓数应不大于该节点螺栓数的5%。对所有梅花卡头未拧掉的扭剪型高强度螺栓连接副应采用转矩法或转角法进行终拧并作标记，且按上条标准的规定进行终拧转矩检查	观察检查	按节点数抽查10%，但应不少于10点，对抽查节点中梅花卡头未被拧掉的扭剪型高强度螺栓连接副全数进行终拧转矩检查
一般项目	成品进场检验	高强度螺栓连接副，应按包装箱配套供货，包装箱上应标明批号、规格、数量及生产日期。螺栓、螺母、垫圈外观表面应涂油保护，不应出现生锈和沾染脏物，螺纹不应损伤	观察检查	按包装箱数抽查5%，且应不少于3箱
	表面硬度试验	建筑结构安全等级为一级、跨度40 m及以上的螺栓球节点钢网架结构，其连接高强度螺栓应进行表面硬度试验，8.8级的高强度螺栓其硬度应为 21～29HRC；10.9级高强度螺栓其硬度应为32～36HRC，且不得有裂纹或损伤	硬度计、10倍放大镜或磁粉探伤	按规格抽查8只
	初拧、复拧转矩	高强度螺栓连接副的施拧顺序和初拧、复拧转矩应符合设计要求和国家现行行业标准《钢结构高强度螺栓连接的设计施工及验收规程》（JGJ 82—2011）的规定	检查转矩扳手标定记录和螺栓施工记录	全数检查资料
	连接外观质量	高强度螺栓连接副终拧后，螺栓螺纹外露应为2～3个螺距，其中允许有10%的螺栓螺纹外露1个螺距或4个螺距	观察检查	按节点数抽查5%，且应不少于10个
	摩擦面外观	高强度螺栓连接摩擦面应保持干燥、整洁，不应有飞边、毛刺、焊接飞溅物、焊疤、氧化铁皮、污垢等。除设计要求外，摩擦面不应涂漆	观察检查	全数检查

续表2

项	项目	合格质量标准	检验方法	检验数量
一般项目	扩孔	高强度螺栓应自由穿入螺栓孔。高强度螺栓孔不应采用气割扩孔，扩孔数量应征得设计方同意，扩孔后的孔径不应超过 1.2d（d 为螺栓直径）	观察检查及用卡尺检查	被扩螺栓孔全数检查

第四节　钢构件组装和预拼装工程质量

一、钢构件组装工程质量控制要点

1. 组装类型

根据钢构件的特性以及组装程度，可分为部件组装、组装、预总装。

（1）部件组装：是装配最小单元的组合，它一般是由三个或两个以上的零件按照施工图的要求装配成为半成品的结构部件。

（2）组装：也称拼装、装配、组立，是把零件或半成品按照施工图的要求装配成为独立的成品构件。

（3）预总装：是根据施工总图的要求把相关的两个以上成品构件，在工厂制作场地上，按其各构件的空间位置总装起来。其目的是客观地反映出各构件的装配节点，以保证构件安装质量。目前，这种装配方法已广泛应用在采用高强度螺栓连接的钢结构构件制造中。

2. 组装施工技术要求

（1）构件组装前，组装人员应熟悉施工详图、组装工艺及有关技术文件的要求，检查组装用的零部件的材质、规格、外观、尺寸、数量等均应符合设计要求。

（2）组装焊接处的连接接触面及沿边缘 30～50mm 范围内的铁锈、毛刺、污垢等，应在组装前清除干净。

（3）板材、型材的拼接应在构件组装前进行；构件的组装应在部件组装、焊接、校正并经检验合格后进行。

构件组装应根据设计要求、构件形式、连接方式、焊接方法和焊接顺序等确定合理的组装顺序。

构件的隐蔽部位应在焊接和涂装检查合格后封闭；完全封闭的构件内表面可不涂装。

（4）构件应在组装完成并经检验合格后再进行焊接。焊接完成后的构件应根据设计和工艺文件要求进行端面加工。

（5）焊接 H 型钢的翼缘板拼接缝和腹板拼接缝的间距，不宜小于 200mm。翼缘板拼接长度不应小于 600mm；腹板拼接宽度不应小于 300mm，长度不应小于 600mm。

焊接 H 型钢的允许偏差，应符合表 6-29 的规定。

图例	项目		允许偏差
	截面高度 h	h<500	±2.0
		500<h<1000	±3.0
		h>1000	±4.0
	截面高度 b		±3.0
	腹板中心偏移		2.0
	翼缘板垂直度 Δ		b/100，且不应大于 3.0
	弯曲矢高（受压构件除外）		l/1000，且不应大于 10.0
	扭曲		h/250，且不应大于 5.0
	腹板局部平面度 f	t<14	3.0
		t≥14	2.0

注：本表摘自《钢结构工程施工质量验收规范》（GB20205—2001）

（6）焊接连接制作组装的允许偏差，应符合表 6‑30 的规定。

图 例	项 目	允许偏差
	对口错边 Δ	t/10 且不应大于 3.0
	间隙 a	±1.0

续表

图 例	项 目		允许偏差
	搭接长度 a		±5.0
	缝隙 △		1.5
	高度 h		±2.0
	垂直度 △		$b/100$ 且不大于 2.0
	中心偏移 e		±2.0
	型钢错位	连接处	1.0
		其他处	2.0
	箱形截面高度 h		±2.0
	宽度 b		±2.0
	垂直度 △		$b/200$ 且不大于 3.0

注：本表摘自《钢结构工程施工质量验收规范》（GB20205—2001）。

（7）桁架组装时应注意如下事项：

①无论弦杆、腹杆，应先单肢拼配焊接矫正，然后进行大拼装。

②支座、与钢柱连接的节点板等，应先小件组焊，矫平后再定位大拼装，如图 6-6 所示。

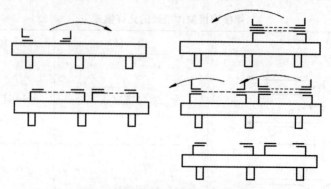

图 6-6　桁架装配复制法示意图

③放组装胎时放出收缩量，一般放至上限（$L \leqslant 24$m 时放 5mm，$L > 24$m 时放 8mm）。

④按设计规范规定，三角形屋架跨度15m以上，梯形屋架和平行弦桁架跨度24m以上，当下弦无曲折时应起拱（$l/500$）。但小于上述跨度者，由于上弦焊缝较多，可以少量起拱（10mm左右），以防下挠。

⑤桁架的大组装有胎模装配法和复制法两种。前者较为精确，后者则较快；前者适合大型桁架，后者适合一般中、小型桁架。

⑥上翼缘节点板的槽焊深度与节点板的厚度有关，见表6-31。如深度超过此表，可与设计单位研究修改，否则不易保证焊接质量。装配时槽焊深度公差为±1。

表 6-31 槽焊深度值

节点厚度（mm）	6	8	10	12	14
槽焊深度（mm）	5	6	8	10	12

用复制法时，支座部位的做法如图6-7所示。

⑦焊接结构组装的允许误差见表6-30。

（8）高层钢结构组装应注意如下事项：

①组装必须按工艺流程规定的次序进行。

②严格检查零部件的加工质量。

③编制拼装工艺，确定组装次序、收缩量的分配、定位点及偏差要求，制作必要的工装胎具。

④箱形管柱内隔板、柱翼缘板与焊接垫板要紧密贴合，装配缝隙大于1mm时，应采取措施进行修整和补救。

⑤ 工 形柱子上牛腿较多，伸出较长时，牛腿的孔应在总装前钻好，组装时必须做好定位点，然后进行定位装配，逐个检查牛腿位置的正确与否。

（9）组装大型钢模板时应注意如下事项：

①为保证表面平整，对工字形、 匚 形断面的骨架，其翼缘平面必须与腹板成90°，如图6-8所示，偏差≤1mm。

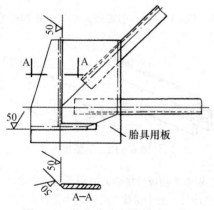

图 6-7 桁架支座部位做法示意

图 6-8 测量工字钢、槽钢翼缘与复板成90°

②严格控制材料长度、端面与纵轴成90°和切肢的长度，长度偏差为±1mm（最好冲切或机器加工）。

③对装应在平直的平台上进行，随时用平尺检查平面的不平度。骨架的位置应有胎具定位，

各交叉杆件间的局部不平度不超过 1mm，全长不平度≤5mm。

④骨架焊接时必须放平，亦可成对用螺栓把紧，施焊时应从内向外进行，施焊人数不应超过 4 人。应对称施焊，尽量减少变形。

⑤骨架使用开式油压机或龙门架千斤顶进行矫正，铲平上平面焊缝以便扣板。

⑥正面板内部隐蔽焊缝焊完后装底板，焊完最后再矫正。钢模板上平面的不平度，全长一般为 6～8mm。全平面翘曲要小于 10mm。局部不平度小于 3/200。

为减小变形，尽可能采用 CO_2 气体保护焊。

（10）实腹工字形吊车梁的组装时应注意如下事项：

①腹板应先刨边，以保证宽度和拼装间隙。

②翼缘板进行反变形，装配时保持 $a_1 = a_2$。翼缘板与腹板的中心偏移≤2mm。翼缘板与腹板面的主焊缝部位 50mm 以内先行清除油、锈等杂质。

③点焊距离≤200mm，双面点焊，并加撑杆（图 6-9），点焊高度为焊缝的 2/3，且不应大于 8mm，焊缝长度不宜小于 25mm。

④根据设计规范规定，实腹式吊车梁的跨度超过 24m 时才起拱。跨度小于 24m 时，为防止下挠，最好先焊下翼缘的主缝和横缝。焊完主缝，矫平翼缘，然后装加劲板和端板的工字形断面构件的组装胎，如图 6-10 所示。

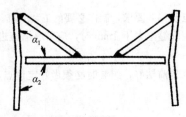

图 6-9 撑杆示意图

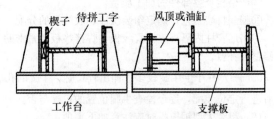

图 6-10 工字形断面构件组装胎示意图

⑤对于磨光顶紧的端部加劲角钢（图 6-11），最好在加工时把 4 支角钢夹在一起同时加工，使之长度相等。

⑥用自动焊施焊时，在主缝两端都应当点焊引弧板（图 6-12），引弧板大小视板厚和焊缝厚度而定，一般宽度为 60～100mm，长度为 80～100mm。

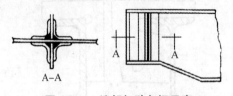

图 6-11 端部加劲角钢示意

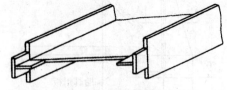

图 6-12 引弧板

（11）箱形构件的侧板拼接长度不应小于 600mm，相邻两侧板拼接缝的间距不宜小于 200mm；侧板在宽度方向不宜拼接，当宽度超过 2400mm 确需拼接时，最小拼接宽度不宜小于板宽的 1/4。

设计无特殊要求时，用于次要构件的热轧型钢可采用直口全熔透焊接拼接，其拼接长度不应小于 600mm。

（12）钢管接长时每个节间宜为一个接头，最短接长长度应符合下列规定：

①当钢管直径 d≤500mm 时，不应小于 500mm。

②当钢管直径 500mm<d≤1000mm，不应小于直径 d。

232

③当钢管直径 $d>1000\mathrm{mm}$ 时，不应小于 1000mm。

④当钢管采用卷制方式加工成型时，可有若干个接头。

钢管接长时，相邻管节或管段的纵向焊缝应错开，错开的最小距离（沿弧长方向）不应小于钢管壁厚的 5 倍，且不应小于 200mm。

（13）构件组装间隙应符合设计和工艺文件要求，当设计和工艺文件无规定时，组装间隙不宜大于 2.0mm。

设计要求起拱的构件，应在组装时按规定的起拱值进行起拱，起拱允许偏差为起拱值的 0～10%，且不应大于 10mm。设计未要求但施工工艺要求起拱的构件，起拱允许偏差不应大于起拱值的 ±10%，且不应大于 ±10mm。

桁架结构组装时，杆件轴线交点偏移不应大于 3mm。

（14）拆除临时工装夹具、临时定位板、临时连接板等，严禁用锤击落，应在距离构件表面3～5mm 处采用气割切除，对残留的焊疤应打磨平整，且不得损伤母材。

（15）构件端部铣平后顶紧接触面应有 75% 以上的面积密贴，应用 0.3mm 的塞尺检查，其塞入面积应小于 25%，边缘最大间隙不应大于 0.8mm。

二、钢构件组装工程质量检查与验收

钢结构构件组装工程质量检查与验收，应符合表 6-32 的规定。

表 6-32　　　　　　　　钢结构构件组装工程质量检查与验收

项	项目	合格质量标准	检验方法	检验数量
主控项目	吊车梁（桁架）	吊车梁和吊车桁架不应下挠	构件直立，在两端支承后，用水准仪和钢尺检查	全数检查
	端部铣平精度	端部铣平面的允许偏差应符合表 6-33 的规定	用钢尺、角尺、塞尺等检查	按铣平面的数量抽查总数的 10%，并且应不少于 3 个
	钢构件外形尺寸	钢构件外形尺寸主控项目的允许偏差应符合表 6-34 的规定	用钢尺检查	全数检查
一般项目	焊接 H 型钢接缝	焊接 H 型钢的翼缘板拼接缝和腹板拼接缝的间距应不小于 200mm。翼缘板拼接长度应不小于 2 倍板宽；腹板拼接宽度应不小于 300mm，长度应不小于 600mm	观察和用钢尺检查	全数检查
	焊接 H 型钢精度	焊接 H 型钢的允许偏差应符合表 6-29 的规定	用钢尺、角尺、塞尺等检查	按钢构件数抽查 10%，且应不少于 3 件
	组装精度	焊接连接制作组装的允许偏差应符合表 6-30 的规定	用钢尺检查	按构件数抽查 10%，且应不少于 3 个
	顶紧接触面	顶紧接触面应有 75% 以上的面积紧贴	用 0.3mm 塞尺检查，其塞入面积应小于 25%，边缘间隙应不大于 0.8mm	按接触面的数量抽查 10%，且应不少于 10 个

续表

项	项目	合格质量标准	检验方法	检验数量
一般项目	轴线交点错位	桁架结构杆件轴线交点错位的允许偏差不得大于 3.0mm，允许偏差不得大于 4.0mm	尺量检查	按构件数抽查 10%，且应不少于 3 个，每个抽查构件按节点数抽查 10%，且应不少于 3 个节点
	焊缝坡口	安装焊缝坡口的允许偏差应符合表 6-35 的规定	用焊缝量规检查	按坡口数量抽查 10%，且应不少于 3 条
	铣床平面保护	外露铣平面应防锈保护	观察检查	全数检查
	钢构件外形尺寸	钢构件外形尺寸一般项目的允许偏差应符合表 6-36~表 6-42 的规定	见表 6-36~表 6-42	按构件数量抽查 10%，且应不少于 3 条

表 6-33　　　　　　　　　　　　端部铣平面的允许偏差　　　　　　　　　　　　（mm）

项目	两端铣平时构件长度	两端铣平时零件长度	铣平面的平面度	铣平面对轴线的垂直度
允许偏差	±2.0	±0.5	0.3	$l/1500$

注：本表摘自《钢结构工程施工质量验收规范》（GB50205—2001）。

表 6-34　　　　　　　　　　钢构件外形尺寸主控项目的允许偏差　　　　　　　　　　（mm）

项　　目	允许偏差
单层柱、梁、桁架受力支托（支承面）表面至第一个安装孔距离	±1.0
多节柱铣平面至第一个安装孔距离	±1.0
实腹梁两端最外侧安装孔距离	±3.0
构件连接处的截面几何尺寸	±3.0
柱、梁连接处的腹板中心线偏移	2.0
受压构件（杆件）弯曲矢高	$l/1000$，且应不大于 10.0

注：本表摘自《钢结构工程施工质量验收规范》（GB50205—2001）。

表 6-35　　　　　　　　　　　　安装焊缝坡口的允许偏差　　　　　　　　　　　　（mm）

项　　目	允许偏差
坡口角度	±5°
钝边	±1.0mm

注：本表摘自《钢结构工程施工质量验收规范》（GB50205—2001）。

表 6-36 单层钢柱外形尺寸的允许偏差 （mm）

项 目		允许偏差	检验方法	图 例
柱底面到柱端与桁架连接的最上一个安装孔距离 l		$\pm l/1500$ ± 15.0	用钢尺检查	
柱底面到牛腿支承面距离 l_1		$\pm l_1/2000$ ± 8.0		
牛腿面的翘曲 $\triangle$		2.0	用拉线、直角尺和钢尺检查	
柱身弯曲矢高		$H/1200$ 且不应大于 12.0		
柱身扭曲	牛腿处	3.0	用拉线、吊线和钢尺检查	
	其他处	8.0		
柱截面几何尺寸	连接处	± 3.0	用钢尺检查	
	非连接处	± 4.0		
翼缘对腹板的垂直度 $\triangle$	连接处	1.5	用直角尺和钢尺检查	
	其他处	$b/100$ 且不应大于 5.0		
柱脚底板平面度		5.0	用 1m 直尺和塞尺检查	—
柱脚螺栓孔中心对柱轴线的距离 a		3.0	用钢尺检查	

注：本表摘自《钢结构工程施工质量验收规范》（GB50205—2001）。

表 6‑37　　　　　　　　　　多节钢柱外形尺寸的允许偏差　　　　　　　　（mm）

项　目		允许偏差	检验方法	图　例
一节柱高度 H		±3.0	用钢尺检查	
两端最外侧安装孔距离 l_3		±2.0		
铣平面到第一个安装孔距离 a		±1.0		
柱身弯曲矢高 f		$H/1500$，且应不大于 5.0	用拉线和钢尺检查	
一节柱的柱身扭曲		$h/250$，不应大于 5.0	用拉线、吊线和钢尺检查	
牛腿端孔到柱轴线距离 l_2		±3.0	用钢尺检查	
牛腿的翘曲或扭曲 Δ	$l_2 \leqslant 1000$	2.0	用拉线、直角尺和钢尺检查	
	$l_2 > 1000$	3.0		
柱截面尺寸	连接处	±3.0	用钢尺检查	
	非连接处	±4.0		
柱脚底板平面度 f		5.0	用直尺和塞尺检查	
翼缘板对腹板的垂直度 Δ	连接处	1.5	用直角尺和钢尺检查	
	其他处	$b/100$，且不应大于 5.0		
柱脚螺栓孔对柱轴线的距离 a		3.0	用钢尺检查	
箱型截面连接处对角线差		3.0	用钢尺检查	
箱型柱身板垂直度 Δ		$h(b)/150$，且不应大于 5.0	用直角尺和钢尺检查	

注：本表摘自《钢结构工程施工质量验收规范》（GB50205—2001）。

236

表 6‑38　　　　**焊接实腹钢梁外形尺寸的允许偏差**　　　　（mm）

项　目		允许偏差	检验方法	图　例
梁长度 l	端部有凸缘支座板	0 −5.0	用钢尺检查	
	其他形式	$\pm l/2500$ ± 10.0		
端部高度 h	$h\leqslant 2000$	± 2.0		
	$h>2000$	± 3.0		
拱度	设计要求起拱	$\pm l/5000$	用拉线和 钢尺检查	
	设计未要求起拱	10.0 −5.0		
侧弯矢高		$l/2000$ 且不应大于 10.0		
扭曲		$h/250$， 且不应大于 10.0	用拉线、吊线 和钢尺检查	
腹板局部 平面度 f	$f\leqslant 14$	5.0	用 1m 直尺和 塞尺检查	
	$f>14$	4.0		
翼缘板对腹板的垂直度		$b/100$ 且不应大于 3.0	用直角尺和 钢尺检查	—
吊车梁上翼缘与轨道 接触面平面度		1.0	用 200mm、1m 直 尺和塞尺检查	
箱型截面对角线差		5.0	用钢尺检查	
箱型截面 两腹板至 翼缘板中 心线距离 a	连接处	1.0	用钢尺检查	
	其他处	1.5		
梁端板的平面度 （只允许凹进）		$b/500$ 且不应大于 2.0	用直角尺和 钢尺检查	—
梁端板与腹板的垂直度		$b/500$ 且不应大于 2.0	用直角尺和 钢尺检查	

注：本表摘自《钢结构工程施工质量验收规范》（GB50205—2001）。

237

表 6‑39　　　　　　　钢桁架外形尺寸的允许偏差　　　　　　　（mm）

项　　目		允许偏差	检验方法	图　　例
桁架最外端两个孔或两端支承面最外侧距离	$l \leqslant 24\text{m}$	+3.0 −7.0	用钢尺检查	
	$l > 24\text{m}$	+5.0 −10.0		
桁架跨中高度		±10.0		
桁架跨中拱度	设计要求起拱	±l/5000		
	设计未要求起拱	10.0 −5.0		
相邻节间弦杆弯曲（受压除外）		l/1000		
支承面到第一个安装孔距离 a		±1.0	用钢尺检查	
檩条连接支座间距		±5.0	用钢尺检查	

注：本表摘自《钢结构工程施工质量验收规范》（GB50205—2001）。

表 6‑40　　　　墙架、檩条、支撑系统钢构件外形尺寸的允许偏差　　　　（mm）

项　　目	允许偏差	检验方法
构件长度 l	±4.0	用钢尺检查
构件两端最外侧安装孔距离 l_1	±3.0	
构件弯曲矢高	l/1000，且应不大于 10.0	用拉线和钢尺检查
截面尺寸	+5.0 −2.0	用钢尺检查

注：本表摘自《钢结构工程施工质量验收规范》（GB50205—2001）。

238

表 6‑41　　　　　　　　　　　　钢管构件外形尺寸的允许偏差　　　　　　　　　　　（mm）

项　　目	允许偏差	检验方法	图　　例
直径 d	$\pm d/500$ ± 5.0	用钢尺检查	
构件长度 l	± 3.0		
管口圆度	$d/500$，且不应大于 5.0		
管面对管轴的垂直度	$d/500$，且不应大于 3.0	用焊缝量规检查	
弯曲矢高	$l/1500$，且不应大于 5.0	用拉线、吊线和 钢尺检查	
对口错边	$l/10$，且不应大于 3.0	用拉线和 钢尺检查	

注：①对方矩形管，d 为长边尺寸。
　　②本表摘自《钢结构工程施工质量验收规范》（GB50205—2001）。

表 6‑42　　　　　　　钢平台、钢梯和防护钢栏杆外形尺寸的允许偏差　　　　　　（mm）

项　　目	允许偏差	检验方法	图　　例
平台长度和宽度	± 5.0	用钢尺检查	
平台两对角线差 $|l_1-l_2|$	6.0		
平台支柱高度	± 3.0		
平台支柱弯曲矢高	5.0	用拉线和钢尺检查	
平台表面平面度 （1m 范围内）	6.0	用 1m 直尺和 塞尺检查	
梯梁长度 l	± 5.0	用钢尺检查	
钢梯宽度 b	± 5.0		
钢梯安装孔距离 a	± 3.0	用拉线和钢尺检查	
钢梯纵向挠曲矢高	$l/1000$		
踏步（棍）间距 b	± 5.0	用钢尺检查	
栏杆高度	± 5.0		
栏杆立柱间距	± 10.0		

注：本表摘自《钢结构工程施工质量验收规范》（GB50205—2001）。

三、钢构件预拼装工程质量控制与验收

（一）工程质量控制要点

1. 预拼装要求

在施工过程中，修孔现象时有发生。如错孔在 3.0mm 以内时，一般都用铣刀铣孔或铰刀铰孔，其孔径扩大不超过原孔径的 1.2 倍；如错孔超过 3.0 mm，一般都用焊条焊补堵孔，并修磨平整，不得凹陷。如果发现错孔，各制作单位可根据节点的重要程度来确定采取焊补孔或更换零部件，特别强调不得在孔内填塞钢块，否则，会酿成严重后果。

预拼装检查合格后，对上下定位中心线、标高基准线、交线中心点等应标注清楚、准确；对管结构、工地焊接连接处等，除应有上述标记外，还应焊接一定数量的卡具、角钢或钢板定位器等，以便按预拼装结果进行安装。

2. 钢构件预拼装纠偏

（1）预拼装比例按合同和设计要求，一般按实际平面情况预装 10%～20%。

（2）钢构件制作、预拼用的钢直尺必须经计量检验，并相互核对，测量时间以在早晨日出前、下午日落后最佳。

（3）钢构件预拼装地面应坚实，胎架强度、刚度必须经设计计算而定，各支承点的水平精度可用已经计量检验的各种仪器逐点测定调整。

（4）在胎架上预拼装过程中，不得对构件动用火焰、锤击等，各杆件的重心线应交汇于节点中心，并应完全处于自由状态。

（5）预拼装钢构件控制基准线与胎架基线必须保持一致。

（6）高强度螺栓连接预拼装时，使用冲钉直径必须与孔径一致，每个节点要多于 3 只，临时普通螺栓数量一般为螺栓孔的 1/3。对于孔径检测，试孔器必须垂直自由穿落。

3. 构件起拱

（1）在制造厂进行预拼，严格按照钢结构构件制作允许偏差进行检验，如拼接点处角度有误，应及时处理。

（2）在小拼过程中，应严格控制累积偏差，注意采取措施消除焊接收缩量的影响。

（3）钢屋架或钢梁拼装时应按规定起拱，根据施工经验可适当加施工起拱。

（4）根据拼装构件重量，对支顶点或支承架要经计算后确定，否则焊后如造成永久变形则无法处理。

4. 拼装焊接纠偏

（1）为了抵消焊接变形，可在焊前进行装配时，将工件向与焊接变形相反的方向预留偏差，即反变形法。

（2）采用合理的拼装顺序和焊接顺序控制变形，不同的工件应采用不同的顺序。收缩量大的焊缝应当先焊；长焊缝采取对称焊、逐步退焊、分中逐步退焊、跳焊等焊接顺序。

（3）采用夹具或专用胎具，将构件固定后再进行焊接，即刚性固定法。

（4）构件翘曲可用机械矫正法或氧-乙炔火焰加热法进行矫正。

（5）减小不均匀加热，以小电流快速不摆动焊代替大电流慢速摆动焊，小直径焊条代替大直径焊条，多层焊代替单层焊；采用线能量高的焊接方法，如 CO_2 气体保护焊代替手工电弧焊，采用强制冷却来减小受热区的温度和焊前预热，减小焊接区的温度与结构的温度差，均能取得减小焊接变形的效果。

(6) 采用对称施焊法和锤击焊缝法（底层及表面不锤击）。

5. 构件拼装后防扭曲

（1）节点处型钢不吻合，应用氧-乙炔火焰烘烤或用杠杆加压方法调直，达到标准后，再进行拼装。拼装节点的附加型钢（也称拼装连接型钢或型钢）与母材之间缝隙大于 3mm 时，应用加紧器或卡口卡紧，点焊固定，再进行拼装，以免由于节点尺寸不符造成构件扭曲。

（2）拼装构件一般应设拼装工作台，如在现场拼装，则应放在较坚硬的场地上用水平仪抄平。拼装时构件全长应拉通线，并在构件有代表性的点上用水平尺找平，符合设计尺寸后用电焊点固焊牢。刚性较差的构件，翻身前要进行加固。构件翻身后也应进行找平，否则构件焊接后无法矫正。

（二）施工质量检查与验收

钢构件预拼装工程质量检查与验收，见表 6-43。

表 6-43　　　　　钢构件预拼装工程质量检查与验收

项	项目	合格质量标准	检验方法	检验数量
主控项目	多层板叠螺栓孔	高强度螺栓和普通螺栓连接的多层板叠，应采用试孔器进行检查，并应符合下列规定： ①当采用比孔公称直径小 1.0mm 的试孔器检查时，每组孔的通过率应不小于 85% ②当采用比螺栓公称直径大 0.3mm 的试孔器检查时，通过率为 100%	采用试孔器检查	按预拼装单元全数检查
一般项目	预拼装精度	预拼装的允许偏差应符合表 6-44 的规定	见表 6-44	按预拼装单元全数检查

表 6-44　　　　　钢件预拼装的允许偏差　　　　　（mm）

构件类型	项 目		允许偏差	检验方法
多节柱	预拼装单元总长		±5.0	用钢尺检查
	预拼装单元弯曲矢高		$l/1500$，且应不大于 10.0	用拉线和钢尺检查
	接口错边		2.0	用焊缝量规检查
	预拼装单元柱身扭曲		$h/200$，且应不大于 5.0	用拉线、吊线和钢尺检查
	预紧面至任一牛腿距离		±2.0	用钢尺检查
梁、桁架	跨度最外两端安装孔或两端支承面最外侧距离		+5.0 -10.0	用钢尺检查
	接口截面错位		2.0	用焊缝量规检查
	拱度	设计要求起拱	±$l/5000$	用拉线和钢尺检查
		设计未要求起拱	$\dfrac{l/2000}{0}$	
	节点处杆件轴线错位		4.0	划线后用钢尺检查

续表

构件类型	项目	允许偏差	检验方法
管构件	预拼装单元总长	±5.0	用钢尺检查
	预拼装单元弯曲矢高	$l/1500$，且应不大于 10.0	用拉线和钢尺检查
	对口错边	$t/10$，且应不大于 3.0	用焊缝量规检查
	坡口间隙	$\begin{array}{c}+2.0\\-1.0\end{array}$	
构件平面总体预拼装	各楼层柱距	±4.0	用钢尺检查
	相邻楼层梁与梁之间距离	±3.0	
	各层间框架两对角线之差	$H/2000$，且应不大于 5.0	
	任意两对角线之差	$\sum H/2000$，且应不大于 8.0	

注：本表摘自《钢结构工程施工质量验收规范》(GB520205—2001)。

第五节 钢结构安装工程质量

一、钢结构安装工程质量控制要点

1. 地脚螺栓埋设

地脚螺栓埋设质量控制要点应符合下列规定：

(1) 地脚螺栓的直径、长度，均应按设计规定的尺寸制作；一般地脚螺栓应与钢结构配套出厂，其材质、尺寸、规格、形状和螺纹的加工质量，均应符合设计施工图的规定。如钢结构出厂不带地脚螺栓时，则需自行加工，地脚螺栓各部尺寸应符合下列要求：

①地脚螺栓的直径尺寸与钢柱底座板的孔径应相适配，为便于安装、找正、调整，多数是底座孔径尺寸大于螺栓直径。

②为使埋设的地脚螺栓有足够的锚固力，其根部需经加热后加工（或煨）成 L、U 等形状。

(2) 样板尺寸放完后，在自检合格的基础上交监理抽检，进行单项验收。

(3) 不论是一次埋设还是事先预留的孔二次埋设地脚螺栓，埋设前，一定要将埋入混凝土中的一段螺杆表面的铁锈、油污清理干净。清理的一般做法是用钢丝刷或砂纸去锈；油污一般是用火焰烧烤去除。

(4) 地脚螺栓在预留孔内埋设时，其根部底面与孔底的距离不得小于 80mm；地脚螺栓的中心应在预留孔中心位置，螺栓的外表与预留孔壁的距离不得小于 20mm。

(5) 预留孔的地脚螺栓埋设前，应将孔内杂物清理干净。一般做法是用长度较长的钢凿将孔底及孔壁结合薄弱的混凝土颗粒及贴附的杂物全部清除，然后用压缩空气吹净，浇灌前并用清水充分湿润，再进行浇灌。

(6) 为防止浇灌时，地脚螺栓的垂直度及距孔内侧壁、底部的尺寸发生变化，浇灌前应将地脚螺栓找正后加固固定。

（7）固定螺栓可采用下列两种方法：

①先浇筑混凝土预留孔洞后埋螺栓，需采用型钢两次校正办法，检查无误后，浇筑预留孔洞。

②将每根柱的地脚螺栓每 8 个或每 4 个用预埋钢架固定，一次浇筑混凝土，定位钢板上的纵横轴线允许误差为 0.3 mm。

（8）实测钢柱底座板螺栓孔距及地脚螺栓位置数据，将两项数据归纳是否符合质量标准。

（9）当螺栓位移超过允许值，可用氧-乙炔火焰将底座板螺栓孔扩大安装时，另加长孔垫板焊好，也可将螺栓根部混凝土凿去 5～10cm 而后将螺栓稍弯曲，再烤直。

（10）做好保护螺栓措施。

2. 钢柱垂直度

钢柱垂直度质量控制要点应符合下列规定：

（1）对制作的成品钢柱要认真加强管理，以防放置的垫基点、运输不合理，由于自重压力作用产生弯矩而发生变形。

（2）因钢柱较长，其刚性较差，在外力作用下易失稳变形，因此竖向吊装时的吊点选择应正确，一般应选在柱全长 2/3 柱上的位置，可防止变形。

（3）吊装钢柱时还应注意起吊半径或旋转半径的正确，并采取在柱底端设置滑移设施，以防钢柱吊起扶直时发生拖动阻力以及压力作用，促使柱体产生弯曲变形或损坏底座板。

（4）当钢柱被吊装到基础平面就位时，应将柱底座板上面的纵横轴线对准基础轴线（一般由地脚螺栓与螺孔来控制），以防止其跨度尺寸产生偏差，导致柱头与屋架安装连接时，发生水平方向向内拉力或向外撑力作用，而使柱身弯曲变形。

（5）钢柱垂直度的校正应以纵横轴线为准，先找正固定两端边柱为样板柱，依样板柱为基准来校正其余各柱。

（6）钢柱就位校正时，应注意风力和日照温度、温差的影响，以免柱身发生弯曲变形。其预防措施如下：

①风力对柱面产生压力，使柱身发生侧向弯曲。因此，在校正柱子时，当风力超过 5 级时不能进行。对已校正完的柱子应进行侧向梁的安装或采取加固措施，以增加整体连接的刚性，防止风力作用变形。

②校正柱子应注意日照温差的影响，以防钢柱受阳光照射的正面与侧面产生温差而使其发生弯曲变形。由于受阳光照射的一面温度较高，则阳面膨胀的程度就越大，使柱靠上端部分向阴面弯曲就越严重；故校正柱子的工作应避开阳光照射的炎热时间，宜在早晨或阳光照射较低温的时间及环境内进行。

3. 钢柱高度

钢柱高度质量控制要点应符合下列规定：

（1）在钢柱制造过程中应严格控制长度尺寸，在正常情况下应控制以下 3 个尺寸：

①控制设计规定的总长度及各位置的长度尺寸。

②控制在允许的负偏差范围内的长度尺寸。

③控制正偏差和不允许产生正超差值。

（2）制作时，控制钢柱总长度及各位置尺寸，可参考以下做法：

①统一进行划线号料、剪切或切割。

②统一拼接接点位置。

③统一拼装工艺。

④焊接环境、采用的焊接规范或工艺均应统一。

⑤如果是焊接连接，则应先焊钢柱的两端，留出一个拼接接点暂不焊，留作调整长度尺寸用；待两端焊接结束、冷却后，经过矫正最后焊接接点，以保证其全长及牛腿位置的尺寸正确。

⑥为控制无接点的钢柱全长和牛腿处的尺寸正确，可先焊柱身，柱底座板和柱头板暂不焊；一旦出现偏差，则在焊柱的底端底座板或上端柱头板前进行调整，最后焊接柱底座板和柱头板。

（3）基础支承面的标高与钢柱安装标高的调整处理，应根据成品钢柱实际制作尺寸进行，以实际安装后的钢柱总高度及各位置高度尺寸达到统一。

4. 钢屋架的拱度

钢屋架的拱度质量控制要点应符合下列规定：

（1）钢屋架在制作阶段应按设计规定的跨度比例（1/500）进行起拱。

（2）起拱的弧度加工后不应存在应力，且弧度曲线应圆滑均匀；当存在应力或变形时，应认真矫正消除。矫正后的钢屋架拱度应用样板或尺量检查，其结果要符合施工图规定的起拱高度和弧度；凡是拱度及其他部位的结构发生变形时，一定要经矫正且符合要求后，方准进行吊装。

（3）应在钢屋架吊装前制定合理的吊装方案，以保证其拱度及其他部位不发生变形。吊装前的屋架应按不同的跨度尺寸进行加固和选择正确的吊点，否则钢屋架的拱度会发生上拱过大或下挠的变形，以致影响钢柱的垂直度。

5. 钢屋架跨度尺寸

钢屋架跨度尺寸质量控制要点应符合下列规定：

（1）制作钢屋架时应按施工规范规定的工艺进行加工，以控制屋架的跨度尺寸符合设计要求。其控制方法如下：

①用同一底样或模具且采用挡铁定位进行拼装，以保证拱度的正确。

②为了在制作时控制屋架的跨度符合设计要求，对屋架两端的不同支座应采用不同的拼装形式。其具体做法如下：

a. 屋架端部 T 形支座要采用小拼焊组合。组成的 T 形座及屋架，经矫正后按其跨度尺寸位置相互拼装。

b. 非嵌入连接的支座，对屋架的变形经矫正后，按其跨度尺寸位置与屋架一次拼装。

c. 嵌入连接的支座，宜在屋架焊接、矫正后按其跨度尺寸位置相拼装，以便保证跨度、高度的正确及便于安装。

d. 为了便于安装时调整跨度尺寸，对于嵌入式连接的支座，制作时先不将其与屋架组装，而应用临时螺栓带在屋架上，以备在安装现场安装时按屋架跨度尺寸及其规定的位置进行连接。

（2）吊装前，应对屋架认真检查，对其变形超过标准规定的范围时应进行矫正，在保证跨度尺寸后再进行吊装。

（3）安装时为了保证跨度尺寸的正确，应按合理的工艺进行安装。

①屋架端部底座板的基准线必须与钢柱的柱头板的轴线及基础轴线位置一致。

②保证各钢柱的垂直度及柱距符合设计要求或规范规定。

③为使钢柱的垂直度、跨度不产生位移，在吊装屋架前应采用小型拉力工具在钢柱顶端按跨度值对应临时拉紧定位，以便安装屋架时按规定的跨度进行入位、固定安装。

④如果柱顶板孔位与屋架支座孔位不一致，则不宜采用外力强制入位，应利用椭圆孔或扩孔法调整入位，并用厚板垫圈覆盖焊接，将螺栓紧固。不经扩孔调整或用较大的外力进行强制入位，将会使安装后的屋架跨度产生过大的正偏差或负偏差。

6. 钢屋架垂直度

钢屋架垂直度质量控制要点应符合下列规定：

（1）在钢屋架制作阶段，应对各道施工工序严格控制质量。首先在放拼装底样划线时，应认真检查各个零件结构的位置并做好自检、专检，以消除误差；拼装平台应具有足够支承力和水平度，以防承重后失稳下沉而导致平面不平，使构件发生弯曲，造成垂直度超差。

（2）拼装用挡铁定位时，应按基准线放置。

（3）拼装钢屋架两端支座板时，应使支座板的下平面与钢屋架的下弦纵横线严格垂直。

（4）拼装后的钢屋架吊出底样（模）时，应认真检查上下弦及其他构件的焊点是否与底模、挡铁误焊或夹紧，经检查排除故障或离模后再吊装，否则易使钢屋架在吊装出模时产生侧向弯曲，甚至损坏屋架或发生事故。

（5）凡是在制作阶段的钢屋架、天窗架产生各种变形，则应在安装前矫正，再吊装。

（6）钢屋架安装应执行合理的安装工艺，应保证以下构件的安装质量：

①安装到各纵横轴线位置的钢柱的垂直度偏差应控制在允许范围内，钢柱垂直度偏差也会使钢屋架的垂直度产生偏差。

②各钢柱顶端柱头板平面的高度（标高）、水平度，应控制在同一水平面。

③安装后的钢屋架与檩条连接时，必须保证各相邻钢屋架的间距与檩条固定连接的距离位置相一致，不然两者距离尺寸过大或过小，都会使钢屋架的垂直度产生超差。

（7）各跨钢屋架发生垂直度超差时，应在吊装屋面板前，用吊车配合来调整处理。

①首先应调整钢杆达到垂直后，再用加焊厚、薄垫铁来调整各柱头板与钢屋架端部的支座板之间接触面的统一高度和水平度。

②如果相邻钢屋架间距与檩条连接处间的距离不符而影响垂直度时，可卸除檩条的连接螺栓，仍用厚、薄平垫铁或斜垫铁；先调整钢屋架达到垂直度，然后改变檩条与屋架上弦的对应垂直位置再相连接。

③天窗架垂直度偏差过大时，应将钢屋架调整达到垂直度并固定后，用经纬仪或线坠对天窗架两端支柱进行测量，根据垂直度偏差数值，用垫厚、薄垫铁的方法进行调整。

7. 吊车梁垂直度、水平度

吊车梁垂直度、水平度质量控制要点应符合下列规定：

（1）在制作钢柱时，应严格控制底座板至牛腿面的长度尺寸及扭曲变形，可防止垂直度、水平度发生超差。

（2）应严格控制钢柱制作、安装的定位轴线，可防止钢柱安装后轴线位移，以致吊车梁安装时垂直度或水平度发生偏差。

（3）应认真做好基础支承平面的标高，其垫放的垫铁应正确；二次灌浆工作应采用无收缩、微膨胀的水泥砂浆。避免基础标高超差，影响吊车梁安装水平度的超差。

（4）安装钢柱时，应认真按要求调整好垂直度和牛腿面的水平度，以保证下部吊车梁安装时达到要求的垂直度和水平度。

（5）预先测量吊车梁在支承处的高度和牛腿距柱底的高度。如产生偏差，则可用垫铁在基础上平面或牛腿支承面上予以调整。

（6）吊装吊车梁前，为防止垂直度、水平度超差，应认真检查其变形情况；如发生扭曲等变形，则应予以矫正，并采取刚性加固措施防止吊装再变形。吊装时应根据梁的长度，采用单机或双机进行吊装。

（7）安装时，应按梁的上翼缘平面事先划的中心线，进行水平移位、梁端间隙的调整，达到规定的标准要求后，再进行梁端部与柱的斜撑等连接。

（8）吊车梁各部位置基本固定后，应认真复测有关安装的尺寸，按要求达到质量标准后，再进行制动架的安装和紧固。

（9）防止吊车梁垂直度、水平度超差，应认真做好校正工作。其顺序是首先校正标高，其他项目的调整、校正工作应待屋盖系统安装完成后再进行校正、调整，这样可防止因屋盖安装引起钢柱变形而直接影响吊车梁安装的垂直度或水平度的偏差。

8. 控制网

控制网质量控制要点应符合下列规定：

(1) 控制网定位方法应依据结构平面而定。矩形建筑物的定位，宜选用直角坐标法；任意形状建筑物的定位，宜选用极坐标法。平面控制点距测点位距离较长，量距困难或不便量距时，宜选用角度（方向）交会法；平面控制点距测点距离不超过所用钢直尺的全长且场地量距条件较好时，宜选用距离交会法。使用光电测距仪定位时，宜选极坐标法。

(2) 根据结构平面特点及经验选择控制网点。有地下室的建筑物，开始可用外控法，即在槽边±00.000处建立控制网点；当地下室达到±0.000后，可将外围点引到内部即内控法。

(3) 无论是内控法或外控法，必须将测量结果进行严密平差，计算点位坐标，与设计坐标进行修正，以达到控制网测距相对中误差小于$L/25000$，测角中误差小于$2''$。

(4) 基准点处预埋100mm×100mm钢板，必须用量针划十字线定点，线宽0.2mm，并在交点上打样冲点。钢板以外的混凝土面上放出十字延长线。

(5) 竖向传递必须与地面控制网点重合，主要做法如下：

①控制点竖向传递，采用内控法。投点仪器选用全站仪、激光铅垂仪、光学铅垂仪等。控制点设置在距柱网轴线交点旁300～400mm处，在楼面预留孔300mm×300mm设置光靶，为削减铅垂仪误差，应将铅垂仪在0°、90°、180°、270°的4个位置上投点，并取其中点作为基准点的投递点。

②根据选用仪器的精度情况，可定出一次测得高度，如用全站仪、激光铅垂仪、光学铅垂仪，在100m范围内竖向投测精度较高。

③定出基准控制点网，其全楼层面的投点，必须从基准控制点网引投到所需楼层上，严禁使用下一楼层的定位轴线。

(6) 经复测发现地面控制网中测距超过$L/25000$，测角中误差大于$2''$，竖向传递点与地面控制网点不重合，必须经测量专业人员找出原因，重新放线定出基准控制点网。

9. 楼层轴线

楼层轴线质量控制要点应符合下列规定：

(1) 高层和超高层钢结构测设，根据现场情况可采用外控法和内控法。

①外控法：现场较宽大，高度在100m内，地下室部分根据楼层大小可采用十字及井字控制，在柱子延长线上设置两个桩位，相邻柱中心间距的测量允许值为1mm，第1根钢柱至第2根钢柱间距的测量允许值为1mm。每节柱的定位轴线应从地面控制轴线引上来，不得从下层柱的轴线引出。

②内控法：现场宽大，高度超过100m，地上部分在建筑物内部设辅助线，至少要设3个点，每两点连成的线最好要垂直，三点不得在一条线上。

(2) 利用激光仪发射的激光点——标准点，应每次转动90°，并在目标上测4个激光点，其相交点即为正确点。除标准外的其他各点，可用方格网法或极坐标法进行复核。

(3) 内爬式塔吊或附着式塔吊，因与建筑物相连，在起吊重物时，易使钢结构本身产生水平晃动，此时应尽量停止放线。

(4) 对结构自振周期引起的结构振动，可取其平均值。

(5) 雾天、阴天因视线不清，不能放线。为防止阳光对钢结构照射产生变形，放线工作宜安排在日出或日落后进行。

(6) 钢直尺要统一，使用前要进行温度、拉力、挠度校正。在有条件的情况下应采用全站仪，接收靶测距精度最高。

(7) 在钢结构上放线要用量针，线宽一般为0.2mm。

二、钢结构安装工程质量检查与验收

（一）单层钢结构安装工程

1. 钢结构单层厂房安装一般规定

钢结构单层厂房安装一般规定有如下几点：

（1）钢结构安装前，应对钢构件的质量进行检查。钢构件的变形、缺陷超出允许偏差时，应进行处理。

（2）钢结构安装的测量和校正，应根据工程特点编制相应的工艺。厚钢板和异种钢板的焊接、高强度螺栓安装、栓钉焊和负温度下施工等主要工艺，应在安装前进行工艺试验，编制相应的施工工艺。

（3）钢结构采用大拼装单元进行安装时，对容易变形的钢构件应进行强度和稳定性验算，必要时应采取加固措施。

（4）钢结构采用综合安装时，应划分成若干独立单元。每一单元的全部钢构件安装完毕后，应形成空间刚度单元。

（5）大型构件或组成块体的网架结构，采用单机或多机抬吊安装及高空滑移安装时，吊点必须计算确定。

（6）钢结构的柱、梁、屋架、支撑等主要构件安装就位后，应立即进行校正、固定。当天安装的钢构件应形成稳定的空间体系。

（7）钢结构安装、校正时，应根据风力、温差、日照等外界环境和焊接变形等因素的影响，采取相应的调整措施。

（8）利用安装好的钢结构吊装其他构件和设备时，应征得设计单位同意，并应进行验算，采取相应措施。

（9）设计要求顶紧的节点，接触面应有70％的面紧贴。用0.3mm厚塞尺检查，可插入的面积之和不得大于接触顶紧总面积的30％；边缘最大间隙不应大于0.8mm。

（10）安装和校正质量分为合格和不合格。

合格标准：主控项目全部符合规定；一般项目应有80％及以上检查点符合规定，且最大偏差值不应超过其允许偏差的1.2倍。

①钢构件应符合设计要求和规范中的相应规定。运输、堆放和吊装等造成的钢构件变形及涂层脱落，应进行矫正和修补。

②设计要求顶紧的节点，接触面不应少于70％紧贴，且边缘最大间隙不应大于0.8mm。

③钢屋（托）架、桁架、梁及受压杆件的垂直度和侧向弯曲矢高的允许偏差，应符合表6－45的规定。

④单层钢结构主体结构的整体垂直度和整体平面弯曲的允许偏差，应符合表6－46的规定。

⑤钢柱等主要构件的中心线及标高基准点等标记应齐全。

⑥当钢桁架（或梁）安装在混凝土柱上时，其支座中心对定位轴线的偏差不应大于10mm；当采用大型混凝土屋面板时，钢桁架（或梁）间距的偏差不应大于10mm。

⑦钢柱安装的允许偏差，应符合表6－47的规定。

表 6-45　钢屋（托）架、桁架、梁及受压杆件的垂直度和侧向弯曲矢高的允许偏差

项目	图例		允许偏差
侧向弯曲撩高 f		$l \leqslant 30mm$	$l/1000$，且不应大于 10.0
		$30m < l \leqslant 60m$	$l/1000$，且不应大于 300
		$l > 60m$	$l/1000$，且不应大于 50.0
跨中的垂直度			$h/250$，且不应大于 15.0

注：本表摘自《钢结构工程施工质量验收规范》（GB50205—2001）。

表 6-46　　　　　　　　整体垂直度和整体平面弯曲的允许偏差

项目	图例	允许偏差	项目	图例	允许偏差
主体结构的整体平面弯曲		$l/1500$ 且不应大于 25.0	主体结构的整体垂直度		$H/1000$ 且不应大于 25.0

注：本表摘自《钢结构工程施工质量验收规范》（GB50205—2001）。

表 6-47　　　　　　　　单层钢结构中柱子安装的允许偏差　　　　　　　　（mm）

项目		允许偏差	图例	检验方法
柱脚底座中心线对定位轴线的偏移		5.0		用吊线和钢直尺检查
柱基准点标高	有吊车梁的柱	+3.0 −5.0		用水准仪检查
	无吊车梁的柱	+5.0 −8.0		
弯曲矢高		$H/1200$，且不应大于 15.0	—	用经纬仪或拉线和钢直尺检查

248

续表

项目		允许偏差	图　例	检验方法
柱轴线垂直度	单层柱 $H \leqslant 10\text{m}$	$H/1000$		用经纬仪或吊线和钢直尺检查
	单层柱 $H > 10\text{m}$	$H/1000$，且不应大于 25.0		
	多节柱 单节柱	$H/1000$，且不应大于 10.0		
	多节柱 柱全高	35.0		

注：本表摘自《钢结构工程施工质量验收规范》（GB50205—2001）。

⑧钢吊车梁或直接承受动力荷载的类似构件，其安装的允许偏差应符合表 6-48 的规定。

表6-48　　　　　　　　　　　钢吊车梁安装的允许偏差　　　　　　　　　　（mm）

项　目		允许偏差	图　例	检验方法
梁的跨中垂直度 △		$h/500$		用吊线和钢直尺检查
侧向弯曲矢高		$l/1500$，且不应大于 10.0	—	用拉线和钢直尺检查
垂直上拱矢高		10.0		
两端支座中心位移 △	安装在钢柱上时，对牛腿中心的偏移	5.0		
	安装在混凝土柱上时，对定位轴线的偏移	5.0		
吊车梁支座加劲板中心与柱子承压加劲板中心的偏移 △₁		$t/2$		用吊线和钢直尺检查
同跨间内同一横截面吊车梁顶面高差 △	支座处	10.0		用经纬仪、水准仪和钢直尺检查
	其他处	15.0		
同跨间内同一横截面下挂式吊车梁底面高差 △		10.0		

249

续表

项　　目		允许偏差	图　　例	检验方法
同列相邻两柱间吊车梁		$l/1500$，且不应大于 10.0		用水准仪和钢直尺检查
相邻两吊车梁接头部位 △	中心错位	3.0		用钢直尺检查
	上承式顶面高差	1.0		
	下承式底面高差	1.0		
同跨间任一截面的吊车梁中心跨 △		±10.0		用经纬仪和光电测距仪检查；跨度小时，可用钢直尺检查
轨道中心对吊车梁腹板轴线的偏移 △		$t/2$		用吊线和钢直尺检查

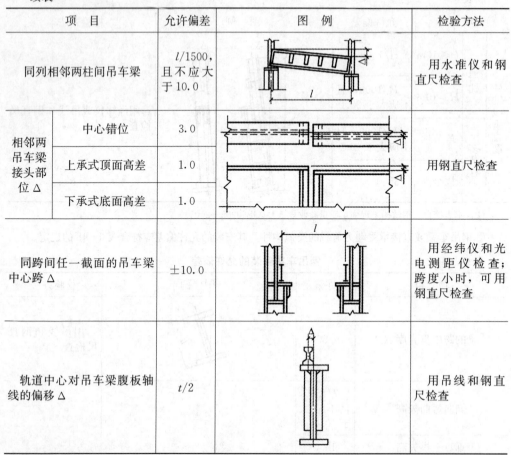

注：本表摘自《钢结构工程施工质量验收规范》（GB50205—2001）。

⑨檩条、墙架等次要构件安装的允许偏差，应符合表 6-49 的规定。

表 6-49　　　　　　　墙架、檩条等次要构件安装的允许偏差　　　　　　　　　（mm）

项　　目		允许偏差	检验方法
墙架立柱	中心线对定位轴线的偏移	10.0	用钢直尺检查
	垂直度	$H/1000$，且不应大于 10.0	用经纬仪或吊线和钢直尺检查
	弯曲矢高	$H/1000$，且不应大于 15.0	用经纬仪或吊线和钢直尺检查
抗风桁架的垂直度		$h/250$，且不应大于 15.0	用吊线和钢直尺检查
檩条、墙梁的间距		±5.0	用钢直尺检查
檩条的弯曲矢高		$L/750$，且不应大于 12.0	用拉线和钢直尺检查
墙梁的弯曲矢高		$L/750$，且不应大于 10.0	用拉线和钢直尺检查

注：①H 为墙架立柱的高度；
　　②h 为抗风桁架的高度；
　　③L 为檩条或墙梁的长度。

250

⑩钢平台、钢梯和防护栏杆安装的允许偏差，应符合表6-50的规定。现场焊缝组对间隙的允许偏差应符合表6-51的规定。

⑪钢结构表面应干净，结构主要表面不应有疤痕、泥沙等污垢。

表6-50　　　　　　钢平台、钢梯和防护栏杆安装的允许偏差　　　　　　(mm)

项　目	允许偏差	检验方法
平台高度	±15.0	用水准仪检查
平台梁水平度	$l/1000$，且不应大于20.0	用水准仪检查
平台支柱垂直度	$H/1000$，且不应大于15.0	用经纬仪或吊线和钢直尺检查
承重平台梁侧向弯曲	$l/1000$，且不应大于10.0	用拉线和钢直尺检查
承重平台梁垂直度	$h/250$，且不应大于15.0	用吊线和钢直尺检查
直梯垂直度	$l/1000$，且不应大于10.0	用吊线和钢直尺检查
栏杆高度	±15.0	用钢直尺检查
栏杆立柱间距	±15.0	用钢直尺检查

注：本表摘自《钢结构工程施工质量验收规范》(GB50205—2001)

表6-51　　　　　　　现场焊缝组对间隙的允许偏差　　　　　　(mm)

项　目	允许偏差	项　目	允许偏差
无垫板间隙	+3.0 0.0	有垫板间隙	+3.0 -2.0

注：本表摘自《钢结构工程施工质量验收规范》(GB50205—2001)

2. 单层钢结构安装工程项目质量检验

单层钢结构安装工程项目质量检验，见表6-52。

表6-52　　　　　　　单层钢结构安装工程项目质量检验

项	项目	合格质量标准	检验方法	检验数量
主控项目	基础验收	建筑物的定位轴线、基础轴线和标高、地脚螺栓的规格及其紧固应符合设计要求	用经纬仪、水准仪、全站仪和钢直尺现场实测	按柱基数抽查10%，且应不少于3个
		基础顶面直接作为柱的支承面和基础顶面预埋钢板或支座作为柱的支承面时，其支承面、地脚螺栓(锚栓)位置的允许偏差，应符合表6-53的规定	用经纬仪、水准仪、全站仪、水平尺和钢直尺实测	按柱基数抽查10%，且应不少于3个
		采用坐浆垫板时，坐浆垫板的允许偏差，应符合表6-54的规定	用水准仪、全站仪、水平尺和钢直尺现场实测	资料全数检查。按基础数抽查10%，且应不少于3处
		采用杯口基础时，杯口尺寸的允许偏差，应符合表6-55的规定	观察及尺量检查	按基础数抽查10%，且应不少于4处

续表1

项	项目	合格质量标准	检验方法	检验数量
主控项目	构件验收	钢构件应符合设计要求和《钢结构工程施工质量验收规范》（GB50205—2001）的规定。运输、堆放和吊装等造成的钢构件变形及涂层脱落，应进行矫正和修补	用拉线、钢直尺现场实测或观察	按构件数抽查10%，且应不少于3个
	顶紧接触面	设计要求顶紧的节点，接触面应不少于70%紧贴，且边缘最大间隙应不大于0.8mm	用钢直尺及0.3mm和0.8mm厚的塞尺现场实测	按节点数抽查10%，且应不少于3个
	钢构件垂直度和侧弯矢高	钢屋（托）架、桁架、梁及受压杆件的垂直度和侧向弯曲矢高的允许偏差，应符合表6-45的规定	用吊线、拉线、经纬仪和钢直尺现场实测	按同类构件数抽查10%，且应不少于3个
	主体结构尺寸	单层钢结构主体结构的整体垂直度和整体平面弯曲的允许偏差，应符合表6-46的规定	采用经纬仪、全站仪等测量	对主要立面全部检查。对所检查的每个立面，除两列角柱外，尚应至少选取一列中间柱
一般项目	地脚螺栓精度	地脚螺栓（锚栓）尺寸的偏差，应符合表6-56的规定。地脚螺栓（锚栓）的螺纹应受到保护	用钢直尺现场实测	按螺栓基数抽查10%，且应不少于3个
	标记	钢柱等主要构件的中心线及标高基准点等标记应齐全	观察检查	按同类构件数抽查10%，且应不少于3件
	桁架（梁）安装精度	当钢桁架（或梁）安装在混凝土柱上时，其支座中心对定位轴线的偏差应不大于10mm；当采用大型混凝土屋面板时，钢桁架（或梁）间距的偏差应不大于10mm	用拉线和钢直尺现场实测	按同类构件数抽查10%，且应不少于3榀
	钢柱安装精度	钢柱安装的允许偏差，应符合表6-47的规定	见表6-47	按钢柱数抽查10%，且应不少于3件
	吊车梁安装精度	钢吊车梁或直接承受动力荷载的类似构件，其安装的允许偏差，应符合表6-48的规定	见表6-48	按钢吊车梁数抽查10%，且应不少于3榀
	檩条、墙架等构件安装精度	檩条、墙架等次要构件安装的允许偏差，应符合表6-49的规定	见表6-49	按同类构件数抽查10%，且应不少于3件

252

续表 2

项	项目	合格质量标准	检验方法	检验数量
一般项目	钢平台、钢梯等安装精度	钢平台、钢梯、栏杆安装应符合现行国家标准《固定式钢梯及平台安全要求 第一部分：钢直梯》（GB4053.1—2009）、《固定式钢梯及平台安全要求第二部分：钢斜梯》（GB 4053.1—2009）、《固定式钢梯及平台安全要求第三部分：工业防护栏杆》（GB 4053.1—2009）和《固定式钢梯及平台安全要求第四部分：固定式工业钢平台》（GB4053.4—2009）的规定。钢平台、钢梯和防护栏杆安装的允许偏差应符合表 6-50 的规定	见表 6-50	按钢平台总数抽查 10%，栏杆、钢梯按总长度各抽查 10%，但钢平台应不少于 1 个，栏杆应不少于 5 m，钢梯应不少于 1 跑
	现场组对精度	现场焊缝组对间隙的允许偏差应符合表 6-51 的规定	尺量检查	按同类节点数抽查 10%，且应不少于 3 个
	结构表面	钢结构表面应干净，结构主要表面不应有疤痕、泥砂等污垢	观察	按同类构件数抽查 10%，且应不少于 3 件

表 6-53　　　　　　　　支承面、地脚螺栓（锚栓）位置的允许偏差　　　　　　　　（mm）

项　目		允许偏差
支承面	称局	±3.0
	水平度	$l/1000$
地脚螺栓（锚栓）	螺栓中心偏移	5.0
预留孔中心偏移		10.0

注：本表摘自《钢结构工程施工质量验收规范》（GB50205—2001）。

表 6-54　　　　　　　　　　坐浆垫板的允许偏差　　　　　　　　　　（mm）

项　目	顶面标高	水平度	位置
允许偏差	0.0 −3.0	$l/1000$	20.0

注：本表摘自《钢结构工程施工质量验收规范》（GB50205—2001）。

表 6-55　　　　　　　　　　杯口尺寸的允许偏差　　　　　　　　　　（mm）

项目	底面标高	杯口深度 H	杯口垂直度	位置
允许偏差	0.0 −5.0	±5.0	$H/100$，且应不大于 10.0	10.0

注：本表摘自《钢结构工程施工质量验收规范》（GB50205—2001）。

表 6 - 56   现场焊缝组对间隙的允许偏差   (mm)

项 目	螺栓（锚栓）露出长度	螺纹长度
允许偏差	+30.0 0.0	+30.0 0.0

注：本表摘自《钢结构工程施工质量验收规范》（GB50205—2001）。

（二）多层及高层钢结构安装工程

1. 安装工程施工质量控制要点

安装工程施工质量控制要点应符合下列规定：

（1）构件的安装顺序，平面上应从中间向四周扩展，竖向应由下向上逐渐安装。

（2）构件的安装顺序表中应包括各构件所用的节点板、安装螺栓的规格数量等。

（3）柱的安装应先调整标高、位移，再调整垂直偏差，并应重复上述步骤，直到柱的标高、位移、垂直偏差符合要求。调整柱垂直度的缆风绳或支撑夹板，应在柱起吊前在地面绑扎好。

（4）当由多个构件在地面组拼为扩大安装单元进行安装时，其吊点应经过计算确定。

（5）构件的零件及附件应随构件一齐起吊。尺寸较大、重量较重的节点板，可以用铰链固定在构件上。

（6）柱上的爬梯以及大梁上的轻便走道，应预先固定在构件上一齐起吊。

（7）柱、主梁、支撑等大构件安装时，应随即进行校正。

（8）当天安装的钢构件应形成空间稳定体系。

（9）当采用内爬塔式起重机或外附着塔式起重机进行高层建筑钢结构安装时，对塔式起重机与结构相连接的附着装置，应进行验算，并应采取相应的安装技术措施。

（10）进行钢结构安装时，楼面上堆放的安装荷载应予限制，不得超过钢梁和压型钢板的承载能力。

（11）一节柱的各层梁安装完毕后，宜立即安装本节柱范围内的各层楼梯，并铺设各层楼面的压型钢板。

（12）安装外墙板时，应根据建筑物的平面形状对称安装。

（13）钢构件安装和楼盖钢筋混凝土楼板的施工，应相继进行，两项作业相距不宜超过 5 层。当超过 5 层时，应由责任工程师会同设计部门和专业质量检查部门共同协商处理。

（14）一个流水段一节柱的全部钢构件安装完毕并验收合格后，方可进行下一流水段的安装工作。

（15）大跨度重型钢桁架安装，可采用整体吊装法、滑移法、提升法。

2. 安装工程项目质量检验

安装和校正质量分为合格和不合格。

合格标准：主控项目全部符合规定；一般项目应有 80% 及以上检查点符合规定，且最大偏差值不应超过允许偏差的 1.2 倍。

多层及高层钢结构安装工程项目质量检验，见表 6 - 57。

表 6 - 57   多层及高层钢结构安装工程项目质量检验

项	项目	合格质量标准	检验方法	检验数量
主控项目	构件验收	钢构件应符合设计要求和《钢结构工程施工质量验收规范》（GB50205—2001）的规定。运输、堆放和吊装等造成的钢构件变形及涂层脱落，应进行矫正和修补	用拉线、钢尺现场实测或观察	按构件数抽查10%，且不应少于 3 个

254

项	项目	合格质量标准	检验方法	检验数量
主控项目	钢柱安装精度	柱子安装的允许偏差,应符合表6-58的规定	用全站仪或激光经纬仪和钢尺实测	标准柱全部检查;非标准柱抽查10%,且不应少于3根
	顶紧柱接触	设计要求顶紧的节点,接触面不应少于70%紧贴,且边缘最大间隙不应大于0.8mm	用钢尺及0.3mm和0.8mm厚的塞尺现场实测	按节点数抽查10%,且不应少于3个
	垂直度和侧向弯曲矢高	钢主梁、次梁及受压杆件的垂直度和侧向弯曲矢高的允许偏差,应符合表6-45中有关钢屋(托)架允许偏差的规定	用吊线、拉线、经纬仪和钢尺现场实测	按同类构件数抽查10%,且不应少于3个
	主体结构尺寸	多层及高层钢结构主体结构的整体垂直度和整体平面弯曲的允许偏差,应符合表6-59的规定	对于整体垂直度,可采用激光经纬仪、全站仪测量,也可根据各节柱的垂直度允许偏差累计(代数和)计算。对于整体平面弯曲,可按产生的允许偏差累计(代数和)计算	对主要立面全部检查。对每个所检查的立面,除两列角柱外,尚应至少选取一列中间柱
一般项目	钢结构表面	钢结构表面应干净,结构主要表面不应有疤痕、泥沙等污垢	观察检查	按同类构件数抽查10%,且不应少于3件
	标记	钢柱等主要构件的中心线及标高基准点等标记应齐全	观察检查	按同类构件数抽查10%,且不应少于3件
	构件安装精度	钢构件安装的允许偏差,应符合表6-60的规定	见表6-60	按同类构件或节点数抽查10%。其中柱和梁各不应少于3件,主梁与次梁连接节点不应少于3个,支承压型金属板的钢梁长度不应少于5m
	主体结构高度	主体结构总高度的允许偏差,应符合表6-61的规定	采用全站仪、水准仪和钢尺实测	按标准柱列数抽查10%,且不应少于4例

255

续表2

项	项目	合格质量标准	检验方法	检验数量
一般项目	构件安装在混凝土柱	当钢构件安装在混凝土柱上时，其支座中心对定位轴线的偏差不应大于10mm；当采用大型混凝土屋面板时，钢梁（或桁架）间距的偏差不应大于10mm	用拉线和钢尺现场实测	按同类构件数抽查10%，且不应少于3榀
	吊车梁安装精度	多层及高层钢结构中钢吊车梁或直接承受动力荷载的类似构件，其安装的允许偏差应符合表6-48的规定	见表6-48	按钢吊车梁数抽查10%，且不应少于3榀
	檩条、墙架安装精度	多层及高层钢结构中檩条、墙架等次要构件安装的允许偏差，应符合表6-49的规定	见表6-49	按同类构件数抽查10%，且不应少于3件
	钢平台、钢梯、栏杆安装应安装精度	多层及高层钢结构中钢平台、钢梯、栏杆安装应符合现行国家标准《固定式钢直梯》（GB 4053.1—2009）、《固定式钢斜梯》（GB 4053.2—2009）、《固定式防护栏杆》（GB 4053.3—2009）和《固定式钢平台》（GB 4053.4—2009）的规定。钢平台、钢梯和防护栏杆安装的允许偏差，应符合表6-50的规定	见表6-50	按钢平台总数抽查10%，栏杆、钢梯按总长度各抽查10%，但钢平台不应少于1个，栏杆不应少于5m，钢梯不应少于1跑
	现场组对精度	多层及高层钢结构中现场焊缝组对间隙的允许偏差应符合表6-51的规定	尺量检查	按同类节点数抽查10%，且不应少于3个

表6-58　　　　　　　　　　　**柱子安装的允许偏差**　　　　　　　　（mm）

项　目	允许偏差	图　例
底层柱柱底轴线对定位轴线偏移	3.0	
柱子定位轴线	1.0	
单节柱的垂直度	$h/1000$，且不应大于10.0	

注：本表摘自《钢结构工程施工质量验收规范》（GB50205—2001）。

表 6‑59	整体垂直度和整体平面弯曲的允许偏差	（mm）	
项　目	允许偏差		图　例
主体结构的整体垂直度	$H/2500 + 10.0$，且不应大于 50.0		
主体结构的整体平面弯曲	$L/1500$，且不应大于 25.0		

表 6‑60	多层及高层钢结构的构件安装允许偏差	（mm）	
项　目	允许偏差		图　例
上、下柱连接处的错口 △	3.0		
同一层柱的各柱顶高度差 △	5.0		
同一根梁两端顶面的高差 △	$L/1000$，且不应大于 10.0		
主梁与次梁表面的高差 △	±2.0		
压型钢板在钢梁上相邻列的错位 △	15.0		

注：本表摘自《钢结构工程施工质量验收规范》（GB50205—2001）。

表6 61	多层及高层钢结构主体结构总高度的允许偏差	（mm）
项　目	允许偏差	图　例
用相对标高控制安装	$\pm \sum (\Delta_h + \Delta_z + \Delta_w)$	
用设计标高控制安装	$H/1000$，且不应大于 30.0 $-H/1000$，且不应小于 -30.0	

注：①Δ_h 为每节柱子长度的制造允许偏差；
　　②Δ_z 为每节柱子长度受荷载后的压缩值；
　　③Δ_w 为每节柱子接头焊缝的收缩值。

（三）钢网架结构安装工程

1. 钢网架结构安装工程质量一般规定

（1）钢结构安装前，根据《钢结构工程施工质量验收规范》（GB 50205）对管、球加工的质量进行成品验收，对超出允许偏差的零部件应进行处理。

（2）钢结构用高强度螺栓连接时，应检查其出厂合格证，扭矩系数或紧固轴力（预拉力）的检验报告是否齐全，并按规定作紧固轴力或扭矩系数复验。

（3）钢结构安装前应对焊接材料的品种、规格、性能进行检查，各项指标应符合现行国家标准和设计要求，检查焊接材料的质量合格证明文件、检验报告及中文标志等。对重要钢结构采用的焊接材料应进行抽样复验。

（4）网架的拼装应符合下列规定：

①网架结构应在专门胎具上进行小拼。

②胎具在使用前必须进行尺寸检验，合格后再拼装。

③焊接球节点网架结构在拼装前应考虑焊接收缩，其收缩量可通过试验确定，试验时可参考下列数值：

a. 钢管球节点加衬管时，每条焊缝的收缩量 1.5～3.5mm。

b. 钢管球节点不加衬管时，每条焊缝的收缩量 2～3mm。

c. 焊接钢板节点，每个节点收缩量 2～3mm。

④小拼单元：

a. 划分小拼单元时，应考虑网架结构的类型及施工方案等条件，小拼单元一般可分为平面桁架型和锥体型两种。

b. 小拼单元应在专门的拼装架上焊接，以确保几何尺寸的准确性，小拼模架有平台型和转动型两种。

c. 斜放四角锥网架小拼单元的划分，将其划分成平面桁架型小拼单元，则该桁架缺少上弦，需要加设临时上弦。

d. 两向正交斜放网架小拼单元划分方案，考虑到总拼时标高控制方便，每行小拼单元的两端均在同一标高上。

e. 总的拼装顺序应保证网架在总拼过程中具有较少的焊接应力和保证整体尺寸精度。合理的总拼顺序应该是从中间向两边或从中间向四周发展。拼装时不应形成封闭圈。

（5）支承面顶板和支承垫块质量分为合格和不合格。

合格标准：主控项目全部符合规定；一般项目应有 80％及以上检查点符合规定；且最大偏差值不应超过允许偏差的 1.2 倍。

258

（6）总拼与安装质量分为合格和不合格。

合格标准：主控项目全部符合规定；一般项目应有 80％及以上检查点符合规定，且最大偏差值不应超过允许偏差的 1.2 倍。

2. 钢网架结构安装工程质量

钢网架结构安装工程质量项目检验标准，见表 6-62。

表 6-62 钢网架结构安装工程质量项目检验标准

项	项目	合格质量标准	检验方法	检验数量
主控项目	基础验收	钢网架结构支座定位轴线的位置、支座锚栓的规格应符合设计要求	用经纬仪和钢直尺实测	按支座数抽查10％，且不应少于 4 处
		支承面顶板的位置、标高、水平度以及支座锚栓位置的允许偏差，应符合表 6-63 的规定	用经纬仪、水准仪、水平尺和钢直尺实测	按支座数抽查10％，且不应少于 4 处
	支承垫块	支承垫块的种类、规格、摆放位置和朝向，必须符合设计要求和国家现行有关标准的规定。橡胶垫块与刚性垫块之间或不同类型刚性垫块之间不得互换使用	观察和用钢直尺实测	按支座数抽查10％，且不应少于 4 处
	支座	网架支座锚栓的紧固应符合设计要求	观察检查	按支座数抽查10％，且不应少于 4 处
	拼装精度	小拼单元的允许偏差，应符合表 6-64 的规定	用钢尺和拉线等辅助量具实测	按单元数抽查5％，且不应少于 5 个
		中拼单元的允许偏差，应符合表 6-65 的规定	用钢直尺和辅助量具实测	全数检查
	节点承载力试验	对建筑结构安全等级为一级，跨度40m 及以上的公共建筑钢网架结构，且设计有要求时，应按下列项目进行节点承载力试验，其结果应符合以下规定：①焊接球节点应按设计指定规格的球及其匹配的钢管焊接成试件，进行轴心拉、压承载力试验，其试验破坏荷载值大于或等于 1.6 倍设计承载力为合格②螺栓球节点应按设计指定规格的球最大螺栓孔螺纹进行抗拉强度保证荷载试验，当达到螺栓的设计承载力时，螺孔、螺纹及封板仍完好无损为合格	在万能试验机上进行检验，检查试验报告	每项试验做 3 个试件
	钢网架结构挠度	钢网架结构总拼完成后及屋面工程完成后分别测量其挠度值，且所测的挠度值不应超过相应设计值的 1.15 倍	用钢直尺和水准仪实测	跨度 24m 及以下，钢网架结构测量下弦中央一点；跨度 24m 以上，钢网架结构测量下弦中央一点及各向下弦跨度的四等分点

续表

项	项目	合格质量标准	检验方法	检验数量
一般项目	锚栓精度	支座锚栓尺寸的允许偏差，应符合表6-53的规定。支座锚栓的螺纹应受到保护	用钢直尺实测	按支座数抽查10%，且不应少于4处
	结构表面	钢网架结构安装完成后，其节点及杆件表面应干净，不应有明显的疤痕、泥沙和污垢。螺栓球节点应将所有接缝用油腻子填嵌严密，并应将多余螺孔封口	观察检查	按节点及杆件数抽查5%，且不应少于10个节点
	安装精度	钢网架结构安装完成后，其安装的允许偏差，应符合表6-66的规定	见表6-66	除杆件弯曲矢高按杆件数抽查5%外，其余全数检查

表6-63　　　　　　　支承面顶板、支座锚栓位置的允许偏差　　　　　　　（mm）

项　　目		允许偏差
支承面顶板	位置	15.0
	顶面标高	0 －3.0
	顶面水平度	$l/1000$
支座锚栓	中心偏移	±5.0

注：本表摘自《钢结构工程施工质量验收规范》（GB50205—2001）。

表6-64　　　　　　　　　　小拼单元的允许偏差　　　　　　　　　　（mm）

项　　目			允许偏差
节点中心偏移			2.0
焊接球节点与钢管中心的偏移			1.0
杆件轴线的弯曲矢高			$L_1/1000$，且不应大于5.0
锥体型小拼单元	弦杆长度		±2.0
	锥体高度		±2.0
	上弦杆对角线长度		±3.0
平面桁架型小拼单元	跨长	≤24m	+3.0 －7.0
		＞24m	+5.0 －10.0
	跨中高度		±3.0
	跨中拱度	设计要求起拱	±L/5000
		设计未要求起拱	+10.0

注：①L_1为杆件长度；
　　②L为跨长。

表 6－65	中拼单元的允许偏差		（mm）
项　目			允许偏差
单元长度≤20m，拼接长度		单跨	±10.0
		多跨连续	±5.0
单元长度＞20m，拼接长度		单跨	±20.0
		多跨连续	±10.0

注：本表摘自《钢结构工程施工质量验收规范》（GB50205—2001）。

表 6－66	钢网架结构安装的允许偏差	（mm）
项　目	允许偏差	检验方法
纵向、横向长度	$L/2000$，且不应大于 30.0 $-L/2000$，且不应小于 -30.0	用钢直尺实测
支座中心偏移	$L/3000$，且不应大于 30.0	用钢直尺和经纬仪实测
周边支承网架相邻支座高差	$L/400$，且不应大于 15.0	用钢直尺和水准仪实测
支座最大高差	30.0	
多点支承网架相邻支座高差	$L_1/800$，且不应大于 30.0	

注：①L_1 为相邻支座间距。

②L 为纵向、横向长度。

（四）压型金属板工程

1. 压型金属板工程质量施工要点

压型金属板工程质量施工要点应符合下列规定：

（1）压型钢板安装应根据排板设计确定排板起始线的位置，排板连线应与支撑梁垂直，且在板宽度方向每隔几块板继续标注一次，以限制和检查板的宽度安装累计偏差。

（2）压型钢板在铺设前应清除钢梁顶面的杂物，板与钢梁顶面的最小间隙控制在 1mm 以下，以保证焊接及连接质量。

（3）组合（叠合）楼板的安装应符合下列规定：

①组合（叠合）楼板中的压型钢板端部应设置栓钉锚固件。栓钉应设置在端支座的压型钢板凹肋处，穿透压型钢板并将栓钉、钢板均焊牢于钢梁上。

②组合（叠合）楼板中的压型钢板在钢梁上的支承长度，不应小于 50mm。在砌体上的支承长度不应小于 75mm。

③组合（叠合）楼板中的压型钢板之间的连接可采用角焊缝和塞焊，以防止相互移动。焊缝间距为 300mm 左右，焊缝长度在 20～30mm 为宜。压型钢板连续布置通过钢梁时，可直接采用栓钉穿透压型钢板，焊于钢梁上。

④组合（叠合）楼板中的压型钢板根据施工图设置临时支撑，待混凝土浇注完毕并达到设计强度等级后，方可拆除临时支撑。

2. 压型金属板制作质量

压型金属板制作质量分合格和不合格。

合格标准：主控项目全部符合规定；一般项目应有 80％及以上检查点符合规定，且最大偏差值不应超过允许偏差的 1.2 倍。

压型金属板制作质量项目检验标准，见表 6-67。

表 6-67 压型金属板制作质量项目检验标准

项	项目	合格质量标准	检验方法	检验数量
主控项目	基板裂纹	压型金属板成形后，其基板不应有裂纹	观察和用 10 倍放大镜检查	按计件数抽查 5%，且不应少于 10 件
	涂层缺陷	有涂层、镀层压型金属板成形后，涂、镀层不应有肉眼可见的裂纹、剥落和擦痕等缺陷	观察检查	按计件数抽查 5%，且不应少于 10 件
一般项目	压型金属板表面	压型金属板成形后，表面应干净，不应有明显凹凸和皱褶	观察检查	按计件数抽查 5%，且不应少于 10 件
	轧制精度	压型金属板的尺寸允许偏差，应符合表 6-68 的规定	用拉线和钢直尺检查	按计件数抽查 5%，且不应少于 10 件
		压型金属板施工现场制作的允许偏差，应符合表 6-69 的规定	用钢直尺、角尺检查	按计件数抽查 5%，且不应少于 10 件

表 6-68 压型金属板的尺寸允许偏差 (mm)

项 目			允许偏差
波距			±2.0
波高	压型钢板	截面高度≤70	±1.5
		截面高度>70	±2.0
侧向弯曲	在测量长度 l_1 的范围内		20.0

注：①l_1 为测量长度，指板长扣除两端各 0.5m 后的实际长度（小于 10m）或扣除后任选的 10m 长度。
②本表摘自《钢结构工程施工质量验收规范》(GB50205—2001)。

表 6-69 压型钢板施工现场制作的允许偏差 (mm)

项 目		允许偏差
压型板的覆盖宽度	截面高度≤70	+10.0，—2.0
	截面高度>70	+6.0，—2.0
板长	L≤15000	+10.0 0
	L>15000	+20.0 0
横向剪切偏差		6.0

续表

项 目		允许偏差
泛水板、包角板尺寸	板长	±6.0
	折弯曲宽度	±3.0
	折弯曲夹角	2°

注：①板长的允许偏差系数根据多个工程的实际经验确定。

②L 为压型板长度。

③本表摘自《钢结构工程施工质量验收规范》(GB50205—2001)。

3. 压型金属板安装质量

压型金属板安装质量分为合格和不合格。

合格标准：主控项目全部符合规定；一般项目应有80%及以上检查点符合规定，且最大偏差值不应超过允许偏差的1.2倍。

压型金属板安装质量项目检验标准，见表6-70。

表6-70 压型金属板安装质量项目检验标准

项	项目	合格质量标准	检验方法	检验数量
主控项目	压型金属板材料	压型金属板、泛水板和包角板等应固定可靠、牢固，防腐涂料涂刷和密封材料敷设应完好，连接件数量、间距应符合设计要求和国家现行有关标准规定	观察检查及尺量	全数检查
	搭接	压型金属板应在支承构件上可靠搭接，搭接长度应符合设计要求，且不应小于表6-71所规定的数值	观察和用钢直尺检查	按搭接部位总长度抽查10%，且不应少于10m
	端部锚固	组合楼板中压型钢板与主体结构（梁）的锚固支承长度应符合设计要求，且不应小于50mm，端部锚固件连接应可靠，设置位置应符合设计要求	观察和用钢直尺检查	沿连接纵向长度抽查10%，且不应少于10m
一般项目	安装质量	压型金属板安装应平整、顺直，板面不应有施工残留物和污物。檐口和墙面下端应呈直线，不应有未经处理的错钻孔洞	观察检查	按面积抽查10%，且不应少于10m²
	安装精度	压型金属板安装的允许偏差应符合表6-72的规定	用拉线、吊线和钢直尺检查	檐口与屋脊的平行度：按长度抽查10%，且不应少于10m。其他项目：每20m长度应抽查1处，不应少于2处

263

　　　　　　压型金属板在支承构件上的搭接长度　　　　　　（mm）

项　　目		搭接长度
截面高度＞70		375
截面高度≤70	屋面坡度＜1/10	250
	屋面坡度≥1/10	200
墙面		120

注：本表摘自《钢结构工程施工质量验收规范》（GB50205—2001）。

表 6‑72 　　　　　　　　　　压型钢板安装允许偏差　　　　　　　　　　（mm）

项　　目		允许偏差
屋面	檐口与屋脊的平行度	12.0
	压型钢板波纹线对屋脊的垂直度	$L/800$，且不应大于 25.0
	檐口相邻两块压型钢板端部错位	6.0
	压型钢板卷边板件最大波浪高	4.0
	纵向、横向长度	$H/800$，且不应大于 40.0
墙面	墙板波纹线的垂直度	$H/800$，且不应大于 25.0
	墙板包角板的垂直度	$H/800$，且不应大于 25.0
	相邻两块压型钢板的下端错位	6.0
	纵向、横向长度	$a/800$，且不应大于 40.0

注：①L 为屋面半坡或单坡长度；
　　②a 为屋面或墙面纵向及横向长度；
　　③H 为墙面高度。

第七章

建筑地面工程

第一节 地面基层工程铺设质量

一、地面基层铺设施工质量控制与验收

1. 施工质量控制要点

地面基层铺设施工质量控制要点应符合下列规定：

（1）对软弱土层应按设计要求进行处理。

（2）填土应分层压（夯）实，填土质量应符合现行国家标准《建筑地基基础工程施工质量验收规范》（GB 50202—2002）的有关规定。

（3）填土时应为最优含水量。重要工程或大面积的地面填土前，应取土样，按击实试验确定最优含水量与相应的最大干密度。

（4）材料的选用要求应符合下列规定：基土选用土料应符合设计要求，如无具体设计要求时，应采用含水量符合设计要求的黏性土。现场鉴别土的含水量方法是：用手紧握土料成团，两指轻捏即碎为宜。土料的最优含水量和最大干密度参考数值，见表 7-1。

表 7-1　　　　　　　　土料最优含水量和最大干密度

土料种类	最优含水量（%）（质量比）	最大干密度（g/cm³）
黏土	19～23	1.58～1.70
粉质黏土	12～15	1.85～1.95
粉土	16～22	1.61～1.80
砂土	8～12	1.80～1.88

当土料的含水量大于最优含水量范围时，将影响夯实质量，对这种情况应采取翻松、晾晒，或均匀掺入干土，或掺入吸水性填料；含水量偏低、小于最优含水量范围时，应采取预先洒水润湿，增加压实遍数，或使用大功能压实机械碾压。一般来讲，最优含水量的土料，经过压实，可得到最佳密实度。

基土的土料不得使用淤泥、淤泥质土、冻土、耕植土、垃圾以及有机物含量大于8%的土料。膨胀土作填土时，应进行技术处理。碎石、卵石和爆破石渣可作表面以下的填料。作填料时，其

最大粒径不得超过每层铺填厚度的2/3。

（5）施工作业条件应做到以下几点：

①填土前应对所覆盖的隐蔽工程进行验收且合格，并进行隐检会签。

②施工前，应做好水平标志，以控制填土的高度和厚度，可采用立桩、竖尺、拉线、弹线等方法。

③如使用汽车或大型自行机械，应确定好其行走路线、装卸料场地、转运场地等，并编制好施工方案。

④对所有作业人员已进行了技术交底，特殊工种必须持证上岗。

⑤作业时的环境如天气、温度、湿度等状况应满足施工质量可达到标准的要求。

⑥基底松、软土处理完，隐蔽验收完。

（6）基土处理应做到以下要求：

①填土前应将基底地坪的杂物、浮土清理干净。

②检验土的质量，有无杂质，粒径是否符合要求。土的含水量是否在控制的范围内；如过高，可采用翻松、晾晒或均匀掺入干土等措施；如过低，可采用预先洒水湿润等措施。

填土的施工应采用机械或人工方法分层压（夯）实。每层虚铺厚度机械压实时，不宜大于300mm；用蛙式打夯机夯实时，不应大于250mm；人工夯实时，不应大于200mm。重要工程或大面积的填土前，应取土样按击实试验确定最优含水量与相应的最大干密度。

③回填土应分层摊铺。每层铺土厚度应根据土质、密实度要求和机具性能通过压实实验确定。作业时，应严格按照实验所确定的参数进行。每层摊铺后，随之耙平。压实系数应符合设计要求，设计无要求，应符合规范要求。

④回填土每层的夯压遍数，根据压实实验确定。作业时，应严格按照实验所确定的参数进行。打夯应一夯压半夯，夯夯相接，行行相连，纵横交叉，并且严禁采用水浇使土下沉的所谓"水夯"法。每层夯实土验收之后回填上层土。

分层厚度和碾压次数应根据所选择的碾压机械和设计要求的密实度进行现场试验确定。其一般关系见表7-2。

表7-2　　　　每层虚铺厚度和碾压遍数关系（机械与人工碾压）

碾压机械	每层虚铺厚度（mm）	每层碾压遍数	说　明
羊足碾	200～350	8～16	土块粒径不大于50mm
平碾	200～300	6～8	
蛙式打夯机	200～250	3～4	
人工打夯	不大于200	3～4	

⑤深浅两基坑相连时，应先填夯深基土，填至浅基坑相同标高时，再与浅基土一起填夯。如必须分段填夯时，交接处应填成阶梯形，梯形高宽比一般为1:2。

上下层错缝距离不应小于1.0m。

⑥基坑回填应在相对两侧或四周同时进行，基础墙两侧标高不可相差太多，以免把墙挤歪；较长的管沟墙，应采用内部加支撑的措施，然后再在外侧回填土方。

⑦回填房心及管沟时，为防止管道中心线位移或损坏管道，应用人工先在管子两侧填土夯实；并应由管道两侧同时进行，直至管顶0.5m以上时，在不损坏管道的情况下，方可采用蛙式打夯机夯实。在抹带接口处，防腐绝缘层或电缆周围，应回填细粒料；回填土每层填土夯实后应按规范

进行环刀取样，测出干土的质量密度；达到要求后，再进行上一层的铺土。填土全部完成后，应进行表面拉线找平，凡超过标准高程的地方，及时依线铲平；凡低于标准高程的地方，应补土夯实。

当工业厂房的填土时，在施工前应通过试验确定其最优含水量和施工含水量的控制范围。

⑧当墙、柱基础处的填土时，应重叠夯填密实。在填土与墙柱相连处，也可采取设缝进行技术处理。

⑨当基土下为非湿陷性土层，其填土为砂土时可随浇水随压（夯）实。每层虚铺厚度不应大于 200mm。

⑩在冻胀性土上铺设地面时，应按设计要求做防冻处理后方可施工，并不得在冻土上进行填土施工。

2. 施工质量检查与验收

基土质量分为合格和不合格。

合格标准：主控项目全部符合规定；一般项目应有 80％及以上检查点符合规定，其他检查点不得大于允许偏差值的 50％。

施工质量检查与验收，见表 7 - 3。

表 7 - 3　　　　　　　　　　　　施工质量检查与验收

项	项目	合格质量标准	检验方法	检验数量
主控项目	基土土料	基土严禁用淤泥、腐殖土、冻土、耕土、膨胀土和含有机物质大于 8％的土作为填土	观察检查和检查土质记录	随机抽查不应少于 3 间，不足 3 间应全数检查；其中走廊（过道）应以 10 延长米为 1 间；工业厂房、礼堂、门厅应以两根轴线为 1 间计算
	基土压实	基土应均匀密实，压实系数应符合设计要求，设计无要求时，不应小于 0.90	观察检查和检查试验记录	
一般项目	基土允许偏差	基土表面平整度的允许偏差应符合下列规定：①表面平整度不大于 15mm②标高：0，-50mm③坡度：不大于房间相应尺寸的 2/1000，且不大于 30 mm④厚度：不大于设计厚度的 1/10	检验方法如下：①用 2m 靠尺和楔形尺检查②用水准仪检查③用坡度尺检查④用钢直尺检查	随机抽查不应少于 3 间，不足 3 间应全数检查；其中走廊（过道）应以 10 延长米为 1 间；工业厂房、礼堂、门厅应以两根轴线为 1 间计算

二、地面垫层铺设施工质量控制与验收

（一）灰土垫层

灰土垫层应采用熟化石灰与黏土（或粉质黏土、粉土）的拌合料铺设，其厚度应不小于 100mm。

1. 材料要求

（1）熟化石灰：熟化石灰应采用 1～3 等生石灰（石灰中的块灰不应小于 70％），在使用前 3～4d 洒水粉化，并加以过筛；其粒径不得大于 5mm，并不得夹有未熟化的生石灰块，亦不得含有过多的水分。熟化石灰亦可采用磨细生石灰，并按体积比与黏土拌和洒水堆放 8h 后使用。如采用石灰类工业废料，有效氧化钙含量不宜低于 40%。

（2）黏土：不得含有机杂质，使用前应过筛，其粒径不得大于 15mm。

（3）灰土拌和料的体积比为 2∶8 或 3∶7（熟化石灰∶黏土）。灰土拌和物体积比与重量比的换算，参见表 7-4。

表 7-4 灰土体积比相当于重量比参考表

体积比 （熟化石灰∶黏土）	重量比 （熟化石灰∶干土）	体积比 （熟化石灰∶黏土）	重量比 （熟化石灰∶干土）
1∶9	6∶94	3∶7	20∶80
2∶8	12∶88		

2. 施工质量控制要点

（1）灰土拌和料应比例正确、拌和均匀、颜色一致。

（2）灰土拌和料应保持一定湿度，加水量宜为拌和料总量的 16%。工地检验方法：用手将灰土紧握成团，两指轻捏即碎为宜。灰土宜随拌随用，也可湿润后隔天使用。

（3）灰土拌合料应分层随铺随平夯实，每层虚铺厚度一般为 200～250mm，夯实到 120～150mm。

（4）人工夯实可采用石夯或木夯，夯重 40～80kg，落高 400～500mm，一夯压半夯。机械夯实可采用蛙式打夯机或碾压机具。

（5）每层灰土的夯打遍数，应根据设计要求的干密度在现场试验确定。

（6）上下两层灰土的接缝距离不得小于 500mm。施工间歇后继续铺设前，接缝处应清扫干净，并应重叠夯实。灰土垫层分段施工时，不得在墙角、柱墩处留槎。

（7）夯实后的表面应平整，经适当晾干后，方可进行下道工序的施工。

（8）每 10m³ 灰土垫层材料用量参见表 7-5。

表 7-5 每 10m³ 灰土垫层材料用量

名　称	单　位	灰土垫层	
		2∶8	3∶7
黏土	m³	13.23	11.62
石灰	kg	1636	2452

3. 施工质量检查与验收

灰土垫层质量分为合格和不合格。

合格标准：主控项目全部符合规定；一般项目应有 80% 及以上检查点符合规定，其他检查点不得大于允许偏差值的 50%。

施工质量检查与验收，见表 7-6。

表 7-6 施工质量检查与验收

项	项目	合格质量标准	检验方法	检验数量
主控项目	灰土体积比	灰土体积比应符合设计要求	观察检查和检查配合比通知单记录	按设计要求

268

项	项目	合格质量标准	检验方法	检验数量
一般项目	灰土材料质量	熟化石灰颗粒粒径不得大于5mm；黏土（或粉质黏土、粉土）内不得含有有机杂质。使用前应过筛，其粒径不得大于15mm	观察检查和检查材质合格记录	随机抽查不应少于3间，不足3间应全数检查；其中走廊（过道）应以10延长米为1间；工业厂房、礼堂、门厅应以两根轴线为1间计算 有防水要求的房间随机检验应不少于4间，不足4间的应全数检查
	灰土垫层表面允许偏差	灰土垫层表面允许偏差应符合下列规定： ①表面平整度：10mm ②标高：±10mm ③坡度：不大于房间相应尺寸的2/1000，且不大于30mm ④厚度：不大于设计厚度的1/10	检验方法如下： ①用2m靠尺和楔形尺检查 ②用水准仪检查 ③用坡度尺检查 ④用钢直尺检查	

（二）砂垫层和砂石垫层

砂垫层和砂石垫层一般适用于处理软土透水性强的黏土性基土，但不宜用于湿陷性黄土地基和不透水的黏性土基土。砂垫层是用砂铺设而成，其厚度不得小于60mm。砂石垫层是用天然砂石铺设而成，其厚度不宜小于100mm。

1. 材料要求

砂和天然砂石中不得含有草根等有机杂质，含泥量不应超过5%。冬期施工时不得含有冰冻块。砂宜选用质地坚硬的中砂或中粗砂。砂石宜选用级配良好的材料，石子的最大粒径不得大于垫层厚度的2/3。采用细砂时，应掺不大于50%的碎石或卵石。

2. 施工质量控制要点

（1）垫层铺设前，基层应清理干净、平整，并做适当碾压或夯实。

（2）人工级配砂石，应按一定比例拌和均匀。

（3）垫层应分层摊铺，摊铺厚度为压实厚度乘以1.15～1.25系数。

（4）砂、砂石垫层应摊铺均匀，不得有粗细颗粒分离现象。压实前应洒水使砂石表面保持湿润。

（5）用表面平振法振实时，每层虚铺厚度为200～250mm，最佳含水量为15%～20%，要使振动器往复振捣。

（6）用插振法捣实时，每层虚铺厚度为振动器插入深度，最佳含水量为饱和含水量，插入间距应根据振动器的振幅大小决定，振捣时不应插至基土上。振捣完毕后，所留孔洞要用砂填塞。

（7）用水撼法振实时，每层虚铺厚度宜为250mm，施工时注水高度略超过铺设表面层，用钢叉摇撼捣实，插入点间距宜为100mm。此法适用于基土下为非湿陷性黄土或膨胀土。

（8）用木夯或机械夯夯实时，每层虚铺厚度为150～200mm，最佳含水量为8%～12%，要一夯压半夯全面夯实。

（9）用压路机碾压时，每层虚铺厚度为250～350mm，最佳含水量为8%～12%，要用6～10t压路机往复碾压，不应小于3遍。

3. 施工质量检查与验收

砂垫层和砂石垫层质量分为合格和不合格。合格标准及检查数量同灰土垫层。

砂垫层和砂石垫层施工质量检查与验收，见表7-7。

表 7 - 7　　　　　　　砂垫层和砂石垫层施工质量检查与验收

项	项目	合格质量标准	检验方法	检验数量
主控项目	砂和砂石质量	砂和砂石不得含有草根等有机杂质；砂应采用中砂；石子最大粒径不得大于垫层厚度的2/3	观察检查和检查材质合格证明文件及检测报告	①每检验批应以各子分部工程的基层（各构造层）所划分的分项工程按自然间（或标准间）检验，抽查数量随机检验应不少于3间，不足3间应全数检查；其中走廊（过道）应以10延长米为1间；工业厂房（按单跨计）、礼堂、门厅应以两根轴线为1间计算 ②有防水要求的建筑地面子分部工程的分项工程施工质量每检验批抽查数量应按其房间总数随机检验应不少于4间；不足4间的应全数检查
	垫层干密度	砂垫层和砂石垫层的干密度（或贯入度）应符合设计要求	观察检查和检查试验记录	
一般项目	垫层表面质量	表面不应有砂窝、石堆等质量缺陷	观察检查	①每检验批应以各子分部工程的基层（各构造层）所划分的分项工程按自然间（或标准间）检验，抽查数量随机检验应不少于3间，不足3间应全数检查；其中走廊（过道）应以10延长米为1间；工业厂房（按单跨计）、礼堂、门厅应以两根轴线为1间计算 ②有防水要求的建筑地面子分部工程的分项工程，施工质量每检验批抽查数量应按其房间总数随机检验应不少于4间；不足4间的应全数检查
	表面允许偏差	砂垫层和砂石垫层表面允许偏差应符合下列规定：①表面平整度：1mm ②标高：±20mm ③坡度：不大于房间相应尺寸的2/1000，且不大于：30 mm ④厚度：不大于设计厚度的1/10	检验方法如下：①用2m靠尺和楔形尺检查 ②用水准仪检查 ③用坡度尺检查 ④用钢直尺检查	

注：主控项目检查时还可选用：

①环刀取样测定干密度：在捣实后的砂垫层中用容积不小于200cm³的环刀取样测定其干密度，以不小于通过试验所确定的该砂料在中密状态时的干密度数值为合格。中砂在中密状态的干密度，一般为1.55~1.60g/cm³。砂石垫层可在垫层中设置纯砂检查点，在同样施工条件下，按上述方法检验。

②贯入法测定：在捣实后的垫层中，用贯入仪、钢筋或钢叉等以贯入度大小来检查砂和砂石垫层的密实度。测定时，应先将表面的砂刮去30mm左右，以不大于通过试验所确定的贯入度数值为合格。

a. 钢筋贯入测定法：用直径为20mm、长1250mm的平头钢筋，举离砂面700mm自由下落，插入深度不大于根据该砂的控制干密度测定的深度为合格。

b. 钢叉贯入测定法：采用水撼法振实垫层时，其使用的钢叉（钢叉分四齿，齿间距为30mm，长300mm，木柄长900mm，重量为4kg）举离砂面500mm自由下落，插入深度不大于根据该砂的控制干密度测定的深度为合格。

（三）三合土垫层

三合土垫层是用石灰、砂（亦可掺入少量黏土）与碎砖的拌和料铺设而成。其厚度不应小于100mm。铺设的拌和料在硬化期间应免受水浸湿。

1. 材料要求

石灰：石灰应用熟化石灰，参见灰土垫层材料要求。

砂和黏土：砂和黏土中不得含有草根、贝壳等有机杂质，宜采用中砂或中粗砂。

碎砖：碎砖参见"碎石垫层和碎砖垫层"的材料要求。

砂：砂可用炉渣代替，粒径不大于5mm。

2. 施工质量控制要点

（1）三合土垫层采用先拌和后铺设的方法时，其采用石灰、砂与碎砖拌和料的体积比宜为1：3：6（熟化石灰：砂：碎砖），或按设计要求配料。加水拌和均匀后，每层虚铺厚度不大于150mm，铺平夯实后每层厚度宜为120mm。

（2）三合土垫层采用石灰、砂与碎砖拌和料并采取先铺设后灌浆的方法时，碎砖先分层铺设，并适当洒水湿润。每层虚铺厚度不大于120mm，并应铺平拍实，然后灌以1：2～1：4（体积比）的石灰砂浆，再行夯实。

（3）三合土垫层可采用人工夯或机械夯，夯打应密实、表面平整。如有三合土不平处，应补浇石灰浆，并随浇随打。在最后一遍夯打时，应灌浓石灰浆，待表面晾干后方可进行下道工序施工。

3. 施工质量检查与验收

三合土垫层施工质量检查与验收，见表7-8。

表7-8　　　　　　　　三合土垫层施工质量检查与验收

项	项目	合格质量标准	检验方法	检验数量
主控项目	材料质量	熟化石灰颗粒粒径不得大于5mm；砂用中砂，并不得含有草根等有机杂质；碎砖不应采用风化、酥松和有机杂质的砖料，颗粒粒径不应大于60mm。垫层三合土的体积比应符合设计要求	观察检查和检查材质合格证明文件及检测报告	①抽查数量随机检验应不少于3间，不足3间应全数检查；其中走廊（过道）应以10延长米为1间；工业厂房（按单跨计）、礼堂、门厅应以两根轴线为1间计算 ②有防水要求的建筑地面子分部工程的分项工程施工质量，每检验批抽查数量应按其房间总数随机检验应不少于4间，不足4间的应全数检查
	体积比	三合土垫层体积比应符合设计要求	观察检查和检查配合比通知单记录	
一般项目	表面允许偏差	三合土垫层表面允许偏差，应符合下列规定：①表面平整度：10mm ②标高：±10mm ③坡度：不大于房间相应尺寸的2/1000，且不大于30mm ④厚度：不大于设计厚度的1/10	检验方法如下：①用2m靠尺和楔形尺检查 ②用水准仪检查 ③用坡度尺检查 ④用钢直尺检查	①抽查数量随机检验应不少于3间，不足3间应全数检查；其中走廊（过道）应以10延长米为1间；工业厂房（按单跨计）、礼堂、门厅应以两根轴线为1间计算 ②有防水要求的建筑地面子分部工程的分项工程施工质量，每检验批抽查数量应按其房间总数随机检验应不少于4间，不足4间的应全数检查

（四）碎石垫层和碎砖垫层

碎石垫层是用碎石铺设而成，其厚度不应小于 100mm。碎砖垫层是用碎砖铺设而成，其厚度不宜小于 100mm。

1. 材料要求

碎石应选用强度均匀、级配适当和未风化的石料。粒径宜为 5～40mm，其最大粒径不得大于垫层厚度的 2/3，软硬不同的石料不宜混用。碎砖不得采用风化、酥松和夹有瓦片及有机杂质的砖料，其粒径不应为 20～60mm。

2. 施工质量控制要点

（1）铺设前，基土层应平整，做适当碾压或夯实。

（2）铺摊的虚铺厚度按设计厚度乘以 1.3～1.4 系数。

（3）碎石垫层应摊铺均匀，表面空隙应以粒径为 5～25mm 的细石子填补。压实前应洒水使碎石表面保持湿润，采用机械碾压或人工夯实时，均不应小于 3 遍，并压（夯）至不松动为止。

（4）碎砖垫层应分层摊铺均匀，每层虚铺厚度不大于 200mm，适当洒水后进行夯实。采用人工或机械夯实时，夯至表面平整，夯实后的厚度应为 150mm，约为虚铺厚度的 3/4。在已铺设好的碎砖垫层上，不得用锤击的方法进行砖料加工。

（5）工程量不大，可用人工夯实，排夯可用重量 60kg 以上木夯、铁夯。当用蛙式打夯时，必须处处夯到，如发现局部松散或干现象，应浇水后再打实。

3. 施工质量检查与验收

碎石垫层和碎砖垫层质量检查与验收见表 7-9。

表 7-9　碎石垫层和碎砖垫层质量检查与验收

项	项目	合格质量标准	检验方法	检验数量
主控项目	材料质量	碎石强度应均匀，最大粒径不应大于垫层厚度的 2/3；碎砖不应采用风化、酥松、夹有有机杂质的砖料，颗粒粒径不应大于 60mm	观察检查和检查材质合格证明文件及检测报告	①抽查数量随机检验应不少于 3 间，不足 3 间应全数检查；其中走廊（过道）应以 10 延长米为 1 间；工业厂房（按单跨计）、礼堂、门厅应以两根轴线为 1 间计算 ②有防水要求的建筑地面子分部工程的分项工程施工质量，每检验批抽查数量应按其房间总数随机检验应不少于 4 间；不足 4 间的应全数检查
	垫层密实度	碎石和碎砖垫层的密实度应符合设计要求	观察检查和检查试验记录	
一般项目	表面允许偏差	碎石垫层和碎砖垫层表面允许偏差，应符合下列规定：①表面平整度：15mm ②标高：±20mm ③坡度：不大于房间相应尺寸的 2/1000，且不大于 30 mm ④厚度：不大于设计厚度的 1/10	检验方法如下：①用 2m 靠尺和楔形尺检查 ②用水准仪检查 ③用坡度尺检查 ④用钢直尺检查	①抽查数量随机检验应不少于 3 间，不足 3 间应全数检查；其中走廊（过道）应以 10 延长米为 1 间；工业厂房（按单跨计）、礼堂、门厅应以两根轴线为 1 间计算 ②有防水要求的建筑地面子分部工程的分项工程施工质量，每检验批抽查数量应按其房间总数随机检验应不少于 4 间；不足 4 间的应全数检查

（五）炉渣垫层

炉渣垫层是用炉渣或用水泥与炉渣或用石灰与炉渣或用水泥铺设而成，其厚度不应小于80mm。

1. 材料要求

（1）炉渣：炉渣内不应含有有机杂质和未燃尽的煤块。粒径不应大于40mm，粒径在5mm和5mm以下的不得超过总体积的40%。

（2）水泥：水泥应为32.5级普通硅酸盐水泥或矿渣硅酸盐水泥。

（3）石灰：石灰使用前5d用水淋化，并过孔径5mm筛制成石灰浆，或采用熟化石灰，参见灰土垫层的材料要求。

（4）炉渣垫层的拌和料体积比应按设计要求配料。如设计无要求，石灰与炉渣拌和物体积比为1∶3，水泥与炉渣拌和料的体积比为1∶6（水泥∶炉渣），水泥、石灰与炉渣拌和料的体积比为1∶1∶8（水泥∶石灰∶炉渣）。

2. 施工质量控制要点

（1）炉渣垫层和水泥炉渣垫层所用的炉渣在使用前应浇水闷透；水泥石灰炉渣垫层所用的炉渣应先用石灰浆或用熟化石灰拌和浇水闷透。闷透时间均不得小于5d。否则，因炉渣闷透时间不够而会引起体积膨胀造成质量事故。

（2）炉渣垫层的拌和料必须拌和均匀，颜色一致，加水量应严格控制，使铺设时表面不致出现泌水现象。

（3）管道周围宜用水泥砂浆或细石混凝土沿全长稳固，高度不得超过垫层厚度。

（4）按垫层标高标出上水平线，以上水平线做找平墩，墩距2m为宜，有泛水要求房间，找坡弹出高、低点。

（5）炉渣垫层铺设前，应将基层清扫干净并洒水湿润，铺设后应压实拍平。

（6）垫层厚度大于120mm时，应分层铺设，每层压实后的厚度不应大于虚铺厚度的3/4。当为水泥类基层时，铺设前应刷素水泥浆一遍，要随刷随铺。

（7）垫层施工应做到随拌和、随铺设、随压实，全过程宜在2h内完成。

（8）铺设时，采用振动器、滚筒或木拍等工具压实拍平。当采用滚筒压实时，以表面泛浆且无松散颗粒为止；采用木拍压实时，应按拍实→拍实找平→轻拍逗浆→抹平等四道工序完成。

（9）垫层施工完毕，应防止受水浸润。做好养护工作，常温条件下，水泥炉渣垫层至少养护2d；水泥石灰炉渣垫层至少养护7d，待其凝固后方可进行下道工序的施工。

3. 施工质量检查与验收

炉渣垫层施工质量检查与验收，见表7-10。

表 7-10　　　　　　　　　　炉渣垫层施工质量检查与验收

项	项目	合格质量标准	检验方法	检验数量
主控项目	材料质量	炉渣内不应含有有机杂质和未燃尽的煤块，颗粒粒径不应大于40mm，且颗粒粒径在5mm及以下的体积，不得超过总体积的40%；熟化石灰颗粒粒径不得大于5mm	观察检查和检查材质合格证明文件及检测报告	①抽查数量随机检验应不少于3间，不足3间应全数检查；其中走廊（过道）应以10延长米为1间；工业厂房（按单跨计）、礼堂、门厅应以两根轴线为1间计算②有防水要求的建筑地面子分部工程的分项工程施工质量，每检验批抽查数量应按其房间总数随机检验应不少于4间，不足4间的应全数检查
	体积比	炉渣垫层的体积比应符合设计要求	观察检查和检查配合比通知单	

项	项目	合格质量标准	检验方法	检验数量
一般项目	炉渣垫层与其下一层黏结	炉渣垫层与其下一层黏结牢固，不得有空鼓和松散炉渣颗粒	观察检查和用小锤轻击检查	①抽查数量随机检验应不少于 3 间，不足 3 间应全数检查；其中走廊（过道）应以 10 延长米为 1 间；工业厂房（按单跨计）、礼堂、门厅应以两根轴线为 1 间计算 ②有防水要求的建筑地面子分部工程的分项工程施工质量，每检验批抽查数量应按其房间总数随机检验应不少于 4 间，不足 4 间的应全数检查
	炉渣垫层表面允许偏差	炉渣垫层表面的允许偏差应符合下列规定： ①表面平整度：10mm ②标高：±10mm ③坡度：不大于房间相应尺寸的 2/1000，且不大于 30 mm ④厚度：不大于设计厚度的 1/10	检验方法如下： ①用 2m 靠尺和楔形尺检查 ②用水准仪检查 ③用坡度尺 ④用钢直尺检查	

（六）水泥混凝土垫层

水泥混凝土垫层是用强度等级不小于 C10 的混凝土铺设而成，其厚度不得小于 60mm。

1. 材料要求

（1）水泥：水泥可采用不小于 32.5 级的硅酸盐水泥、普通硅酸盐水泥、矿渣硅酸盐水泥。

（2）砂：砂的质量应符合行业标准《普通混凝土用砂质量标准及检验方法》（JGJ52）。

（3）石：石的质量应符合行业标准《普通混凝土用碎石或卵石质量标准及检验方法》（JGJ53）。石子宜选用 0.5～3.2mm 粒径的碎石或卵石，其最大粒径不应超过 50mm，并不应大于垫层厚度的 2/3。

（4）水：水宜用饮用水。

2. 施工质量控制要点

（1）混凝土的配合比，应通过计算和试配确定。浇筑时的坍落度宜为 10～30mm。

（2）浇筑混凝土垫层前，应清除基层杂物，洒水湿润。

（3）浇筑大面积混凝土垫层时，应纵横每 6～10m 设中间水平桩以控制厚度。

（4）大面积浇筑混凝土时，应分区段进行。分区段应结合变形缝位置、不同材料面层的连接部位和设备基础的位置进行划分。

（5）分区段接缝的构造形式参见本章"变形缝设置"。

（6）浇筑混凝土垫层前，应按设计要求和施工规定埋设锚栓、木砖等预留孔洞。

（7）混凝土浇筑完毕后，应在 12h 内用草帘等加以覆盖和浇水，浇水次数应能保持混凝土具有足够的湿润状态，养护日期 5～7d。

（8）混凝土的抗压强度达到 1.2MPa 以后，方可在其上做面层。

3. 施工质量检查与验收

水泥混凝土垫层施工质量检查与验收，见表 7-11。

三、地面找平层铺设施工

找平层应采用水泥砂浆、水泥混凝土铺设而成，其厚度应符合设计要求。

表 7‑11 水泥混凝土垫层施工质量检查与验收

项	项目	合格质量标准	检验方法	检验数量
主控项目	材料质量	水泥混凝土采用的粗骨料,其最大粒径不应大于垫层厚度的2/3,含泥量不应大于2%;砂为中粗砂,其含泥量不应大于3%	观察检查和检查材质合格证明文件及检测报告	①抽查数量随机检验应不少于3间,不足3间应全数检查;其中走廊(过道)应以10延长米为1间;工业厂房(按单跨计)、礼堂、门厅应以两根轴线为1间计算
	混凝土强度等级	水泥混凝土的强度等级应符合设计要求,且不应小于C10	观察检查和检查配合比通知单	②有防水要求的建筑地面子分部工程的分项工程施工质量,每检验批抽查数量应按其房间总数随机检验应不少于4间;不足4间的应全数检查
一般项目	垫层面允许偏差	水泥混凝土垫层表面的允许偏差应符合下列规定: ①表面平整度:10mm ②标高:±10mm ③坡度:不大于房间相应尺寸的2/1000,且不大于30mm ④厚度:不大于设计厚度的1/10	检验方法如下: ①用2m靠尺和楔形尺检查 ②用水准仪检查 ③用坡度尺 ④用钢直尺检查	①抽查数量随机检验应不少于3间,不足3间应全数检查;其中走廊(过道)应以10延长米为1间;工业厂房(按单跨计)、礼堂、门厅应以两根轴线为1间计算 ②有防水要求的建筑地面子分部工程的分项工程施工质量,每检验批抽查数量应按其房间总数随机检验应不少于4间;不足4间的应全数检查

1. 施工质量控制的一般规定

(1) 找平层应采用水泥砂浆或水泥混凝土铺设,并应符合有关面层的规定。

(2) 铺设找平层前,当其下一层有松散填充料时,应予铺平振实。

(3) 有防水要求的建筑地面工程,铺设前必须对立管、套管和地漏与楼板节点之间进行密封处理;排水坡度应符合设计要求。

(4) 在预制钢筋混凝土板上铺设找平层前,板缝填嵌的施工应符合下列要求:

①预制钢筋混凝土板相邻缝底宽应不小于20mm。

②填嵌时,板缝内应清理干净,保持湿润。

③填缝采用细石混凝土,其强度等级不得小于C20。填缝高度应低于板面10~20mm,且振捣密实,表面不应压光,填缝后应养护。

④当板缝底宽大于4mm时,应按设计要求配置钢筋。

(5) 在预制钢筋混凝土板上铺设找平层时,其板端应按设计要求做防裂的构造措施。

2. 材料质量要求

(1) 水泥:水泥宜采用硅酸盐水泥、普通硅酸盐水泥.其强度等级不宜小于32.5级。

(2) 砂:砂应符合现行的行业标准《普通混凝土用砂、石质量及检验方法标准》(JGJ52—2006)的规定,宜采用中粗砂,含泥量不大于3%。

(3) 石:石应符合现行的行业标准《房屋渗漏修缮技术规程》(JGJG/T53—2011)的规定,其最大粒径不应大于找平层厚度的2/3。

（4）沥青：沥青应选用石油沥青，并符合有关标准规定。其软化点按"环球法"试验时宜为 50℃～60℃，不得大于 70℃。

（5）粉状填充料：粉状填充料应采用磨细的石料、砂或炉灰、粉煤灰、页岩灰和其他粉状的矿物质材料。不得采用石灰、石膏、泥岩灰或黏土作为粉状填充料。粉状填充料中小于 0.08mm 的细颗粒含量不应小于 85％。采用振动法使粉状充料密实时，其空隙率不应大于 45％。其含泥量不应大于 3％。

（6）配合比设计要求：

①水泥砂浆体积比不宜小于 1：3（水泥：砂）。

②水泥混凝土强度等级不应小于 C15。

③沥青设计配合比宜为 1：8（沥青：砂和粉料）。

④沥青混凝土配合比由计算试验确定，或按设计要求。

3. 施工质量控制要点

（1）基层清理：浇灌混凝土前，应清除基层的淤泥和杂物；基层表面平整度应控制在 10mm 内。

（2）弹线、找标准：根据墙上水平标高控制线，向下量出找平层标高，在墙上弹出控制标高线。找平层面积较大时，采用细石混凝土或水泥砂浆找平墩控制垫层标高，找平墩尺寸为 60mm×60mm，高度同找平层厚度，双向布置，间距不大于 2m。用水泥砂浆做找平层时，还应冲筋。

（3）混凝土或砂浆搅拌与运输：混凝土或砂浆搅拌与运输施工操作要点有如下几点：

①混凝土搅拌机开机前应进行试运行，并对其安全性能进行检查，确保其运行正常。

②混凝土搅拌时应先加石子，后加水泥，最后加砂和水，其搅拌时间不得少于 1.5min，当掺有外加剂时，搅拌时间应适当延长。

③水泥砂浆搅拌先向已转动的搅拌机内加入适量的水，再按配合比将水泥和砂子先后投入，再加水至规定配合比，搅拌时间不得少于 2min。

④水泥砂浆一次拌制不得过多，应随用随拌。砂浆放置时间不得过长，应在初凝前用完。

⑤混凝土、砂浆运输过程中，应保持其匀质性，做到不分层、不离析、不漏浆。运到浇灌地点时，混凝土应具有要求的坍落度，坍落度一般控制在 10～30mm，砂浆应满足施工要求的稠度。

（4）找平层：找平层施工操作要点有如下几点：

①铺设找平层前，应将下一层表面清理干净。当找平层下有松散填充料时，应予铺平振实。

②用水泥砂浆或水泥混凝土铺设找平层，其下一层为水泥混凝土垫层时，应予湿润，当表面光滑时，应划（凿）毛。铺设时先刷一遍水泥浆，其水灰比宜为 0.4～0.5，并应随刷随铺。

③在预制钢筋混凝土楼板上铺设找平层时，其板端间应按设计要求采取防裂的构造措施。

④有防水要求的楼面工程，在铺设找平层前，应对立管、套管和地漏与楼板节点之间进行密封处理。应在管的四周留出深度为 8～10mm 的沟槽，采用防水卷材或防水涂料裹住管口和地漏，如图 7-1 所示。

⑤在水泥砂浆或水泥混凝土找平层上铺设防水卷材或涂布防水涂料隔离层时，找平层表面应洁净、干燥，其含水率不应大于 9％，并应涂刷基层处理剂。基层处理剂应采用与卷材性能配套的材料或采用同类涂料的底子油。铺设找平层后，涂刷基层处理剂的相隔时间以及其配合比均应通过试验确定。

（5）振捣和找平：振捣和找平施工操作要点有如下几点：

①用铁锹摊铺混凝土或砂浆，用水平控制桩和找平墩控制标高，虚铺厚度略高于找平墩，然后用平板振捣器振捣。厚度超过 200mm 时，应采用插入式振捣器，其移动距离不应大于作用半径的 1.5 倍，做到不漏振，确保混凝土密实。

276

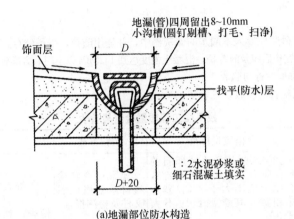

(a)地漏部位防水构造

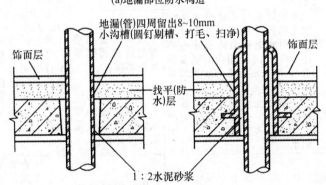

(b)立管、套管与楼面防水构造

图 7-1 管道与楼面防水构造

②混凝土振捣密实后，以墙柱上水平控制线和水平墩为标志，检查平整度，高出的地方铲平，凹的地方补平。混凝土或砂浆先用水平刮杠刮平，然后表面用木抹子搓平，铁抹子抹平压光

（6）见证取样试验：混凝土取样强度试块应在混凝土的浇筑地点随机抽取，取样与试件留置应符合下列规定：

①制 100 盘且不超过 100m³ 的同配合比混凝土，取样不得少于一次。

②工作班拌制的同一配合比的混凝土不足 100 盘时，取样不得少于一次。

③每一层楼、同一配合比的混凝土，取样不得少于一次，当每一层建筑地面工程大于 1000m² 时，每增加 1000m² 应增加做一组试块。

每次取样应至少留置一组标准养护试件，同条件养护试件的留置根据实际需要确定。

4. 成品保护

（1）运送混凝土应使用不漏浆和不吸水的容器，使用前须湿润，运送过程中要清除容器内粘着的残渣，以确保浇灌前混凝土的成品质量。

（2）混凝土运输应尽量减少运输时间，从搅拌机卸出到浇灌完毕的延续时间应符合下列规定：

①混凝土强度等级≤C30 时：

气温<25℃，2h。

气温>25℃，1.5h。

②混凝土强度等级>C30 时：

气温<25℃，1.5h。

气温>25℃，1h。

(3) 砂浆储存：砂浆应盛入不漏水的储灰器中，并随用随拌，少量储存。

(4) 找平层浇灌完毕后应及时养护，混凝土强度达到 1.2MPa 以上时，方准施工人员在其上行走。

5. 找平层工程质量检查与验收

找平层工程质量检查与验收，见表 7-12。

表 7-12　　　　　　　　　　　　找平层工程质量检查与验收

项	项目	合格质量标准	检验方法	检验数量
主控项目	材料质量	找平层采用碎石或卵石的粒径应不大于其厚度的 2/3，含泥量应不大于 2%；砂为中粗砂，其含泥量应不大于 3%	观察检查和检查材质合格证明文件及检测报告	①抽查数量随机检验应不少于 3 间，不足 3 间应全数检查；其中走廊（过道）应以 10 延米为 1 间，工业厂房（按单跨计）、礼堂、门厅应以两根轴线为 1 间计算 ②有防水要求的建筑地面子分部工程的分项工程施工质量，每检验批抽查数量应按其房间总数随机检验不少于 4 间；不足 4 间，应全数检查
	配合比或强度等级	水泥砂浆体积比或水泥混凝土强度等级应符合设计要求，且水泥砂浆体积比不小于 1:3（或相应的强度等级）；水泥混凝土强度等级应不小于 C15	观察检查和检查配合比通知单及检测报告	
	有防水要求的套管地漏	有防水要求的建筑地面工程的立管、套管、地漏处严禁渗漏，坡向应正确、无积水	观察检查和蓄水、泼水检验及坡度尺检查	
一般项目	找平层与下层结合	找平层与其下一层结合牢固，不得有空鼓	用小锤轻击检查	①抽查数量随机检验应不少于 3 间，不足 3 间应全数检查；其中走廊（过道）应以 10 延米为 1 间，工业厂房（按单跨计）、礼堂、门厅应以两根轴线为 1 间计算 ②有防水要求的建筑地面子分部工程的分项工程施工质量，每检验批抽查数量应按其房间总数随机检验不少于 4 间；不足 4 间，应全数检查
	找平层表面质量	找平层表面应密实，不得有起砂、蜂窝和裂缝等缺陷	观察检查	
	找平层表面允许偏差	找平层的表面允许偏差，应符合表 7-13 的规定	见表 7-13	

表 7-13　　　　　　　　　　　　找平层表面的允许偏差和检验方法

项目	允许偏差（mm）			检验方法
	用沥青玛碲脂做结合层铺设拼花木板、板块面层	用水泥砂浆做结合层铺设板块面层	用胶粘剂做结合层铺设拼花木板、塑料板、强化复合地板、竹地板面层	
表面平整度	3	5	2	用 2m 靠尺和楔形塞尺检查
标高	±5	±8	±4	用水准仪检查
坡度	不大于房间相应尺寸的 2/1000，且不大于 30			用坡度尺检查
厚度	在个别地方不大于设计厚度的 1/10			用钢直尺检查

四、隔离层铺设施工质量控制与验收

1. 质量控制要点

隔离层铺设施工质量控制要点应符合下列规定：

（1）隔离层的材料，其材质应经有资质的检测单位认定。

（2）水泥类找平层上铺设沥青类防水卷材、防水涂料或以水泥类材料作为防水隔离层时，其表面应坚固、洁净、干燥。铺设前，应涂刷基层处理剂。基层处理剂应采用与卷材性能配套的材料或采用与涂料性能相容的同类涂料的底子油。

（3）当采用掺有防水剂的水泥类找平层作为防水隔离层时，其掺量和强度等级（或配合比）应符合设计要求。

（4）铺设防水隔离层时，在管道穿过楼板面四周，防水材料应向上铺涂，并超过套管的上口；在靠近墙面处，应高出面层 200~300mm 或按设计要求的高度铺涂。阴阳角和管道穿过楼板面的根部应增加铺涂附加防水隔离层。

（5）防水材料铺设后，必须蓄水检验。蓄水深度应为 20~30mm，24h 内无渗漏为合格，并做记录。

（6）隔离层施工质量检验应符合现行国家标准《屋面工程质量验收规范》（GB50207）的有关规定。

2. 质量检查与验收

隔离层铺设施工质量检查验收，见表 7-14。

表 7-14　　　　　　　　　　隔离层铺设施工质量检查与验收

项	项目	合格质量标准	检验方法	检验数量
主控项目	材料质量	隔离层材质应符合设计要求和国家现行有关标准的规定	观察检查和检查形式检验报告、出厂检验报告、出厂合格证	同一工程、同一材料、同一生产厂家、同一型号、同一规格、同一批号检查一次
	性能指标复验	卷材类、涂料类隔离层材料进入施工现场，应对材料的主要物理性能指标进行复验	检查复试报告	执行现行国家标准《屋面工程质量验收规范》（GB50207）的有关规定
	隔离层设置要求	厕浴间和有防水要求的建筑地面必须设置防水隔离层。楼层结构必须采用现浇混凝土或整块预制混凝土板，混凝土强度等级不应小于 C20；房间的楼板四周除门洞外，应做混凝土翻边，其高度不应小于 200mm，宽同墙厚，混凝土强度等级不应小于 C20。施工时结构层标高和预留孔洞位置应准确，严禁乱凿洞	观察和钢尺检查	①随机检验不应少于 3 间；不足 3 间，应全数检查；其中走廊（过道）应以 10 延长米为 1 间，工业厂房（按单跨计）、礼堂、门厅应以两根轴线为 1 间计算　②有防水要求的应按房间总数随机检验不应少于 4 间；不足 4 间，应全数检查
	防水隔离层防水要求	防水隔离层严禁渗漏，排水坡向应正确、排水通畅	观察检查和蓄水、泼水检验或坡度尺检查及检查验收记录	

续表

项	项目	合格质量标准	检验方法	检验数量
主控项目	水泥类隔离层防水性能	水泥类防水隔离层的防水等级和强度等级必须符合设计要求	观察检查和检查防水等级检测报告、强度等级检测报告	检验同一施工批次、同一配合比水泥混凝土和水泥砂浆强度的试块，应按每一层（或检验批）建筑地面工程不少于1组。当每一层（或检验批）建筑地面工程面积大于 1000m² 时，每增加 1000m² 应增做1组试块；小于 1000m² 按 1000m² 计算，取样1组；检验同一施工批次、同一配合比的散水、明沟、踏步、台阶、坡道的水泥混凝土、水泥砂浆强度的试块，应按每150延长米不少于1组
一般项目	隔离层厚度	隔离层厚度应符合设计要求	观察检查和用钢尺、卡尺检查	抽查数量应随机检验不应少于3间；不足3间，应全数检查；其中走廊（过道）应以10延长米为1间，工业厂房（按单跨计）、礼堂、门厅应以两根轴线为1间计算；有防水要求的应按房间总数随机检验不应少于4间；不足4间应全数检查
一般项目	隔离层与下一层黏结	隔离层与其下一层黏结牢固，不应有空鼓；防水涂层应平整、均匀，无脱皮、起壳、裂缝、鼓泡等缺陷	用小锤轻击检查和观察检查	
一般项目	隔离层表面允许偏差	隔离层表面允许偏差应符合下列规定：①表面平整度：3mm ②标高：±4mm ③坡度：不大于房间相应尺寸的 2/1000，且不大于 30rnm ④厚度：在个别地方不大于设计厚度的 1/10，且不大于 20mm	检验方法如下：①表面平整度用 2m 靠尺和楔形塞尺检查 ②标高：用水准仪检查 ③坡度：用坡度尺检查 ④厚度：用钢尺检查	①随机检验不应少于3间，不足3间，应全数检查；其中走廊（过道）应以10延长米为1间，工业厂房（按单跨计）、礼堂、门厅应以两根轴线为1间计算；有防水要求的应按房间总数随机检验不应少于4间；不足4间应全数检查 ②一项项目80%以上的检查点（处）符合规范规定（处）不得有明显影响使用，且最大偏差值不超过允许偏差有效期值的50%为合格品

280

五、填充层铺设施工质量控制与验收

1. 质量控制要点

填充层铺设施工质量控制要点应符合下列规定：

(1) 填充层应按设计要求选用材料，其密度和导热系数应符合国家有关产品标准的规定。

(2) 填充层的下一层表面应平整。当为水泥类时，尚应洁净、干燥，并不得有空鼓、裂缝和起砂等缺陷。

(3) 采用松散材料铺设填充层时，应分层铺平拍实；采用板、块状材料铺设填充层时，应分层错缝铺贴。

(4) 填充层施工质量检验尚应符合现行国家标准《屋面工程质量验收规范》（GB 50207）的有关规定。

2. 质量检查与验收

填充层铺设施工质量检查与验收，见表 7-15。

表 7-15 填充层铺设施工质量检查与验收

项	项目	合格质量标准	检验方法	检验数量
主控项目	材料质量	填充层材料应符合设计要求和国家现行有关标准的规定	观察检查和检查质量合格证明文件	同一工程、同一材料、同一生产厂家、同一型号、同一规格、同一批号检查一次
	厚度、配合比	填充层的厚度、配合比应符合设计要求	用钢尺检查和检查配合比试验报告	①抽查数量应随机检验不应少于 3 间；不足 3 间，应全数检查；其中走廊（过道）应以 10 延长米为 1 间，工业厂房（按单跨计）、礼堂、门厅应以两根轴线为 1 间计算
	密封性	对填充材料接缝有密闭要求的应密封良好	观察检查	②有防水要求的建筑地面子分部工程的分项工程施工质量，每检验批抽查数量应按其房间总数随机检验不应少于 4 间；不足 4 间应全数检查
一般项目	填充层铺设	松散材料填充层铺设应密实；板块状材料填充层应压实、无翘曲	观察检查	抽查数量应随机检验应不少于 3 间；不足 3 间，应全数检查；其中走廊（过道）应以 10 延长米为 1 间，工厂房（按单跨计）、礼堂、门厅应以多根轴线为 1 间计算；有防水要求的应按房间总数随机检验应不少于 4 间；不足 4 间应全数检查
	坡度	填充层的坡度应符合设计要求，不应有倒泛水和积水现象	观察和采用泼水或用坡度尺检查	

续表

项	项目	合格质量标准	检验方法	检验数量
一般项目	填充层表面允许偏差	填充层表面的允许偏差应符合以下规定： 表面平整度：松散材料7mm；板、块材料5mm 标高：±4mm 坡度：不大于房间相应尺寸的2/1000，且不大于30mm 厚度：在个别地方不大于设计厚度的1/10	表面平整度：用2m靠尺和楔形塞尺检查 标高：用水准仪检查 坡度：用坡度尺检查 厚度：用钢尺检查	①随机检验不应少于3间，不足3间，应全数检查；其中走廊（过道）应以10延长米为1间，工业厂房（按单跨计）、礼堂、门厅应以两根轴线为1间计算；有防水要求的应按房间总数随机检验不应少于4间；不足4间，应全数检查 ②一项项目80%以上的检查点（处）符合规范规定（处）不得有明显影响使用，且最大偏差值不超过允许偏差有效期值的50%为合格
	用作隔声的填充层表面允许偏差	表面平整度：3mm 标高：±4mm 坡度：不大于房间相应尺寸的2/1000，且不大于30mm 厚度：在个别地方不大于设计厚度的1/10，且不大于20mm	表面平整度：用2m靠尺和楔形塞尺检查 标高：用水准仪检查 坡度：用坡度尺检查 厚度：用钢尺检查	

第二节　整体面层工程施工质量

整体面层铺设适用于水泥混凝土面层、水泥砂浆面层、水磨石面层、水泥钢（铁）屑面层、防油渗面层和不发火（防爆的）面层等。

一、整体面层工程铺设一般规定与偏差

1. 一般规定

（1）在水泥类基层表面铺设水泥类整体面层时，基层表面应粗糙、洁净，并应湿润，但不得有积水现象。水泥类基层抗压强度不得小于1.2MPa。

（2）在水泥类基层铺设整体面层前还应涂刷一遍水泥浆，其水灰比宜为0.4～0.5。应随刷随铺。

（3）整体面层施工后，养护时间不应少于7d；抗压强度应达到5MPa后，方准上人行走；抗压强度应达到设计要求后，方可正常使用。

（4）当采用掺有水泥拌和料做踢脚线时，不得用石灰砂浆打底。

（5）铺设整体面层，应按设计要求和规范规定设置分格缝和分格条。室内面层与走廊连接的门扇处应设置分格缝；大开间楼层在梁、墙支承的位置亦应设置分格缝。

（6）整体面层的抹平工作应在水泥初凝前完成，压光工作应在水泥终凝前完成。

2. 整体面层铺设允许偏差

整体面层的允许偏差和检验方法，见表7-16。

表 7 - 16

项目	允许偏差						检验方法
	水泥混凝土面层	水泥砂浆面层	普通水磨石面层	高级水磨石面层	水泥钢（铁）屑面层	防油渗混凝土和不发火（防爆的）面层	
表面平整度	5	4	3	2	4	5	用2m靠尺和楔形塞尺检查
踢脚线上口平直	4	4	3	3	4	4	拉5m线和用钢尺检查
缝格平直	3	3	3	2	3	3	

表标题：**整体面层铺设一般规定和允许偏差** （mm）

二、整体面层工程质量控制与验收

（一）水泥砂浆面层

1. 施工质量控制要点

水泥砂浆面层厚度不应小于 20mm。水泥砂浆的体积比宜为 1：2～1：2.5（水泥：砂），其强度等级不应小于 M15。

水泥砂浆面层有单层和双层两种做法。单层为 20mm 厚度，采用 1：2 水泥砂浆；双层的下层为 12mm 厚度，采用 1：2.5 水泥砂浆；双层的上层为 13mm 厚度，采用 1：1.5 水泥砂浆，以上均为体积法。水泥砂浆面层构造如图 7-2 所示。

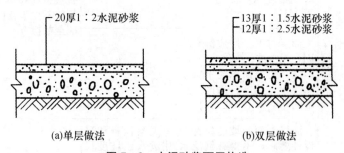

（a）单层做法   （b）双层做法

图 7-2 水泥砂浆面层构造

（1）施工时，先刷水灰比为 0.4～0.5 的水泥浆，随刷随铺随拍实，并应在水泥初凝前用木抹搓平压实。面层压光宜用钢皮抹子分三遍完成，并逐遍加大用力压光。当采用地面抹光机压光时，在压第二、第三遍中，水泥砂浆的干硬度应比手工压光时稍干一些。压光工作应在水泥终凝前完成。当水泥砂浆面层干湿度不适宜时，可采取淋水或撒布干拌的 1：1 水泥和砂（体积比，砂须过3mm 筛）进行抹平压光工作。当面层需分格时，应在水泥初凝后进行弹线分格。先用木抹搓一条约一抹子宽的面层，用钢皮抹子压光，并用分格器压缝。分格缝应平直，深浅要一致。

（2）水泥砂浆面层铺设好并压光后 24h，即应开始养护工作。一般采用满铺湿润材料覆盖，浇水养护，常温下养护 5～7d。夏季 24h 后养护 5d；春秋季节 48h 后需养护 7d。当采取蓄水养护方法，蓄水深度宜为 20mm。冬季养护时，对生煤火保温应注意室内不能完全封闭，应有通风措施，做到空气流通，使局部的二氧化碳气体可以逸出，以免影响水泥水化作用的正常进行和面层的结硬，而造成水泥砂浆面层松散、不结硬而引起起灰、起砂质量通病。

（3）当水泥砂浆面层采用矿渣硅酸盐水泥拌制时，施工中应采取如下措施：

①严格控制水灰比，水泥砂浆稠度不应大于 35mm，宜采用干硬性或半干硬性砂浆；

②精心进行压光工作，一般不应小于三遍，最后一遍"定光"操作是关键，对提高面层的光洁度、密实度、减少微裂纹有其重要作用；

③由于矿渣硅酸盐水泥拌制的水泥砂浆初期强度较低，应适当延长养护时间，特别重视早期养护，以免出现干缩性表面裂纹。

2. 质量检查与验收

水泥砂浆面层质量检查与验收标准，见表 7 - 17。

表 7 - 17　　　　　　　　　　水泥砂浆面层质量检查与验收

项	项目	合格质量标准	检验方法	检验数量
主控项目	材料质量	水泥采用硅酸盐水泥、普通硅酸盐水泥，其强度等级应不小于 42.5 级，不同品种、不同强度等级的水泥严禁混用；砂应为中粗砂，当采用石屑时，其粒径应为 1～5 mm，且含泥量应不大于 3%	观察检查和检查材质合格证明文件及检测报告	①抽查数量随机检验应不少于 3 间，不足 3 间应全数检查；其中走廊（过道）应以 10 延长米为 1 间，工业厂房（按单跨计）、礼堂、门厅应以两根轴线为 1 间计算 ②有防水要求的检验批抽查数量应按其房间总数随机检验不少于 4 间；不足 4 间，应全数检查
	体积比及强度等级	水泥砂浆面层的体积比（强度等级）必须符合设计要求，且体积比应为 1：2；强度等级应不小于 M15	检查配合比通知单和检测报告	
	面层与下一层结合	面层与下一层应结合牢固，无空鼓、裂纹。注：空鼓面积应不大于 400cm²，且每自然间（标准间）不多于 2 处可计	用小锤轻击检查	
一般项目	面层坡度	面层表面的坡度应符合设计要求，不得有倒泛水和积水现象	观察检查和采用泼水或坡度尺检查	①抽查数量随机检验应不少于 3 间，不足 3 间应全数检查；其中走廊（过道）应以 10 延长米为 1 间，工业厂房（按单跨计）、礼堂、门厅应以两根轴线为 1 间计算 ②有防水要求的检验批抽查数量应按其房间总数随机检验不少于 4 间；不足 4 间，应全数检查
	表面质量	面层表面应洁净，无裂纹、脱皮、麻面、起砂等缺陷	观察检查	
	踢脚线质量	踢脚线与墙面应紧密结合，高度一致，出墙厚度均匀。注：局部空鼓长度应不大于 300 mm，且每自然间（标准间）不多于 2 处可不计	用小锤轻击钢直尺和观察检查	

续表

项	项目	合格质量标准	检验方法	检验数量
一般项目	楼梯踏步	楼梯踏步的宽度、高度应符合设计要求；楼层楼段相邻踏步高度差应不大于10mm，每踏步两端宽度差应不大于10mm；旋转楼梯梯段的每踏步两端宽度的允许偏差为5mm。楼梯踏步的齿角应整齐，防滑条应顺直	观察和钢直尺检查	①抽查数量随机检验应不少于3间，不足3间应全数检查；其中走廊（过道）应以10延长米为1间，工业厂房（按单跨计）、礼堂、门厅应以两根轴线为1间计算 ②有防水要求的检验批抽查数量应按其房间总数随机检验不少于4间；不足4间，应全数检查
	水泥砂浆面层允许偏差	水泥砂浆面层的允许偏差应符合表7-16有关的规定		

（二）水泥混凝土面层

水泥混凝土面层常有两种做法：一种是采用细石混凝土面层（多用于民用建筑），其强度等级不应小于C20，厚度为30～40mm；另一种是采用水泥混凝土垫层兼面层，其强度等级不应小于C15，厚度按垫层确定。水泥混凝土面层构造如图7-3所示。

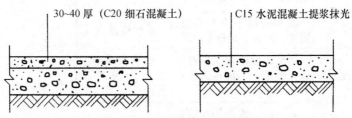

30~40厚（C20细石混凝土）　　　　C15水泥混凝土提浆抹光

图7-3　水泥混凝土面层构造

1. 施工质量控制要点

（1）铺设前应按标准水平线用木板隔成宽度不大于3m的条形区段，以控制面层厚度。铺设时，先刷以水灰比为0.4～0.5的水泥浆，并随刷随铺混凝土，用刮尺找平。浇筑水泥混凝土的坍落度不宜大于30mm。

（2）水泥混凝土面层宜采用机械振捣，必须振捣密实。采用人工捣实时，滚筒要交叉滚压3～5遍，直至表面泛浆为止，然后进行抹平和压光。

（3）水泥混凝土面层不宜留置施工缝。当施工间歇超过规定的允许时间后，在继续浇筑混凝土时，应对已凝结的混凝土接槎处进行处理，用钢丝刷刷到石子外露，表面用水冲洗，并涂以水灰比为0.4～0.5的水泥浆，再浇筑混凝土，并应捣实压平，使新旧混凝土接缝紧密，不显接头槎。

（4）混凝土面层应在水泥初凝前完成抹平工作，水泥终凝前完成压光工作。

（5）浇筑钢筋混凝土楼板或水泥混凝土垫层兼面层时，宜采用随捣随抹的方法。

（6）水泥混凝土面层浇筑完成后，应在12h内加以覆盖和浇水，养护时间不少于7d。浇水次数应能保持混凝土具有足够的湿润状态。

2. 质量检查与验收标准

水泥混凝土面层质量检查与验收标准，见表7-18。

表7-18   水泥混凝土面层质量检查与验收

项	项目	合格质量标准	检验方法	检验数量
主控项目	粗骨料粒径	水泥混凝土采用的粗骨料，其最大粒径应不大于面层厚度的2/3；细石混凝土面层采用的石子粒径应不大于15mm	观察检查和检查材质合格证明文件及检测报告	①抽查数量随机检验应不少于3间，不足3间应全数检查；其中走廊（过道）应以10延长米为1间，工业厂房（按单跨计）、礼堂、门厅应以两根轴线为1间计算 ②有防水要求的检验批抽查数量应按其房间总数随机检验不少于4间；不足4间应全数检查
	面层强度等级	面层的强度等级应符合设计要求，且水泥混凝土面层强度等级应不小于C20；水泥混凝土垫层兼面层强度等级应不小于C15	检查配合比通知单及检测报告	
	面层与下一层结合	面层与下一层应结合牢固，无空鼓、裂纹 注：空鼓面积应不大于400cm^2，且每自然间（标准间）不多于2处可不计	用小锤轻击检查	
一般项目	表面质量	面层表面不应有裂纹、脱皮、麻面、起砂等缺陷	观察检查	①抽查数量随机检验应不少于3间，不足3间应全数检查；其中走廊（过道）应以10延长米为1间，工业厂房（按单跨计）、礼堂、门厅应以两根轴线为1间计算。 ②有防水要求的检验批抽查数量应按其房间总数随机检验不少于4间；不足4间应全数检查
	表面坡度	面层表面的坡度应符合设计要求，不得有倒泛水和积水现象	观察和采用泼水或用坡度尺检查	
	踢脚线与墙面结合	水泥砂浆踢脚线与墙面应紧密结合，高度一致，出墙厚度均匀 注：局部空鼓长度应不大于300mm，且每自然间（标准间）不多于2处可不计	用小锤轻击、钢直尺和观察检查	
	楼梯踏步	楼梯踏步的宽度、高度应符合设计要求；楼层梯段相邻踏步高度差应不大于10mm，每踏步两端宽度差应不大于10mm；旋转楼梯梯段的每踏步两端宽度的允许偏差为5mm。楼梯踏步的齿角应整齐，防滑条应顺直	观察和钢直尺检查	
	水泥混凝土面层表面允许偏差	水泥混凝土面层的允许偏差，应符合表7-16有关的规定	见表7-16	

(三) 水磨石面层

水磨石面层是采用水泥与石粒的拌和料在 15～20rnm 厚 1∶3 水泥砂浆基层上铺设而成。面层厚度除特殊要求外，宜为 12～18mm，并应按选用石粒粒径确定（图 7-4）。拌和料的体积比宜采用 1∶1.5～1∶2.5（水泥∶石粒）。水磨石面层的颜色和图案应按设计要求，面层分格不宜大于 1000mm×1000mm，或按设计要求。

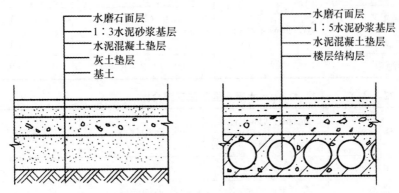

图 7-4　水磨石面层构造

1. 材料要求

材料要求见表 7-19。

表 7-19　　　　　　　　　　　　　　　水磨石材料要求

类　别	说　　明
水泥	深色水磨石面层用水泥与水泥混凝土面层同；白色或浅色水磨石面层，应采用白水泥。同颜色的面层应使用同一批水泥
石粒	粒径除特殊要求外，宜为 4～14mm。石粒应分批按不同品种、规格、色彩堆放。使用前应用水冲洗干净、晾干待用
颜料	应采用耐光、耐碱的矿物颜料，不得使用酸性颜料。掺入量宜为水泥重量的 3%～6%，或由试验确定。同一彩色面层应使用同厂同批的颜料
分格条	应采用铜条或玻璃条，亦可用彩色塑料条。分格嵌条的规格见表 7-20
草酸	白色结晶，受潮不松散，块状或粉状均可
蜡	用川蜡或地板蜡成品，颜色符合磨面颜色
配合比	水磨石面层拌和料的体积比，一般为水泥∶石料＝1∶（1.5～2.5），具体参考表 7-21。水磨石面层施工参考配合比见表 7-22。

表 7-20　　　　　　　　　　　　水磨石面层分格嵌条规格　　　　　　　　　　　（mm）

种　类	铜　条	玻璃条
长×宽×厚	1200×面层厚度×1～2	不限×面层厚度×3

表 7 - 21　　　　　　　　　　　　水磨石拌和料参考体积比

部位	石渣规格	体积比（水泥：石渣）	铺抹厚度（mm）
楼地面	大八厘	1：（1.5～2）	12～15
地面、墙裙	中八厘	1：（1.3～2）	8～15
地面	小八厘或米粒石	1：（1.25～1.5）	8～10
墙裙		1：（1～1.4）	10
踏步、扶手		1：1.3	10
预制板		1：（1.3～1.35）	20

表 7 - 22　　　　　　　　　　　　水磨石面层施工配合比

石粒规格（mm）	配合比（体积比） （水泥＋颜料）：石粒	适用部位	铺抹厚度（mm）
8	1：2	地面面层	12～15
4.8 混合	1：1.25		12～15
4.6 混合	1：（1.25～1.5）		8～10

2. 施工质量控制要点

（1）水磨石面层宜在水泥砂浆基层的抗压强度达到 1.2N/mm² 后方可铺设。水磨石面层铺设前，应在水泥砂浆基层上按面层分格或按设计要求的分格和图案设置分格嵌条。铜条应事先调直。镶嵌分格条时，应用靠尺板比齐，用水泥稠浆在嵌条的两边予以粘埋牢，高度应比嵌条低 3mm。分格嵌条应上平一致，接头严密，并作为铺设面层的标准（图 7-5）。稳好后，浇水养护 3～4d 再铺设面层的水泥与石粒拌和料。

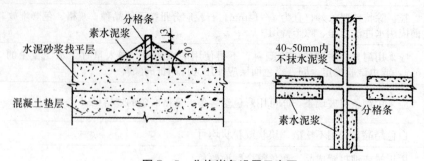

图 7 - 5　分格嵌条设置示意图

（2）水泥与石粒的拌和料调配工作必须计量正确。先将水泥与颜料过筛干拌后，再掺入石粒拌和均匀后加水搅拌，拌和料的稠度宜为 60mm。

（3）铺设前，在基层表面刷一遍与面层颜色相同的、水灰比为 0.4～0.5 的水泥浆做结合层，随刷随铺水磨石拌和料。水磨石拌和料的铺设厚度要高出分格嵌条 1～2mm。要铺平整，用滚筒滚压密实。待表面出浆后，再用抹子抹平。在滚压过程中，如发现表面石子偏少，可在水泥浆较多处补撒石子并拍平，增加美观。次日开始养护。

（4）在同一面层上采用几种颜色图案时，应先做深色，后做浅色，先做大面，后做镶边，待

288

前一种色浆凝固后，再做后一种。

（5）开磨前应先试磨，以表面石粒不松动方可开磨（采用软磨法施工时，面层抗压强度达到 10.0～13.0MPa）。

（6）水磨石面层应使用磨石机分次磨光。头遍用 54 号、60 号、70 号油石磨光，要求磨匀磨平，使全部分格嵌条外露。磨后将泥浆冲洗干净，用同色水泥浆涂抹，以填补面层表面所呈现的细小孔隙和凹痕，适当养护后再磨。第二遍用 90～120 号金刚石磨，要求磨到表面光滑为止，其他同头遍。第三遍用 180～240 号金刚石磨，磨至表面石子粒粒显露，平整光滑，无砂眼细孔，用水冲洗后，涂抹草酸溶液（热水：草酸＝1：0.35 重量比，溶化冷却后用）一遍。第四遍用 240～300 号油石磨，研磨至出白浆表面光滑为止，用水冲洗晾干。普通面层磨光不少于三遍，高级面层适当增加遍数及提高油石号数。

（7）水磨石面层上蜡工作，应在不影响面层质量的其他工序全部完成后进行，可用川蜡 500g、煤油 2000g 放到桶里熬到 130℃（冒白烟），用时加松香水 300g、鱼油 50g 调制，将蜡包在薄布内，在面层上薄薄涂一层，待干后再用钉有细帆布（或麻布）的木块代替油石，装在磨石机的磨盘上进行研磨，直到光滑洁亮为止。上蜡后铺锯末进行养护。完工后，应做好成品保护。

（8）当室外水磨石面层用作溜冰场地面时，施工中应采取如下措施：

①水磨石面层应与四周建筑物（如构筑物、房屋或路面等）设缝断开，以防止因温差大而产生温度应力，导致水磨石面层出现裂缝；

②水磨石面层及其下的结构层内均应配置双向钢筋网，提高整个地面的整体性和抗裂性，以防止因地基不实而产生面层裂缝；

③分格嵌条应选用铜条，环向设置，分格嵌条间距以 1500～2000mm 为宜；

④面层的磨光宜采用"老磨"（常温下铺设后，比一般水磨石面层推迟 2～3d 开磨）的开磨方法，以增强面层的硬度，以防止面层强度过低造成嵌条松动等缺陷。

3. 质量标准

水磨石面层施工质量检查与验收，见表 7-23。

表 7-23　　　　　　　　　　　　水磨石面层施工质量检查与验收

项	项目	合格质量标准	检验方法	检验数量
主控项目	材料质量	水磨石面层的石粒，应采用坚硬可磨白云石、大理石等岩石加工而成，石粒应洁净无杂物，其粒径除特殊要求外应为 6～15mm；水泥强度等级应不小于 32.5 级；颜料应采用耐光、耐碱的矿物原料，不得使用酸性颜料	观察检查和检查材质合格证明文件	①抽查数量随机检验应不少于 3 间，不足 3 间应全数检查；其中走廊（过道）应以 10 延长米为 1 间，工业厂房（按单跨计）、礼堂、门厅应以两根轴线为 1 间计算②有防水要求的检验批抽查数量应按其房间总数随机检验不少于 4 间；不足 4 间应全数检查
	拌和料体积比（水泥×石粒）	水磨石面层拌和料的体积比应符合设计要求，且为 1×1.5～1×2.5（水泥×石粒）	检查配合比通知单和检测报告	
	面层与下一层结合	面层与下一层结合应牢固，无空鼓、裂纹注：空鼓面积应不大于 400cm²，且每自然间（标准间）不多于 2 处可不计	用小锤轻击检查	

项	项目	合格质量标准	检验方法	检验数量
一般项目	面层表面质量	面层表面应光滑，无明显裂纹、砂眼和磨纹；石粒密实，显露均匀；颜色图案一致，不混色；分格条牢固、顺直和清晰	观察检查	①抽查数量随机检验应不少于3间，不足3间应全数检查；其中走廊（过道）应以10延长米为1间，工业厂房（按单跨计）、礼堂、门厅应以两根轴线为1间计算 ②有防水要求的检验批抽查数量应按其房间总数随机检验不少于4间；不足4间应全数检查
	踢脚线质量	踢脚线与墙面应紧密结合、高度一致，出墙厚度均匀 注：局部空鼓面积不应大于300cm²，且每自然间（标准间）不多于2处可不计	用小锤轻击、钢直尺和观察检查	
	楼梯踏步	楼梯踏步的宽度、高度应符合设计要求；楼层梯段相邻踏步高度差应不大于10mm，每踏步两端宽度差应不大于10mm；旋转楼梯梯段的每踏步两端宽度的允许偏差为5mm。楼梯踏步的齿角应整齐，防滑条应顺直	观察和钢直尺检查	
	水磨石面层表面允许偏差	水磨石面层的允许偏差，应符合表7-16有关的规定	见表7-16	

（四）防油渗面层

防油渗面层是在水泥基层上采用防油渗混凝土铺设。有的还在基层与面层之间加设防油渗隔离层。这种面层具有良好的密实性、抗油渗性能，可防止油质渗入混凝土中破坏界面黏结力，使混凝土松软，同时具有施工操作工艺简单，节省大量钢材，降低工程和施工费用等优点。适用于作厂房地坪、油罐、油槽、油库防油渗地面面层。

防油渗面层构造做法如图7-6所示。抗油渗混凝土厚度宜为60～70mm，强度等级不应小于C30，抗油渗等级可达到P5～P8（抗渗中间体为工业汽油或煤油）。

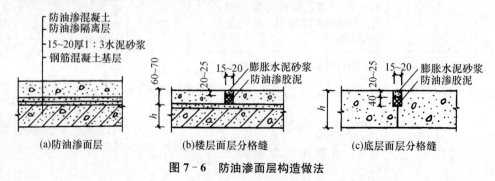

图7-6 防油渗面层构造做法

1. 材料要求

防油渗面层材料要求，见表7-24。

表7-24 防油渗面层材料要求

类　别	说　明
水泥	用强度等级不低于32.5级普通硅酸盐水泥，不得使用过期和受潮结块的水泥
粗细骨料	用花岗石或石英石，粒径5～15mm，最大不大于20mm，含泥量小于1％；砂用中砂，细度模数2.3～2.6，洁净无杂物
石料	碎石应选用花岗石或石英石等岩质，严禁采用松散多孔和吸水率较大的石灰石、砂石等，其粒径宜为5～15mm或5～20mm，最大粒径不应大于25mm；含泥量不应大于1％，空隙率小于42％为宜。其技术要求应符合国家现行行业标准《普通混凝土用碎石和卵石质量标准及检验方法》（JGJ53）的规定
水	水应用饮用水
外加剂	外加剂一般可选用减水剂、加气剂、塑化剂、密实剂或防油渗剂，以采用SNS防油外加剂为好。SNS防油外加剂是含萘磺酸甲醛缩合物的高效减水剂和呈烟灰色粉状体的硅粉为主要成分组成，常用掺量为3％～4％（以水泥用量计）；减水率约10％，抗压强度可提高20％
防油渗剂	B型防油剂要求符合产品质量标准

2. 施工质量控制要点

（1）防油渗水泥浆配制质量控制应符合下列规定：

①氯乙烯-偏氯乙烯混合乳液的配制：用10％浓度的磷酸三钠水溶液中和氯乙烯-偏氯乙烯共聚乳液使pH＝7～8，再加入配合比要求的含量为40％的OP溶液，搅拌均匀后加入少量消泡剂即成。

②防油渗水泥浆配制：将氯乙烯-偏氯乙烯混合乳液和水，按1∶1配合比搅拌均匀后，边搅拌边加入定量水泥充分拌匀后即成。

③防油渗胶泥底子油的配制：将熬制好的防油渗胶泥冷却至85℃～90℃，边搅拌边缓慢加入按配合比所需要的二甲苯和环己酮的混合液（切勿进水），搅拌至胶泥全部溶解即成；如暂时存放，需置于有盖的容器中，以防止溶剂挥发。

（2）防油渗混凝土配合比应按设计要求的强度等级和抗渗性能，根据工程具体要求经试配调整而确定，施工参考配合比可参照表7-25配制。

表7-25 防油渗混凝土施工参考配合比

水泥	砂子	碎石	水	SNS	备注
380	683	1127	190	15.0	每立方米混凝土用量（kg）
1	1.797	2.966	0.5	0.04	混凝土配合比

防油渗混凝土拌和料配合比应正确，外加剂应稀释后掺加；拌和要均匀，搅拌时间宜为3min，浇筑时坍落度不宜大于10mm。

（3）基层表面的泥土、浆皮、灰渣及油污应清理干净，并湿润。表面刷素水泥浆一遍，抹1∶3水泥砂浆找平层15～20mm厚，使其表面平整粗糙。

（4）防油渗面层如设隔离层，一般采用一布二胶防油渗胶泥玻璃纤维布，其厚度为4mm。铺设时先涂刷防油渗胶泥底子油一遍，然后再均匀涂抹一遍，其厚度为 1.5～2.0mm，随后将玻璃布粘贴覆盖，其搭接宽度不小于 100mm，与墙连接处向上翻边高不小于 30mm，表面再涂抹胶泥一遍，即可进行防油渗面层铺设。

（5）面层铺设前应按设计尺寸弹线，找好标高。如面层面积很大，宜分区浇筑，按厂房柱网进行划分，每区段面积不宜大于 50m²。分格缝应纵横设置，纵向间距 3～6m，横向间距 6～9m，并应与建筑轴线对齐，支设分格缝模板。

（6）铺设防油渗面层时，其表面必须平整、洁净、干燥，不得有起砂现象。铺设前应满涂刷防油渗水泥浆结合层一遍，然后随刷随铺设防油渗混凝土，用直尺刮平，并用振捣器振捣密实，不得漏振，然后用铁抹子将表面抹平压光，吸水后，终凝前再压光 2～3 遍，至表面无印痕为止。

（7）分格木板在混凝土终凝后取出并修好，当面层的强度达到 5MPa 时，将分格缝内清理干净并干燥，涂刷一遍防油渗胶泥底子油后趁热灌注防油渗胶泥材料，也可采用弹性多功能聚氨酯类涂膜材料嵌缝，缝的上部留 20～25mm 深度用膨胀水泥砂浆封缝。

（8）防油渗混凝土浇筑完 12h 后，表面应覆盖草袋浇水养护不少于 14d。

3. 质量检查与验收标准

施工质量检查与验收标准，见表 7－26。

表 7－26　　　　　　　　防油渗混凝土施工质量检查与验收

项	项目	合格质量标准	检验方法	检验数量
主控项目	材料质量	防油渗混凝土所用水泥应采用普通硅酸盐水泥，其强度等级不应小于 42.5；碎石应采用花岗石或石英石，严禁使用松散多孔和吸水率大的石子，粒径为 5～15mm，其最大粒径不应大于 20mm，含泥量不应大于 1%；砂应为中砂，洁净无杂物，其细度模数应为 2.3～2.6；掺入的外加剂和防油渗剂应符合产品质量标准。防油渗涂料应具有耐油、耐磨、耐火和黏结性能	观察检查和检查材质合格证明文件及检测报告	抽查数量随机检验应不少于 4 间，不足 4 间应全数检查；其中走廊（过道）应以 10 延长米为 1 间，工业厂房（按单跨计）、礼堂、门厅应以两根轴线为 1 间计算
	强度等级和抗渗性能	防油渗混凝土的强度等级和抗渗性能必须符合设计要求，且强度等级不应小于 C30；防油渗涂料抗拉黏结强度不应小于 0.3MPa	检查配合比通知单和检测报告	
	面层与下一层结合	防油渗混凝土面层与下一层结合应牢固、无空鼓	用小锤轻击检查	
	面层与基层黏结	防油渗涂料面层与基层应黏结牢固，严禁有起皮、开裂和漏涂等现象	观察检查	

项	项目	合格质量标准	检验方法	检验数量
一般项目	面层表面坡度	防油渗面层表面坡度应符合设计要求，不得有倒泛水和积水现象	观察和泼水或用坡度尺检查	抽查数量随机检验应不少于4间，不足4间应全数检查；其中走廊（过道）应以10延长米为1间，工业厂房（按单跨计）、礼堂、门厅应以两根轴线为1间计算
	面层表面质量	防油渗混凝土面层表面不应有裂纹、脱皮、麻面和起砂现象	观察检查	
		踢脚线与墙面应紧密结合，高度一致，出墙厚度均匀	观察和泼水或用坡度尺检查	
		防油渗面层的允许偏差应符合表7-16有关的规定	见表7-16	

（五）水泥钢（铁）屑面层

水泥钢（铁）屑面层是用水泥与钢（铁）屑加水拌和后铺设在水泥砂浆结合层上而成。当在其面层进行表面处理时，将提高面层的耐压强度以及耐磨性和耐腐蚀性能，防止外露钢（铁）屑遇水而生锈，并能承受反复摩擦撞击而不至于面层起灰或破裂。

水泥钢（铁）屑面层的拌和料强度等级不应小于M40。当设计有要求时，亦可采用水泥、钢（铁）屑、砂和水的拌和料做成耐磨钢（铁）砂浆面层，亦属于普通型耐磨面层。水泥钢（铁）屑面层的厚度一般为5mm或按设计要求；水泥砂浆结合层为20mm（图7-7）。

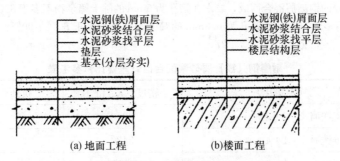

（a）地面工程　　　　（b）楼面工程

图7-7　水泥钢（铁）屑面层构造做法示意图

1. 材料要求

（1）水泥：水泥应采用硅酸盐水泥或普通硅酸盐水泥，其强度等级不应小于32.5。

（2）钢（铁）屑：钢屑应为磨碎的宽度在6mm以下的卷状钢刨屑或铸铁刨屑与磨碎的钢刨屑混合使用。其粒径应为1~5mm，过大的颗粒和卷状螺旋应予破碎，小于1mm的颗粒应予筛去。钢（铁）屑中不得含油和不应有其他杂物，使用前必须清除钢（铁）屑上的油脂，并用稀酸溶液除锈，再以清水冲洗后烘干待用。

（3）砂：砂采用普通砂或石英砂。

2. 施工质量控制要点

（1）水泥钢（铁）屑面层的配合比应通过试验（或按设计要求）确定，以水泥浆能填满钢

293

（铁）屑的空隙为准。采用振动法使水泥钢（铁）屑密实至体积不变时，其密度不应小于 2000kg/m³。

（2）按确定的配合比，先将水泥和钢（铁）屑干拌均匀后，再加水拌和至颜色一致。拌和时，应严格控制加水量，稠度要适度，不应大于 10mm。

（3）铺设前，应在已处理好的基层上刷水泥浆一遍，先铺一层水泥砂浆结合层，其体积比宜为 1:2（水泥:砂），经铺平整后将水泥与钢（铁）屑拌和料按面层厚度要求刮平并随铺随拍实，亦可采用滚筒滚压密实。

（4）结合层和面层的拍实和抹平工作应在水泥初凝前完成；水泥终凝前应完成压光工作。面层要求压密实，表面光滑平整，无铁板印痕。压光工作应较一般水泥砂浆面层多压 1～2 遍，主要作用是增加面层的密实度，以有效地提高水泥钢（铁）屑面层的强度和硬度以及耐磨损性能。压光时严禁洒水。

（5）面层铺好后 24h，应洒水进行养护；或用草袋覆盖浇水养护，但不得用水直接冲洒。养护期一般为 5～7d。

（6）当在水泥钢（铁）屑面层进行表面处理时，可采用环氧树脂胶泥喷涂或涂刷。施工时，应按下列规定：

①环氧树脂稀胶泥采用环氧树脂及胺固化剂和稀释剂配制而成。其配方是环氧树脂 100:乙二胺 80:丙酮 30。

②表面处理时，需待水泥钢（铁）屑面层基本干燥后进行。

③先用砂纸打磨面层表面，后清扫干净。在室内温度不低于 20℃情况下，涂刷环氧树脂稀胶泥一遍。

④涂刷应均匀，不得漏涂。涂刷后可用橡皮刮板或油漆刮刀轻轻将多余的环氧树脂稀胶泥刮去，在气温不低于 20℃条件下，养护 48h 后即成。

（7）当设计有要求做成耐磨钢（铁）砂浆面时，钢（铁）屑应用 50%磨碎的卷状钢刨屑或铸铁屑与 50%磨碎的钢刨屑混合而成，要求在筛孔为 5mm 的筛上筛余物不多于 8%，在筛孔为 1mm 的筛上筛余物不多于 50%，在筛孔为 0.3mm 的筛上筛余物不多于 80%～90%；砂采用中砂偏粗为宜。其配合比（重量比），见表 7-27。

表 7-27　　　　耐磨钢（铁）屑砂浆配合比（重量比）参考表

配合比（重量比）	密度（kg/m³）	抗压强度（MPa）
水泥:铁:铸铁屑 1:2:3	2850	12.9
水泥:砂:铸铁屑 1:1:4	3420	15.8
水泥:砂;铸铁屑 1:1;2	3150	32.0
水泥:砂:铸铁屑 1:1:1	2860	23.9
水泥:砂:钢屑 1:1:1	2960	39.7
水泥;砂:钢屑 1;0.8:1	2800	45.0
水泥:砂:钢屑 1:0.3:1.5	3520	57.8

3. 质量检查与验收标准

施工质量检查与验收标准，见表 7-28。

表 7-28 水泥钢（铁）屑面层施工质量检查与验收

项	项目	合格质量标准	检验方法	检验数量
主控项目	材料质量	水泥强度等级不应小于32.5；钢（铁）屑的粒径应为1~5mm 钢（铁）屑中不应有其他杂质，使用前应去油除锈，冲洗干净并干燥	观察检查和检查材质合格证明文件及检测报告	①抽查数量随机检验应不少于3间，不足3间应全数检查；其中走廊（过道）应以10延长米为1间，工业厂房（按单跨计）、礼堂、门厅应以两根轴线为1间计算 ②有防水要求的检验批抽查数量应按其房间总数随机检验不少于4间；不足4间，应全数检查
	面层和结合层强度	面层和结合层的强度等级必须符合设计要求，且面层抗压强度不应小于40MPa；结合层体积比为1：2（相应强度等级不应小于M15）	检查配合比通知单和检测报告	
	面层与下一层结合	面层与下一层结合必须牢固、无空鼓	用小锤轻击检查	
一般项目	面层表面坡度	面层表面坡度应符合设计要求	用坡度尺检查	①抽查数量随机检验应不少于3间，不足3间应全数检查；其中走廊（过道）应以10延长米为1间，工业厂房（按单跨计）、礼堂、门厅应以两根轴线为1间计算 ②有防水要求的检验批抽查数量应按其房间总数随机检验不少于4间；不足4间，应全数检查
	面层表面质量	面层表面不应有裂纹、脱皮和麻面现象	观察检查	
	踢脚线与墙面结合	踢脚线与墙面应结合牢固，高度一致，出墙厚度均匀	用小锤轻击、钢直尺和观察检查	
	面层表面允许偏差	水泥钢（铁）屑面层的允许偏差应符合表7-16中有关的规定	见表7-16	

（六）不发火（防爆的）面层

不发火（防爆的）面层，系采用水泥与不易发火的粗细骨料配制的拌和物铺设而成。这种面层的特点是：遇冲击、摩擦而不发生火花，耐磨性、耐久性好，表面光滑、美观，能防尘，可清洗等。适用于防火、防爆、防尘，需耐磨的工业建筑不发火的楼地面面层。

1. 材料要求

不发火（防爆的）面层材料要求，见表7-29。

表 7-29 不发火（防爆的）面层材料要求

类别	说明
水泥	宜采用不小于32.5级的普通硅酸盐水泥
碎石	应选用大理石、白云石或其他石粒加工而成，以金属或石料撞击时不发生火花为合格，具有不发火性的石料
砂	应具有不发火性的砂子。其质地坚硬、多棱角、表面粗糙并有颗粒级配，其粒径为0.15~5mm，含泥量不应大于3%，有机物含量不应大于0.5%
嵌条	面层分格的嵌条应采用不发生火花的材料配制

2. 施工质量控制要点

(1) 原材料加工和配制时，应随时检查，不得混入金属细粒或其他易发生火花的杂质。

(2) 各类不发火（防爆的）面层的铺设应按同类面层的施工要点采用。

(3) 不发火（防爆的）面层采用的石料和硬化后的试件，均应在金刚砂轮上做摩擦试验，在试验中没有发现任何瞬时的火花，即认为合格。试验时应按现行的国家规范《建筑地面工程施工质量验收规范》附录"不发生火花（防爆的）建筑地面材料及其制品不发生火性的试验方法"的规定采用质量标准。

3. 质量检查与验收标准

施工质量检查与验收，见表 7-30。

表 7-30　　　　　　　　不发火（防爆的）面层施工质量检查与验收

项	项目	合格质量标准	检验方法	检验数量
主控项目	材料质量	不发火（防爆的）面层采用的碎石应选用大理石、白云石或其他石料加工而成，并以金属或石料撞击时不发生火花为合格；砂应质地坚硬、表面粗糙，其粒径宜为 0.15~5mm，含泥量不应大于 3%，有机物含量不应大于 0.5%；水泥应采用普通硅酸盐水泥，其强度等级不应小于 42.5；面层分格的嵌条应采用不发生火花的材料配制。配制时应随时检查，不得混入金属或其他易发生火花的杂质	观察检查和检查材质合格证明文件及检测报告	抽查数量随机检验应不少于 4 间，不足 4 间应全数检查；其中走廊（过道）应以 10 延长米为 1 间，工业厂房（按单跨计）、礼堂、门厅应以两根轴线为 1 间计算
	面层强度等级	不发火（防爆的）面层的强度等级应符合设计要求	检查配合比通知单和检测报告	
	面层与下一层结合	面层与下一层应结合牢固，无空鼓、无裂纹 注：空鼓面积不应大于 400cm²，且每自然间（标准间）不多于 2 处可不计	用小锤轻击检查	
	面层试件检验	不发火（防爆的）面层的试件，必须检验合格	检查检测报告	
一般项目	面层表面质量	面层表面应密实，无裂缝、蜂窝、麻面等缺陷	观察检查	抽查数量随机检验应不少于 4 间，不足 4 间应全数检查；其中走廊（过道）应以 10 延长米为 1 间，工业厂房（按单跨计）、礼堂、门厅应以两根轴线为 1 间计算
	踢脚线与墙面结合	踢脚线与墙面应紧密结合、高度一致、出墙厚度均匀	用小锤轻击、钢直尺和观察检查	
	面层表面允许偏差	发火（防爆的）面层的允许偏差，应符合表 7-16 中有关的规定	见表 7-16	

第三节　板块面层工程施工质量

一、板块面层铺设适用场合与偏差

板块面层铺设适用于砖面层、大理石面层和花岗石面层、预制板块面层、料石面层、塑料板面层、活动地板面层和地毯面层等面层。

配制水泥砂浆应采用硅酸盐水泥、普通硅酸盐水泥或矿渣硅酸盐水泥；其水泥强度等级不宜小于32.5。铺设板块面层时，其水泥类基层的抗压强度不得小于1.2MPa。铺设前应铺刷一遍水灰比0.4～0.5水泥浆，随刷随铺。

铺设水泥混凝土板块、水磨石板块、水泥花砖、陶瓷锦砖、陶瓷地砖、缸砖、料石、大理石和花岗石面层等的结合层和填缝的水泥砂浆，在面层铺设后，表面应覆盖、湿润，其养护时间不应少于7d。当板块面层的水泥砂浆结合层的抗压强度达到设计要求后，方可正常使用。

砖面层的允许偏差，应符合表7-31的规定。

表7-31　　　　　　　　　　板、块面层的允许偏差和检验方法　　　　　　　　　　（mm）

项目	陶瓷锦砖面层、高级水磨石板块、陶瓷地砖面层	缸砖面层	水泥花砖面层	水磨石板块面层	大理石面层和花岗石面层	塑料板面层	水泥混凝土板块面层	碎拼大理石、碎拼花岗石面层	活动地板面层	条石面层	块石面层	检验方法
表面平整度	2.0	4.0	3.0	3.0	1.0	2.0	4.0	3.0	2.0	10.0	10.0	用2m靠尺和楔形塞尺检查
缝格平直	3.0	3.0	3.0	3.0	2.0	3.0	3.0	—	2.5	8.0	8.0	拉5m线和用钢尺检查
接缝高低差	0.5	1.5	0.5	1.0	0.5	0.5	1.5	—	0.4	2.0	—	用钢尺和楔形塞尺检查
踢脚线上口平直	3.0	4.0	—	4.0	1.0	2.0	4.0	1.0	—	—	—	拉5m线和用钢尺检查
板块间隙宽度	2.0	2.0	2.0	2.0	1.0	—	6.0	—	0.3	5.0	—	用钢尺检查

二、板块面层工程铺设质量控制与验收

（一）砖面层

彩釉地砖，又称陶瓷地砖，简称地砖，系在各类基层上用水泥砂浆或水泥素浆铺贴而成。这

种面层多彩丰富。带釉的地砖有红、白、蓝、黄等多种颜色，艺术性强，表面光滑平整，强度高、耐磨、抗腐蚀、抗风化，品种、规格、花色多，施工方便、快速，适用于各类建筑的门厅、廊道、会议室、餐厅、浴、厕以及中、高档房间的地面面层。

1. 砖面层工程铺设质量控制要点

(1) 有防腐蚀要求的砖面层采用的耐酸瓷砖、浸渍沥青砖、缸砖的材质、铺设以及施工质量验收，应符合现行国家标准《建筑防腐蚀工程及验收规范》（GB50212—2002）的规定。

(2) 铺设板块面层时，应在结合层上铺设。其水泥类基层的抗压强度不得小于 1.2MPa，表面应平整、粗糙、洁净。

(3) 在铺贴前，应对砖的规格尺寸（用套板进行分类）、外观质量（剔除缺棱、掉角、裂缝、歪斜、不平等）、色泽等进行预选，浸水湿润晾干待用。

(4) 砖面层排设应符合设计要求；当设计无要求时，应避免出现砖面小于 1/4 边长的边角料。

(5) 铺砂浆前，基层应浇水湿润，刷一道水泥素浆，务必要随刷随铺。铺贴砖时，砂浆饱满、缝隙一致；当需要调整缝隙时，应在水泥浆结合层终凝前完成。

(6) 铺贴宜整间一次完成；如果房间大一次不能铺完，可按轴线分块，须将接槎切齐，余灰清理干净。

(7) 勾缝和压缝应采用同品种、同强度等级、同颜色的水泥，并作养护和保护，湿润养护时间应不少于 7d。当砖面层的水泥砂浆结合层的抗压强度达到设计要求后，方可正常使用。

(8) 在水泥砂浆结合层上铺贴陶瓷锦砖面层时，砖底面应洁净，每联陶瓷锦砖之间、与结合层之间以及在墙角、镶边和靠墙处，应紧密贴合。在靠墙处不得采用砂浆填补。

(9) 在沥青胶结料结合层上铺贴缸砖面层时，缸砖应干净，铺贴时应在摊铺热沥青胶结料上进行，并应在胶结料凝结前完成。

(10) 采用胶粘剂在结合层上粘贴砖面层时，胶粘剂选用应符合现行国家标准《民用建筑工程室内环境污染控制规范》（GB50325—2010）的规定

2. 质量检查与验收标准

施工质量检查与验收标准，见表 7 - 32。

表 7 - 32　　　　　　　　　　砖面层施工质量检查与验收

项	项目	合格质量标准	检验方法	检验数量
主控项目	板材质量	面层所用的板块的品种、质量必须符合设计要求	观察检查和检查材质合格证明文件及检测报告	①抽查数量随机检验应不少于 3 间，不足 3 间应全数检查；其中走廊（过道）应以 10 延长米为 1 间，工业厂房（按单跨计）、礼堂、门厅应以两根轴线为 1 间计算
	面层与下一层结合	面层与下一层的结合（黏结）应牢固，无空鼓注：凡单块砖边角有局部空鼓，且每自然间（标准间）不超过总数的 5% 可不计	用小锤轻击检查	②有防水要求的检验批抽查数量应按其房间总数随机检验不少于 4 间；不足 4 间应全数检查

续表

项	项目	合格质量标准	检验方法	检验数量
一般项目	面层表面质量	砖面层的表面应洁净、图案清晰、色泽一致、接缝平整，深浅一致，周边顺直。板块无裂纹、掉角和缺楞等缺陷	观察检查	①抽查数量随机检验应不少于3间，不足3间应全数检查；其中走廊（过道）应以10延长米为1间，工业厂房（按单跨计）、礼堂、门厅应以两根轴线为1间计算 ②有防水要求的检验批抽查数量应按其房间总数随机检验不少于4间；不足4间应全数检查
	面层邻接处的镶边	面层邻接处的镶边用料及尺寸应符合设计要求，边角整齐、光滑	观察和用钢直尺检查	
	踢脚线质量	踢脚线表面应洁净、高度一致、结合牢固、出墙厚度一致	观察和用小锤轻击及钢直尺检查	
	楼梯踏步	楼梯踏步和台阶板块的缝隙宽度应一致、齿角整齐；楼层梯段相邻踏步高度差不应大于10mm；防滑条顺直	观察和用钢直尺检查	
	面层表面坡度	面层表面的坡度应符合设计要求，不倒泛水、无积水；与地漏、管道结合处应严密牢固，无渗漏	观察、泼水或坡度尺及蓄水检查	
	面层表面允许偏差	砖面层的允许偏差，应符合表7-30中的有关规定	见表7-30	

（二）大理石、花岗石面层

大理石、花岗石面层系采用加工好的天然大理石板、花岗石板在基层上铺砌而成。这种面层具有光滑明亮，装饰美观，耐磨，耐久，施工工艺简单、快速等优点；适用于高级住宅、宾馆、会堂、展览厅、大厅、走廊等楼地面的面层。

碎拼大理石、花岗石面层系采用不规则、不同色泽的大理石、花岗石板边角废料组拼而成。这种面层可铺贴出各种图案，具有乱中有序，俗而见雅，清新、奇特、明快、美观，且系利用边角废料，造价较低，施工简便、快捷等优点。适用于高级宾馆、展览厅作大厅、通廊等的面层。

1. 工程质量控制要点

大理石、花岗石面层工程施工质量控制要点应符合下列规定：

（1）大理石、花岗石面层采用天然大理石、花岗石（或碎拼大理石、碎拼花岗石）板材应在结合层上铺设。

（2）铺设大理石面层和花岗石面层时，其水泥类基层的抗压强度标准值不得小于1.2MPa。

（3）板块在铺设前，应根据石材的颜色、花纹、图案、纹理等按设计要求，试拼编号。

（4）板块的排设应符合设计要求；当设计无要求时，应避免出现板块小于1/4边长的边角料。

（5）铺设大理石、花岗石面层前，板材应浸水湿润、晾干。在板块试铺时，放在铺贴位置上的板块对好纵横缝后用皮锤（或木槌）轻轻敲击板块中间，使砂浆振密实，锤到铺贴高度。板块试铺合板后，搬起板块，检查砂浆结合层是否平整、密实。增补砂浆，浇一层水灰比为0.5左右的素水泥浆后，再铺放原板，应四角同时落下，用小皮锤轻敲，用水平尺找平。

（6）在已铺贴的板块上不准站人，铺贴应倒退进行。用与板块同色的水泥浆填缝，然后用软布擦干净粘在板块上的砂浆。在面层铺设后，表面应覆盖、湿润，其养护时间应不少于7d。当板块面层的水泥砂浆结合层的抗压强度达到设计要求后，方可正常使用。

（7）结合层和板块面层填缝的柔性密封材料应符合现行的国家有关产品标准和设计要求。

（8）板块类踢脚线施工时，严禁采用石灰砂浆打底。出墙厚度应一致，当设计无规定时，出墙厚度不宜大于板厚且小于20mm。

2. 质量检查与验收标准

大理石、花岗石面层工程质量检查与验收，见表7-33。

表7-33　　　　　　　大理石、花岗石面层施工质量检查与验收

项	项目	合格质量标准	检验方法	检验数量
主控项目	板块品种、质量	大理石、花岗石面层所用板块的品种、质量应符合设计要求	观察检查和检查材质合格记录	①抽查数量随机检验应不少于3间，不足3间应全数检查；其中走廊（过道）应以10延长米为1间，工业厂房（按单跨计）、礼堂、门厅应以两根轴线为1间计算 ②有防水要求的检验批抽查数量应按其房间总数随机检验不少于4间；不足4间应全数检查
	面层与下一层结合	面层与下一层应结合牢固，无空鼓。注：凡单块板块边角有局部空鼓，且每自然间（标准间）不超过总数的5%可不计	用小锤轻击检查	
一般项目	面层表面质量	大理石、花岗石面层的表面应洁净、平整、无磨痕，且应图案清晰、色泽一致、接缝均匀、周边顺直、镶嵌正确，板块无裂纹、掉角、缺楞等缺陷	观察检查	①抽查数量随机检验应不少于3间，不足3间应全数检查；其中走廊（过道）应以10延长米为1间，工业厂房（按单跨计）、礼堂、门厅应以两根轴线为1间计算 ②有防水要求的检验批抽查数量应按其房间总数随机检验不少于4间；不足4间应全数检查
	踢脚线质量	踢脚线表面应洁净、高度一致、结合牢固、出墙厚度一致	观察和用小锤轻击及钢直尺检查	
	楼梯踏步	楼梯踏步和台阶板块的缝隙宽度应一致、齿角整齐，楼层梯段相邻踏步高度差不应大于10mm，防滑条应顺直、牢固	观察和用钢直尺检查	
	面层坡度及其他要求	面层表面的坡度应符合设计要求，不倒泛水、无积水；与地漏、管道结合处应严密牢固，无渗漏	观察、泼水或坡度尺及蓄水检查	
	面层表面允许偏差	大理石和花岗石面层（或碎拼大理石、碎拼花岗石）的允许偏差，应符合表7-30中的有关规定	见表7-30	

（三）预制板块面层

1. 质量控制要点

预制板块面层工程施工质量控制要点应符合下列规定：

（1）预制板块面层采用水泥混凝土板块、水磨石板块在结合层上铺设。

（2）预制板块面层铺设时，其水泥类基层的抗压强度标准值不得小于 1.2MPa。

（3）预制板块面层踢脚线施工时，严禁采用石灰砂浆打底；出墙厚度应一致，当设计无规定时，出墙厚度不宜大于板厚且小于 20mm。

（4）楼梯踏步和台阶板块的缝隙宽度一致，齿角整齐。楼层梯段相邻踏步高度差不应大于 10mm，防滑条顺直。

（5）水泥混凝土板块面层的缝隙，应采用水泥浆（或砂浆）填缝；彩色混凝土板块和水磨石板块应用同色水泥浆（或砂浆）擦缝。

2. 质量检查与验收标准

预制板块面层工程质量检查与验收，见表 7 - 34。

表 7 - 34　　　　　　　　　预制板块面层工程施工质量检查与验收

项	项目	合格质量标准	检验方法	检验数量
主控项目	板块强度、品种、质量	预制板块的强度等级、规格、质量应符合设计要求；水泥品种、质量应符合设计要求；水磨石板块应符合国家现行行业标准《建筑水磨石制品》JC507 的规定	观察检查和检查材质合格证明文件及检测报告	①抽查数量随机检验应不少于 3 间，不足 3 间应全数检查；其中走廊（过道）应以 10 延长米为 1 间，工业厂房（按单跨计）、礼堂、门厅应以两根轴线为 1 间计算 ②有防水要求的检验批抽查数量应按其房间总数随机检验不少于 4 间；不足 4 间应全数检查
	面层与下一层结合	面层与下一层应结合牢固，无空鼓 注：凡单块板块料边角有局部空鼓，且每自然间（标准间）不超过总数的 5% 可不计	用小锤轻击检查	
一般项目	板块质量	预制板块表面应无裂缝、掉角、翘曲等明显缺陷	观察检查	①抽查数量随机检验应不少于 3 间，不足 3 间应全数检查；其中走廊（过道）应以 10 延长米为 1 间，工业厂房（按单跨计）、礼堂、门厅应以两根轴线为 1 间计算 ②有防水要求的检验批抽查数量应按其房间总数随机检验不少于 4 间；不足 4 间应全数检查
	板块面层质量	预制板块面层应平整洁净、图案清晰、色泽一致、接缝均匀、周边顺直、镶嵌正确	观察检查	
	面层邻接处的镶边	面层邻接处的镶边用料尺寸应符合设计要求，边角整齐、光滑	观察和用钢直尺检查	
	踢脚线质量	踢脚线表面应洁净、高度一致、结合牢固、出墙厚度一致	观察和用小锤轻击及钢直尺检查	
	楼梯踏步	楼梯踏步和台阶板块的缝隙宽度一致、齿角整齐；楼层梯段相邻踏步高度差应不大于 10mm；防滑条顺直	观察和用钢直尺检查	
	面层表面允许偏差	水泥混凝土板块和水磨石板块面层的允许偏差应符合表 7-30 中的有关规定	见表 7 - 30	

（四）料石面层

1. 料石面层工程施工质量控制要点

料石面层工程施工质量控制要点应符合下列规定：

（1）料石面层采用天然条石和块石在结合层上铺设。

（2）条石和块石面层所用的石材的规格、技术等级和厚度应符合设计要求。条石的质量应均匀，形状为矩形六面体，厚度为 80～120mm；块石形状为直棱柱体，顶面粗琢平整，底面面积不宜小于顶面面积的 60%，厚度为 100～150mm。

（3）不导电的料石面层的石料应采用辉绿岩石加工制成；填缝材料亦采用辉绿岩石加工的砂嵌实。耐高温的料石面层的石料，应按设计要求选用。

（4）料石面层铺设时，其水泥类基层的抗压强度标准值不得小于 1.2MPa。

（5）条石面层采用水泥砂浆做结合层时，厚度应为 10～15mm；采用石油沥青胶结料铺设时，结合层厚度应为 2～5mm；砂结合层厚度应为 15～20mm。

（6）块石面层的砂垫层厚度，在打夯压实后不应小于 60mm。若块面层铺在基土上，则其基土应均匀密实；填土或土层结构被扰动的基土，应予以分层压（夯）实。

（7）条石应按规格尺寸分类，并垂直于行走方向拉线铺砌成行；相邻石块应错缝条石长度的 1/3～1/2，不宜出现十字缝；铺砌的方向和坡度应正确。

（8）在砂结合上层铺砌条石的缝隙宽度不宜大于 5mm。石料间的缝隙，采用水泥砂浆或沥青胶结料填塞时，应预先用砂填缝至高度的 1/2。

（9）在水泥砂浆结合层上铺砌条石面层时，用同类砂浆填塞石料缝隙，其缝隙宽度应不大于 5mm。

（10）在石油沥青胶结料结合层上铺砌条石面层时，条石应干净干燥，铺贴时应在摊铺热沥青胶结料上进行，并应在沥青胶结料凝结前完成。填缝前，缝隙应清扫干净并使其干燥。

2. 质量检查与验收标准

料石面层工程质量检查与验收，见表 7-35。

表 7-35　　　　　　料石面层工程施工质量检查与验收

项	项目	合格质量标准	检验方法	检验数量
主控项目	料石质量	面层材质应符合设计要求；条石的强度等级应大于 MU60，块石的强度等级应大于 MU30	观察检查和检查材质合格证明文件及检测报告	①抽查数量随机检验应不少于 3 间，不足 3 间应全数检查；其中走廊（过道）应以 10 延长米为 1 间，工业厂房（按单跨计）、礼堂、门厅应以两根轴线为 1 间计算
	面层与下一层结合	面层与下一层应结合牢固、无松动	观察检查和用锤击检查	②有防水要求的检验批抽查数量应按其房间总数随机检验不少于 4 间；不足 4 间应全数检查

续表

项	项目	合格质量标准	检验方法	检验数量
一般项目	组砌方法	条石面层应组砌合理，无十字缝，铺砌方向和坡度应符合设计要求；块石面层石料缝隙应相互错开，通缝不超过两块石料	观察和用坡度尺检查	①抽查数量随机检验应不少于 3 间，不足 3 间应全数检查；其中走廊（过道）应以 10 延长米为 1 间，工业厂房（按单跨计），礼堂、门厅应以两根轴线为 1 间计算 ②有防水要求的检验批抽查数量应按其房间总数随机检验不少于 4 间；不足 4 间应全数检查
	面层允许偏差	条石面层和块石面层的允许偏差应符合表 7 - 30 中的有关规定	见表 7 - 30	

（五）塑料板面层

塑料板面层系用胶粘剂将塑料板或塑料卷板粘贴在水泥类基层上而成。这种面层具有表面光洁，色泽多样，拼花美观新颖，脚感舒适，质轻、绝缘、耐磨、耐燃，吸水性小，尺寸稳定，施工方便，成本不高等特点。适用于住宅、宾馆、会议室、候车室、试验室、精密车间、手术室及其他防腐、防尘要求较高的房间的楼地面面层。

1. 工程质量控制要点

塑料板面层工程质量控制要点应符合下列规定：

（1）塑料板面层应采用塑料板块材、塑料卷材以胶粘剂或塑料板焊接的方法在水泥类基层上铺设。

（2）胶粘剂选用应符合现行国家标准《民用建筑工程室内环境污染控制规范》（GB 50325—2010）的规定。其产品应按基层材料和面层材料使用的相容性要求，通过试验确定。

（3）基层处理：对铺贴基层的基本要求是平整、坚实、干燥并有足够强度，各阴阳角方正，无油脂、尘垢和杂质。在混凝土及水泥砂浆类基层上铺贴塑料地板，其表面用 2 m 直尺检查的允许空隙不得超过 2mm，基层含水率不应大于 9%。当表面有麻面、起砂和裂缝等缺陷时，应采用腻子修补并涂刷乳液。先用石膏乳液腻子做第一道嵌补找平，用 0 号铁砂布打磨；再用滑石粉乳液腻子做第二道修补找平；直至表面平整后，再用稀释的乳液涂刷一遍。分格定位时，如果地板的尺寸与房间长宽方向尺寸并非完全吻合，一般可留出 200～300mm 作镶边。根据设计要求及地板的规格、图案及色彩，确定分色线的位置。如套间内外房间地板颜色不同，分色线应设在门洞踩口线外，分格线应设门中，使门口地板对称，但也不应使门口出现小于板宽 1/2 的窄条。

（4）试铺与裁板：地板块按定位线先试铺，试铺无误后应进行编号。当需要裁割时，需先用划针（钢锥）划线，然后根据铺贴要求用裁切刀进行裁割。对于曲面及墙（柱）面凸出部位贴靠处的裁割，通常是使用两脚规或划线器沿轮廓划线后沿线裁切。

（5）涂刷底子胶：塑料板块正式铺贴前，在清理洁净的基层表面涂刷一层薄而匀的底子胶，待其干燥后方可铺板。底子胶的配制：当采用非水溶性胶粘剂时，宜按同类胶粘剂（非水溶性）加入其重量 10% 的汽油（65 号）和 10% 的醋酸乙酯并搅拌均匀；当采用水溶性胶粘剂时，宜按同类胶加水搅拌均匀。

（6）涂刷胶粘剂：塑料地板铺贴施工时，室内相对湿度不应大于 80%。应根据铺设场所部位等不同条件，正确选用胶粘剂，不同的胶粘剂应采用不同的施工方法。如采用溶剂型胶粘剂，一般是在涂布后晾干至溶剂挥发到不粘手时（10～20min），再进行铺贴；采用乳液型胶粘剂时，则无须晾干过程，宜将塑料地板的黏结面打毛，涂胶后即可铺贴；采用 E - 44 环氧树脂胶（6101 环氧胶、HN 605 胶）、405 聚氨酯胶及 202 胶等胶粘剂，多为双组分，要根据使用说明按组分配比准确计量调配，并即时用完。一般乳液型胶粘剂需要双面涂胶（塑料地板及基层黏结面），溶剂型胶粘剂大多只需在基层涂刮胶液即可。基层涂胶时，应超出分格线 10mm（俗称硬板出线），涂胶厚度应不超过 1mm。

（7）铺贴作业：塑料地板块应根据弹线按编号在涂胶后适时地一次就位粘贴，一般是沿轴线由中央向四周展开，保持图案对称和尺寸整齐。应先将地板块的一端对齐后再铺平黏合，同时用橡胶滚筒轻力滚压使之平敷并赶出气泡。为使粘贴可靠，应再用压辊压实或用橡胶锤敲实，边角部位可采用橡胶压边滚筒滚压防止翘边。对于采用初黏力较弱的胶粘剂如聚氨酯和环氧树脂等，粘贴后应使用砂袋将塑料地板压住，直至胶粘剂固化。

2. 工程质量检查与验收标准

塑料板面层工程质量检查与验收标准，见表 7-36。

表 7-36 塑料板面层工程质量检查与验收

项	项目	合格质量标准	检验方法	检验数量
主控项目	塑料板质量	塑料板面层所用的塑料板块和卷材的品种、规格、颜色、等级应符合设计要求和现行国家标准的规定	观察检查和检查材质合格证明文件及检测报告	①抽查数量随机检验应不少于 3 间，不足 3 间应全数检查；其中走廊（过道）应以 10 延长米为 1 间，工业厂房（按单跨计）、礼堂、门厅应以两根轴线为 1 间计算 ②有防水要求的检验批抽查数量应按其房间总数随机检验不少于 4 间；不足 4 间应全数检查
	面层与下一层黏结	面层与下一层的黏结应牢固，不翘边、不脱胶（考虑当前我国建筑施工企业的实际技术水平，凡塑料板卷材局部脱胶处的面积不大于 20cm²，且相隔间距不小于 50cm，可不计入脱胶这一质量缺陷；对塑料板单块板块料边角局部脱胶处，且每自然间或标准间检查总数中不超过 5%量，亦可不计入脱胶这一质量缺陷）、无溢胶	观察和用敲击及钢直尺检查	
一般项目	面层质量	塑料板面层应表面洁净，图案清晰，色泽一致，接缝严密，美观。拼缝处的图案、花纹吻合，无胶痕；与墙边交接严密，阴阳角收边方正	观察检查	①抽查数量随机检验应不少于 3 间，不足 3 间应全数检查；其中走廊（过道）应以 10 延长米为 1 间，工业厂房（按单跨计）、礼堂、门厅应以两根轴线为 1 间计算 ②有防水要求的检验批抽查数量应按其房间总数随机检验不少于 4 间；不足 4 间应全数检查
	焊接质量	板块焊接的焊缝应平整、光洁，无焦化变色、斑点、焊瘤和起鳞等缺陷，其凹凸允许偏差为 ±0.6mm。焊缝的抗拉强度不得小于塑料板强度的 75%	观察检查和检查检测报告	
	镶边用料	镶边用料尺寸准确、边角整齐、拼缝严密、接缝顺直	用钢直尺和观察检查	
	面层允许偏差	塑料板面层的允许偏差，应符合表 7-30 中有关的规定	见表 7-30	

（六）活动地板面层

1. 工程质量控制要点

活动地板面层工程质量控制要点应符合下列规定：

（1）活动地板面层包括标准地板、异型地板和地板附件（即支架和横梁组件）。采用的活动地板块应平整、坚实，面层承载力不得小于 7.5MPa，其系统电阻：A 级板为 $1.0 \times 10^5 \sim 1.0 \times 10^8 \Omega$；B 级板为 $1.0 \times 10^5 \sim 1.0 \times 10^{10} \Omega$。

（2）活动地板面层的金属支架应支承在现浇水泥混凝土基层（或面层）上，基层表面应平整、光洁、不起灰。

（3）活动板块与横梁接触搁置处应达到四角平整、严密，活动地板所有的支座柱和横梁应构成框架一体，并与基层连接牢固；支架抄平后，高度应符合设计要求。

（4）当活动地板不符合模数时，其不足部分在现场根据实际尺寸将板块切割后镶补，并配装相应的可调支撑和横梁。切割边不经处理不得镶补安装，并不得有局部膨胀变形情况。

（5）活动地板在门口处或预留洞口处应符合设置构造要求，四周侧边应用耐磨硬质板材封闭或用镀锌钢板包裹，胶条封边应符合耐磨要求。

（6）活动地板面层铺设，应符合表 7-37 的要求。

表 7-37　　　　　　　　　　　　活动地板面层铺设要求

类　别	要　　求
确定铺设方向	根据房间平面尺寸和设备等情况，应按活动地板模数选择板块的铺设方向。当平面尺寸符合活动地板板块模数，而室内无控制柜设备时，宜由里向外铺设；当平面尺寸不符合活动地板板块模数时，宜由外向里铺设；当室内有控制柜设备且需要预留洞口时，铺设方向和先后顺序应综合考虑选定
弹线定位	在室内四周墙面划出标高控制位置，并按选定的铺设方向和顺序设基准点。在基层表面上按板块尺寸弹线形成方格网，标出地板块的安装位置和高度，并标明设备预留部位
固定支架和横梁	在弹线方格网的十字交点处安放支座，转动支座螺杆，用水平尺调整每个支架顶面的高度至全室等高。桁条、横梁的安装根据其配套产品的具体类型，依说明书的有关要求进行。按相应的方法将支架和横梁等组成框架一体后，即用水平仪进行抄平。支座与基层表面之间的空隙应灌注环氧树脂并连接牢固，也可用膨胀螺栓或射钉连接。在横梁上铺放缓冲胶条时，应采用白乳胶与横梁黏合。待铺设活动地板块时，要调整水平度保证四角接触处平整、严密，不得采用加垫的方法
铺装面板	对于抗静电活动地板的铺装，要求面板与周边墙柱面接触处接缝严密。当活动地板不符合模数时，其不足部分可根据实际尺寸将面板块切割后镶补，并应配装相应的支撑和横梁。被切割的板块边部须采取封口措施，可用清漆或环氧树脂胶加滑石粉按比例调成腻子封边；也可采用铝型材镶嵌。不论采用何种方法，切割后的面板块必须要在封口处用木条镶嵌。有的设计要求桁条格栅与四周墙或柱体内的预埋铁件固定，则事先可用连接板与桁条以螺栓连接或采用焊接，在检查活动地板面下铺设的管线和导线后，方可铺放活动地板块

2. 工程施工质量检查与验收标准

活动地板面层工程施工质量检查与验收，见表 7-38。

表 7 - 38		活动地板面层工程施工质量检查与验收		
项	项目	合格质量标准	检验方法	检验数量
主控项目	材料质量	面层材质必须符合设计要求，且应具有耐磨、防潮、阻燃、耐污染、耐老化和导静电等特点	观察检查和检查材质合格证明文件及检测报告	①抽查数量随机检验应不少于 3 间，不足 3 间应全数检查；其中走廊（过道）应以 10 延长米为 1 间，工业厂房（按单跨计）、礼堂、门厅应以两根轴线为 1 间计算 ②有防水要求的检验批抽查数量应按其房间总数随机检验不少于 4 间；不足 4 间应全数检查
	面层质量要求	活动地板面层应无裂纹、掉角和缺楞等缺陷。行走无声响、无摆动	观察和脚踩检查	
一般项目	面层表面质量	活动地板面层应排列整齐、表面洁净、色泽一致、接缝均匀、周边顺直	观察检查	①抽查数量随机检验应不少于 3 间，不足 3 间应全数检查；其中走廊（过道）应以 10 延长米为 1 间，工业厂房（按单跨计）、礼堂、门厅应以两根轴线为 1 间计算 ②有防水要求的检验批抽查数量应按其房间总数随机检验不少于 4 间；不足 4 间应全数检查
	面层允许偏差	活动地板面层的允许偏差，应符合表 7 - 30 中有关的规定	见表 7 - 30	

（七）地毯面层

1. 工程质量控制要点

地毯面层工程质量控制要点应符合下列规定：

（1）海绵衬垫应满铺平整，地毯拼缝处不露底衬。

（2）固定式地毯铺设应符合下列规定：

①固定地毯用的金属卡条（倒刺板）、金属压条、专用双面胶带等必须符合设计要求。

②铺设的地毯张拉应适宜，四周卡条固定牢靠；门口处应用金属压条等固定。

③地毯周边应塞入卡条和踢脚线之间的缝中。

④粘贴地毯应用胶粘剂与基层粘贴牢固。

（3）活动式地毯铺设应符合下列规定：

①地毯拼成整块后直接铺在洁净的地上，地毯周边应塞入踢脚线下。

②与不同类型的建筑地面连接处，应按设计要求收口。

③小方块地毯铺设，块与块之间应挤紧服帖。

（4）楼梯地毯铺设，每梯段顶级地毯应用压条固定于平台上，每级阴角处应用卡条固定牢靠。

（5）地毯面层的铺设，一般按表 7 - 39 给出步骤进行。

2. 工程施工质量检查与验收标准

地毯面层工程施工质量检查与验收，见表 7 - 40。

表 7-39　　　　　　　　　　　　　　　地毯面层的铺设步骤

步　骤	铺设步骤说明
基层处理	对于水泥砂浆基层应按规范施工，表面无空鼓或宽度大于 1mm 的裂缝，不得有油污、蜡质等，否则应进行修补（可用 108 胶水泥砂浆）、清理洁净（可采用松节油或丙酮）或用砂轮机打磨。新浇混凝土必须养护 28d 左右，现抹水泥砂浆基层施工后14d 左右，基层表面含水率小于 8％并具一定强度后，方可铺设地毯
尺量与裁割	精确测量房间尺寸、铺设地毯的细部尺寸，确定铺设方向，要按房间和用毯型号逐一填表记录。化纤地毯的裁剪长度应比实需尺寸长出 20mm，宽度以裁去地毯边缘后的尺寸计算。在地毯背面弹线，然后用手推裁刀从毯背裁切，裁后卷成卷并编号运入对号房间。如系圈绒地毯，裁割时应是从环毛的中间剪断；如系平绒地毯，应注意切口绒毛的整齐
缝合	对于加设垫层的地毯，裁切完毕先虚铺于垫层上，然后再将地毯卷起，在需要拼接的端头进行缝合。先用直针在毯背面隔一定距离缝几针作临时固定，然后再用大针满缝。背面缝合拼接后，于接缝处涂刷 50～60mm 宽的一道白乳胶，黏贴布条或牛皮纸带；或采用电熨斗烫成品接缝带的方法，将地毯再次平放铺好，用弯针在接缝处进行正面绒毛的缝合，使之不显拼缝痕迹
固定踢脚板	铺设地毯房间的踢脚板，多采用木踢脚板。木踢脚板可用木螺钉拧固于墙体预埋木砖上，表面进行油漆涂饰或再粘贴复合柚木板等装饰层。如果墙体没有预埋，可用水泥钉或其他方式固定踢脚板。踢脚板离开楼地面 8mm 左右，以便于地毯在此处掩边封口。如采用塑料踢脚板，其定位与木踢脚相同，安装方式可用钉固或直接粘贴于墙面基层。无论采用何种踢脚板，均应明确其对地毯铺设的收口作用
固定倒刺板条	采用成卷地毯并设垫层的地毯工程，以倒刺板固定地毯的做法居多。倒刺板条沿踢脚板边缘用水泥钉钉固于楼地面，间距 400mm 左右，并离开踢脚板面（或不设踢脚板的柱面及装饰造型底面等）8～10mm，以方便敲钉
地毯的张紧与固定	将地毯的一条长边先固定在倒刺板条上，将其毛边掩入踢脚板下，即可用地毯撑子对地毯进行拉伸，可由数人从不同方向同时操作，直至拉平张紧将其四个边均牢挂于四周倒刺板朝天钉钩上。对于走廊等处纵向较长的地毯铺设，应充分利用地毯撑子使地毯在纵横方向呈 V 形张紧，而后再固定
地毯收口	地毯铺设的重要收口部位，一般多采用铝合金收口条，可以是 L 形倒刺收口条，也可以是带刺圆角锑条或不带刺的铝合金压条，以美观和牢固为原则。收口条与楼地面基体的连接，可以采用水泥钉钉固，也可以钻孔打入木楔或尼龙胀塞以螺钉拧紧，或选用其他连接方法

表 7-39　　　　　　　　　　　　　　地毯面层工程施工质量检查与验收

项	项目	合格质量标准	检验方法	检验数量
主控项目	地毯、胶料及铺料质量	地毯的品种、规格、颜色、花色、胶料和辅料及其材质必须符合设计要求和国家现行地毯产品标准的规定	观察检查	①抽查数量随机检验应不少于 3 间，不足 3 间应全数检查；其中走廊（过道）应以 10 延长米为 1 间，工业厂房（按单跨计）、礼堂、门厅以两根轴线为 1 间计算 ②有防水要求的检验批抽查数量应按其房间总数随机检验不少于 4 间；不足 4 间应全数检查
	地毯铺设质量	地毯表面应平服、拼缝处黏贴牢固、严密平整、图案吻合	观察检查	

项	项目	合格质量标准	检验方法	检验数量
一般项目	地毯表面质量	地毯表面不应起鼓、起皱、翘边、卷边、显拼缝、露线和无毛边，绒面毛顺光一致，地毯干净，无污染和损伤	观察检查	①抽查数量随机检验应不少于 3 间，不足 3 间应全数检查；其中走廊（过道）应以 10 延长米为 1 间，工业厂房（按单跨计）、礼堂、门厅应以两根轴线为 1 间计算 ②有防水要求的检验批抽查数量应按其房间总数随机检验不少于 4 间；不足 4 间应全数检查
	地毯细部连接	地毯同其他面层连接处、收口处和墙边、柱子周围应顺直、压紧	观察检查	

第四节　木、竹面层工程施工质量

一、实木地板面层工程铺设质量控制与验收

实木地板面层的形式有：松木地板、硬木地板和拼花地板等。前两种为长条，后一种为板块状。松木地板由于耐磨性相对较差，只多在产松木地区应用，而后两种应用最为广泛。

1. 材料要求

实木地板面层的材料要求，见表 7 - 41。

表 7 - 41　　　　　　　　　实木地板面层的材料要求

类 别		说 明
木地板	企口板	采用不易腐朽、不易变形开裂的木板，其宽度不大于 120mm，厚度应符合设计要求
	毛地板	材质同企口，但可用钝棱料，其宽度不宜大于 120mm
	毛地板、木搁栅和垫木	毛地板、木搁栅和垫木等用材规格、树种以及防腐处理，均应符合设计要求
拼花木地板	拼花木地板	采用水曲柳、核桃木、柞木、柳安等质地优良、不易腐朽开裂的木材做成，接缝可采用企口、截口或平头形式。常用尺寸：长 250～300mm，宽 30～50mm，厚 18～20mm
	毛地板	毛地板材质要求与木板面层相同

2. 工程施工质量控制要点

实木地板面层工程施工质量控制要点应符合下列规定：

（1）实木地板面层采用条材和块材实木地板以空铺或实铺方式在基层上铺设。实木地板面层用双层面层和单层面层铺设。双层面层是指下层为毛地板，上层为实木地板。

（2）实木地板面层的条材和块材应采用具有商品检验合格证的产品，其产品类别、型号、使用

树种、检验规则以及技术条件等均应符合现行国家标准《实木地板》（GB/T15036.1～6）的规定。

（3）实木地板面层所采用的材质和铺设时的木材含水率必须符合设计要求。木搁栅、垫木和毛地板等必须做防腐、防蛀处理。采用实木制作的踢脚线，背面应抽槽并做防腐处理。

（4）铺设实木地板面层时，木搁栅的截面尺寸、间距和稳固方法等均应符合设计要求。木搁栅固定时，不得损坏基层和预埋管线。木搁栅应垫实钉牢，与墙之间应留出30mm的缝隙，表面应平直。

（5）毛地板铺设时，应与木搁栅成30°或45°斜向钉牢，并使其髓心向上，板间的缝隙不大于3mm。毛地板与墙之间留8～12mm的缝隙。每块地板与其下的每根搁栅上各用两枚钉固定。钉的长度为板厚度的2.5倍。

（6）铺设实木地板条材时，每块条材应钉牢在每根搁栅上，并从侧面斜向钉入板中。实木地板条材端头接缝应在搁栅上，并应间隔错开，板与板之间应紧密，仅允许个别有缝隙，缝隙宽度不得大于1mm；当采用硬木条材时，不应大于0.5mm。地板与墙之间应留8～12mm缝隙。

（7）铺设实木地板块材时，每块块材应钉牢在毛地板上，并从侧面斜向钉入板中。块材长度不大于300mm时，侧面应着钉两枚；长度大于300mm时，每300mm应增加一枚钉，顶端均应钉一枚钉。地板与墙之间应留8～12mm缝隙。

（8）铺设拼花地板时，地板的接缝可采用企口、截口或平头接缝。拼花地板应铺在毛地板上，铺钉应紧密。拼花地板长度小于300mm时，侧面应着钉两枚；长度大于300mm时，每300mm应增加一个钉，顶端均应着钉1枚。拼花地板的铺设图案应符合设计要求，房间周边宜铺成镶边。

3. 施工质量检查与验收标准

实木地板面层工程施工质量检查与验收标准，见表7-42。

表7-42　　　　　　　　　实木地板面层工程施工质量检查与验收

项	项目	合格质量标准	检验方法	检验数量
主控项目	材料质量	实木地板面层所采用的材质和铺设时的木材含水率必须符合设计要求。木搁栅、垫木和毛地板等必须做防腐、防蛀处理	观察检查和检查材质合格证明及检测报告	①抽查数量随机检验应不少于3间，不足3间应全数检查；其中走廊（过道）应以10延长米为1间，工业厂房（按单跨计）、礼堂、门厅应以两根轴线为1间计算 ②有防水要求的检验批抽查数量应按其房间总数随机检验不少于4间；不足4间应全数检查
	木格栅安装	木搁栅安装应牢固、平直	观察、脚踩检查	
	面层铺设	面层铺设应牢固；黏结无空鼓	观察、脚踩或用小锤轻击检查	
一般项目	面层质量	实木地板面层应刨平、磨光，无明显刨痕和毛刺等现象，图案清晰、颜色均匀一致	观察检查	①抽查数量随机检验应不少于3间，不足3间应全数检查；其中走廊（过道）应以10延长米为1间，工业厂房（按单跨计）、礼堂、门厅应以两根轴线为1间计算 ②有防水要求的检验批抽查数量应按其房间总数随机检验不少于4间；不足4间应全数检查
	面层缝隙质量	面层缝隙应严密；接头位置应错开、表面洁净	观察检查	
	拼花地板质量	拼花地板接缝应对齐，粘、钉严密；缝隙宽度均匀一致；表面洁净，胶粘无溢胶	观察检查	
	踢脚线质量	踢脚线表面应光滑，接缝严密，高度一致	观察和钢直尺检查	
	表面允许偏差	实木地板面层的允许偏差应符合表7-42的规定	见表7-42	

表 7‑43   实木地板面层的允许偏差

项　目	允许偏差（mm）			检验方法
	松木地板	硬木地板	拼花地板	
板面缝隙宽度	1	0.5	0.2	用钢直尺检查
表面平整度	3	2	2	用 2m 靠尺和楔形塞尺检查
踢脚线上口平齐	3	3	3	拉 5m 通线，不足 5m 拉通线和用钢直尺检查
板面拼缝平直	3	3	3	
相邻板材高差	0.5	0.5	0.5	用钢直尺和楔形塞尺检查
踢脚线与面层的接缝	1	1	1	楔形塞尺检查

二、实木复合地板面层工程铺设质量控制与验收

实木复合地板面层有实铺和空铺两种构造做法。实铺是将实木复合地板直接铺设在水泥类基层上，地板下加衬垫，衬垫可选用泡沫塑料布等；空铺有单层和双层两种做法，单层是将实木复合地板铺设在木搁栅上，双层是在木搁栅上铺毛地板（或细木工板、胶合板等），在毛地板上再铺钉实木复合地板。这种地板面层具有与硬木地板一样的弹性好、舒适、热导率小、干燥、豪华、美观大方等优点，适用范围同松木和硬木地板面层。

1. 材料要求

（1）实木复合地板：以采用不易腐朽、不易变形开裂的优质天然木材为面层和符合环保产品的芯板板材为原料，经运用技术配方科学地结构层加工而成。其收缩膨胀率比实木地板低很多，其宽度不宜大于 120mm，厚度应符合设计要求。

（2）木搁栅、毛地板、踢脚板等同硬木地板面层要求。

2. 工程施工质量控制要点

实木复合地板面层工程施工质量控制要点应符合下列规定：

（1）实木复合地板面层以空铺或实铺方式在基层上铺设。实木复合地板面层的材料应采用具有商品检验合格证的产品，其产品类别、型号、使用树种、检验规则以及技术条件等均应符合现行国家标准的规定。木搁栅、垫木和毛地板应做防腐、防蛀处理。

（2）实木复合地板面层应采用不易腐朽、不易变形开裂的天然木材制成，结合各类地板的膨胀率、黏合度等重要指标数据之最优值，使其收缩膨胀率相对实木地板低得多。其宽度不宜大于 120mm，厚度应符合设计要求。

（3）木搁栅（木龙骨、垫方）和垫木等用材树种和规格以及防腐处理等均应符合设计要求。

（4）实木复合地板面层空铺或实铺方式的木搁栅（木龙骨、垫方）和毛地板铺设，应符合下列规定：

①企口板铺设时，应与搁栅成垂直方向钉牢，板的接缝应间隔错开，板与板之间仅允许个别地方有缝隙，但缝隙宽度不大于 1mm。企口板与墙之间留 10～15mm 的缝隙，并用踢脚板或踢脚条封盖。每块企口板钉牢在其下的每根搁栅上。钉的长度为企口板厚度的 2～2.5 倍。

②企口板表面不平处应进行刨光，刨削方向应顺木纹。刨光后装设踢脚板或踢脚条。

③踢脚板一般为 150mm×（20～25）mm，背面开槽，以防翘曲。踢脚板背面应做防腐处理。

（5）实木复合地板面层可采用整贴法和点贴法直接在水泥类基层（面层）上施工。粘贴材料

应采用具有耐老化、防水和防菌、无毒等性能的材料，或按设计要求选用。

（6）实木复合地板面层下铺设的防潮隔声衬垫的材质和厚度应符合设计要求，两幅拼缝之间结合处不得显露出基层（面层）面。

（7）实木复合地板面层的条材和块材纵向端接缝的位置应协调，相邻两行的端接缝错开不应小于 300mm。

（8）铺设面层时，应将条材（块材）板边沿多余的油漆处理干净，以保证铺好后两条（块）板缝接口处平整严密。

（9）大面积铺设实木复合地板面层（长度大于 10m）时，分段缝的处理应符合设计要求。

3. 施工质量检查与验收标准

实木复合地板面层工程施工质量检查与验收标准，见表 7 - 44。

表 7 - 44　　　　　　　　实木复合地板面层工程施工质量检查与验收

项	项目	合格质量标准	检验方法	检验数量
主控项目	材料质量	实木复合地板面层所采用的条材和块材，其技术等级及质量要求应符合设计要求。木搁栅、垫木和毛地板等必须做防腐、防蛀处理	观察检查和检查材质合格证明及检测报告	①抽查数量随机检验应不少于 3 间，不足 3 间应全数检查；其中走廊（过道）应以 10 延长米为 1 间，工业厂房（按单跨计）、礼堂、门厅应以两根轴线为 1 间计算 ②有防水要求的检验批抽查数量应按其房间总数随机检验不少于 4 间；不足 4 间应全数检查
	木格栅安装	木搁栅安装应牢固、平直	观察、脚踩检查	
	面层铺设	面层铺设应牢固；粘贴无空鼓	观察、脚踩或用小锤轻击检查	
一般项目	面层外观质量	实木复合地板面层图案和颜色应符合设计要求，图案清晰，颜色一致，板面无翘曲	观察，用 2m 靠尺和楔形塞尺检查	①抽查数量随机检验应不少于 3 间，不足 3 间应全数检查；其中走廊（过道）应以 10 延长米为 1 间，工业厂房（按单跨计）、礼堂、门厅应以两根轴线为 1 间计算 ②有防水要求的检验批抽查数量应按其房间总数随机检验不少于 4 间；不足 4 间应全数检查
	面层接头质量	面层的接头应错开、缝隙严密、表面洁净	观察检查	
	踢脚线质量	踢脚线表面光滑，接缝严密，高度一致	观察和钢直尺检查	
	表面允许偏差	实木复合地板面层的允许偏差，应符合表 7 - 44 的规定	见表 7 - 45	

表 7 - 45　　　　　　　　实木复合地板面层的允许偏差

项　　目	允许偏差（mm）	检验方法
板面缝隙宽度	0.5	用钢直尺检查
表面平整度	2.0	用 2m 靠尺和楔形塞尺检查

续表

项　目	允许偏差（mm）	检验方法
踢脚线上口平齐	3.0	拉 5m 通线，不足 5m 拉通线和用钢直尺检查
板面拼缝平直	3.0	
相邻板材高差	0.5	用钢直尺和楔形塞尺检查
踢脚线与面层的接缝	1.0	用楔形塞尺检查

三、中密度复合地板面层工程铺设质量控制与验收

中密度（强化）复合地板呈长条形，拼缝为企口缝。面层地板有实铺和空铺两种构造做法。实铺是将中密度（强化）复合地板直接铺设在水泥类基面上，地板下加衬垫（衬垫常选用聚乙烯膜）；空铺一般按双层做法，即在木搁栅上铺衬板（细木工板、胶合板等），衬板上再铺设中密度（强化）复合地板。这种面层具有与硬木地板一样的弹性好、舒适，热导率小、干燥、易清洁等性能，并能达到面层浮雕图案的装饰效果和表面耐磨的使用功能。其适用范围同硬木地板面层。

1. 材料要求

（1）中密度（强化）复合地板是以一层或多层专用纸浸渍热固性氨基树脂，铺装在中密度纤维板的人造板基材表面，背面加平衡层，正面加耐磨层经热压而成的木质地板材。密度板的基材应采用伸缩率低、吸水率低、抗拉强度高的树种，并使复合地板各复层之间对称平衡，可自行调节消除环境温度、湿度变化引起的内应力，以达到耐磨层、装饰层、高密度板层及防水平衡层的自身膨胀系数较接近，避免了硬木地板经常出现的弹性变形、振动脱胶及抗承重能力低等缺点，其技术性能参见表 7-46。中密度（强化）复合地板的宽度和厚度应按设计要求采用。

（2）木搁栅、衬板等用材和规格以及耐腐处理等应符合设计要求。

表 7-46　　　　　　　　中密度（强化）复合地板技术指标

项　目	技术指标
密度（g/cm）	≥0.8
含水率（％）	3～10
静屈强度（MPa）	≥30
内结合强度（MPa）	≥0.1
表面结合强度（MPa）	≥0.1
地板吸水厚度膨胀率（％）	≤0.5
表面耐磨	磨 10000 转，应保留 50％以上花纹
耐香烟灼烧	不许有黑斑、裂纹、鼓泡等变化
耐划痕	≥2.0N 表面无整圈连续划痕
抗冲击（mm）	≤12
甲醛释放量（mg/100g）	9

2. 工程施工质量控制要点

中密度（强化）复合地板面层工程施工质量控制要点应符合下列规定：

（1）中密度（强化）复合地板面层以空铺或实铺方式在基层上铺设。中密度（强化）复合地板面层应采用具有商品检验合格证的产品，其产品类别、型号、使用品种、检验规则以及技术条件等均应符合现行国家标准的规定。木搁栅、垫木和毛地板应做防腐、防蛀处理。

（2）为达到最佳防潮隔声效果，中密度（强化）复合地板应铺设在聚乙烯膜地垫上。不宜直接铺在水泥类地面上。

（3）中密度（强化）复合地板应采用防水胶水，并应符合国家标准《民用建筑工程室内环境污染控制规范》（GB50325）的规定。

（4）基层（楼层结构层）的表面平整度应控制在每平方米 2mm，达不到时必须二次找平。

（5）铺设前，房间门套底部应留足伸缩缝，门口接合处尽量做到地下无水管、电管以及地面以上 12cm 的墙内无电管等。如不符合上述要求，应做好相关处理。

（6）中密度（强化）复合地板铺设时应符合下列规定：

①基层表面应保持洁净、干燥，应满铺地垫，其接口处宜采用不小于 20cm 宽的重叠面，并用防水胶带纸封好，褥垫层与墙之间应留置不小于 10mm 的空隙。

②铺设第一块板材的凹企口应朝墙面，板材与墙壁间插入木（塑）楔，使其间有 10mm 左右的伸缩缝。为保证工程质量，木（塑）楔应在整体地板拼装 12h 后拆除，最后一块板材与墙之间也应留不小于 10mm 的伸缩缝。

③为确保地板面层整齐美观，宜用细绳由两边墙面拉直，构成直角，并在墙边用合适的木（塑）楔对每块板条加以调整。

④将胶水均匀连续涂在两边的凹企口内，以确保每块地板之间紧密贴牢。

⑤拼装第二行时，应首先使用第一行锯下的那一块板材，为保证整体地板的稳固性，此块锯剩的板材长度不得小于 20cm。相邻板端头错开不小于 300mm 间距。

⑥已拼装好的板材应用锤子和硬木块轻敲，以使之粘紧密实。挤压时拼缝处溢出的多余胶水应立即擦掉，保持地板面层洁净。

（7）铺设中密度（强化）复合地板面层的面积达 70m² 或房间长度大于 8m 时，宜在每间隔 8m 宽处放置铝合金条，以防止整体地板受热变形。

（8）中密度（强化）复合地板面层完工后，应保持房间通风。夏季 24h，冬季 48h 后方可正式使用。

3. 工程施工质量检查与验收标准

中密度复合地板面层工程施工质量检查与验收标准，见表 7-47。

表 7-47　　　　　　　中密度复合地板面层工程施工质量检查与验收

项	项目	合格质量标准	检验方法	检验数量
主控项目	材料质量	中密度（强化）复合地板面层所采用的材料，其技术等级及质量要求应符合设计要求。木搁栅、垫木和毛地板等应做防腐、防蛀处理	观察检查和检查材质合格证明及检测报告	①抽查数量随机检验应不少于 3 间，不足 3 间应全数检查；其中走廊（过道）应以 10 延长米为 1 间，工业厂房（按单跨计）、礼堂、门厅应以两根轴线为 1 间计算
	木格栅安装	木搁栅安装应牢固、平直	观察、脚踩检查	②有防水要求的检验批抽查数量应按其房间总数随机检验不少于 4 间；不足 4 间应全数检查
	面层铺设质量	面层铺设应牢固	观察、脚踩或用小锤轻击检查	

项	项目	合格质量标准	检验方法	检验数量
一般项目	面层外观质量	中密度（强化）复合地板面层图案和颜色应符合设计要求，图案清晰，颜色一致，板面无翘曲	观察，用 2m 靠尺和楔形塞尺检查	①抽查数量随机检验应不少于 3 间，不足 3 间应全数检查；其中走廊（过道）应以 10 延长米为 1 间，工业厂房（按单跨计）、礼堂、门厅应以两根轴线为 1 间计算
	面层接头质量	面层的接头应错开、缝隙严密、表面洁净	观察检查	②有防水要求的检验批抽查数量应按其房间总数随机检验不少于 4 间；不足 4 间，应全数检查
	踢脚线质量	踢脚线表面应光滑，接缝严密，高度一致	观察和钢直尺检查	
	表面允许偏差	中密度（强化）复合地板面层的允许偏差，应符合表 7-44 的规定	见表 7-44	

四、竹地板面层工程铺设质量控制与验收

竹地板面层采用竹条材和竹块材或采用拼花竹地板，以空铺或实铺方式在基层（楼层结构层）上铺设而成。

竹地板面层的竹条材和竹块材应是具有商品检验合格的产品，其技术等级和质量要求，应符合国家现行行业标准《竹地板》（LY/T 1573）的规定。其产品游离甲醛释放量应符合现行国家标准《民用建筑工程室内环境污染控制规范》（GB 50325—2001）的规定。

竹地板面层的构造做法同木地板面层。

1. 材料要求

（1）竹地板块的面层应选用不腐朽、不开裂的天然竹材，经加工制成侧、端面带有凸凹榫（槽）的竹板块材。

竹地板的品种有碳化竹地板、本色竹地板和保健竹地板等。常用规格为（mm）：909×90.9×18、600×90.9×15、909×90.9×15、1820×90.9×15（长度×宽度×厚度），亦有定制的特殊规格以满足建筑地面工程的需要。

（2）木搁栅（木龙骨、垫方）和垫木等用材树种和规格以及防腐处理等均应符合设计要求。

2. 工程施工质量控制要点

竹地板面层工程施工质量控制要点应符合下列规定：

（1）竹地板面层空铺或实铺方式的木搁栅（木龙骨、垫方）和毛地板（木工板、多层板、中纤板等）的铺设，应按木地板面层施工要点要求进行。

（2）在水泥类基层（面层）上铺设竹地板面层时，应按下列要求进行：

①放线确定木龙骨间距，一般为 250mm。可用 3～4cm 钢钉将刨平的木龙骨钉（锚固）在基层上并找平。

②每块竹地板宜横跨 5 根木龙骨。采用双层铺设，即在木龙骨上满铺木工板、多层板、中纤板等，后铺钉竹地板。

③铺设竹地板面层前，应在木龙骨间撒布生花椒粒等防虫配料，每平方米撒放量控制在 0.5kg。

④铺设前，应在竹条材侧面用手电钻钻眼；铺设时，先在木龙骨与竹地板铺设处涂少量地板

胶，后用 1.5 寸的螺旋钉钉在木龙骨位置实施拼装。拼装时竹条材不宜太紧。

⑤竹地板面层四周应留 1～1.5cm 的通气孔，然后再安装地角线。

⑥竹条材纵向端接缝的位置应协调，相邻两行的端接缝错开应在 300mm 左右，以显示整体效果。

3. 施工质量检查与验收标准

竹地板面层工程施工质量检查与验收标准，见表 7-48。

表 7-48　　　　　　　　　　竹地板面层工程施工质量检查与验收

项	项目	合格质量标准	检验方法	检验数量
主控项目	材料质量	竹地板面层采用的材料，其技术等级和质量要求应符合设计要求。木搁栅、毛地板和垫木等应做防腐、防蛀处理	观察检查和检查材质合格证明及检测报告	①抽查数量随机检验应不少于 3 间，不足 3 间应全数检查；其中走廊（过道）应以 10 延长米为 1 间，工业厂房（按单跨计）、礼堂、门厅应以两根轴线为 1 间计算 ②有防水要求的检验批抽查数量应按其房间总数随机检验不少于 4 间；不足 4 间应全数检查
	木格栅安装	木搁栅安装应牢固、平直	观察、脚踩检查	
	面层铺设质量	面层铺设应牢固；粘贴无空鼓	观察、脚踩或用小锤轻击检查	
一般项目	面层品种规格	竹地板面层品种与规格应符合设计要求，板面无翘曲	观察，用 2m 靠尺和楔形塞尺检查	①抽查数量随机检验应不少于 3 间，不足 3 间应全数检查；其中走廊（过道）应以 10 延长米为 1 间，工业厂房（按单跨计）、礼堂、门厅应以两根轴线为 1 间计算 ②有防水要求的检验批抽查数量应按其房间总数随机检验不少于 4 间；不足 4 间应全数检查
	面层缝隙接头质量	面层缝隙应均匀，接头位置错开，表面洁净	观察检查	
	踢脚线质量	踢脚线表面应光滑，接缝均匀，高度一致	观察和钢直尺检查	
	表面允许偏差	竹地板面层的允许偏差，应符合表 7-44 的规定	见表 7-44	

第八章
屋面工程

第一节　基础与保护工程施工质量

一、找坡层和找平层工程质量控制与验收

1. 工程质量控制要点

找坡层和找平层工程质量控制要点应符合下列规定：

（1）屋面找坡应满足设计排水坡度要求，结构找坡不应小于3%，材料找坡宜为2%；檐沟、天沟纵向找坡不应小于1%，沟底水落差不得超过200mm。

（2）装配式钢筋混凝土板缝嵌填施工，应符合下列要求：

①嵌填混凝土时，板缝内应清理干净，并应保持湿润。

②当板缝宽度大于40mm或上窄下宽时，板缝内应按设计要求配置钢筋。

③嵌填细石混凝土的强度等级不应低于C20，嵌填深度宜低于板面10～20mm，且应振捣密实和浇水养护。

④板端缝应按设计要求增加防裂的构造措施。

（3）找坡层宜采用轻骨料混凝土；找坡材料应分层铺设和适当压实，表面应平整。

（4）找平层宜采用水泥砂浆或细石混凝土；找平层的抹平工序应在初凝前完成，终凝后应进行养护。

（5）找平层分隔缝纵横间距不宜大于6m，分隔缝的宽度宜为5～20mm。

2. 工程质量检查与验收标准

找坡层和找平层工程质量检查验收标准，见表8-1。

表8-1　　　　　　　　　　找坡层和找平层工程质量检查验收

项　目	合格质量标准	检验方法	检验数量
找坡层和找平层所用材料的质量及配合比	找坡层和找平层所用材料的质量及配合比，应符合设计要求	检查出厂合格证，质量检验报告和计量措施	应按屋面面积每100m² 抽查1处，每处应为10m²，且不得少于3处
找坡层和找平层的排水坡度	找坡层和找平层的排水坡度，应符合设计要求	坡度尺检查	

续表

项 目	合格质量标准	检验方法	检验数量
找平层应抹平、压光	找平层应抹平、压光,不得有疏松、起砂、起皮现象	观察检查	应按屋面面积每100m²抽查1处,每处应为10m²,且不得少于3处
卷材防水层的基层与突出屋面结构的交接处	卷材防水层的基层与突出屋面结构的交接处,以及基层的转角处,找平层应做成圆弧形,且应整齐平顺	观察检查	
找平层分隔缝的宽度和间距	找平层分隔缝的宽度和间距,均应符合设计要求	观察和尺量检查	
找坡层表面平整度与找平层表面平整度	找坡层表面平整度的允许偏差为7mm,找平层表面平整度的允许偏差为5mm	2m靠尺和塞尺检查	

二、隔气层、隔离层与保护层工程质量控制与验收

(一) 隔气层

1. 隔气层工程质量控制要点

隔气层工程施工质量控制要点应符合下列规定:

隔气层的作用是防止来自下面的蒸汽上渗,而使保温层保持干燥状态。隔气层可采用气密性好的卷材或防水涂料,一般有两种做法:一种是涂一层沥青胶;另一种是铺一毡二油。

(1) 隔气层的基层应平整、干净、干燥。

(2) 隔气层应设置在结构层与保温层之间;隔气层应选用气密性、水密性好的材料。

(3) 在屋面与墙的连接处,隔气层应沿墙面向上连续铺设,高出保温层上表面不得小于150mm。

(4) 隔气层采用卷材时宜空铺,卷材搭接缝应满粘,其搭接宽度不应小于80mm;隔气层采用涂料时,应涂刷均匀。

(5) 穿过隔气层的管线周围应封严,转角处应无折损;隔气层凡有缺陷或破损的部位,均应进行返修。

2. 工程质量检查与验收标准

隔气层工程质量检查与验收标准,见表8-2。

表8-2 隔气层工程质量检查与验收

项	项目	合格质量标准	检验方法	检验数量
主控项目	材料质量	隔气层所用材料的质量,应符合设计要求	检查出厂合格证、质量检验报告和进场检验报告	应按屋面面积每100m²抽查1处,每处应为10m²,且不得少于3处
	破损情况	隔气层不得有破损现象	观察检查	

续表

项	项目	合格质量标准	检验方法	检验数量
一般项目	卷材隔气层	卷材隔气层应铺设平整,卷材搭接缝应黏结牢固,密封应严密,不得有扭曲、褶皱和起泡等缺陷	观察检查	应按屋面面积每 $100m^2$ 抽查 1 处,每处应为 $10m^2$,且不得少于 3 处
	涂膜隔气层	涂膜隔气层应黏结牢固,表面平整,涂布均匀,不得有堆积、起泡和露底等缺陷	观察检查	

(二) 隔离层

1. 工程质量控制要点

隔离层工程施工质量控制要点应符合下列规定:

(1) 块体材料、水泥砂浆或细石混凝土保护层与卷材、涂膜防水层之间,应设置隔离层。

(2) 隔离层可采取干铺塑料膜、土工布、卷材或铺抹低强度等级砂浆。

2. 工程质量检查与验收标准

隔离层工程质量检查与验收标准,见表 8-3。

表 8-3   隔离层工程质量检查与验收

项	项目	合格质量标准	检验方法	检验数量
主控项目	材料质量及配合比	隔离层所用材料的质量及配合比,应符合设计要求	检查出厂合格证和计量措施	应按屋面面积每 $100m^2$ 抽查 1 处,每处应为 $10m^2$,且不得少于 3 处
	破损及铺设情况	隔离层不得有破损和漏铺现象	观察检查	
一般项目	塑料膜、土工布、卷材的铺设	塑料膜、土工布、卷材的铺设应平整,其搭接宽度不应小于 50mm,不得有褶皱	观察和尺量检查	应按屋面面积每 $100m^2$ 抽查 1 处,每处应为 $10m^2$,且不得少于 3 处
	低强度等级砂浆	低强度等级砂浆表面应压实、平整,不得有起壳、起砂现象	观察检查	

(三) 保护层

1. 工程质量控制要点

保护层工程施工质量控制要点应符合下列规定:

(1) 防水层上的保护层施工,应待卷材铺贴完成或涂料固化成膜,并经检验合格后进行。

(2) 用块体材料做保护层时,宜设置分隔缝,分隔缝纵横间距不应大于 10mm,分隔缝宽度宜为 20mm。

(3) 用水泥砂浆做保护层时,表面应抹平压光,并应设表面分隔缝,分隔面积宜为 $1m^2$。

318

（4）用细石混凝土做保护层时，混凝土应振捣密实，表面应抹平压光，分隔缝纵横间距不应大于 6m。分隔缝的宽度宜为 10～20mm。

（5）块体材料、水泥砂浆或细石混凝土保护层与女儿墙和山墙之间，应预留宽度为 30mm 的缝隙，缝内宜填塞聚苯乙烯泡沫塑料，并应用密封材料嵌填密实。

2. 工程质量检查与验收标准

保护层工程质量检查与验收标准，见表 8-4。

表 8-4　　　　　　　　　　　保护层的施工质量检查与验收

项	项目	合格质量标准	检验方法	检验数量
主控项目	材料质量及配合比	保护层所用材料的质量及配合比应符合设计要求	检查出厂合格证、质量检验报告和计量措施	应按屋面面积每 100m² 抽查 1 处，每处应为 10m²，且不得少于 3 处
	保护层强度等级	块体材料、水泥砂浆或细石混凝土保护层的强度等级，应符合设计要求	检查块体材料、水泥砂浆或混凝土抗压强度试验报告	
	保护层排水坡度	保护层的排水坡度，应符合设计要求	坡度尺检查	
一般项目	外观质量	块体材料保护层表面应干净，接缝应平整，周边应顺直，镶嵌应正确，应无空鼓现象	小锤轻击和观察检查	应按屋面面积每 100m² 抽查 1 处，每处应为 10m²，且不得少于 3 处
		水泥砂浆、细石混凝土保护层不得有裂纹、脱皮、麻面和起砂等现象	观察检查	
	黏结质量	浅色涂料应与防水层黏结牢固，厚薄应均匀，不得漏涂	观察检查	
	允许偏差	保护层的允许偏差及检验方法，应符合表 8-5 的规定	见表 8-5	

表 8-5　　　　　　　　　　保护层的允许偏差及检验方法

项 目	允许偏差（mm）			检验方法
	块体材料	水泥砂浆	细石混凝土	
表面平整度	4.00	4.0	5.0	2m 靠尺和塞尺检查
缝格平直	3.0	3.0	3.0	拉线和尺量检查
接缝高低差	1.5			直尺和塞尺检查
板块间隙宽度	2.0			尺量检查
保护层厚度	设计厚度的 10%，且不得大于 5mm			钢针插入和尺量检查

第二节　屋面防水工程施工质量

一、卷材屋面防水工程施工质量控制与验收

卷材屋面防水属于柔性防水屋面，它具有质量较轻、防水性能较好、柔韧性良好等优点，能适应一定程度的结构振动和胀缩变形。其缺点是易老化、起鼓、耐久性差，施工工序多，生产效率低，维修工作量大，价格比较高，产生渗漏难查找原因。

1. 工程施工质量验收一般规定

卷材屋面防水工程施工质量验收，应符合以下要求：

（1）卷材防水屋面工程施工中从屋面结构层、找平层、节点构造直至防水层施工完毕，应做好分项工程的交接检查，未经检验验收合格的分（单）项工程，不得进行后续施工。

（2）对于多道设防的防水层，包括涂膜、卷材、刚性材料等，每一道防水层完工后，应由专人进行检查，每道防水层均应符合质量要求，不渗水，才能进行下一道防水工程的施工，使其真正起到多道设防的应有效果。

（3）检验屋面有无渗漏或积水，排水系统是否畅通，可在雨后或持续淋水 2h 以后进行。

（4）卷材屋面的节点做法、接缝密封的质量是屋面防水的关键部位，也是质量检查的重点部位。节点处理不当会造成渗漏；接缝密封不好会出现裂缝、翘边、张口，最终导致渗漏；保护层质量低劣或厚度不够，会出现松散脱落、龟裂爆皮，失去保护作用，导致防水层过早老化而降低使用年限。所以对这些项目，应进行认真的外观检查，不合格的，应重做。

（5）找平层的平整度，用 2m 直尺检查，面层与直尺间的最大空隙不应超过 5mm，空隙仅允许平缓变化，每米长度内不多于一处。

（6）对于用卷材做防水层的蓄水屋面、种植屋面应做蓄水 24h 检验。

2. 材料质量检查

防水卷材现场抽样复验应遵守下列规定：

（1）同一品种、牌号、规格的卷材，抽验数量为：大于 1000 卷取 5 卷，500～1000 卷抽取 4 卷，100～499 卷抽取 3 卷，小于 100 卷抽取 2 卷。

（2）将抽验的卷材开卷进行规格、外观质量检验，全部指标达到标准规定时，即为合格。其中如有一项指标达不到要求，即应在受检产品中加倍取样复验，全部达到标准规定为合格。复验时有一项指标不合格，则判定该产品外观质量为不合格。

（3）在外观质量检验合格的卷材中，任取一卷做物理性能检验，若物理性能有一项指标不符合标准规定，应在受检产品中加倍取样进行该项复检，复检结果如仍不合格，则判定该产品为不合格。

（4）卷材的物理性能应检验下列项目：

①沥青防水卷材：纵向拉力、耐热度、柔度和不透水性。

②高聚物改性沥青防水卷材：可溶物含量、拉力、延伸率、耐热度、低温柔度和不透水性。

③合成高分子防水卷材：断裂拉伸强度、拉断伸长率、低温弯折性、不透水性、加热收缩率和热老化保持率。

（5）胶粘剂物理性能应检验下列项目：

①改性沥青胶粘剂：黏结剥离强度。

②合成高分子胶粘剂：黏结剥离强度，黏结剥离强度浸水后保持率。

③双面胶粘带：黏结剥离强度以及浸水后黏结剥离强度保持率。

3. 工程施工质量控制要点

(1) 屋面不得有渗漏和积水现象。

(2) 屋面工程所用的防水卷材必须符合质量标准和设计要求，以便能达到设计规定的耐久使用年限。

(3) 坡屋面和平屋面的坡度必须准确，坡度的大小必须符合设计要求。平屋面不得出现排水不畅和局部积水现象。水落管、天沟、檐沟等排水设施必须畅通，设置应合理，不得堵塞。

(4) 找平层应平整坚固，表面不得有酥软、起砂、起皮等现象，平整度不应超过 5mm。

(5) 屋面的细部构造和节点是防水的关键部位。所以，其做法必须符合设计要求和规范的规定，节点处的封固应严密，不得开缝、翘边、脱落。水落口及突出屋面设施与屋面连接处，应固定牢靠，密封严实，如图 8-1 所示。

(6) 绿豆砂、细砂、蛭石、云母等松散材料保护层和涂料保护层覆盖应均匀，黏结应牢固；刚性整体保护层与防水层之间应设隔离层，表面设分格缝，分格缝留设应正确；块体保护层应铺设平整，勾缝平密，分格缝留设位置、宽度应正确。

(7) 卷材铺贴方法、方向和搭接顺序应符合规定，搭接宽度应正确，卷材与基层、卷材与卷材之间黏结应牢固，接缝缝口、节点部位密封应严密，不得皱褶、鼓包、翘边。

(8) 保护层厚度、含水率、表观密度应符合设计规定要求。

4. 工程施工质量检查与验收

卷材防水屋面工程施工质量检查与验收，见表 8-6。

表 8-6　　　　　　　　卷材防水屋面工程施工质量检查与验收

项	项目	合格质量标准	检验方法	检验数量
主控项目	材料质量	防水卷材及其配套材料的质量，应符合设计要求	检查出厂合格证、质量检验报告和进场检验报告	应按屋面面积每 100m² 抽查 1 处，每处应为 10m²，且不得少于 3 处；接缝密封防水应按每 50m 抽查 1 处，每处应为 5m，且不得少于 3 处
	渗漏和积水情况	卷材防水层不得有渗漏和积水现象	雨后观察或淋水、蓄水试验	
	防水构造要求	卷材防水层在檐口、檐沟、天沟、水落口、泛水、变形缝和伸出屋面管道的防水构造，应符合设计要求	观察检查	
一般项目	搭接缝	卷材防水层的搭接缝应黏结或焊接牢固，密封应严密，不得扭曲、褶皱和翘边	观察检查	应按屋面面积每 100m² 抽查 1 处，每处应为 10m²，且不得少于 3 处；接缝密封防水应按每 50m 抽查 1 处，每处应为 5m，且不得少于 3 处
	防水层收头	卷材防水层的收头应与基层黏结，钉压应牢固，密封应严密	观察检查	
	铺贴方向	卷材防水层的铺贴方向应正确，卷材搭接宽度的允许偏差为 -10mm	观察和尺量检查	
	屋面排气构造	屋面排气构造的排气道应纵横贯通，不得堵塞；排气管应安装牢固，位置应正确，封闭应严密	观察检查	

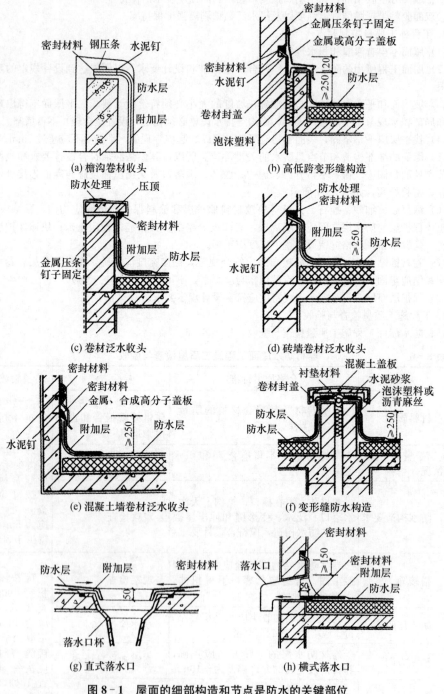

(a) 檐沟卷材收头

(b) 高低跨变形缝构造

(c) 卷材泛水收头

(d) 砖墙卷材泛水收头

(e) 混凝土墙卷材泛水收头

(f) 变形缝防水构造

(g) 直式落水口

(h) 横式落水口

图 8-1 屋面的细部构造和节点是防水的关键部位

二、涂膜屋面防水工程施工质量控制与验收

1. 工程施工质量验收一般规定

涂膜屋面防水工程施工质量验收一般规定应符合以下要求：

（1）涂膜屋面防水工程施工中对结构层、找平层、细部节点构造，以及每遍涂膜防水层、附加防水层、节点收头、保护层等应做分项工程的交接检查。未经检查验收合格，不得进行后续施工。

（2）涂膜防水层或其他材料进行复合防水施工时，每一道涂层完成后，应由专人进行检查，合格后方可进行下一道涂层和下一道防水层的施工。

（3）检验涂膜防水层有无渗漏和积水、排水系统是否通畅，应雨后或持续淋水 2h 以后进行。有可能作蓄水检验的屋面宜作蓄水检验，其蓄水时间不宜少于 24h。淋水或蓄水检验应在涂膜防水层完全固化后再进行。

（4）涂膜防水层的涂膜厚度，可用针刺或测厚仪控制等方法进行检验，每 100m² 的屋面不应少于 1 处；每一屋面不应少于 3 处，并取其平均值评定；涂膜防水层的厚度应避免采用破坏防水层整体性的切割取片测厚法。

（5）找平层的平整度，应用 2m 直尺检查；面层与直尺间最大空隙不应大于 5mm，空隙应平缓变化，每米长度内不应多于一处。

2. 材料质量检查

进场的防水涂料和胎体增强材料抽样复验应符合下列规定：

（1）同一规格、品种的防水涂料，每 10t 为一批，不足 10t 者按一批进行抽检；胎体增强材料，每 3000m² 为一批，不足 3000m² 者按一批进行抽检。

（2）防水涂料和胎体增强材料的物理性能检验，全部指标达到标准规定时，即为合格。其中若有一项指标达不到要求，允许在受检产品中加倍取样进行该项复检，复检结果如仍不合格，则判定该产品为不合格。

（3）进场的防水涂料和胎体增强材料物理性能应检验下列项目：

①高聚物改性沥青防水涂料：固体含量，耐热性，低温柔性，不透水性，延伸性或抗裂性。

②合成高分子防水涂料和聚合物水泥防水涂料：拉伸强度，断裂伸长率，低温柔性，不透水性，固体含量。

③胎体增强材料：拉力和延伸率。

3. 工程施工质量控制要点

（1）屋面不得有渗漏和积水现象。

（2）为保证屋面涂膜防水层的使用年限，所用防水涂料应符合质量标准和涂膜防水的设计要求。

（3）屋面坡度应准确，排水系统应通畅。

（4）找平层表面平整度应符合要求，不得有酥松、起砂、起皮、尖锐棱角现象。

（5）细部节点做法应符合设计要求，封固应严密，不得开缝、翘边。水落口及突出屋面设施与屋面连接处，应固定牢靠、密封严实，如图 8-2 所示。

（6）涂膜防水层不应有裂纹、脱皮、流淌、鼓泡、胎体外露和皱皮等现象，与基层应黏结牢固，厚度应符合设计或规范要求。

（7）胎体材料的铺设方法和搭接方法应符合要求；上下层胎体不得互相垂直铺设，搭接缝应错开，间距不应小于幅宽的 1/3。

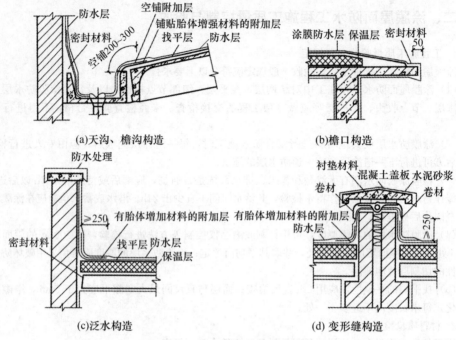

(a)天沟、檐沟构造　　　　　　　　　(b)檐口构造

(c)泛水构造　　　　　　　　　　(d) 变形缝构造

图 8-2　涂膜屋面细部节点做法

（8）松散材料保护层、涂料保护层应覆盖均匀严密、黏结牢固。刚性整体保护层与防水层间应设置隔离层，其表面分格缝的留设应正确。

4. 工程施工质量检查与验收标准

涂膜屋面防水工程施工质量检查与验收，见表 8-7。

表 8-7　　　　　　　涂膜屋面防水工程施工质量检查与验收

项目	项目	合格质量标准	检验方法	检验数量
主控项目	涂料及膜体质量	防水涂料和胎体增强材料必须符合设计要求	检查出厂合格证、质量检验报告和现场抽样复验报告	按屋面面积每100m²抽查 1 处，每处应为 10m²，且不得少于 3 处
	涂膜防水层不得渗漏或积水	涂膜防水层不得有渗漏或积水现象	雨后或淋水、蓄水检验	
	防水细部构造	涂膜防水层在天沟、檐沟、水落口、泛水、变形缝和伸出屋面管道的防水构造，必须符合设计要求	观察检查和检查隐蔽工程验收记录	
一般项目	涂膜施工质量	涂膜防水层与基层应粘贴牢固，表面平整，涂刷均匀，无流淌、褶皱、鼓泡、露胎体和翘边等缺陷	观察检查	全数检查

续表

项	项目	合格质量标准	检验方法	检验数量
一般项目	涂膜保护层	涂膜防水层上的撒布材料或浅色涂料保护层应铺撒或涂刷均匀，粘贴牢固；水泥砂浆、块材或细石混凝土保护层与涂膜防水层间应设置隔离层；刚性保护层的分格缝留置应符合设计要求	观察检查	按屋面面积每100m² 抽查 1 处，每处应为 10m²，且不得少于 3 处
	涂膜厚度及最小厚度	涂膜防水层的平均厚度应符合设计要求，最小厚度应不小于设计厚度的80%	针测法或取样量测	

三、刚性屋面防水工程施工质量控制与验收

刚性屋面防水层主要是指在结构层上加一层适当厚度的普通细石混凝土、预应力混凝土、补偿收缩混凝土、块体刚性层做防水层等，依靠混凝土的密实性或憎水性达到防水目的。刚性防水屋面所用材料易得、价格便宜，耐久性好，维修方便，广泛用于一般工业与民用建筑。

由于刚性防水屋面所用材料密度大，抗拉强度低，易受混凝土或砂浆的干湿变形、温度变形及结构位移等影响而产生裂缝，因此刚性防水层主要适用于防水等级为Ⅲ级的屋面防水。对于屋面防水等级为Ⅱ级以上的重要建筑物，可用作多道防水设防中的一道防水层。但不适用于设有松散材料保温层的屋面以及受较大振动或冲击的建筑屋面。

当采用细石混凝土、预应力混凝土、补偿收缩混凝土及钢纤维混凝土等刚性防水层时，在防水层与基层之间应设置隔离层。

1. 工程施工质量验收一般规定

刚性屋面防水工程施工质量验收一般规定应符合以下要求：

（1）刚性防水层的厚度应符合设计要求，表面应平整光滑，不得有起壳、爆皮、起砂和裂缝等现象。其平整度应用 2m 直尺检查，面层与直尺间的最大空隙不应超过 5mm，空隙仅允许平缓变化，且每米长度内不应多于一处。

（2）细石混凝土和补偿收缩混凝土防水层的钢筋位置应准确，布筋距离应符合设计要求，保护层厚度应符合规范要求、不得出现碰底和露筋现象。

（3）块体防水层内的块体铺砌应准确，底层和面层砂浆的配比应准确。

（4）防水剂、减水剂、膨胀剂等外加剂的掺量应准确，不得随意加入。

（5）细部构造防水做法应符合设计、规范要求。刚柔结合部位应黏结牢固，不得有空洞、松动现象，如图 8-3 所示。

（6）分格缝应平直，纵横距离、位置应准确，密封材料嵌填应密实，与两壁黏结牢固；嵌缝前，应将分格缝两侧混凝土修补平整，缝内必须清洗干净。灌缝密实材料性能应良好，嵌填应密实，否则，应返工重做。

（7）密封部位表面应光滑、平直，密封尺寸应符合设计要求，不得有鼓包、龟裂等现象。

（8）盖缝卷材、保护层卷材铺贴应平直，黏结必须牢固，不得有翘边、脱落现象。

当刚性防水层施工结束时，全部分项检查合格后，可在雨后或持续淋水 2h 的方法来检查防水层的防水性能，主要检查屋面有无渗漏或积水、排水系统是否畅通。如有条件做蓄水检验的宜做

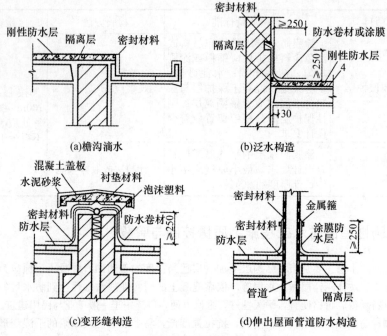

(a)檐沟滴水　　　　　　　　(b)泛水构造

(c)变形缝构造　　　　　(d)伸出屋面管道防水构造

图 8-3　钢性屋面细部构造防水做法

蓄水 24h 检验。

2. 材料质量要求

(1) 对水泥的要求：

①防水层的细石混凝土宜用普通硅酸盐水泥或硅酸盐水泥；当采用矿渣硅酸盐水泥时应采取减少泌水性的措施。不得使用火山灰水泥。

②水泥储存时应防止受潮，存放期不得超过 3 个月。

(2) 对粗细骨料的要求：防水层的细石混凝土和砂浆中，粗骨料的最大粒径不宜大于 15mm，含泥量不应大于 1%；细骨料应采用中砂或粗砂，含泥量不应大于 2%，拌和用水应采用不含有害物质的洁净水。

(3) 对外加剂的要求：

①防水层细石混凝土使用膨胀剂、减水剂、防水剂等外加剂，应根据不同品种的适用范围、技术要求选择。

②外加剂应分类保管、不得混杂，并应存放于阴凉、通风、干燥处。运输时应避免雨淋、日晒和受潮。

(4) 对钢筋的要求：防水层内配置的钢筋宜采用冷拔低碳钢丝。

(5) 块体刚性防水层使用的块材应无裂纹、无石灰颗粒、无灰浆泥面、无缺棱掉角、质地密实和表面平整。

3. 工程施工质量控制要点

刚性防水屋面不得有渗漏积水现象，屋面坡度应准确，排水系统应通畅。在防水层施工过程中，每完成一道工序，均由专人进行质量检查，合格后方可进行下一道工序的施工。特别是对于下一道工序掩盖的部位和密封防水处理部位，更应认真检查，确认合格后方可进行隐蔽施工。

（1）细石混凝土防水屋面工程质量控制要点，应符合表 8-8 的要求：

表 8-8　　　　　　　　　　细石混凝土防水屋面工程质量控制要点

项　目	说　明
基本规定	①细石混凝土配合比由试验室试配确定，施工中严格按配合比计量，并按规定制作试块 ②混凝土中掺加膨胀剂、减水剂、防水剂等外加剂时，应按配合比准确计量，投料顺序得当，并应用机械搅拌，机械振捣 ③细石混凝土防水层的分格缝，应设在屋面板的支承端、屋面转折处、防水层与凸出屋面结构的交接处，其纵横间距不宜大于 6m。分格缝内应嵌填密封材料 ④细石混凝土防水层的厚度不应小于 40mm，并应配置双向钢筋网片。钢筋网片在分格缝处应断开，其保护层厚度不应小于 10mm ⑤细石混凝土防水层与立墙及凸出屋面结构等交接处，均应做柔性密封处理；细石混凝土防水层与基层间宜设置隔离层
施工过程控制	①屋面预制板缝用 C20 细石混凝土灌缝，养护不少于 7d ②在结构层与防水层之间增加一层隔离作用层（一般可用低强度砂浆、卷材等） ③细石混凝土防水层，分格缝应设置在装配式结构层屋面板的支承端、屋面转折处（如屋脊）、防水层与凸出屋面结构的交接处，并与板缝对齐，其纵横间距一般不大于 6m，分格缝上口宽为 30mm，下口宽为 20mm。分格缝可用油膏嵌封，屋脊和平行于流水方向的分格缝，也可做成泛水，用盖瓦覆盖，盖瓦单边座灰固定 ④按设计要求铺设钢筋网。设计无规定时，一般配置间距 100～200mm 的双向钢筋网片，保护层厚度不小于 10mm。绑扎时端头要有弯钩，搭接长度要大于 250mm；焊接搭接长度不小于 25 倍直径，在一个网片的同一断面内接头不得超过钢丝断面面积的 1/4。分格缝处钢筋要断开 ⑤现浇细石混凝土防水层厚度应均匀一致。混凝土以分格缝分块，每块一次浇捣，不留施工缝。浇捣混凝土时应振捣密实平整，压实抹光，无起砂、起皮等缺陷 ⑥屋面泛水应按设计要求施工。如设计无明确要求时，泛水高度不应低于 120mm，并与防水层一次浇捣完成，泛水转角处要做成圆弧或钝角 ⑦细石混凝土终凝后养护不少于 14d
施工检验	①基层找平层和刚性防水层的平整度，用 2m 直尺检查，直尺与面层间的最大空隙不超过 5mm，空隙应平缓变化，每米长度内不得多于 1 处 ②刚性屋面防水工程的每道防水层完成后，应由专人进行检查，合格后方可进行下一道防水层施工 ③刚性防水屋面施工后，应进行 24h 蓄水试验，或持续淋水 24h 或雨后观察，看屋面排水系统是否畅通，有无渗漏水、积水现象 ④防水工程的细部构造处理，各种接缝、保护层及密封防水部位等均应进行外观检验和防水功能检验，合格后方可隐蔽

（2）密封材料嵌缝工程质量控制要点，应符合表 8-9 的要求。

表 8-9　　　　　　　　　　密封材料嵌缝工程质量控制要点

项　目	说　明
基本规定	①密封材料的品种、性能、质量标准必须符合设计要求和有关标准的规定 ②非成品密封材料的配合比，必须通过试验确定，并符合施工规范规定 ③密封防水部位的基层质量应符合下列要求： a. 基层应牢固，表面应平整、密实，不得有蜂窝、麻面、起皮和起砂现象 b. 嵌填密封材料的基层应干净、干燥

续表

项　目	说　明
基本规定	④密封防水处理连接部位的基层，应涂刷与密封材料相配套的基层处理剂。基层处理剂应配比准确，搅拌均匀。采用多组分基层处理剂时，应根据有效时间确定使用量 ⑤接缝处的密封材料底部应填放背衬材料，外露的密封材料上应设置保护层，其宽度不应小于 200mm ⑥密封材料嵌填完成后不得碰损及污染，固化前不得踩踏
板面裂缝治理	板面裂缝的治理方法为裂缝封闭法，可用防水油膏、二布三油或环氧树脂进行密封处理，处理过程如下： ①将裂缝周围 50mm 宽的界面清洗干净；将裂缝周边的浮渣或不牢的灰浆清除 ②用腻子刀或喷枪将密封膏挤入其中 ③在嵌缝材料上覆盖一层保护层，具体施工可按图 8-4 所示进行

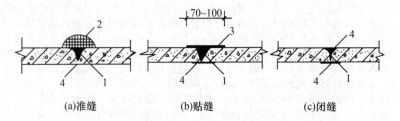

(a)准缝　　　　　(b)贴缝　　　　　(c)闭缝

1. 裂缝；2. 防水油膏；3. 一布二油或二布三油；4. 环氧树脂

图 8-4　板面裂缝治理

4. 工程质量检查与验收标准

（1）细石混凝土防水屋面工程质量检查与验收标准，见表 8-10。

表 8-10　　　　　　　　　　细石混凝土防水屋面工程项目检查与检验

项	项目	合格质量标准	检验方法	检验数量
主控项目	材料质量及配合比	细石混凝土的原材料及配合比必须符合设计要求	检查出厂合格证、质量检验报告、计算措施和现场抽样复验报告	按屋面面积每 100m² 抽查 1 处，每处不得少于 10m²，且不得少于 3 处
	细石混凝土防水层	细石混凝土防水层不得有渗漏或积水现象	雨后或淋水、蓄水检验	
	细部防水构造	细石混凝土防水层在天沟、檐沟、檐口、水落口、泛水、变形缝和伸出屋面管道的防水构造，必须符合设计要求	观察检查和检查隐蔽工程验收记录	

续表

项	项目	合格质量标准	检验方法	检验数量
一般项目	防水层施工表面质量	细石混凝土防水层应表面平整、压实抹光，不得有裂缝、起壳、起砂等缺陷	观察检查	按屋面面积每100m² 抽查 1 处，每处不得少于10m²，且不得少于3 处
	防水层厚度和钢筋位置	细石混凝土防水层的厚度和钢筋位置应符合设计要求	观察和尺量检查	
	分格缝位置和间距	细石混凝土分格缝的位置和间距应符合设计要求	观察和尺量检查	
	表面平整度允许偏差	细石混凝土防水层表面平整度的允许偏差为 5mm	用 2m 靠尺和楔形塞尺检查	

（2）密封材料嵌缝工程质量检查与验收标准，见表 8 - 11。

表 8 - 11 　　　　　　　　密封材料嵌缝工程项目质量检查与验收

项	项目	合格质量标准	检验方法	检验数量
主控项目	密封材料质量	密封材料的质量必须符合设计要求	检查产品出厂合格证、配合比和现场抽样复验报告	每 50m 应抽查 1 处，每处 5m，且不得少于 3 处
	嵌缝施工质量	密封材料嵌填必须密实、连续、饱满，粘贴牢固，无气泡、开裂、脱落等缺陷	观察检查	
一般项目	嵌缝基层处理	嵌填密封材料的基层应牢固、干净、干燥，表面应平整、密实	观察检查	每 50m 应抽查 1 处，每处 5m，且不得少于 3 处
	外观质量	嵌填的密封材料表面应光滑，缝边应顺直，无凹凸不平现象	观察检查	
	接缝宽度允许偏差	密封防水接缝宽度的允许偏差为±10%，接缝深度为宽度的 0.5～0.7 倍	尺量检查	

第三节　保温与隔热屋面工程施工质量

一、保温屋面工程施工质量控制与验收

1. 材料质量要求

保温材料现场抽样复验应遵守下列规定：

（1）松散保温材料应检测粒径、堆积密度。

（2）板状保温材料应检测表观密度、压缩强度、抗压强度、导热系数、高温耐久度、吸水率

和外观。

（3）保温材料抽检数量应按使用的数量确定，同一批材料至少抽检一次。

对于正在施工或已经完成的保温层应采取保护措施。

2. 施工质量检查一般要求

保温屋面施工时的质量应符合下列要求：

（1）板状保温材料施工基层应平整、干燥和干净。

（2）分层铺设的板块上下层板块接缝应相互错开，板缝间隙应用同类材料嵌填密实。

（3）干铺的板状保温材料，应紧靠在需要保温的基层表面上，并铺平垫稳。

（4）粘贴的板状保温材料，胶粘剂应与保温材料材性相容，并应贴严、粘牢。

（5）干铺的板状保温材料可在负温度下施工；采用有机胶粘剂粘贴的板状保温材料当气温低于−10℃时不宜施工；水泥砂浆粘贴的板状保温材料当气温低于5℃时不宜施工。雨雪天气和5级风及其以上时不宜施工，施工中途遭遇以上天气状况应停止施工，并对已完成的部位采取遮盖措施。

3. 施工质量检查与验收标准

保温屋面施工质量检查与验收，见表8-12。

表8-12　　　　　　　　　　保温屋面施工质量检查与验收

项	项目	合格质量标准	检验方法	检验数量
主控项目	材料性能	保温材料的堆积密度或表观密度、热导率以及板材的强度、吸水率，必须符合设计要求	检查出厂合格证、质量检验报告和现场抽样复验报告	按保温层面积每100m² 检查一处，每处 10m²，且不得少于 3 处
	保温层的含水率	保温层的含水率必须符合设计要求	检查现场抽样检验报告	
一般项目	保温层的铺设	保温层的铺设应符合下列要求： ①松散保温材料：分层铺设，压实适当，表面平整，找坡正确 ②板状保温材料：紧贴（靠）基层，铺平垫稳，拼缝严密，找坡正确 ③整体现浇保温层：拌和均匀，分层铺设，压实适当，表面平整，找坡正确	观察检查	按保温层面积每100m² 检查一处，每处 10m²，且不得少于 3 处
	保温层厚度的允许偏差	保温层厚度的允许偏差：松散保温材料和整体现浇保温层为＋10%，−5%；板状保温材料为±5%，且不得大于 4mm	用钢针插入和尺量检查	
	卵石的质量和重量	当倒置式屋面保护层采用卵石铺压时，卵石应分布均匀，卵石的质量和重量应符合设计要求	观察检查和按堆积密度计算其重量	

二、隔热屋面工程施工质量控制与验收

隔热屋面主要分为架空屋面、蓄水屋面和种植屋面。

1. 材料质量检查

隔热材料抽检数量应按使用的数量来确定，同一批材料至少抽检一次。

2. 隔热屋面的施工质量控制要点

(1) 架空隔热制品及其支座材料的质量应符合设计要求及有关材料标准。

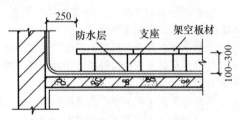

图 8-5　架空隔热屋面构造示意图

架空屋面（图 8-5）应符合下列规定：

①架空屋面的坡度不宜大于 5％。

②架空隔热层的高度，应按屋面宽度或坡度大小的变化确定。

③当屋面宽度大于 10m 时，架空屋面应设置通风屋脊。

④架空隔热层的进风口，宜设置在当地炎热季节最大频率风向的正压区，出风口宜设置在负压区。

(2) 蓄水屋面应采用刚性防水层，或在卷材、涂膜防水层上再做刚性复合防水层；卷材、涂膜防水层应采用耐腐蚀、耐霉烂、耐穿刺性能好的材料。

蓄水屋面（图 8-6）应符合下列规定：

①蓄水屋面的坡度不宜大于 0.5％。

②蓄水屋面应划分为若干蓄水区，每区的边长不宜大于 10m，在变形缝的两侧应分成两个互不连通的蓄水区；长度超过 40m 的蓄水屋面应设分仓缝，分仓隔墙可采用混凝土或砖砌体。

③蓄水屋面应设排水管、溢水口和给水管，排水管应与水落管或其他排水出口连通。

④蓄水屋面的蓄水深度宜为 150～200mm。

⑤蓄水屋面泛水的防水层高度，应高出溢水口 100mm。

⑥蓄水屋面应设置人行通道。

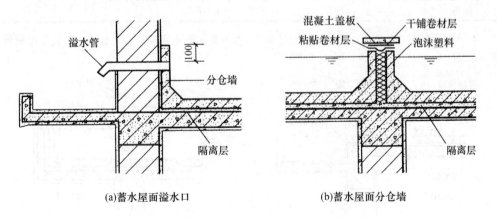

(a)蓄水屋面溢水口　　　　　(b)蓄水屋面分仓墙

图 8-6　蓄水屋面构造示意图

(3) 种植屋面的防水层应采用耐腐蚀、耐霉烂、防植物根系穿刺、耐水性好的防水材料；卷材、涂膜防水层上部应设置刚性保护层。

种植屋面（图 8-7）应符合下列规定：

①在寒冷地区应根据种植屋面的类型，确定是否设置保温层。保温层的厚度，应根据屋面的热工性能要求，经计算确定。

②种植屋面所用材料及植物等应符合环境保护要求。

③种植屋面根据植物及环境布局的需要，可分区布置，也可整体布置。分区布置应设挡墙（板），其形式应根据需要确定。

④排水层材料应根据屋面功能、建筑环境、经济条件等进行选择。

⑤介质层材料应根据种植物的要求，选择综合性能良好的材料。介质层厚度应根据不同介质和植物种类等确定。

⑥种植屋面可用于平屋面或坡屋面。屋面坡度较大时，其排水层、种植介质应采取防滑措施。

3. 工程施工质量检查与验收标准

(1) 架空隔热屋面的架空板不得有断裂、缺损，架设应平稳，相邻两块板的高低偏差不应大于 3mm，架空层应通风良好，不得堵塞；架空层构造应符合设计及规范要求（图 8-5）。

架空隔热屋面工程项目质量检查与验收标准，见表 8-13。

表 8-13　　　　　　　　　　架空隔热屋面工程项目质量检查与验收

项	项目	合格质量标准	检验方法	检验数量
主控项目	板材及辅助材料质量	架空隔热制品的质量必须符合设计要求，严禁有断裂和露筋等缺陷	观察检查和检查构件合格证或试验报告	按屋面面积每 100m² 抽查 1 处，每处 10m²，且不得少于 3 处
一般项目	架空隔热制品铺设	架空隔热制品的铺设应平整、稳固。缝隙勾填应密实；架空隔热制品距山墙或女儿墙不得小于 250mm，架空层中不得堵塞，架空高度及变形缝做法应符合设计要求	观察和尺量检查	按屋面面积每 100m² 抽查 1 处，每处 10m²，且不得少于 3 处
	隔热板相邻高低差	相邻两块制品的高低差不得大于 3mm	用直尺和楔形塞尺检查	

(2) 蓄水屋面、种植屋面的溢水口、过水孔、排水管、泄水孔应符合设计要求；施工结束后，应作蓄水 24h 检验（图 8-6、图 8-7 及图 8-8）。

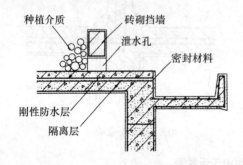

图 8-7　种植屋面构造示意图

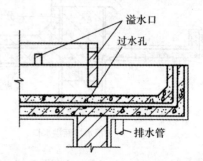

图 8-8　排水管、过水孔构造示意图

（3）蓄水屋面应定期清理杂物，严防干涸。

（4）蓄水、种植屋面工程质量检查与验收标准，见表 8-14。

表 8-14   蓄水、种植屋面工程项目检查与检验

项	项目	合格质量标准	检验方法	检验数量
主控项目	蓄水屋面溢水口、过水孔等设置	蓄水屋面上设置的溢水口、过水孔、排水管、溢水管，其大小、位置、标高的留设必须符合设计要求	观察和尺量检查	按屋面面积每100m² 抽查 1 处，每处 10m²，且不得少于 3 处
	蓄水屋面防水层不得渗漏	蓄水屋面防水层施工必须符合设计要求，不得有渗漏现象	蓄水至规定高度，再观察检查	
	种植屋面泄水孔设置	种植屋面挡墙泄水孔的留设必须符合设计要求，并不得堵塞	观察和尺量检验	
	种植屋面防水层质量	种植屋面防水层施工必须符合设计要求，不得有渗漏现象	蓄水至规定高度，再观察检查	
一般项目	材料名称	现场抽样数量	外观质量检验	物理性能检验
	沥青防水卷材	大于 1000 卷抽 5 卷，每 500～1000 卷抽 4 卷，100～499 卷抽 3 卷，100 卷以下抽 2 卷，进行规格尺寸和外观质量检验。在外观质量检验合格的卷材中，任取一卷进行物理性能检验	孔洞、硌伤、露胎、涂盖不匀、褶纹、褶皱、裂纹、裂口、缺边、每卷卷材的接头	纵向拉力，耐热度，柔度，不透水性
	高聚物改性沥青防水卷材		孔洞、缺边、裂口、边缘不整齐、胎体露白、未浸透、撒布材料粒度、颜色，每卷卷材的接头	拉力，最大拉力时延伸率，耐热度，低温柔度，不透水性
	合成高分子防水卷材		折痕、杂质、胶块、凹痕、每卷卷材的接头	断裂拉伸强度，扯断伸长率，低温弯折，不透水性
	石油沥青	同一批至少抽一次	—	针入度、延度、软化点
	沥青玛碲脂	每工作班至少抽一次	—	耐热度、柔韧性、黏结力
	高聚物改性沥青防水涂料	每 10t 为一批，不足 10t 按一批抽样	包装完好无损，且标明涂料名称、生产日期、生产厂名、产品有效期；无沉淀、凝胶、分层	固含量，耐热度，柔性，不透水性，延伸率
	合成高分子防水涂料		包装完好无损，且标明涂料名称、生产日期、生产厂名、产品有效期	固体含量，抗拉强度，断裂延伸率，柔性，不透水性

续表

项	项目	合格质量标准	检验方法	检验数量
一般项目	胎体增强材料	每 3000 m² 为一批，不足 3000m² 按一批抽样	均匀，无团状，平整，无褶皱	拉力，延伸率
	改性石油沥青密封材料	每 2t 为一批，不足 2t 按一批抽样	黑色均匀膏体，无结块和未浸透的填料	耐热度，低温柔性，拉伸粘贴性、施工度
	合成高分子密封材料	每 1t 为一批，不足 1t 按一批抽样	均匀膏状物，无结皮、凝胶或不易分散的固体团状	拉伸粘贴性，柔性
	平瓦	同一批至少抽一次	边缘整齐，表面光滑，不得有分层、裂纹、露砂	—
	油毡瓦	同一批至少抽一次	边缘整齐，切槽清晰，厚薄均匀，表面无孔洞、硌伤、裂纹、褶皱及起泡	耐热度，柔度
	金属板材	同一批至少抽一次	边缘整齐，表面光滑，色泽均匀，外形规则，不得有扭翘、脱膜、锈蚀	—

第四节　瓦屋面工程施工质量

一、瓦屋面工程施工质量控制规定

瓦屋面工程施工质量控制一般规定应符合下列要求：

（1）平瓦屋面适用于防水等级为Ⅱ级、Ⅲ级、Ⅳ级的屋面防水；油毡瓦屋面适用于防水等级为Ⅱ级、Ⅲ级的屋面防水；金属板材屋面适用于防水等级为Ⅰ级、Ⅱ级、Ⅲ级的屋面防水。

平瓦单独使用时，可用于防水等级为Ⅲ级、Ⅳ级的屋面防水；平瓦与防水卷材或防水涂膜复合使用时，可用于防水等级为Ⅱ级、Ⅲ级的屋面防水。

油毡瓦单独使用时，可用于防水等级为Ⅲ级的屋面防水；油毡与防水卷材或防水涂膜复合使用时，可用于防水等级为Ⅱ级的屋面防水。

金属板材应根据屋面防水等级选择性能相适应的板材。

（2）具有保温隔热的平瓦、油毡瓦屋面，保温层可设置在钢筋混凝土结构基层的上部；金属板材屋面的保温层可选用复合保温板材等形式。

（3）瓦屋面的排水坡度，应根据屋架形式、屋面基层类别、防水构造形式、材料性能以及当地气候条件等因素，经技术经济比较后确定，并宜符合表 8 - 15 的规定。

表 8 - 15 瓦屋面的排水坡度 （%）

材料种类	屋面排水坡度
平瓦	≥20
油毡瓦	≥20
金属板材	≥10

（4）当平瓦屋面坡度大于 50% 或油毡瓦屋面坡度大于 150% 时，应采取固定加强措施。

（5）平瓦屋面应在基层上面先铺设一层卷材，其搭接宽度不宜小于 100mm，并用顺水条将卷材压钉在基层上；顺水条的间距宜为 500mm，再在顺水条上铺钉挂瓦条。

（6）平瓦可采用在基层上设置泥背的方法铺设，泥背厚度宜为 30~50mm。

（7）油毡瓦屋面应在基层上面先铺设一层卷材，卷材铺设在木基层上时，可用油毡钉固定卷材；卷材铺设在混凝土基层上时，可用水泥钉固定卷材。

（8）天沟、檐沟的防水层，可采用防水卷材或防水涂膜，也可采用金属板材。

（9）在大风或地震地区，应采取措施使瓦与屋面基层固定牢固。

（10）瓦屋面严禁在雨天或雪天施工，5 级风及其以上时不得施工。油毡瓦的施工环境气温宜为 5℃~35℃。

（11）瓦屋面完工后，应避免屋面受物体冲击。严禁任意上人或堆放物件。

二、平瓦屋面工程质量控制与验收

平瓦包括烧结瓦和混凝土平瓦，平瓦屋面施工结构如图 8 - 9 所示。

1. 工程质量控制要点

平瓦屋面工程质量控制要点应符合下列规定：

（1）平瓦屋面与立墙及凸出屋面结构等交接处，均应作泛水处理。天沟、檐沟的防水层应采用合成高分子防水卷材、高聚物改性沥青防水卷材、沥青防水卷材、金属板材或塑料板材等材料铺设。

（2）脊瓦在两坡面瓦上的搭盖宽度，每边不小于 40mm。

（3）瓦伸入天沟、檐沟的长度为 50~70mm。

（4）天沟、檐沟的防水层伸入瓦内宽度不小于 150mm。

（5）瓦头挑出封檐板的长度为 50~70mm。

（6）凸出屋面的墙或烟囱的侧面瓦伸入泛水宽度不小于 50mm。

2. 施工质量检查与验收

平瓦屋面工程施工项目质量检查与验收，见表 8 - 16。

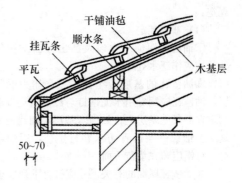

图 8 - 9 平瓦屋面施工结构示意图

表 8 - 16

平瓦屋面工程施工项目质量检查与验收

项	项目	合格质量标准	检验方法	检验数量
主控项目	平瓦及脊瓦面质量	平瓦及其脊瓦的质量必须符合设计要求	观察检查和检查出厂合格证或质量检验报告	按屋面面积每100m² 抽查 1 处，每处 10m²，且不得少于 3 处
	平瓦铺置	平瓦必须铺置牢固，地震设防地区或坡度大于 50% 的屋面，应采取固定加强措施	观察和手扳检查	
一般项目	挂瓦条、铺瓦质量	挂瓦条应分档均匀，铺钉平整、牢固；瓦面平整，行列整齐，搭接紧密，檐口平直	观察检查	按屋面面积每100m² 抽查 1 处，每处 10m²，且不得少于 3 处
	脊瓦搭盖	脊瓦应搭盖正确，间距均匀，封固严密；屋脊和斜脊应顺直，无起伏现象	观察和手扳检查	
	泛水做法	泛水做法应符合设计要求，顺直整齐，结合严密，无渗漏	观察检查和雨后或淋水检查	

三、油毡瓦屋面工程质量控制与验收

油毡瓦屋面施工结构如图 8 - 10 所示。

1. 工程质量控制要点

油毡瓦屋面工程质量控制要点应符合下列规定：

（1）基本规定：

①油毡瓦屋面与立墙及凸出屋面结构等交接处，均应作泛水处理。

②油毡瓦的基层应牢固平整。如为混凝土基层，油毡瓦应用专用水泥钢钉与冷沥青玛碲脂黏结固定在混凝土基层上；如为木基层，铺瓦前应在木基层上铺设一层沥青防水卷材垫毡，用油毡钉铺钉，钉帽应盖在垫毡下面。

③油毡瓦屋面的有关尺寸应符合下列要求：

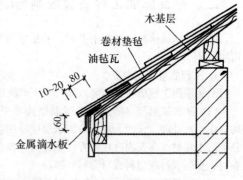

图 8 - 10 油毡瓦屋面施工结构示意图

a. 脊瓦与两坡面油毡瓦搭盖宽度每边不小于 100mm。

b. 脊瓦与脊瓦的压盖面不小于脊瓦面积的 1/2。

c. 油毡瓦在屋面与凸出屋面结构的交接处铺贴高度不小于 250mm。

（2）油毡瓦的铺设：

①在有屋面板的屋面上，铺瓦前铺钉一层油毡，其搭接宽度为 100mm。油毡用顺水条（间距一般为 500mm）钉在屋面板上。

②挂瓦条一般用断面为 30mm×30mm 木条，铺钉时上口要平直，接头在檩条上并要错开，同一檩条上不得连续超过 3 个接头。其间距根据瓦长，一般为 280~330mm，挂瓦条应铺钉平整、牢固，上棱应成一线。封檐条要比挂瓦条高 20~30mm。

③瓦应铺成整齐的行列，彼此紧密搭接，沿口应成一直线，瓦头挑出檐口一般为 50～70 mm。

④斜脊、斜沟瓦应先盖好瓦，沟瓦要搭盖泛水宽度不小于 150mm，然后弹黑线编号，将多余的瓦面锯掉后按号码次序挂上；斜脊同样处理，但要保证脊瓦搭盖在二坡面瓦上至少各 40mm，间距应均匀。

⑤脊瓦与坡面瓦的缝隙应用麻刀混合砂浆嵌严刮平，屋脊和斜脊应平直，无起伏现象。平脊的接头口要顺主导风向，斜脊的接头口向下（即由下向上铺设）。

⑥沿山墙挑檐一行瓦，宜用 1：2.5 的水泥砂浆做出披水线，将瓦封固。

⑦天沟、斜沟和檐沟一般用镀锌薄钢板制作时，其厚度应为 0.45～0.75mm，薄钢板伸入瓦下面不应少于 150mm。镀锌薄钢板应经风化或涂刷专用的底漆（锌磺类或磷化底漆等）后再涂刷罩面漆两层；如用薄钢板时，应将表面铁锈、油污及灰尘清理干净，其两面均应涂刷两层防锈底漆（红丹油等）再涂刷罩面漆两层。

⑧天沟和斜沟如用油毡铺设，层数不得少于 3 层；底层油毡应用带有垫圈的钉子钉在木基层上，其余各层油毡施工应符合有关规定。

2. 施工质量检查与验收

油毡瓦屋面工程施工项目质量检查与验收，见表 8-17。

表 8-17 油毡瓦屋面工程施工项目质量检查与验收

项	项目	合格质量标准	检验方法	检验数量
主控项目	油毡瓦质量	油毡瓦的质量必须符合设计要求	检查出厂合格证和质量检验报告	按屋面面积每 100m² 抽查 1 处，每处 10m²，且不得少于 3 处
	油毡瓦固定	油毡瓦所用固定钉必须钉平、钉牢，严禁钉帽外露油毡瓦表面	观察检查	
一般项目	油毡瓦铺设方法	油毡瓦的铺设方法应正确，油毡瓦之间的对缝，上下层不得重合	观察检查	按屋面面积每 100m² 抽查 1 处，每处 10m²，且不得少于 3 处
	油毡瓦与基层连接	油毡瓦应与基层紧贴，瓦面平整，檐口顺直	观察检查	
	泛水做法	泛水做法应符合设计要求，顺直整齐，结合严密，无渗漏	观察检查和雨后或淋水检验	

四、金属板材屋面工程质量控制与验收

金属板材屋面施工结构如图 8-11 所示。

1. 工程质量控制要点

金属板材屋面工程质量控制要点应符合下列规定：

（1）基本规定：

①金属板材屋面与立墙及凸出屋面结构等交接处，均应作泛水处理。两板间应放置通长密封条；螺栓拧紧后，两板的搭接口处应用密封材料封严。

②压型板应采用带防水垫圈的镀锌螺栓（螺钉）固定，固定点应设在波峰上。所有外露的螺栓（螺钉），均应涂抹密封材料保护。

③压型板屋面的有关尺寸应符合下列要求：

a. 压型板的横向搭接不小于一个波，纵向搭接不小于200mm。

b. 压型板挑出墙面的长度不小于200mm。

c. 压型板伸入檐沟内的长度不小于150mm。

d. 压型板与泛水的搭接宽度不小于200mm。

(2) 波形薄钢板屋面：

①波形薄钢板、镀锌波形薄钢板按规定涂刷防锈漆、底漆、罩面漆，且涂刷应均匀，无脱皮、漏刷。

②搭接宽度一般为一个半波至两个波，不得少于一个波。上下排搭接长度不应小于80mm，搭接要顺主导风向，搭接缝应严实。

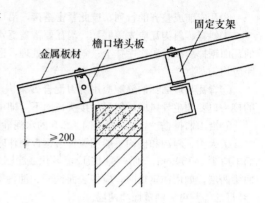

图 8-11　金属板材屋面施工结构示意图

③波瓦须用螺栓和弯钩螺栓将波瓦锁牢在檩子上，螺栓中距300～450mm，上下排接头必须位于檩条上。上下接头的螺栓每隔3个波拴一根。在木檩条上应用带防水垫圈的镀锌螺栓固定。在金属和钢筋混凝土檩条上应用带防水垫圈的镀锌弯钩螺栓固定，螺钉应设在波峰上。螺栓的数量在瓦四周的每一搭接边上，均不宜少于3个，波中央必须放1个。

④在靠高出屋面山墙处，最少要卷起180mm，弯成Z形伸入墙体预留槽内并用水泥砂浆抹平；若山墙不出屋面时，应靠山墙剪齐波瓦，用砂浆封山抹檐。

⑤屋脊、斜脊、天沟和屋面与凸出屋面结构连接处的泛水，均应用铁皮，与波瓦搭接不小于150mm。

⑥薄钢板的搭接缝和其他可能浸水的部位，应用铅油麻丝或油灰封固。

(3) 薄钢板屋面：

①薄钢板应按规定涂刷防锈漆、罩面漆，且应涂刷均匀，无脱皮及漏刷。

②薄钢板在安装前应预制成拼板，其长度应按设计要求根据屋面坡长和运输吊装条件而定。

③先安装檐口薄钢板，以檐口为准，檐口要挑出封檐板，伸入檐沟边50mm；无檐沟者挑出120mm。无组织排水屋面檐口薄钢板挑出封墙至少200mm。

④檐口薄钢板宜固定在T形铁板上（图 8-12）。用钉子将T形铁板钉在檐口垫板上，间距不宜大于700mm，若做钢板包檐时应带有向外弯的滴水线。

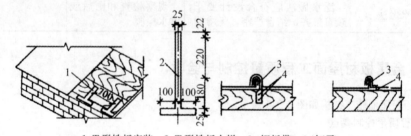

1. T形铁板安装；2. T形铁板大样；3. 钢板带；4. 钉子

图 8-12　T形铁板固定及钢板带固定薄钢板方法

⑤垂直于流水方向的平咬口应位于檩条上，每张板顺长度方向至少钉3个钢板带，间距不大于600mm。

⑥钉子不得直接钉在咬口上。上行弯边应在下行弯边之上，沿顺水方向盖叠，与屋脊垂直方向的接合缝用单咬口，折叠方向一致，单咬口、双咬口应顺流水方向；在屋面的同一坡度上，相

邻两薄钢板咬口接合缝，均应错开 50mm 以上，立咬口折边必须折向顺主导风向。屋面坡度大于 30％的垂直流水方向的拼缝宜用单平咬口。天沟、斜沟的薄钢板拼板及其与坡面薄钢板的连接处，宜用双平咬口，并用油灰嵌缝。

⑦屋面薄钢板与凸出屋面墙的连接处，薄钢板应向上弯起伸入墙的预留槽中，用钉子钉在槽内预埋木砖上，然后用掺有麻刀的混合砂浆将槽抹平做成泛水。

⑧有钉眼露于屋面时，应进行处理。爬脊薄钢板：有爬脊木或脊檩的，用人字薄钢板盖压；无爬脊木的，用立式咬口。

⑨为防止屋面被风刮起，大风地区每隔 3 个立口应设方木加固。

2. 施工质量检查与验收

金属板材屋面工程施工项目质量检查与验收，见表 8-18。

表 8-18 金属板材屋面工程施工项目质量检查与验收

项	项目	合格质量标准	检验方法	检验数量
主控项目	板材及辅助材料质量	金属板材及辅助材料的规格和质量，必须符合设计要求	检查出厂合格证和质量检验报告	按屋面面积每 100m² 抽查 1 处，每处 10m²，且不得少于 3 处
	连接和密封	金属板材的连接和密封处理必须符合设计要求，不得有渗漏现象	观察检查和雨后或淋水检验	
一般项目	金属板材铺设檐口线	金属板材屋面应安装平整，固定方法正确，密封完整；排水坡度应符合设计要求	观察和尺量检查	按屋面面积每 100m² 抽查 1 处，每处 10m²，且不得少于 3 处
	檐口及泛水做法	金属板材屋面的檐口线、泛水段应顺直，无起伏现象	观察检查	

第九章
装饰装修工程

第一节　抹灰工程施工质量

一、一般抹灰工程施工质量控制与验收

一般抹灰工程是指采用石灰砂浆、水泥砂浆、水泥混合砂浆、聚合物水泥砂浆和麻刀石灰、纸筋石灰、石膏灰、粉刷石膏等的抹灰工程。

1. 材料质量控制

（1）水泥：水泥强度等级应不低于 27.5 级。

（2）石灰膏：石灰膏应用块状生石灰淋制，淋制时必须用孔径不大于 3mm×3mm 的筛过滤，并储存于沉淀池中。熟化时间，常温下不少于 15d；用于罩面时不少于 30d。石灰膏可用磨细生石灰粉代替，其细度应通过 4900 孔/cm² 筛，用于罩面时，熟化时间不应少于 3d。

（3）砂：砂应过筛，不得含有杂物。

（4）纸筋：纸筋应浸透、捣烂、洁净；罩面纸筋宜机碾磨细。

（5）麻刀：麻刀应坚韧、干燥，不含杂质，其长度不得大于 30mm。

（6）抹灰工程选用的界面剂应符合设计及规范要求。

（7）粉刷石膏一次拌和量应适量，应随用随拌。

（8）砂浆中可掺加适量增稠粉或砂浆增效王等外加材料，以增加砂浆的和易性，掺量严格按材料说明使用。

（9）抹灰用的膨胀珍珠岩，宜采用中级粗细粒径混合级配，堆集密度宜为 80～150kg/m³。

（10）掺入砂浆的颜料，应用耐碱、耐光的颜料。

（11）当要求抹灰层具有防水、防潮功能时，应采用防水砂浆。

2. 工程施工质量控制要点

一般抹灰工程施工质量控制要点应符合下列规定：

（1）一般抹灰按质量要求分为普通抹灰和高级抹灰，主要工序如下：

①普通抹灰：分层赶平、修整，表面压光。

②高级抹灰：阴阳角找方，设置标筋，分层赶平、修整，表面压光。

（2）抹灰层的平均总厚度，不得大于下列规定：

①顶棚：现浇混凝土、板条为 15mm；预制混凝土为 18mm；金属网为 20mm。

②内墙：普通抹灰为 18mm～20mm，高级抹灰为 25mm。

③外墙：墙面为 20mm；勒脚及突出墙面部分为 25mm。

④石墙：石墙为 35mm。

（3）涂抹水泥砂浆每遍厚度宜为 5～7mm。涂抹石灰砂浆和水泥混合砂浆每遍厚度宜为 7～9mm。

（4）面层抹灰经赶平压实后的厚度，麻刀石灰不得大于 3mm；纸筋石灰、石膏灰不得大于 2mm。

（5）木结构与砖石结构、混凝土结构等不同材料基体相接处表面的抹灰，应先铺钉金属网，并绷紧牢固。金属网与各基体的搭接宽度不应小于 100mm。

（6）抹灰前，应对砖、混凝土等基层的浮灰、油渍等污物进行清理，对于表面不平整的部位，应进行剔凿、打磨平整，清除干净，并洒水润湿。检查基体表面的平整度，用与抹灰层相同砂浆冲筋找平。

（7）抹灰前，外门和外窗框靠墙体部位的缝隙，应采用高效保温材料填充，不得采用普通水泥砂浆补缝。窗框四周与抹灰层之间的缝隙宜采用保温材料和嵌缝密封石膏密封，避免不同材料界面开裂影响窗户的热工性能。

（8）室内墙面、柱面和门洞口的阳角，宜用 1∶2 水泥砂浆做暗护角，其高度不应低于 2m，每侧宽度不应小于 50mm。

（9）室内抹灰工程，应待上下水、煤气等管道安装后进行。抹灰前必须将管道穿越的墙洞和楼板洞填嵌密实。散热器和密集管道等背后的墙面抹灰，宜在散热器和管道安装前进行，抹灰面接槎应顺平。

（10）外墙窗台、窗楣、雨篷、阳台、压顶和突出腰线等，上面应做流水坡度，下面应做滴水线或滴水槽，滴水线应内高外低，滴水槽的深度和宽度均不应小于 10mm，并整齐一致。

（11）粉刷石膏抹灰要点：

①适用于室内混凝土墙面、加气混凝土墙面、砖墙面的粉刷石膏抹灰工程。

②加气混凝土板应作接缝处理，于接缝处抹 3mm 厚底层砂浆（粉刷石膏∶砂＝1∶2～4），宽度为 250～300mm，并将 250～300mm 宽玻纤网带铺贴平整，勒入砂浆层。

③混凝土、砖墙面根据基层平整度，做局部找平处理。

④抹底层粉刷石膏应待接缝干燥后进行刮抹。每次刮抹厚度不宜超过 5mm，总厚度一般不宜超过 10mm，局部不宜超过 15mm。达到墙面垂直和平整。

⑤面层粉刷石膏可以在基层上批抹，厚度 1～2mm。压光应在终凝前进行，一般在面层抹灰 45min 左右进行。

⑥拌和好的灰浆必须在 50min 内用完，已硬化的灰浆不得再加水使用。

（12）冬期施工，抹灰砂浆应采取保温措施。施工时，砂浆的温度不宜低于 5℃。砂浆抹灰层硬化初期不得受冻。气温低于 5℃时，室外抹灰所用的砂浆可掺入防冻剂，其掺量应由试验确定。做涂料墙面的抹灰砂浆中，不得掺入含氯盐的防冻剂。

（13）冬期施工，抹灰层可采取加温措施加速干燥。如采用热空气时，应通风排除湿气。

（14）抹灰工程应对下列隐蔽工程项目进行验收：

①抹灰总厚度大于或等于 35mm 时的加强措施。

②不同材料基体交接处的加强措施。

（15）采用饰面涂料或饰面面砖装饰的外墙外保温抹灰，应采取有效措施，防止抹灰层开裂。

3. 一般抹灰工程项目质量检查与验收

一般抹灰工程质量分为合格和不合格。

合格标准：主控项目全部符合规定；一般项目应有 80％及以上检查点符合规定。

检验批划分：相同材料、工艺和施工条件的室内抹灰工程每 50 个自然间（大面积房间和走廊按抹灰面积 30m² 为一间）应划分为一个检验批，不足 50 间也应划分为一个检验批。相同材料、工艺和施工条件的室外抹灰工程每 500～1000m² 应划分为一个检验批，不足 500m² 也应划分为一个检验批。

一般抹灰工程施工项目质量检查与验收标准，见表 9-1。

表 9-1   一般抹灰工程施工项目质量检查与验收

项	项目	合格质量标准	检验方法	检验数量
主控项目	基层表面	抹灰前基层表面的尘土、污垢、油渍等应清除干净，并应洒水润湿	检查施工记录	①室内每个检验批应至少抽查 10%，并不得少于 3 间；不足 3 间时全数检查 ②室外每个检验批每 100m² 应至少抽查一处，每处不得小于 10m²
	材料品种和性能	一般抹灰所用材料的品种和性能应符合设计要求。水泥的凝结时间和安定性复验应合格。砂浆的配合比应符合设计要求	检查产品合格证书、进场验收记录、复验报告和施工记录	
	操作要求	抹灰工程应分层进行。当抹灰总厚度大于或等于 35mm 时，应采取加强措施。不同材料基体交接处表面的抹灰，应采取防止开裂的加强措施。当采用加强网时，加强网与各基体的搭接宽度不应小于 100mm	检查隐蔽工程验收记录和施工记录	
	层黏结及面层	抹灰层与基层之间及各抹灰层之间必须黏结牢固，抹灰层应无脱层、空鼓，面层应无爆灰和裂缝	观察；用小锤轻击检查；检查施工记录	
一般项目	表面质量	一般抹灰工程的表面质量应符合下列规定：①普通抹灰表面应光滑、洁净，接茬平整，分格缝应清晰 ②高级抹灰表面应光滑、洁净、颜色均匀，无抹纹，分格缝和灰缝应清晰美观	观察；手摸检查	①室内每个检验批应至少抽查 10%，并不得少于 3 间；不足 3 间时全数检查 ②室外每个检验批每 100m² 应至少抽查一处，每处不得小于 10m²
	层细部质量	护角、孔洞、槽、盒周围的抹灰表面应整齐、光滑；管道后面的抹灰表面应平整	观察	
	层总厚度及层间材料	抹灰层的总厚度应符合设计要求；水泥砂浆不得抹在石灰砂浆层上；罩面石膏灰不得抹在水泥砂浆层上	检查施工记录	
	分格缝	抹灰分格缝的设置应符合设计要求，宽度和深度应均匀，表面应光滑，棱角应整齐	观察；尺量检查	
	滴水线（槽）	有排水要求的部位应做滴水线（槽）。滴水线（槽）应整齐顺直，滴水线应内高外低，滴水槽的宽度和深度均不应小于 10mm	观察；尺量检查	
	允许偏差	一般抹灰工程质量的允许偏差和检验方法，应符合表 9-2 的规定	见表 9-2	

342

表 9 - 2

一般抹灰的允许偏差和检验方法

项 目	允许偏差（mm）		检验方法
	普通抹灰	高级抹灰	
立面垂直度	4	3	用 2m 垂直检测尺检查
表面平整度	4	3	用 2m 靠尺和塞尺检查
阴阳角方正	4	3	用直角检测尺检查
分格条（缝）直线度	4	3	拉 5m 线，不足 5m 拉通线，用钢直尺检查
墙裙、勒脚上口直线度	4	3	拉 5m 线，不足 5m 拉通线，用钢直尺检查

注：①普通抹灰、本表第 3 项阴角方正可不检查；

②顶棚抹灰，本表第 2 项表面平整度可不检查，但应平顺。

③本表摘自《建筑装饰装修工程质量验收规范》（GB5021—2001）。

二、装饰抹灰工程施工质量控制与验收

装饰抹灰是指水刷石、斩假石、干粘石、假面砖等抹灰。

1. 材料质量控制

（1）装饰抹灰所用的水泥、石灰膏、砂的质量要求同一般抹灰工程。

（2）装饰抹灰用的骨料（石粒、砾石等），应耐光、坚硬，使用前必须冲洗干净。干粘石用的石粒应干燥。

（3）掺入装饰砂浆的颜料，应用耐碱、耐光的颜料。

2. 工程施工质量控制要点

装饰抹灰工程施工质量控制要点应符合下列规定：

（1）一般规定：

①装饰抹灰面层有分格要求时，分格条应宽窄厚薄一致，粘贴在中层砂浆面上应横平竖直，交接严密，完工后应适时全部取出，分格缝应清晰、整齐。

②装饰抹灰面层的施工缝，应留在分格缝、墙面阴角、水落管背后或独立装饰组成部分的边缘处。

③装饰抹灰所用的彩色石粒，应先统一配料，干拌均匀过筛后，方可加水搅拌。

（2）水刷石：先在浇水润湿的中层砂浆层面上刮水泥浆（水灰比为 0.37～0.40）一遍，随即涂抹水泥石子浆，并拍平压实，待水泥石子浆初凝后（终凝前），用清水自上而下洗刷，使石子显露。

（3）斩假石：先在已浇水润湿的中层砂浆面上刮水泥浆（水灰比为 0.37～0.40）一遍，随即涂抹水泥石屑浆，并赶平压实，待水泥石膏浆终凝后，应经试剁，以石子不脱落为准。斩剁应自上而下进行，大面宜斩剁成直纹，在墙角、柱子等边棱处，宜横剁出边条或留出窄小边条不剁。

（4）干粘石：先在浇水润湿的中层砂浆表面上刷水泥浆（水灰比为 0.4～0.5）一遍，随即涂抹水泥砂浆或聚合物水泥砂浆黏结层，黏结层厚度为 4～6mm，砂浆稠度不大于 80mm。将粒径为 4～6mm 的石粒甩粘到黏结层上，随即用辊子或抹子压平压实。石粒嵌入砂浆的深度不得小于粒径的 1/2。砂浆黏结层在硬化期间应保持湿润。

（5）假面砖：在已湿润的中层砂浆面上涂抹彩色水泥混合砂浆，待其初凝后，按面砖尺寸分

格划线，再划沟、划纹。沟纹间距、深线应一致，接缝平直。

3. 装饰抹灰工程项目质量检查与验收

装饰抹灰工程质量分合格和不合格。

合格标准：主控项目全部符合规定；一般项目应有 80% 及以上检查点符合规定。

检查数量及检验批划分同一段抹灰工程。

装饰抹灰工程项目质量检查与验收标准，见表 9-3。

表 9-3　　　　　　　　　装饰抹灰工程施工项目质量检查与验收

项	项目	合格质量标准	检验方法	检验数量
主控项目	基层表面	抹灰前基层表面的尘土、污垢、油渍等应清除干净，并应洒水湿润	检查施工记录	①室内每个检验批应至少抽查 10%，并不得少于 3 间；不足 3 间时全数检查 ②室外每个检验批每 100m² 应至少抽查一处，每处不得小于 10m²
	材料品种和性能	装饰抹灰工程所用材料的品种和性能应符合设计要求。水泥的凝结时间和安定性复验应合格。砂浆的配合比应符合设计要求	检查产品合格证书、进场验收记录、复验报告和施工记录	
	操作要求	抹灰工程应分层进行。当抹灰总厚度大于或等于 35mm 时，应采取加强措施。不同材料基体交接处表面的抹灰，应采取防止开裂的加强措施，当采用加强网时，加强网与各基体的搭接宽度应不小于 100mm	检查隐蔽工程验收记录和施工记录	
	层黏结及面层	各抹灰层之间及抹灰层与基体之间必须黏接牢固，抹灰层应无脱层、空鼓和裂缝	观察；用小锤轻击检查；检查施工记录	
一般项目	表面质量	装饰抹灰工程的表面质量应符合下列规定：①水刷石表面应石粒清晰、分布均匀、紧密平整、色泽一致，应无掉粒和接槎痕迹 ②斩假石表面剁纹应均匀顺直、深浅一致，应无漏剁处；阳角处应横剁并留出宽窄一致的不剁边条，棱角应无损坏 ③干粘石表面应色泽一致，不露浆、不漏粘，石粒应黏结牢固、分布均匀，阳角处无明显黑边 ④假面砖表面应平整、沟纹清晰、留缝整齐、色泽一致，应无掉角、脱皮、起砂等缺陷	观察；手摸检查	①室内每个检验批应至少抽查 10%，并不得少于 3 间；不足 3 间时全数检查 ②室外每个检验批每 100m² 应至少抽查一处，每处不得小于 10m²
	分割条（缝）	装饰抹灰分格条（缝）的设置应符合设计要求，宽度和深度应均匀，表面应平整光滑，棱角应整齐	观察	
	滴水线	有排水要求的部位应做滴水线（槽）。滴水线（槽）应整齐顺直，滴水线应内高外低，滴水槽的宽度和深度均不应小于 10mm	观察；尺量检查	
	允许偏差	装饰抹灰工程质量的允许偏差和检验方法应符合表 9-4 的规定	见表 9-4	

表 9-4 装饰抹灰的允许偏差和检验方法

项 目	允许偏差（mm）				检验方法
	水刷石	斩假石	干粘石	假面砖	
立面垂直度	5	4	5	5	用2m垂直检测尺检查
表面平整度	3	3	5	4	用2m靠尺和塞尺检查
阳角方正	3	3	4	4	用直角检测尺检查
分格条（缝）直线度	3	3	3	3	拉5m线，不足5m拉通线，用钢直尺检查
墙裙、勒脚上口直线度	3	3	—	—	拉5m线，不足5m拉通线，用钢直尺检查

注：本表摘自《建筑装饰装修工程质量验收规范》（GB5021—2001）。

三、清水砌体勾缝工程施工质量控制与验收

1. 工程施工质量控制要点

清水砌体勾缝工程施工质量控制要点应符合下列规定：

（1）砌体面勾缝前，应做好以下准备工作：

①清除砌体面黏结的砂浆、泥浆和杂物等，并洒水湿润。

②开凿瞎缝，并对缺棱掉角的部位用与砌体面相同颜色的砂浆修复整齐。

③将脚手眼内清理干净，并洒水湿润，采用与原砌体相同的块材补砌严密。

（2）清水砌体勾缝应采用加浆勾缝，宜采用1：1.5的水泥砂浆（细砂）。石墙面勾缝可采用水泥混合砂浆。

（3）内墙面也可采用原浆勾缝，但必须随砌随勾。

（4）砖墙面勾缝宜采用凹缝或平缝，凹缝深度宜为4～5mm；混凝土小型空心砌块墙面勾缝应采用平缝；石墙面勾缝应采用凸缝或平缝，毛石墙面勾缝应保持砌合的自然缝。

2. 清水砌体勾缝工程质量

清水砌体勾缝工程质量分为合格和不合格。

合格标准：主控项目全部符合要求，一般项目应有80%及以上检查点符合要求。

检查数量与检验批划分同一般抹灰工程。

清水砌体勾缝工程项目质量检查与验收标准，见表9-5。

表 9-5 清水砌体勾缝工程施工项目质量检查与验收

项	项目	合格质量标准	检验方法	检验数量
主控项目	水泥及配合比	清水砌体勾缝所用水泥的凝结时间和安定性复验应合格。砂浆的配合比应符合设计要求	检查复验报告和施工记录	①室内每个检验批应至少抽查10%，并不得少于3间；不足3间时全数检查 ②室外每个检验批每100m²应至少抽查一处，每处不得小于10m²
	勾缝牢固性	清水砌体勾缝应无漏勾。勾缝材料应黏结牢固、无开裂	观察	

续表

项	项目	合格质量标准	检验方法	检验数量
一般项目	勾缝外观质量	清水砌体勾缝应横平竖直，交接处应平顺，宽度和深度应均匀，表面应压实抹平	观察；尺量检查	①室内每个检验批应至少抽查10%，并不得少于3间；不足3间时全数检查 ②室外每个检验批每100m² 应至少抽查一处，每处不得小于 10m²
	灰缝及表面	灰缝应颜色一致，砌体表面洁净	观察	

第二节 门窗工程施工质量

一、门窗工程施工验收的一般规定

门窗工程施工验收的一般规定应符合下列要求：

（1）门窗工程应对下列隐蔽工程项目进行验收：

①预埋件和锚固件。

②隐蔽部位的防腐、填嵌处理。

（2）门窗安装前应按下列要求进行检验：

①检查外窗洞口尺寸，需满足可开启面积不小于所在房间面积的 1/5 的要求。

②按设计要求检查其他洞口尺寸，如与设计不符合应予以纠正。

③根据门窗图纸，检查门窗的品种、规格、开启方向及组合杆、附件，并对其外形及平整度检查校正，合格后方可安装。

（3）安装门窗、框必须采用预留洞口、设置预埋件的方法，严禁采用边安装边砌口或先安装后砌口。门窗的固定方式应满足设计要求，并应符合以下规定：

①木制门窗：洞口内侧采用木楔涂刷防腐镶入埋件，要求牢固可靠。

②金属门窗：固定可采用焊接、膨胀螺栓或射钉等方式。

③塑料门窗：根据不同材质的墙体，可采用膨胀螺钉、射钉、水泥钉等方式固定。

④外门窗框与墙体间缝隙应采用弹性材料嵌填饱满，表面应采用密封胶密封。

⑤建筑外门窗的安装必须牢固。在砌体上安装门窗严禁用射钉固定。

（4）门窗框扇安装过程中，应符合下列规定：

①不得在门窗框扇上安放脚手架、悬挂重物或在框扇内穿物起吊，以防门窗变形和损坏。

②如需运输，表面应用非金属软质材料衬垫，选择牢靠平稳的着力点，以免门窗表面擦伤。

二、木门窗制作与安装工程质量控制与验收

1. 材料控制

（1）制作普通木门窗所用木材的质量，应符合表 9-6 的规定。

（2）制作高级木门窗所用木材的质量，应符合表 9-7 的规定。

（3）木门窗制作用的木材，含水率应≤12%。人造板的甲醛含量必须符合国家标准。

表 9-6 普通木门窗用木材的质量要求

木材缺陷		门窗扇的立梃、冒头，中冒头	窗棂、压条、门窗及气窗的线脚、通风窗立梃	门心板	门窗框
活节	不计个数，直径（mm）	<15	<5	<15	<15
	计算个数，直径	≤材宽的1/3	≤材宽的1/3	≤30mm	≤材宽的1/3
	任1延长米个数	≤3	≤2	≤3	≤5
死节		允许，计入活节总数	不允许	允许，计入活节总数	
髓心		不露出表面的，允许	不允许	不露出表面的，允许	
裂缝		深度及长度≤厚度及材长的1/5	不允许	允许可见裂缝	深度及长度≤厚度及材长的1/4
斜纹的斜率（%）		≤7	≤5	不限	≤12
油眼		非正面，允许			
其他		浪形纹理、圆形纹理、偏心及化学变色，允许			

表 9-7 高级木门窗用木材的质量要求

木材缺陷		木门扇的立梃、冒头，中冒头	窗棂、压条、门窗及气窗的线脚、通风窗立梃	门心板	门窗框
活节	不计个数，直径（mm）	<10	<5	<10	<10
	计算个数，直径	≤材宽的1/4	≤材宽的1/4	≤20mm	≤材宽的1/3
	任1延长米个数	≤2	0	≤2	≤3
死节		允许，包括在活节总数中	不允许	允许，包括在活节总数中	不允许
髓心		不露出表面的，允许	不允许	不露出表面的，允许	
裂缝		深度及长度≤厚度及材长的1/6	不允许	允许可见裂缝	深度及长度≤厚度及材长的1/5
斜纹的斜率（%）		≤6	≤4	≤15	≤10
油眼		非正面，允许			
其他		浪形纹理、圆形纹理、偏心及化学变色，允许			

2. 工程施工控制要点

木门窗制作与安装工程施工质量控制要点应符合下列规定：

(1) 木门窗安装有立口法和塞口法。立口法是先立起门窗框后砌两边墙体；塞口法是在墙体中预留洞口，而后把木门窗框装入洞口中。

(2) 木门窗框与砖石砌体、混凝土或抹灰层接触处应进行防腐处理，埋入砌体或混凝土中的木砖应进行防腐处理。

(3) 木门窗框安装前应校正方正，加钉必要的拉条避免变形。安装木门窗框时，每边固定点不得少于两处，其间距不得大于 1.2m。

(4) 木门窗框需要镶贴脸板时，门窗框应凸出墙面，凸出厚度应等于抹灰层或装饰面层的厚度。

(5) 木门窗五金配件安装应符合下列规定：

①合页安装：

a. 合页剔槽应与边缘吻合、平顺，钉帽平整一致，严禁锤击钉入。合页承重轴安装宜采用框三扇二，合页槽深浅适宜吻合，一字或十字螺钉凹槽方向宜垂直或水平统一。

b. 一般轻质门，上下合页分别设置于门扇高度 1/10 处，并避开上下冒头。当采用实木门时，应设置上、中、下三道合页，中间合页位于门扇中部偏上位置。

c. 高度较高的重型门，应适当增加合页数量。

d. 弹簧合页应配套，防止左右合页混用。

e. 合页剔槽应与边缘吻合、平顺，钉帽平整一致，严禁锤击钉入。

②五金配件安装应用木螺钉固定。硬木应钻 2/3 深度的孔，孔径应略小于木螺钉直径。

③门锁不宜安装在冒头与立梃的结合处。

④窗拉手距地面宜为 1.5～1.6m，门拉手距地面宜为 0.9～1.05m。

3. 工程项目质量检查与验收

木门窗制作与安装工程质量分为合格和不合格。

合格标准：主控项目全部符合规定；一般项目应有 80% 及以上检查点符合规定。

检验批划分：同一品种、类型和规格的木门窗每 100 樘应划分为一个检验批，不足 100 樘也应划分为一个检验批。

木门窗制作与安装工程项目质量检查与验收标准，见表 9-8。

表 9-8　　　　　　　木门窗制作与安装工程施工项目质量检查与验收

项	项目	合格质量标准	检验方法	检验数量
主控项目	材料质量	木门窗的木材品种、材质等级、规格、尺寸、框扇的线型及人造木板的甲醛含量应符合设计要求。设计未规定材质等级时，所用木材的质量应符合规定	观察；检查材料进场验收记录和复验报告	每个检验批应至少抽查 5%，并不得少于 3 樘，不足 3 樘时应全数检查；高层建筑的外窗，每个检验批应至少抽查 10%，并不得少于 6 樘，不足 6 樘时应全数检查
	木材含水率	木门窗应采用烘干的木材，含水率应符合《建筑木门、木窗》(JG/T122) 的规定	检查材料进场验收记录	
	木材防护	木门窗的防火、防腐、防虫处理应符合设计要求	观察；检查材料进场验收记录	

项	项目	合格质量标准	检验方法	检验数量
主控项目	木栉及虫眼	木门窗的结合处和安装配件处不得有木节或已填补的木节。木门窗如有允许限值以内的死节及直径较大的虫眼时，应用同一材质的木塞加胶填补。对于清漆制品，木塞的木纹和色泽应与制品一致	观察	每个检验批应至少抽查 5%，并不得少于 3 樘，不足 3 樘时应全数检查；高层建筑的外窗，每个检验批应至少抽查 10%，并不得少于 6 樘，不足 6 樘时应全数检查
	榫槽连接	门窗框和厚度大于 50mm 的门窗扇应用双榫连接。榫槽应采用胶料严密嵌合，并应用胶楔加紧	观察；手扳检查	
	胶合板门、纤维板门和模压门	胶合板门、纤维板门和模压门不得脱胶。胶合板不得刨透表层单板，不得有戗槎。制作胶合板门、纤维板门时，边框和横楞应在同一平面上，面层、边框及横楞应加压胶结。横楞和上、下冒头各钻两个以上的透气孔，透气孔应通畅	观察	
	木门窗设计要求	木门窗的品种、类型、规格、开启方向、安装位置及连接方式应符合设计要求	观察；尺量检查；检查成品门的产品合格证书	
	木门窗框的安装设计要求	木门窗框的安装必须牢固。预埋木砖的防腐处理、木门窗框固定点的数量、位置及固定方法应符合设计要求	观察；手扳检查；检查隐蔽工程验收记录和施工记录	
	木门窗扇质量	木门窗扇必须安装牢固，并应开关灵活，关闭严密，无倒翘	观察；开启和关闭检查；手扳检查	
	木门窗配件使用要求	木门窗配件的型号、规格、数量应符合设计要求，安装应牢固，位置应正确，功能应满足使用要求	观察；开启和关闭检查；手扳检查	
一般项目	表面质量	木门窗表面应洁净，不得有刨痕、锤印	观察	每个检验批应至少抽查 5%，并不得少于 3 樘，不足 3 樘时应全数检查；高层建筑的外窗，每个检验批应至少抽查 10%，并不得少于 6 樘，不足 6 樘时应全数检查
	割角、拼缝	木门窗的割角、拼缝应严密平整。门窗框、扇裁口应顺直，刨面应平整	观察	
	槽、孔	木门窗上的槽、孔应边缘整齐，无毛刺	观察	

续表2

项	项目	合格质量标准	检验方法	检验数量
一般项目	窗与墙体间缝隙要求	木门窗与墙体间缝隙的填嵌材料应符合设计要求，填嵌应饱满。寒冷地区外门窗（或门窗框）与砌体间的空隙应填充保温材料	轻敲门窗框检查；检查隐蔽工程验收记录和施工记录	每个检验批应至少抽查5%，并不得少于3樘，不足3樘时应全数检查；高层建筑的外窗，每个检验批应至少抽查10%，并不得少于6樘，不足6樘时应全数检查
	门窗结合要求	木门窗批水、盖口条、压缝条、密封条的安装应顺直，与门窗结合应牢固、严密	观察；手扳检查	
	制作允许偏差	木门窗制作的允许偏差和检验方法，应符合表9-9的规定	见表9-9	
	安装允许偏差	木门窗安装的留缝限值、允许偏差和检验方法，应符合表9-10的规定	见表9-10	

表9-9　　　　　　　　　　木门窗制作的允许偏差和检验方法

项　目	构件名称	允许偏差（mm）		检验方法
		普通	高级	
翘曲	框	3	2	将框、扇平放在检查平台上，用塞尺检查
	扇	2	2	
对角线长度差	框、扇	3	2	用钢直尺检查，框量裁口里角，扇量外角
表面平整度	扇	2	2	用1m靠尺和塞尺检查
高度、宽度	框	0；-2	0；-1	用钢直尺检查；框量裁口里角，扇量外角
	扇	+2；0	+1；0	
裁口、线条结合处高低差	框、扇	1	0.5	用钢直尺和塞尺检查
相邻棂子两端间距	扇	2	1	用钢直尺检查

注：本表摘自《建筑装饰装修工程质量验收规范》（GB5021—2001）。

表9-10　　　　　　　　　　木门窗安装的允许偏差和检验方法

项　目	留缝限值（mm）		允许偏差（mm）		检验方法
	普通	高级	普通	高级	
门窗槽口对角线长度差	—	—	3	2	用钢直尺检查
门窗框的正、侧面垂直度	—	—	2	1	用1m垂直检测尺检查
框与扇、扇与扇接缝高低差	—	—	2	1	用钢直尺和塞尺检查

续表

项　目	留缝限值（mm）		允许偏差（mm）		检验方法
	普通	高级	普通	高级	
门窗扇对口缝	1～2.5	1.5～2	—	—	用塞尺检查
工业厂房双扇大门对口缝	2～5	—	—	—	
门窗扇与上框间留缝	1～2	1～1.5	—	—	
门窗扇与侧框间留缝	1～2.5	1～1.5	—	—	
窗扇与下框间留缝	2～3	2～2.5	—	—	
门扇与下框间留缝	3～5	3～4	—	—	
双层门窗内外框间距	—	—	4	3	用钢直尺检查
无下框时门扇与地面间留缝 外门	4～7	5～6	—	—	用塞尺检查
无下框时门扇与地面间留缝 内门	5～8	6～7	—	—	
无下框时门扇与地面间留缝 卫生间门	8～12	8～10	—	—	
无下框时门扇与地面间留缝 厂房大门	10～20	—	—	—	

注：本表摘自《建筑装饰装修工程质量验收规范》（GB5021—2001）。

三、塑料门窗安装工程质量控制与验收

1. 工程施工质量控制要点

塑料门窗安装工程施工质量控制要点应符合下列规定：

（1）塑料门窗安装应采用塞口法，即在墙体中预留洞口再将塑料门窗装入洞口中。

（2）塑料门窗框安装时应检查其内外朝向，确认无误后安装固定片。安装时应先钻孔然后用自攻螺钉拧入，严禁直接锤击钉入。

（3）当窗与墙体固定时，应先固定上框，而后固定边框，固定方法应符合下列要求：

①混凝土墙洞口应采用射钉或塑料膨胀螺钉固定。

②砖墙洞口应采用塑料膨胀螺钉或水泥钉固定，并不得固定在砖缝处。

③加气混凝土洞口，应采用木螺钉将固定片固定在胶粘圆木上。

④设有预埋铁件的洞口应采用焊接的方法固定，也可先在预埋铁上按紧固件规格打基孔，然后用紧固件固定。

⑤固定点的位置应距窗角、中横框、中竖框 150～200mm，固定点间距应小于 500mm，可按图 9-1 所示进行。

（4）窗框与洞口之间的伸缩缝内腔应采用闭孔泡沫塑料、发泡聚苯乙烯等弹性材料分层填塞，填塞不宜过紧。对于保温、隔热等级要求较高的工程，应采用相应的隔热、隔声材料填塞。拼樘料型钢两端必须与洞口固定牢固。门窗框四周的内外接缝应用密封胶嵌缝严密，不得用水泥砂浆填塞，如图 9-2 所示。

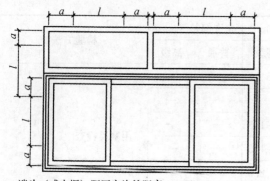

a—端头（或中框）距固定片的距离 l—固定片之间的间距

图 9-1 固定片安装位置示意图

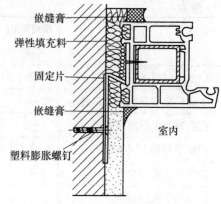

嵌缝膏
弹性填充料
固定片
嵌缝膏
塑料膨胀螺钉
室内

图 9-2 窗安装节点示意图

（5）塑料门窗安装五金配件时，应钻孔后用自攻螺钉拧入。

（6）门窗框与墙体间缝隙不得用水泥砂浆填塞，应采用弹性材料填嵌饱满，表面应用密封胶密封。

2. 塑料门窗安装工程质量检查与验收

塑料门窗安装工程质量分为合格和不合格。

合格标准：主控项目全部符合规定；一般项目应有 80% 及以上检查点符合规定。

检验批划分：同一品种、类型和规格的塑料门窗每 100 樘应划分为一个检验批，不足 100 樘也应划分为一个检验批。

塑料门窗安装工程项目检查与验收标准，见表 9-11。

表 9-11   塑料门窗安装工程项目质量检查与验收

项	项目	合格质量标准	检验方法	检验数量
主控项目	门窗质量	塑料门窗的品种、类型、规格、尺寸、开启方向、安装位置、连接方式及填嵌密封处理应符合设计要求，内衬增强型钢的壁厚及设置应符合国家现行产品标准的质量要求	观察；尺量检查；检查产品合格证书、性能检测报告、进场验收记录和复验报告；检查隐蔽工程验收记录	每个检验批应至少抽查 5%，并不得少于 3 樘，不足 3 樘时应全部检查；高层建筑的外窗，每个检验批应至少抽查 10%，并不得少于 6 樘，不足 6 樘时应全数检查
	框、扇安装	塑料门窗框、副框和扇的安装必须牢固。固定片或膨胀螺栓的数量与位置应正确，连接方式应符合设计要求。固定点应距窗角、中横框、中竖框 150～200mm，固定点间距应不大于 600mm	观察；手扳检查；检查隐蔽工程验收记录	
	拼樘料与框连接	塑料门窗拼樘料内衬增强型钢的规格、壁厚必须符合设计要求，型钢应与型材内腔紧密吻合，其两端必须与洞口固定牢固。窗框必须与拼樘料连接紧密，固定点间距应不大于 600mm	观察；手扳检查；尺量检查；检查进场验收记录	

352

续表

项	项目	合格质量标准	检验方法	检验数量
主控项目	门扇窗安装	塑料门窗扇应开关灵活、关闭严密,无倒翘。推拉门窗扇必须有防脱落措施	观察;开启和关闭检查;手扳检查	每个检验批应至少抽查5%,并不得少于3樘,不足3樘时应全部检查;高层建筑的外窗,每个检验批应至少抽查10%,并不得少于6樘,不足6樘时应全数检查
	配件质量及安装	塑料门窗配件的型号、规格、数量应符合设计要求,安装应牢固,位置应正确,功能应满足使用要求	观察;手扳检查;尺量检查	
	框与墙体缝隙填嵌	塑料门窗框与墙体间缝隙应采用闭孔弹性材料填嵌饱满,表面应采用密封胶密封。密封胶应黏结牢固,表面应光滑、顺直、无裂纹	观察;检验隐蔽工程验收记录	
一般项目	表面质量	塑料门窗表面应洁净、平整、光滑,大面应无划痕、碰伤	观察	每个检验批应至少抽查5%,并不得少于3樘,不足3樘时应全部检查;高层建筑的外窗,每个检验批应至少抽查10%,并不得少于6樘,不足6樘时应全数检查
	框与墙体间缝隙	塑料门窗扇的密封条不得脱槽。旋转窗间隙应基本均匀	观察	
	门窗扇的开关力	塑料门窗扇的开关力应符合下列规定:①平开门窗扇平铰链的开关力应不大于80N;滑撑铰链的开关力应不大于80N,并不小于30N②推拉门窗扇的开关力应不大于100N	观察;用弹簧秤检查	
	排水孔	排水孔应畅通,位置和数量应符合设计要求	观察	
	接缝质量	玻璃密封条与玻璃及玻璃槽口的接缝应平整,不得卷边、脱落	观察	
	允许偏差和检验方法	塑料门窗安装的允许偏差和检验方法应符合表9-12的规定	见表9-12	

表9-12   塑料门窗安装的允许偏差和检验方法

项 目		允许偏差(mm)	检验方法
门窗槽口宽度、高度	≤1500mm	2	用钢直尺检查
	>1500mm	3	
门窗槽口对角线长度差	≤2000mm	3	用钢直尺检查
	>2000mm	5	

续表

项 目	允许偏差（mm）	检验方法
门窗框的正、侧面垂直度	3	用 1m 垂直检测尺检查
门窗横框的水平度	3	用 1m 水平尺和塞尺检查
门窗横框标高	5	用钢直尺检查
门窗竖向偏离中心	5	用钢直尺检查
双层门窗内外框间距	4	用钢直尺检查
同樘平开门窗相邻扇高度差	2	用钢直尺检查
平开门窗铰链部位配合间隙	+2；-1	用塞尺检查
推拉门窗扇与框搭接量	+1.5；-2.5	用钢直尺检查
推拉门窗扇与竖框平行度	2	用 1m 水平尺和塞尺检查

注：本表摘自《建筑装饰装修工程质量验收规范》（GB5021—2001）

四、金属门窗安装工程质量控制与验收

1. 工程施工质量控制要点

金属门窗安装工程施工质量控制要点应符合下列规定：

（1）钢门窗安装应符合下列规定：

①钢门窗安装应采用塞口法，即在墙体中预留洞口再将钢门窗装入洞口中。

②钢门窗装入洞口应横平竖直。

③钢门窗与墙体连接方法，可采用燕尾铁脚埋入墙洞中用水泥砂浆填塞。

（2）铝合金门窗安装应符合下列规定：

①铝合金门窗应采用塞口法，即在墙体中预留洞口再将铝合金门窗装入洞口中。

②铝合金门窗装入洞口应横平竖直。

③铝合金门窗与墙体连接方法，可采用预埋钢板焊接、燕尾铁脚连接、钢膨胀螺栓连接、射钉连接等。

④密封条安装时应留有比门窗的装配边长 20～30mm 的余量，转角处应斜面断开，并用胶粘剂粘贴牢固，避免收缩产生缝隙。

⑤铝合金门窗框与墙体间缝隙不得用水泥砂浆填塞，应采用弹性材料填嵌饱满，表面应用密封胶密封。

⑥严禁在铝合金门窗上连接地线进行焊接操作。当固定件与洞口预埋件焊接时，门窗框上应覆盖（或包裹）橡胶石棉布，防止焊接烧伤门窗。

⑦平开铝合金门窗的挤角处不允许穿越母材，必须用硅胶填平挤痕。

（3）涂色镀锌钢板门窗安装应符合下列规定：

①涂色镀锌钢板门窗安装应采用塞口法，即在墙体预留洞口再将涂色镀锌钢板门窗装入洞口内。

②带副框门窗安装时，应先用自攻螺钉将连接件固定在副框上，然后将副框装入洞口内，将副框调整至横平竖直，其连接件与洞口内预埋件焊接，再将门窗放入副框内，用螺钉将副框与门

窗框连接牢固。

③不带副框门窗安装时，将门窗框放入洞口内，调整至横平竖直后，用膨胀螺栓将门窗框固定在洞口内，用密封膏密封门窗与洞口间的缝隙。

（4）门窗外框与墙体的缝隙填塞，应按设计要求处理。若设计无要求时，应采用矿棉条或玻璃棉条分层填塞饱满，缝隙外表留5～8mm深的槽口，填嵌密封材料，室外宜采用耐候密封胶。密封胶表面应光滑、顺直、无裂纹。

2. 金属门窗安装工程质量检查与验收

金属门窗安装工程质量分为合格和不合格。

合格标准：主控项目全部符合规定；一般项目应有80%及以上检查点符合规定。

检验批划分：同一品种、类型和规格的金属门窗每100樘应划分为一个检验批，不足100樘也应划分为一个检验批。

金属门窗安装工程施工项目质量检查与验收标准，见表9-13。

表9-13　　金属门窗安装工程施工项目质量检查与验收

项	项目	合格质量标准	检验方法	检验数量
主控项目	门窗质量	金属门窗的品种、类型、规格、尺寸、性能、开启方向、安装位置、连接方式及铝合金门窗的型材壁厚应符合设计要求。金属门窗的防腐处理及填嵌、密封处理应符合设计要求	观察；尺量检查；检查产品合格证书、性能检测报告、进场验收记录和复验报告；检查隐蔽工程验收记录	每个检验批应至少抽查5%，并不得少于3樘，不足3樘时应全数检查；高层建筑的外窗，每个检验批应至少抽查10%，并不得少于6樘，不足6樘时应全数检查
	金属门窗框和副框安装及预埋件	金属门窗框和副框的安装必须牢固。预埋件的数量、位置、埋设方式、与框的连接方式必须符合设计要求	手扳检查；检查隐蔽工程验收记录	
	门窗扇安装	金属门窗扇必须安装牢固，并应开关灵活、关闭严密，无倒翘。推拉门窗扇必须有防脱落措施	观察；开启和关闭检查；手扳检查	
	配件质量及安装	金属门窗配件的型号、规格、数量应符合设计要求，安装应牢固，位置应正确，功能应满足使用要求	观察；开启和关闭检查；手扳检查	
一般项目	表面质量	金属门窗表面应洁净、平整、光滑、色泽一致，无锈蚀。大面应无划痕、碰伤。漆膜或保护层应连续	观察	每个检验批应至少抽查5%，并不得少于3樘，不足3樘时应全数检查；高层建筑的外窗，每个检验批应至少抽查10%，并不得少于6樘，不足6樘时应全数检查
	门窗扇开关力	铝合金门窗推拉门窗扇开关力应不大于100N	用弹簧秤检查	
	窗框与墙体间缝隙	金属门窗框与墙体之间的缝隙应填嵌饱满，并采用密封胶密封。密封胶表面应光滑、顺直，无裂纹	观察；轻敲门窗框检查；检查隐蔽工程验收记录	

续表

项	项目	合格质量标准	检验方法	检验数量
一般项目	扇密封胶条或毛毡密封条	金属门窗扇的橡胶密封条或毛毡密封条应安装完好，不得脱槽	观察；开启和关闭检查	每个检验批应至少抽查5%，并不得少于3樘，不足3樘时应全数检查；高层建筑的外窗，每个检验批应至少抽查10%，并不得少于6樘，不足6樘时应全数检查
	排水孔	有排水孔的金属门窗，排水孔应畅通，位置和数量应符合设计要求	观察	
	留缝限值和允许偏差	钢门窗安装的留缝限值、允许偏差和检验方法，应符合表9-14的规定	见表9-14	
	铝合金门窗安装的允许偏差	铝合金门窗安装的允许偏差和检验方法，应符合表9-15的规定	见表9-15	
	涂色镀锌钢板门窗安装的允许偏差	涂色镀锌钢板门窗安装的允许偏差和检验方法，应符合表9-16的规定	见表9-16	

表9-14　　　　　钢门窗安装的留缝限值、允许偏差和检验方法

项　目		留缝限值（mm）	允许偏差（mm）	检验方法
门窗槽口宽度、高度	≤1500mm		2.5	用钢直尺检查
	>1500mm		3.5	
门窗槽口对角线长度差	≤2000mm		5	用钢直尺检查
	>2000mm		6	
门窗框的正、侧面垂直度			3	用1m垂直检测尺检查
门窗横框的水平度			3	用1m水平尺和塞尺检查
门窗横框标高			5	用钢直尺检查
门窗竖向偏离中心		—	4	用钢直尺检查
双层门窗内外框间距			5	用钢直尺检查
门窗框、扇配合间隙		≤2	—	用塞尺检查
无下框时门扇与地面间留缝		4～8	—	用塞尺检查

注：本表摘自《建筑装饰装修工程质量验收规范》（GB5021—2001）。

表9-15　　　　　铝合金门窗安装的允许偏差和检验方法

项　目		允许偏差（mm）	检验方法
门窗槽口宽度、高度	≤1500mm	1.5	用钢直尺检查
	>1500mm	2	

续表

项　目		允许偏差（mm）	检验方法
门窗槽口对角线长度差	≤2000mm	3	用钢直尺检查
	＞2000mm	4	
门窗框的正、侧面垂直度		2.5	用垂直检测尺检查
门窗横框的水平度		2	用1m水平尺和塞尺检查
门窗横框标高		5	用钢直尺检查
门窗竖向偏离中心		5	用钢直尺检查
双层门窗内外框间距		4	用钢直尺检查
推拉门窗扇与框搭接量		1.5	用钢直尺检查

注：本表摘自《建筑装饰装修工程质量验收规范》（GB5021—2001）。

表 9‐16　　　　　　涂色镀锌钢板门窗安装的允许偏差和检验方法

项　目		允许偏差（mm）	检验方法
门窗槽口宽度、高度	≤1500mm	2	用钢直尺检查
	＞1500mm	3	
门窗槽口对角线长度差	≤2000mm	4	用钢直尺检查
	＞2000mm	5	
门窗框的正、侧面垂直度		3	用垂直检测尺检查
门窗横框的水平度		3	用1m水平尺和塞尺检查
门窗横框标高		5	用钢直尺检查
门窗竖向偏离中心		5	用钢直尺检查
双层门窗内外框间距		4	用钢直尺检查
推拉门窗扇与框搭接量		2	用钢直尺检查

注：本表摘自《建筑装饰装修工程质量验收规范》（GB5021—2001）。

五、特种门窗安装工程质量控制与验收

1. 特种门安装质量控制要点

特种门包括防火门、防盗门、自动门、全玻门、旋转门、金属卷帘门等。其安装质量控制要点，应符合表 9‐17 的规定。

表 9-17	特种门安装质量控制要点
特种门类型	安装质量控制要点说明
防火、防盗门	防火、防盗门安装质量控制要点： ①防火、防盗门的规格、型号应符合设计要求，框、扇表面无凹、凸现象，无擦痕、污染，五金配件齐全，必须是经消防局及公安局认可的产品 ②安装前，应实测洞口尺寸，确定每樘门的安装方法和方向 ③门框预埋件与膨胀螺栓焊接牢固可靠、垂直方正。其中防盗门每边均应不少于3个连接点 ④立门框时先拆掉门框下部的固定板，凡框内高度比门扇的高度大于30mm者，洞口两侧地面须留设凹槽。门框一般埋入±0.00标高下20mm，须保证框口上下尺寸相同。将门框用木楔临时固定在洞口内，经校正合格后，固定木楔，门框铁脚与预埋铁板焊牢 ⑤安装门窗附件时，门框周边的缝隙用1:2的水泥砂浆或强度不低于10MPa的细石混凝土嵌缝牢固，应保证与墙体结成整体；经养护凝固后，再安装门窗、五金配件及有关防火、防盗装置。门扇关闭后，门缝应均匀平整，开启自由轻便，不得有过紧、过松和反弹现象 ⑥防火门安装后，要求开闭灵活，无反弹、曲翘、走扇、关闭不严密等缺陷 ⑦多功能防盗门上的密码护锁、电子密码报警系统、门铃传呼等，必须有效完善
自动门	自动门安装质量控制要点应符合下列规定： ①自动门一般有微波自动门、踏板自动门及光电感应自动门。带有机械装置、自动装置或智能装置的特殊门，其装置的功能应符合设计要求和有关标准规定 ②安装前检查门的尺寸、规格与门洞尺寸是否相符；地面的下轨道位置是否预埋木方；机箱位置是否预设埋件和电气线路是否到位。支撑横梁的土建支撑结构是否达到设计要求 ③安装轨道时，铝合金自动门和全玻自动门地面上装有导向性下轨道。异型钢管自动门无下轨道。自动门安装时，撬起预埋方木条便可埋设下轨道，下轨道长度为开启门宽的2倍 ④安装横梁时，应将18号槽钢放置在已预埋铁的门柱处，校水平、吊垂直，注意与下面轨道的位置关系，然后电焊固定。门扇安装时，应使门扇移动平稳、润滑 ⑤自动门上部机箱层主梁是安装的重要环节，安装时，应仔细将机箱固定在横梁上
玻璃旋转门和全玻门	（1）全玻门：全玻门安装质量控制要点应符合下列规定： ①全玻门是指厚度为12mm以上的钢化玻璃。不锈钢或其他有色金属型材的门框、限位槽及板，都应加工准备好。辅助材料（如：木方、玻璃胶、地弹簧、木螺钉、自攻螺钉等）根据设计要求准备齐全。玻璃门的倒角与打孔应在加工厂内完成 ②门框横梁上固定玻璃的限位槽应宽窄一致，纵向顺直。一般限位槽宽度大于玻璃厚度2~4mm，槽深10~20mm，玻璃板插入限位槽后，在玻璃两边注入密封胶，将玻璃安装固定。 ③在木底托上钉固定玻璃板的木条板时，应距离玻璃4mm，以便于饰面板能包住木条的内侧，便于注入密封胶，确保内在牢固。 ④为了确保地弹簧与定位销和门扇的铰接，安装时应使地弹簧转轴与定位销中心线在同一条垂线上，以便玻璃门扇开关自如 （2）玻璃旋转门：玻璃旋转门安装质量控制要点应符合下列规定： ①安装旋转门前要检查门洞口尺寸是否符合所选用的旋转门规格，安装旋转门部位的地面应坚实、光滑、平整，平整度宜小于2mm

续表

特种门类型	安装质量控制要点说明
玻璃旋转门和全玻门	②支架的安装应根据门洞口左右、前后的位置尺寸与预埋件固定，并保持水平。 ③先安装转轴，固定底座。应先将上部轴承焊牢，再用混凝土固定底座，最后固定转壁。底座下面必须垫实，以免底座下沉。然后再临时点焊上轴承座，使转轴垂直于地面 ④先安装上圆门顶，再安装转壁。转壁不应预先固定，以便于调整其与活门扇的间隙 ⑤安装门时上下要留出一定宽度的间隙，并应根据门安装的位置适当调整转壁，使其与门扇之间有适当的缝隙，并用尼龙毛条封密
卷帘门	卷帘门安装质量控制要点应符合下列规定： ①卷帘门分为普通卷帘门与防火卷帘门两种；按安装形式分为外装式、内装式和中装式3种。普通卷帘门的安装方式与防火卷帘门基本相同 ②墙体洞口为混凝土时，应在洞口内埋设预埋件，然后与导轨、轴承架连接；当墙体洞口为砖砌体时，可采用钻孔预埋膨胀螺栓，与导轨、轴承架连接 ③导轨与轴承架安装应牢固，导轨与埋件间距不得大于600mm。导轨安装时应先进行找直吊心，槽口尺寸应准确，上下应保持一致，对应槽口应在同一平面内 ④安装卷筒应先找好尺寸，致使卷筒轴保持水平位置，导轨之间的距离应两端保持一致，检查、校正、调整无误后再与支架埋件焊接 ⑤传动部位的安装应牢固可靠，卷帘的组合平整，走轨运行自如，并设置易溶装置。轨道的预埋焊点牢固垂直，出墙、柱尺寸正确一致 ⑥卷筒防护罩的尺寸大小，应与门的宽度和门的叶片卷起后的尺寸相适应，保证卷筒将门的叶片卷满后与防护罩仍保持一定的距离，不得相互碰撞。经检查无误后，再与防护罩埋件焊牢

2. 特种门安装工程质量检查与验收

特种门安装工程质量分为合格和不合格。

合格标准：主控项目全部符合规定；一般项目应有80%及以上检查点符合规定。

检验批划分：同一品种、类型和规格的特种门每50樘应划分为一个检验批，不足50樘也应划分为一个检验批。

特种门安装工程项目质量检查与验收标准，见表9-18。

表9-18　　　　　特种门安装工程项目质量检查与验收标准

项	项目	合格质量标准	检验方法	检验数量
主控项目	门质量和性能	特种门的质量和各项性能应符合设计要求	检查生产许可证、产品合格证书和性能检测报告	每个检验批应至少抽查50%，并不得少于10樘，不足10樘时应全数检查
	门品种、规格、方向及位置	特种门的品种、类型、规格、尺寸、开启方向、安装位置及防腐处理应符合设计要求	观察；尺量检查；检查进场验收记录和隐蔽工程验收记录	
	机械、自动和智能化装置	带有机械装置、自动装置或智能化装置的特种门，其机械装置、自动装置或智能化装置的功能应符合设计要求和有关标准的规定	启动机械装置、自动装置或智能化装置，观察	

续表

项	项目	合格质量标准	检验方法	检验数量
主控项目	安装与预埋件	特种门的安装必须牢固。预埋件的数量、位置、埋设方式、与框的连接方式必须符合设计要求	观察；手扳检查；检查隐蔽工程验收记录	每个检验批应至少抽查50%，并不得少于10樘，不足10樘时应全数检查
主控项目	配件、安装及功能	特种门的配件应齐全，位置应正确，安装应牢固，功能应满足使用要求和特种门的各项性能要求	观察；手扳检查；检查产品合格证书、性能检测报告和进场验收记录	每个检验批应至少抽查50%，并不得少于10樘，不足10樘时应全数检查
一般项目	表面装饰	特种门的表面装饰应符合设计要求	观察	每个检验批应至少抽查50%，并不得少于10樘，不足10樘时应全数检查
一般项目	表面质量	特种门的表面应洁净，无划痕、碰伤	观察	每个检验批应至少抽查50%，并不得少于10樘，不足10樘时应全数检查
一般项目	推拉自动门安装留缝限值及允许偏差	推拉自动门安装的留缝限值、允许偏差和检验方法，应符合表9-19的规定	见表9-19	每个检验批应至少抽查50%，并不得少于10樘，不足10樘时应全数检查
一般项目	推拉自动门的感应时间限值	推拉自动门的感应时间限值和检验方法，应符合表9-20的规定	见表9-20	每个检验批应至少抽查50%，并不得少于10樘，不足10樘时应全数检查
一般项目	旋转门安装的允许偏差	旋转门安装的允许偏差和检验方法，应符合表9-21的规定	见表9-21	每个检验批应至少抽查50%，并不得少于10樘，不足10樘时应全数检查

表9-19　　　　　推拉自动门安装的留缝限值、允许偏差和检验方法

项　目		留缝限值（mm）	允许偏差（mm）	检验方法
门窗槽口宽度、高度	≤1500mm	—	1.5	用钢直尺检查
门窗槽口宽度、高度	>1500mm	—	2	用钢直尺检查
门槽口对角线长度差	≤2000mm	—	2	用钢直尺检查
门槽口对角线长度差	>2000mm	—	2.5	用钢直尺检查
门框的正、侧面垂直度		—	1	用1m垂直检测尺检查
门构件装配间隙		—	0.3	用塞尺检查
门梁导轨水平度		—	1	用1m水平尺和塞尺检查
下导轨与门梁导轨平行度		—	1.5	用钢直尺检查
门扇与侧框间留缝		1.2～1.8	—	用塞尺检查
门扇对口缝		1.2～1.8	—	用塞尺检查

注：本表摘自《建筑装饰装修工程质量验收规范》（GB5021—2001）。

推拉自动门的感应时间限值和检验方法

项　目	感应时间限值（s）	检验方法
开门响应时间	≤0.5	用秒表检查
堵门保护延时	16～20	用秒表检查
门扇全开启后保持时间	13～17	用秒表检查

注：本表摘自《建筑装饰装修工程质量验收规范》（GB5021—2001）

表 9‑21　　　　　　　　　　**旋转门安装的允许偏差和检验方法**

项　目	允许偏差（mm）		检验方法
	金属框架玻璃旋转门	木质旋转门	
门扇正、侧面垂直度	1.5	1.5	用 1m 垂直检测尺检查
门扇对角线长度差	1.5	1.5	用钢直尺检查
相邻扇高度差	1	1	用钢直尺检查
扇与圆弧边留缝	1.5	2	用塞尺检查
扇与上顶间留缝	2	2.5	用塞尺检查
扇与地面间留缝	2	2.5	用塞尺检查

注：本表摘自《建筑装饰装修工程质量验收规范》（GB5021—2001）。

六、门窗玻璃安装工程质量控制与验收

1. 工程施工安装质量控制要点

门窗玻璃工程施工安装质量控制要点，见表 9‑22。

表 9‑22　　　　　　　　　　**门窗玻璃工程施工安装质量控制要点**

安装项目	安装质量控制要点
木门窗玻璃安装	木门窗玻璃安装应符合下列规定： ①玻璃安装前应检查框内尺寸，将裁口内的污垢清除干净 ②安装长边大于 1.5m 或短边大于 1m 的玻璃，应用橡胶垫并用压条和螺钉固定 ③安装木框、扇玻璃，可用钉子固定，钉距不得大于 300mm，且每边不少于两个；用木压条固定时，应先刷底油后安装，并不得将玻璃压得过紧 ④安装玻璃隔墙时，玻璃在上框面应留有适量缝隙，防止木框变形，损坏玻璃 ⑤使用密封膏时，接缝处的表面应清洁、干燥 ⑥工业厂房斜天窗玻璃应顺流水方向盖叠安装，其盖叠长度：斜天窗坡度为 1/4 或大于 1/4，不小于 3mm；坡度小于 1/4，不小于 50mm。盖叠处应用钢丝卡固定，并在盖叠缝隙中用密封胶嵌塞密实 ⑦拼装彩色玻璃、压花玻璃应按设计图案裁割，拼缝应吻合，不得错位、斜曲和松动 ⑧楼梯间和阳台等的围护结构安装钢化玻璃时，应用卡紧螺钉或压条镶嵌固定。玻璃与围护结构的金属框格相接处，应衬橡胶垫或塑料垫

续表

安装项目	安装质量控制要点
金属、塑料门窗玻璃安装	金属、塑料门窗玻璃安装应符合下列规定： ①安装玻璃前，应清出槽口内的杂物 ②使用密封膏前，接缝处的表面应清洁、干燥 ③玻璃不得与玻璃槽直接接触，并应在玻璃四边垫上不同厚度的垫块，边框上的垫块应用胶粘剂固定 ④镀膜玻璃应安装在玻璃的最外层，单面镀膜玻璃应朝向室内 ⑤安装中空玻璃及面积大于 0.65m² 的玻璃时，应符合下列规定： 　a. 安装于竖框中的玻璃，应搁置在两块相同的定位垫块上，搁置点离玻璃垂直边缘的距离宜为玻璃宽度的 1/4，且不宜小于 150mm 　b. 安装于扇中的玻璃，应按开启方向确定其定位垫块的位置。定位垫块的宽度应大于所支撑的玻璃件的厚度，长度不宜小于 25mm，并应符合设计要求 ⑥玻璃安装时所使用的各种材料均不得影响泄水系统的通畅 ⑦迎风面的玻璃镶入框内后，应立即用通长镶嵌条或垫片固定 ⑧玻璃镶入框、扇内，填塞填充材料、镶嵌条时，应使玻璃周边受力均匀。镶嵌条应和玻璃、玻璃槽口紧贴 ⑨密封胶封贴缝口时，封贴的宽度和深度应符合设计要求，充填必须密实，外表应平整光洁

2. 门窗玻璃安装工程质量检查与验收

门窗玻璃安装工程质量分为合格和不合格。

合格标准：主控项目全部符合规定；一般项目应有 80% 及以上检查点符合规定。

检验批划分：同一品种、类型和规格的门窗玻璃每 100 樘应划分为一个检验批，不足 100 樘也应划分为一个检验批。

门窗玻璃安装工程施工项目质量检查与验收，见表 9-23。

表 9-23　　　　　　　　门窗玻璃工程施工项目质量检查与验收

项	项目	合格质量标准	检验方法	检验数量
主控项目	玻璃质量	玻璃的品种、规格、尺寸、色彩、图案和涂膜朝向应符合设计要求。单块玻璃大于 1.5m² 时应使用安全玻璃	观察；检查产品合格证书、性能检测报告和进场验收记录	每个检验批应至少抽查 5%，并不得少于 3 樘，不足 3 樘时应全数检查；高层建筑的外窗，每个检验批应至少抽查 10%，并不得少于 6 樘，不足 6 樘时应全数检查
	玻璃裁割尺寸与安装质量	门窗玻璃裁割尺寸应正确。安装后的玻璃应牢固，不得有裂纹、损伤和松动	观察；轻敲检查	
	安装方法、钉子或钢丝卡	玻璃的安装方法应符合设计要求。固定玻璃的钉子或钢丝卡的数量、规格应保证玻璃安装牢固	观察；检查施工记录	
	木压条	镶钉木压条接触玻璃处，应与裁口边缘平齐。木压条应互相紧密连接，并与裁口边缘紧贴，割角应整齐	观察	

续表

项	项目	合格质量标准	检验方法	检验数量
主控项目	密封条	密封条与玻璃、玻璃槽口的接触应紧密、平整。密封胶与玻璃、玻璃槽口的边缘应黏结牢固、接缝平齐	观察	每个检验批应至少抽查5%，并不得少于3樘，不足3樘时应全数检查；高层建筑的外窗，每个检验批应至少抽查10%，并不得少于6樘，不足6樘时应全数检查
主控项目	带密封条的玻璃压条	带密封条的玻璃压条，其密封条必须与玻璃全部贴紧，压条与型材之间应无明显缝隙，压条接缝应不大于0.5mm	观察；尺量检查	
主控项目	玻璃表面	玻璃表面应洁净，不得有腻子、密封胶、涂料等污渍。中空玻璃内外表面均应洁净，玻璃中空层内不得有灰尘和水蒸气	观察	每个检验批应至少抽查5%，并不得少于3樘，不足3樘时应全数检查；高层建筑的外窗，每个检验批应至少抽查10%，并不得少于6樘，不足6樘时应全数检查
主控项目	玻璃安装方向	门窗玻璃不应直接接触型材。单面镀膜玻璃的镀膜层及磨砂玻璃的磨砂面应朝向室内。中空玻璃的单面镀膜玻璃应在最外层，镀膜层应朝向室内	观察	
主控项目	腻子	腻子应填抹饱满、黏结牢固；腻子边缘与裁口应平齐。固定玻璃的卡子不应在腻子表面显露	观察	

第三节　吊顶工程施工质量

一、材料要求和施工准备质量控制

1. 材料的质量要求

（1）龙骨：

①吊顶工程中常用的龙骨主要有：木龙骨、轻钢龙骨、铝合金龙骨等。

②木龙骨一般宜选用针叶树类，其含水率不得大于18%。轻钢龙骨、铝合金龙骨应具备出厂合格证。

③龙骨不得变形、生锈，规格品种应符合设计及规范要求。

（2）罩面板：

①吊顶工程常用的罩面板主要有：石膏板、金属板、矿棉板、塑料板等。

②罩面板应具有出厂合格证。

③罩面板不应有气泡、起皮、裂纹、缺角、污垢和不完整等缺陷，表面应平整，边缘整齐，色泽一致。穿孔板的孔距排列整齐；金属装饰板不得生锈。

（3）其他：

①安装吊顶罩面板的坚固件、螺钉、钉子宜为镀锌的，吊杆所用的钢筋、角铁等应作防锈处理。

②胶粘剂的类型应按所用罩面板的品种配套选用。现场配制的胶粘剂，其配合比应由试验确定。

2. 施工准备

吊顶前的准备工作应符合下列规定：

（1）在现浇板或预制板缝中，按设计要求设置预埋件或吊杆。

（2）吊顶内的通风、水电管道及上人吊顶内的人行或安装通道，应安装完毕。消防管道安装并试压完毕。

（3）吊顶内的灯槽、斜撑、剪刀撑等，应根据工程情况适当布置。轻型灯具应吊在主龙骨或附加龙骨上，重型灯具或电扇不得与吊顶龙骨联结，应另设吊钩。

（4）罩面板应按规格、颜色等进行分类选配。

（5）木吊杆、木龙骨、木饰面板使用前必须进行防火处理，与土建直接接触部位应刷防腐剂；吊顶中的预埋件、钢筋吊杆和型钢吊杆应进行防锈处理。

（6）墙、柱面装饰基本完成，涂料只剩最后一遍面漆并经验收合格；地面湿作业、楼层和屋面防水已完成。

二、吊顶工程施工质量控制与验收

（一）龙骨安装质量控制要点

1. 基本要求

（1）应根据吊顶的设计标高在四周墙上弹线。弹线应清晰、位置应准确。

（2）吊杆、龙骨的安装间距、连接方式应符合设计要求。后置埋件、金属吊杆、龙骨应进行防腐处理。木吊杆、木龙骨、造型木板和木饰面板应进行防腐、防火、防蛀处理。

主龙骨吊点间距、起拱高度应符合设计要求。当设计无要求时，吊点间距应小于 1.2m，应按房间短向跨度的 0.1%～0.3% 起拱。主龙骨安装后应及时校正其位置标高。

（3）吊杆应通直，距主龙骨端部距离不得超过 300mm。当吊杆与设备相遇时，应调整吊点位置或增设吊杆。

（4）次龙骨应紧贴主龙骨安装。固定板材的次龙骨间距不得大于 600mm，在潮湿地区和场所，间距宜为 300～400mm。用沉头自攻螺钉安装饰面板时，接缝处次龙骨宽度不得小于 40mm。

（5）暗龙骨系列横撑龙骨应用连接件将其两端连接在通长次龙骨上。明龙骨系列的横撑龙骨与通长龙骨搭接处的间隙不得大于 1mm。

（6）边龙骨应按设计要求弹线，固定在四周墙上。

（7）全面校正主、次龙骨的位置及平整度，连接件应错位安装。

（8）重型灯具、电扇及其他重型设备严禁安装在吊顶龙骨上。

2. 木龙骨吊顶安装质量控制要点

木龙骨吊顶安装质量控制要点应符合下列规定：

（1）木材骨架料必须是烘干、无扭曲的红、白松树种，并按设计要求进行防火处理；黄花松不得使用。木龙骨规格如设计无明确规定时，大龙骨规格为 50mm×70mm 或 50mm×100mm；小龙骨规格为 50mm×50mm 或 40mm×60mm；吊杆规格为 50mm×50mm 或 40mm×40mm。

罩面板材及压条按设计选用，严格掌握材质及规格标准。

（2）现浇钢筋混凝土板或预制楼板板缝中，按设计预埋吊顶固定件，如设计无要求时，可预埋 $\phi6$ 或 $\phi8$ 钢筋，间距为 1000mm 左右。

墙为砌体时，应根据顶棚标高，在四周砖墙上预埋固定龙骨的木砖。

（3）根据楼层标高水平线，顺墙高量至顶棚设计标高，沿墙四周弹顶棚标高水平线。

（4）沿已弹好的顶棚标高水平线，划好龙骨的分档位置线。

（5）安装大龙骨：将预埋钢筋端头弯成环形圆钩，穿 8 号镀锌铁丝或用 M6、M8 螺栓将大龙骨固定，未预埋钢筋时可用膨胀螺栓，并保证其设计标高。吊顶起拱按设计要求，设计无要求时，一般为房间跨度的 1/200～1/300。

（6）安装小龙骨。安装小龙骨应符合下列要求：

①小龙骨底面应刨光、刮平，截面厚度应一致。

②小龙骨间距应按设计要求，设计无要求时，应按罩面板规格决定，一般为 400～500mm。

③按分档线，先安装两根通长边龙骨，拉线找拱，各根小龙骨按起拱标高，通过短吊杆将小龙骨用圆钉固定在大龙骨上，吊杆要逐根错开，不得吊钉在龙骨的同一侧面上。通长小龙骨接头应错开，采用双面夹板用圆钉错位钉牢，接头两侧最少各钉两个钉子。

④安装卡档小龙骨：按通长小龙骨标高，在两根通长小龙骨之间，根据罩面板材的分块尺寸和接缝要求，在通长小龙骨底面横向弹分档线，按线以底找平钉固卡档小龙骨。

（7）安装罩面板：在木骨架底面安装顶棚罩面板，罩面板的品种较多，按设计要求的品种、规格和固定方式，分为圆钉钉固法、木螺钉拧固法、胶粘剂固法 3 种方式。

①圆钉钉固法：这种方法多用于胶合板、纤维板的罩面板安装。固定罩面板的钉距为 200mm。

②木螺钉固定法：这种方法多用于塑料板、石膏板、石棉板。在安装前罩面板四边按螺钉间距先钻孔，安装程序与方法基本上同圆钉钉固法。

③胶固法：这种方法多用于钙塑板，安装前板材应选配修整，使厚度、尺寸、边楞齐整一致。每块罩面板粘贴前应进行预装，然后在预装部位龙骨框底面刷胶，同时在罩面板四周刷胶，刷胶宽度为 10～15mm，经 5～10min 后将罩面板压粘在预装部位。每间顶棚先由中间行开始，然后向两侧分行逐块粘贴，胶粘剂按设计规定，设计无要求时，应经试验选用。

（8）安装压条：木骨架罩面板顶棚，设计要求采用压条做法时，待一间罩面板全部安装后，先进行压条位置弹线，接线进行压条安装。其固定方法，一般同罩面板，钉固间距为 300mm，也可用胶结料粘贴。

（9）质量要求应符合下列规定：

①骨架木材和罩面板的材质、品种、规格、式样，应符合设计要求的规定。

②木骨架的吊杆、大小龙骨必须安装牢固，无松动，位置正确。

③罩面板无脱层、翘曲、折裂、缺棱掉角等缺陷；安装必须牢固。

④允许偏差，见表 9-24。

表 9-24　　　　　　　　　　　　　吊顶龙骨的允许偏差

项目	允许偏差（mm）	检验方法	项目	允许偏差（mm）	检验方法
龙骨间距	2	尺量	起拱高度	±10	拉线、尺量
龙骨平直	3	尺量	骨架四周水平	±5	尺量或水平仪检查

3. 轻钢龙骨安装质量控制要点

轻钢龙骨安装质量控制要点应符合下列规定：

（1）测量放线定位：主要是弹好吊顶标高线、龙骨布置线和吊杆悬挂点。标高线一般弹到墙面或柱面，龙骨及吊杆的位置则弹到楼板上，同时也要把大中型灯位线弹出。

（2）吊件的制作应根据上人或不上人吊顶来加工。上人吊件通常采用与龙骨配套的标准配件。不上人的吊顶吊点应在楼板下均匀分布。上人吊顶吊点间距为 1000～1200mm；无主龙骨不上人吊顶其吊点间距 800～1000mm。

（3）吊件的固定应符合设计要求：

①在预制楼板板缝中浇灌细石混凝土时，沿板缝方向通常设置 $\Phi8$～$\Phi12$ 钢筋；或在两个预制板的板顶，横放长 400mm$\Phi12$ 的钢筋段，设置距离 1200mm 左右一个，具体尺寸应按吊筋间距确定。吊筋与此钢筋段连接后用细石混凝土灌实。

②在现浇混凝土板中预埋吊筋时，按吊筋的间距，将吊筋的一端打弯钩放在现浇层中，另一端从模板上的预留孔中伸出板底，其他同预制板中设筋。或在吊点的位置，用冲击钻打膨胀螺栓，然后将膨胀螺栓同吊杆焊接。

采用吊杆时，吊杆端头螺纹部分长度不应小于 30mm，以便于有较大的调节量。

（4）龙骨安装顺序应先安装主龙骨后安次龙骨，但也可主、次龙骨一次安装。

先将主龙骨与吊杆（或镀锌铁丝）连接固定，如图 9-3 所示，然后按标高线调整主龙骨的标高，使其在同一水平面上。主龙骨调整工作，是确保吊顶质量的关键。大的房间可以根据设计要求起拱，一般为 1/300 左右。主龙骨的接头位置，不允许留在同一直线上，应适当错开。

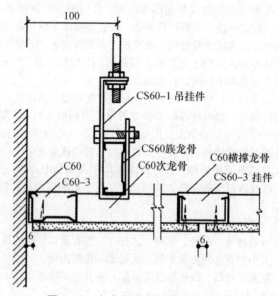

图 9-3 上人吊顶吊挂件安装示意图

主龙骨调平一般以一个房间为单元。

次龙骨的位置，一般应按装饰板材的尺寸在大龙骨底部弹线，用挂件固定，并使其固定严密，不得有松动。为防止主龙骨向一边倾斜，吊挂件安装方向应交错进行。

横撑龙骨应用次龙骨截取。下料尺寸要比名义尺寸小 2～3mm，其中距视装饰板材尺寸决定，一般安置在板材接缝处。纵向龙骨和横撑龙骨底面（即饰面板背面）要求一样平。

一般轻型灯具可固定在中（次）龙骨或附加的横撑龙骨上；重型的应按设计要求决定，不得与轻钢龙骨连接。

4. 铝合金龙骨的安装质量控制要点

铝合金吊顶龙骨一般多为 T 形，根据其罩面板安装方式的不同，分龙骨底面外露和不外露两种。

（1）测量放线定位与轻钢龙骨测量放线定位相同。

①按位置弹出标高线后，沿标高线固定角铝（边龙骨），角铝的底面与标高线齐平。角铝的固定方法可以用水泥钉直接将其钉在墙、柱面或窗帘盒上，固定位置间隔为 400～600mm。

②龙骨的分格定位，应按饰面板尺寸确定，其中心线间距尺寸，一般应大于饰面板尺寸 2mm 左右。

龙骨分格的安排确定后，将定位的位置画在墙上。

（2）吊件的固定铝合金龙骨吊顶的吊件，可使用膨胀螺钉或射钉固定角钢块，通过角钢块上的孔，将吊挂龙骨用的镀锌铁丝绑牢在吊件上。镀锌铁丝宜使用不小于 14 号铁丝，也可以用伸缩式吊杆。

（3）安装时先将各条主龙骨吊起后，在稍高于标高线的位置上临时固定，如果吊顶面积较大，可分成几个部分吊装。然后，在主龙骨之间安装次龙骨（横撑），横撑的截取长度等于龙骨分格尺寸。

（4）主龙骨与横撑龙骨的连接方式应符合设计要求。

（二）罩面板安装质量控制要点

罩面板类型与安装质量控制要点如下：

1. 石膏板

（1）纸面石膏板安装质量控制要点应符合下列规定：

①石膏板应在自由状态下进行安装，固定时应从板的中间向板四周固定，不得多点同时操作。石膏板与墙面应留 6mm 间隙。

②自攻螺钉（3.5mm×25mm）与纸面石膏板边距离：面纸包封的板边以 10～15mm 为宜，切割的板边以 15～20mm 为宜；板周边钉距以 150～170mm 为宜。板中钉距不得大于 200mm。

③固定石膏板的次龙骨间距，一般不应大于 600mm。在南方潮湿地区（相对湿度长期大于 70%），间距应适当减小，以 300mm 为宜。

④安装双层石膏板时，面层板与基层板的接缝应错开，不得在同一根龙骨上接缝。

⑤石膏板的接缝，应按设计要求进行板缝处理。

⑥螺钉头宜略埋入板面，并不使纸面破损为度。钉眼应作防锈处理，并用石膏腻子抹平。

（2）纸面石膏装饰吸声板的安装，可根据材料情况，采用螺钉、平放粘贴及暗式系列企口咬接等安装方法。

（3）装饰石膏板安装质量控制要点应符合下列规定：

①搁置平放法：采用 T 形铝合金龙骨或轻钢龙骨时，将装饰石膏板搁置在由 T 形龙骨组成的各格栅框内，即完成吊顶安装。

②螺钉固定安装法：采用轻钢龙骨时，装饰石膏板可用镀锌自攻螺钉与龙骨固定。孔眼用腻子找平，再用与板面颜色相同的色浆涂刷。

③黏接安装法：采用轻钢龙骨组成的隐蔽式装配吊顶时，可采用胶粘剂将装饰石膏板直接粘贴在龙骨上。胶粘剂应涂刷均匀，不得漏涂，粘贴牢固。

（4）吸声穿孔石膏板安装质量控制要点应符合下列规定：

①如采用活动式装配吊顶，吸声穿孔石膏板与铝合金或"T"形轻钢龙骨配合使用，龙骨吊装找平后，将板搁置在龙骨的翼缘上即可。板材四边的缝隙以不大于 3mm 为宜。板固定好后，应用

石膏腻子填实刮平。

②如采用隐蔽式装配吊顶，吸声穿孔石膏板与轻钢龙骨配合使用，龙骨吊装找平后，在板每4块的交角点和板中心，用塑料小花以自攻螺钉固定在龙骨上。

③采用胶粘剂将吸声穿孔石膏板直接粘贴在龙骨上。在胶粘剂尚未完全固化前，板材不得受到较强的振动，并应保持房间的通风。

④安装时，应使吸声穿孔石膏板背面的箭头方向和白线方向一致，以保证图案花纹的整体性。

（5）嵌式装饰石膏板安装：这种板材背面四边加厚并有嵌装企口，表面带孔或有浮雕花纹图案。

故在安装前要检查规格尺寸，使花纹图案符合设计要求。

安装嵌式装饰石膏板，通常采用企口暗缝咬接安装法，即将石膏板加工成企口暗缝的形式，龙骨的两条肢插入暗缝内，靠两条肢将板托住。

2. 矿棉吸声板

矿棉吸声板安装质量控制要点应符合下列规定：

（1）搁置法：采用"⊥"形铝合金龙骨架支承。采用搁置法安装时，应留有板材安装缝，每边缝隙不宜大于 $1\mu m$。

（2）暗龙骨法：安装方法是在吊顶的表面，看不见龙骨，龙骨的断面有"⊥"形，也有特别的形状。主要安装程序是：先将龙骨吊平、矿棉板周边开槽，然后将龙骨的肢插到暗槽内，靠肢将板担住，房间内湿度过大时不宜安装。

（3）粘贴法：将石膏板固定在龙骨上，然后将装饰吸声板背面用胶布贴几处，再用专用涂料钉固定。粘贴法要求石膏板基层非常平整，否则表面将出现错台、不平等质量问题。

3. 纤维水泥加压板

纤维水泥加压板安装质量控制要点应符合下列规定：

（1）一般采用水泥胶浆和自攻螺钉的粘、钉结合的方法固定在龙骨上。为了板面平整，可在两张板接缝与龙骨之间，放一条 50mm×3mm 的再生橡胶垫条。

（2）板与龙骨固定时，应钻孔，钻头直径应比螺钉直径小 0.5～1.0mm，固定时，钉帽必须压入板面 1～2mm。

（3）钉帽需作防锈处理，并用油性腻子嵌平。

4. 塑料板

塑料板安装质量控制要点应符合下列规定：

（1）粘贴板材的水泥砂浆基层，必须坚硬平整、洁净，含水率不得大于 8%。基层表面如有麻面，宜采用乳胶腻子修平整，再用乳胶水溶液涂刷一遍，以增加黏结力。

（2）塑料板粘贴前，基层表面应按分块尺寸弹线预排。黏贴时，每次涂刷胶粘剂的面积不宜过大，厚度应均匀，粘后，应采取临时固定措施，并及时擦去挤出的胶液。

（3）安装塑料贴面复合板时，应先钻孔，后用木螺钉和垫圈或金属压条固定。

（4）用木螺钉时，钉距一般为 400～500mm，钉帽应排列整齐。

（5）用金属压条时，先用钉将塑料贴面复合板临时固定，然后加盖金属压条，压条应平直、接口严密。

5. 金属装饰板（包括各种金属条板、金属方板和金属格栅）

金属装饰板安装质量控制要点应符合下列规定：

（1）条板式吊顶龙骨一般可直接吊挂，也可增加主龙骨，主龙骨间距不大于 1.2m，条板式吊顶龙骨形式应与条板配套。

（2）方板吊顶次龙骨分明装 T 形和暗装卡口两种，根据金属方板式样选定次龙骨，次龙骨与主龙骨间用固定件连接。

（3）金属格栅的龙骨可明装也可暗装，龙骨间距由格栅做法确定。

（4）金属板吊顶与四周墙面所留空隙，用露明的金属压缝条或补边吊顶找齐，金属压缝条材质应与金属面板相同。

（三）吊顶工程施工质量检查与验收

1. 暗龙骨吊顶工程质量检查与验收

暗龙骨吊顶工程质量分为合格和不合格。

合格标准：主控项目全部符合规定；一般项目应有 80% 及以上检查点符合规定。

检验批划分：同一品种的吊顶工程每 50 间（大面积房间和走廊按吊顶面 30m² 为一间）应划分为一个检验批，不足 50 间也应划分为一个检验批。

暗龙骨吊顶工程施工项目质量检查与验收，见表 9-25。

表 9-25　　　　　　　　　暗龙骨吊顶工程施工项目质量检查与验收

项	项目	合格质量标准	检验方法	检验数量
主控项目	吊顶标高、尺寸、起拱和造型	吊顶标高、尺寸、起拱和造型应符合设计要求	观察；尺量检查	每个检验批应至少抽查 10%，并不得少于 3 间；不足 3 间时，应全数检查
	饰面材料	饰面材料的材质、品种、规格、图案和颜色应符合设计要求	观察；检查产品合格证书、性能检测报告、进场验收记录和复验报告	
	吊杆、龙骨和饰面材料的安装	暗龙骨吊顶工程的吊杆、龙骨和饰面材料的安装必须牢固	观察；手扳检查；检查隐蔽工程验收记录和施工记录	
	吊杆、龙骨的材质、规格、安装间距及连接方式	吊杆、龙骨的材质、规格、安装间距及连接方式应符合设计要求。金属吊杆、龙骨应经过表面防腐处理；木吊杆、龙骨应进行防腐、防火处理	观察；尺量检查，检查产品合格证书、性能检测报告、进场验收记录和隐蔽工程验收记录	
	石膏板的接缝	石膏板的接缝应按其施工工艺标准进行板缝防裂处理。安装双层石膏板时，面层板与基层板的接缝应错开，并不得在同一根龙骨上接缝	观察	
一般项目	饰面材料表面质量	饰面材料表面应洁净、色泽一致，不得有翘曲、裂缝及缺损。压条应平直、宽窄一致	观察；尺量检查	每个检验批应至少抽查 10%，并不得少于 3 间；不足 3 间时，应全数检查
	灯具等设备	饰面板上的灯具、烟感器、喷淋头、风口箅子等设备的位置应合理、美观，与饰面板的交接应吻合、严密	观察	

续表

项	项目	合格质量标准	检验方法	检验数量
一般项目	龙骨、吊杆接缝	金属吊杆、龙骨的接缝应均匀一致，角缝应吻合，表面应平整，无翘曲、锤印。木质吊杆、龙骨应顺直，无劈裂、变形	检查隐蔽工程验收记录和施工记录	每个检验批应至少抽查10%，并不得少于3间；不足3间时，应全数检查
	填充材料	吊顶内填充吸声材料的品种和铺设厚度应符合设计要求，并应有防散落措施	检查隐蔽工程验收记录和施工记录	
	允许偏差	暗龙骨吊顶工程安装的允许偏差和检验方法，应符合表9-26的规定	见表9-26	

表 9-26 暗龙骨吊顶工程安装的允许偏差和检验方法

项 目	允许偏差（mm）				检验方法
	纸面石膏板	金属板	矿棉板	木板、塑料板、格栅	
表面平整度	3	2	2	2	用2m靠尺和塞尺检查
接缝直线度	3	1.5	3	3	拉5m线，不足5m拉通线，用钢直尺检查
接缝高低差	1	1	1.5	1	用钢直尺和塞尺检查

注：本表摘自《建筑装饰装修工程质量验收规范》（GB5021—2001）

2. 明龙骨吊顶工程质量检查与验收

明龙骨吊顶工程质量分为合格和不合格。

合格标准：主控项目全部符合规定；一般项目应有80%及以上检查点符合规定。

检验批划分：同一品种的吊顶工程每50间（大面积房间和走廊按吊顶面积30m² 为一间）应划分为一个检验批，不足30间也应划分为一个检验批。

明龙骨吊顶工程施工项目质量检查与验收，见表9-27。

表 9-27 明龙骨吊顶工程施工项目质量检查与验收

项	项目	合格质量标准	检验方法	检验数量
主控项目	吊顶标高、尺寸、起拱和造型	吊顶标高、尺寸、起拱和造型应符合设计要求	观察；尺量检查	每个检验批应至少抽查10%，并不得少于3间；不足3间时，应全数检查
	饰面材料	饰面材料的材质、品种、规格、图案和颜色应符合设计要求。当饰面材料为玻璃板时，应使用安全玻璃或采取可靠的安全措施	观察；检查产品合格证书、性能检测报告和进场验收记录	
	饰面材料安装	饰面材料的安装应稳固严密。饰面材料与龙骨的搭接宽度应大于龙骨受力面宽度的2/3	观察；手扳检查；尺量检查	

续表

项	项目	合格质量标准	检验方法	检验数量
主控项目	吊杆、龙骨的材质、规格、安装间距及连接方式	吊杆、龙骨的材质、规格、安装间距及连接方式应符合设计要求。金属吊杆、龙骨应进行表面防腐处理；木龙骨应进行防腐、防火处理	观察；尺量检查；检查产品合格证书、进场验收记录和隐蔽工程验收记录	每个检验批应至少抽查10%，并不得少于3间；不足3间时，应全数检查
	龙骨和吊杆安装	明龙骨吊顶工程的吊杆和龙骨安装必须牢固	手扳检查；检查隐蔽工程验收记录和施工记录	
一般项目	饰面材料表面质量	饰面材料表面应洁净、色泽一致，不得有翘曲、裂缝及缺损。饰面板与明龙骨的搭接应平整、吻合，压条应平直、宽窄一致	观察；尺量检查	每个检验批应至少抽查10%，并不得少于3间；不足3间时，应全数检查
	灯具等设备	饰面板上的灯具、烟感器、喷淋头、风口箅子等设备的位置应合理、美观，与饰面板的交接应吻合、严密	观察	
	龙骨接缝	金属龙骨的接缝应平整、吻合、颜色一致，不得有划伤、擦伤等表面缺陷。木质龙骨应平整、顺直，无劈裂	观察	
	填充材料	吊顶内填充吸声材料的品种和铺设厚度应符合设计要求，并应有防散落措施	检查隐蔽工程验收记录和施工记录	
	允许偏差	明龙骨吊顶工程安装的允许偏差和检验方法应符合表9-28的规定	见表9-28	

表 9-28　　　明龙骨吊顶工程安装的允许偏差和检验方法

项　目	允许偏差（mm）				检验方法
	石膏板	金属板	矿棉板	塑料板、玻璃板	
表面平整度	3	2	3	3	用2m靠尺和塞尺检查
接缝直线度	3	2	3	3	拉5m线，不足5m拉通线，用钢直尺检查
接缝高低差	1	1	2	1	用钢直尺和塞尺检查

注：本表摘自《建筑装饰装修工程质量验收规范》（GB5021—2001）。

第四节　轻质隔墙工程施工质量

一、材料质量控制

工程施工材料质量控制应符合下列规定：

（1）罩面板应表面平整、边缘整齐，不应有污垢、裂纹、缺角、翘曲、起皮、色差和图案不完整等缺陷。纸面石膏板应有产品合格证及物理性能检验报告、放射性检验报告。胶合板不应脱胶、变色和腐朽。各类罩面板的质量均应符合现行国家标准、行业标准的规定。

（2）轻钢龙骨的配置应符合设计要求，并应有产品质量合格证。表面应平整，不得有严重污染、腐蚀和机械损伤；棱角应挺直，过渡角及切边不允许有裂口和毛刺。

（3）安装罩面板宜使用镀锌的螺钉、钉子，预埋的木砖应作防腐处理。

（4）玻璃棉、矿棉板、岩棉板等填充材料，按设计要求选用，矿棉板、岩棉板应有放射性检验报告。

（5）木隔扇制作时木材含水率不大于12%。

（6）活动隔断的滑轨、合页等五金及配件的种类、规格、型号以及产品质量必须符合设计要求。

（7）玻璃隔墙所用玻璃砖和玻璃板应为安全玻璃，玻璃胶、橡胶垫应符合相关标准要求。

二、板材隔墙工程安装质量控制与验收

板材隔墙是指无须设置隔墙龙骨，由隔墙板材自承重，将预制或现制的隔墙板材直接固定于建筑主体结构上的隔墙工程。目前这类轻质隔墙的应用范围很广，使用的隔墙板材通常分为复合板材、单一材料板材、空心板材等类型。常见的隔板材有金属夹芯板、预制或现制的钢丝网水泥板、石膏夹芯板、石膏水泥板、石膏空心板、泰柏板（舒乐舍板）、增强水泥聚苯板（GRC板）、加气混凝土条板、水泥陶粒板等。随着建材行业的技术进步，这类轻质隔墙板材的性能会不断提高，板材的品种也会不断变化。

1. 工程质量控制要点

（1）墙位放线应清晰，位置应准确。隔墙上下基层应平整、牢固。

（2）板材隔墙安装拼接应符合设计和产品构造要求。

（3）安装板材隔墙所用的金属件应进行防腐处理。

（4）板材隔墙拼接用的芯材应符合防火要求。

（5）在板材隔墙上开槽、打孔应用云石机切割或电钻钻孔，不得直接剔凿和用力敲击。

（6）板材隔墙施工工艺要点应符合下列规定：

①石膏条板安装前，应进行合理选配，将厚度误差较大或因受潮变形的石膏条板挑出，以保证隔断（墙）的质量。

②墙位放线应弹线清楚、位置准确。应根据设计位置，弹好隔墙边线及门窗洞边线，并按板宽分档。隔墙板与顶面、地面、墙面结合部凸出的砂浆、混凝土等必须剔除并扫净。板的长度应按楼面结构层净高尺寸减20～30mm。

③有抗震要求时，应用U形钢板卡固定条板的顶端。在两块条板顶端拼缝之间用射钉将U形

钢板卡固定在梁或板上，随安装板随固定 U 形钢板卡。

④根据产品说明书要求配置胶粘剂。胶粘剂的配制量以一次不超过 20min 使用时间为宜。配制的胶粘剂超过 30min 凝固的，不得再加水加胶重新调制使用，以避免板缝黏接不牢。

⑤墙板的安装顺序，当有门洞口时，应从门洞口处向两侧依次进行；当无门洞口时，应从一端向另一端顺序安装。

⑥对于双层墙板的分户墙，安装时应使两面墙板的拼缝相互错开。

⑦板缝挤出的黏结材料应及时刮净。

⑧黏结完毕的墙体，应在 24h 以后用 C20 干硬性细石混凝土将板下口堵严，当混凝土强度达到 10MPa 以上，撤去板下木楔，并用同等强度的干硬性砂浆灌实。

⑨每块墙板安装后，应用靠尺检查墙面垂直和平整情况。

2. 板材隔墙工程质量检查与验收

板材隔墙工程质量分为合格和不合格。

合格标准：主控项目全部符合规定；一般项目应有 80% 及以上检查点符合规定。

检验批划分：同一品种的板材隔墙每 50 间（大面积房间和走廊按隔墙的墙面 30m² 为一间）应划分为一个检验批，不足 50 间也应划分为一个检验批。

板材隔墙工程施工项目质量检查与验收，见表 9 - 29。

表 9 - 29　　　　　　　　　　板材隔墙工程施工项目质量检查与验收

项	项目	合格质量标准	检验方法	检验数量
主控项目	板材质量	隔墙板材的品种、规格、性能、颜色应符合设计要求。有隔声、隔热、阻燃、防潮等特殊要求的工程，板材应有相应性能等级的检测报告	观察；检查产品合格证书、进场验收记录和性能检测报告	每个检验批应至少抽查 10%，并不得少于 3 间；不足 3 间时应全数检查
	预埋件、连接件	安装隔墙板材所需预埋件、连接件的位置、数量及连接方法应符合设计要求	观察；尺量检查；检查隐蔽工程验收记录	
	安装质量	隔墙板材安装必须牢固。现制钢丝网水泥隔墙与周边墙体的连接方法应符合设计要求，并应连接牢固	观察；手扳检查	
	接缝材料、方法	隔墙板材所用接缝材料的品种及接缝方法应符合设计要求	观察；检查产品合格证书和施工记录	
一般项目	安装位置	隔墙板材安装应垂直、平整、位置正确，板材不应有裂缝或缺损	观察；尺量检查	每个检验批应至少抽查 10%，并不得少于 3 间；不足 3 间时应全数检查
	表面质量	板材隔墙表面应平整光滑、色泽一致、洁净，接缝应均匀、顺直	观察；手摸检查	
	孔洞、槽、盒	隔墙上的孔洞、槽、盒应位置正确、套割方正、边缘整齐	观察	
	允许偏差	板材隔墙安装的允许偏差和检验方法，应符合表 9 - 30 的规定	见表 9 - 30	

表 9-30
板材隔墙安装的允许偏差和检验方法

项　目	允许偏差（mm）				检验方法
	复合轻质墙板		石膏空心板	钢丝网水泥板	
	金属夹芯板	其他复合板			
立面垂直度	2	3	3	3	用2m垂直检测尺检查
表面平整度	2	3	3	3	用2m靠尺和塞尺检查
阴阳角方正	3	3	3	4	用直角检测尺检查
接缝高低差	1	2	2	3	用钢直尺和塞尺检查

注：本表摘自《建筑装饰装修工程质量验收规范》（GB5021—2001）。

三、骨架隔墙工程安装质量控制与验收

骨架隔墙是指在隔墙龙骨两侧安装墙面板以形成墙体的轻质隔墙。这一类隔墙主要是由龙骨作为受力骨架固定于建筑主体结构上。目前大量应用的轻钢龙骨石膏板隔墙就是典型的骨架隔墙。龙骨骨架中根据隔声或保温设计要求可以设置填充材料，根据设备安装要求安装一些设备管线等。龙骨常见的有轻钢龙骨系列、其他金属龙骨以及木龙骨。墙面板常见的有纸面石膏板、人造木板、防火板、金属板、水泥纤维板以及塑料板等。

1. 骨架隔墙类型与工程质量控制要点

骨架隔墙类型与工程质量控制要点，应符合表 9-31 的规定。

表 9-31　　　　　　　**骨架隔墙类型与工程质量控制要点**

骨架隔墙类型	工程质量控制要点
轻钢龙骨	轻钢龙骨安装应符合下列规定： ①应按弹线位置固定沿地、沿顶龙骨及边框龙骨，龙骨的边线应与弹线重合。龙骨的端部应安装牢固，龙骨与基体的固定点间距应不大于 1m ②安装竖向龙骨应垂直，龙骨间距应符合设计要求。潮湿房间的龙骨间距不宜大于 400mm ③安装支撑龙骨时，应先将支撑卡安装在竖向龙骨的开口方向，卡距宜为 400～600mm，距龙骨两端的距离宜为 20～25mm ④安装贯通系列龙骨时，低于 3m 的隔墙安装一道；3～5m 隔墙安装两道；5m 以上安装三道 ⑤饰面板横向接缝处不在沿地、沿顶龙骨上时，应加横撑龙骨固定 ⑥门窗或特殊接点处安装附加龙骨应符合设计要求 ⑦对于特殊结构的隔断龙骨安装（如曲面、斜面隔断等）应符合设计要求
木龙骨	木龙骨安装应符合下列规定： ①木龙骨的横截面积及纵、横向间距应符合设计要求 ②横、竖龙骨宜采用开半榫、加胶、加钉连接 ③安装墙面板前应对龙骨进行防火处理
纸面石膏板	纸面石膏板安装应符合下列规定： ①石膏板宜竖向铺设、长边接缝应安装在竖向龙骨上。曲面墙所用石膏板宜横向铺设

骨架隔墙类型	工程质量控制要点
纸面石膏板	②龙骨两侧的石膏板及龙骨一侧的双层板的接缝应错开,不得在同一根龙骨上接缝 ③纸面石膏板在轻钢龙骨上应用自攻螺钉固定;木龙骨上应用木螺钉固定。沿石膏板周边钉间距不得大于 200mm,板中钉间距不得大于 300mm,钉至板边距离应为 10~15mm ④安装纸面石膏板时应从板的中部向板的四边固定。钉头略埋入板内,但不得损坏板面。钉眼应进行防锈处理 ⑤石膏板的接缝应按设计要求进行板缝处理。石膏板与周围墙或柱应留有 3mm 的槽口,以便进行防开裂处理 ⑥石膏板宜使用整板。如需对接时,应留缝,并做接缝处理 ⑦石膏板的接缝,一般应为 4~6mm,必须坡口与坡口相接 ⑧隔断端部的石膏板与周围的墙或柱应留有 3mm 的槽口。施工时,先在槽口处加注嵌缝膏,然后铺板,挤压嵌缝膏使其和邻近表层紧紧接触
胶合板	胶合板安装应符合下列规定: ①胶合板安装前应对板背面进行防火处理 ②胶合板在轻钢龙骨上应采用自攻螺钉固定;在木龙骨上采用圆钉固定时,钉距宜为 80~150mm,钉帽应砸扁并进入板面 0.5~1mm,钉眼用油性腻子抹平;采用钉枪固定时,钉距宜为 80~100mm ③墙面用胶合板装饰,在阳角处宜做护角 ④胶合板用木压条固定时,钉距不应大于 200mm,钉帽应打扁,并进入木压条 0.5~1mm,钉眼用油性腻子抹平

2. 骨架隔墙工程质量检查与验收

骨架隔墙工程质量分为合格和不合格。

合格标准:主控项目全部符合规定;一般项目应有 80% 及以上检查点符合规定。

检验批划分:同一品种的骨架隔墙每 50 间(大面积房间和走廊按隔墙的墙面 30m² 为一间)应划分为一个检验批,不足 50 间也应划分为一个检验批。

骨架隔墙工程项目质量检查与验收标准,见表 9-32。

表 9-32 骨架隔墙工程项目质量检查与验收

项	项目	合格质量标准	检验方法	检验数量
主控项目	材料质量	骨架隔墙所用龙骨、配件、墙面板、填充材料及嵌缝材料的品种、规格、性能和木材的含水率应符合设计要求。有隔声、隔热、阻燃、防潮等特殊要求的工程,材料应有相应性能等级的检测报告	观察;检查产品合格证书、进场验收记录、性能检测报告和复验报告	每个检验批应至少抽查 10%,并不得少于 3 间;不足 3 间时应全数检查
	龙骨连接	骨架隔墙工程边框龙骨必须与基体结构连接牢固,并应平整、垂直、位置正确	手扳检查;尺量检查;检查隐蔽工程验收记录	

续表

项	项目	合格质量标准	检验方法	检验数量
主控项目	龙骨间距及构造连接	骨架隔墙中龙骨间距和构造连接方法应符合设计要求。骨架内设备管线的安装、门窗洞口等部位加强龙骨应安装牢固、位置正确,填充材料的设置应符合设计要求	检查隐蔽工程验收记录	每个检验批应至少抽查10%,并不得少于3间;不足3间时应全数检查
	防火、防腐	木龙骨及木墙面板的防火和防腐处理必须符合设计要求	检查隐蔽工程验收记录	
	墙面板安装	骨架隔墙的墙面板应安装牢固,无脱层、翘曲、折裂及缺损	观察;手扳检查	
	墙面板接缝材料及方法	墙面板所用接缝材料的接缝方法应符合设计要求	观察	
一般项目	表面质量	骨架隔墙表面应平整光滑、色泽一致、洁净、无裂缝,接缝应均匀、顺直	观察;手摸检查	每个检验批应至少抽查10%,并不得少于3间;不足3间时应全数检查
	孔洞、槽、盒要求	骨架隔墙上的孔洞、槽、盒应位置正确、套割吻合、边缘整齐	观察	
	填充材料要求	骨架隔墙内的填充材料应干燥,填充应密实、均匀、无下坠	轻敲检查;检查隐蔽工程验收记录	
	安装允许偏差	骨架隔墙安装的允许偏差和检验方法,应符合表9-33的规定	见表9-33	

表9-33　　　　　　骨架隔墙安装的允许偏差和检验方法

项　目	允许偏差（mm）		检验方法
	纸面石膏板	人造木板、水泥纤维板	
立面垂直度	3	4	用2m垂直检测尺检查
表面平整度	3	3	用2m靠尺和塞尺检查
阴阳角方正	3	3	用直角检测尺检查
接缝直线度	—	3	拉5m线,不足5m拉通线,用钢直尺检查
压条直线度	—	3	拉5m线,不足5m拉通线,用钢直尺检查
接缝高低差	1	1	用钢直尺和塞尺检查

注：本表摘自《建筑装饰装修工程质量验收规范》（GB5021—2001）。

四、活动隔墙工程安装质量控制与验收

活动隔墙是指推拉式活动隔墙、可拆装的活动隔墙等。这一类隔墙大多使用成品板材及其金属框架、附件在现场组装而成，金属框架及饰面板一般无须再作饰面层。也有一些活动隔墙不需要金属框架，完全是使用半成品板材现场加工制作成活动隔墙。

1. 工程材料质量

（1）活动隔墙所用墙板、配件等材料的品种、规格、性能和木材的含水率应符合设计要求。材料应具有产品合格证书、进场验收记录、性能检测报告和复验报告。有隔声、隔热、阻燃、防潮等特殊要求的工程，材料应有相应性能的检测报告。

（2）活动隔墙导轨槽、滑轮及其他五金配件配套齐全，并具有出厂合格证。

（3）防腐材料、填缝材料、密封材料、防锈漆、水泥、砂、连接铁件、连接板等应符合设计要求和有关标准的规定。

2. 活动隔墙工程安装质量控制要点

（1）依据现场尺寸确定门扇数量，均分各门扇尺寸，确定构造方式，选择滑轨型号。

（2）吊顶内埋件根据隔扇重量应采用型钢与结构楼板连接牢固，一般采用膨胀螺栓固定。

（3）弹线定位：根据施工图，在室内地面放出活动隔墙的位置控制线，并将隔墙位置线引至侧墙及顶板。弹线是应弹出固定件的安装位置线。

（4）轨道固定件安装：轨道的预埋件安装要牢固，轨道与主体结构之间应固定牢固，所有金属件应做防锈处理。

（5）预制隔扇：

①活动隔墙的高度较高时，隔扇可以采用铝合金或型钢等金属骨架，防止由于高度过大引起变形。

②有隔声要求的活动隔墙，在委托专业厂家加工时，应提出隔声要求。不但保证隔扇本身的隔声性能，而且还要保证隔扇四周缝隙也能密闭隔声。一般做法是在每块隔扇上安装一套可以伸出的活动密封片，在活动隔墙展开后，把活动密封片伸出，将隔扇与轨道、隔扇与地面、隔扇与隔扇、隔扇与边框之间的缝隙密封严密，起到完全隔声的效果。

（6）安装轨道：安装轨道时应根据轨道的具体情况，提前安装好滑轮或轨道预留开口（一般在靠墙边 1/2 隔扇附近）。地面支承式轨道和地面导向轨道安装时，必须认真调整、检查，确保轨道顶面与完成后的地面层表面平齐。

（7）安装活动隔扇：根据安装方式在每块隔扇上准确画出滑轮安装位置线，然后将滑轮的固定架用螺钉固定在隔扇的上梃或下梃上。再把隔扇逐块装入轨道，调整各块隔扇，使其垂直于地面，且推拉转动灵活，最后进行各扇之间的连接固定。

（8）有隔音指标要求的隔断，除隔扇本身按照设计要求施工外，尚应按规范要求处理好隔扇与隔扇、隔扇与平顶、隔扇与地面以及隔扇与洞口两侧之间的缝隙，填塞隔音材料。

3. 活动隔墙工程质量检查与验收

活动隔墙工程质量分为合格和不合格。

合格标准：主控项目全部符合规定；一般项目应有 80% 及以上检查点符合规定。

检验批划分：同一品种的隔断每 50 间（大面积房间和走廊按隔断的墙面 300m² 为一间）应划分为一个检验批，不足 50 间也应划分为一个检验批。

活动隔墙工程施工项目质量检查与验收，见表 9-34。

表 9 - 34　　　　　　　　　　　活动隔墙工程施工项目质量检查与验收

项	项目	合格质量标准	检验方法	检验数量
主控项目	材料质量	活动隔墙所用墙板、配件等材料的品种、规格、性能和木材的含水率应符合设计要求。有阻燃、防潮等特性要求的工程，材料应有相应性能等级的检测报告	观察；检查产品合格证书、进场验收记录、性能检测报告和复验报告	每个检验批应至少抽查 20%，并不得少于 6 间；不足 6 间时应全数检查
	轨道安装	活动隔墙轨道必须与基体结构连接牢固，并应位置正确	尺量检查；手扳检查	
	构配件安装	活动隔墙用于组装、推拉和制动的构配件必须安装牢固、位置正确，推拉必须安全、平稳、灵活	尺量检查；手扳检查；推拉检查	
	制作方法、组合方式	活动隔墙制作方法、组合方式应符合设计要求	观察	
一般项目	表面质量	活动隔墙表面应色泽一致、平整光滑、洁净，线条应顺直、清晰	观察；手摸检查	每个检验批应至少抽查 20%，并不得少于 6 间；不足 6 间时应全数检查
	孔洞、槽、盒要求	活动隔墙上的孔洞、槽、盒应位置正确、套割吻合、边缘整齐	观察；尺量检查	
	隔墙推拉	活动隔墙推拉应无噪声	推拉检查	
	安装允许偏差	活动隔墙安装的允许偏差和检验方法，应符合表 9 - 35 的规定	见表 9 - 35	

表 9 - 35　　　　　　　　　　活动隔墙安装的允许偏差和检验方法

项 目	允许偏差（mm）	检验方法
立面垂直度	3	用 2m 垂直检测尺检查
表面平整度	2	用 2m 靠尺和塞尺检查
接缝直线度	3	拉 5m 线，不足 5m 拉通线，用钢直尺检查
接缝高低差	2	用钢直尺和塞尺检查
接缝宽度	2	用钢直尺检查

注：本表摘自《建筑装饰装修工程质量验收规范》（GB5021—2001）

五、玻璃隔墙工程安装质量控制与验收

玻璃砖隔墙是指用特制玻璃砖组砌而成的隔墙。其构造和施工特点是：具有分隔、提供自然采光、隔热、隔声和装饰等多种作用，尤其是它的透光和散光现象，使玻璃砖隔墙更富于装饰性；同时施工简便，易于操作。存在问题是：抗硬物冲击能力差，不适于大面积应用。适用于民用和公用建筑的会议室、办公室、浴室、门厅通道、体育馆、陈列馆等采用玻璃砖隔墙工程。

1. 玻璃砖隔墙施工质量控制要点

（1）隔墙和顶棚镶嵌玻璃砖的骨架，应与结构连接牢固。

（2）玻璃砖应排列均匀整齐，表面平整，嵌缝的油灰或密封胶应饱满密实。施工时，先按图纸尺寸在墙上弹出垂线，并在地面及顶棚上弹出隔墙的位置线。

（3）玻璃砖隔墙宜以 1.5m 高为一个施工段，待下部施工段胶结材料达到设计强度后再进行上部施工。

（4）当玻璃砖隔墙面积过大时应增加支撑。

（5）玻璃砖砌筑应双面挂线。如果玻璃砖墙较长，则应在中间多设几个支线点，使线尽可能保持一个高度上，并随时保持玻璃砖表面的清洁，遇脏即处理。立皮数杆要保持一致，挂线要拉紧，防止出现灰缝不均。

（6）玻璃砖砌筑用砂浆要稠度适宜，水平灰缝控制在 10～12mm 为宜；立缝灌浆要捣实，勾缝要严，以保证砂浆饱满度，防止出现空隙。

（7）为了增强玻璃砖隔墙的整体刚度，在水平和竖向的灰缝应设直径小于或等于 $\Phi 6$ 拉结筋，拉结筋应与主体结构焊牢固。

（8）玻璃砖隔墙勾缝宜用白色水泥砂浆勾缝，应勾缝严密，横竖交叉处平整、美观，有防水要求的应打密封胶。

2. 玻璃板隔墙施工质量控制要点

（1）安装有框玻璃隔墙或无竖框玻璃隔墙前，应根据设计图纸，核查施工预留洞口标高、尺寸，施放隔断墙地面线、垂直位置线以及固定点、预埋铁件位置等。

（2）玻璃隔墙型钢框架必须与结构地面、墙面、顶棚安装得固定牢靠。一般采用膨胀螺栓固定。

（3）无竖框玻璃隔墙的安装宜采用预埋铁件固定，无埋件时，设置金属膨胀螺栓。型钢（角钢或槽钢）必须与预埋铁件或金属膨胀螺栓焊牢，型钢材料在安装前必须涂刷防腐涂料，焊好后应在焊接处再进行补刷。

（4）玻璃四周与构件凹槽应保持一定空隙，每块玻璃下部应设置不少于两块弹性定位垫块；垫块的宽度与槽口宽度应相同，长度不应小于 100mm；玻璃两边嵌入量及空隙应符合设计要求。

（5）安装玻璃应根据设计调整玻璃间缝隙，一般应留 2～3mm 缝隙或留出与玻璃稳定器（玻璃肋）厚度相同的缝隙。

（6）嵌缝打胶前，应用聚乙烯泡沫条嵌入玻璃与金属槽接合处，注胶要求平滑、均匀。

3. 工程质量检查与验收

玻璃隔墙工程质量分为合格和不合格。

合格标准：主控项目全部符合规定；一般项目应有 80% 及以上检查点符合规定。

检验批划分：同一品种的玻璃隔墙每 50 间（大面积房间和走廊按隔断的墙面 30m² 为一间）应划分为一个检验批，不足 50 间也应划分为一个检验批。

玻璃隔墙工程施工项目质量检查与验收，见表 9-36。

表 9-36　　　　　　　　玻璃隔墙工程施工项目质量检查与验收

项	项目	合格质量标准	检验方法	检验数量
主控项目	材料质量	玻璃隔断工程所用材料的品种、规格、性能、图案和颜色应符合设计要求。玻璃板隔断应使用安全玻璃	观察；检查产品合格证书、进场验收记录和性能检测报告	每个检验批应至少抽查 20%，并不得少于 6 间；不足 6 间时应全数检查

续表

项	项目	合格质量标准	检验方法	检验数量
主控项目	砌筑或安装	玻璃砖隔断的砌筑或玻璃板隔断的安装方法应符合设计要求	观察	每个检验批应至少抽查20%，并不得少于6间；不足6间时应全数检查
	砖隔墙拉结筋	玻璃砖隔断砌筑中埋设的拉结筋必须与基体结构连接牢固，并应位置正确	手扳检查；尺量检查；检查隐蔽工程验收记录	
	板隔墙安装	玻璃板隔断的安装必须牢固。玻璃板隔断胶垫的安装应正确	观察；手推检查；检查施工记录	
一般项目	表面质量	玻璃隔断表面应色泽一致、平整洁净、清晰美观	观察	每个检验批应至少抽查20%，并不得少于6间；不足6间时应全数检查
	接缝	玻璃隔断接缝应横平竖直，玻璃应无裂痕，缺损和划痕	观察	
	嵌缝及勾缝	玻璃板隔断嵌缝及玻璃砖隔断勾缝应密实平整、均匀顺直、深浅一致	观察	
	安装允许偏差	玻璃隔断安装的允许偏差和检验方法应符合表9-37的规定	见表9-37	

表 9-37　　　　　　　　　玻璃隔断安装的允许偏差和检验方法

项　目	允许偏差（mm）		检验方法
	玻璃砖	玻璃板	
立面垂直度	3	2	用2m垂直检测尺检查
表面平整度	3	—	用2m靠尺和塞尺检查
阴阳角方正	—	2	用直角检测尺检查
接缝直线度	—	2	拉5m线，不足5m拉通线，用钢直尺检查
接缝高低差	3	2	用钢直尺和塞尺检查
接缝宽度	—	1	用钢直尺检查

注：本表摘自《建筑装饰装修工程质量验收规范》（GB5021—2001）。

第五节　饰面板（砖）工程施工质量

　　适用于高度在15m以下的天然石饰面板、人造石饰面板和饰面砖镶贴的室内外饰面工程以及装饰混凝土板、金属饰面板工程。

一、材料的质量要求

1. 天然石饰面板

（1）天然石饰面板是从天然岩体中开采出来的经加工成块状或板状的一种面层装饰板。常用的主要为天然大理石饰面板、花岗石饰面板。

（2）天然大理石饰面板主要用于室内的墙面、楼地面处的装饰。要求表面不得有隐伤、风化等缺陷；表面应平整，无污染颜色，边缘整齐，棱角不得损坏，并应具有产品合格证和放射性指标的复试报告。

（3）花岗石饰面板可用于室内、外的墙面、楼地面。花岗石饰面板要求棱角方正，颜色一致，无裂纹、风化、隐伤和缺角等缺陷。

2. 人造石饰面板

（1）人造石饰面板主要有：人造大理石饰面板、预制水磨石或水刷石饰面板。

（2）人造石饰面板应表面平整，几何尺寸准确，面层石粒均匀、洁净、颜色一致。

3. 饰面砖

（1）饰面砖主要有各类外墙面砖、釉面砖、陶瓷锦砖（马赛克）、玻璃锦砖（玻璃马赛克）等。

（2）饰面砖应表面平整、边缘整齐，棱角不得损坏，并具有产品合格证。外墙釉面砖、无釉面砖，表面应光洁，质地坚固，尺寸、色泽一致，不得有暗痕和裂纹，其性能指标均应符合现行国家标准的规定，并具有复试报告。

4. 其他

（1）安装饰面板用的铁制锚固件、连接件，应镀锌或经防锈处理。镜面和光面的大理石、花岗石饰面板，应用铜或不锈钢的连接件。

（2）安装装饰板（砖）所使用的水泥，体积安定性、抗压强度必须合格，其初凝不得早于45min，终凝不得迟于10h。砂要求颗粒坚硬、洁净，含泥量不得大于3％。石灰膏不得含有未熟化颗粒。施工所用的其他胶结材料应符合设计要求，外墙饰面砖黏结强度应符合《建筑工程饰面砖黏结强度检验标准》JGJ 110 的规定。

二、饰面板（砖）工程施工质量控制要点

（一）饰面板（砖）基层的处理

具体做法与墙面的抹灰底层、中层做法相同，但应使用水泥砂浆。当饰面板用干挂法施工时，混凝土墙面可不做抹灰处理，但须按设计要求作防水处理。

（二）饰面板（砖）的施工技术要求

1. 饰面板

（1）干挂：

①饰面板的干挂法施工，一般适用于钢筋混凝土墙面。安装前先将饰面板在地面上按设计图纸及墙面实际尺寸进行预排，将色调明显不一的饰面板挑出，换上色泽一致的饰面板，尽量使上下左右的花纹近似协调，然后逐块编号，分类竖向堆放好备用。在墙面上弹出水平和垂直控制线，并每隔一定距离做出控制墙面平整度的砂浆灰饼，或用麻线拉出墙面平整度的控制线。饰面板的

安装一般应由下向上一排一排进行，每排由中间或一端开始。在最下一排饰面板安装的位置上、下口用麻线拉两根水平控制线，用不锈钢膨胀螺栓将不锈钢连接件固定在墙上；在饰面板的上下侧面用电钻钻孔或槽，孔的直径和深度按销钉的尺寸定（槽的宽度和深度按扁钢挂件定），然后将饰面板搁在连接件上，将销钉插入孔内，板缝须用专用弹性衬料垫隔，待饰面板调整到正确位置时，拧紧连接件螺帽，并用环氧树脂胶或密封胶将销钉固定，如图 9－4 所示。待最下一排安装完毕后，再在其上按同样方法进行安装，全部安装完后，饰面板接缝应按设计和规范要求里侧嵌弹性条，外面用密封胶封嵌。

②在砖墙墙面上采用干挂法施工时，饰面板应安装在金属骨架上，金属骨架通常用镀锌角钢根据设计要求及饰面板尺寸加工制作，并与砖墙上的预埋铁焊牢。如砌墙时未留设预埋铁，可用对穿螺栓与砖墙连接，如图 9－5 所示。其他施工方法与混凝土墙面相同。

③饰面板安装工程的预埋件（或后置埋件）、连接件的数量、规格、位置、连接方法和防腐处理必须符合设计要求。后置埋件的现场拉拔强度必须符合设计要求。饰面板安装必须牢固。

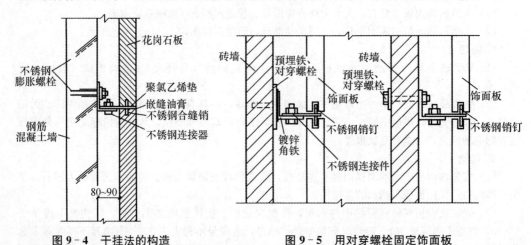

图 9－4　干挂法的构造　　　　　　　图 9－5　用对穿螺栓固定饰面板

（2）湿铺：

①饰面板湿铺前，也应进行预排，在墙上弹出垂直和水平控制线，其做法与干挂施工时相同。在墙上凿出结构施工时预埋的钢筋，将 Φ6 或 Φ8 的钢筋按竖向和横向绑扎（或焊接）在预埋钢筋上，形成钢筋网片。水平钢筋应与饰面板的行数一致并平行。如结构施工时未预埋钢筋，则可用膨胀螺栓（混凝土墙面）或凿洞埋开脚螺栓（砖墙面）的方法来固定钢筋网片，如图 9－6 所示。

②在饰面板的上下侧面和背面用电钻钻直孔或斜孔，间距由饰面板的边长决定，但每块板的上下边均不少于 2 个，然后在孔洞的后面剔一道槽，其宽度、深度可稍大于绑扎面板的铜丝的直径。

③饰面板安装时，室内铺设可由下而上，每排由中间或一端开始。先在最下一排拉好水平通线，将饰面板就位后，上口外仰，将下口铜丝绑扎在横向钢筋上，再绑扎上口铜丝并用木楔垫稳，随后检查、调整饰面板后再系紧铜丝。如此依次进行，第一排安装完毕，用石膏将板两侧缝隙堵严。较大的板材以及门窗镶脸饰面板应另加支撑临时固定。然后用 1∶2.5 的水泥砂浆分 3 次灌浆，第一次灌浆高度不得超过板高的 1/3，一般为 15cm 左右，灌浆用砂浆的稠度应控制在 100～150mm，不可太稠。灌浆时应徐徐灌入缝内，不得碰动饰面板，然后用铁棒轻轻捣鼓，不得猛灌猛捣，间隔 1～2h，待砂浆初凝无水溢出后再进行第二次灌浆至板高 1/2 处，待初凝后再灌浆至离板上口 5mm 处，余量作为上排饰面板灌浆的结合层。隔天再安装第二排。全部饰面板安装完毕后，应将表面清理干净后，按设计和规范要求进行嵌缝、清理及打蜡上光。

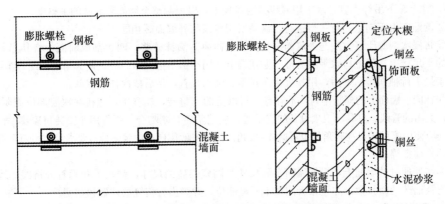

图 9-6 湿铺墙上形成钢筋网片后安装饰面板

④锚固饰面板用的钢筋网片，应与锚固件连接牢固。锚固件宜在结构施工时埋设。

⑤饰面板的品种、规格、颜色和图案必须符合设计要求；安装必须牢固，无歪斜、缺棱掉角和裂缝等缺陷；表面平整、洁净、色泽一致，无变色、泛碱、污痕和显著的光泽受损处；接缝应填嵌密实、平直、宽度均匀、颜色一致，阴阳角处的搭接方向正确；突出物周围的饰面板套割吻合、边缘整齐，墙裙、贴脸等突出墙面的厚度一致，流水坡向正确。

2. 饰面砖

（1）外墙面砖

①在处理过的墙面上，根据墙面尺寸和面砖尺寸及设计对接缝宽度的要求，弹出分格线，并在转角处挂垂直通线。

②外墙面砖施工应由上往下分段进行，一般每段自下而上镶贴。镶贴宜用水泥砂浆，厚度为5～6mm，为改善砂浆的和易性，可掺入少量石灰膏；也可采用胶粘剂或聚合物水泥浆镶贴，聚合物水泥浆配合比由试验确定。

③外墙面砖镶贴前应将砖的背面清理干净，并浸水 2h 以上，待表面晾干后方可使用。当贴完一排后，将分格条（其宽度为水平接缝的宽度）贴在已镶贴好的外墙面砖上口，作第二排镶贴的基准，然后依次向上镶贴。

④在同一墙面上的横竖排列不宜有一行以上的非整砖，非整砖应排在次要部位或阴角处。阳角可磨成45°夹角拼接或两面砖相交处理，如图9-7所示。不宜用侧边搭接方法铺贴。

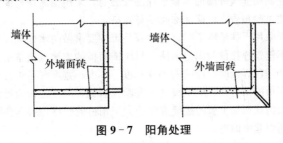

图 9-7 阳角处理

⑤外墙面砖镶贴完后，应用1∶1水泥砂浆勾缝，先勾横缝，后勾竖缝，缝深宜凹进面砖2～3mm，完成后即用布或纱擦净面砖。必要时可用稀盐酸擦洗，并随即用清水冲洗干净。

（2）釉面砖：

①在处理过的墙面上弹出垂直、水平控制线，用废釉面砖贴在墙面上作灰饼，间距为1～

1.6m，并上、下吊好垂直，水平用麻线拉通线找平，以控制整个墙面釉面砖的平整度。

②镶贴应由下向上一行一行进行，镶贴所用砂浆与外墙面砖相同。

③将浸水、晾干（方法与外墙面砖相同）的釉面砖满抹砂浆，四边刮成斜面，将其靠紧最下一行的平尺板上，以上口水平线为准，贴在墙上，用小铲木把轻敲砖面，使其与墙面结合牢固。

④最下行釉面砖贴好后，用靠尺横向找平、竖向找直，然后依次往上镶贴。

⑤在同一墙面上的横竖排列，不宜有一行以上的非整砖，非整砖行应排在次要部位或阴角处。如遇有突出的管线、灯具、卫生设备的支架等，应用整砖套割吻合，不得用非整砖拼凑镶贴。在阴阳角处应使用配件砖，在阳角处也可磨45°夹角。接缝一般用白水泥浆擦缝，要求缝隙均匀而密实。

（3）陶瓷锦砖：

①在处理过的墙面上，根据墙面实际尺寸和陶瓷锦砖的尺寸，弹水平和垂直分格线，线的间距为陶瓷锦砖的整张数，非整张者用在不明显部位，并弹出分格缝的位置和宽度。

②镶贴应分段，自上而下进行；每段施工时应自下而上进行，套间或独立部位宜一次完成。一次不能完成者，可将茬口留在施工缝或阴角处。

③镶贴时，先将已弹好线的墙面浇水湿润，薄薄抹一层素水泥浆，再抹1：0.3水泥纸筋灰砂浆或1：1水泥砂浆，厚度为2～3mm，将锦砖的黏结面洒水湿润，抹一层素水泥浆，缝里要灌满水泥浆，然后将其镶贴在墙面上，对齐缝后，轻轻拍实，使其黏结牢固。依次镶贴，最后在陶瓷锦砖的纸面上刷水，使其湿润脱胶，然后便可揭纸。揭纸时应仔细按顺序用力向下揭，切忌向外猛揭。然后检查、调整缝隙，并补好个别带下的小块锦砖。待黏结水泥浆凝固后，用素水泥浆擦缝并清洁锦砖表面。

④饰面砖的品种、规格、颜色和图案必须符合设计要求；镶贴必须牢固，无歪斜、缺棱掉角和裂缝等缺陷；表面应平整、洁净，色泽一致，无变色、污痕和显著的光泽受损处；接缝应填嵌密实、平直，宽窄均匀，颜色一致，阴阳角处搭接方向正确，非整砖使用部位适宜；突出物周围的整砖套割吻合、边缘整齐，墙裙、贴脸等突出墙面的厚度一致；流水坡向正确，滴水线（槽）顺直。

三、饰面板（砖）工程施工质量检查与验收

（1）查看设计图纸，了解设计对饰面板（砖）工程所选用的材料、规格、颜色、施工方法的要求，对工程所用材料检查其是否有产品出厂合格证或试验报告，特别对工程中所使用的水泥、胶粘剂、干挂饰面板所用的钢材、不锈钢连接件、膨胀螺栓等应严格把关。对钢材的焊接应检查焊缝的试验报告。当在高层建筑外墙饰面板干挂法安装时，采用膨胀螺栓固定不锈钢连接件，还应检查膨胀螺栓的抗拔试验报告，以保证饰面板安装安全可靠。

（2）饰面板外墙面采用干挂法施工时，应检查是否按要求做防水处理，如有遗漏应督促施工单位及时补做。检查不锈钢连接件的固定方法、每块饰面板的连接点数量是否符合设计要求。当连接件与建筑物墙面预埋件焊接时，应检查焊缝长度、厚度、宽度等是否符合设计要求，焊缝是否做防锈处理。对饰面板的销钉孔，应检查是否有隐性裂缝，深度是否满足要求。饰面板销钉孔的深度应为上下两块板的孔深加上板的接缝宽度稍大于销钉的长度，否则会因上块板的重量通过销钉传到下块板上，而引起饰面板损坏。

（3）饰面板施铺时，着重检查钢筋网片与建筑物墙面的连接、饰面板与钢筋网片的绑扎是否牢固，检查钢筋焊缝长度、钢筋网片的防锈处理。施工中应检查饰面板灌浆是否按规定分层进行。

（4）饰面砖应注意检查墙面基层的处理是否符合要求，这直接会影响饰面砖的镶贴质量。可用小锤检查基层的水泥抹灰有无空鼓，发现有空鼓应立即铲掉重做（板条墙、纸面石膏板墙除外），检查处理过的墙面是否平整、毛糙。

（5）为了保证建筑工程面砖的黏结质量，外墙饰面砖应进行黏结强度的检验。每300m² 同类墙体取1组试样，每组3个，每楼层不得少于1组；不足300m² 每2楼层取1组。每组试样的平均黏结强度不应小于0.4MPa；每组可有一个试样的黏结强度小于0.4MPa，但不应小于0.3MPa。

（6）饰面板（砖）安装完成后，应检查其垂直度、平整度、接缝宽度、接缝高低、接缝平直等。检查时可用2m托线板、楔形塞尺及拉5m麻线等方法检查。用小锤轻敲饰面板（砖），以检查其是否空鼓。当发现饰面板（砖）有空鼓时，应及时督促施工单位进行整改，特别对外墙饰面板（砖）的空鼓，如不及时整改将危及人身的安全。还应检查饰面板（砖）接缝的填嵌是否符合设计和规范的要求，非整砖的使用是否适宜，流水坡向是否正确等。

（7）检查数量：相同材料、工艺和施工条件的室内饰面板（砖）工程每50间（大面积房间和走廊按施工面积30m² 为一间）应划分为一个检验批，不足50间也应划分为一个检验批。相同材料、工艺和施工条件的室外饰面板（砖）工程每500～1000m² 应划分为一个检验批，不足500m² 也应划分为一个检验批。

（8）饰面板安装工程具体项目的检查与验收标准，见表9-38。本部分适用于内墙饰面板安装工程和高度不大于24m、抗震设防烈度不大于7度的外墙饰面板安装工程的质量验收。

表9-38　　　　　　　　　　饰面板安装工程项目质量检查与验收

项	项目	合格质量标准	检验方法	检验数量
主控项目	材料质量	饰面板的品种、规格、颜色和性能应符合设计要求，木龙骨、木饰面板和塑料饰面板的燃烧性能等级应符合设计要求	观察，检查产品合格证书、进场验收记录和性能检测报告	室内每个检验批应至少抽查10%，并不得少于3间；不足3间时应全数检查。室外每个检验批每100m² 应至少抽查一处，每处不得小于10m²
	饰面板孔、槽	饰面板孔、槽的数量、位置和尺寸应符合设计要求	检查进场验收记录和施工记录	
	饰面板安装	饰面板安装工程的预埋件（或后置埋件）、连接件的数量、规格、位置、连接方法和防腐处理必须符合设计要求。后置埋件的现场拉拔强度必须符合设计要求。饰面板安装必须牢固	手扳检查，检查进场验收记录、现场拉拔检测报告、隐蔽工程验收记录和施工记录	
一般项目	饰面板表面质量	饰面板表面应平整、洁净、色泽一致，无裂痕和缺损。石材表面应无泛碱等污染	观察	室内每个检验批应至少抽查10%，并不得少于3间；不足3间时应全数检查。室外每个检验批每100m² 应至少抽查一处，每处不得小于10m²
	饰面板嵌缝	饰面板嵌缝应密实、平直，宽度和深度应符合设计要求，嵌填材料色泽应一致	观察、尺量检查	
	湿作业施工	采用湿作业法施工的饰面板工程，石材应进行了防碱背涂处理。饰面板与基体之间的灌注材料应饱满、密实	用小锤轻击检查、检查施工记录	
	饰面板孔洞套割	饰面板上的孔洞应套割吻合，边缘应整齐	观察	
	安装允许偏差	饰面板安装的允许偏差和检验方法，应符合表9-39的规定	见表9-39	

表 9-39 饰面板安装的允许偏差和检验方法

| 项 目 | 允许偏差（mm） | | | | | | | 检验方法 |
| | 石材 | | | 瓷板 | 木材 | 塑料 | 金属 | |
	光面	剁斧石	蘑菇石					
立面垂直度	2	3	3	2	1.5	2	2	用2m垂直检测尺检查
表面平整度	2	3		1.5	1	3	3	用2m靠尺和塞尺检查
阴阳角方正	2	4	4	2	1.5	3	3	用直角检测尺检查
接缝直线度	2	4	4	2	1	1	1	拉5m线，不足5m拉通线，用钢直尺检查
墙裙、勒脚上口直线度	2	3	3	2		2	2	拉5m线，不足5m拉通线，用钢直尺检查
接缝高低差	0.5	3		0.5	0.5	1	1	用钢直尺和塞尺检查
接缝宽度	1	2	2	1	1	1	1	用钢直尺检查

注：本表摘自《建筑装饰装修工程质量验收规范》（GB5021—2001）。

（9）饰面砖粘贴工程具体项目的检查与验收标准，见表9-40。本部分适用于内墙饰面粘贴工程和高度不大于100m、抗震设防烈度不大于8度、采用满粘法施工的外墙饰面砖粘贴工程的质量验收。

表 9-40 饰面砖粘贴工程项目质量检查与验收

项	项目	合格质量标准	检验方法	检验数量
主控项目	饰面砖质量	饰面砖的品种、规格、图案颜色和性能应符合设计要求	观察，检查产品合格证书、进场验收记录、性能检测报告和复验报告	室内每个检验批应至少抽查10%，并不得少于3间；不足3间时应全数检查。室外每个检验批每100m² 应至少抽查一处，每处不得小于10m²
	饰面砖粘贴材料	饰面砖粘贴工程的找平、防水、黏结和勾缝材料及施工方法应符合设计要求及国家现行产品标准和工程技术标准的规定	检查产品合格证书、复验报告和隐蔽工程验收记录	
	饰面砖粘贴	饰面砖粘贴必须牢固	检查样板件黏结强度检测报告和施工记录	
	满粘法施工	满粘法施工的饰面砖工程应无空鼓、裂缝	观察、用小锤轻击检查	
一般项目	饰面砖表面质量	饰面砖表面应平整、洁净、色泽一致，无裂痕和缺损	观察	室内每个检验批应至少抽查10%，并不得少于3间；不足3间时应全数检查。室外每个检验批每100m² 应至少抽查一处，每处不得小于10m²
	阴阳角及非整砖	阴阳角处搭接方式、非整砖使用部位应符合设计要求	观察	
	墙面突出物	墙面突出物周围的饰面砖应整砖套割吻合，边缘应整齐。墙裙、贴脸突出墙面的厚度应一致	观察、尺量检查	

续表

项	项目	合格质量标准	检验方法	检验数量
一般项目	饰面砖接缝、填嵌、宽深	饰面砖接缝应平直、光滑，填嵌应连续、密实，宽度和深度应符合设计要求	观察、尺量检查	室内每个检验批应至少抽查10%，并不得少于3间；不足3间时应全数检查。室外每个检验批每100m²应至少抽查一处，每处不得小于10m²
	滴水线	有排水要求的部位应做滴水线（槽）。滴水线（槽）应顺直，流水坡向应正确，坡度应符合设计要求	观察、用水平尺检查	
	允许偏差	饰面砖粘贴的允许偏差和检验方法，应符合表9-41的规定	见表9-41	

表 9-41　　　　　　　　饰面砖粘贴的允许偏差和检验方法

项　目	允许偏差（mm）		检验方法
	玻璃砖	玻璃板	
立面垂直度	3	2	用2m垂直检测尺检查
表面平整度	4	3	用2m靠尺和塞尺检查
阴阳角方正	3	3	用直角检测尺检查
接缝直线度	3	2	拉5m线，不足5m拉通线，用钢直尺检查
接缝高低差	1	0.5	用钢直尺和塞尺检查
接缝宽度	1	1	用钢直尺检查

注：本表摘自《建筑装饰装修工程质量验收规范》（GB5021—2001）。

第六节　幕墙工程施工质量

一、玻璃幕墙工程安装质量控制与验收

（一）安装质量控制要点

1. 构件式玻璃幕墙安装

构件式玻璃幕墙安装质量控制要点，应符合表9-42的规定。

表 9-42　　　　　　构件式玻璃幕墙安装质量控制要点

安装项目	安装质量控制要点
玻璃幕墙立柱安装	①立柱安装轴线偏差不应大于2mm ②相邻两根立柱安装标高偏差不应大于3mm，同层立柱的最大标高偏差不应大于5mm；相邻两根立柱固定点的距离偏差不应大于2mm ③立柱安装就位、调整后应及时紧固

安装项目	装质量控制要点
玻璃幕墙横梁安装	①横梁应安装牢固，设计中横梁和立柱间留有空隙时，空隙宽度应符合设计要求 ②同一根横梁两端或相邻两根横梁的水平标高偏差不应大于 1mm。同层标高偏差：当一幅幕墙宽度不大于 35m 时，不应大于 5mm；当一幅幕墙宽度大于 35m 时，不应大于 7mm ③当安装完成一层高度时，应及时进行检查、校正并固定
玻璃幕墙其他主要附件安装	①防火、保温材料应铺设平整且可以固定，拼接处不应留缝隙 ②冷凝水排出管及其附件应与水平构件预留孔连接严密，与内衬板出水孔连接处应密封 ③其他通气槽孔及雨水排出口等应按设计要求施工，不得遗漏 ④封口应按设计要求进行封闭处理 ⑤玻璃幕墙安装用的临时螺栓等，应在构件紧固后及时拆除 ⑥采用现场焊接或高强螺栓紧固的构件，应在紧固后及时进行防锈处理
幕墙玻璃安装要求	①玻璃安装前应进行表面清洁。除设计另有要求外，应将单片阳光控制镀膜玻璃的镀膜面朝向室内，非镀膜面朝向室外 ②应按规定型号选用玻璃四周的橡胶条，其长度宜比边框内槽口长 1.5%～2%；橡胶条斜面断开后应拼成预定的设计角度，并应采用黏结剂黏结牢固；镶嵌应平整
构件式玻璃幕墙中硅酮建筑密封胶的施工	①硅酮建筑密封胶的施工厚度应大于 3.5mm，施工宽度不宜小于施工厚度的两倍；较深的密封槽口底部应采用聚乙烯发泡材料填塞 ②硅酮建筑密封胶在接缝内应两对面黏结，不应三面黏结
其他要求	①铝合金装饰压板的安装，应表面平整，色彩一致，接缝应均匀严密 ②硅酮建筑密封胶不宜在夜晚、雨天打胶，打胶温度应符合设计要求和产品要求，打胶前应使打胶面清洁、干燥

2. 单元式玻璃幕墙安装

单元式玻璃幕墙安装质量控制要点，应符合表 9-43 的规定：

表 9-43　　　　　　　　　单元式玻璃幕墙安装质量控制要点

安装项目	装质量控制要点
吊装机具准备	①应根据单元板块选择适当的吊装机具，并与主体结构安装牢固 ②吊装机具使用前，应进行全面质量、安全检验 ③吊具设计应使其在吊装中与单元板块之间不产生水平方向分力 ④吊具运行速度应可控制，并有安全保护措施 ⑤吊装机具应采用防止单元板块摆动的措施
单元构件运输	①运输前单元板块应顺序编号，并做好成品保护 ②装卸及运输过程中，应采用有足够承载力和刚度的周转架、衬垫弹性垫，保证板块相互隔开并相对固定，不得相互挤压和串动 ③超过运输允许尺寸的单元板块，应采取特殊措施 ④单元板块应按顺序摆放平衡，不应造成板块或型材变形 ⑤运输过程中，应采取措施减小颠簸

安装项目	安装质量控制要点
单元板块场内堆放	①宜设置专用堆放场地，并应有安全保护措施 ②宜存放在周转架上 ③应依照安装顺序先出后进的原则按编号排列放置 ④不应直接叠层堆放 ⑤不宜频繁装卸
起吊和就位	①吊点和挂点应符合设计要求，吊点不应少于两个。必要时可增设吊点加固措施并试吊 ②起吊单元板块时，应使各吊点均匀受力，起吊过程应保持单元板块平稳 ③吊装升降和平移应使单元板块不摆动、不撞击其他物体 ④吊装过程应采取措施保证装饰面不受磨损和挤压 ⑤单元板块就位时，应先将其挂到主体结构的挂点上，板块未固定前，吊具不得拆除
校正及固定	①单元板块就位后，应及时校正 ②单元板块校正后，应及时与连接部位固定，并应进行隐蔽 ③单元板块固定后，方可拆除吊具，并应及时清洁单元板块的型板槽口
成品保护措施	①施工中如果暂停安装，应将对插槽口等部位进行保护 ②安装完毕的单元板块应及时进行成品保护

3. 全玻璃幕墙安装

全玻璃幕墙安装质量控制要点应符合下列规定：

（1）全玻璃幕墙安装前，应清洁镶嵌槽；中途暂停施工时，应对槽口采取保护措施。

（2）全玻璃幕墙安装过程中，应随时检测和调整面板、玻璃助的水平度和垂直度，使墙面安装平整。

（3）每块玻璃的吊夹应位于同一平面，吊夹的受力应均匀。

（4）全玻璃幕墙玻璃两边嵌入槽口深度及预留空隙应符合设计要求，左右空隙尺寸宜相同。

（5）全玻璃幕墙的玻璃宜采用机械吸盘安装，并应采取必要的安全措施。

4. 点支承玻璃幕墙安装

点支承玻璃幕墙安装质量控制要点应符合下列规定：

（1）点支承玻璃幕墙支承结构的安装应符合下列要求：

①钢结构安装过程中，制孔、组装、焊接和涂装等工序均应符合现行国家标准 GB 50205—2001《钢结构工程施工质量验收规范》的有关规定。

②型钢结构构件应进行吊装设计，并应试吊。

③钢结构安装就位、调整后应及时紧固，并应进行隐蔽工程验收。

④钢构件在运输、存放和安装过程中损坏的涂层以及未涂装的安装连接部位，应按现行国家标准 GB 50205—2001《钢结构工程施工质量验收规范》的有关规定补涂。

（2）张拉杆、索体系中，拉杆和拉索预拉力的施加应符合下列要求：

①钢拉杆和钢拉索安装时，必须按设计要求施加预拉力，并宜设置预拉力调节装置；预拉力宜采用测力计测定。采用扭力扳手施加预拉力时，应事先进行标定。

②施加预拉力应以张拉力为控制量；拉杆、拉索的预拉力应分次、分批对称张拉；在张拉过程中，应对拉杆、拉索的预拉力随时调整。

③张拉前，必须对构件、锚具等进行全面检查，并应签发张拉通知单。张拉通知单应包括张

拉日期、张拉分批次数、每次张拉控制力、张拉用机具、测力仪器及使用安全措施和注意事项。

④应建立张拉记录。

⑤拉杆、拉索实际施加的预拉力值应考虑施工温度的影响。

(3) 支承结构构件的安装偏差,应符合表9-44的要求。

表9-44　　　　　　　　　　　支承结构安装技术要求

名　　称	允许偏差（mm）	名　　称		允许偏差（mm）
相邻两竖向构件间距	±2.5	同层高度内爪座高低差	间距不大于35m	5
竖向构件垂直度	$l/1000$ 或≤5 l 为跨度		间距大于35m	7
相邻三竖向构件外表面平面度	5	相邻两爪座垂直间距		±2.00
相邻两爪座水平间距和竖向距离	±1.5	单个分格爪座对角线		4
相邻两爪座水平高低差	1.5	爪座端面平面度		6.0
爪座水平度	2	—		—

5. 工程验收允许偏差

玻璃幕墙工程质量检验应依据GB 50210—2001《建筑装饰装修工程质量验收规范》第9章规定执行,现将其中含质量控制数据的条文摘录如下,供参考:

(1) 玻璃幕墙使用的玻璃应符合下列规定:

①幕墙应使用安全玻璃,玻璃的品种、规格、颜色、光学性能及安装方向应符合设计要求。

②幕墙玻璃的厚度不应小于6.0mm。全玻璃幕墙玻璃肋的厚度不应小于12mm。

③幕墙的中空玻璃应采用双道密封。明框幕墙的中空玻璃应采用聚硫密封胶及丁基密封胶;隐框和半隐框幕墙的中空玻璃应采用硅酮结构密封胶及丁基密封胶;镀膜面应在中空玻璃的第2面或第3面上。

④幕墙的夹层玻璃应采用聚乙烯醇缩丁醛（PVB）胶片干法加工合成的夹层玻璃。点支承玻璃幕墙夹层玻璃的夹层胶片（PVB）厚度不应小于0.76mm。

⑤钢化玻璃表面不得有损伤;8.0mm以下的钢化玻璃应进行引爆处理。

⑥所有幕墙玻璃均应进行边缘处理。

(2) 隐框或半隐框玻璃幕墙,每块玻璃下端应设置两个铝合金或不锈钢托条,其长度不应小于100mm,厚度不应小于2mm,托条外端应低于玻璃外表面2mm。

(3) 明框玻璃幕墙的玻璃安装应符合下列规定:

①玻璃槽口与玻璃的配合尺寸应符合设计要求和技术标准的规定。

②玻璃与附件不得直接接触,玻璃四周与构件凹槽底部应保持一定的空隙,每块玻璃下部应至少放置两块宽度与槽口宽度相同、长度不小于100mm的弹性定位垫块;玻璃两边嵌入量及空隙应符合设计要求。

③玻璃四周橡胶条的材质、型号应符合设计要求,镶嵌应平整,橡胶条长度应比边框内槽长1.5%～2.0%,橡胶条在转角处应斜面断开,并应用黏结剂黏结牢固后嵌入槽内。

(4) 高度超过4m的全玻璃幕墙应吊挂在主体结构上,吊夹具应符合设计要求,玻璃与玻璃、玻璃与玻璃肋之间的缝隙，应采用硅酮结构密封胶填嵌严密。

（5）点支承玻璃幕墙应采用带万向头的活动不锈钢爪，其钢爪间的中心距离应大于250mm。

（6）每平方米玻璃的表面质量和检验方法，应符合表9-45的规定。

表9-45 每平方米玻璃的表面质量和检验方法

项　目	质量要求	检验方法
明显划伤或长度＞100mm的轻微划伤	不允许	观察
长度≤100mm的轻微划伤	≤8条	用钢直尺检查
擦伤总面积	≤500mm²	用钢直尺检查

（7）一个分格铝合金型材的表面质量和检验方法，应符合表9-46的规定。

表9-46 一个分格铝合金型材的表面质量和检验方法

项　目	质量要求	检验方法
明显划伤或长度＞100mm的轻微划伤	不允许	观察
长度≤100mm的轻微划伤	≤2条	用钢直尺检查
擦伤总面积	≤500mm²	用钢直尺检查

（8）明框玻璃幕墙安装的允许偏差和检验方法，应符合表9-47的规定。

表9-47 明框玻璃幕墙安装的允许偏差和检验方法

项　目		允许偏差（mm）	检验方法
幕墙垂直度	幕墙高度≤30m	10	用经纬仪检查
	30m＜幕墙高度≤60m	15	
	60m＜幕墙高度≤90m	20	
	幕墙高度＞90m	25	
幕墙水平度	幕墙幅宽≤35m	5	用水平仪检查
	幕墙幅宽＞35m	7	
构件直线度		2	用2m靠尺和塞尺检查
构件水平度	构件长度≤2m	2	用水平仪检查
	构件长度＞2m	3	
相邻构件错位		1	用钢直尺检查
分格框对角线长度差	对角线长度≤2m	3	用钢卷尺检查
	对角线长度＞2m	4	

（9）隐框、半隐框玻璃幕墙安装的允许偏差和检验方法，应符合表9-48的规定。

表 9-48 隐框、半隐框玻璃幕墙安装的允许偏差和检验方法

项 目		允许偏差（mm）	检验方法
幕墙垂直度	幕墙高度≤30m	10	用经纬仪检查
	30m＜幕墙高度≤60m	15	
	60m＜幕墙高度≤90m	20	
	幕墙高度＞90m	25	
幕墙水平度	层高≤3m	3	用水平仪检查
	层高＞3m	5	
幕墙表面平整度		2	用2m靠尺和塞尺检查
板材立面垂直度		2	用垂直检测尺检查
板材上沿水平度		2	用1m水平尺和钢直尺检查
相邻板材板角错位		1	用钢直尺检查
阳角方正		2	用直角检测尺检查
接缝直线度		3	拉5m线，不足5m拉通线。用钢直尺检查
接缝高低差		1	用钢直尺和塞尺检查
接缝宽度		1	用钢直尺检查

（二）安装质量检查与验收

玻璃幕墙工程安装项目质量检查与验收，见表 9-49。本部分适用于建筑高度不大于 150m、抗震设防烈度不大于 8 度的隐框玻璃幕墙、半隐框玻璃幕墙、明框玻璃幕墙、全玻璃幕墙及点支承玻璃幕墙工程的质量验收。

表 9-49 玻璃幕墙工程安装项目质量检查与验收

项	项目	合格质量标准	检验方法	检验数量
主控项目	各种材料、构件、组件	玻璃幕墙工程所使用的各种材料、构件和组件的质量，应符合设计要求及国家现行产品标准和工程技术规范的规定	检查材料、构件、组件的产品合格证书、进场验收记录、性能检测报告和材料的复验报告	每个检验批每100m² 应至少抽查1处，每处不得小于10m²；对于异型或有特殊要求的幕墙工程，应根据幕墙的结构和工艺特点，由监理单位（或建设单位）和施工单位协商确定
	造型和立面分隔	玻璃幕墙的造型和立面分隔应符合设计要求	观察、尺量检查	
	玻璃的要求	玻璃幕墙使用的玻璃应符合下列规定： ①幕墙应使用安全玻璃，玻璃的品种、规格、颜色、光学性能及安装方向应符合设计要求		

续表1

项	项目	合格质量标准	检验方法	检验数量
主控项目	玻璃的要求	②幕墙玻璃的厚度不应小于6.0mm。全玻璃幕墙玻璃肋的厚度不应小于12mm ③幕墙的中空玻璃应采用双道密封。明框幕墙的中空玻璃应采用聚硫密封胶及丁基密封胶；隐框和半隐框幕墙的中空玻璃应采用硅酮结构密封胶及丁基密封胶；镀膜面应在中空玻璃的第2面或第3面上 ④幕墙的夹层玻璃应采用聚乙烯醇缩丁醛（PVB）胶片干法加工合成的夹层玻璃。点支承玻璃幕墙夹层玻璃的夹层胶片（PVB）厚度不应小于0.76mm ⑤钢化玻璃表面不得有损伤；8.0mm以下的钢化玻璃应进行引爆处理 ⑥所有幕墙玻璃均应进行边缘处理	观察、尺量检查、检查施工记录	每个检验批每100m²应至少抽查1处，每处不得小于10m²；对于异型或有特殊要求的幕墙工程，应根据幕墙的结构和工艺特点，由监理单位（或建设单位）和施工单位协商确定
	与主体结构连接件	玻璃幕墙与主体结构连接的各种预埋件、连接件、紧固件必须安装牢固，其数量、规格、位置、连接方法和防腐处理应符合设计要求	观察、检查隐蔽工程验收记录和施工记录	
	螺栓防松及焊接连接	各种连接件、紧固件的螺栓应有防松动措施，焊接连接应符合设计要求和焊接规范的规定	观察、检查施工记录	
	玻璃下端托条	隐框或半隐框玻璃幕墙，每块玻璃下端应设置两个铝合金或不锈钢托条，其长度不应小于100mm，厚度不应小于2mm，托条外端应低于玻璃外表面2mm	观察、检查隐蔽工程验收记录和施工记录	
	明框幕墙玻璃安装	明框幕墙玻璃安装，应符合下列规定： ①玻璃槽口与玻璃的配合尺寸应符合设计要求和技术标准的规定 ②玻璃与附件不得直接接触，玻璃四周与构件凹槽底部应保持一定的空隙，每块玻璃下部应至少放置两块宽度与槽口宽度相同、长度不小于100mm的弹性定位垫块；玻璃两边嵌入量及空隙应符合设计要求。 ③玻璃四周橡胶条的材质、型号应符合设计要求，镶嵌应平整，橡胶条长度应比边框内槽长1.5%～2.0%，橡胶条在转角处应斜面断开，并应用黏结剂黏结牢固后嵌入槽内	观察、检查施工记录	

393

项	项目	合格质量标准	检验方法	检验数量
主控项目	全玻璃幕墙安装	高度超过4m的全玻璃幕墙应吊挂在主体结构上，吊夹具应符合设计要求，玻璃与玻璃、玻璃与玻璃肋之间的缝隙，应采用硅酮结构密封胶填嵌严密	观察、检查隐蔽工程验收记录和施工记录	每个检验批每100m²应至少抽查1处，每处不得小于10m²；对于异型或有特殊要求的幕墙工程，应根据幕墙的结构和工艺特点，由监理单位（或建设单位）和施工单位协商确定明框幕墙玻璃安装
	点支承幕墙安装	点支承玻璃幕墙应采用带万向头的活动不锈钢爪，其钢爪间的中心距离应大于250mm	观察、尺量检查	
	细部	玻璃幕墙四周、玻璃幕墙内表面与主体结构之间的连接节点、各种变形缝、墙角的连接节点应符合设计要求和技术标准的规定	观察、检查隐蔽工程验收记录和施工记录	
	幕墙防水	玻璃幕墙应无渗漏	在易渗漏部位进行淋水检查	
	结构胶、密封胶打注	玻璃幕墙结构胶和密封胶的打注应饱满、密实、连续、均匀、无气泡，宽度和厚度应符合设计要求和技术标准的规定	观察、尺量检查、检查施工记录	
	幕墙开启窗	玻璃幕墙开启窗的配件应齐全，安装应牢固，安装位置和开启方向、角度应正确，开启应灵活，关闭应严密	观察、手扳检查、开启和关闭检查	
	防雷装置	玻璃幕墙的防雷装置必须与主体结构的防雷装置可靠连接	观察、检查隐蔽工程验收记录和施工记录	
一般项目	表面质量	玻璃幕墙表面应平整、洁净；整幅玻璃的色泽应均匀一致；不得有污染和镀膜损坏	观察	
	玻璃表面质量	每平方米玻璃的表面质量和检验方法，应符合表9-45的规定	见表9-45	
	铝合金型材表面质量	一个分隔铝合金型材的表面质量和检验方法，应符合表9-46的规定	见表9-46	
	明框外露框或压条	明框玻璃幕墙的外露框或压条应横平竖直，颜色、规格应符合设计要求，压条安装应牢固。单元玻璃幕墙的单元拼缝或隐框玻璃幕墙的分隔玻璃拼缝应横平竖直、均匀一致	观察、手扳检查、检查进场验收记录	

续表 3

项	项目	合格质量标准	检验方法	检验数量
一般项目	密封胶缝	玻璃幕墙的密封胶缝应横平竖直、深浅一致、宽窄均匀、光滑顺直	观察、手摸检查	
	防火、保温材料	防火、保温材料填充应饱满、均匀，表面应密实、平整	检查隐蔽工程验收记录	
	隐蔽节点	玻璃幕墙隐蔽节点的遮封装修应牢固、整齐、美观	观察、手扳检查	
	明框幕墙安装允许偏差	明框玻璃幕墙安装的允许偏差和检验方法，应符合表 9-47 的规定	见表 9-47	
	隐框、半隐框玻璃幕墙安装允许偏差	隐框、半隐框玻璃幕墙安装的允许偏差和检验方法，应符合表 9-48 的规定	见表 9-48	

二、金属幕墙工程安装质量控制与验收

（一）质量控制要点

1. 金属板加工制作

金属板加工制作质量控制要点，应符合表 9-50 的规定。

表 9-50　　　　　　　　　　金属板加工制作质量控制要点

板型	加工制作质量控制要点
单层铝板的加工	①单层铝板折弯加工时，折弯外圆弧半径不应小于板厚的 1.5 倍 ②单层铝板加劲肋的固定可采用电栓钉，但应确保铝板外表面不应变形、褪色，固定应牢固 ③单层铝板的固定耳子应符合设计要求。固定耳子可采用焊接、铆接或在铝板上直接冲压而成，并应位置准确，调整方便，固定牢固 ④单层铝板构件四周应采用铆接、螺栓或胶粘与机械连接相结合的形式固定，并应做到构件刚性好，固定牢固
铝塑复合板的加工	①在切割铝塑复合板内层铝板和聚乙烯塑料时，应保留不小于 0.3mm 厚的聚乙烯塑料，并不得划伤外层铝板的内表面 ②打孔、切口等外露的聚乙烯塑料及角缝，应采用中性硅酮耐候密封胶密封 ③在加工过程中铝塑复合板严禁与水接触
蜂窝铝板的加工	①应根据组装要求决定切口的尺寸和形状，在切除铝芯时不得划伤蜂窝铝板外层铝板的内表面；各部位外层铝板上，应保留 0.3~0.5mm 的铝芯 ②直角构件的加工，折角应弯成圆弧状，角缝应采用硅酮耐候密封胶密封 ③大圆弧角构件的加工，圆弧部位应填充防火材料
金属板材加工允许偏差	金属板材加工允许偏差，应符合表 9-51 的规定

表 9-51   **金属板材加工允许偏差**   （mm）

项 目		允许偏差
边长	≤2000	±2.0
	>2000	±2.5
对边尺寸	≤2000	≤2.5
	>2000	≤3.0
对角线长度	≤2000	2.5
	>2000	3.0
折弯高度		≤1.0
平面度		≤2/1000
孔的中心距		±1.5

2. 金属幕墙安装

金属幕墙安装质量控制要点应符合下列规定：

（1）安装前对构件加工精度进行检验，检验合格后方可进行安装。

（2）预埋件安装必须符合设计要求，安装牢固，严禁歪、斜、倾。安装位置偏差控制在允许范围以内。

（3）幕墙立柱与横梁安装应严格控制水平、垂直度以及对角线长度，在安装过程中应反复检查，达到要求后方可进行玻璃的安装。

（4）金属板安装时，应拉线控制相邻玻璃面的水平度、垂直度及大面平整度；用木模板控制缝隙宽度，如有误差应均分在每一条缝隙中，防止误差积累。

（5）金属幕墙的吊挂件、安装件应符合下列规定：

①单元金属幕墙使用的吊挂件、支撑件，宜采用铝合金件或不锈钢件，并应具备可调整范围。

②单元幕墙的吊挂件与预埋件的连接应采用穿透螺栓。

③铝合金立柱的连接部位的局部壁厚不得小于 5mm。

（6）进行密封工作前应对密封面进行清扫，并在胶缝两侧的金属板上粘贴保护胶带，防止注胶时污染周围的板面；注胶应均匀、密实、饱满，胶缝表面应光滑；同时应注意注胶方法，防止气泡产生并避免浪费。

（7）清扫时应选用合适的清洗溶剂，清扫工具禁止使用金属物品，以防止损坏金属板或构件表面。

3. 工程验收允许偏差

金属幕墙工程质量检验应依据 GB 50210—2001《建筑装饰装修工程质量验收规范》第 9 章规定执行，现将其中含质量控制数据的条文摘录如下，供参考：

（1）每平方米金属板的表面质量和检验方法，应符合表 9-52 的规定。

表 9-52   **每平方米金属板的表面质量和检验方法**

项 目	质量要求	检验方法
明显划伤或长度>100mm 的轻微划伤	不允许	观察
长度≤100mm 的轻微划伤	≤8 条	用钢直尺检查
擦伤总面积	≤500mm²	用钢直尺检查

（2）金属幕墙安装的允许偏差和检验方法，应符合表9-53的规定。

表9-53　　　　　　　　　　金属幕墙安装的允许偏差和检验方法

项　目		允许偏差（mm）	检验方法
幕墙垂直度	幕墙高度≤30m	10	用经纬仪检查
	30m＜幕墙高度≤60m	15	
	60m＜幕墙高度≤90m	20	
	幕墙高度＞90m	25	
幕墙水平度	层高≤3m	3	用水平仪检查
	层高＞3m	5	
幕墙表面平整度		2	用2m靠尺和塞尺检查
板材立面垂直度		3	用垂直检测尺检查
板材上沿水平度		2	用1m水平尺和钢直尺检查
相邻板材板角错位		1	用钢直尺检查
阳角方正		2	用直角检测尺检查
接缝直线度		3	拉5m线，不足5m拉通线，用钢直尺检查
接缝高低差		1	用钢直尺和塞尺检查
接缝宽度		1	用钢直尺检查

（二）安装质量检查与验收

金属幕墙工程项目质量检查与验收，见表9-54。本部分适用于建筑高不大于150m的金属幕墙工程的质量验收。

表9-54　　　　　　　　　　金属幕墙工程项目质量检查与验收

项	项目	合格质量标准	检验方法	检验数量
主控项目	材料、配件质量	金属幕墙工程所使用的各种材料和配件，应符合设计要求及国家现行产品标准和工程技术规范的规定	检查产品合格证书、性能检测报告、材料进场验收记录和复验报告	每个检验批每100m² 应至少抽查1处，每处不得小于10m²；对于异型或有特殊要求的幕墙工程，应根据幕墙的结构和工艺特点，由监理单位（或建设单位）和施工单位协商确定
	造型和立面分隔	金属幕墙的造型和立面分隔应符合设计要求	观察、尺量检查	
	金属板质量	金属面板的品种、规格、颜色、光泽及安装方向应符合设计要求	观察、检查进场验收记录	
	预埋件、后置埋件	金属幕墙主体结构上的预埋件、后置埋件的数量、位置及后置埋件的拉拔力必须符合设计要求	检查拉拔力检测报告和隐蔽工程验收记录	

续表

项	项目	合格质量标准	检验方法	检验数量
主控项目	连接与安装	金属幕墙的金属框架立柱与主体结构预埋件的连接、立柱与横梁的连接、金属面板的安装必须符合设计要求,安装必须牢固	手扳检查,检查隐蔽工程验收记录	每个检验批每100m² 至少抽查1处,每处不得小于10m²;对于异型或有特殊要求的幕墙工程,应根据幕墙的结构和工艺特点,由监理单位(或建设单位)和施工单位协商确定
	防火、保温、防潮材料	金属幕墙的防火、保温、防潮材料的设置应符合设计要求,并应密实、均匀、厚度一致	检查隐蔽工程验收记录	
	框架及连接件防腐	金属框架及连接件的防腐处理应符合设计要求	检查隐蔽工程验收记录和施工记录	
	防雷装置	金属幕墙的防雷装置必须与主体结构的防雷装置可靠连接	检查隐蔽工程验收记录	
	连接节点	各种变形缝、墙角的连接节点应符合设计要求和技术标准的规定	观察、检查隐蔽工程验收记录	
	板缝注胶	金属幕墙的板缝注胶应饱满、密实、连续、均匀、无气泡,宽度和厚度应符合设计要求和技术标准的规定	观察、尺量检查、检查施工记录	
	防水	金属幕墙应无渗漏	在易渗漏部位进行淋水检查	
一般项目	表面质量	金属板表面应平整、洁净、色泽一致	观察	每个检验批每100m² 应至少抽查1处,每处不得小于10m²;对于异型或有特殊要求的幕墙工程,应根据幕墙的结构和工艺特点,由监理单位(或建设单位)和施工单位协商确定
	压条安装	金属幕墙的压条应平直、洁净、接口严密、安装牢固	观察、手扳检查	
	密封胶缝	金属幕墙的密封胶缝应横平竖直、深浅一致、宽窄均匀、光滑顺直	观察	
	滴水线、流水坡	金属幕墙上的滴水线、流水坡向应正确、顺直	观察、用水平尺检查	
	表面质量	每平方米金属板的表面质量和检验方法,应符合表9-51的规定	见表9-51	
	安装允许偏差	金属幕墙安装的允许偏差和检验方法,应符合表9-52的规定	见表9-52	

三、石材幕墙工程安装质量控制与验收

(一) 工程质量控制要点

1. 石材加工制作

石材加工制作质量控制要点，应符合表 9-55 的规定。

表 9-55　　　　　　　　　　石材加工制作质量控制要点

石材类型	加工制作质量控制要点
钢销式安装的石板加工要求	①钢销的孔位应根据石板的大小而定。孔位距离边端不得小于石板厚度的 3 倍，也不得大于 180mm；钢销间距不宜大于 600mm；边长不大于 1.0m 时每边应设两个钢销，边长大于 1.0m 时应采用复合连接 ②石板的钢销孔的深度宜为 22～33mm，孔的直径宜为 7mm 或 8mm，钢销直径宜为 5mm 或 6mm，钢销长度宜为 20～30mm ③石板的钢销孔处不得有损坏或崩裂现象，孔径内应光滑、洁净
通槽式安装的石板加工要求	①石板的通槽宽度宜为 6mm 或 7mm，不锈钢支撑板厚度不宜小于 3.0mm，铝合金支撑板厚度不宜小于 4.0mm ②石板开槽后不得有损坏或崩裂现象，槽口应打磨成 45°倒角；槽内应光滑、洁净
短槽式安装的石板加工要求	①每块石板上下边应各开两个短平槽，短平槽长度不应小于 100mm，在有效长度内槽深度不宜小于 15mm；开槽宽度宜为 6mm 或 7mm；不锈钢支撑板厚度不宜小于 3.0mm，铝合金支撑板厚度不宜小于 4.0mm。弧形槽的有效长度不应小于 80mm ②两短槽边距离石板两端部的距离不应小于石板厚度的 3 倍且不应小于 85mm，也不应大于 180mm ③石板开槽后不得有损坏或崩裂现象，槽口应打磨成 45°倒角，槽内应光滑、洁净

2. 石材幕墙安装

石材幕墙安装质量控制要点应符合下列规定：

(1) 安装前对构件加工精度进行检验，达到设计及规范要求后方可进行安装。

(2) 预埋件安装必须符合设计要求，安装牢固，不应出现歪、斜、倾。安装位置偏差控制在允许范围以内。

(3) 石板的转角宜采用不锈钢支撑件或铝合金型材专用件组装，并应符合下列规定：

①当采用不锈钢支撑件组装时，不锈钢支撑件的厚度不应小于 3mm。

②当采用铝合金型材专用件组装时，铝合金型材壁厚不应小于 4.5mm，连接部位的壁厚不应小于 5mm。

(4) 单元石板幕墙的加工组装应符合下列规定：

①有防火要求的全石板幕墙单元，应将石板、防火板、防火材料按设计要求组装在铝合金框架上。

②有可视部分的混合幕墙单元，应将玻璃板、石板、防火板及防火材料按设计要求组装在铝合金框架上。

③幕墙单元内石板之间可采用铝合金 T 形连接件连接；T 形连接件的厚度应根据石板的尺寸

及质量经计算后确定，且其最小厚度不应小于 4.0mm。

④幕墙单元内，边部石板与金属框架的连接，可采用铝合金 L 形连接件，其厚度应根据石板尺寸及质量经计算后确定，且其最小厚度不应小于 4.0mm。

（5）石材板安装时，应拉线控制相邻板材面的水平度、垂直度及大面平整度；用木模板控制缝隙宽度，如有误差应均分在每一条缝隙中，防止误差积累。

（6）进行密封工作前应对密封面进行清扫，并在胶缝两侧的石板上粘贴保护胶带，防止注胶时污染周围的板面；注胶应均匀、密实、饱满，胶缝表面应光滑；同时应注意注胶方法，避免浪费。

（7）清扫时应选用合适的清洗溶剂，清扫工具禁止使用金属物品，以防止磨损石板或构件表面。

3. 工程验收允许偏差

石材幕墙工程质量检验应依据 GB 50210—2001《建筑装饰装修工程质量验收规范》第 9 章规定执行，现将其中含质量控制数据的条文摘录如下，供参考：

（1）石材幕墙工程所用材料的品种、规格、性能和等级，应符合设计要求及国家现行产品标准和工程技术规范的规定。石材的弯曲强度不应小于 8.0MPa；吸水率应小于 0.8%。石材幕墙的铝合金挂件厚度不应小于 4.0mm，不锈钢挂件厚度不应小于 3.0mm。

（2）每平方米石材的表面质量和检验方法，应符合表 9 - 56 的规定。

表 9 - 56　　　　　　　　每平方米石材的表面质量和检验方法

项　目	质量要求	检验方法
裂痕、明显划伤和长度＞100mm 的轻微划伤	不允许	观察
长度≤100mm 的轻微划伤	≤8 条	用钢直尺检查
擦伤总面积	≤500mm²	用钢直尺检查

（3）石材幕墙安装的允许偏差和检验方法，应符合表 9 - 57 的规定。

表 9 - 57　　　　　　　　石材幕墙安装的允许偏差和检验方法

项　目		允许偏差（mm）		检验方法
		光面	麻面	
幕墙垂直度	幕墙高度≤30m	10		用经纬仪检查
	30m＜幕墙高度≤60m	15		
	60m＜幕墙高度≤90m	20		
	幕墙高度＞90m	25		
幕墙水平度		3		用水平仪检查
板材立面垂直度		3		用水平仪检查
板材上沿水平度		2		用 1m 水平尺和钢直尺检查
相邻板材板角错位		1		用钢直尺检查

续表

项　目	允许偏差（mm）		检验方法
	光面	麻面	
幕墙表面平整度	2	3	用垂直检测尺检查
阳角方正	2	4	用直角检测尺检查
接缝直线度	3	4	拉 5m 线，不足 5m 拉通线，用钢直尺检查
接缝高低差	1	—	用钢直尺及塞尺检查
接缝宽度	1	2	用钢直尺检查

（二）安装质量检查与验收

石材幕墙工程项目质量检查与验收，见表 9‐58。本部分适用于建筑高不大于 100m、抗震设防烈度不大于 8 度的石材幕墙工程的质量验收。

表 9‐58　　　　　　　石材幕墙工程施工项目质量检查与验收

项	项目	合格质量标准	检验方法	检验数量
主控项目	材料质量	石材幕墙工程所用材料的品种、规格、性能和等级，应符合设计要求及国家现行产品标准和工程技术规范的规定。石材的弯曲强度不应小于 8.0MPa；吸水率应小于 0.8%。石材幕墙的铝合金挂件厚度不应小于 4.0mm，不锈钢挂件厚度不应小于 3.0mm	观察、尺量检查，检查产品合格证书、性能检测报告、材料进场验收记录和复验报告	每个检验批每 100m² 应至少抽查 1 处，每处不得小于 10m²；对于异型或有特殊要求的幕墙工程，应根据幕墙的结构和工艺特点，由监理单位（或建设单位）和施工单位协商确定
	外观质量	石材幕墙的造型、立面分格、颜色、光泽、花纹和图案应符合设计要求	观察	
	石材孔、槽	石材孔、槽的数量、深度、位置、尺寸应符合设计要求	检查进场验收记录或施工记录	
	预埋件和后置埋件	石材幕墙主体结构上的预埋件和后置埋件的位置、数量及后置埋件的拉拔力必须符合设计要求	检查拉拔力检测报告和隐蔽工程验收记录	
	构建连接	石材幕墙的金属框架立柱与主体结构预埋件的连接、立柱与横梁的连接、连接件与金属框架的连接、连接件与石材面板的连接必须符合设计要求，安装必须牢固	手板检查，检查隐蔽工程验收记录	
	框架和连接件防腐	金属框架和连接件的防腐处理应符合设计要求	检查隐蔽工程验收记录	

401

续表

项	项目	合格质量标准	检验方法	检验数量
主控项目	防雷装置	石材幕墙的防雷装置必须与主体结构防雷装置可靠连接	观察、检查隐蔽工程验收记录和施工记录	每个检验批每100m²应至少抽查1处，每处不得小于10m²；对于异型或有特殊要求的幕墙工程，应根据幕墙的结构和工艺特点，由监理单位（或建设单位）和施工单位协商确定
	防火、保温、防潮材料	石材幕墙的防火、保温、防潮材料的设置应符合设计要求，填充应密实、均匀、厚度一致	检查隐蔽工程验收记录	
	结构变形缝、墙角连接点	各种结构变形缝、墙角的连接节点应符合设计要求和技术标准的规定	检查隐蔽工程验收记录和施工记录	
	表面和板缝处理	石材表面和板缝的处理应符合设计要求	观察	
	板缝注胶	石材幕墙的板缝注胶应饱满、密实、连续、均匀、无气泡，板缝宽度和厚度应符合设计要求和技术标准的规定	观察、尺量检查，检查施工记录	
	防水	石材幕墙应无渗漏	在易渗漏部位进行淋水检查	
一般项目	材料质量	石材幕墙表面应平整、洁净，无污染、缺损和裂痕。颜色和花纹应协调一致，无明显色差，无明显修痕	观察	每100m²应至少抽查1处，每处不得小于10m²；对于异型或有特殊要求的幕墙工程，应根据幕墙的结构和工艺特点，由监理单位（或建设单位）和施工单位协商确定
	压条	石材幕墙的压条应平直、洁净、接口严密、安装牢固	观察、手扳检查	
	细部质量	石材接缝应横平竖直、宽窄均匀；阴阳角石板压向应正确，板边合缝应顺直，凸凹线出墙厚度应一致，上下口应平直；石材面板上洞口、槽边应套割吻合，边缘应整齐	观察、尺量检查	
	密封胶缝	石材幕墙的密封胶缝应横平竖直、深浅一致、宽窄均匀、光滑顺直	观察	
	滴水线	石材幕墙上的滴水线、流水坡向应正确、顺直	观察、用水平尺检查	
	石材表面质量	每平方米石材的表面质量和检验方法，应符合表9-56的规定	见表9-56	
	安装允许偏差	石材幕墙安装的允许偏差和检验方法，应符合表9-57的规定	见表9-57	

第七节　涂饰工程质量

一、水性涂料涂饰工程质量控制与验收

1. 工程质量控制要点

水性涂料涂饰工程质量控制要点应符合下列规定：

（1）水性涂料涂饰工程应当在抹灰工程、地面工程、木装修工程、水暖电气安装工程等全部完成后，并在清洁干净的环境下施工。

（2）水性涂料涂饰工程的施工环境温度应在5℃～35℃之间。冬期施工，室内涂饰应在采暖条件下进行，保持均衡室温，防止浆膜受冻。

（3）水性涂料涂饰工程施工前，应根据设计要求做样板间，经有关部门同意认可后，才准大面积施工。

（4）基层表面必须干净、平整。表面麻面等缺陷应用腻子填平并用砂纸磨平磨光。

（5）涂饰工程的基层处理应符合下列要求：

①新建筑物的混凝土或抹灰基层在涂饰涂料前应涂刷抗碱封闭底漆。

②旧墙面在涂饰涂料前应清除疏松的旧装修层，并涂刷界面剂。

③涂刷乳液型涂料时，含水率不得大于10%。木材基层的含水率不得大于12%。

④基层腻子应平整、坚实、牢固、无粉化、起皮和裂缝；内墙腻子的黏结强度应符合《建筑室内用腻子》（JG/T 3049）的规定。

⑤厨房、卫生间墙面必须使用耐水腻子。

（6）现场配制的涂饰涂料，应经试验确定，必须保证浆膜不脱落、不掉粉。

（7）涂刷要做到颜色均匀、分色整齐、不漏刷、不透底，每个房间要先刷顶棚、后由上而下一次做完。浆膜干燥前，应防止尘土玷污，完成后的产品，应加以保护，不得损坏。

（8）湿度较大的房间刷浆，应采用具有防潮性能的腻子和涂料。

（9）机械喷浆可不受喷涂遍数的限制，以达到质量要求为准。门窗、玻璃等不刷浆的部位应遮盖，以防玷污。

（10）室内涂饰，一面墙每遍必须一次完成，涂饰上部时，溅到下部的浆点，要用铲刀及时铲除掉，以免妨碍平整美观。

（11）顶棚与墙面分色处，应弹浅色分色线。用排笔刷浆时要笔路长短齐，均匀一致，干后不许有明显接头痕迹。

（12）涂层与其他装修材料和设备衔接处应吻合，界面应清晰。

（13）室外涂饰，同一墙面应用相同的材料和配合比。涂料在施工时，应经常搅拌，每遍涂层不应过厚，涂刷均匀。若分段施工时，其施工缝应留在分格缝、墙的阴阳角处或水落管后。

（14）涂饰工程应在涂层养护期满后进行质量验收。

2. 工程质量检查与验收

水性涂料涂饰工程项目质量检查与验收标准，见表9-59。

水性涂料涂饰工程项目质量检查与验收

项	项目	合格质量标准	检验方法	检验数量
主控项目	材料质量	水性涂料涂饰工程所用涂料的品种、型号和性能应符合设计要求	检查产品合格证书、性能检测报告和进场验收记录	室外涂饰工程每 100m² 应至少抽查一处，每处不得小于 10m²
	涂饰颜色和图案	水性涂料涂饰工程的颜色、图案应符合设计要求	观察	室内涂饰工程每个检验批应至少抽查 10%，并不得少于 3 间；不足 3 间时应全数检查
	涂饰综合质量	水性涂料涂饰工程应涂饰均匀、黏结牢固，不得漏涂、透底、起皮和掉粉	观察；手摸检查	
	基层处理的要求	水性涂料涂饰工程的基层处理应符合基层处理要求	观察；手摸检查；检查施工记录	
一般项目	与其他材料和设备衔接处	涂层与其他装修材料和设备衔接处应吻合，界面应清晰	观察	室外涂饰工程每 100m² 应至少抽查一处，每处不得小于 10m²
	薄涂料涂饰质量允许偏差	薄涂料的涂饰质量和检验方法，应符合表 9‑60 的规定	见表 9‑60	室内涂饰工程每个检验批应至少抽查 10%，并不得少于 3 间；不足 3 间时应全数检查
	厚涂料涂饰质量允许偏差	厚涂料的涂饰质量和检验方法，应符合表 9‑61 的规定	见表 9‑61	
	复层涂料涂饰质量允许偏差	复层涂料的涂饰质量和检验方法，应符合表 9‑62 的规定	见表 9‑62	

表 9‑60 **薄涂料的涂饰质量和检验方法**

项目	普通涂饰	高级涂饰	检验方法
颜色	均匀一致	均匀一致	观察
泛碱、咬色	允许少量轻微	不允许	观察
流坠、疙瘩	允许少量轻微	不允许	观察
砂眼、刷纹	允许少量轻微砂眼，刷纹通顺	无砂眼，无刷纹	观察
装饰线、分色线直线度允许偏差（mm）	2	1	拉 5m 线，不足 5m 拉通线，用钢直尺检查

注：本表摘自《建筑装饰装修工程质量验收规范》（GB 50210—2001）。

表 9‑61 **厚涂料的涂饰质量和检验方法**

项目	普通涂饰	高级涂饰	检验方法
颜色	均匀一致	BH 均匀一致	观察
泛碱、咬色	允许少量轻微	不允许	观察
点状分布	—	疏密均匀	观察

注：本表摘自《建筑装饰装修工程质量验收规范》（GB 50210—2001）。

表 9 - 62 　　　　　　　　　　　复层涂料的涂饰质量和检验方法

项目	质量要求	检验方法
颜色	均匀一致	观察
泛碱、咬色	不允许	观察
喷点疏密程度	均匀，不允许连片	观察

注：本表摘自《建筑装饰装修工程质量验收规范》（GB 50210—2001）。

二、溶剂型涂料涂饰工程质量控制与验收

1. 工程质量控制要点

溶剂型涂料涂饰工程质量要点应符合下列规定：

（1）一般溶剂型涂料涂饰工程施工时的环境温度不宜低于10℃，相对湿度不宜大于60％。遇有大风、雨、雾等情况时，不宜施工（特别是面层涂饰，更不宜施工）。

（2）冬期施工室内溶剂型涂料涂饰工程时，应在采暖条件下进行，室温保持均衡。

（3）溶剂型涂料涂饰工程施工前，应根据设计要求做样板件或样板间。经有关部门同意认可后，才准大面积施工。

（4）木材表面涂饰溶剂型混色涂料应符合下列要求：

①刷底涂料时，木料表面、橱柜、门窗等玻璃口四周必须涂刷到位，不可遗漏。

②木料表面的缝隙、毛刺、钹茬和脂囊修整后，应用腻子多次填补，并用砂纸磨光。较大的脂囊应用木纹相同的材料用胶镶嵌。

③抹腻子时，对于宽缝、深洞要填入压实，抹平刮光。

④打磨砂纸要光滑，不能磨穿油底，不可磨损棱角。

⑤橱柜、门窗扇的上冒头顶面和下冒头底面不得漏刷涂料。

⑥涂刷涂料时横平竖直，纵横交错、均匀一致。涂刷顺序应先上后下，先内后外，先浅色后深色，按木纹方向理平理直。

⑦每遍涂料应涂刷均匀，各层必须结合牢固。每遍涂料施工时，应待前一遍涂料干燥后进行。

（5）金属表面涂饰溶剂型涂料应符合下列要求：

①涂饰前，金属面上的油污、鳞皮、锈斑、焊渣、毛刺、浮砂、尘土等，必须清除干净。

②防锈涂料不得遗漏，且涂刷要均匀。在镀锌表面涂饰时，应选用 C53 - 33 锌黄醇酸防锈涂料，其面漆宜用 C04 - 45 灰醇酸磁涂料。

③防锈涂料和第一遍银粉涂料，应在设备、管道安装就位前涂刷，最后一遍银粉涂料应在刷浆工程完工后涂刷。

④薄钢板屋面、檐沟、水落管、泛水等涂刷涂料时，可不刮腻子，但涂刷防锈涂料不应少于两遍。

⑤金属构件和半成品安装前，应检查防锈有无损坏，损坏处应补刷。

⑥薄钢板制作的屋脊、檐沟和天沟等咬口处，应用防锈油腻子填抹密实。

⑦金属表面除锈后，应在 8h 内（湿度大时为 4h 内）尽快刷底涂料，待底充分干燥后再涂刷后层涂料，其间隔时间视具体条件而定，一般不应少于 48h。第一和第二度防锈涂料涂刷间隔时间不应超过 7d。当第二度防锈干后，应尽快涂刷第一度涂料。

⑧高级涂料做磨退时，应用醇酸磁涂刷，并根据涂膜厚度增加 1～2 遍涂料和磨退、打砂蜡、打油蜡、擦亮的工作。

⑨金属构件在组装前应先涂刷一遍底子油（干性油、防锈涂料），安装后再涂刷涂料。

（6）混凝土表面和抹灰表面涂饰溶剂型涂料应符合下列要求：

①在涂饰前，基层应充分干燥洁净，不得有起皮、松散等缺陷，粗糙处应磨光、缝隙、小洞及不平处应用油腻子补平。外墙在涂饰前先刷一遍封闭涂层，然后再刷底子涂料、中间层和面层涂料。

②涂刷乳胶漆时，稀释后的乳胶漆应在规定时间内用完，并不得加入催干剂；外墙表面的缝隙、孔洞和磨面，不得用大白纤维素等低强度的腻子填补，可用水泥乳胶腻子填补。

③外墙面油漆，应选用有防水性能的涂料。

（7）木材表面涂刷清漆应符合下列要求：

①应当注意色调均匀，拼色相互一致，表面不得显露节疤。

②在涂刷清漆、蜡克时，要做到均匀一致，理平理光，不可显露刷纹。

③对修拼色必须十分重视，在修色后，要求在距离 1m 内看不见修色痕迹为准。对颜色明显不一致的木材，要通过拼色达到颜色基本一致。

④有打蜡出光要求的工程，应当将砂蜡打匀，擦油蜡时要薄而匀、赶光一致。

2. 工程质量检查与验收

溶剂型涂料涂饰工程项目检查与验收标准，见表 9-63。

表 9-63　　　　　溶剂型涂料涂饰工程施工项目质量检查与验收

项	项目	合格质量标准	检验方法	检验数量
主控项目	涂料质量	溶剂型涂料涂饰工程所选用涂料的品种、型号和性能应符合设计要求	检查产品合格证书、性能检测报告和进场验收记录	室外涂饰工程每 100m² 应至少检查一处，每处不得小于 10m²，室内涂饰工程每个检验批应至少抽查 10%，并不得少于 3 间；不足 3 间时应全数检查
	颜色、光泽、图案	溶剂型涂料涂饰工程的颜色、光泽、图案应符合设计要求	观察	
	涂饰综合质量	溶剂型涂料涂饰工程应涂饰均匀、黏结牢固，不得漏涂、透底、起皮和反锈	观察；手摸检查	
	基层处理	溶剂型涂料涂饰工程的基层处理应符合以下要求：①新建筑物的混凝土或抹灰基层在涂饰涂料前应涂刷抗碱封闭底漆②旧墙面在涂饰涂料前应清除疏松的旧装修层，并涂刷界面剂③混凝土或抹灰基层涂刷溶剂型涂料时，含水率不得大于 8%；涂刷乳液型涂料时，含水率不得大于 10%。木材基层的含水率不得大于 12%④基层腻子应平整、坚实、牢固，无粉化、起皮和裂缝；内墙腻子的黏结强度应符合《建筑室内用腻子》（JG/T3049）的规定⑤厨房、卫生间墙面必须使用耐水腻子	观察；手摸检查；检查施工记录	

406

续表

项	项目	合格质量标准	检验方法	检验数量
一般项目	与其他材料、设备衔接	涂层与其他装修材料和设备衔接处应吻合,界面应清晰	观察	室外涂饰工程每100m² 应至少检查一处,每处不得小于10m²;室内涂饰工程每个检验批应至少抽查10%,并不得少于3间,不足3间时应全数检查
	色漆涂饰质量	色漆的涂饰质量和检验方法,应符合表9-64的规定	见表9-64	
	清漆涂饰质量	清漆的涂饰质量和检验方法,应符合表9-65的规定	见表9-65	

表9-64   色漆的涂饰质量和检验方法

项目	普通涂饰	高级涂饰	检验方法
颜色	均匀一致	均匀一致	观察
光泽、光滑	光泽基本均匀光滑,无挡手感	光泽均匀一致,光滑	观察、手摸检查
刷纹	刷纹通顺	无刷纹	观察
裹棱、流坠、皱皮	明显处不允许	不允许	
装饰线、分色线直线度允许偏差(mm)	2	1	拉5m线,不足5m拉通线,用钢直尺检查

注:①无光色漆不检查光泽。
　　②本表摘自《建筑装饰装修工程质量验收规范》(GB 50210—2001)。

表9-65   清漆的涂饰质量和检验方法

项目	普通涂饰	高级涂饰	检验方法
颜色	基本一致	均匀一致	观察
木纹	棕眼刮平、木纹清楚	棕眼刮平、木纹清楚	
光泽、光滑	光泽基本均匀,光滑无挡手感	光泽均匀一致,光滑	观察、手摸检查
刷纹	无刷纹	无刷纹	观察
裹棱、流坠、皱皮	明显处不允许	不允许	

注:本表摘自《建筑装饰装修工程质量验收规范》(GB 50210—2001)。

三、美术涂饰工程质量控制与验收

1. 质量控制要点

美术涂饰工程质量控制要点应符合下列规定:

(1)滚花:先在完成的涂饰表面弹垂直粉线,然后沿粉线自上而下滚涂,滚筒的轴必须垂直于粉线，不得歪斜。滚花完成后，周边应划色线或做边花、方格线。

（2）仿木纹、仿石纹：应在第一遍涂料表面上进行，待模仿纹理或油色拍丝等完成后，表面应涂刷一遍罩面清漆。

（3）鸡皮皱：在油漆中需掺入20%～30%的大白粉（重量比），用松节油进行稀释。涂刷厚度一般为2mm，表面拍打起粒应均匀、大小一致。

（4）拉毛：在油漆中需掺入石膏粉或滑石粉，其掺量和涂刷厚度，应根据波纹大小由试验确定。面层干燥后，宜用砂纸磨去毛尖。

（5）套色漏花，刻制花饰图案套漏板，宜用喷印方法进行，并按分色顺序进行喷印。前一套漏板喷印完，应待涂料稍干后，方可进行下一套漏板的喷印。

2. 工程质量检查与验收

美术涂饰工程施工项目质量检查与验收，见表9-66。

表9-66　　　　　　　　　美术涂饰工程施工项目质量检查与验收

项	项目	合格质量标准	检验方法	检验数量
主控项目	材料质量	美术涂饰所用材料的品种、型号和性能应符合设计要求	观察；检查产品合格证书、性能检测报告和进场验收记录	室外涂饰工程每100m²应至少检查一处，每处不得小于10m²；室内涂饰工程每个检验批应至少抽查10%，并不得少于3间；不足3间时应全数检查
	涂饰综合质量	美术涂饰工程应涂饰均匀、黏结牢固，不得漏涂、透底、起皮、掉粉和反锈	观察；手摸检查	
	基层处理	美术涂饰工程的基层处理应符合以下要求： ①新建筑物的混凝土或抹灰基层在涂饰涂料前应涂刷抗碱封闭底漆 ②旧墙面在涂饰涂料前应清除疏松的旧装修层，并涂刷界面剂 ③混凝土或抹灰基层涂刷溶剂型涂料时，含水率不得大于8%；涂刷乳液型涂料时，含水率不得大于10%。木材基层的含水率不得大于12% ④基层腻子应平整、坚实、牢固，无粉化、起皮和裂缝；内墙腻子的黏结强度应符合《建筑室内用腻子》（JG/T3049）的规定 ⑤厨房、卫生间墙面必须使用耐水腻子	观察；手摸检查；检查施工记录	
	套色、花纹、图案	美术涂饰的套色、花纹和图案应符合设计要求	观察	

408

项	项目	合格质量标准	检验方法	检验数量
一般项目	表面质量	美术涂饰表面应洁净,不得有流坠现象	观察	室外涂饰工程每100m²应至少检查一处,每处不得小于10m²;室内涂饰工程每个检验批应至少抽查10%,并不得少于3间;不足3间时应全数检查
	仿花纹理涂饰表面质量	仿花纹涂饰的饰面应具有被模仿材料的纹理	观察	
	套色涂饰图案	套色涂饰的图案不得移位,纹理和轮廓应清晰	观察	

第八节 裱糊与软包工程质量

一、裱糊与软包工程材料的质量要求

1. 壁纸、墙布

壁纸、墙布要求整洁,图案清晰,颜色均匀,花纹一致,燃烧性能等级必须符合设计要求及国家现行标准的有关规定,具有产品出厂合格证。运输和储存时,不得日晒雨淋,也不得储存在潮湿处,以防发霉。压延壁纸和墙布应平放;发泡壁纸和复合壁纸则应竖放。

2. 胶粘剂

胶粘剂有成品和现场调制2种。胶粘剂应按壁纸、墙布的品种选用,要求具有一定的防霉和耐久性。当现场调制时,应当天调制当天用完。胶粘剂应盛放在塑料桶内。

3. 软包材料

软包面料、内衬材料及边框的材料、颜色、图案、燃烧性能等级和木材的含水率,应符合设计要求及国家现行标准的有关规定。

二、裱糊与软包工程墙面基层的要求及处理

1. 混凝土、抹灰基层

(1)混凝土、抹灰基层要求干燥,其含水率小于8%。

(2)将基层表面的污垢、尘土清除干净,泛碱部位宜使用9%的稀醋酸中和、清洗。

(3)新建筑物的混凝土或抹灰基层墙面在刮腻子前应涂刷抗碱封闭底漆,然后在基层表面满批腻子,腻子应坚实牢固,不得粉化、起皮和裂缝,待完全干燥后用砂皮纸磨平、磨光,扫去浮灰。批嵌腻子的遍数可视基层平整情况而定。腻子的黏结强度应符合《建筑室内用腻子》JG/T2298—2010N型的规定。

(4)旧墙面在裱糊前应清除疏松的旧装修层,并涂刷界面剂。

2. 木基层

（1）木基层的含水率应小于12%。

（2）将基层表面的污垢、尘土清扫干净，在接缝处粘贴接缝带并批嵌腻子，干燥后用砂皮纸磨平，扫去浮灰，然后涂刷一遍涂料（一般为清油涂料）。

（3）木基层也可根据设计要求和木基层的具体情况满批腻子，做法和要求同混凝土、抹灰基层。

三、裱糊与软包工程施工质量控制与验收

（一）裱糊工程

1. 工程质量控制要点

（1）裱糊顶棚壁纸。裱糊顶棚壁纸的工程质量控制要点应符合下列规定：

①应将顶子的对称中心线通过吊直、套方、找规矩的办法弹出中心线，以便从中间向两边对称控制。墙顶交接处的处理原则是：凡有挂镜线的按挂镜线，没有挂镜线的按设计要求裱线。

②在纸的背面和顶棚的粘贴部位刷胶，应注意按壁纸宽度刷胶，不宜过宽，铺贴时应从中间开始向两边铺粘。第一张一定要按已弹好的线找直粘牢，应注意纸的两边各甩出1～2cm不压死，以满足与第二张铺粘时的拼花压控对缝的要求。然后依上法铺粘第二张，两张纸搭接1～2cm，用钢板尺比齐，两人将尺按紧，一人用裁纸刀裁切，随即将搭槎处两张纸条撕去，用刮板带胶将缝隙压实刮牢。随后将顶子两端阴角处用钢板尺比齐、拉直，用刮板及辊子压实，最后用湿温毛巾将接缝处辊压出的胶痕擦净，依次进行。

③壁纸粘贴完后，应检查是否有空鼓不实之处，接槎是否平顺，有无翘进现象，胶痕是否擦净，有无小包，表面是否平整，多余的胶是否清擦干净等，直至符合要求为止。

（2）裱糊墙面壁纸。裱糊墙面壁纸的工程质量控制要点应符合下列规定：

①应将房间四角的阴阳角通过吊垂直、套方、找规矩，并确定从哪个阴角开始按照壁纸的尺寸进行分块弹线控制（习惯做法是进门左阴角处开始铺贴第一张。有挂镜线的按挂镜线，没有挂镜线的按设计要求弹线控制）。

②分别在纸上及墙上刷胶，其刷胶宽度应相吻合，墙上刷胶一次不应过宽。糊纸时从墙的阴角开始铺贴第一张，按已画好的垂直线吊直，并从上往下用手铺平，刮板刮实，并用小辊子将上、下阴角处压实。第一张粘好留1～2cm（应拐过阴角约2cm），然后粘铺第二张，依同法压平、压实，与第一张搭槎1～2cm，要自上而下对缝，拼花要端正，用刮板刮平，用钢板尺在第一、第二张搭槎处切割开，将纸边撕去，边槎处带胶压实，并及时将挤出的胶液用湿温毛巾擦净，然后用同法将接顶、接踢脚的边切割整齐，并带胶压实。墙面上遇有电门、插销盒时，应在其位置上破纸作为标记。在裱糊时，阳角不允许甩槎接缝，阴角处必须裁纸搭缝，不允许整张纸铺贴，避免产生空鼓与褶皱。

③花纸拼接：纸的拼缝处花形要对接拼搭好；铺贴前应注意花形及纸的颜色力求一致；花形拼接如出现困难时，错槎应尽量甩到不显眼的阴角处，大面不应出现错槎和花形混乱的现象。

2. 工程质量验收标准

裱糊工程施工项目质量检查与验收，见表9-67。

表 9 - 67 裱糊工程施工项目质量检查与验收

项	项目	合格质量标准	检验方法	检验数量
主控项目	材料质量	壁纸、墙布的种类、规格、图案、颜色和燃烧性能等级必须符合设计要求及国家现行标准的有关规定	观察；检查产品合格证书、进场验收记录和性能检测报告	每个检验批应至少抽查10%，并不得少于3间，不足3间时应全数检查
	基层处理	裱糊工程基层处理质量应符合下列规定： ①新建建筑物的混凝土或抹灰基层墙面在刮腻子前应涂刷抗碱封闭底漆 ②旧墙面在裱糊前应清除疏松的旧装修层，并涂刷界面剂 ③混凝土或抹灰基层含水率不得大于8%；木材基层的含水率不得大于12% ④基层腻子应平整、坚实、牢固，无粉化、起皮和裂缝；腻子的黏结强度应符合《建筑室内用腻子》GB/T2298—2010N型的规定 ⑤基层表面平整度、立面垂直度、阴阳角方正应达到高级抹灰的要求 ⑥基层表面颜色应一致 ⑦裱糊前应用封闭底胶涂刷基层	观察；手摸检查；检查施工记录	
	各幅拼接	裱糊后各幅拼接应横平竖直，拼接处花纹、图案应吻合，不离缝、不搭接、不显拼缝	观察；拼缝检查距离墙面1.5m处正视	
	壁纸、墙布粘贴	壁纸、墙布应粘贴牢固，不得有漏贴、补贴、脱层、空鼓和翘边	观察；手摸检查	
一般项目	裱糊表面质量	裱湖后的壁纸、墙布表面应平整，色泽应一致，不得有波纹起伏、气泡、裂缝、褶皱及斑污，斜视时应无胶痕	观察；手摸检查	每个检验批应至少抽查10%，并不得少于3间，不足3间时应全数检查
	壁纸压痕及发泡层	复合压花壁纸的压痕及发泡壁纸的发泡应无损坏	观察	
	与装饰线、设备线盒交接	壁纸、墙布与各种装饰线、设备线盒应交接严密	观察	
	壁纸、墙布边缘	壁纸、墙布边缘应平直整齐，不得有纸毛、飞刺	观察	
	壁纸、墙布阴、阳角	壁纸、墙布阴、阳角处搭接应顺光，阳角处应无接缝	观察	

（二）软包工程

1. 工程质量控制要点

软包工程质量控制要点应符合下列规定：

（1）软包面料、内衬材料及边框的材质、颜色、图案、燃烧性能等级和木材的含水率应符合设计要求及国家现行标准的有关规定。

（2）同一房间的软包面料，应一次进足同批号货，以防色差。

（3）当软包面料采用大的网格型或大花型时，使用时在其房间的对应部位应注意对格对花，确保软包装饰效果。

（4）软包应尺寸准确，单块软包面料不应有接缝、毛边，四周应绷压严密。

（5）软包在施工中不应污染，完成后应做好产品保护。

2. 工程质量验收标准

软包工程施工项目质量检查与验收，见表9-68。

表9-68　　　　　　　　　　软包工程施工项目质量检查与验收

项	项目	合格质量标准	检验方法	检验数量
主控项目	材料质量	包面料、内衬材料及边框的材质、颜色、图案、燃烧性能等级和木材的含水率应符合设计要求及国家现行标准的有关规定	观察；检查产品合格证书、进场验收记录和性能检测报告	每个检验批应至少抽查20%，并不得少于6间，不足6间时应全数检查
	安装位置、构造做法	软包工程的安装位置及构造做法应符合设计要求	观察；尺量检查；检查施工记录	
	龙骨、衬板、边框安装	软包工程的龙骨、衬板、边框应安装牢固，无翘曲，拼缝应平直	观察；手扳检查	
	单块面料	单块软包面料不应有接缝，四周应绷压严密	观察；手摸检查	
一般项目	软包表面质量	软包工程表面应平整、洁净，无凹凸不平及褶皱；图案应清晰、无色差，整体应协调美观	观察	
	边框安装质量	软包边框应平整、顺直、接缝吻合。其表面涂饰质量应符合"涂饰工程"的有关规定	观察；手摸检查	
	清漆涂饰	清漆涂饰木制边框的颜色、木纹应协调一致	观察	
	安装允许偏差	软包工程安装的允许偏差和检验方法，应符合表9-69的规定	见表9-69	

表9-69　　　　　　　　　　软包工程安装的允许偏差和检验方法

项　目	允许偏差（mm）	检验方法
垂直度	3	用1m垂直检测尺检查
边框宽度、高度	0；-2	用钢尺检查
对角线长度差	3	用钢尺检查
裁口、线条接缝高低差	1	用钢直尺和塞尺检查

第十章
建筑工程质量验收

第一节　建筑工程质量验收的划分和规定

一、建筑工程施工质量验收划分的层次

建筑工程施工质量验收涉及工程施工过程控制和竣工验收控制，是工程施工质量控制的重要环节。合理划分建筑工程施工质量验收层次是非常必要的，特别是不同专业工程的验收批如何确定，将直接影响到质量验收工作的科学性、经济性、实用性及可操作性。因此，有必要建立统一的工程施工质量验收的层次。建筑工程施工，从开工到竣工交付使用，要经过若干工序、若干专业工种的共同配合，工程质量合格与否，取决于各工序和各专业工种的质量。为确保工程竣工质量达到合格的标准，就必须把工程项目进行细化，《统一标准》将工程项目划分为检验批、分项、分部（子分部）、单位（子单位）工程进行质量验收。

1. 单位工程的划分

单位工程的划分按下列原则确定：

（1）具备独立施工条件并能形成独立使用功能的建筑物及构筑物为一个单位工程。建筑物及构筑物的单位工程是由建筑工程和建筑设备安装工程共同组成，如住宅小区建筑群中的一栋住宅楼，学校建筑群中的一栋教学楼、办公楼等。

（2）建筑规模较大的单位工程，可将其能形成独立使用功能的部分作为一个子单位工程。子单位工程的划分，也必须具有独立施工条件和具有独立的使用功能，如某商厦大楼的裙楼已建成、主楼暂缓建。子单位工程的划分，由建设单位、监理单位、施工单位自行商议确定，并据此收集整理施工技术资料和验收。

2. 分部工程的划分

分部工程的划分应按下列原则确定：

（1）分部工程的划分应按专业性质、建筑部位确定。如建筑工程划分为地基与基础工程、主体结构、建筑装饰装修、建筑屋面、建筑给水排水及采暖、建筑电气、智能建筑、通风与空调、电梯9个分部工程。

（2）当分部工程较大或较复杂时，可按施工程序、专业系统及类别等划分为若干个子分部工程。如智能建筑分部工程中就包含了火灾及报警消防联动系统、安全防范系统、综合布线系统、智能化集成系统、电源与接地、环境、住宅（小区）智能化系统等子分部工程。

3. 分项工程的划分

分项工程应按主要工种、材料、施工工艺、设备类别等进行划分。如混凝土结构工程中按主要工种分为模板工程、钢筋工程、混凝土工程等分项工程；按施工工艺又分为预应力、现浇结构、装配式结构等分项工程。

建筑工程分部（子分部）工程、分项工程的划分，见表10-1。

表 10-1　　　　　　　　　　建筑工程分部工程、分项工程划分

分部工程	子分部工程	分项工程
地基与基础	无支护土方	土方开挖、土方回填
	有支护土方	排桩，降水、排水、地下连续墙、锚杆、土钉墙、水泥土桩、沉井与沉箱，钢及混凝土支撑
	地基及基础处理	灰土地基、砂和砂石地基、碎砖三合土地基，土工合成材料地基、粉煤灰地基、重锤夯实地基、强夯地基、振冲地基、砂桩地基、预压地基、高压喷射注浆地基、土和灰土挤密桩地基、注浆地基、水泥粉煤灰碎石桩地基、夯实水泥土桩地基
	桩基	锚杆静压桩及静力压桩，预应力离心管桩，钢筋混凝土预制桩，钢桩，混凝土灌注桩（成孔、钢筋笼、清孔、水下混凝土灌注）
	地下防水	防水混凝土，水泥砂浆防水层，卷材防水层，涂料防水层，金属板防水层，塑料板防水层，细部构造，喷锚支护，复合式衬砌，地下连续墙，盾构法隧道；渗排水、盲沟排水，隧道、坑道排水；预注浆、后注浆，衬砌裂缝注浆
	混凝土基础	模板、钢筋、混凝土，后浇带混凝土，混凝土结构缝处理
	砌体基础	砖砌体、混凝土砌块、配筋砌体、石砌体
	劲钢（管）混凝土	劲钢（管）焊接、劲钢（管）与钢筋的连接混凝土
	钢结构	焊接钢结构、拴接钢结构，钢结构制作，钢结构安装，钢结构涂装
主体结构	混凝土结构	模板，钢筋，混凝土，预应力，现浇结构，装配式结构
	劲钢（管）混凝土结构	劲钢（管）焊接、螺栓连接、劲钢（管）与钢筋的连接，劲钢（管）制作、安装，混凝土
	砌体结构	砖砌体、混凝土小型空心砌块砌体、石砌体、填充墙砌体、配筋砖砌体
	钢结构	钢结构焊接，紧固件连接，钢零部件加工，单层钢结构安装，多层及高层钢结构安装，钢结构涂装，钢构件组装，钢构件预拼装，钢网架结构安装，压型金属板
	木结构	方木和原木结构、胶合木结构、轻型木结构，木构件防护
	网架和索膜结构	网架制作、网架安装、索膜安装、网架防火、防腐涂料
建筑装饰装修	地面	整体面层：基层、水泥混凝土面层、水泥砂浆面层、水磨石面层、防油渗面层、水泥钢（铁）屑面层、不发火（防爆的）面层板块面层：基层、砖面层（陶瓷锦砖、缸砖、陶瓷地砖和水泥花砖面层）、大理石面层和花岗岩面层、预制板块面层（预制水泥混

续表

分部工程	子分部工程	分项工程
建筑装饰装修	地面	（凝土、水磨石板块面层）、料石面层（条石、块石面层）、塑料板面层、活动地板面层、地毯面层 木竹面层：基层、实木地板面层（条材、块材面层）、实木复合地板面层（条材、块材面层）、中密度（强化）复合地板面层（条材面层）、竹地板面层
	抹灰	一般抹灰、装饰抹灰，清水砌体勾缝
	门窗	木门窗制作与安装、金属门窗安装、塑料门窗安装、特种门安装、门窗玻璃安装
	吊顶	暗龙骨吊顶、明龙骨吊顶
	轻质隔墙	板材隔墙、骨架隔墙、活动隔墙、玻璃隔墙
	饰面板（砖）	饰面板安装、饰面砖粘贴
	幕墙	玻璃幕墙、金属幕墙、石材幕墙
	涂饰	水性涂料涂饰、溶剂型涂料涂饰、美术涂饰
建筑屋面	卷材防水屋面	保温层、找平层、卷材防水层，细部构造
	涂膜防水屋面	保温层、找平层、涂膜防水层，细部构造
	刚性防水屋面	细石混凝土防水层，密封材料嵌缝，细部构造
	瓦屋面	平瓦屋面、油毡瓦屋面、金属板屋面、细部构造
	隔热屋面	架空屋面、蓄水屋面、种植屋面

注：本表摘自国家标准 GB50300—2001《建筑工程施工质量验收统一标准》附录 B。

4. 检验批的划分

检验批的划分，见表 10-2。

表 10-2　　　　　　　　　　　检验批的划分

类　别	内容及要求
检验批的概念	检验批是工程验收的最小单位，是分项工程乃至整个建筑工程质量验收的基础。检验批是施工过程中条件相同并有一定数量的材料、构配件或安装项目，由于其质量基本均匀一致，因此可以作为检验的基础单位，并按批验收
分项工程检验批的划分	分项工程可由 1 个或若干检验批组成，检验批可根据施工及质量控制和专业验收需要按楼层、施工段、变形缝等进行划分 分项工程划分成检验批进行验收有助于及时纠正施工中出现的质量问题，确保工程质量，也符合施工实际需要。多层及高层建筑工程中主体分部的分项工程可按楼层或施工段来划分检验批，单层建筑工程中的分项工程可按变形缝等划分检验批；地基基础分部工程中的分项工程一般划分为 1 个检验批，有地下层的基础工程可按不同地下层划分检验批；屋面分部工程中的分项工程不同楼层屋面可划分为不同的检验批，其他分部工程中的分项工程，一般按楼层划分检验批；对于工程量较少的分项工程可统一划为 1 个检验批。安装工程一般按 1 个设计系统或设备组别划分为 1 个检验批。室外工程统一划分为 1 个检验批。散水、台阶、明沟等含在地面检验批中

续表

类　别	内容及要求
说明	对于地基基础中的土石方、基坑支护子分部工程及混凝土工程中的模板工程，虽不构成建筑工程实体，但它是建筑工程施工不可缺少的重要环节和必要条件，其施工质量如何，不仅关系到能否施工和施工安全，也关系到建筑工程的质量，因此将其列入施工验收内容是应该的
注意事项	不论如何划分检验批、分项工程，都要有利于质量控制，能取得较完整的技术数据；而且要防止造成检验批、分项工程的大小过于悬殊，由于抽样方法按一定的比例抽样，影响质量验收结果的可比性

5. 室外工程划分

室外工程划分，见表 10-3。

表 10-3　　　　　　　　　　室外工程划分

单位工程	子单位工程	分部（子分部）工程
室外建筑环境	附属建筑	车棚、围墙、大门、挡土墙、垃圾收集站
	室外环境	建筑小品、道路、亭台、连廊、花坛、场坪绿化
室外安装	给水排水与采暖	室外给水系统、室外排水系统、室外供热系统
	电气	室外供电系统、室外照明系统

二、建筑工程质量验收规定

1. 工程质量验收合格规定

建筑工程（检验批、分项工程、建筑工程质量验收合格规定分部与子分部工程、单位与子单位工程）质量验收合格规定，见表 10-4。

表 10-4　　　　　　　　　建筑工程质量验收合格规定

类　别	内容及要求
检验批	检验批合格质量应符合下列规定： ①主控项目和一般项目的质量经抽样检验合格 ②具有完整的施工操作依据、质量检查记录
分项工程	分项工程质量验收合格应符合下列规定： ①分项工程所含的检验批均应符合合格质量的规定 ②分项工程所含的检验批的质量验收记录应完整
分部（子分部）工程	分部（子分部）工程质量验收合格应符合下列规定： ①分部（子分部）工程所含分项工程的质量均应验收合格 ②质量控制资料应完整 ③地基与基础、主体结构和设备安装等分部工程有关安全及功能的检验和抽样检测结果应符合有关规定 ④观感质量验收应符合要求

续表

类　别	内容及要求
单位（子单位） 工程	单位（子单位）工程质量验收合格应符合下列规定： ①单位（子单位）工程所含分部（子分部）工程的质量均应验收合格 ②质量控制资料应完整 ③单位（子单位）工程所含分部工程有关安全和功能的检测资料应完整 ④主要功能项目的抽查结果应符合相关专业质量验收规范的规定 ⑤观感质量验收应符合要求

2. 建筑工程的非正常验收规定

2001 年修订颁布的《统一标准》列入了有关非正常验收的内容。对第一次验收未能符合规范要求质量的情况做出了具体规定。在保证最终质量的前提下，给出了非正常验收的 4 种形式。

（1）返工更换验收：

①验收规定：《统一标准》第 5.0.6 条第 1 款规定："经返工重做或更换器具、设备的检验批，应重新进行验收。"

②理解及说明：这种情况，是指在检验批验收时，其主控项目不能满足验收规范规定或一般项目超差偏差限值的子项不符合检验规定的要求时，应及时进行处理的检验批。其中，严重的缺陷应推倒重来；如某住宅楼一层砌砖，验收时发现砖的强度等级为 MU5，达不到设计要求的MU10，推倒后重新使用 MU10 砖砌筑，其砖砌体工程的质量，应重新按程序进行验收。一般的缺陷通过翻修或更换器具、设备予以解决，应允许施工单位在采取相应的措施后重新验收。如能够符合相应的专业工程质量验收规范，则应认为该检验批合格。重新验收质量时，要对检验批重新抽样、检查和验收，并重新填写检验批质量验收记录表。

（2）检测鉴定验收：

①验收规定：《统一标准》第 5.0.6 条第 2 款规定："经有资质的检测单位检测鉴定能够达到设计要求的检验批，应予以验收。"

②理解及说明：这种情况，是指个别检验批发现试块强度等不满足要求等问题，难以确定是否验收时，应请具有资质的法定检测单位检测。当鉴定结果能够达到设计要求时，该检验批仍应认为通过验收。

（3）设计复核验收：

①验收规定：《统一标准》第 5.0.6 条第 3 款规定："经有资质的检测单位检测鉴定达不到设计要求、但经原设计单位核算，认可能够满足结构安全和使用功能的检验批，可予以验收。"

②理解及说明：这种情况，如经检测鉴定达不到设计要求，但经原设计单位核算，仍能满足结构安全和使用功能的情况，该检验批可以予以验收。一般情况下，规范标准给出了满足安全和功能的最低限度要求，而设计往往在此基础上留有一些余量。不满足设计要求和符合相应规范标准的要求，两者并不矛盾。

（4）加固处理验收：

①验收规定：《统一标准》第 5.0.6 条第 4 款规定："经返修或加固处理的分项、分部工程，虽然改变外形尺寸，但仍能满足安全使用要求，可按技术处理方案和协商文件进行验收。"

②理解及说明：这种情况，更为严重的缺陷或者超过检验批的更大范围内的缺陷，可能影响结构的安全性和使用功能。若经法定检测单位检测鉴定以后认为达不到规范标准的相应要求，即不能满足最低限度的安全储备和使用功能，则必须按一定的技术方案进行加固处理，使之能保证其满足安全使用的基本要求。这样会造成一些永久性的缺陷，如改变结构外形尺寸，影响一些次要的使用功能等。为了避免社会财富更大的损失，在不影响安全和主要使用功能条件下可按处理

技术方案和协商文件进行验收，责任方应承担经济责任，但不能作为轻视质量而回避责任的一种出路，这是应该特别注意的。

3. 拒绝验收的工程

《统一标准》第5.0.7条以强制性条文的形式规定："通过返修或加固处理仍不能满足安全使用要求的分部（子分部）工程、单位（子单位）工程，严禁验收。"

这种情况是非常少的，但确实是有的。这种情况通常是在制订加固技术方案之前，就知道加固补强措施效果不会太好，或是加固费用太高不值得加固处理，或是加固后仍达不到保证安全、功能的情况。这种情况就应该坚决拆掉，返工重做，严禁验收。故规范规定"严禁验收"，并列为强制性条文。

第二节　建筑工程质量验收程序和组织

一、建筑工程验收的程序和内容

建筑工程施工质量验收的组织和程序是不可分的。为方便施工管理和质量控制，建筑工程划分为单位（子单位）工程、分部（子分部）工程、分项工程和验收批。而验收顺序则与此相反，由检验批、分项工程、分部（子分部）工程，而最后完成对单位（子单位）工程的竣工验收。

1. 施工现场质量管理的检查

《统一标准》第3.0.1条规定了对施工现场质量管理的检查，并作为是否可以开工的条件。尽管这种检查只是对施工单位在管理方面的要求（软件），而非具体的工程验收（硬件），但对质量控制而言，仍是必要的。

2. 施工单位对检验批的自检评定

施工单位的自检评定虽不属于验收的范畴，但是验收的基础。好的质量是施工操作的结果，实际是由施工人员确定的。因此，标准强调了施工单位在质量控制中的重要作用，希望把质量缺陷消除在施工过程的萌芽状态中。

3. 竣工前的工程验收报告

在建筑工程完成施工，进行单位（子单位）工程验收之前，施工单位应自行先组织有关人员进行检查评定。并在认为条件具备的情况下，向建设单位提交工程验收报告。验收不只是建设、监理方的事情，在此又强调了施工单位在质量控制中的作用。在自检基础上进行验收，这体现了施工单位在质量控制和验收中的重要作用。

二、建筑工程质量验收组织

1. 检验批和分项工程验收

检验批及分项工程应由监理工程师（建设单位项目技术负责人）组织施工单位项目专业质量（技术）负责人等进行验收。

检验批和分项工程是建筑工程质量的基础，因此，所有检验批和分项工程均应由监理工程师或建设单位项目技术负责人组织验收。验收前，施工单位先填好"检验批和分项工程的质量验收记录"（有关监理记录和结论不填），并由项目专业质量检验员和项目专业技术负责人分别在检验批和分项工程质量检验记录中相关栏目签字，然后由监理工程师组织，严格按规定程序进行验收。

（1）施工过程的每道工序、各个环节、每个检验批的验收，首先应由施工单位的项目技术负责人组织自检评定，符合设计要求和规范后提交监理工程师或建设单位项目技术负责人进行验收。

（2）监理工程师拥有对每道施工工序的施工检查权，并根据检查结果决定是否允许进行下道工序的施工。对于达不到质量要求的验收批，有权并应要求施工单位停工整改、返工。

在对工程进行检查后，确认其工程质量符合标准规定，监理或建设单位人员要签字认可，否则，不得进行下道工序的施工。如果认为有的项目或地方不能满足验收规范的要求时，应及时提出，让施工单位进行返修。

（3）所有分项工程施工，施工单位应在自检合格后，填写分项工程报检申请表，并附上分项工程评定表。如属隐蔽工程，还应将隐检单报监理单位，监理工程师必须组织施工单位的工程项目负责人和有关人员严格按每道工序进行检查验收，合格者签发分项工程验收单。

（4）检验批的质量检验，应根据检验项目的特点在抽样方案中进行选择。

2. 分部（子分部）工程验收

分部（子分部）工程应由总监理工程师（建设单位项目负责人）组织施工单位项目负责人和技术、质量负责人等进行验收。

（1）工程监理实行总监理工程师负责制，因此分部工程应由总监理工程师（建设单位项目负责人）组织施工单位的项目负责人和项目技术、质量负责人及有关人员进行验收。

（2）地基与基础、主体结构分部工程的勘察、设计单位工程项目负责人和施工单位技术、质量部门负责人也应参加相关分部工程验收。因为地基基础、主体结构的主要技术资料和质量问题是归技术部门和质量部门掌握，所以规定施工单位的技术、质量部门负责人参加验收是符合实际的。

（3）由于地基基础、主体结构技术性能要求严格，技术性强，关系到整个工程的安全，因此规定这些分部工程的勘察、设计单位工程项目负责人也应参加相关分部的工程质量验收。

（4）至于一些有特殊要求的建筑设备安装工程，以及一些使用新技术、新结构的项目，应按设计和主管部门要求组织有关人员进行验收。

3. 检验批、分项、分部（子分部）工程验收程序关系

检验批、分项、分部（子分部）工程验收程序关系，见表 10-5。

表 10-5　　　检验批、分项、分部（子分部）工程验收程序关系对照表

验收表的名称	质量自检人员	质量检查评定人员		质量验收人员
		验收组织人	参加验收人员	
施工现场质量管理检查记录表	项目经理	项目经理	项目技术负责人 分包单位负责人	总监理工程师
检验批质量验收记录	班组长	项目专业质量检查员	班组长 分包项目技术负责人 项目技术负责人	监理工程师（建设单位项目专业技术负责人）
分项工程质量验收记录表	班组长	项目专业技术负责人	班组长、项目技术负责人 分包项目技术负责人 项目专业质量检查员	监理工程师（建设单位项目专业技术负责人）
分部、子分部工程质量验收记录表	项目经理 分包单位项目经理	项目经理	项目专业技术负责人 分包项目技术负责人 勘察、设计单位项目负责人 建设单位项目专业负责人	总监理工程师（建设单位项目负责人）

三、工程质量验收意见分歧的解决

参加质量验收的各方对工程质量验收意见不一致时，可采取协商、调解、仲裁和诉讼4种方式解决。

（1）协商是指产品质量争议产生之后，争议的各方当事人本着解决问题的态度，互谅互让，争取当事人各方自行调解解决争议的一种方式。当事人通过这种方式解决纠纷既不伤和气，节省了大量的精力和时间，也免去了调解机构、仲裁机构和司法机关不必要的工作。因此，协商是解决产品质量争议的较好的方式。

（2）调解是指当事人各方在发生产品质量争议后经协商不成时，向有关的质量监督机构或建设行政主管部门提出申请，由这些机构在查清事实，分清是非的基础上，依照国家的法律、法规、规章等，说服争议各方，使各方能互相谅解，自愿达成协议，解决质量争议的方式。

（3）仲裁是指产品质量纠纷的争议各方在争议发生前或发生后达成协议，自愿将争议交给仲裁机构做出裁决，争议各方有义务执行的解决产品质量争议的一种方式。

（4）诉讼是指因产品质量发生争议时，在当事人与有关诉讼人的参加下，由人民法院依法审理纠纷案时所进行的一系列活动。它与其他民事诉讼一样，在案例的审理原则、诉讼程序及其他有关方面都要遵守《民事诉讼法》和其他法律、法规的规定。

上述4种解决方式，具体采用哪种方式来解决争议，法律并没有强制规定，当事人可根据具体情况自行选择。

（5）分部（子分部）工程验收记录

分部（子分部）工程质量验收应在施工单位检查评定的基础上进行，勘察、设计单位应在有关的分部工程验收表上签署验收意见，监理单位总监理工程师应填写验收意见，并给出"合格"或"不合格"的结论。

第三节　建筑工程质量验收记录表填写要求

一、施工现场质量管理检查记录

施工现场质量管理检查记录表是承包单位工程开工后，提请项目监理机构对有关制度、技术组织与管理、质量管理体系等进行检查与确认，其表格样式详见表10-6，填写要求和填写方法见表10-7。

表10-6　　　　　　　　　　施工现场质量管理检查记录

工程名称		施工许可证（工证）	
建设单位		项目负责人	
设计单位		项目负责人	
监理单位		总监理工程师	
施工单位		项目经理	项目技术负责人

续表

序号	项 目	内 容
1		
2		
3		
4		
5		
6		
7		
8		

检查结论：

　　总监理工程师
（建设单位项目负责人）　　　　　　　　　　　　　　　　　　　　　　年　月　日

表 10－7　　　　　《施工现场质量管理检查记录》填写说明

类　别		填写要求及方法
表头部分	工程名称栏	应填写工程名称的全称，与合同或招投标文件中的工程名称一致
	施工许可证（开工证）	填写当地建设行政主管部门批准发给的施工许可证（开工证）的编号
	建设单位栏	填写合同文件中的甲方单位、名称，应写全称，与合同签章上的单位名称一致
	建设单位项目负责人栏	应填写合同书上的签字人或签字人以文字形式委托的代表——工程的项目负责人。工程完工后竣工验收备案表中的单位项目负责人应与此一致
	设计单位栏	填写设计合同中签章单位的名称，其全称应与印章上的名称一致。设计单位的项目负责人栏，应填写设计合同书签字人或签字人以文字形式委托的该项目负责人，工程完工后竣工验收备案表中的单位项目负责人也应与此一致
	监理单位栏	填写单位全称，应与合同或协议书中的名称一致
	总监理工程师栏	应是合同或协议书中明确的项目监理负责人，也可以是监理单位以文件形式明确的该项目监理负责人，必须有监理工程师任职资格证书，专业要对口

类　别		填写要求及方法
表头部分	施工单位栏	填写施工合同中签章单位的全称，与签章上的名称一致
	项目经理栏、项目技术负责人栏	与合同中明确的项目经理、项目技术负责人一致。表头部分可统一填写，无须具体人员签名，只是明确了负责人的地位
检查项目部分〔填写各项检查项目文件的名称或编号，并将文件（复印件或原件）附在表的后面供检查，检查后应将文件归还〕	现场质量管理制度栏	主要是图纸会审、设计交底、技术交底、施工组织设计编制与审批程序、工序交接、质量检查评定制度、质量评定的奖罚办法以及质量例会制度及质量问题处理制度等
	质量责任制栏	指质量负责人的分工，各项质量责任的落实规定，定期检查及有关人员奖罚制度等
	主要专业工种操作上岗证书栏	测量工，起重、塔式起重机等竖直运输驾驶员，钢筋工、混凝土工、机械工、焊接工、瓦工、防水工等建筑结构工种，电工、管道工等安装工种，上岗证以当地建设行政主管部门的规定为准
	分包方资质与对分包单位的管理制度栏	专业承包单位的资质应在其承包业务范围内承建工程，超出范围的应办理特许证书，否则不能承包工程。在有分包的情况下，总承包单位应有管理分包单位的制度，主要是质量、技术的管理制度等
	施工图审查情况栏	重点是看建设行政主管部门出具的施工图审查批准书及审查机构出具的审查报告。如果图纸是分批交出的话，施工图审查可分段进行
	地质勘察资料栏	有勘察资质的单位出具的正式地质勘察报告，供地下部分施工方案制订和施工组织总平面图编制参考等
	施工组织设计、施工方案及审批栏	施工单位编写的施工组织设计、施工方案应经项目监理机构审批，应检查编写内容、有针对性的具体措施、编制程序和内容，有编制单位、审核单位、批准单位，并有贯彻执行的措施
	施工技术标准栏	承建企业应编制不低于国家质量验收规范的操作规程等企业标准。检查内容有：施工技术标准批准程序，由企业的总工程师、技术委员会负责人审查批准，有批准日期、执行日期、企业标准编号及标准名称。企业应建立技术标准档案，具有施工现场需要的所有施工技术标准，可作为培训工人、技术交底和施工操作的主要依据，也是质量检查评定的标准
	工程质量检验制度栏	包括三个方面的检验：一是原材料、设备进场检验制度；二是施工过程的试验报告；三是竣工后的抽查检测。应专门制定抽测项目、抽测时间、抽测单位等计划。工程质量检验制度可以单独搞一个计划，也可在施工组织设计中作为一项内容
	搅拌站及计量设置栏	主要是说明设置在工地搅拌站的计量设施的精确度、管理制度等内容。预拌混凝土或安装专业就无此项内容
	现场材料、设备存放与管理栏	这是为保证材料、设备质量必须有的措施，要根据材料、设备性能制定管理制度，建立相应的库房等

二、检验批质量验收记录

检验批的质量验收记录由施工项目专业质量检查员填写，监理工程师（建设单位项目专业技术负责人）组织项目专业质量检查员等进行验收，其表格式样见表 10 - 8，填写要求和方法见表 10 - 9。

表 10 - 8 　　　　　　　　　　　　检验批质量验收记录

工程名称		分项工程名称			验收部位		
施工单位			专业工长			项目经理	
施工执行标准名称及编号							
分包单位			分包项目经理			施工班组长	
	质量验收规范的规定	施工单位检查评定记录				监理（建设）单位验收记录	
主控项目	1						
	2						
	3						
	4						
	5						
	6						
一般项目	1						
	2						
	3						
	4						
施工单位检查评定结果	项目专业质量检查员： 　　　　　　　　　　　　　　　　年　月　日						
监理（建设）单位验收结论	监理工程师： （建设单位项目专业技术负责人） 　　　　　　　　　　　　　　　　年　月　日						

423

表 10-9 《检验批质量验收记录》填写说明

类　别		填写要求及方法
表头部分的填写	工程名称	按合同文件上的单位工程名称填写
	验收部位	指一个分项工程中验收的那个检验批的抽样范围，要标注清楚，如二层 1～10 轴线砖砌体
	施工单位、分包单位	填写施工单位的全称，与合同上公章名称相一致。项目经理填写合同中指定的项目负责人。有分包单位时，也应填写分包单位全称，分包单位的项目经理也应是合同中指定的项目负责人。这些人员由填表人填写不需要本人签字，只是标明他是项目负责人
	施工执行标准名称及编号栏	填写企业的标准系列名称（操作工艺、工艺标准、工法等）及编号，企业标准应有编制人、批准人、批准时间、执行时间、标准名称及编号，并要在施工现场有这项标准，工人在执行这项标准
质量验收规范的规定栏		质量验收规范的规定栏填写具体的质量要求，在制表时就已填写好验收规范中主控项目、一般项目的全部内容。但由于表格的地方小，多数指标不能将全部内容填写，所以，只将质量指标归纳、简化描述或题目及条文号填写上，作为检查内容提示，以便查对验收规范的原文。对计数检验的项目，将数据直接写出来。规范上还有基本规定、一般规定等内容，它们虽然不是主控项目和一般项目的条文，但这些内容也是验收主控项目和一般项目的依据，所以验收规范的质量指标不宜全抄过来，只将其主要要求及如何判定注明。这些在制表时就已填好
主控项目、一般项目施工单位检查评定记录		填写方法分以下几种情况，判定验收不验收均按照工程质量验收规范规定进行判定 ①对定量项目根据规范要求的检查数量直接填写检查的数据 ②对定性项目，填写实际发生的检查内容 ③有混凝土、砂浆强度等级的检验批，按规定制取试件后，可填写试件编号，待试件试验报告出来后，对检验批进行判定，并在分项工程验收时进一步进行强度评定及验收 ④对一般项目合格点有要求的项目，应是其中带有数据的定量项目；定性项目必须基本达到
监理（建设）单位验收记录		在检验批验收时，对主控项目、一般项目应逐项进行验收。对符合验收规范规定的项目，填写"合格"或"符合要求"；对不符合验收规范规定的项目，暂不填写，待处理后再验收，但应做标记
施工单位检查结果评定		指施工单位自行检查评定合格后，由项目专业质量检查员，根据执行标准检查填写的实际检查结果。一般可注明"主控项目全部合格，一般项目满足规范规定要求" 专业工长（施工员）和施工班、组长栏目由本人签字，以示承担责任。专业质量检查员代表企业逐项检查评定合格，并写明结果，签字后交监理工程师或建设单位项目专业技术负责人验收
监理（建设）单位验收结论		主控项目、一般项目验收合格，混凝土、砂浆试件强度待试验报告出来后判定，其余项目已全部验收合格，注明"同意验收"。专业监理工程师或建设单位的专业技术负责人签字

三、分项工程质量验收记录

分项工程质量应由监理工程师（建设单位项目专业技术负责人）组织项目专业技术负责人进行验收，其表格式样见表 10 - 10，填写要求和填写方式见表 10 - 11。

表 10 - 10 分项工程质量验收记录

工程名称		结构类型		检验批数	
施工单位		项目经理		项目技术负责人	
分包单位		分包单位负责人		分包项目经理	
序号	检验批部位、区段	施工单位检查评定结果		监理（建设）单位验收结论	
1					
2					
3					
4					
5					
6					
7					
8					
9					
10					
检查结论	项目专业技术负责人：　　　　　　年　月　日		验收结论	监理工程师 （建设单位项目专业技术负责人） 　　　　　　年　月　日	

类　别	填写要求及方法
填写表格	表名栏填写所验收分项工程的名称，表头工程名称按合同文件上的单位工程名称填写，结构类型按设计文件提供的结构类型填写，然后填写检验批部位、区段以及施工单位检查评定结果。施工单位项目专业质量检查员填写好后，由施工单位的项目专业技术负责人检查给出检查结论并签字，交监理单位或建设单位验收
监理（建设）单位验收结论	其由专业监理工程师（或建设单位的专业负责人）应逐项审查并填写验收结论，同意项填写"合格或符合要求"，不同意项暂不填写，待处理后再验收，但应做标记。验收结论应注明"同意验收"或"不同意验收"的意见。如同意验收并签字确认；不同意验收则指出存在问题，明确处理意见和完成时间

表 10 - 11　　　　　　　　　　《分项工程质量验收记录》填写说明

四、分部（子分部）工程质量验收记录

　　分部（子分部）工程质量应由总监理工程师（建设单位项目专业负责人）组织施工项目经理和有关勘察、设计单位项目负责人进行验收，表格式样见表 10 - 12，填写要求和填写方法见表10 -13。

表 10 - 12　　　　　　　　　分部（子分部）工程验收记录

工程名称		结构类型		层　数	
施工单位		技术部门负责人		质量部门负责人	
分包单位		分包单位负责人		分包技术负责人	

序号	分项工程名称	检验批数	施工单位检查评定	验收意见
1				
2				
3				
4				
5				
6				
7				
8				
质量控制资料				
安全和功能检验（检测）报告				
观感质量验收				

续表

验收单位	分包单位	项目经理	年　月　日
	施工单位	项目经理	年　月　日
	勘察单位	项目负责人	年　月　日
	设计单位	项目负责人	年　月　日
	监理（建设）单位	总监理工程师 （建设单位项目专业负责人）	年　月　日

表 10-13　　　　　　　《分部（子分部）工程验收记录》填写说明

类　别		填写要求及方法
表名及表头部分	表名	分部（子分部）工程的名称填写要具体，写在分部（子分部）工程的前边，并分别划掉分部或子分部
	表头部分	结构类型填写按设计文件提供的结构类型。层数应分别注明地下和地上的层数。其余项目与检验批、分项工程、单位工程验收表的内容一致
验收内容	分项工程	按分项工程检验批施工先后的顺序，填写分项工程名称，在第二格栏内分别填写各分项工程实际的检验批数量，即分项工程验收表上的检验批数量，并将各分项工程评定表按顺序附在表后 施工单位检查评定栏，填写施工单位自行检查评定的结果。核查一下各分项工程是否都通过验收，有关有龄期试件的合格评定是否达到要求；有全高垂直度或总的标高检验项目的应进行检查验收。自检符合要求的可按"合格"标注，否则按"不合格"标注。有"不合格"的项目不能交给监理单位或建设单位验收，应进行返修达到合格后再提交验收。监理单位（或建设单位）由总监理工程师（或建设单位项目专业技术负责人）组织审查，在符合要求后，在验收意见栏内签注"同意验收"意见
	质量控制资料	施工单位应按单位（子单位）工程质量控制资料核查记录中的相关内容来确定所验收的分部（子分部）工程的质量控制资料项目，按资料核查的要求，逐项进行核查。能基本反映工程质量情况，达到保证结构安全和使用功能的要求，即可通过验收。全部项目都通过，即可在施工单位检查评定栏内标注"合格"，并送监理单位或建设单位验收。监理单位总监理工程师组织审查，在符合要求后，在验收意见栏内签注"同意验收"意见
	安全和功能检验（检测）报告	安全和功能检验（检测）报告是指竣工抽样检测的项目，能在分部（子分部）工程中检测的，尽量放在分部（子分部）工程中检测。检测内容按单位（子单位）工程安全和功能检验资料核查及主要功能抽查记录中相关内容确定抽查项目

类 别		填写要求及方法
验收内容	安全和功能检验（检测）报告	施工单位在核查时要注意，在开工之前确定的项目是否都进行了检测。逐一检查每个检测报告，核查每个检测项目的检测方法、程序是否符合有关标准规定，检测结果是否达到规范的要求，检测报告的审批程序签字是否完整。每个检测项目都通过审查，即可在施工单位检查评定栏内标注"合格"。由项目经理送监理单位或建设单位验收，监理单位总监理工程师或建设单位项目专业负责人组织审查，在符合要求后，在验收意见栏内签注"同意验收"意见
	观感质量验收	监理单位由总监理工程师或建设单位项目专业负责人组织验收，在听取参加检查人员意见的基础上，以总监理工程师或建设单位项目专业负责人为主导共同确定质量评价——好、一般或差，由施工单位的项目经理和总监理工程师或建设单位项目专业负责人共同签认。如评价观感质量差的项目，能修理的尽量修理，如果确难修理时，只要不影响结构安全和使用功能的，可采用协商解决的方法进行验收，并在验收表上注明，然后将验收评价结论填写在分部（子分部）工程观感质量验收意见栏格内
	验收单位签字认可	表列参与工程建设责任单位的有关人员应亲自签名，以示负责，以便有质量问题时追查责任。勘察单位可只签认地基基础分部（子分部）工程，由项目负责人亲自签认 　　设计单位可只签认地基基础、主体结构及重要安装分部（子分部）工程，由项目负责人亲自签认 　　施工单位总承包单位必须签认，由项目经理亲自签认。有分包单位的分包单位也必须签认其分包的分部（子分部）工程，由分包项目经理亲自签认 　　监理单位作为验收方，由总监理工程师亲自签认验收。如果按规定不委托监理单位的工程，可由建设单位项目专业负责人亲自签认验收

五、单位（子单位）工程质量竣工验收记录

　　单位（子单位）工程质量验收记录由施工单位填写，验收结论由监理（建设）单位填写。综合验收结论由参加验收各方共同商定，建设单位填写，应对工程质量是否符合设计和规范要求及总体质量水平做出评价；表格式样见表 10 - 14，填写要求和填写方法见表 10 - 15。

表 10 - 14　　　　　　　　　单位（子单位）工程质量竣工验收记录

工程名称		结构类型		层数/建筑面积	
施工单位		技术负责人		开工日期	
项目经理		项目技术负责人		竣工日期	
序号	项目		验收记录		验收结论
1	分部工程		共　　　分部，经查　　　分部 符合标准及设计要求　　　分部		

续表

序号	项目	验收记	验收结论
2	质量控制资料核查	共　　项，经审查符合要求　　项，经核定符合规范要求　　项	
3	安全和主要使用功能核查及抽查结果	共核查　　项，符合要求　　项，共抽查　　项，符合要求　　项，经返工处理符合要求　　项	
4	观感质量验收	共抽查　　项，符合要求　　项，不符合要求　　项	
5	综合验收结论		

参加验收单位	建设单位	监理单位	施工单位	设计单位
	（公章） 单位（项目）负责人 年　月　日	（公章） 总监理工程师 年　月　日	（公章） 单位负责人 年　月　日	（公章） 单位（项目）负责人 年　月　日

表 10-15　　《单位（子单位）工程质量竣工验收记录》填写说明

类　别	填写要求及方法
表名及表头的填写	①将单位工程或子单位工程的名称（项目批准的工程名称）填写在表名的前边 ②表头部分，按分部（子分部）表的表头要求填写
分部工程	对所含分部工程逐项检查。首先由施工单位的项目经理组织有关人员逐个分部（子分部）进行检查评定。所含分部（子分部）工程检查合格后，由项目经理提交验收。经验收组成员验收后，由施工单位填写"验收记录"栏。注明共验收几个分部，经验收符合标准及设计要求的几个分部。审查验收的分部工程全部符合要求，由监理单位在验收结论栏内，写上"同意验收"的结论
质量控制资料核查	这项内容先由施工单位检查合格，再提交监理单位验收。其全部内容在分部（子分部）工程中已经审查。通常单位（子单位）工程质量控制资料核查，也是按分部（子分部）工程逐项检查和审查，每个子分部、分部工程检查审查后，也不必再整理分部工程的质量控制资料，只将其依次装订起来，前边的封面写上分部工程的名称，并将所含子分部工程的名称依次填写在下边就行了。然后将各子分部工程审查的资料逐项进行统计，填入验收记录栏内
安全和主要使用功能核查及抽查结果	这个项目包括两个方面的内容：一是在分部（子分部）工程进行了安全和功能检测的项目，要核查其检测报告结论是否符合设计要求，二是在单位工程进行的安全和功能抽测项目，要核查其项目是否与设计内容一致，抽测的程序、方法是否符合有关规定，抽测报告的结论是否达到设计要求及规范规定。这个项目也是由施工单位检查评定合格，再提交验收，由总监理工程师或建设单位项目负责人组织审查，程序内容基本是一致的。按项目逐个进行核查验收。然后统计核查的项数和抽查的项数，填入验收记录栏，并分别统计符合要求的项数，同时也分别填入验收记录栏相应的空当内

续表

类　别	填写要求及方法
观感质量验收	观感质量检查的方法同分部（子分部）工程，单位工程观感质量检查验收不同的是项目比较多，是一个综合性验收 　　这个项目也是先由施工单位检查评定合格，提交验收。由总监理工程师或建设单位项目负责人组织审查，程序和内容基本是一致的。按核查的项目数及符合要求的项目数填写在验收记录栏内，如果没有影响结构安全和使用功能的项目，由总监理工程师或建设单位项目负责人为主导意见，评价好、一般、差。不论评价为好、一般、差的项目，都可作为符合要求的项目。由总监理工程师或建设单位项目负责人在验收结论栏内填写"同意验收"的结论。如果有不符合要求的项目，就要按不合格处理程序进行处理
综合验收结论	施工单位应在工程完工后，由项目经理组织有关人员对验收内容逐项进行查对，并将表格中应填写的内容进行填写，自检评定符合要求后，在验收记录栏内填写各有关项数，交建设单位组织验收。综合验收是指在前五项内容均验收符合要求后进行的验收，即按表 10-14 单位（子单位）工程质量竣工验收记录表进行验收。验收时，在建设单位组织下，由建设单位相关专业人员及监理单位专业监理工程师和设计单位、施工单位相关人员分别核查验收有关项目，并由总监理工程师组织进行现场观感质量检查。经各项目审查符合要求时，由监理单位或建设单位在"验收结论"栏内填写"同意验收"的意见。各栏均同意验收且经各参加检验方共同商定后，由建设单位填写"综合验收结论"，可填写为"通过验收"
参加验收单位签名	勘察单位、设计单位、施工单位、监理单位、建设单位都同意验收时，其各单位的单位项目负责人要亲自签字，以示对工程质量负责，并加盖单位公章，注明签字验收的年月日

430

参考文献

[1] (GB 50300—2001). 建筑工程施工质量统一标准 [S]. 北京：中国建筑工业出版社，2001

[2] (GB 50203—2002). 砌体工程施工质量验收规格 [S]. 北京：中国建筑工业出版社，2002

[3] (GB 50203—2011). 砌体结构工程施工质量验收规格 [S]. 北京：中国建筑工业出版社，2012

[4] (GB 50207—2012). 屋面工程质量验收规格 [S]. 北京：中国建筑工业出版社，2012

[5] (GB 50164—2011). 混凝土质量控制标准 [S]. 北京：中国建筑工业出版社，2012

[6] (GB 50082—2009). 普通混凝土长期性能和耐久性能试验方法标准 [S]. 北京：中国建筑工业出版社，2009

[7] (GB 50010—2002). 混凝土结构设计规范 [S]. 北京：中国建筑工业出版社，2002

[8] (GB/T 50080—2002). 普通混凝土拌和物性能试验方法标准 [S]. 北京：中国建筑工业出版社，2003

[9] (GB 50108—2008). 地下工程防水技术规范 [S]. 北京：中国计划出版社，2009

[10] (JGJ 70—2009). 建筑砂浆基本性能试验方法标准 [S]. 北京：中国建筑工业出版社，2009

[11] (JGJ 18—2012). 钢筋焊接及验收规程 [S]. 北京：中国建筑工业出版社，2012

[12] (JGJ 107—2010). 钢筋机械连接通用技术规程 [S]. 北京：中国建筑工业出版社，2010

[13] (JGJ 18—2003) 钢筋焊接及验收规程 [S]. 北京：中国建筑工业出版社，2003

[14] (JGJ 94—2008). 建筑桩基技术规范 [S]. 北京：中国建筑工业出版社，2008

[15] (JGJ 107—2010). 钢筋机械连接技术规程 [S]. 北京：中国建筑工业出版社，2010

[16] 瞿义勇. 质量员上岗必读 [M]. 北京：机械工业出版社，2010

[17] 万东颖. 质量员专业基础知识 [M]. 北京：中国电力出版社，2012

[18] 林文剑. 质量员专业知识与实务（第 2 版）[M]. 北京：中国环境科学出版社，2010

图书在版编目（ＣＩＰ）数据

　　质量员岗位技能必读 / 王中华主编. -- 长沙 ： 湖南科学技术
出版社，2015.5
　　ISBN 978-7-5357-8661-6

　　Ⅰ．①质… Ⅱ．①王… Ⅲ．①建筑工程－质量
管理Ⅳ．①TU712

　　中国版本图书馆 CIP 数据核字 (2015) 第 049872 号

建筑施工现场管理人员岗位技能必读

质量员岗位技能必读

主　　编：王中华

责任编辑：杨　林　龚绍石

出版发行：湖南科学技术出版社

社　　址：长沙市湘雅路 276 号

　　　　　　http://www.hnstp.com

湖南科学技术出版社天猫旗舰店网址：

　　　　　　http://hnkjcbs.tmall.com

邮购联系：本社直销科 0731-84375808

印　　刷：衡阳顺地印务有限公司

　　　　（印装质量问题请直接与本厂联系）

厂　　址：湖南省衡阳市雁峰区园艺村 9 号

邮　　编：421008

出版日期：2015 年 5 月第 1 版第 1 次

开　　本：710mm×1020mm　1/16

印　　张：27.75

字　　数：744000

书　　号：ISBN 978-7-5357-8661-6

定　　价：69.00 元